#홈스쿨링
#10종교과서_완벽반영

우등생
수학

Chunjae
Makes
Chunjae

▼

[우등생] 초등 수학 4-2

기획총괄 김안나
편집/개발 김정희, 김혜민, 최수정, 김현주
디자인총괄 김희정
표지디자인 윤순미, 여화경
내지디자인 박희춘
내지이미지 ma_nud_sen/shutterstock.com
제작 황성진, 조규영

발행일 2024년 3월 15일 3판 2024년 3월 15일 1쇄
발행인 (주)천재교육
주소 서울시 금천구 가산로9길 54
신고번호 제2001-000018호
고객센터 1577-0902

※ 정답 분실 시에는 천재교육 홈페이지에서 내려받으세요.
※ KC 마크는 이 제품이 공통안전기준에 적합하였음을 의미합니다.
※ 주의
책 모서리에 다칠 수 있으니 주의하시기 바랍니다.
부주의로 인한 사고의 경우 책임지지 않습니다.
8세 미만의 어린이는 부모님의 관리가 필요합니다.

홈스쿨링  # 우등생 홈스쿨링

학년, 학기 선택

메뉴

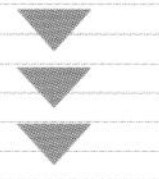

수학

스케줄표

온라인 학습

개념강의

문제풀이

단원 성취도 평가

학습자료실

학습 만화

유사문제 생성기

학습 게임

서술형+수행평가

정답

검정 교과서 자료

★ **과목별 스케줄표와 통합 스케줄표를 이용할 수 있어요.**

통합 스케줄표

우등생 국어, 수학, 사회, 과학 과목이 함께 있는 12주 스케줄표

★ **교재의 날개 부분에 있는 「진도 완료 체크」 QR코드를 스캔하면 온라인 스케줄표에 자동으로 체크돼요.**

검정 교과서 학습 구성 &

우등생 수학 단원 구성 안내

영역	핵심 개념	3~4학년군 검정교과서 내용 요소	우등생 수학 단원 구성
수와 연산	수의 체계	– 다섯 자리 이상의 수 – 분수 – 소수	(3–1) 6. 분수와 소수 (3–2) 4. 분수 (4–1) 1. 큰 수
	수의 연산	– 세 자리 수의 덧셈과 뺄셈 – 자연수의 곱셈과 나눗셈 – 분모가 같은 분수의 덧셈과 뺄셈 – 소수의 덧셈과 뺄셈	(3–1) 1. 덧셈과 뺄셈 (3–1) 3. 나눗셈 (3–1) 4. 곱셈 (3–2) 1. 곱셈 (3–2) 2. 나눗셈 (4–1) 3. 곱셈과 나눗셈 (4–2) 1. 분수의 덧셈과 뺄셈 (4–2) 3. 소수의 덧셈과 뺄셈
도형	평면도형	– 도형의 기초 – 원의 구성 요소 – 여러 가지 삼각형 – 여러 가지 사각형 – 다각형 – 평면도형의 이동	(3–1) 2. 평면도형 (3–2) 3. 원 (4–1) 4. 평면도형의 이동 (4–2) 2. 삼각형 (4–2) 4. 사각형 (4–2) 6. 다각형
	입체도형		
측정	양의 측정	– 시간, 길이(mm, km) – 들이, 무게, 각도	(3–1) 5. 길이와 시간 (3–2) 5. 들이와 무게 (4–1) 2. 각도
	어림하기		
규칙성	규칙성과 대응	– 규칙을 수나 식으로 나타내기	(4–1) 6. 규칙 찾기
자료와 가능성	자료처리	– 간단한 그림그래프 – 막대그래프 – 꺾은선그래프	(3–2) 6. 자료의 정리(그림그래프) (4–1) 5. 막대그래프 (4–2) 5. 꺾은선그래프
	가능성		

어떤 교과서를 사용해도 수학 교과 교육과정을 꼼꼼하게 모두 학습할 수 있는 교과 기본서! 우등생 수학!

홈스쿨링 스케줄표

다음의 표는 우등생 수학을 공부하는 데 알맞은 학습 진도표입니다.
본책을 40회로 나누어 공부하는 스케줄입니다. (**1주일**에 **5회씩** 공부하면 학습하는 데 **8주**가 걸립니다.)
시험 대비 기간에는 평가 자료집을 사용하시면 좋습니다.

1. 분수의 덧셈과 뺄셈				
1회 1단계	2회 2단계	3회 1단계+2단계	4회 1단계	5회 2단계
6~11쪽	12~13쪽	14~19쪽	20~23쪽	24~25쪽
월 일	월 일	월 일	월 일	월 일

2. 삼각형				
11회 2단계	12회 3단계	13회 4단계	14회 단원평가	15회 1단계+2단계
48~49쪽	50~53쪽	54~55쪽	56~59쪽	60~67쪽
월 일	월 일	월 일	월 일	월 일

3. 소수의 덧셈과 뺄셈		4. 사		
21회 4단계	22회 단원평가	23회 1단계+2단계	24회 1단계+2단계	25회 1단계+2단계
84~85쪽	86~89쪽	90~97쪽	98~103쪽	104~109쪽
월 일	월 일	월 일	월 일	월 일

5. 꺾은선그래프				
31회 2단계	32회 3단계	33회 4단계	34회 단원평가	35회 1단계+2단계
132~133쪽	134~137쪽	138~139쪽	140~143쪽	144~151쪽
월 일	월 일	월 일	월 일	월 일

수학 4·2

홈스쿨링

오답노트

*안드로이드만 가능

동영상 강의

	6회	7회	8회	9회	10회
	3단계 26~29쪽	4단계 30~31쪽	단원평가 32~35쪽	기본+실력 평가 자료집 2~6쪽	서술형+창의융합 평가 자료집 7~9쪽
일	월 일	월 일	월 일	월 일	월 일

	15회	16회	17회	18회
	4단계 54~55쪽	단원평가 56~59쪽	기본+실력 평가 자료집 10~14쪽	서술형+창의융합 평가 자료집 15~17쪽
일	월 일	월 일	월 일	월 일

	24회	25회	26회	27회	28회
	3단계 80~83쪽	4단계 84~85쪽	단원평가 86~89쪽	기본+실력 평가 자료집 18~22쪽	서술형+창의융합 평가 자료집 23~25쪽
일	월 일	월 일	월 일	월 일	월 일

	33회	34회	35회	36회
	4단계 114~115쪽	단원평가 116~119쪽	기본+실력 평가 자료집 26~30쪽	서술형+창의융합 평가 자료집 31~33쪽
일	월 일	월 일	월 일	월 일

	41회	42회	43회	44회
	4단계 138~139쪽	단원평가 140~143쪽	기본+실력 평가 자료집 34~38쪽	서술형+창의융합 평가 자료집 39~41쪽
일	월 일	월 일	월 일	월 일

	49회	50회	51회	52회
	4단계 162~163쪽	단원평가 164~167쪽	기본+실력 평가 자료집 42~46쪽	서술형 평가 자료집 47~48쪽
일	월 일	월 일	월 일	월 일

52회 홈스쿨링 스케줄표

다음의 표는 우등생 수학을 공부하는 데 알맞은 학습 진도표입니다.
본책과 평가 자료집을 52회로 나누어 공부하는 스케줄입니다.

1. 분수의 덧셈과 뺄셈

1회	2회	3회	4회	5회
1단계 6~11쪽	2단계 12~13쪽	1단계 2단계 14~19쪽	1단계 20~23쪽	2단계 24~25쪽
월 일	월 일	월 일	월 일	월

2. 삼각형

11회	12회	13회	14회
1단계 2단계 36~43쪽	1단계 44~47쪽	2단계 48~49쪽	3단계 50~53쪽
월 일	월 일	월 일	월

3. 소수의 덧셈과 뺄셈

19회	20회	21회	22회	23회
1단계 2단계 60~67쪽	1단계 68~71쪽	2단계 72~73쪽	1단계 74~77쪽	2단계 78~79쪽
월 일	월 일	월 일	월 일	월

4. 사각형

29회	30회	31회	32회
1단계 2단계 90~97쪽	1단계 2단계 98~103쪽	1단계 2단계 104~109쪽	3단계 110~113쪽
월 일	월 일	월 일	월

5. 꺾은선그래프

37회	38회	39회	40회
1단계 2단계 120~127쪽	1단계 128~131쪽	2단계 132~133쪽	3단계 134~137쪽
월 일	월 일	월 일	월

6. 다각형

45회	46회	47회	48회
1단계 2단계 144~151쪽	1단계 152~155쪽	2단계 156~157쪽	3단계 158~161쪽
월 일	월 일	월 일	월

어떤 교과서를 쓰더라도 ALWAYS **우등생**

수학 4·2

홈스쿨링

오답노트

• 안드로이드만 가능

동영상 강의

			2. 삼각형	
6회 3단계	7회 4단계	8회 단원평가	9회 1단계+2단계	10회 1단계
26~29쪽	30~31쪽	32~35쪽	36~43쪽	44~47쪽
월 일	월 일	월 일	월 일	월 일

3. 소수의 덧셈과 뺄셈				
16회 1단계	17회 2단계	18회 1단계	19회 2단계	20회 3단계
68~71쪽	72~73쪽	74~77쪽	78~79쪽	80~83쪽
월 일	월 일	월 일	월 일	월 일

각형			5. 꺾은선그래프	
26회 3단계	27회 4단계	28회 단원평가	29회 1단계+2단계	30회 1단계
110~113쪽	114~115쪽	116~119쪽	120~127쪽	128~131쪽
월 일	월 일	월 일	월 일	월 일

6. 다각형				
36회 1단계	37회 2단계	38회 3단계	39회 4단계	40회 단원평가
152~155쪽	156~157쪽	158~161쪽	162~163쪽	164~167쪽
월 일	월 일	월 일	월 일	월 일

QR코드를 찍어서 답 입력!

빅데이터를 이용한

단원 성취도 평가

- 빅데이터를 활용한 단원 성취도 평가는 모바일 QR코드로 접속하면 취약점 분석이 가능합니다.
- 정확한 데이터 분석을 위해 로그인이 필요합니다.

홈페이지에 답을 입력

자동 채점

취약점 분석

취약점을 보완할 처방 문제 풀기

확인평가로 다시 한 번 평가

1단원 성취도 평가

1. 분수의 덧셈과 뺄셈

01 그림을 보고 $1\frac{1}{4}+1\frac{2}{4}$를 계산하시오.

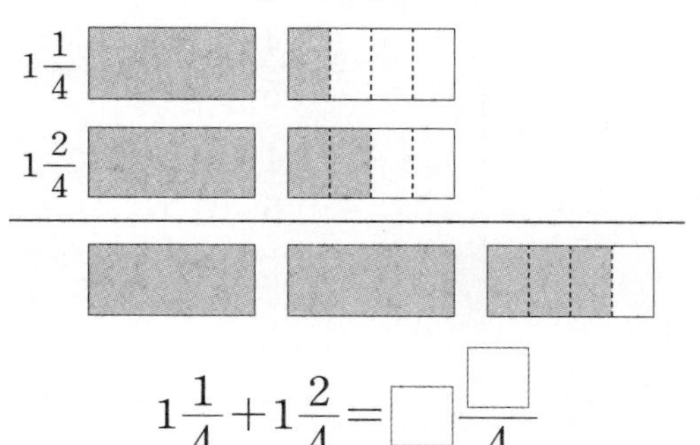

$$1\frac{1}{4}+1\frac{2}{4}=\square\frac{\square}{4}$$

02 수직선을 보고 □ 안에 알맞은 수를 써넣으시오.

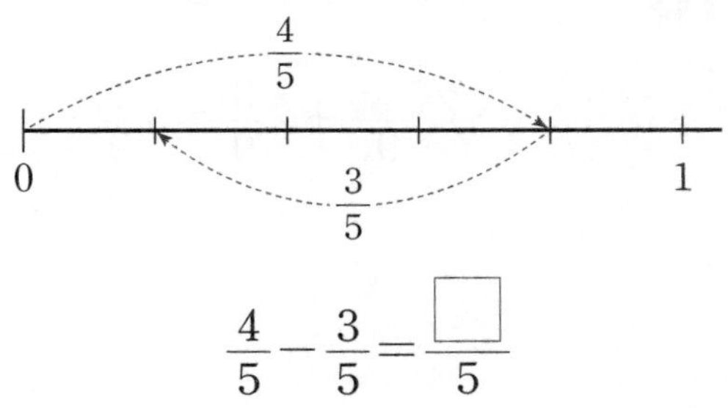

$$\frac{4}{5}-\frac{3}{5}=\frac{\square}{5}$$

03 빈 곳에 알맞은 수를 써넣으시오.

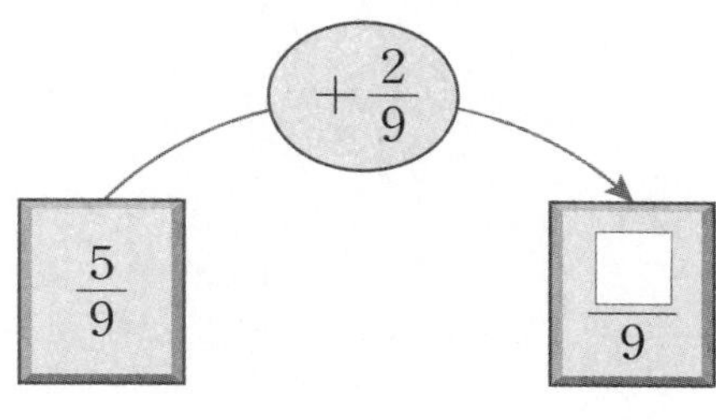

[04~05] 계산을 하여 대분수로 나타내시오.

04 $\frac{5}{7}+\frac{3}{7}=\square\frac{\square}{7}$

05 $1\frac{3}{8}+\frac{7}{8}=\square\frac{\square}{8}$

자르는 선

[06~07] 계산을 하여 대분수로 나타내시오.

06 $3-1\frac{1}{3}=\square\frac{\square}{3}$

07 $5\frac{2}{7}-1\frac{3}{7}=\square\frac{\square}{7}$

08 두 수의 차를 구하여 대분수로 나타내시오.

$3\frac{3}{8}$ $\frac{5}{8}$

차 ⇨ $\square\frac{\square}{8}$

09 계산 결과가 3과 4 사이인 것을 찾아 기호를 쓰시오.

㉠ $1\frac{1}{5}+2\frac{3}{5}$

㉡ $2\frac{4}{5}+1\frac{2}{5}$

㉢ $3\frac{1}{6}+1\frac{5}{6}$

( )

10 □ 안에 알맞은 수를 써넣으시오.

$\frac{\square}{9}+2\frac{3}{9}=3\frac{1}{9}$

11 ○ 안에 >, =, <를 알맞게 써넣으시오.

$$\frac{10}{17}-\frac{7}{17} \bigcirc \frac{1}{17}+\frac{2}{17}$$

12 □ 안에 들어갈 수 있는 수 중에서 가장 큰 수를 구하시오.

$$\frac{5}{8}+\frac{\square}{8}<1\frac{3}{8}$$

(　　　　　　　　)

13 계산 결과가 가장 큰 것을 찾아 기호를 쓰시오.

㉠ $2\frac{5}{11}+1\frac{7}{11}$　　㉡ $6\frac{1}{9}-1\frac{2}{9}$

㉢ $3\frac{7}{8}+2\frac{1}{8}$　　㉣ $5\frac{3}{7}-\frac{6}{7}$

(　　　　　　　　)

14 보기에서 두 수를 골라 ○ 안에 써넣어 뺄셈식을 만들려고 합니다. 나올 수 있는 계산 결과 중에서 가장 작은 수를 대분수로 나타내시오.

보기: 2, 4, 7

$$6\frac{\bigcirc}{9}-1\frac{\bigcirc}{9}$$

가장 작은 계산 결과 ⇨ $\square\frac{\square}{9}$

15 어떤 수에서 $3\frac{3}{11}$을 뺐더니 $1\frac{9}{11}$가 되었습니다. 어떤 수를 대분수로 나타내시오.

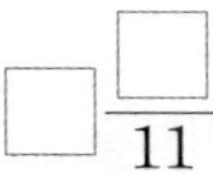

자르는 선

16 수민이는 사과 $2\frac{1}{5}$개로 사과파이를 만들고, 사과 $1\frac{4}{5}$개로 사과잼을 만들었습니다. 수민이가 사용한 사과는 몇 개입니까?

( )개

17 두 수를 골라 차를 구했을 때 나올 수 있는 가장 큰 차를 구하시오.

$3\frac{1}{13}$ $4\frac{2}{13}$ $\frac{5}{13}$ $\frac{9}{13}$

가장 큰 차 ⇨ $\square\frac{\square}{13}$

18 정안이는 리본을 $2\frac{5}{7}$ m 가지고 있습니다. 선물을 포장하는 데 $1\frac{1}{7}$ m를 사용했다면 남은 리본의 길이는 몇 m인지 대분수로 나타내시오.

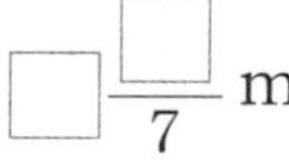

19 분모가 9인 분수 중에서 $1\frac{5}{9}$보다 크고 2보다 작은 대분수를 모두 더하면 얼마인지 대분수로 나타내시오.

$\square\frac{\square}{9}$

20 밀가루가 $2\frac{5}{8}$ kg 있습니다. 빵 한 개를 만드는 데 밀가루가 $1\frac{1}{8}$ kg 필요합니다. 만들 수 있는 빵은 모두 몇 개이고 남는 밀가루는 몇 kg인지 구하시오.

만들 수 있는 빵은 □개이고

남는 밀가루는 $\frac{\square}{8}$kg입니다.

2단원 성취도 평가

2. 삼각형

01 다음 도형은 정삼각형입니다. □ 안에 알맞은 수를 써넣으시오.

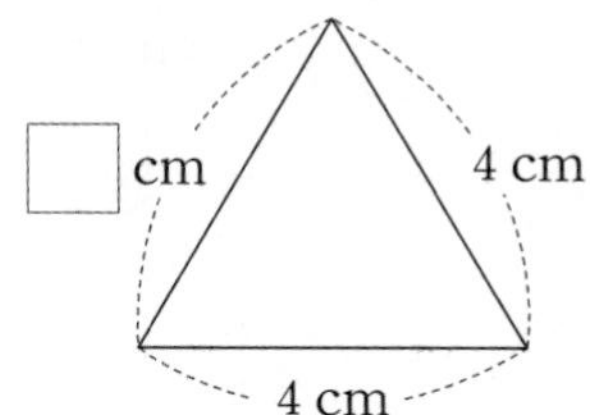

02 다음 도형은 이등변삼각형입니다. □ 안에 알맞은 수를 써넣으시오.

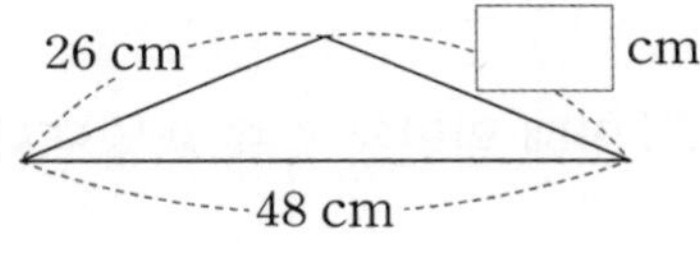

03 다음 도형은 정삼각형입니다. □ 안에 알맞은 수를 써넣으시오.

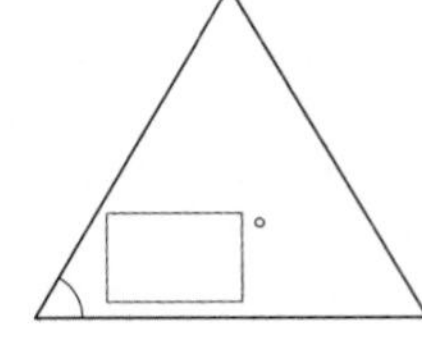

04 다음 삼각형 중에서 예각삼각형은 어느 것입니까? ( )

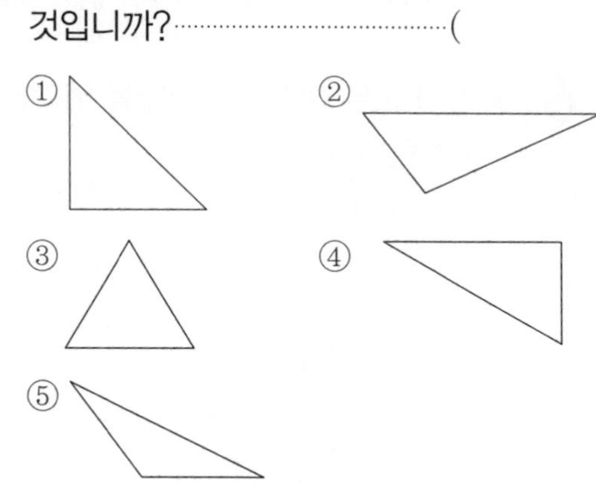

05 다음 삼각형 중에서 둔각삼각형은 어느 것입니까? ( )

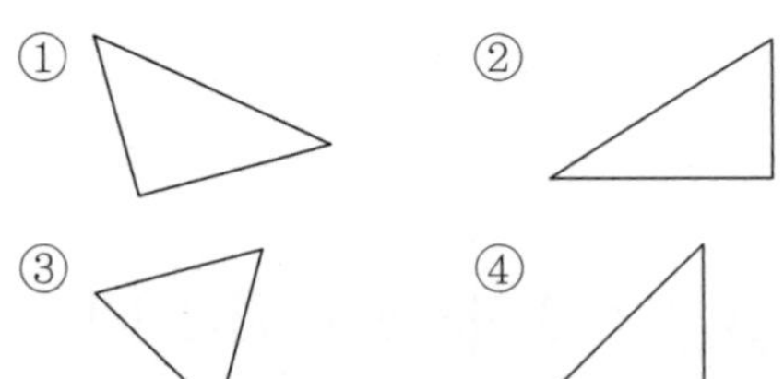

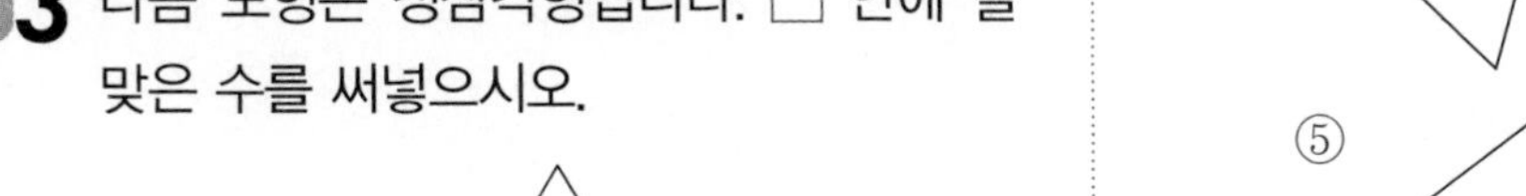

[06~07] ◆에 알맞은 말을 보기에서 찾아 기호를 쓰시오.

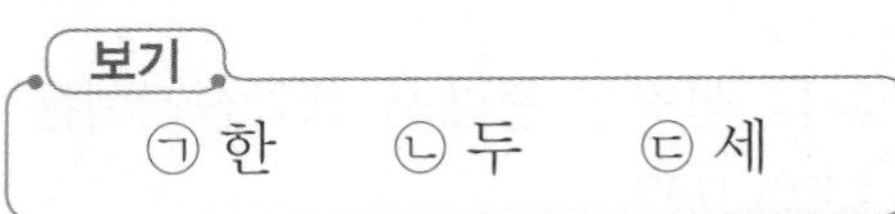

06 ◆ 각이 모두 예각인 삼각형을 예각삼각형이라고 합니다.

(　　　　　　　　　　)

07 ◆ 각이 둔각인 삼각형을 둔각삼각형이라고 합니다.

(　　　　　　　　　　)

08 다음 도형은 이등변삼각형입니다. □ 안에 알맞은 수를 써넣으시오.

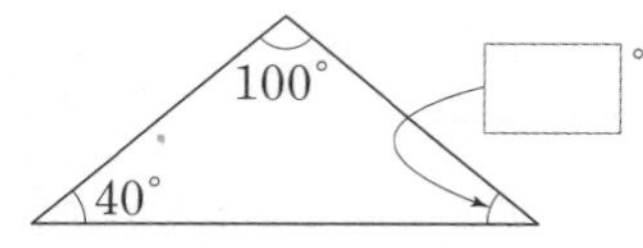

09 □ 안에 알맞은 수를 써넣으시오.

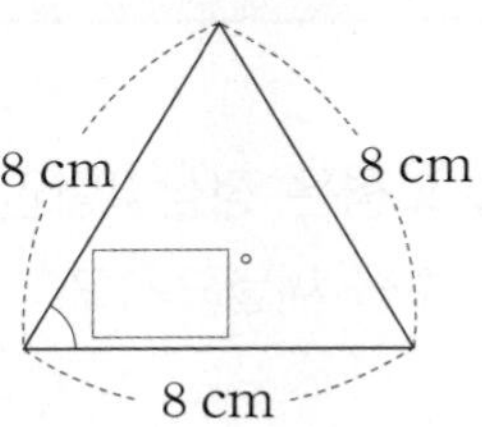

10 □ 안에 알맞은 수를 써넣으시오.

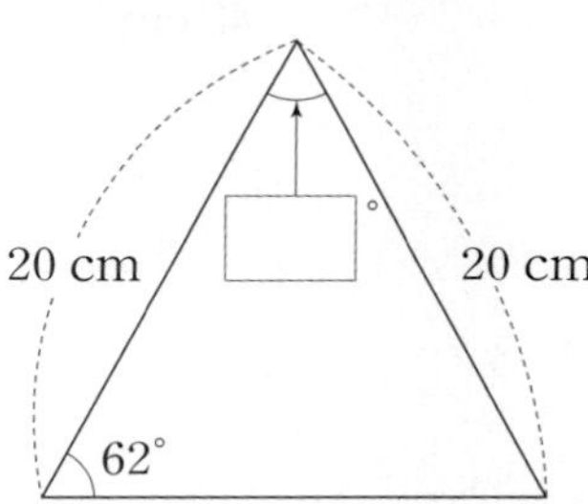

11 오각형을 나눈 그림을 보고 □ 안에 알맞은 수를 써넣으시오.

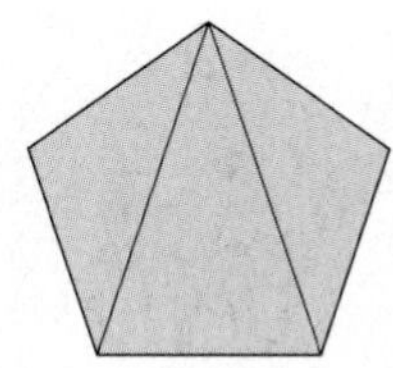

예각삼각형이 □개 생겼습니다.

12 보기 에서 설명하는 삼각형을 그린 것은 어느 것입니까? .... (　　　　)

보기
- 둔각이 있습니다.
- 두 변의 길이가 같습니다.

①

②

③
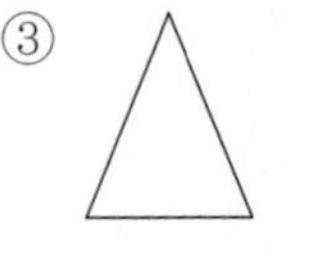

④
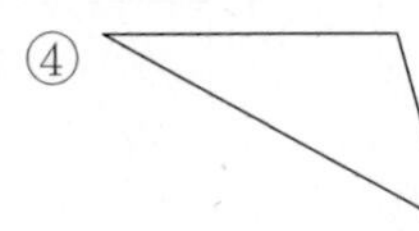

⑤

13 다음 삼각형의 이름이 될 수 없는 것을 찾아 기호를 쓰시오.

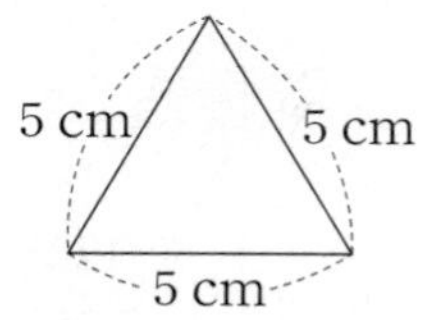

㉠ 정삼각형
㉡ 예각삼각형
㉢ 둔각삼각형

(　　　　　　　　)

[14~15] 삼각형을 보고 물음에 답하시오.

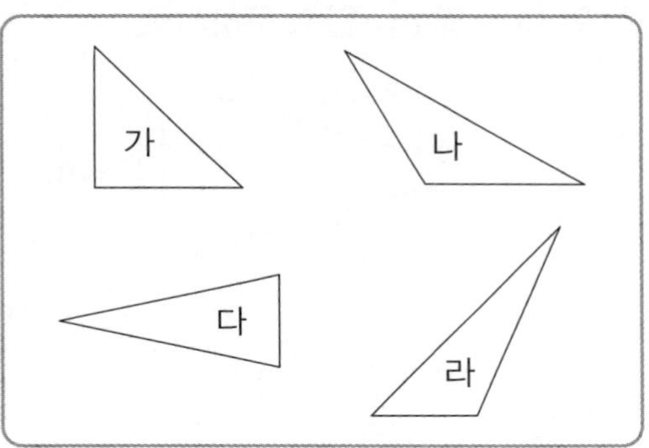

14 직각삼각형이면서 이등변삼각형인 삼각형은 어느 것입니까?

(　　　　　　　　)

15 둔각삼각형이면서 이등변삼각형인 삼각형은 어느 것입니까?

(　　　　　　　　)

자르는 선

16 삼각형의 일부가 지워졌습니다. 어떤 삼각형인지 알맞은 것을 찾아 기호를 쓰시오.

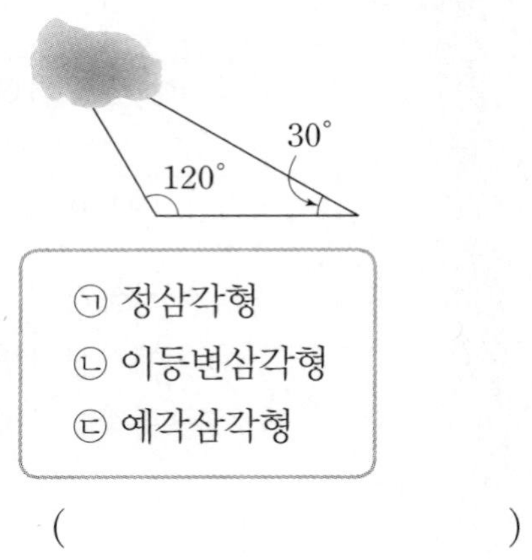

30°
120°
㉠ 정삼각형
㉡ 이등변삼각형
㉢ 예각삼각형

(　　　　　　　　　　)

17 다음은 이등변삼각형입니다. 세 변의 길이의 합은 몇 cm인지 구하시오.

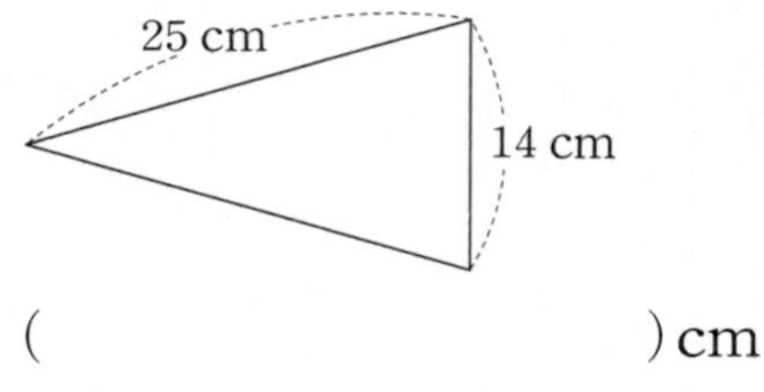

(　　　　　　　　　　) cm

18 삼각형의 세 각 중에서 두 각의 크기입니다. 이등변삼각형이 될 수 있는 것을 찾아 기호를 쓰시오.

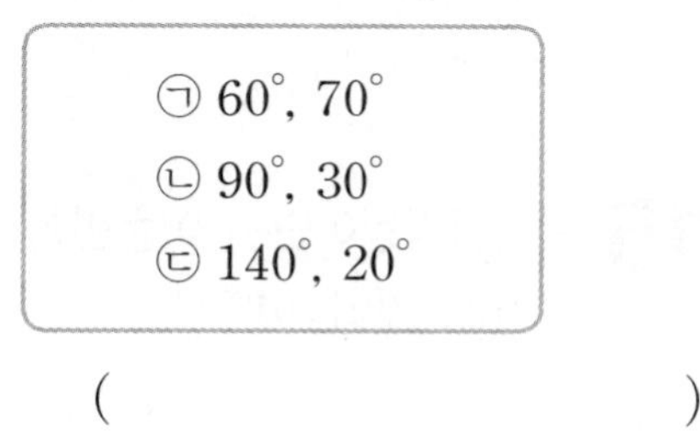

(　　　　　　　　　　)

19 삼각형 ㄷㄹㅁ은 정삼각형입니다. ㉠의 각도를 구하시오.

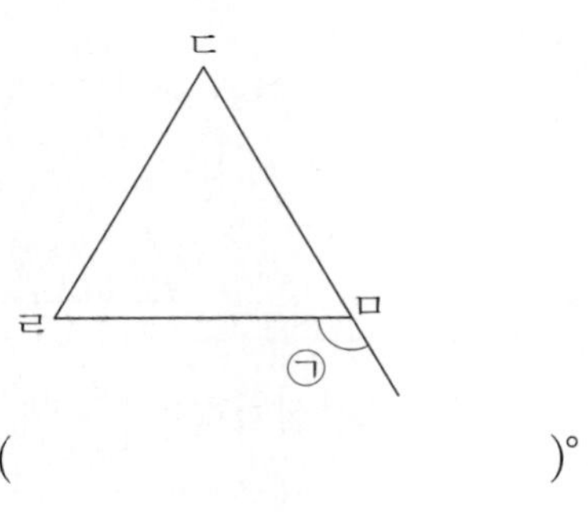

(　　　　　　　　　　)°

20 삼각형 ㄱㄴㄷ은 정삼각형이고, 삼각형 ㄹㄷㅁ은 이등변삼각형입니다. 각 ㄱㄷㄹ의 크기를 구하시오.

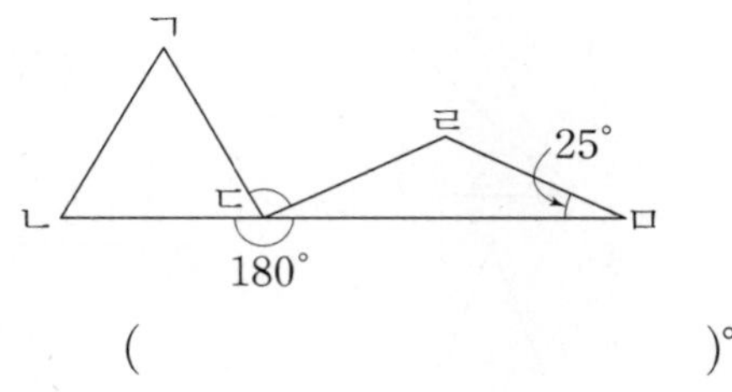

(　　　　　　　　　　)°

3단원 성취도 평가

3. 소수의 덧셈과 뺄셈

01 모눈종이 전체 크기가 1이라고 할 때 색칠한 부분의 크기를 소수로 나타내시오.

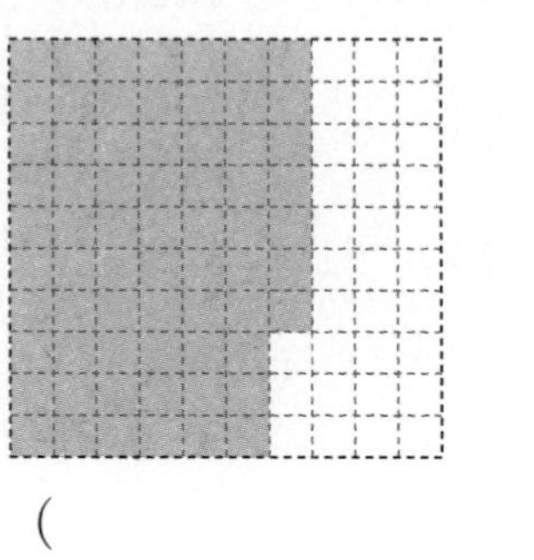

(　　　　　　　　　　)

02 소수를 바르게 읽은 것은 어느 것입니까? ··························(　　　)

① 3.8 ⇨ 삼 팔
② 10.6 ⇨ 일영 점 육
③ 2.74 ⇨ 이 점 칠십사
④ 0.05 ⇨ 영 점 오
⑤ 6.802 ⇨ 육 점 팔영이

03 ㉠이 나타내는 소수를 구하시오.

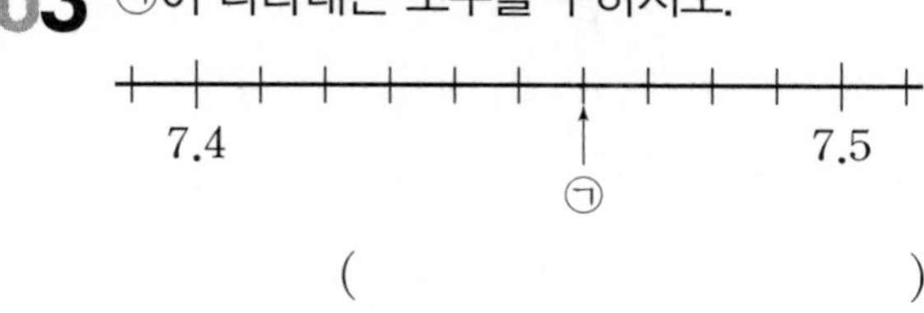

(　　　　　　　　　　)

04 다음 중 생략해도 되는 0이 사용된 소수는 어느 것입니까? ··························(　　　)

① 0.8　　② 3.05
③ 10.79　　④ 3.406
⑤ 8.940

05 두 수의 크기를 비교하여 ○ 안에 >, =, <를 알맞게 써넣으시오.

0.69 ○ 0.7

자르는 선

06 2가 나타내는 수를 쓰시오.

16.542

(　　　　　　　　)

07 □ 안에 알맞은 수를 써넣으시오.

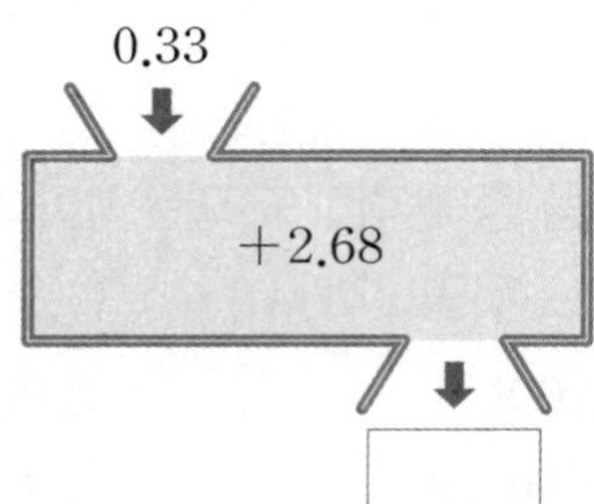

08 설명하는 수를 구하시오.

5.42보다 0.77 작은 수

(　　　　　　　　)

09 나타내는 수가 다른 하나를 찾아 기호를 쓰시오.

㉠ 1.423의 100배

㉡ 142.3의 $\frac{1}{100}$

㉢ 14.23의 10배

㉣ 1423의 $\frac{1}{10}$

(　　　　　　　　)

10 가장 큰 수는 어느 것입니까? (　　　　)

① 1.7　② 2.24

③ 1.987　④ 2.5

⑤ 1.25

11 가장 큰 수와 가장 작은 수의 합을 구하시오.

0.6　0.9　1.5　1.1

(　　　　　　　　)

12 계산 결과가 가장 작은 것은 어느 것입니까? (　　　　)

① 4.9+1.6　② 8.3−0.7
③ 3.2+2.3　④ 9.1−4.2
⑤ 6.5−0.5

13 ㉠과 ㉡ 중 더 큰 수의 기호를 쓰시오.

㉠ 0.01이 6개, 0.1이 5개인 수
㉡ 65의 $\frac{1}{100}$

(　　　　　　　　)

14 □ 안에 알맞은 수를 써넣으시오.

3.74+□=8.33

15 과수원에서 귤을 지원이는 4.55 kg 땄고, 재민이는 지원이보다 0.17 kg 더 적게 땄습니다. 재민이가 딴 귤은 몇 kg입니까?

(　　　　　　　　) kg

자르는 선

16 ㉠이 나타내는 수는 ㉡이 나타내는 수의 몇 배입니까?

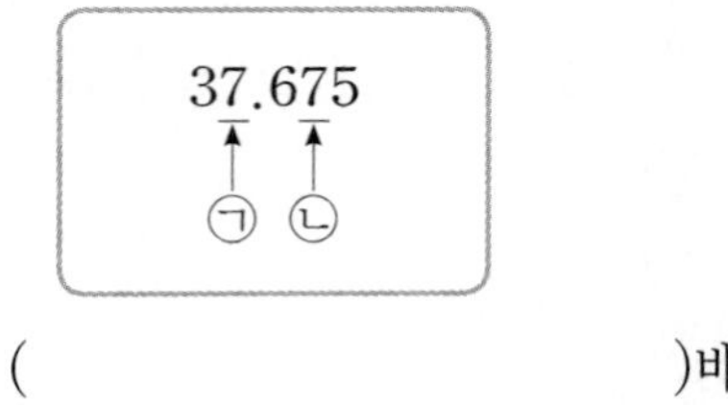

( )배

17 물통에 물을 세준이는 2.56 L, 은경이는 1.95 L 받아 왔습니다. 두 사람이 받아 온 물은 모두 몇 L입니까?

( )L

18 밀가루가 4 kg 있었습니다. 그중에서 2.66 kg을 케이크를 만드는 데 사용하였고, 1.8 kg을 더 샀습니다. 지금 있는 밀가루는 몇 kg입니까?

( )kg

19 카드를 한 번씩 모두 이용하여 소수 두 자리 수를 만들려고 합니다. 만들 수 있는 가장 큰 수와 가장 작은 수의 차는 얼마입니까?

.	4	5	8

( )

20 ㉠, ㉡, ㉢에 알맞은 숫자를 각각 구하시오.

$$\begin{array}{r} ㉠.\,7\,2 \\ +\,5.\,㉡\,6 \\ \hline 9.\,4\,㉢ \end{array}$$

㉠: □, ㉡: □, ㉢: □

4단원 성취도 평가

4. 사각형

01 각도기를 사용하여 직선 가에 대한 수선을 바르게 그은 것의 기호를 쓰시오.

㉠

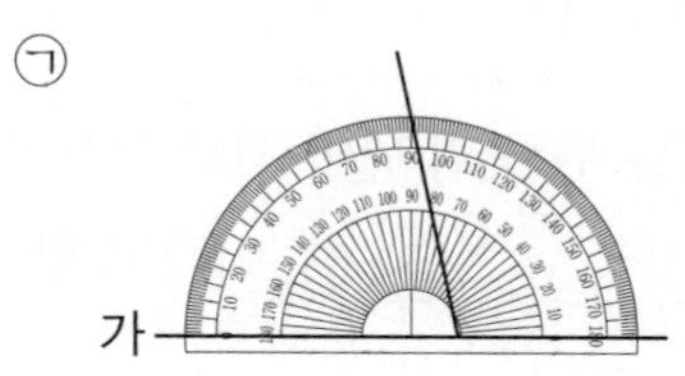

㉡

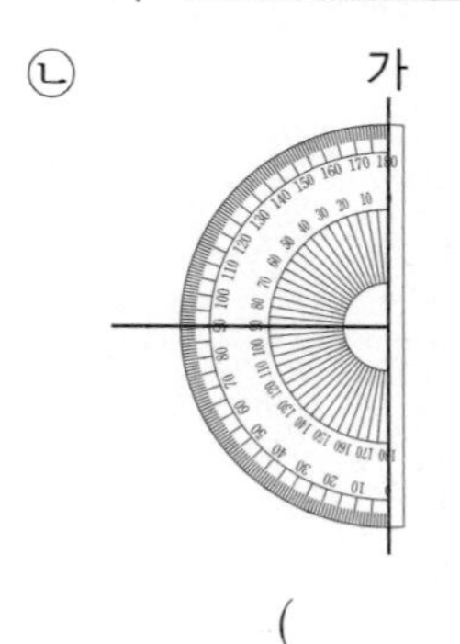

(　　　　　　　　)

02 도형에서 변 ㄱㅂ과 평행한 변을 찾아 기호를 쓰시오.

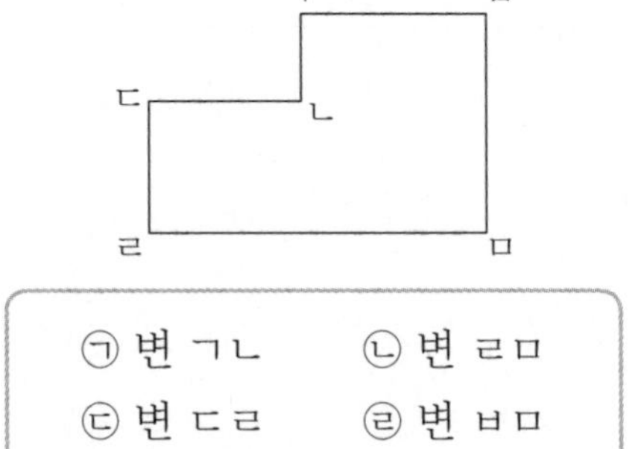

㉠ 변 ㄱㄴ	㉡ 변 ㄹㅁ
㉢ 변 ㄷㄹ	㉣ 변 ㅂㅁ

(　　　　　　　　)

[03~04] 그림을 보고 물음에 답하시오.

나　　다　라

가

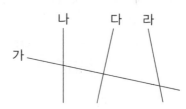

03 직선 가에 수직인 직선을 찾아 쓰시오.

직선 (　　　　　　　　)

04 직선 다에 대한 수선을 찾아 쓰시오.

직선 (　　　　　　　　)

05 직선 가에 대한 수선은 모두 몇 개 그을 수 있습니까? ……………… (　　　)

가

① 1개　　② 2개
③ 3개　　④ 4개
⑤ 셀 수 없이 많이 그을 수 있습니다.

자르는 선

06 다음 도형에서 평행선 사이의 거리는 몇 cm입니까?

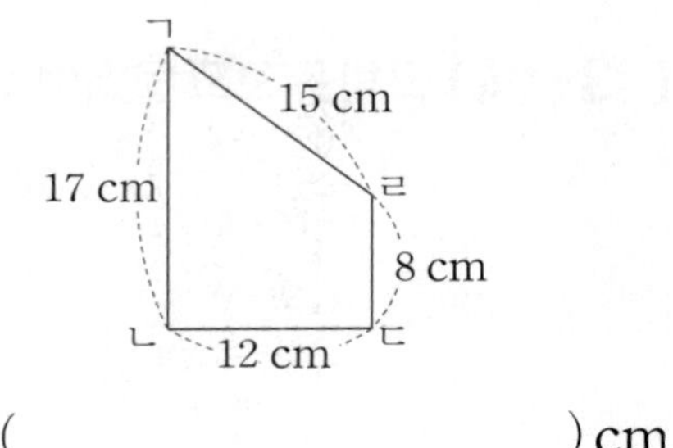

( ) cm

07 수직인 변도 있고 평행한 변도 있는 도형을 찾아 기호를 쓰시오.

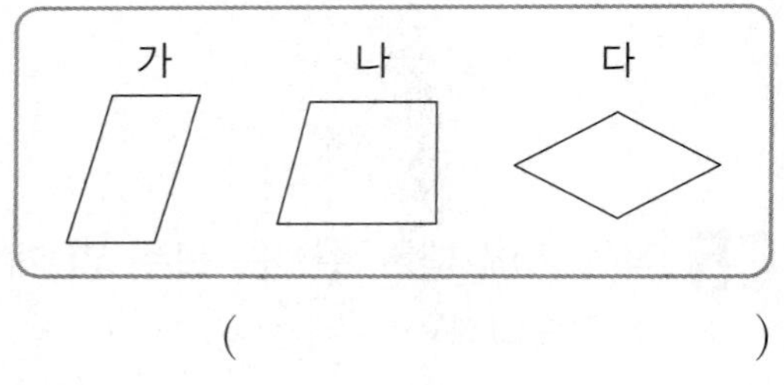

( )

08 도형을 보고 □ 안에 알맞은 말을 써넣으시오.

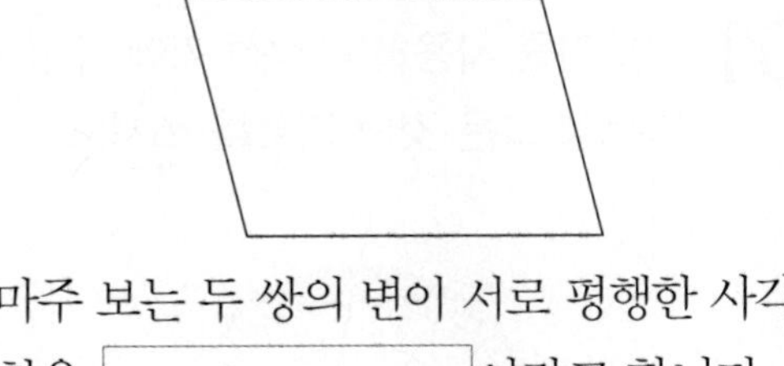

마주 보는 두 쌍의 변이 서로 평행한 사각형을 □이라고 합니다.

09 사다리꼴을 찾아 기호를 쓰시오.

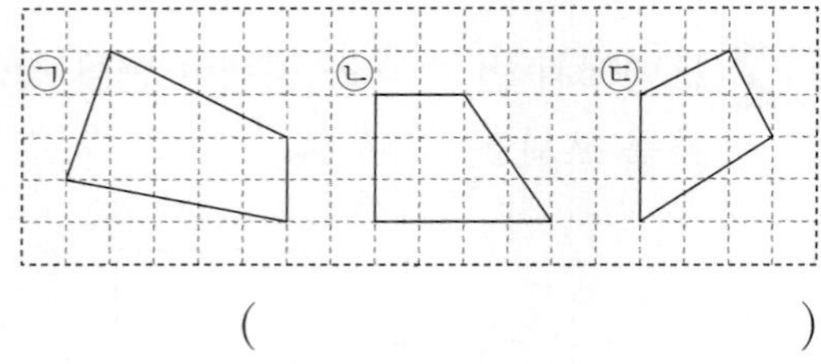

( )

[10~11] 그림을 보고 물음에 답하시오.

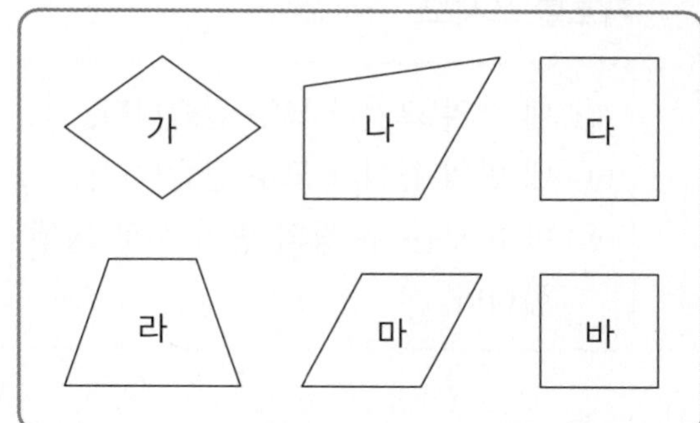

10 평행사변형은 모두 몇 개입니까?

( )개

11 정사각형을 찾아 기호를 쓰시오.

( )

12 평행사변형을 보고 □ 안에 알맞은 수를 써넣으시오.

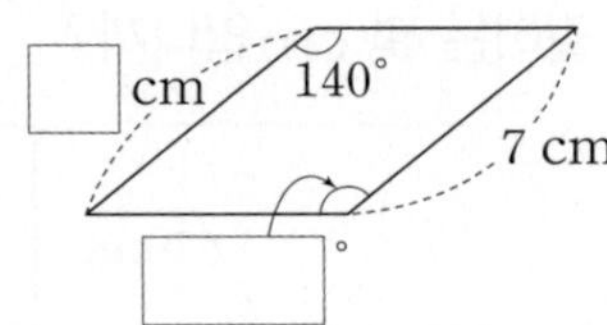

13 사각형 ㄱㄴㄷㄹ은 마름모입니다. 각 ㄴㄷㄹ은 몇 도입니까?

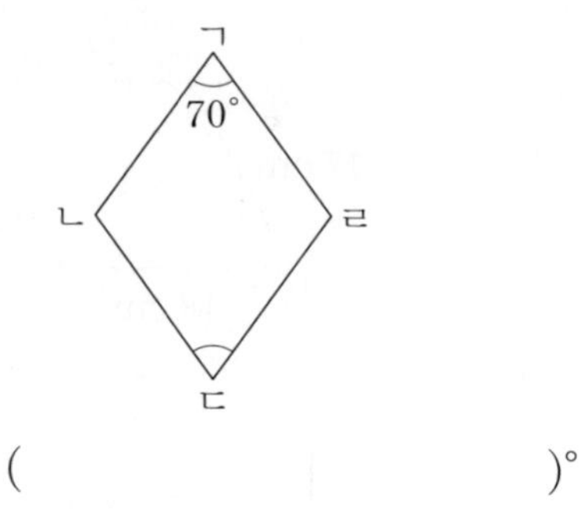

( )°

14 마름모를 보고 □ 안에 알맞은 수를 써넣으시오.

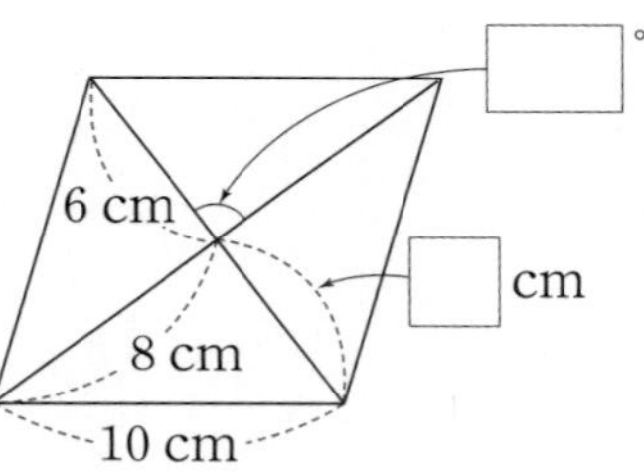

자르는 선

15 도형에서 변 ㄱㅂ과 변 ㄴㄷ은 평행합니다. 이 평행선 사이의 거리는 몇 cm입니까?

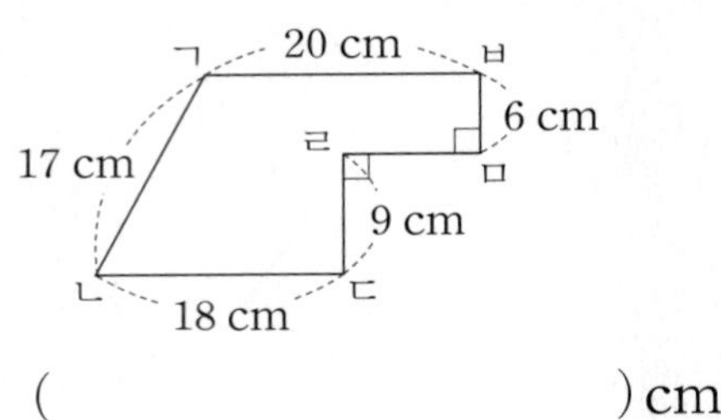

( ) cm

[16~17] 직사각형 모양의 종이띠를 그림과 같이 선을 따라 잘라 사각형을 여러 개 만들었습니다. 물음에 답하시오.

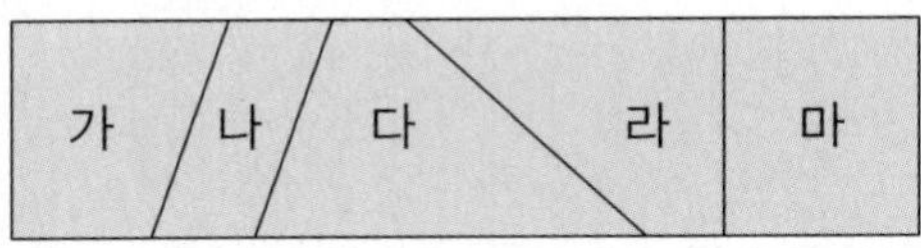

16 사다리꼴은 모두 몇 개입니까?

( )개

17 직사각형의 기호를 쓰시오.

( )

18 마름모에 대한 설명으로 <u>틀린</u> 것을 찾아 기호를 쓰시오.

㉠ 네 각의 크기가 모두 같습니다.
㉡ 네 변의 길이가 모두 같습니다.
㉢ 마주 보는 두 쌍의 변이 서로 평행합니다.

( )

19 다음 사각형의 이름으로 알맞지 <u>않은</u> 것을 모두 고르시오. ········ (,)

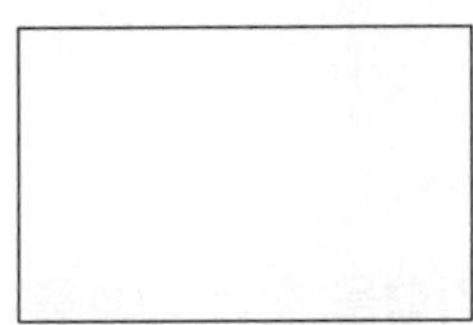

① 마름모 ② 정사각형
③ 직사각형 ④ 사다리꼴
⑤ 평행사변형

20 다음 평행사변형과 정사각형은 네 변의 길이의 합이 같습니다. 정사각형의 한 변의 길이는 몇 cm입니까?

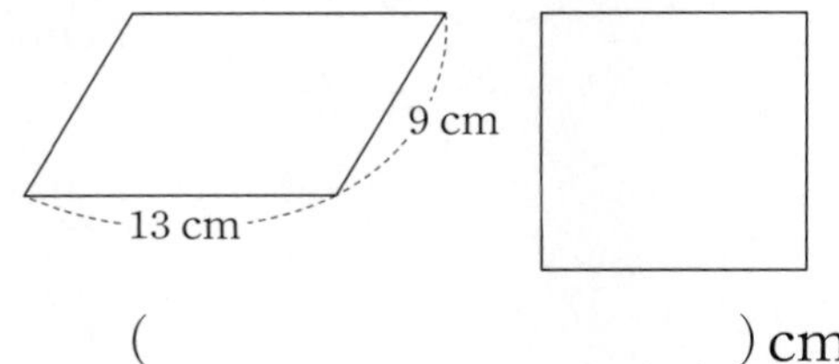

( ) cm

5단원 성취도 평가

5. 꺾은선그래프

[01~05] 운동장의 온도를 조사하여 나타낸 그래프입니다. 물음에 답하시오.

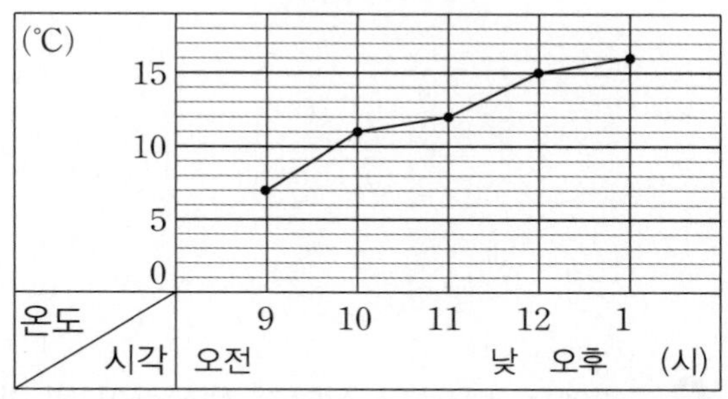

01 위와 같은 그래프를 무슨 그래프라고 합니까?

㉠ 꺾은선그래프
㉡ 그림그래프
㉢ 막대그래프

(　　　　　　　　)

02 그래프의 가로가 나타내는 것의 기호를 쓰시오.

㉠ 운동장의 온도　　㉡ 시각

(　　　　　　　　)

03 세로 눈금 한 칸은 몇 ℃를 나타냅니까?

(　　　　　　　　)℃

04 오전 10시에 운동장의 온도는 몇 ℃입니까?

(　　　　　　　　)℃

05 오전 9시부터 오후 1시까지 중에서 운동장의 온도가 가장 높은 때의 온도는 몇 ℃입니까?

(　　　　　　　　)℃

자르는 선

[06~10] 어느 공장의 장난감 생산량을 조사하여 나타낸 꺾은선그래프입니다. 물음에 답하시오.

(가) 장난감 생산량

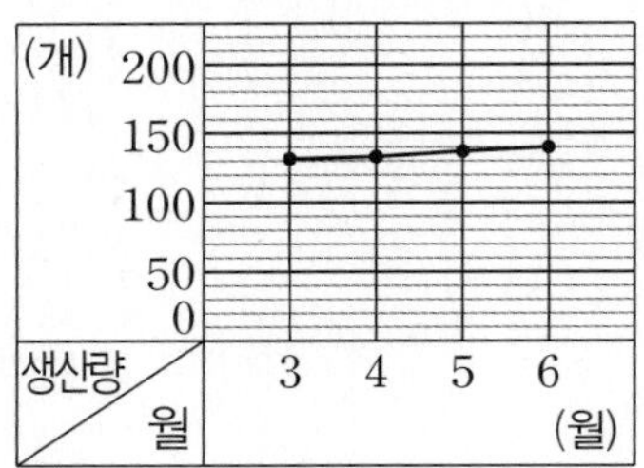

(나) 장난감 생산량

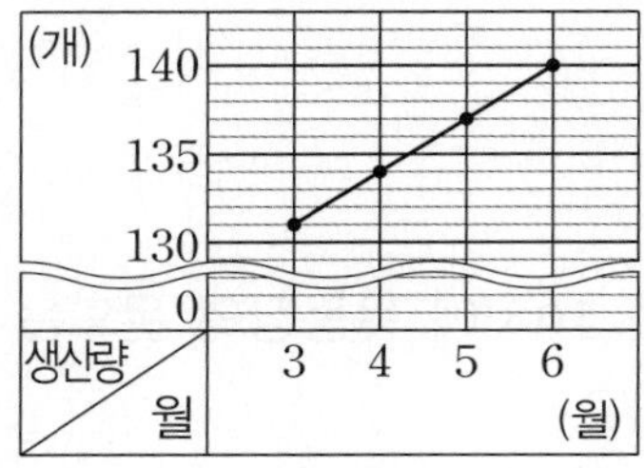

06 그래프 (가)와 (나) 중에서 장난감 생산량의 변화하는 모습이 더 잘 나타나는 그래프를 찾아 기호를 쓰시오.

( )

07 두 그래프에서 세로 눈금 한 칸은 각각 장난감 몇 개를 나타냅니까?

(가) 그래프 ( )개

(나) 그래프 ( )개

08 장난감 생산량이 134개일 때는 몇 월입니까?

( )월

09 5월에는 4월보다 장난감 생산량이 몇 개 더 늘어났습니까?

( )개

10 7월의 장난감 생산량은 몇 개 정도 될지 □ 안에 알맞은 수를 써넣으시오.

매월 규칙적으로 생산량이 늘어나므로 내 예상에는 7월의 생산량은 □개 정도 될 것 같아.

[11~12] 보기 의 자료를 알맞은 그래프로 나타내려고 합니다. 물음에 답하시오.

보기
㉠ 6년 동안 은서의 몸무게 변화
㉡ 국가별 석유 생산량

11 보기 에서 꺾은선그래프로 나타내기에 더 알맞은 것의 기호를 쓰시오.

( )

12 보기 에서 막대그래프로 나타내기에 더 알맞은 것의 기호를 쓰시오.

( )

[13~15] 선예가 감기에 걸린 동안 매일 잰 체온을 나타낸 꺾은선그래프입니다. 물음에 답하시오.

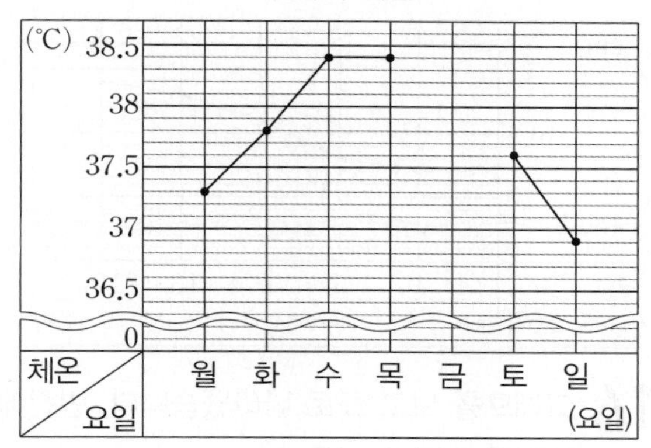

13 화요일에 선예의 체온은 몇 ℃입니까?

( )℃

14 위의 꺾은선그래프에서 선예의 체온의 변화가 없는 때는 무슨 요일과 무슨 요일 사이입니까?

□요일과 □요일 사이

15 금요일에 선예의 체온은 몇 ℃였을지 □ 안에 알맞은 수를 차례로 써넣으시오.

목요일의 체온인 38.4 ℃와
토요일의 체온인 □ ℃의 중간인
□ ℃였을 것입니다.

[16~20] 찬슬이가 기르는 토마토의 키를 조사하여 나타낸 꺾은선그래프입니다. 물음에 답하시오.

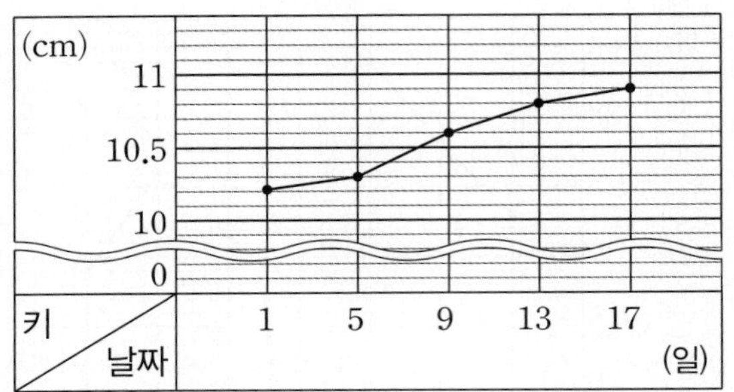

16 그래프를 보고 표로 나타냈습니다. 빈칸에 알맞은 수를 쓰시오.

토마토의 키

날짜(일)	1	5	9	13	17
키(cm)	10.2	10.3	10.6		10.9

17 17일에는 13일보다 토마토의 키가 몇 cm 더 자랐습니까?

( ) cm

18 꺾은선그래프를 보고 11일의 토마토의 키는 몇 cm라고 예상할 수 있는지 가장 알맞은 것을 고르시오. ······ ( )

① 10 cm ② 10.5 cm
③ 10.7 cm ④ 11 cm
⑤ 11.2 cm

19 21일에 토마토의 키는 어떻게 될 것인지 바르게 예상한 사람의 이름을 쓰시오.

> 민서: 토마토의 키가 계속 자라고 있으므로 토마토의 키는 더 자랄 것입니다.
> 은재: 토마토의 키가 계속 자라고 있으므로 토마토의 키는 더 줄어들 것입니다.

( )

20 토마토의 키의 변화가 가장 큰 때는 며칠과 며칠 사이입니까?

□일과 □일 사이

6단원 성취도 평가

6. 다각형

01 다각형이 아닌 것을 찾아 기호를 쓰시오.

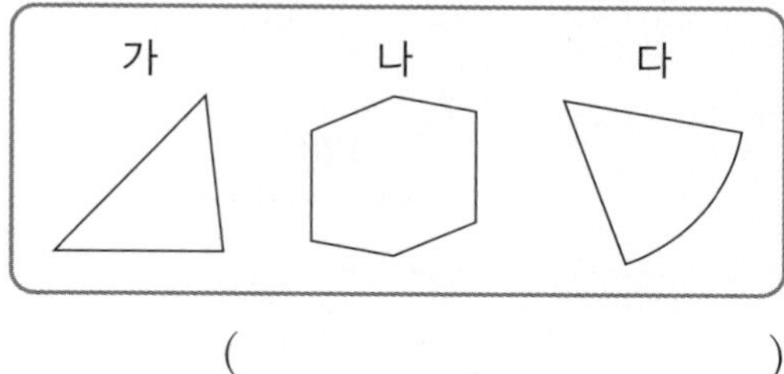

( )

02 정다각형을 찾아 기호를 쓰시오.

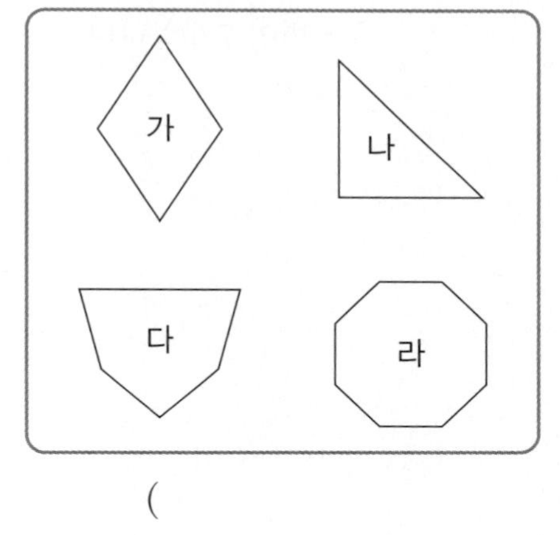

( )

03 02번에서 찾은 정다각형의 이름을 쓰시오.

( )

04 도형판에 어떤 다각형을 만들었는지 쓰시오.

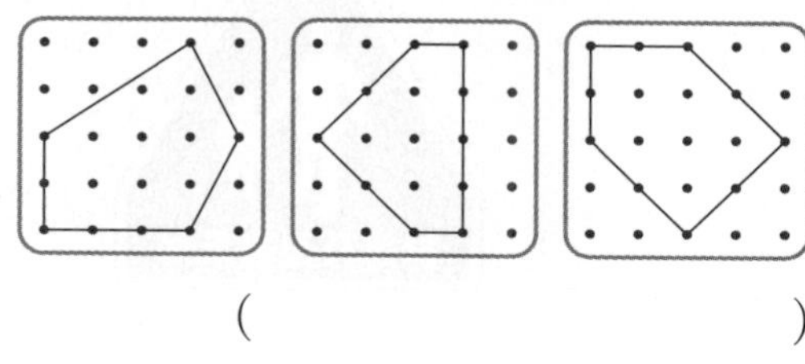

( )

05 정사각형에 대각선을 옳게 나타낸 것의 기호를 쓰시오.

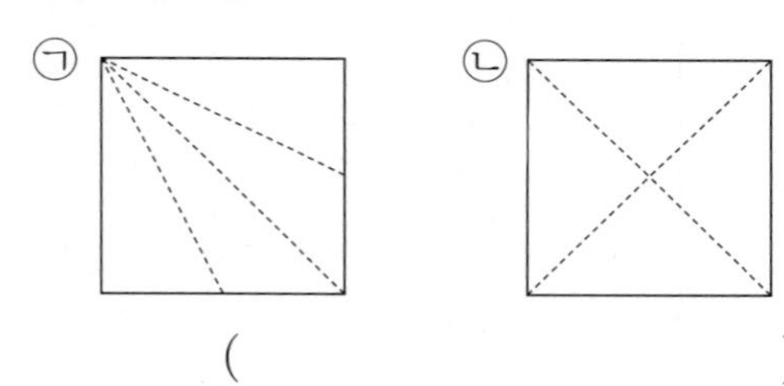

( )

자르는 선

06 안전 표지판의 모양은 어떤 다각형인지 이름을 쓰시오.

(　　　　　　　　　　)

07 육각형은 모두 몇 개입니까?

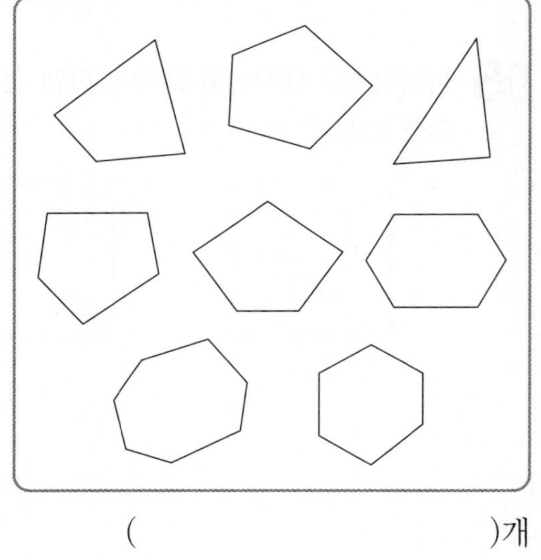

(　　　　　　　　　　)개

08 정육각형입니다. □ 안에 알맞은 수를 써넣으시오.

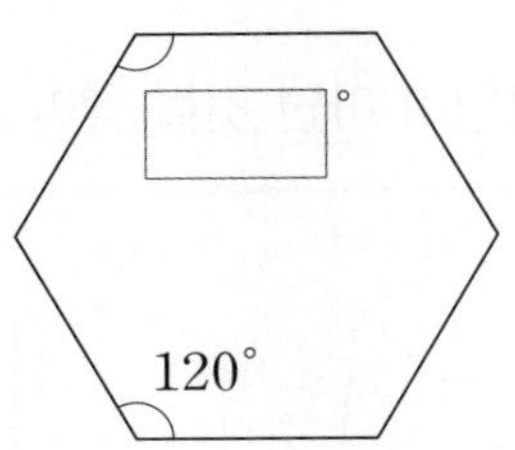

09 설명하는 도형의 이름을 쓰시오.

- 다각형입니다.
- 변이 7개입니다.

(　　　　　　　　　　)

10 육각형에 그을 수 있는 대각선은 모두 몇 개입니까?

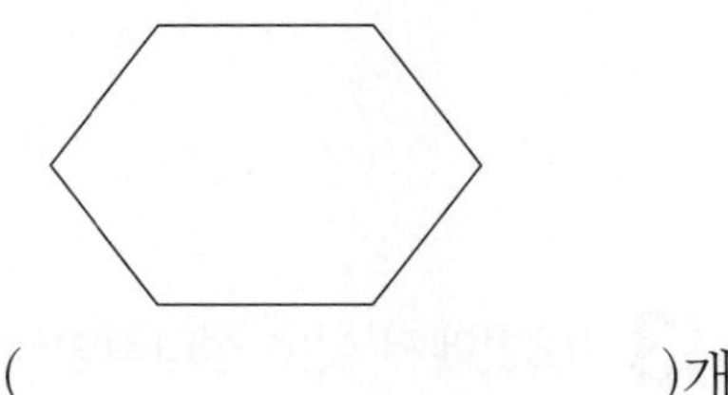

(　　　　　　　　　　)개

11 다음 모양을 만들려면 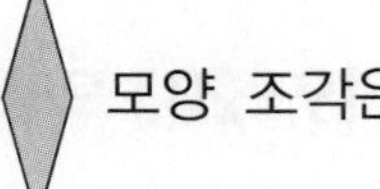 모양 조각은 몇 개 필요합니까?

( )개

12 다각형을 사용하여 꾸민 모양입니다. 모양을 채우고 있는 다각형의 이름은 무엇입니까? ( )

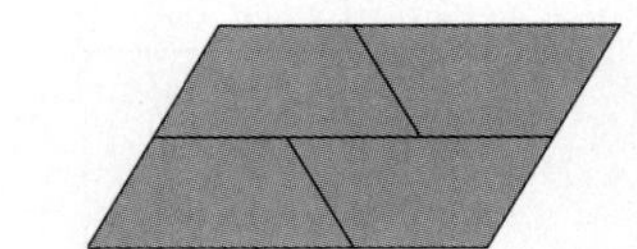

① 삼각형 ② 사각형 ③ 오각형
④ 육각형 ⑤ 팔각형

13 대각선의 수가 가장 많은 도형을 찾아 기호를 쓰시오.

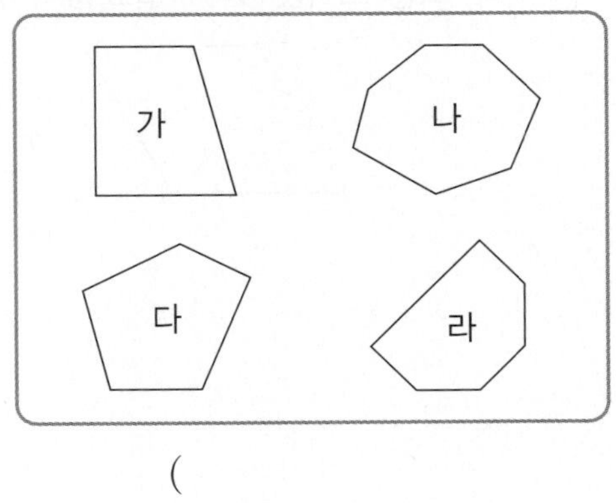

( )

[14~15] 사각형을 보고 물음에 답하시오.

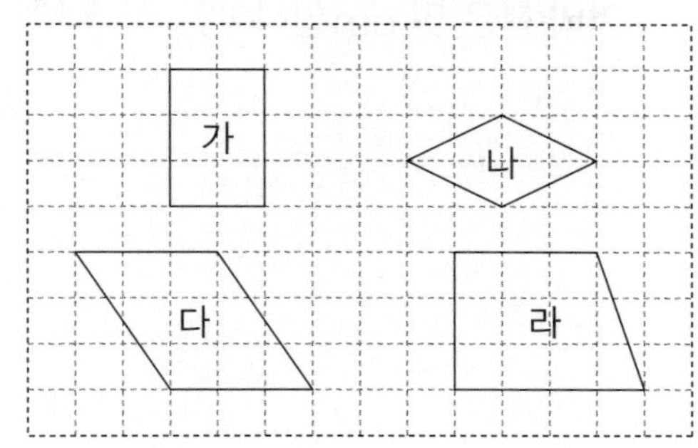

14 두 대각선이 서로 수직으로 만나는 사각형을 찾아 기호를 쓰시오.

( )

15 한 대각선이 다른 대각선을 똑같이 둘로 나누는 사각형은 모두 몇 개입니까?

( )개

자르는 선

16 한 변이 7 cm인 정팔각형의 모든 변의 길이의 합은 몇 cm입니까?

( )cm

17 정팔각형의 모든 각의 크기의 합은 1080° 입니다. 정팔각형의 한 각의 크기는 몇 도입니까?

( )°

18 정삼각형에 대한 설명입니다. ㉠, ㉡, ㉢에 알맞은 수의 합을 구하시오.

- 변이 ㉠개입니다.
- 꼭짓점이 ㉡개입니다.
- 대각선이 ㉢개입니다.

( )

[19~20] 모양 조각을 보고 물음에 답하시오.

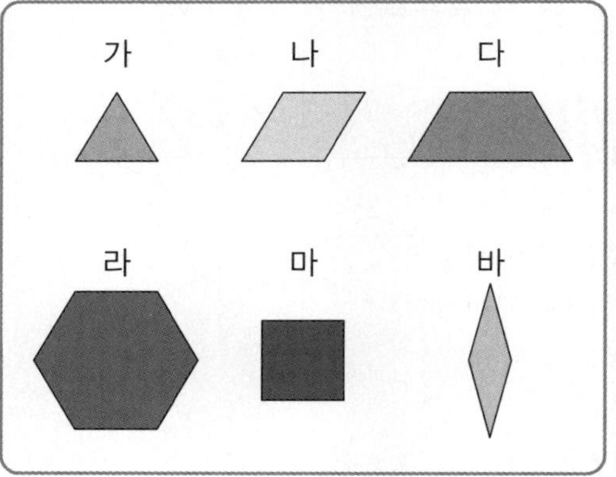

19 모양 조각을 사용하여 정사각형을 채우려고 합니다. 필요한 모양 조각을 찾아 기호를 쓰시오.

( )

20 가 모양 조각으로 다음 모양을 채우려고 합니다. 모양 조각은 몇 개 필요합니까?

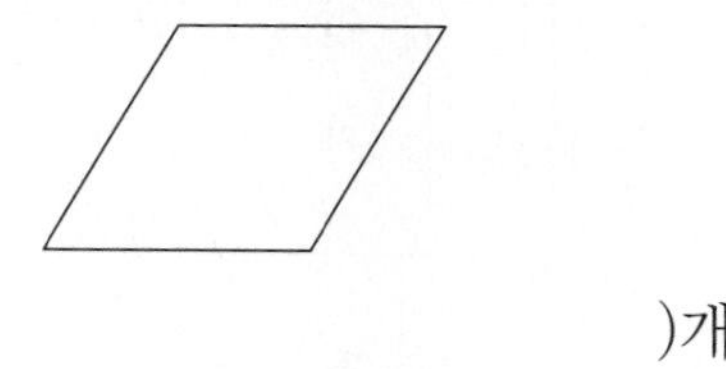

( )개

정답과 풀이

꼼꼼 풀이집의 표지에 있는 스피드 정답 QR코드를 이용하시면 더 자세한 풀이를 보실 수 있습니다.

3~6쪽 1단원

1 (왼쪽에서부터) 2, 3 **2** 1
3 7 **4** (왼쪽에서부터) 1, 1
5 (왼쪽에서부터) 2, 2
6 (왼쪽에서부터) 1, 2
7 (왼쪽에서부터) 3, 6
8 (왼쪽에서부터) 2, 6
9 ㉠ **10** 7 **11** =
12 5 **13** ㉢
14 (왼쪽에서부터) 4, 4
15 (왼쪽에서부터) 5, 1 **16** 4
17 (왼쪽에서부터) 3, 10
18 (왼쪽에서부터) 1, 4
19 (왼쪽에서부터) 5, 3
20 2, 3

풀이

16 $2\frac{1}{5}+1\frac{4}{5}=3\frac{5}{5}=4$(개)

18 $2\frac{5}{7}-1\frac{1}{7}=1\frac{4}{7}$ (m)

19 분모가 9인 분수 중에서 $1\frac{5}{9}$보다 크고 2보다 작은 대분수는 $1\frac{6}{9}$, $1\frac{7}{9}$, $1\frac{8}{9}$입니다.

$1\frac{6}{9}+1\frac{7}{9}+1\frac{8}{9}$

$=(1+1+1)+\frac{6+7+8}{9}=3\frac{21}{9}=5\frac{3}{9}$

20 $2\frac{5}{8}-1\frac{1}{8}=1\frac{4}{8}$, $1\frac{4}{8}-1\frac{1}{8}=\frac{3}{8}$이므로 만들 수 있는 빵은 2개이고 남는 밀가루는 $\frac{3}{8}$ kg입니다.

7~10쪽 2단원

1 4	**2** 26	**3** 60
4 ③	**5** ⑤	**6** ㉢
7 ㉠	**8** 40	**9** 60
10 56	**11** 1	**12** ⑤
13 ㉢	**14** 가	**15** 나
16 ㉡	**17** 64	**18** ㉢
19 120	**20** 95	

풀이

17 이등변삼각형이므로 길이가 같은 두 변이 있습니다. 그림을 보면 25 cm인 변이 2개, 14 cm인 변이 1개이므로 세 변의 길이의 합은 25+25+14=64 (cm)입니다.

18 나머지 한 각의 크기를 구하면 ㉠ 50°, ㉡ 60°, ㉢ 20°입니다. 따라서 크기가 같은 두 각이 있는 삼각형은 이등변삼각형이므로 ㉢은 이등변삼각형입니다.

19 정삼각형의 한 각의 크기는 60°이므로 각 ㄷㅁㄹ의 크기는 60°입니다.
따라서 ㉠의 각도는 180°−60°=120°입니다.

20 삼각형 ㄱㄴㄷ이 정삼각형이므로 각 ㄱㄷㄴ의 크기는 60°입니다. 삼각형 ㄹㄷㅁ이 이등변삼각형이므로 각 ㄹㄷㅁ의 크기는 25°입니다.
각 ㄱㄷㄹ의 크기는 180°−60°−25°=95°입니다.

11~14쪽 3단원

1 0.67	**2** ⑤	**3** 7.46
4 ⑤	**5** <	**6** 0.002
7 3.01	**8** 4.65	**9** ㉡
10 ④	**11** 2.1	**12** ④
13 ㉡	**14** 4.59	**15** 4.38
16 100	**17** 4.51	**18** 3.14
19 3.96	**20** 3, 7, 8	

풀이

16 ㉠은 일의 자리를 가리키므로 ㉠이 나타내는 수는 7입니다.
㉡은 소수 둘째 자리를 가리키므로 ㉡이 나타내는 수는 0.07입니다.
7은 0.07의 100배이므로 ㉠이 나타내는 수는 ㉡이 나타내는 수의 100배입니다.

18 4−2.66+1.8=1.34+1.8=3.14 (kg)

19 만들 수 있는 가장 큰 소수 두 자리 수: 8.54
만들 수 있는 가장 작은 소수 두 자리 수: 4.58
⇨ 8.54−4.58=3.96

20
- 소수 둘째 자리 계산: 2+6=㉢, ㉢=8
- 소수 첫째 자리 계산: 7+㉡=14, ㉡=7
- 일의 자리 계산: 1+㉠+5=9, ㉠=3

자르는 선

15~18쪽 4단원

1 ㉡	**2** ㉡	**3** 다
4 가	**5** ⑤	**6** 12
7 나	**8** 평행사변형	**9** ㉡
10 4	**11** 바	
12 (왼쪽에서부터) 7, 140		**13** 70
14 (위에서부터) 90, 6		**15** 15
16 5	**17** 마	**18** ㉠
19 ①, ②	**20** 11	

풀이

14 마름모는 마주 보는 꼭짓점끼리 이은 선분이 서로 수직으로 만나고 똑같이 둘로 나누어집니다.

15 (변 ㄱㅂ과 변 ㄴㄷ 사이의 거리)
=(변 ㅂㅁ)+(변 ㄹㄷ)
$=6+9=15$ (cm)

16 잘린 사각형은 모두 위와 아래에 있는 두 변이 서로 평행하므로 사다리꼴입니다.

17 직사각형은 네 각이 모두 직각입니다.

18 ㉠ 마름모는 네 각의 크기가 반드시 같지는 않습니다.

19 네 변의 길이가 모두 같지 않으므로 마름모와 정사각형이라고 할 수 없습니다.

20 (평행사변형의 네 변의 길이의 합)
$=13+9+13+9=44$ (cm)
(정사각형의 한 변의 길이)
$=44\div4=11$ (cm)

19~22쪽 5단원

1 ㉠	**2** ㉡	**3** 1
4 11	**5** 16	**6** (나)
7 10, 1	**8** 4	**9** 3
10 143	**11** ㉠	**12** ㉡
13 37.8	**14** 수, 목	**15** 37.6, 38
16 10.8	**17** 0.1	**18** ③
19 민서	**20** 5, 9	

풀이

13 가로 눈금에 따른 세로 눈금을 읽습니다.

14 수요일과 목요일에 모두 38.4 ℃로 같습니다.

15 목요일의 체온인 38.4 ℃와 토요일의 체온인 37.6 ℃의 중간인 38 ℃였을 것입니다.

16 가로 눈금이 13인 곳의 세로 눈금을 읽으면 10.8 cm입니다.

17 17일의 키: 10.9 cm,
13일의 키: 10.8 cm
⇨ $10.9-10.8=0.1$ (cm)

18 9일의 키인 10.6 cm와 13일의 키인 10.8 cm의 중간인 10.7 cm였을 것입니다.

19 토마토의 키는 점점 커지고 있으므로 21일에 토마토의 키는 더 자랄 것입니다.

20 그래프의 선분이 가장 많이 기울어진 때를 찾으면 5일과 9일 사이입니다.

23~26쪽 6단원

1 다	**2** 라	**3** 정팔각형
4 오각형	**5** ㉡	**6** 오각형
7 2	**8** 120	**9** 칠각형
10 9	**11** 12	**12** ②
13 나	**14** 나	**15** 3
16 56	**17** 135	**18** 6
19 마	**20** 8	

풀이

16 (정팔각형의 모든 변의 길이의 합)
=(한 변의 길이)×8
$=7\times8=56$ (cm)

17 (정팔각형의 한 각의 크기)
=(모든 각의 크기의 합)÷8
$=1080^\circ\div8=135^\circ$

18 정삼각형은 변이 3개입니다. ⇨ ㉠=3
정삼각형은 꼭짓점이 3개입니다. ⇨ ㉡=3
정삼각형은 대각선이 0개입니다. ⇨ ㉢=0
따라서 ㉠, ㉡, ㉢에 알맞은 수의 합은
$3+3+0=6$입니다.

19 ⇨ 마 모양 조각 4개가 필요합니다.

20 ⇨ 가 모양 조각 8개가 필요합니다.

학교에서 어떤 교과서를 사용하더라도 상관없는

우등생 수학 사용법

동영상 강의!

1단계의 **개념**은
동영상 강의로 공부!
3, 4단계의 문제는 모두
문제 풀이 강의를
볼 수 있어.

QR코드 스캔!

진도 완료 체크
QR코드를 스캔하면 우등생 홈페이지로
슝~ 갈 수 있어.
홈페이지에 있는 스케줄표로
내 **스케줄**은 내가 관리!

1 단원

진도 완료 체크

틀린 문제 저장! 출력!

학습을 마칠 때에는 **오답노트**에 어떤 문제를
틀렸는지 표시해.
나중에 틀린 문제만 모아서 다시 풀면 **실력도**
쑥쑥 늘겠지?

① 오답노트 앱을 설치 후 로그인
② 책 표지의 홈스쿨링 QR코드를 스캔하여
내 교재를 등록
③ 문항 번호를 선택하여 오답노트 만들기

문제 생성기로 반복 학습!

본책의 단원평가 1~20번 문제는 문제 생성기로
유사 문제를 만들 수 있어.
매번 할 때마다 다른 문제가 나오니깐
시험 보기 전에 연습하기 딱 좋지?
다른 문제 같은 느낌~

구성과 특징

본책

오답노트

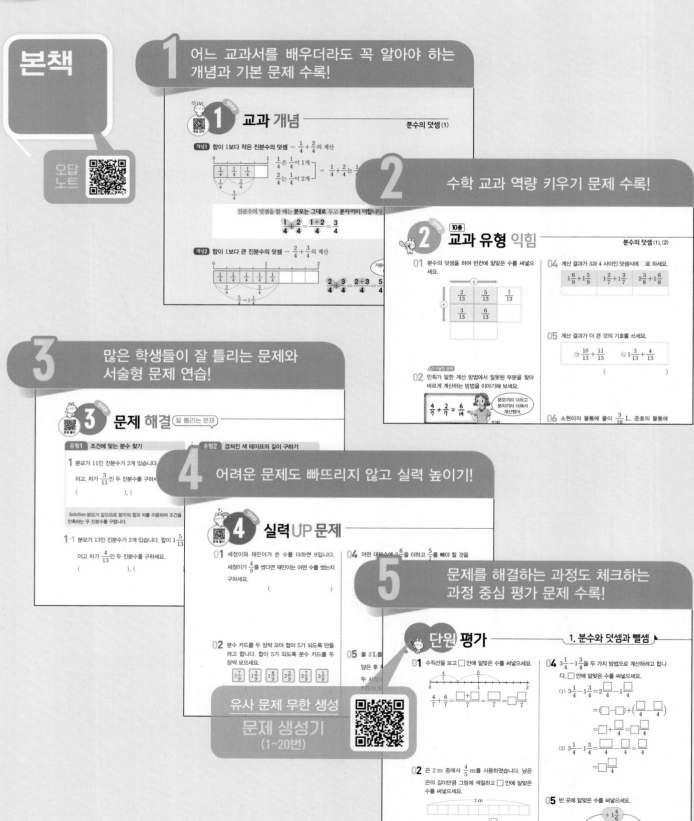

1 어느 교과서를 배우더라도 꼭 알아야 하는 개념과 기본 문제 수록!

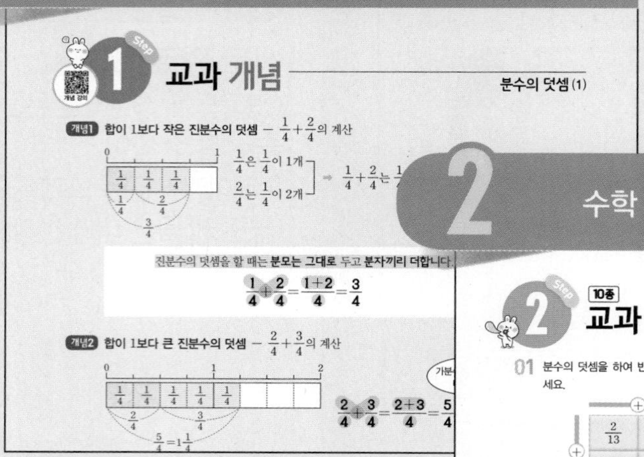

2 수학 교과 역량 키우기 문제 수록!

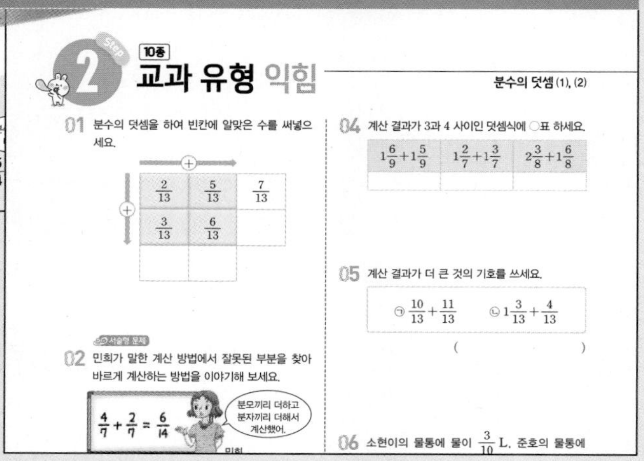

3 많은 학생들이 잘 틀리는 문제와 서술형 문제 연습!

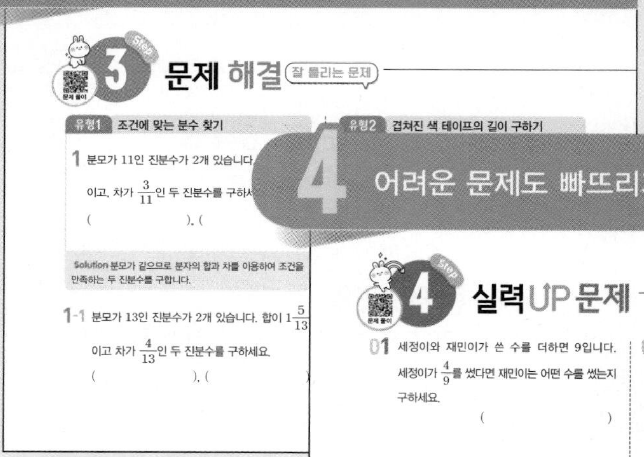

4 어려운 문제도 빠뜨리지 않고 실력 높이기!

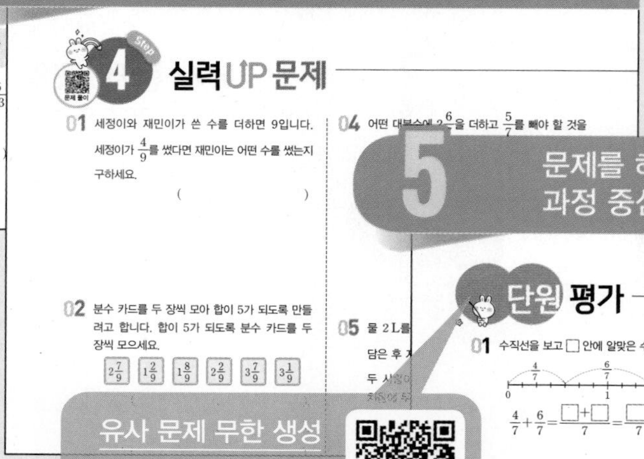

5 문제를 해결하는 과정도 체크하는 과정 중심 평가 문제 수록!

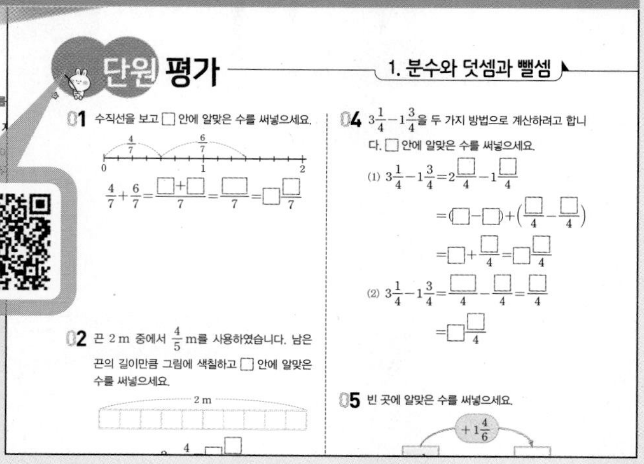

유사 문제 무한 생성
문제 생성기
(1~20번)

단원 성취도 평가

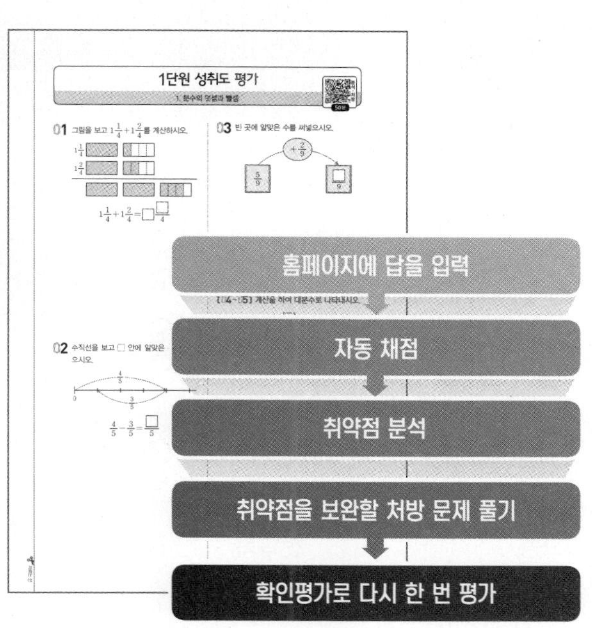

10종 교과 평가 자료집

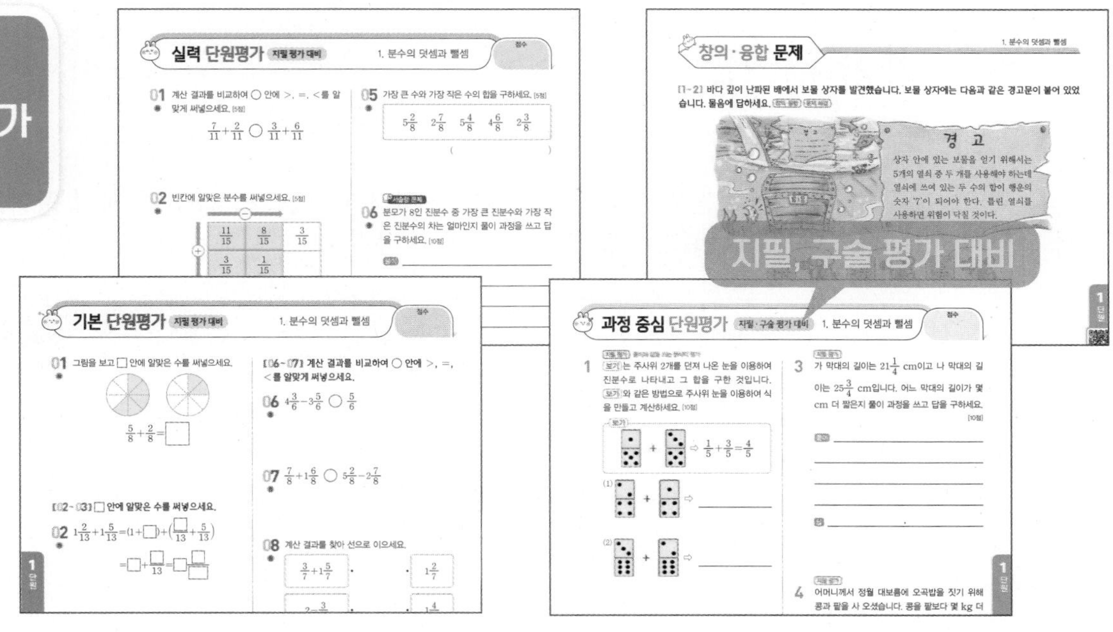

- 각종 평가를 대비할 수 있는 기본 단원평가, 실력 단원평가, 과정 중심 단원평가!
- 과정 중심 단원평가에는 지필, 구술, 관찰 평가를 대비할 수 있는 문제 수록

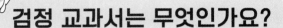

검정 교과서는 무엇인가요?

교육부가 편찬하는 국정 교과서와 달리 일반출판사에서 저자를 섭외 구성하고, 교육과정을 반영한 후, 교육부 심사를 거친 교과서입니다.

적용 시기				2015 개정 교육과정 검정 교과서 적용		2022 개정 교육과정 적용			
구분	학년	과목	유형	22년	23년	24년	25년	26년	27년
초등	1, 2	국어/수학	국정			적용			
	3, 4	국어/도덕	국정				적용		
		수학/사회/과학	검정	적용					
	5, 6	국어/도덕	국정					적용	
		수학/사회/과학	검정		적용				
중고등	1	전과목	검정				적용		
	2							적용	
	3								적용

과정 중심 평가가 무엇인가요?

과정 중심 평가는 기존의 결과 중심 평가와 대비되는 평가 방식으로 학습의 과정 속에서 평가가 이루어지며, 과정에서 적절한 피드백을 제공하여 평가를 통해 학습 능력이 성장하도록 하는 데 목적이 있습니다.

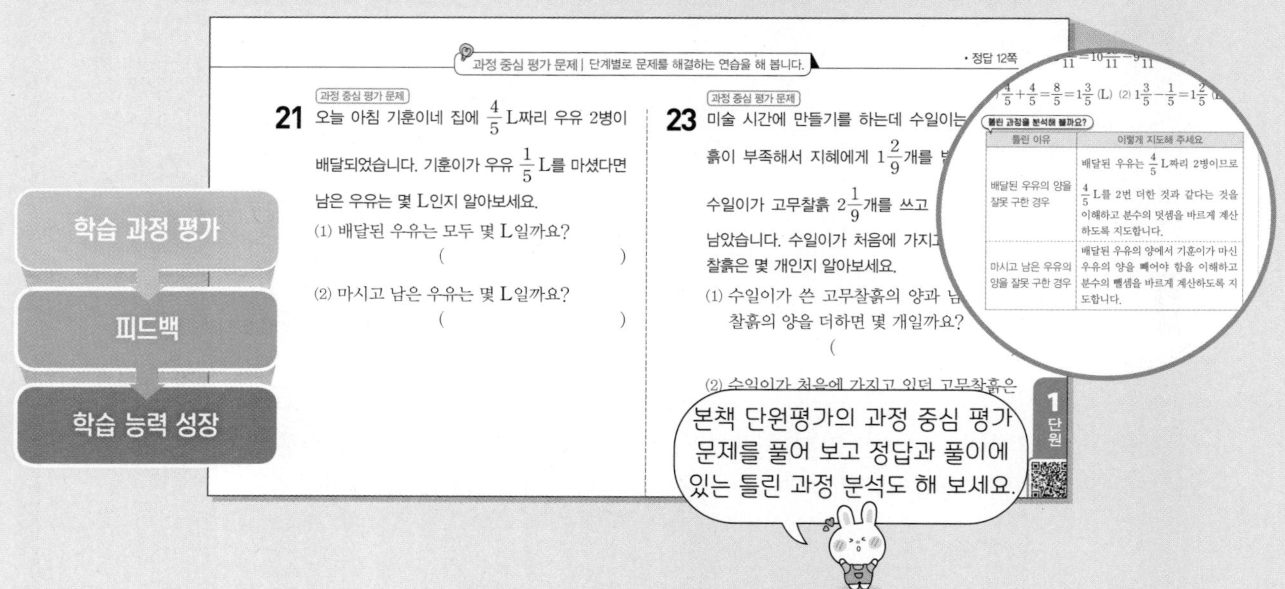

우등생 수학

4-2

1. 분수의 덧셈과 뺄셈 6쪽

2. 삼각형 36쪽

3. 소수의 덧셈과 뺄셈 60쪽

4. 사각형 90쪽

5. 꺾은선그래프 120쪽

6. 다각형 144쪽

분수의 덧셈과 뺄셈

웹툰으로 **단원 미리보기** 1화_ 별일 없을 거야~

QR코드를 스캔하여 이어지는 내용을 확인하세요.

이전에 배운 내용

3-2 진분수, 가분수, 대분수 알아보기

- 진분수: 분자가 분모보다 작은 분수
- 가분수: 분자가 분모와 같거나 분모보다 큰 분수
- 대분수: 자연수와 진분수로 이루어진 분수

3-2 대분수를 가분수로, 가분수를 대분수로 나타내기

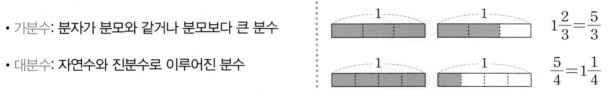

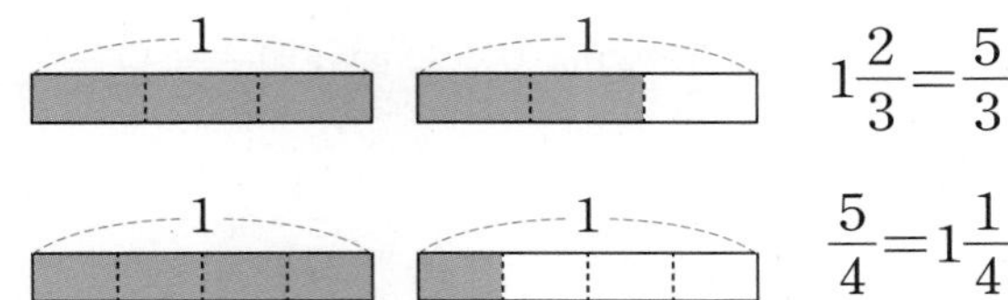

이 단원에서 배울 내용

1 Step 교과 개념	분수의 덧셈 (1)
1 Step 교과 개념	분수의 덧셈 (2)
2 Step 교과 유형 익힘	
1 Step 교과 개념	분수의 뺄셈 (1)
1 Step 교과 개념	분수의 뺄셈 (2)
2 Step 교과 유형 익힘	
1 Step 교과 개념	분수의 뺄셈 (3)
1 Step 교과 개념	분수의 뺄셈 (4)
2 Step 교과 유형 익힘	
3 Step 문제 해결	잘 틀리는 문제 서술형 문제
4 Step 실력 UP 문제	
단원 평가	

이 단원을 배우면 분모가 같은 분수의 덧셈과 뺄셈을 할 수 있어요.

Step 1 교과 개념

분수의 덧셈 (1)

개념1 합이 1보다 작은 진분수의 덧셈 — $\frac{1}{4}+\frac{2}{4}$의 계산

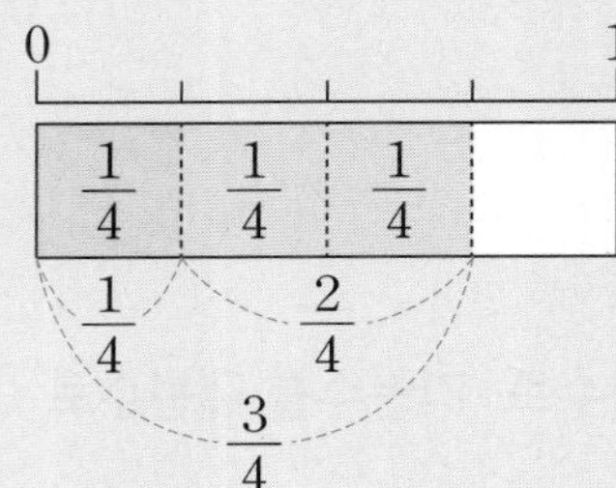

$\frac{1}{4}$은 $\frac{1}{4}$이 1개
$\frac{2}{4}$는 $\frac{1}{4}$이 2개

➡ $\frac{1}{4}+\frac{2}{4}$는 $\frac{1}{4}$이 3개 (1+2) ➡ $\frac{1}{4}+\frac{2}{4}=\frac{3}{4}$

진분수의 덧셈을 할 때는 **분모는 그대로** 두고 **분자끼리 더합니다.**

$$\frac{1}{4}+\frac{2}{4}=\frac{1+2}{4}=\frac{3}{4}$$

개념2 합이 1보다 큰 진분수의 덧셈 — $\frac{2}{4}+\frac{3}{4}$의 계산

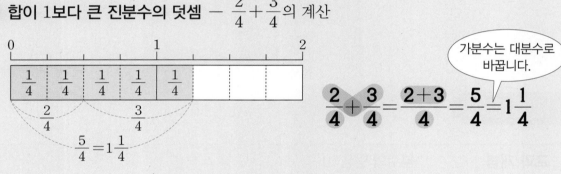

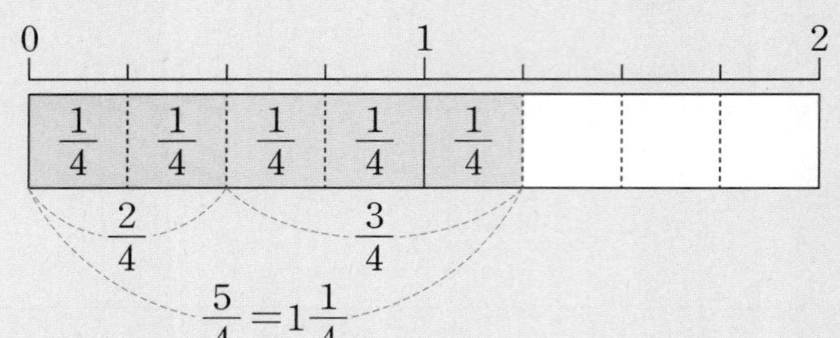

$$\frac{2}{4}+\frac{3}{4}=\frac{2+3}{4}=\frac{5}{4}=1\frac{1}{4}$$

가분수는 대분수로 바꿉니다.

개념확인 1 □ 안에 알맞은 수를 써넣으세요.

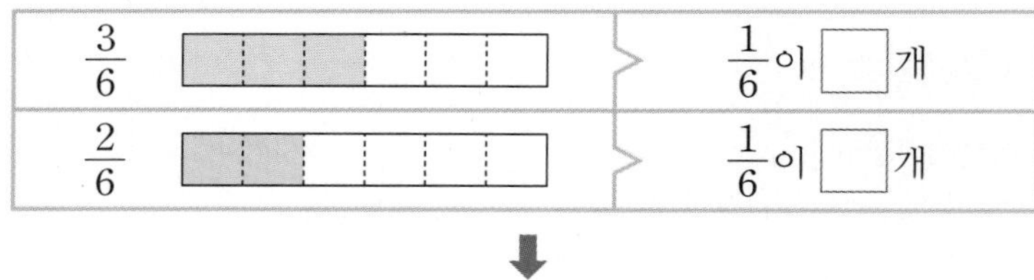

$\frac{3}{6}$ → $\frac{1}{6}$이 □개

$\frac{2}{6}$ → $\frac{1}{6}$이 □개

⬇

$\frac{3}{6}+\frac{2}{6}$ → $\frac{1}{6}$이 □개

$$\frac{3}{6}+\frac{2}{6}=\frac{\square+\square}{6}=\frac{\square}{6}$$

개념확인 2 그림을 보고 □ 안에 알맞은 수를 써넣으세요.

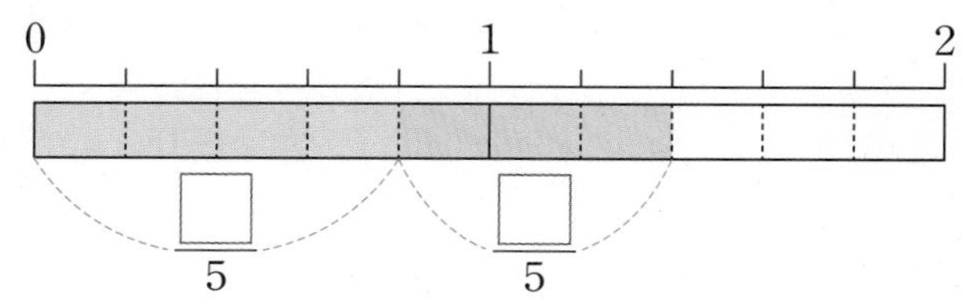

$$\frac{4}{5}+\frac{3}{5}=\frac{\square+\square}{5}=\frac{\square}{5}=\square\frac{\square}{5}$$

3 □ 안에 알맞은 수를 써넣으세요.

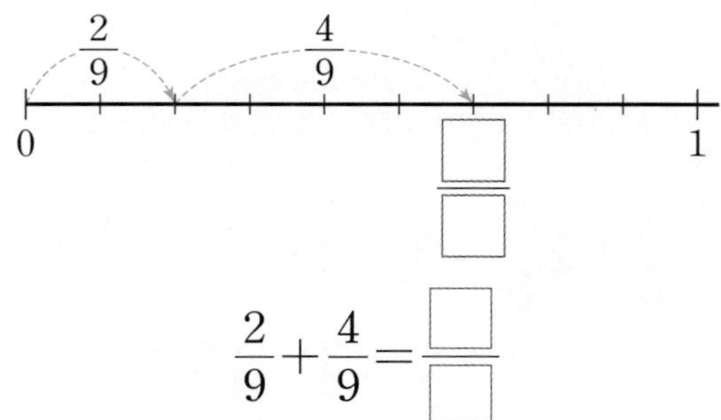

$\frac{2}{9}+\frac{4}{9}=\frac{\square}{\square}$

4 그림을 보고 □ 안에 알맞은 수를 써넣으세요.

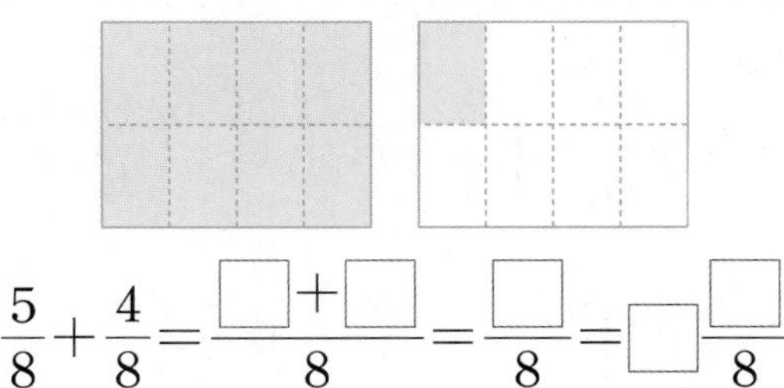

$\frac{5}{8}+\frac{4}{8}=\frac{\square+\square}{8}=\frac{\square}{8}=\square\frac{\square}{8}$

5 □ 안에 알맞은 수를 써넣으세요.

$\frac{6}{8}$은 $\frac{1}{8}$이 □개이고, $\frac{7}{8}$은 $\frac{1}{8}$이 □개이므로

$\frac{6}{8}+\frac{7}{8}$은 $\frac{1}{8}$이 □개입니다.

⇨ $\frac{6}{8}+\frac{7}{8}=\frac{\square}{8}=\square\frac{\square}{8}$

6 $\frac{3}{7}+\frac{5}{7}$를 그림에 표시하고 □ 안에 알맞은 수를 써넣으세요.

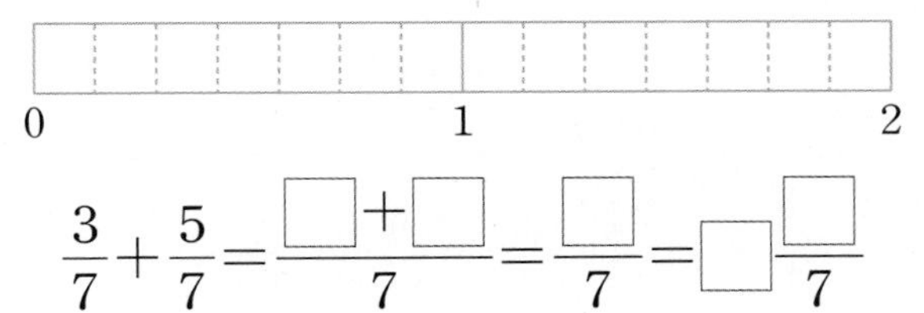

$\frac{3}{7}+\frac{5}{7}=\frac{\square+\square}{7}=\frac{\square}{7}=\square\frac{\square}{7}$

7 바르게 계산한 것에 ○표 하세요.

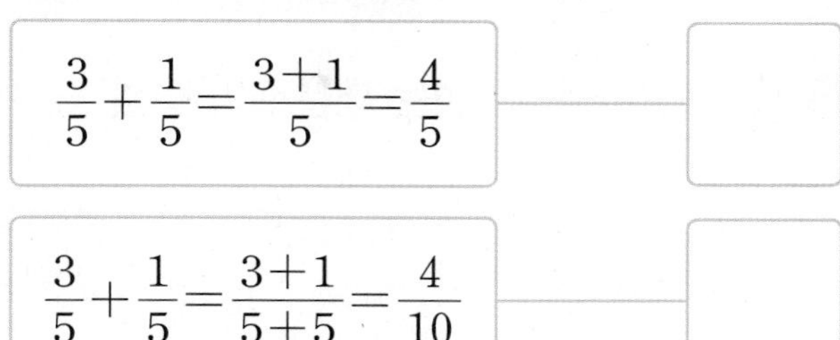

$\frac{3}{5}+\frac{1}{5}=\frac{3+1}{5}=\frac{4}{5}$
$\frac{3}{5}+\frac{1}{5}=\frac{3+1}{5+5}=\frac{4}{10}$

8 계산을 하세요.

(1) $\frac{5}{10}+\frac{2}{10}$

(2) $\frac{6}{11}+\frac{8}{11}$

9 빈칸에 알맞은 수를 써넣으세요.

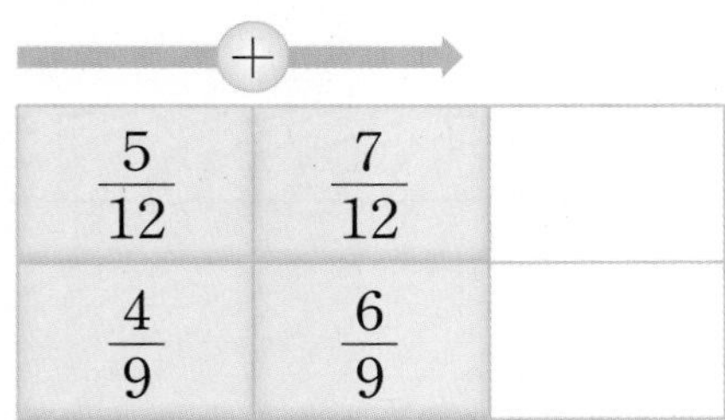

10 빈 곳에 알맞은 수를 써넣으세요.

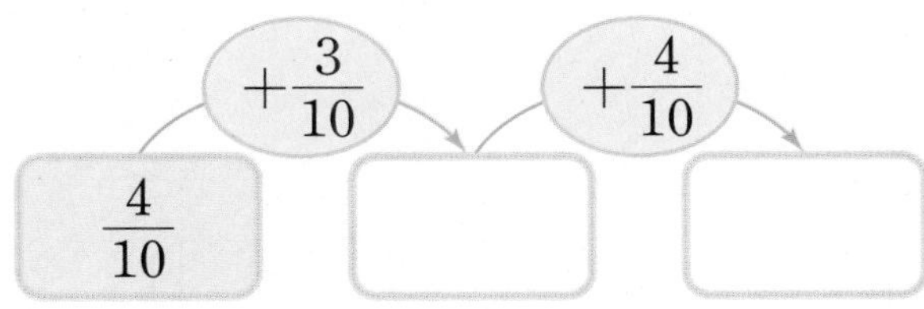

1 단원

교과 개념

분수의 덧셈 (2)

개념1 받아올림이 없는 대분수의 덧셈 — $1\frac{1}{5}+2\frac{2}{5}$의 계산

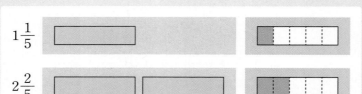

자연수 부분끼리, 진분수 부분끼리 더합니다.

$$1\frac{1}{5}+2\frac{2}{5}=(1+2)+\left(\frac{1}{5}+\frac{2}{5}\right)$$
$$=3+\frac{3}{5}=3\frac{3}{5}$$

개념2 받아올림이 있는 대분수의 덧셈 — $1\frac{3}{4}+1\frac{2}{4}$의 계산

방법 1 자연수 부분과 진분수 부분으로 나누어 계산하는 방법

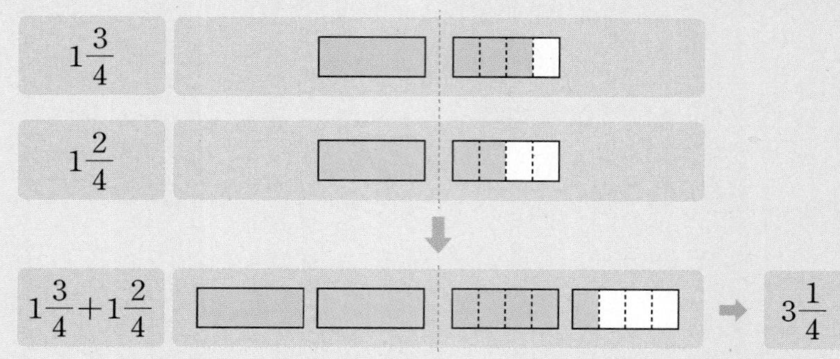

$$1\frac{3}{4}+1\frac{2}{4}=(1+1)+\left(\frac{3}{4}+\frac{2}{4}\right)$$
$$=2+\frac{5}{4}=2+1\frac{1}{4}$$
$$=3\frac{1}{4}$$

방법 2 대분수를 가분수로 바꾸어 계산하는 방법

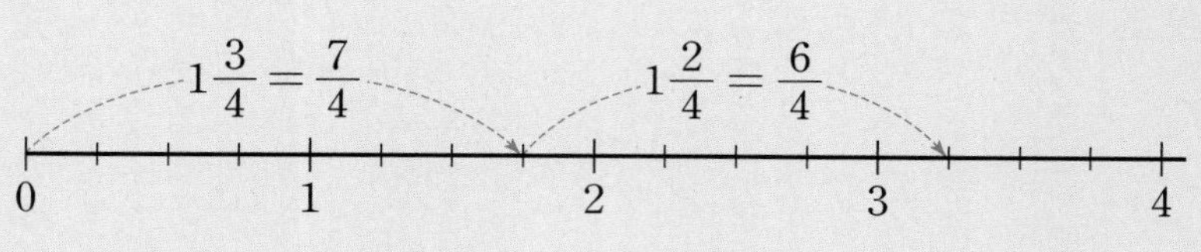

가분수의 덧셈도 진분수의 덧셈과 같이 분모는 그대로 두고 분자끼리 더합니다.

$$1\frac{3}{4}+1\frac{2}{4}=\frac{7}{4}+\frac{6}{4}$$
$$=\frac{7+6}{4}=\frac{13}{4}=3\frac{1}{4}$$

개념확인 1 그림을 보고 □ 안에 알맞은 수를 써넣으세요.

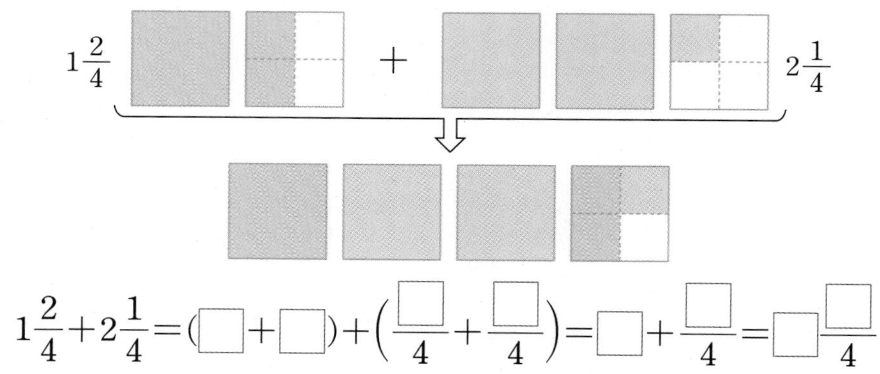

$$1\frac{2}{4}+2\frac{1}{4}=(\square+\square)+\left(\frac{\square}{4}+\frac{\square}{4}\right)=\square+\frac{\square}{4}=\square\frac{\square}{4}$$

2 수직선을 이용하여 $1\frac{2}{5}+\frac{4}{5}$가 얼마인지 알아보려고 합니다. □ 안에 알맞은 수를 써넣으세요.

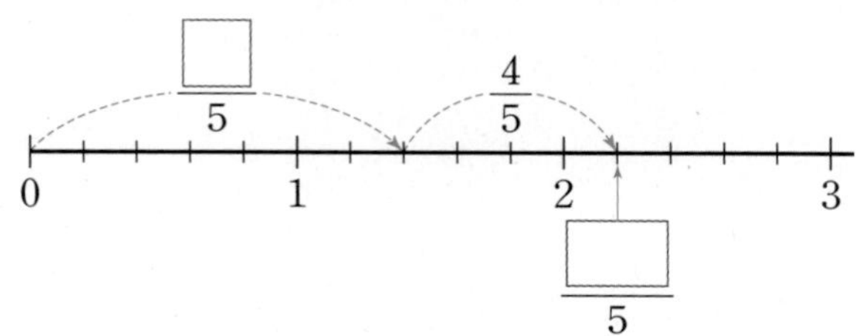

$1\frac{2}{5}+\frac{4}{5}=\frac{\square}{5}+\frac{4}{5}=\frac{\square}{5}=\square\frac{\square}{5}$

3 자연수 부분과 진분수 부분으로 나누어 계산하려고 합니다. □ 안에 알맞은 수를 써넣으세요.

$2\frac{3}{6}+1\frac{4}{6}=(2+\square)+\left(\frac{\square}{6}+\frac{\square}{6}\right)$

$=\square+\frac{\square}{6}=\square+\square\frac{\square}{6}$

$=\square\frac{\square}{6}$

4 대분수를 가분수로 바꾸어 계산하려고 합니다. □ 안에 알맞은 수를 써넣으세요.

$5\frac{4}{7}+1\frac{5}{7}=\frac{\square}{7}+\frac{\square}{7}=\frac{\square}{7}$

$=\square\frac{\square}{7}$

5 계산을 하세요.

(1) $1\frac{5}{10}+6\frac{2}{10}$

(2) $1\frac{5}{9}+1\frac{5}{9}$

6 보기 와 같은 방법으로 계산하세요.

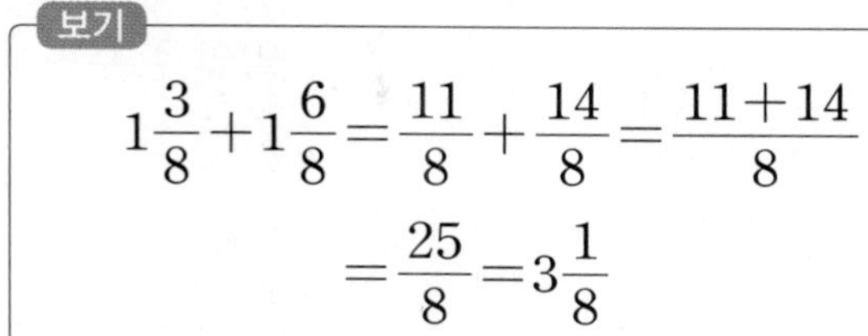

보기
$1\frac{3}{8}+1\frac{6}{8}=\frac{11}{8}+\frac{14}{8}=\frac{11+14}{8}$
$=\frac{25}{8}=3\frac{1}{8}$

$3\frac{4}{7}+1\frac{6}{7}=$ ____________________

____

7 빈칸에 두 분수의 합을 써넣으세요.

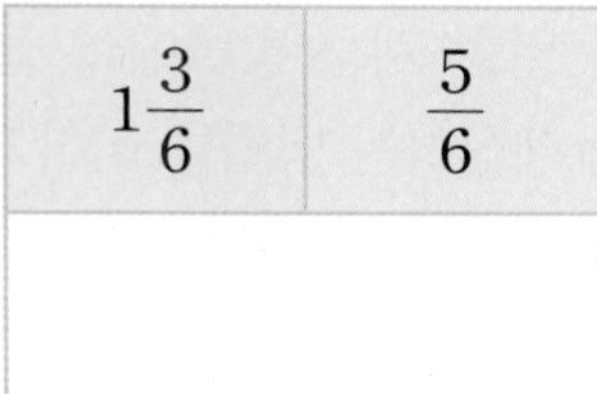

$1\frac{3}{6}$	$\frac{5}{6}$

8 빈 곳에 알맞은 수를 써넣으세요.

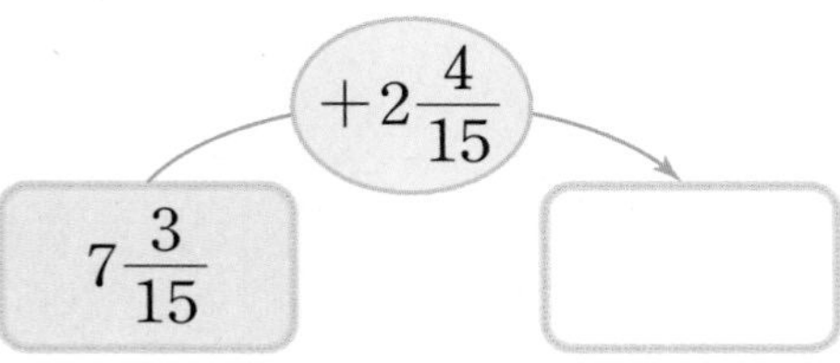

9 빈 곳에 알맞은 수를 써넣으세요.

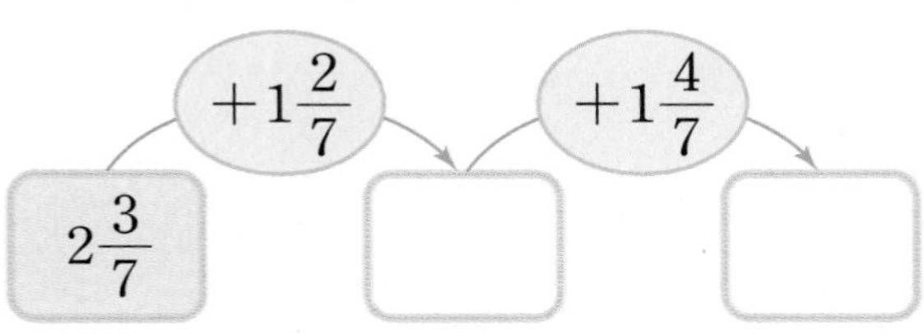

1 단원

진도 완료 체크

10종 교과 유형 익힘

01 분수의 덧셈을 하여 빈칸에 알맞은 수를 써넣으세요.

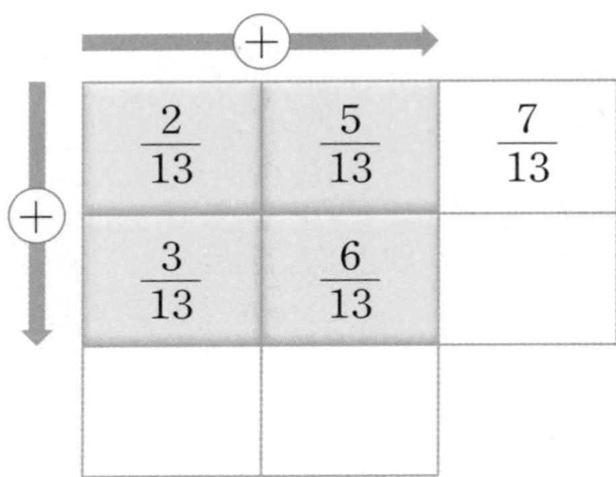

서술형 문제

02 민희가 말한 계산 방법에서 잘못된 부분을 찾아 바르게 계산하는 방법을 이야기해 보세요.

$\frac{4}{7}+\frac{2}{7}=\frac{6}{14}$
분모끼리 더하고 분자끼리 더해서 계산했어.
민희

03 $5\frac{2}{4}+3\frac{2}{4}$를 두 가지 방법으로 계산하세요.

방법 1

방법 2

04 계산 결과가 3과 4 사이인 덧셈식에 ○표 하세요.

$1\frac{6}{9}+1\frac{5}{9}$	$1\frac{2}{7}+1\frac{3}{7}$	$2\frac{3}{8}+1\frac{6}{8}$

05 계산 결과가 더 큰 것의 기호를 쓰세요.

㉠ $\frac{10}{13}+\frac{11}{13}$　　㉡ $1\frac{3}{13}+\frac{4}{13}$

(　　　　　　　)

06 소현이의 물통에 물이 $\frac{3}{10}$ L, 준호의 물통에 물이 $\frac{6}{10}$ L 들어 있습니다. 두 물통에 들어 있는 물을 큰 물통에 모두 부으면 몇 L가 되나요?

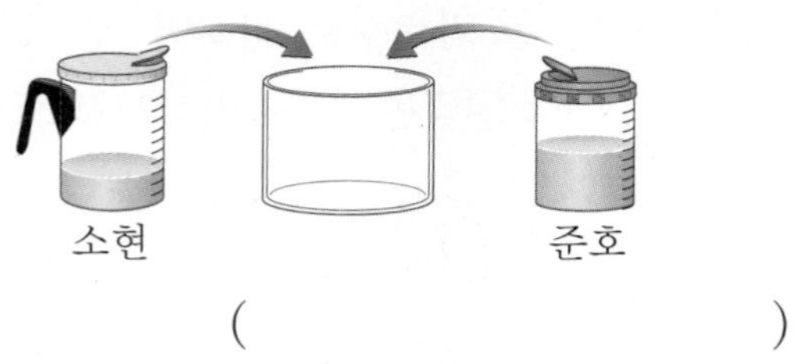

(　　　　　　　)

07 □ 안에 들어갈 수 있는 자연수를 모두 구하세요.

$\frac{5}{8}+\frac{\square}{8}<1$

(　　　　　　　)

08 성규네 집에서 빵집을 지나 민희네 집까지 가는 거리는 몇 km인지 구하세요.

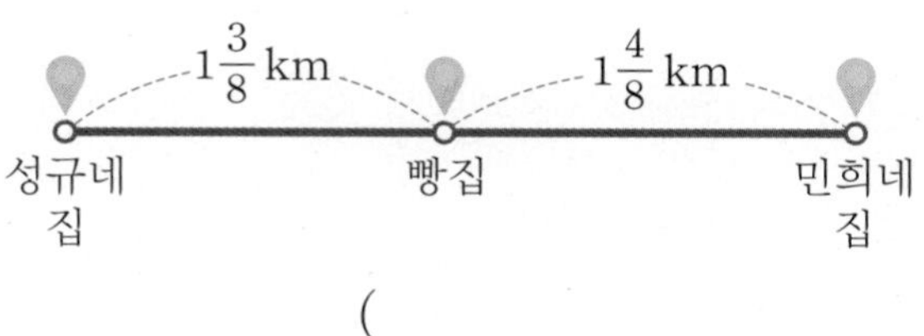

( )

09 □ 안에 들어갈 수 있는 자연수는 모두 몇 개인지 구하세요.

$$\frac{6}{10}+\frac{\square}{10}<1\frac{1}{10}$$

( )

10 어떤 대분수와 $1\frac{3}{22}$의 합은 $8\frac{17}{22}$입니다. 어떤 대분수를 구하세요.

( )

11 분수 카드 2장을 골라 합이 가장 큰 덧셈식을 만드세요.

$2\frac{4}{5}$ $\frac{11}{5}$ $2\frac{3}{5}$

□ + □ = □

12 추론 분모가 15인 진분수 중에서 $\frac{12}{15}$보다 큰 분수들의 합을 구하세요.

( )

13 정보처리 성규와 은혜는 선물을 포장하는 데 다음 길이의 리본을 사용하였습니다. 두 사람이 사용한 리본은 모두 몇 m인지 구하세요.

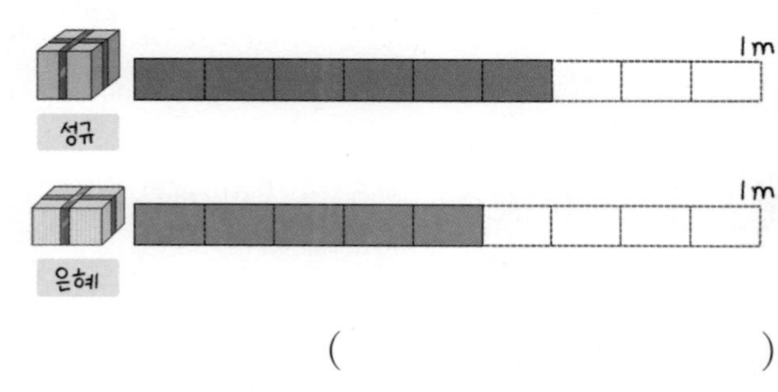

( )

서술형 문제

14 창의융합 윤서는 입체 프린터를 이용하여 높이가 $\frac{7}{10}$ cm인 블록을 2개 만들었습니다. 블록 2개의 높이의 합은 몇 cm인지 식을 쓰고 답을 구하세요.

식 ______

답 ______

15 문제해결 분모가 9인 두 가분수의 합이 $2\frac{4}{9}$인 덧셈식을 모두 쓰세요. (단, $\frac{9}{9}+\frac{13}{9}$과 $\frac{13}{9}+\frac{9}{9}$는 같은 덧셈식으로 생각합니다.)

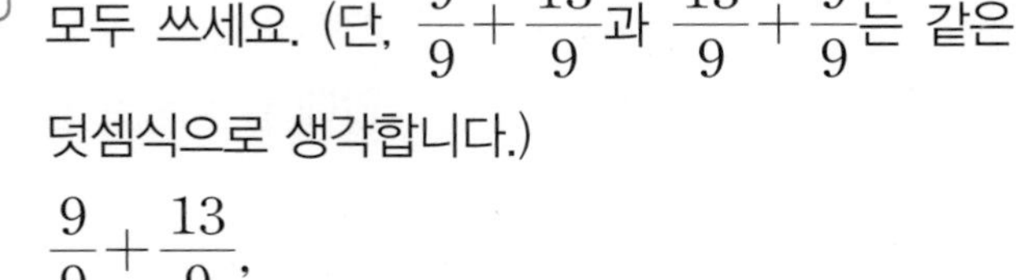

$\frac{9}{9}+\frac{13}{9}$, ______

1 교과 개념

분수의 뺄셈 (1)

개념1 **진분수의 뺄셈** — $\frac{5}{6}-\frac{2}{6}$의 계산

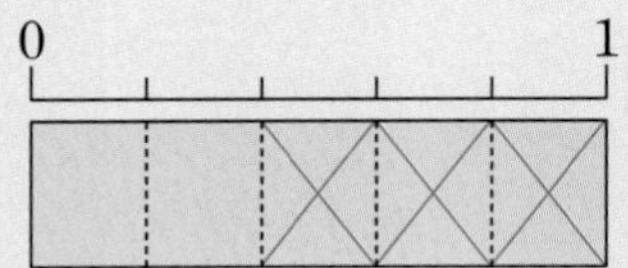

$\frac{5}{6}$는 $\frac{1}{6}$이 5개
$\frac{2}{6}$는 $\frac{1}{6}$이 2개
➡ $\frac{5}{6}-\frac{2}{6}$는 $\frac{1}{6}$이 3개 ➡ $\frac{5}{6}-\frac{2}{6}=\frac{3}{6}$

진분수의 뺄셈을 할 때는 **분모는 그대로** 두고 **분자끼리 뺍니다.**

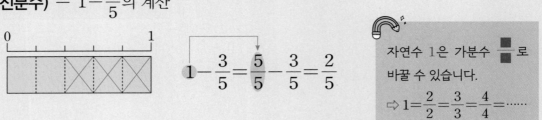

$$\frac{5}{6}-\frac{2}{6}=\frac{5-2}{6}=\frac{3}{6}$$

개념2 1−**(진분수)** — $1-\frac{3}{5}$의 계산

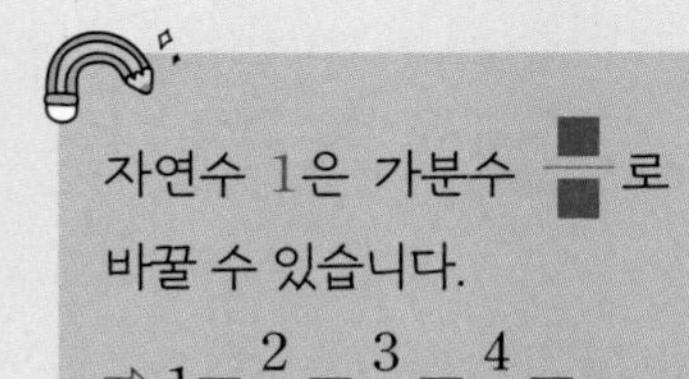

$1-\frac{3}{5}=\frac{5}{5}-\frac{3}{5}=\frac{2}{5}$

자연수 1은 가분수 $\frac{■}{■}$로 바꿀 수 있습니다.
⇨ $1=\frac{2}{2}=\frac{3}{3}=\frac{4}{4}=\cdots\cdots$

자연수 **1**을 **빼는 분수와 분모가 같은 가분수**로 바꾸고 **분자끼리 뺍니다.**

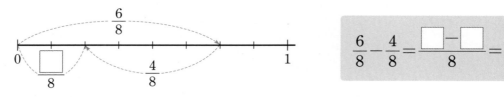

$$1-\frac{3}{5}=\frac{5}{5}-\frac{3}{5}=\frac{5-3}{5}=\frac{2}{5}$$

개념확인 1 □ 안에 알맞은 수를 써넣으세요.

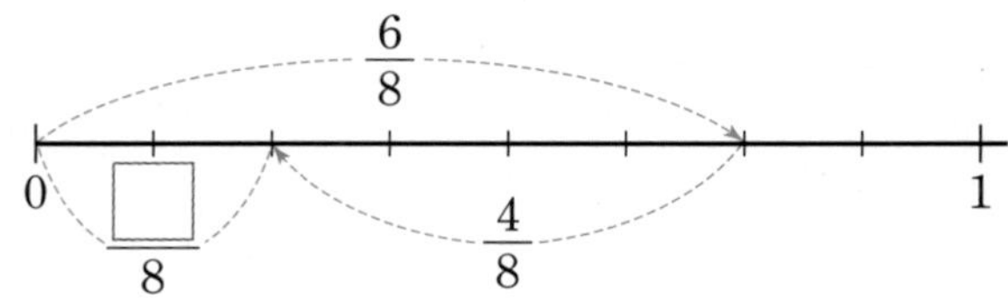

$\frac{6}{8}-\frac{4}{8}=\frac{\square-\square}{8}=\frac{\square}{8}$

개념확인 2 그림을 보고 □ 안에 알맞은 수를 써넣으세요.

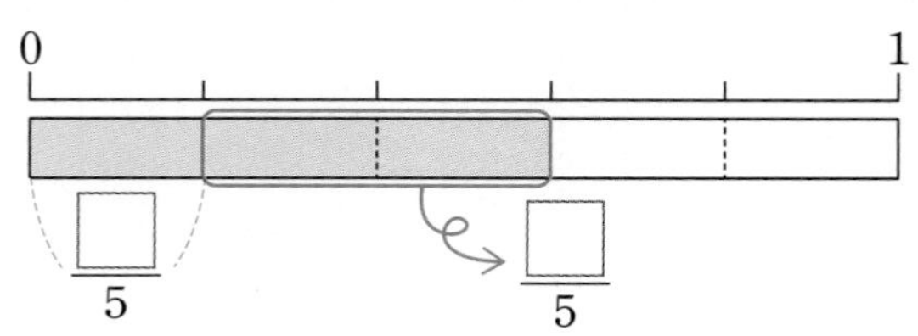

$\frac{3}{5}-\frac{2}{5}=\frac{\square-\square}{5}=\frac{\square}{5}$

3 $\square$ 안에 알맞은 수를 써넣으세요.

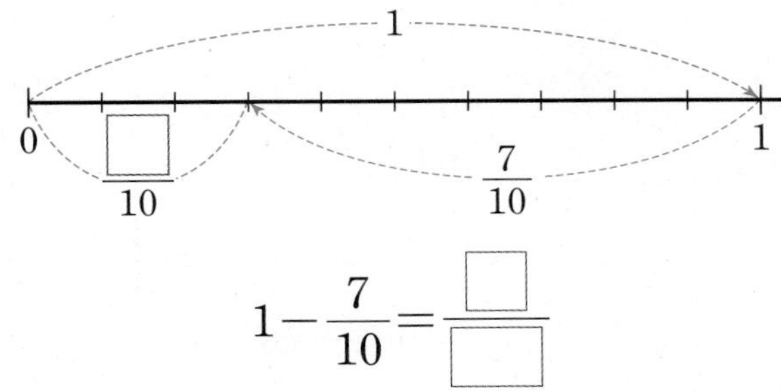

$$1-\frac{7}{10}=\frac{\square}{\square}$$

4 $\square$ 안에 알맞은 수를 써넣으세요.

$\frac{3}{9}$은 $\frac{1}{9}$이 $\square$개이고, $\frac{2}{9}$는 $\frac{1}{9}$이 $\square$개이므로

$\frac{3}{9}-\frac{2}{9}$는 $\frac{1}{9}$이 $\square$개입니다.

⇨ $\frac{3}{9}-\frac{2}{9}=\frac{\square-\square}{9}=\frac{\square}{9}$

5 $\frac{5}{6}-\frac{2}{6}$를 그림으로 나타내어 얼마인지 알아보세요.

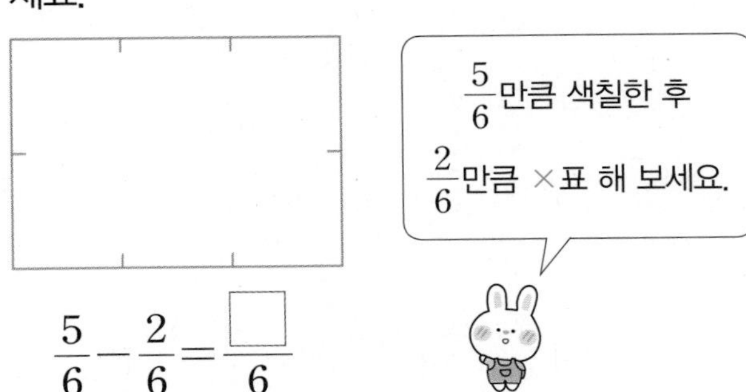

$\frac{5}{6}-\frac{2}{6}=\frac{\square}{6}$

6 $\square$ 안에 알맞은 수를 써넣으세요.

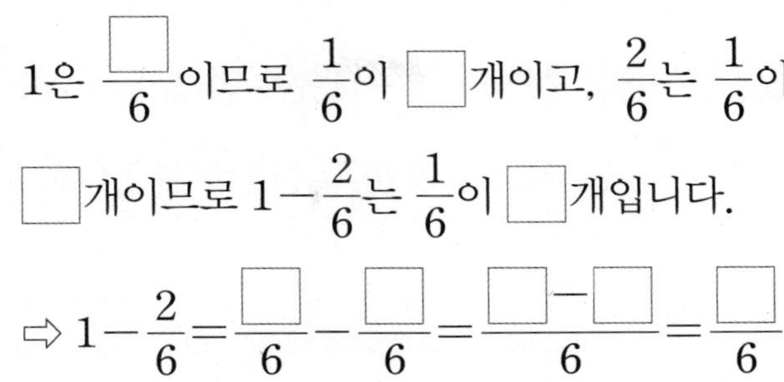

1은 $\frac{\square}{6}$이므로 $\frac{1}{6}$이 $\square$개이고, $\frac{2}{6}$는 $\frac{1}{6}$이

$\square$개이므로 $1-\frac{2}{6}$는 $\frac{1}{6}$이 $\square$개입니다.

⇨ $1-\frac{2}{6}=\frac{\square}{6}-\frac{\square}{6}=\frac{\square-\square}{6}=\frac{\square}{6}$

7 $\square$ 안에 알맞은 수를 써넣으세요.

$$1-\frac{4}{7}=\frac{\square}{7}-\frac{4}{7}=\frac{\square-\square}{7}=\frac{\square}{7}$$

8 계산을 하세요.

(1) $\frac{5}{11}-\frac{2}{11}$

(2) $1-\frac{7}{12}$

9 두 수의 차를 구하세요.

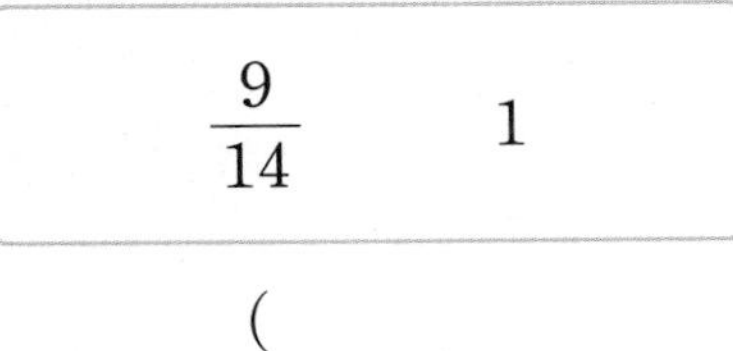

(　　　　　　　　)

1 단원

1 교과 개념

개념1 받아내림이 없는 대분수의 뺄셈 — $4\frac{3}{5}-3\frac{1}{5}$의 계산

방법 1 자연수 부분과 진분수 부분으로 나누어 계산하는 방법

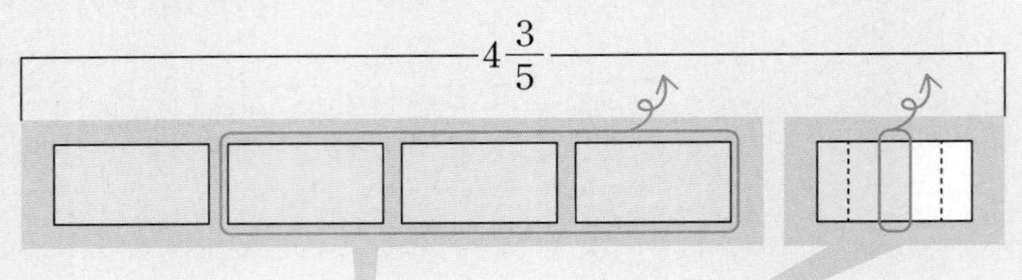

$$4\frac{3}{5}-3\frac{1}{5}=(4-3)+\left(\frac{3}{5}-\frac{1}{5}\right)=1+\frac{2}{5}=1\frac{2}{5}$$

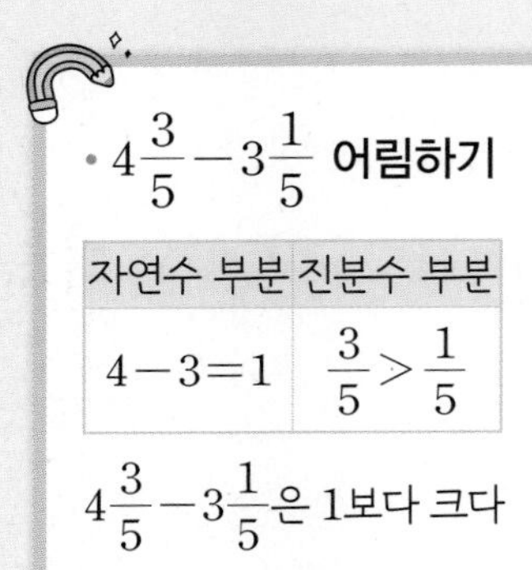

• $4\frac{3}{5}-3\frac{1}{5}$ 어림하기

자연수 부분	진분수 부분
$4-3=1$	$\frac{3}{5}>\frac{1}{5}$

$4\frac{3}{5}-3\frac{1}{5}$은 1보다 크다고 어림할 수 있습니다.

방법 2 대분수를 가분수로 바꾸어 계산하는 방법

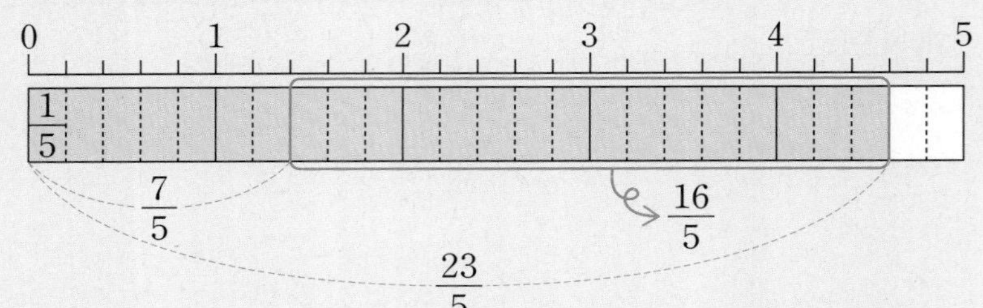

가분수의 뺄셈도 진분수의 뺄셈과 같이 분모는 그대로 두고 분자끼리 뺍니다.

$$4\frac{3}{5}-3\frac{1}{5}=\frac{23}{5}-\frac{16}{5}=\frac{7}{5}=1\frac{2}{5}$$

개념확인 1 그림을 보고 □ 안에 알맞은 수를 써넣으세요.

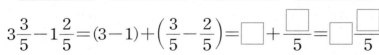

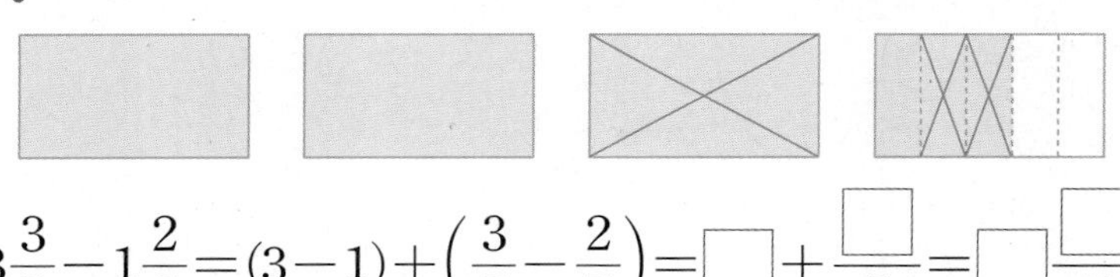

$$3\frac{3}{5}-1\frac{2}{5}=(3-1)+\left(\frac{3}{5}-\frac{2}{5}\right)=\square+\frac{\square}{5}=\square\frac{\square}{5}$$

$3\frac{3}{5}$에서 $1\frac{2}{5}$만큼 지우고 남은 부분을 확인해 보세요.

개념확인 2 그림을 보고 □ 안에 알맞은 수를 써넣으세요.

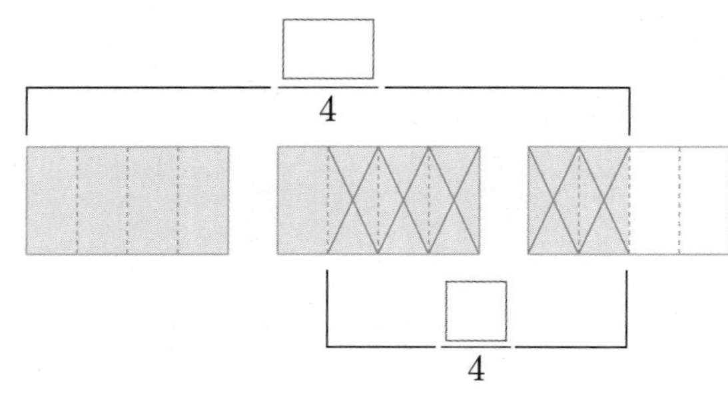

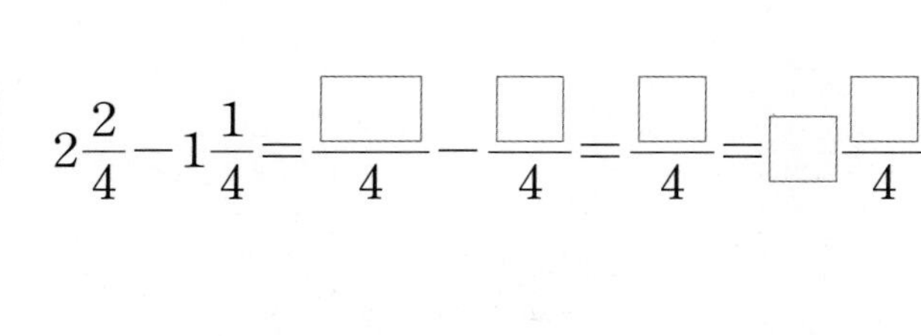

$$2\frac{2}{4}-1\frac{1}{4}=\frac{\square}{4}-\frac{\square}{4}=\frac{\square}{4}=\square\frac{\square}{4}$$

3 $3\frac{4}{6}-1\frac{3}{6}$을 그림으로 나타내 얼마인지 알아보세요.

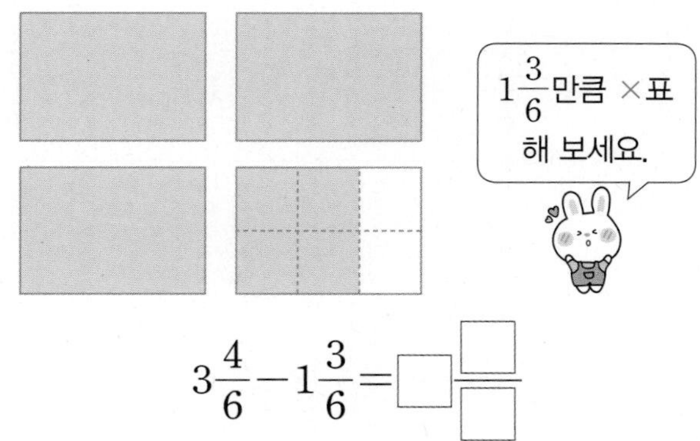

$3\frac{4}{6}-1\frac{3}{6}=\square\frac{\square}{\square}$

4 수직선을 보고 □ 안에 알맞은 수를 써넣으세요.

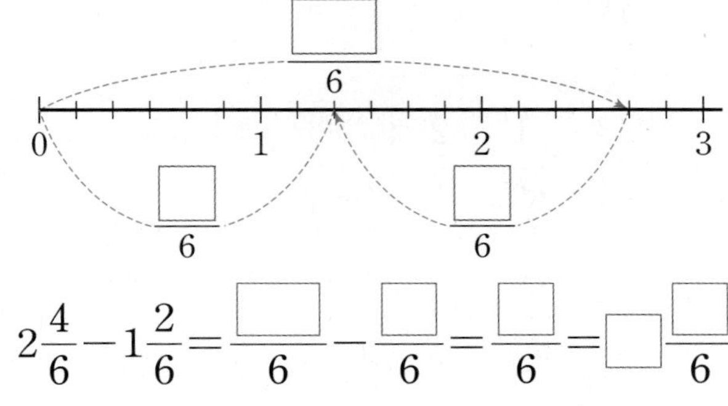

$2\frac{4}{6}-1\frac{2}{6}=\frac{\square}{6}-\frac{\square}{6}=\frac{\square}{6}=\square\frac{\square}{6}$

5 자연수 부분과 진분수 부분으로 나누어 계산하려고 합니다. □ 안에 알맞은 수를 써넣으세요.

$4\frac{3}{7}-1\frac{2}{7}=(4-\square)+\left(\frac{3}{7}-\frac{\square}{7}\right)$

$=\square+\frac{\square}{7}=\square\frac{\square}{7}$

6 계산을 하세요.

(1) $6\frac{4}{9}-1\frac{2}{9}$

(2) $4\frac{8}{11}-3\frac{2}{11}$

7 빈 곳에 알맞은 수를 써넣으세요.

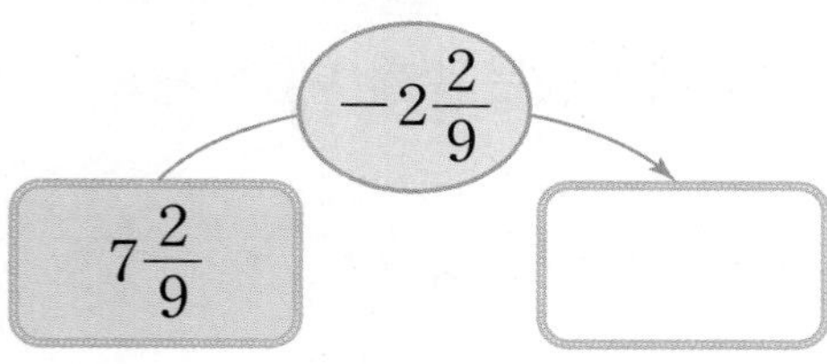

8 $5\frac{4}{8}-2\frac{1}{8}$을 두 가지 방법으로 계산하세요.

방법 1 자연수 부분과 진분수 부분으로 나누어 계산하기

$5\frac{4}{8}-2\frac{1}{8}=(\square-\square)+\left(\frac{\square}{\square}-\frac{\square}{\square}\right)$

$=\square+\frac{\square}{\square}=\square\frac{\square}{\square}$

방법 2 대분수를 가분수로 바꾸어 계산하기

$5\frac{4}{8}-2\frac{1}{8}=\frac{\square}{\square}-\frac{\square}{\square}$

$=\frac{\square}{\square}=\square\frac{\square}{\square}$

9 계산 결과를 찾아 선으로 이으세요.

$4\frac{6}{9}-1\frac{1}{9}$ •	• $2\frac{1}{9}$
$5\frac{4}{9}-3\frac{3}{9}$ •	• $3\frac{1}{9}$
$8\frac{7}{9}-5\frac{6}{9}$ •	• $3\frac{5}{9}$

1 단원

01 □ 안에 알맞은 수를 써넣으세요.

$$6\frac{4}{5}-\frac{13}{5}=\frac{\square}{5}-\frac{13}{5}$$
$$=\frac{\square}{5}=\square\frac{\square}{5}$$

02 빈 곳에 알맞은 수를 써넣으세요.

$\frac{7}{8}$ → $-\frac{4}{8}$ → □ → $-\frac{1}{8}$ → □

03 ◯ 안에 >, =, <를 알맞게 써넣으세요.

(1) $\frac{2}{9}+\frac{5}{9}$ ◯ $1-\frac{1}{9}$

(2) $3\frac{7}{15}+1\frac{2}{15}$ ◯ $5\frac{9}{15}-1\frac{7}{15}$

04 백설탕이 1 kg, 흑설탕이 $\frac{6}{11}$ kg 있습니다. 백설탕이 흑설탕보다 몇 kg 더 많은가요?

(　　　　　　)

05 가장 큰 수와 가장 작은 수의 차를 구하세요.

$\frac{17}{7}$　　$\frac{4}{7}$　　$1\frac{6}{7}$　　$2\frac{5}{7}$

(　　　　　　)

06 보기 와 같이 계산 결과가 $\frac{2}{7}$인 뺄셈식을 2개 쓰세요.

보기
$\frac{3}{7}-\frac{1}{7}=\frac{2}{7}$

식1 ______

식2 ______

서술형 문제

07 병에 물이 1 L 들어 있었습니다. 오전에 $\frac{1}{4}$ L를 마시고 오후에 $\frac{2}{4}$ L를 마셨습니다. 남은 물은 몇 L인지 풀이 과정을 쓰고 답을 구하세요.

풀이 ______

답 ______

08 1부터 9까지의 수 중 4개를 골라 한 번씩만 사용하여 계산 결과가 가장 큰 뺄셈식을 만들고, 계산하세요.

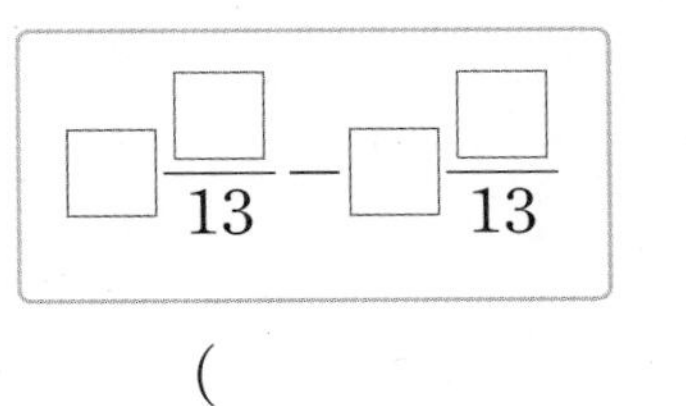

(　　　　　　　　)

서술형 문제

09 체육 시간에 야구공 던지기를 하였습니다. 재석이가 던진 야구공은 $5\frac{2}{6}$ m 날아갔고, 윤호가 던진 야구공은 $4\frac{1}{6}$ m 날아갔습니다. 재석이가 던진 야구공은 윤호가 던진 야구공보다 몇 m 더 멀리 날아갔는지 식을 쓰고 답을 구하세요.

식 ____________________

답 ____________________

10 밀가루가 $2\frac{3}{4}$ kg 있습니다. 빵 한 개를 만드는 데 밀가루가 $1\frac{1}{4}$ kg 필요합니다. 만들 수 있는 빵은 모두 몇 개이고, 남는 밀가루는 몇 kg인가요?

만들 수 있는 빵: □개,

남는 밀가루: □ kg

11 현지의 일기를 보고 문제를 해결하세요.

창의 융합

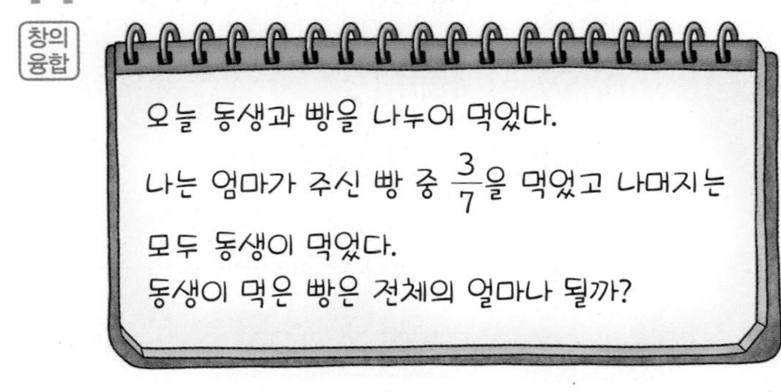

오늘 동생과 빵을 나누어 먹었다.
나는 엄마가 주신 빵 중 $\frac{3}{7}$을 먹었고 나머지는
모두 동생이 먹었다.
동생이 먹은 빵은 전체의 얼마나 될까?

(　　　　　　　　)

12 길이가 각각 $23\frac{5}{8}$ cm, $12\frac{7}{8}$ cm인 색 테이프 2장을 $5\frac{3}{8}$ cm만큼 겹쳐서 이어 붙였습니다. 이어 붙인 색 테이프의 전체 길이는 몇 cm일까요?

문제 해결

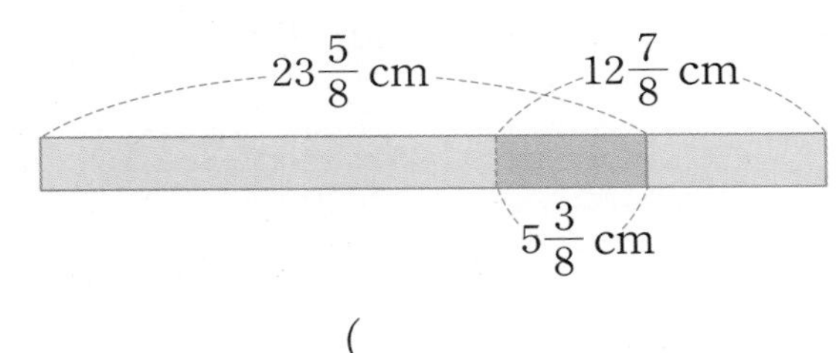

(　　　　　　　　)

13 친구들이 설명하는 두 분수를 구하세요.

추론

두 분수는 분모가 10인 진분수야.
두 분수를 더하면 $\frac{9}{10}$가 돼.
두 분수 중 큰 분수에서 작은 분수를 빼면 $\frac{5}{10}$가 돼.

(　　　　　　　　), (　　　　　　　　)

1 단원 진도 완료 체크

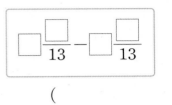

Step 1 교과 개념

개념1 (자연수)−(대분수) — $3-1\frac{1}{3}$의 계산

방법1 자연수에서 1만큼을 가분수로 바꾸어 계산하는 방법

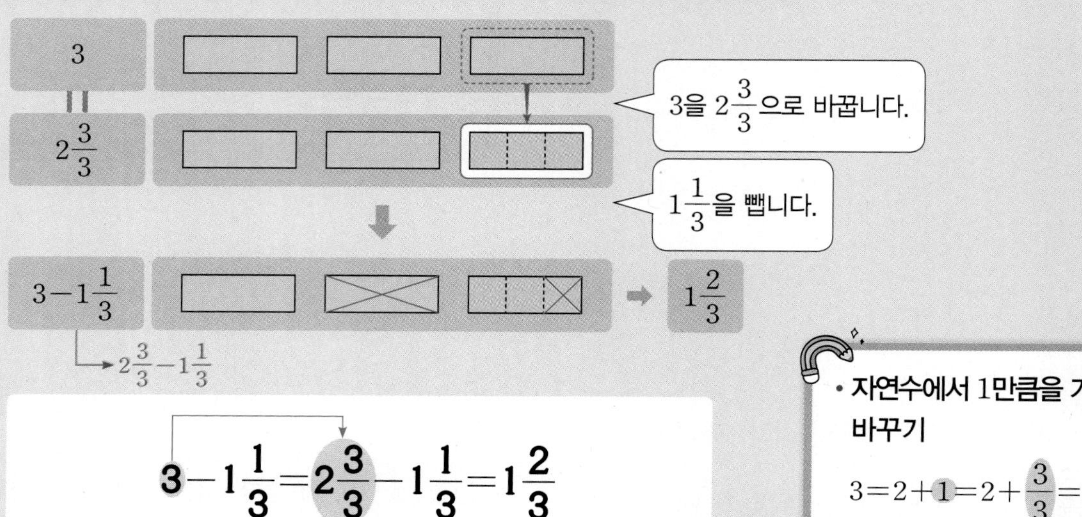

$$3-1\frac{1}{3}=2\frac{3}{3}-1\frac{1}{3}=1\frac{2}{3}$$

- 자연수에서 1만큼을 가분수로 바꾸기

$3=2+1=2+\frac{3}{3}=2\frac{3}{3}$

방법2 가분수로 바꾸어 계산하는 방법

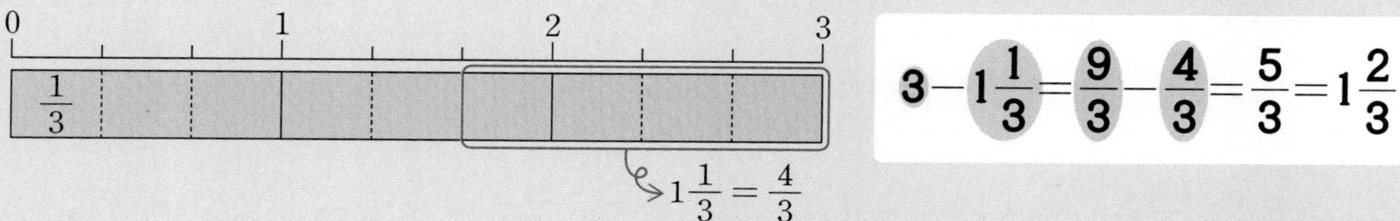

$$3-1\frac{1}{3}=\frac{9}{3}-\frac{4}{3}=\frac{5}{3}=1\frac{2}{3}$$

개념확인 1 그림을 보고 □ 안에 알맞은 수를 써넣으세요.

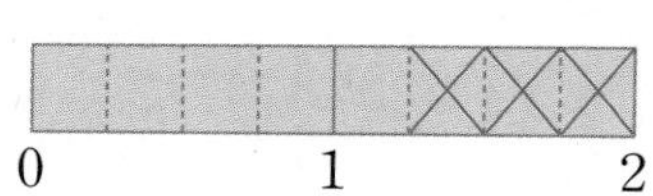

$2-\frac{3}{4}=\square\frac{\square}{4}$

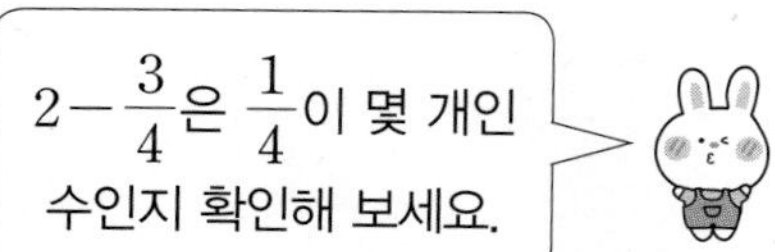

$2-\frac{3}{4}$은 $\frac{1}{4}$이 몇 개인 수인지 확인해 보세요.

개념확인 2 그림을 보고 □ 안에 알맞은 수를 써넣으세요.

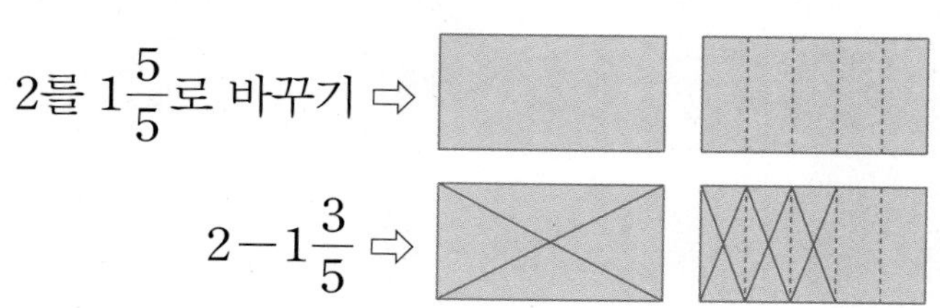

$2-1\frac{3}{5}=\frac{\square}{5}$

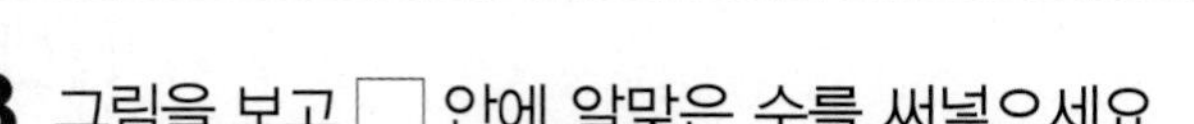

3 그림을 보고 □ 안에 알맞은 수를 써넣으세요.

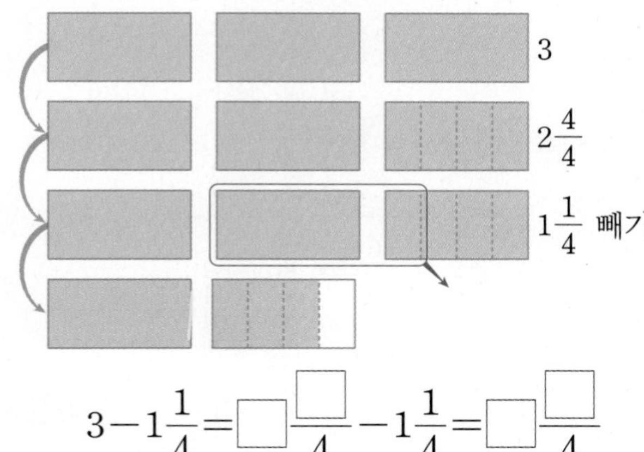

$$3-1\frac{1}{4}=\square\frac{\square}{4}-1\frac{1}{4}=\square\frac{\square}{4}$$

4 수직선을 보고 □ 안에 알맞은 수를 써넣으세요.

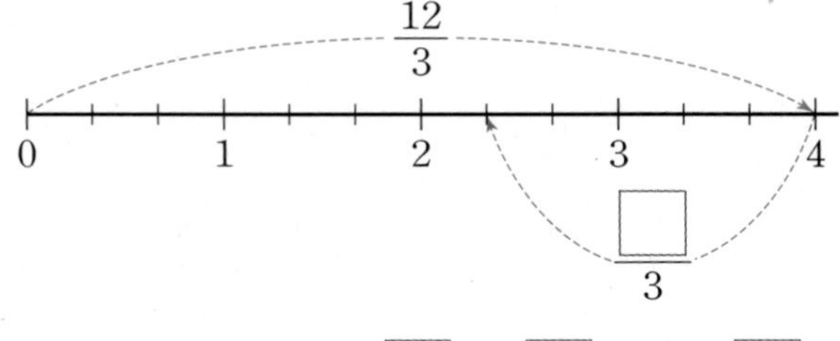

$$4-1\frac{2}{3}=\frac{12}{3}-\frac{\square}{3}=\frac{\square}{3}=\square\frac{\square}{3}$$

5 □ 안에 알맞은 수를 써넣으세요.

$$5-2\frac{1}{2}=4\frac{\square}{2}-2\frac{1}{2}$$
$$=(4-2)+\left(\frac{\square}{2}-\frac{1}{2}\right)$$
$$=\square+\frac{\square}{2}=\square\frac{\square}{2}$$

6 □ 안에 알맞은 수를 써넣으세요.

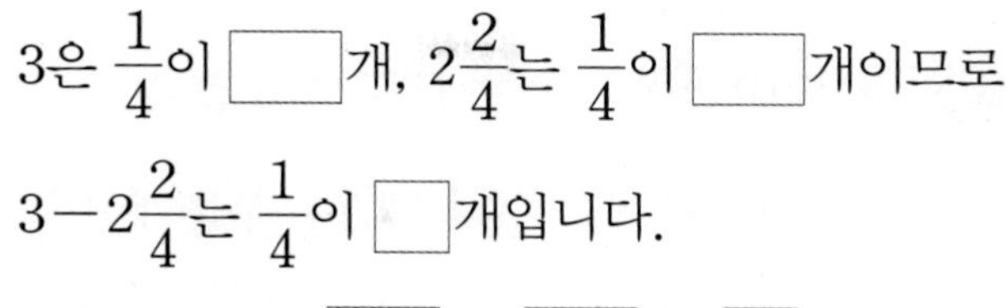

3은 $\frac{1}{4}$이 □개, $2\frac{2}{4}$는 $\frac{1}{4}$이 □개이므로

$3-2\frac{2}{4}$는 $\frac{1}{4}$이 □개입니다.

$$\Rightarrow 3-2\frac{2}{4}=\frac{\square}{4}-\frac{\square}{4}=\frac{\square}{4}$$

7 □ 안에 알맞은 수를 써넣으세요.

$$7-2\frac{4}{6}=\frac{\square}{6}-\frac{\square}{6}=\frac{\square-\square}{6}$$
$$=\frac{\square}{6}=\square\frac{\square}{6}$$

8 계산을 하세요.

(1) $8-1\frac{2}{9}$

(2) $6-1\frac{4}{7}$

9 두 수의 차를 구하세요.

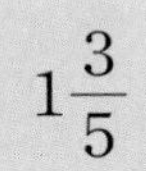

(　　　　　　　　)

1 단원

1 교과 개념

개념1 받아내림이 있는 대분수의 뺄셈 — $3\frac{1}{5}-1\frac{2}{5}$의 계산

방법1 빼지는 수의 자연수 부분에서 1만큼을 가분수로 바꾸어 계산하는 방법

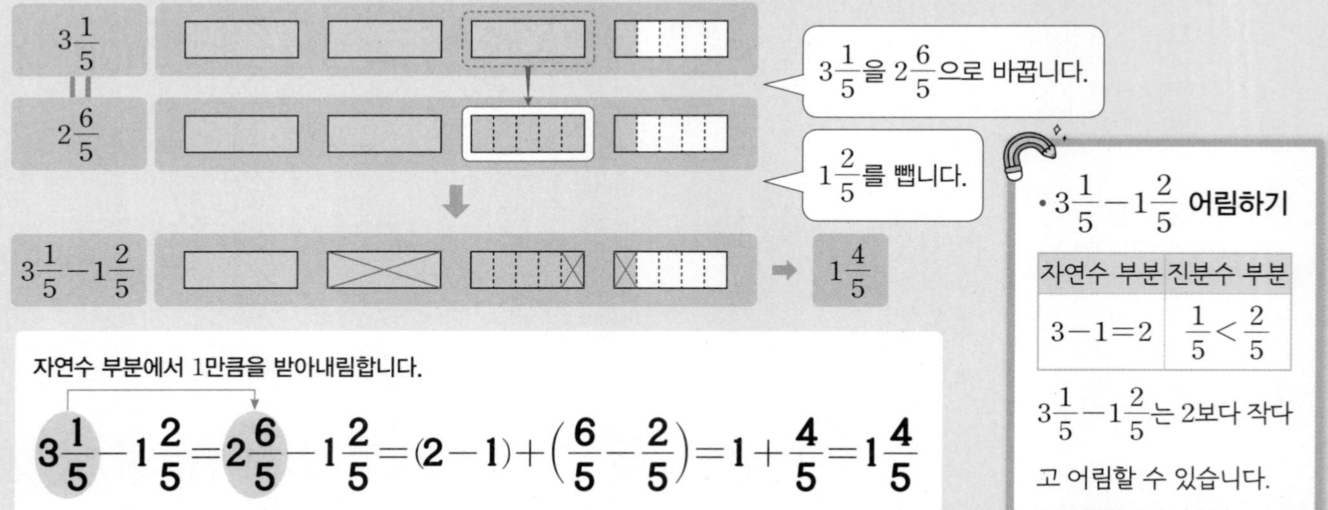

자연수 부분에서 1만큼을 받아내림합니다.

$$3\frac{1}{5}-1\frac{2}{5}=2\frac{6}{5}-1\frac{2}{5}=(2-1)+\left(\frac{6}{5}-\frac{2}{5}\right)=1+\frac{4}{5}=1\frac{4}{5}$$

• $3\frac{1}{5}-1\frac{2}{5}$ 어림하기

자연수 부분	진분수 부분
$3-1=2$	$\frac{1}{5}<\frac{2}{5}$

$3\frac{1}{5}-1\frac{2}{5}$는 2보다 작다고 어림할 수 있습니다.

방법2 가분수로 바꾸어 계산하는 방법

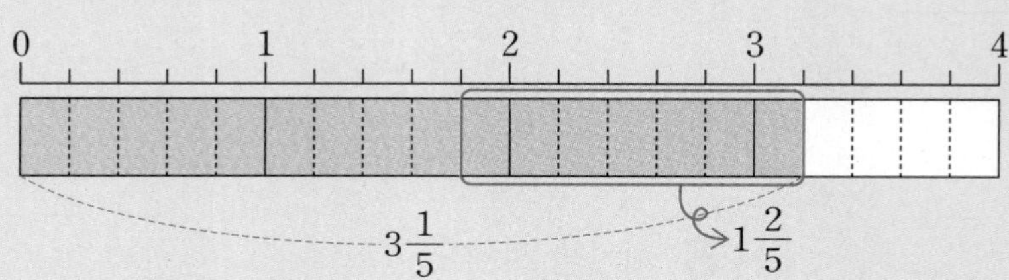

$$3\frac{1}{5}-1\frac{2}{5}=\frac{16}{5}-\frac{7}{5}$$
$$=\frac{16-7}{5}=\frac{9}{5}=1\frac{4}{5}$$

개념확인 1 그림을 보고 □ 안에 알맞은 수를 써넣으세요.

$3\frac{2}{6}=2\frac{8}{6}$

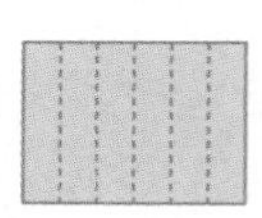
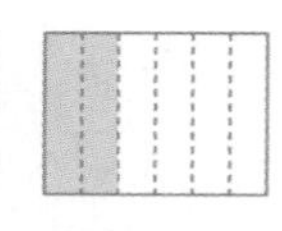

$2\frac{8}{6}-1\frac{3}{6}$

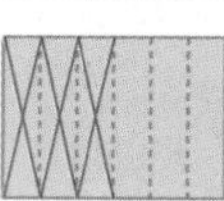

$3\frac{2}{6}-1\frac{3}{6}=\square\frac{\square}{\square}$

개념확인 2 $5\frac{1}{9}-2\frac{5}{9}$를 어림하려고 합니다. □ 안에 알맞은 수를 써넣고 알맞은 말에 ○표 하세요.

$5-2=\square$이지만 $\frac{1}{9}$이 $\frac{5}{9}$보다 작으므로 $5\frac{1}{9}-2\frac{5}{9}$의 계산 결과는 3보다 (작다 , 크다)고 어림할 수 있습니다.

3 그림을 보고 □ 안에 알맞은 수를 써넣으세요.

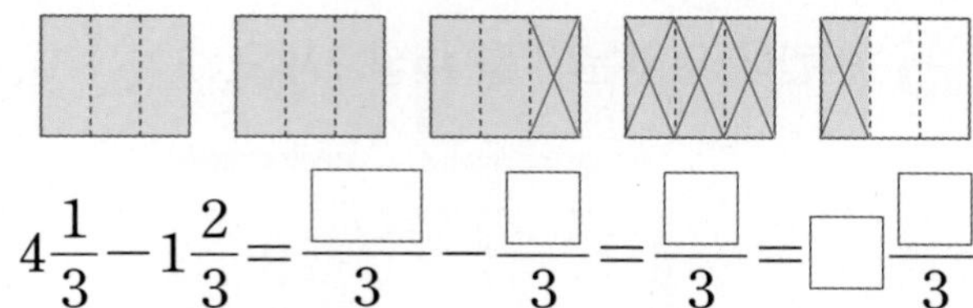

$4\frac{1}{3}-1\frac{2}{3}=\frac{\square}{3}-\frac{\square}{3}=\frac{\square}{3}=\square\frac{\square}{3}$

4 수직선을 보고 □ 안에 알맞은 수를 써넣으세요.

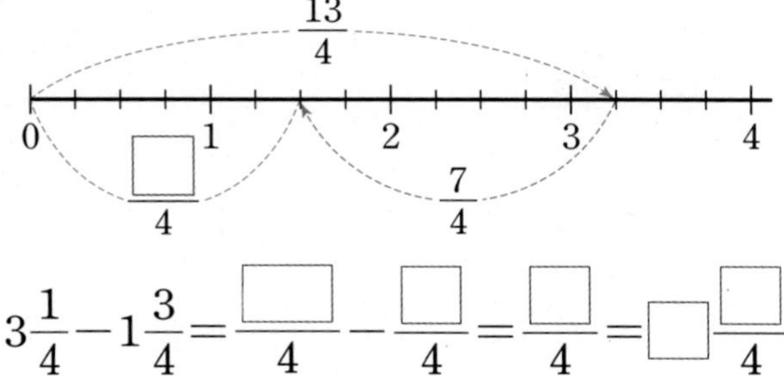

$3\frac{1}{4}-1\frac{3}{4}=\frac{\square}{4}-\frac{\square}{4}=\frac{\square}{4}=\square\frac{\square}{4}$

5 □ 안에 알맞은 수를 써넣으세요.

$5\frac{2}{7}-1\frac{3}{7}=4\frac{\square}{7}-1\frac{3}{7}$

$=(4-1)+\left(\frac{\square}{7}-\frac{3}{7}\right)$

$=\square+\frac{\square}{7}=\square\frac{\square}{7}$

6 그림을 보고 □ 안에 알맞은 수를 써넣으세요.

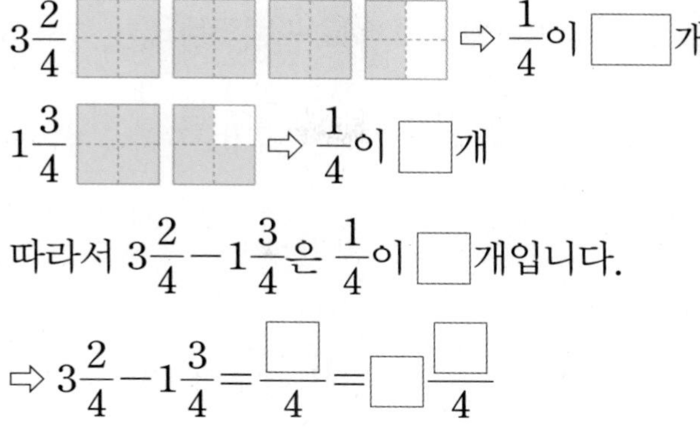

따라서 $3\frac{2}{4}-1\frac{3}{4}$은 $\frac{1}{4}$이 □개입니다.

⇨ $3\frac{2}{4}-1\frac{3}{4}=\frac{\square}{4}=\square\frac{\square}{4}$

7 빈칸에 두 분수의 차를 써넣으세요.

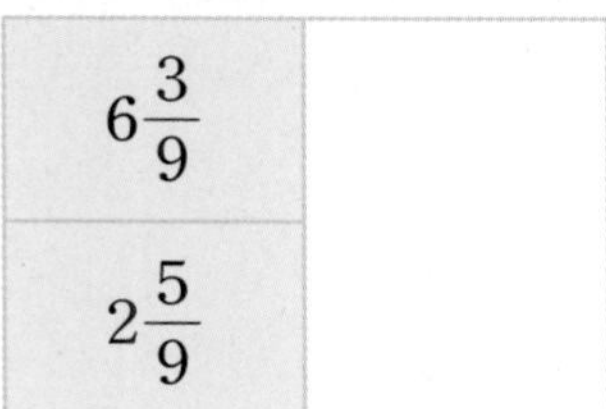

$6\frac{3}{9}$	
$2\frac{5}{9}$	

8 계산을 하세요.

(1) $5\frac{1}{10}-1\frac{3}{10}$

(2) $6\frac{3}{8}-1\frac{6}{8}$

(3) $6\frac{5}{11}-5\frac{7}{11}$

(4) $8\frac{7}{9}-7\frac{8}{9}$

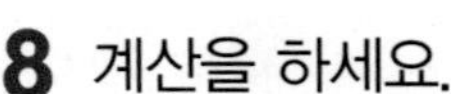

1 단원

진도 완료 체크

10종

교과 유형 익힘

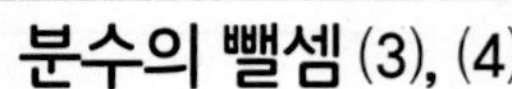

01 □ 안에 알맞은 수를 써넣으세요.

$5\frac{2}{6}$는 $\frac{1}{6}$이 □개, $1\frac{4}{6}$는 $\frac{1}{6}$이 □개이므로 $5\frac{2}{6}-1\frac{4}{6}$는 $\frac{1}{6}$이 □개입니다.

⇨ $5\frac{2}{6}-1\frac{4}{6}=\frac{\square}{6}=\square\frac{\square}{6}$

02 계산 결과가 2와 3 사이인 뺄셈식에 ○표 하세요.

$\frac{15}{4}-\frac{9}{4}$	$5\frac{2}{7}-1\frac{3}{7}$	$6\frac{3}{8}-3\frac{7}{8}$

03 두 리본의 길이의 차는 몇 m인가요?

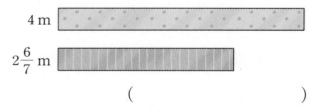

4 m

$2\frac{6}{7}$ m

( )

04 ○ 안에 >, =, <를 알맞게 써넣으세요.

$3\frac{17}{20}-1\frac{8}{20}$ ○ $4\frac{6}{20}-1\frac{19}{20}$

05 빈칸에 알맞은 수를 써넣으세요.

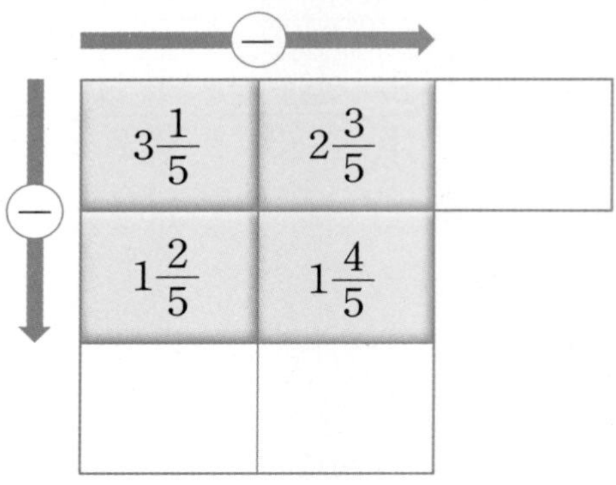

06 다음 분수 중에서 차가 가장 큰 두 분수의 차를 구하세요.

$24\frac{1}{7}$ $21\frac{5}{7}$ $27\frac{6}{7}$ $30\frac{2}{7}$

( )

07 윗접시 저울이 수평을 이루고 있습니다. 하늘색 봉지가 $4\frac{1}{3}$ kg이고, 분홍색 봉지가 $2\frac{2}{3}$ kg입니다. 연두색 봉지는 몇 kg인지 구하세요.

( )

08 현호네 학교에 있는 소나무의 높이는 $1\frac{4}{5}$ m이고 은행나무의 높이는 $4\frac{2}{5}$ m입니다. 어느 나무가 몇 m 더 높은가요?

( ),
( )

서술형 문제

09 물통에 물이 $1\frac{2}{11}$ L 있었습니다. 그중에서 은혜가 $\frac{8}{11}$ L를 마셨습니다. 물통에 남아 있는 물은 몇 L인지 식을 쓰고 답을 구하세요.

식 ______

답 ______

10 분수의 뺄셈을 다음과 같이 풀었습니다. 틀린 부분을 찾아 바르게 계산하세요.

$$2\frac{1}{5}-1\frac{3}{5}=2\frac{6}{5}-1\frac{3}{5}=1\frac{3}{5}$$

$2\frac{1}{5}-1\frac{3}{5}=$ ______

11 추론

수 카드 3장을 각각 한 번씩만 사용하여 차가 가장 큰 식을 만들려고 합니다. 다음 식에 들어갈 수 카드를 고르고 계산하세요.

$\square-\square\frac{\square}{7}$

( )

서술형 문제

12 의사소통

$3-2\frac{1}{4}$의 결과가 $1\frac{1}{4}$이 아닌 이유를 쓰세요.

$3-2\frac{1}{4}$에서 $3-2=1$이니까 답은 $1\frac{1}{4}$이 아니니?

______

______

______

13 창의융합

1 g짜리 추와 $\frac{1}{10}$ g짜리 추를 저울 위에 그림과 같이 올려놓았습니다. 저울이 수평이 되게 하려면 어느 접시에 몇 g짜리 추를 몇 개 더 올려야 하는지 구하세요.

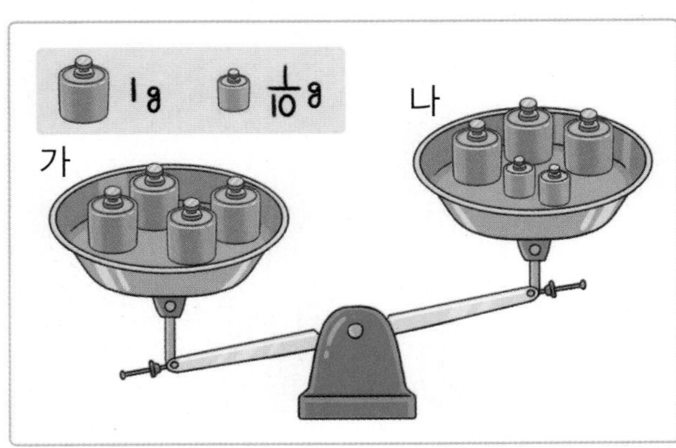

(가 , 나) 접시에 $\left(1, \frac{1}{10}\right)$ g짜리 추를 $\square$개 더 올려야 합니다.

1 단원

진도 완료 체크

문제 해결 (잘 틀리는 문제)

유형1 조건에 맞는 분수 찾기

1 분모가 11인 진분수가 2개 있습니다. 합이 $\frac{5}{11}$이고, 차가 $\frac{3}{11}$인 두 진분수를 구하세요.

( ), ( )

Solution 분모가 같으므로 분자의 합과 차를 이용하여 조건을 만족하는 두 진분수를 구합니다.

1-1 분모가 13인 진분수가 2개 있습니다. 합이 $1\frac{5}{13}$이고 차가 $\frac{4}{13}$인 두 진분수를 구하세요.

( ), ( )

1-2 분모가 9인 진분수가 2개 있습니다. 합이 $1\frac{1}{9}$이고 차가 $\frac{4}{9}$인 두 진분수를 구하세요.

( ), ( )

1-3 분모가 7인 진분수와 대분수가 있습니다. 합이 $2\frac{2}{7}$이고 차가 $\frac{6}{7}$인 진분수와 대분수를 구하세요.

( ), ( )

유형2 겹쳐진 색 테이프의 길이 구하기

2 길이가 5 cm인 색 테이프 3장을 $\frac{3}{5}$ cm씩 겹쳐서 이어 붙였습니다. 이어 붙인 색 테이프의 전체 길이는 몇 cm일까요?

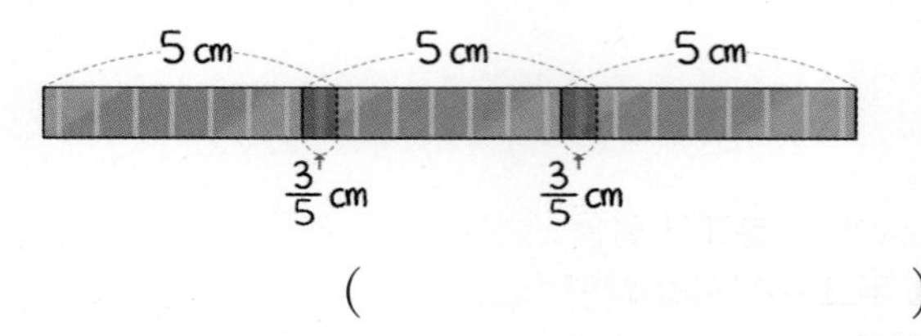

( )

Solution 겹쳐진 부분이 몇 군데인지 생각해 봅니다. 겹쳐진 부분의 수는 색 테이프 수보다 1만큼 작습니다.

2-1 길이가 7 cm인 색 테이프 4장을 $1\frac{4}{7}$ cm씩 겹쳐서 이어 붙였습니다. 물음에 답하세요.

(1) 색 테이프 4장의 길이의 합은 몇 cm인가요?

( )

(2) 겹쳐진 부분의 길이의 합은 몇 cm인가요?

( )

(3) 이어 붙인 색 테이프의 전체 길이는 몇 cm인가요?

( )

2-2 길이가 각각 $3\frac{1}{7}$ cm와 $4\frac{2}{7}$ cm인 색 테이프 2장을 겹쳐서 이어 붙였더니 이어 붙인 색 테이프의 전체 길이가 $6\frac{5}{7}$ cm가 되었습니다. 겹쳐진 부분의 길이는 몇 cm일까요?

( )

유형3 □ 안에 들어갈 수 있는 수 구하기

3 □ 안에 들어갈 수 있는 자연수는 모두 몇 개인지 구하세요.

$$\frac{8}{11}-\frac{\square}{11}>\frac{3}{11}$$

(　　　　　　　　)

Solution 분모가 같은 진분수의 뺄셈을 할 때는 분모는 그대로 두고 분자끼리 빼면 되므로 분자 부분만 생각하여 □ 안에 들어갈 수 있는 수를 모두 구합니다.

3-1 □ 안에 들어갈 수 있는 자연수 중 가장 작은 수를 구하세요.

$$\frac{10}{13}-\frac{\square}{13}<\frac{8}{13}$$

(　　　　　　　　)

3-2 □ 안에 들어갈 수 있는 자연수의 합을 구하세요.

$$7\frac{7}{17}+13\frac{13}{17}>21\frac{\square}{17}$$

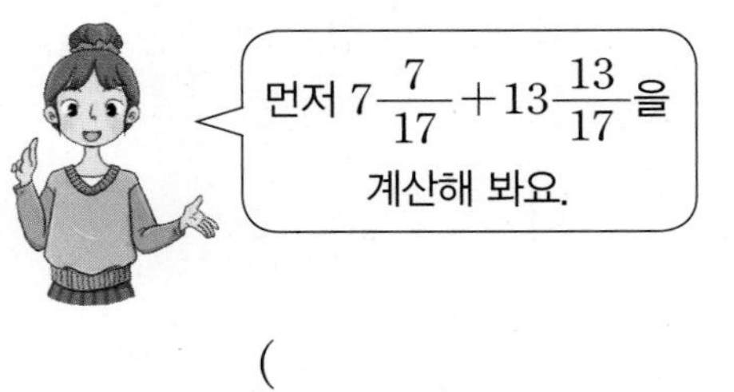

먼저 $7\frac{7}{17}+13\frac{13}{17}$을
계산해 봐요.

(　　　　　　　　)

유형4 조건에 맞는 분자 구하기

4 대분수로만 만들어진 뺄셈식에서 ㉮+㉯가 가장 큰 때의 값을 구하세요.

$$5\frac{㉮}{6}-1\frac{㉯}{6}=4\frac{2}{6}$$

대분수는 자연수와 진분수로
이루어진 분수이므로 ㉮와 ㉯는
6보다 작은 수여야 해요.

(　　　　　　　　)

Solution 대분수의 뺄셈을 자연수 부분과 진분수 부분으로 나누어 계산했을 때 ㉮−㉯가 얼마인지 알아보고 ㉮+㉯가 가장 큰 경우를 찾습니다.

4-1 대분수로만 만들어진 뺄셈식에서 ■+▲가 가장 큰 때의 값을 구하세요.

$$6\frac{■}{7}-3\frac{▲}{7}=3\frac{3}{7}$$

(　　　　　　　　)

4-2 대분수로만 만들어진 덧셈식에서 ★−▲가 가장 큰 때의 값을 구하세요.

$$1\frac{★}{8}+2\frac{▲}{8}=3\frac{7}{8}$$

(　　　　　　　　)

1 단원

3 문제 해결 (서술형 문제)

유형5

문제 해결 Key
먼저 라면을 조리하는 데 사용한 물의 양을 구합니다.

문제 해결 전략
❶ 라면을 조리하는 데 사용한 물의 양 구하기
❷ 떡볶이와 라면을 조리하는 데 사용한 물의 양 구하기

5 성규와 은혜가 떡볶이와 라면을 조리하고 있습니다. 떡볶이에는 물 $1\frac{2}{7}$ L를 사용했고, ❶ 라면에는 떡볶이보다 물 $1\frac{4}{7}$ L를 더 많이 사용했습니다. ❷ 떡볶이와 라면을 조리하는 데 사용한 물은 모두 몇 L인지 풀이 과정을 보고 □ 안에 알맞게 써넣어 답을 구하세요.

풀이 ❶ 라면을 조리하는 데 사용한 물의 양은 $1\frac{2}{7}+\square\frac{\square}{7}=\square\frac{\square}{7}$ (L)입니다.

❷ 떡볶이와 라면을 조리하는 데 사용한 물의 양은 모두 $1\frac{2}{7}+\square\frac{\square}{7}=\square\frac{\square}{7}$ (L)입니다.

답 ____________

5-1 연습 문제

물은 $3\frac{4}{9}$ L 있고, 기름은 물보다 $1\frac{7}{9}$ L 더 많습니다. 물과 기름은 모두 몇 L인지 풀이 과정을 쓰고 답을 구하세요.

풀이

❶ 기름의 양 구하기

❷ 물과 기름이 모두 몇 L인지 구하기

답 ____________

5-2 실전 문제

딸기 주스는 $2\frac{8}{11}$ L 있고, 포도 주스는 딸기 주스보다 $2\frac{7}{11}$ L 더 많습니다. 딸기 주스와 포도 주스는 모두 몇 L인지 풀이 과정을 쓰고 답을 구하세요.

유형6

문제 해결 Key
어떤 수를 구한 다음 바르게 계산합니다.

6 ❶ 어떤 수에서 $\frac{3}{6}$을 빼야 하는데 잘못하여 더했더니 $1\frac{1}{6}$이 되었습니다. ❷ 바르게 계산하면 얼마인지 풀이 과정을 보고 □ 안에 알맞게 써넣어 답을 구하세요.

$\frac{3}{6}$을 빼야 하는데
더했더니 $1\frac{1}{6}$이 되었어.

어떤 수에 $\frac{3}{6}$을 더한 거야?
어떤 수를 먼저 구해 봐.

문제 해결 전략
❶ 어떤 수 구하기
❷ 바르게 계산하기

풀이 ❶ 어떤 수를 ■라 하면 $■+\frac{3}{6}=1\frac{1}{6}$입니다.

따라서 ■는 $1\frac{1}{6}-\frac{3}{6}=\frac{\square}{6}$입니다.

❷ 바르게 계산하면 $\frac{\square}{6}-\frac{3}{6}=\frac{\square}{6}$입니다.

답 ______________

6-1 연습 문제

어떤 수에서 $\frac{1}{11}$을 빼야 하는데 잘못하여 더했더니 $\frac{7}{11}$이 되었습니다. 바르게 계산하면 얼마인지 풀이 과정을 쓰고 답을 구하세요.

풀이
❶ 어떤 수 구하기

❷ 바르게 계산하기

답 ______________

6-2 실전 문제

어떤 수에 $\frac{2}{5}$를 더해야 하는데 잘못하여 뺐더니 $1\frac{2}{5}$가 되었습니다. 바르게 계산하면 얼마인지 풀이 과정을 쓰고 답을 구하세요.

풀이

답 ______________

1 단원

진도 완료 체크

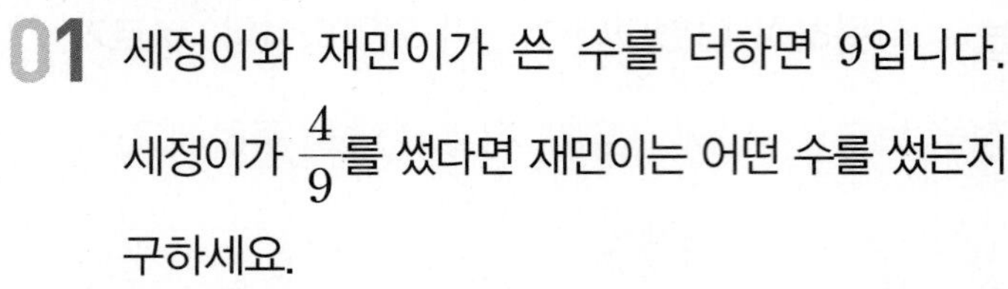

01 세정이와 재민이가 쓴 수를 더하면 9입니다. 세정이가 $\frac{4}{9}$를 썼다면 재민이는 어떤 수를 썼는지 구하세요.

(　　　　　　　　　)

02 분수 카드를 두 장씩 모아 합이 5가 되도록 만들려고 합니다. 합이 5가 되도록 분수 카드를 두 장씩 모으세요.

$2\frac{7}{9}$　$1\frac{2}{9}$　$1\frac{8}{9}$　$2\frac{2}{9}$　$3\frac{7}{9}$　$3\frac{1}{9}$

(　　　　,　　　　),
(　　　　,　　　　),
(　　　　,　　　　)

03 수정이는 세 가지 색 물감 중에서 두 가지 색을 모두 섞어 물감 $2\frac{7}{8}$ mL를 만들었습니다. 세 가지 색 물감의 양이 다음과 같을 때, 섞은 두 가지 색은 무엇인가요?

빨간색	파란색	노란색
$\frac{11}{8}$ mL	$1\frac{2}{8}$ mL	$\frac{13}{8}$ mL

(　　　　　　), (　　　　　　)

04 어떤 대분수에 $2\frac{6}{7}$을 더하고 $\frac{5}{7}$를 빼야 할 것을 잘못하여 $2\frac{6}{7}$을 빼고 $\frac{5}{7}$를 더했더니 $1\frac{2}{7}$가 되었습니다. 바르게 계산하면 얼마인지 구하세요.

(　　　　　　　　　)

05 물 2 L를 지안이와 용대가 각자 물통에 나누어 담은 후 지안이가 용대에게 물 $\frac{5}{8}$ L를 주었더니 두 사람이 가진 물의 양이 서로 같아졌습니다. 처음에 두 사람이 나누어 가진 물은 각각 몇 L였는지 구하세요.

지안 (　　　　　　　　　)

용대 (　　　　　　　　　)

06 가 수도꼭지에서는 한 시간 동안 물이 $30\frac{1}{5}$ L씩 나오고, 나 수도꼭지에서는 $\frac{1}{2}$시간 동안 물이 $17\frac{4}{5}$ L씩 나옵니다. 두 수도꼭지로 동시에 한 시간 동안 받을 수 있는 물의 양은 몇 L일까요?

(　　　　　　　　　)

07 물이 가장 많이 들어 있는 물통과 가장 적게 들어 있는 물통의 물의 양의 차는 몇 L인가요?

민희
내 물통에는 물 $2\frac{7}{9}$ L가 들어 있어.
은혜
내 물통에는 물 $3\frac{6}{9}$ L가 들어 있어.
내 물통에는 민희의 물통보다 물 $\frac{5}{9}$ L가 더 들어 있지.
현호

(　　　　　　　　)

서술형 문제

08 보기 의 말과 수를 모두 이용하여 분수의 덧셈 상황을 만들고 계산하세요.

보기

성규　밤　$1\frac{7}{15}$　어머니　$2\frac{4}{15}$

상황 ______________________

____

____

____

답 ______________

09 성수가 약속 장소까지 가는 두 가지 길 중 더 가까운 길로 가려고 합니다. 어느 곳을 지나서 가야 하는지 알아보세요.

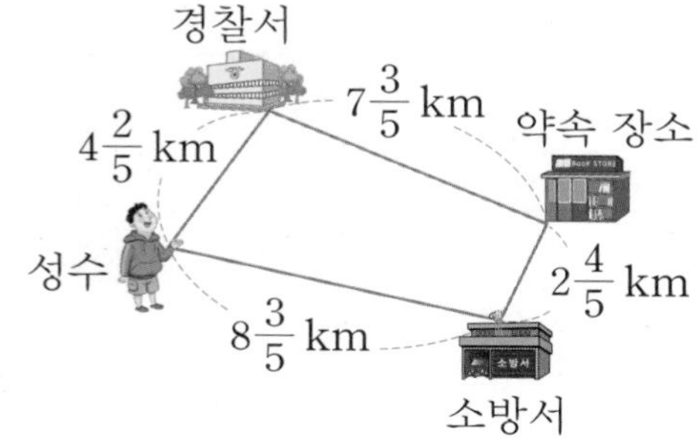

(1) 경찰서를 지나서 가는 길은 몇 km인가요?

(　　　　　　　　)

(2) 소방서를 지나서 가는 길은 몇 km인가요?

(　　　　　　　　)

(3) 더 가까운 길로 가려면 경찰서와 소방서 중 어느 곳을 지나서 가야 할까요?

(　　　　　　　　)

1 단원

진도 완료 체크

10 의좋은 형과 동생이 쌀을 똑같이 나누어 가졌습니다. 형은 쌀 $\frac{6}{8}$가마니를 동생 집에 몰래 가져다 놓았습니다. 동생도 쌀 $1\frac{3}{8}$가마니를 몰래 형 집에 가져다 놓았습니다. 다음 날 형은 집에 쌀 5가마니가 있는 것을 보고 놀랐습니다. 형이 처음에 가지고 있던 쌀은 몇 가마니였을까요?

(　　　　　　　　)

단원 평가

01 수직선을 보고 □ 안에 알맞은 수를 써넣으세요.

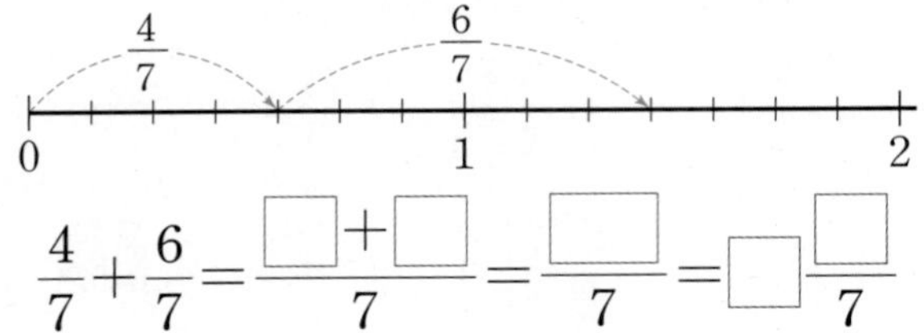

$\frac{4}{7}+\frac{6}{7}=\frac{\square+\square}{7}=\frac{\square}{7}=\square\frac{\square}{7}$

02 끈 2 m 중에서 $\frac{4}{5}$ m를 사용하였습니다. 남은 끈의 길이만큼 그림에 색칠하고 □ 안에 알맞은 수를 써넣으세요.

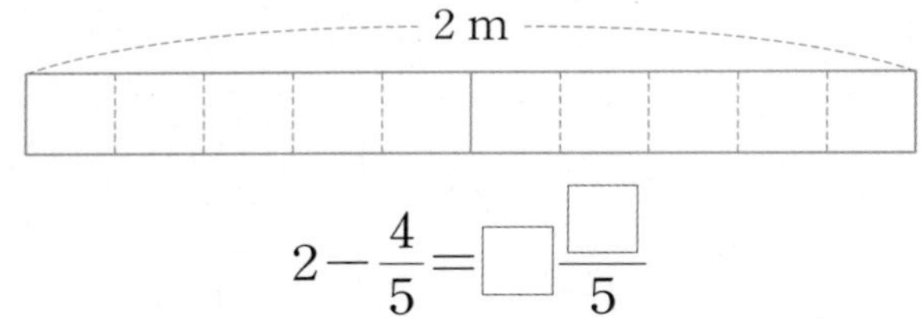

$2-\frac{4}{5}=\square\frac{\square}{5}$

03 □ 안에 알맞은 수를 써넣으세요.

$\frac{6}{8}$은 $\frac{1}{8}$이 □개, $\frac{3}{8}$은 $\frac{1}{8}$이 □개이므로

$\frac{6}{8}-\frac{3}{8}$은 $\frac{1}{8}$이 □개입니다.

⇨ $\frac{6}{8}-\frac{3}{8}=\frac{\square}{8}$

04 $3\frac{1}{4}-1\frac{3}{4}$을 두 가지 방법으로 계산하려고 합니다. □ 안에 알맞은 수를 써넣으세요.

(1) $3\frac{1}{4}-1\frac{3}{4}=2\frac{\square}{4}-1\frac{\square}{4}$

$=(\square-\square)+\left(\frac{\square}{4}-\frac{\square}{4}\right)$

$=\square+\frac{\square}{4}=\square\frac{\square}{4}$

(2) $3\frac{1}{4}-1\frac{3}{4}=\frac{\square}{4}-\frac{\square}{4}=\frac{\square}{4}$

$=\square\frac{\square}{4}$

05 빈 곳에 알맞은 수를 써넣으세요.

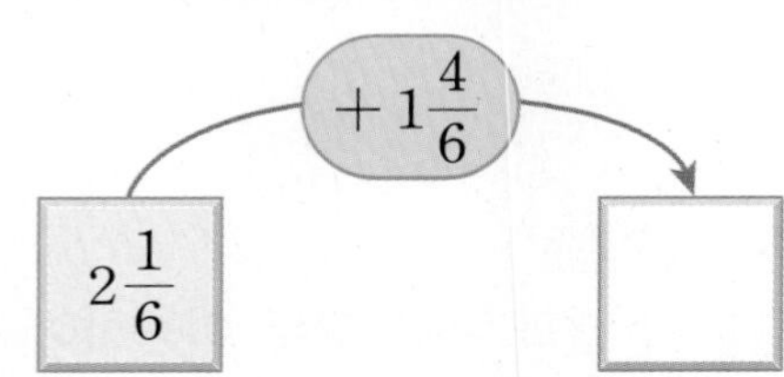

06 보기 와 같은 방법으로 계산하세요.

보기

$3-1\frac{2}{3}=\frac{9}{3}-\frac{5}{3}=\frac{4}{3}=1\frac{1}{3}$

$5-2\frac{5}{6}$

07 두 수의 차를 구하세요.

$4\frac{3}{7}$ $\frac{19}{7}$

(　　　　　)

08 빈칸에 알맞은 수를 써넣으세요.

(−) →

6	$\frac{8}{9}$	
3	$\frac{4}{9}$	

09 다음 중에서 계산이 틀린 것은 어느 것인가요? ( )

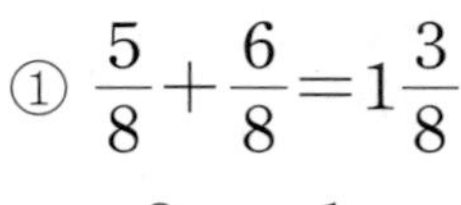

① $\frac{5}{8}+\frac{6}{8}=1\frac{3}{8}$ ② $2-\frac{3}{4}=1\frac{1}{4}$

③ $4\frac{3}{5}-1\frac{1}{5}=3\frac{2}{5}$ ④ $2\frac{1}{4}+1\frac{2}{4}=3\frac{3}{8}$

⑤ $1\frac{3}{6}+4\frac{2}{6}=5\frac{5}{6}$

10 계산 결과의 크기를 비교하여 ○ 안에 >, =, <를 알맞게 써넣으세요.

$$5\frac{5}{8}+2\frac{7}{8} \bigcirc 11\frac{3}{8}-3\frac{7}{8}$$

11 계산에서 잘못된 곳을 찾아 바르게 고쳐 계산하세요.

잘못된 계산

$$\frac{5}{7}+\frac{4}{7}=\frac{5+4}{7+7}=\frac{9}{14}$$

⇩

바른 계산

$\frac{5}{7}+\frac{4}{7}$

12 계산 결과가 큰 것부터 차례로 기호를 쓰세요.

㉠ $2\frac{4}{15}+3\frac{8}{15}$

㉡ $9\frac{9}{15}-3\frac{11}{15}$

㉢ $7\frac{7}{15}-2\frac{2}{15}$

( )

13 보기에서 두 수를 골라 □ 안에 써넣어 계산 결과가 가장 작은 뺄셈식을 만들고 계산하세요.

보기: 8 7 5

$$6\frac{\square}{10}-1\frac{\square}{10}$$

( )

14 □ 안에 들어갈 수 있는 가장 큰 자연수를 구하세요.

$$1\frac{\square}{9}<\frac{6}{9}+\frac{7}{9}$$

( )

15 분수 카드 2장을 골라 합이 가장 큰 덧셈식을 만들고 계산하세요.

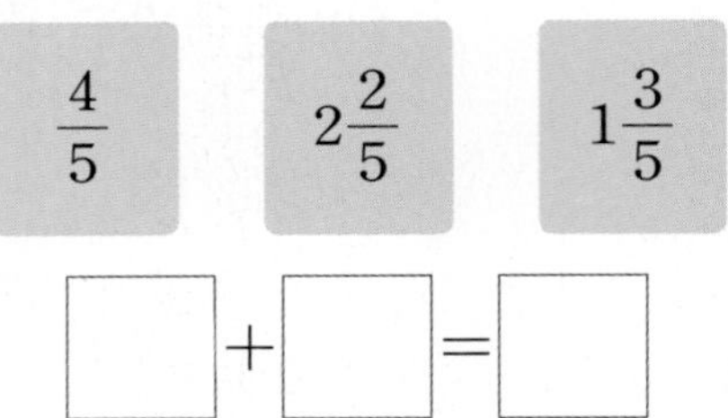

16 어떤 수와 $3\frac{2}{15}$의 합은 $7\frac{1}{15}$입니다. 어떤 수를 구하세요.

( )

17 효주가 페인트 $4\frac{5}{7}$ L를 사 왔습니다. 의자 한 개를 칠하는 데 페인트 $1\frac{3}{7}$ L를 사용했다면 남은 페인트는 몇 L일까요?

( )

18 다음 삼각형의 세 변의 길이의 합은 몇 cm인지 구하세요.

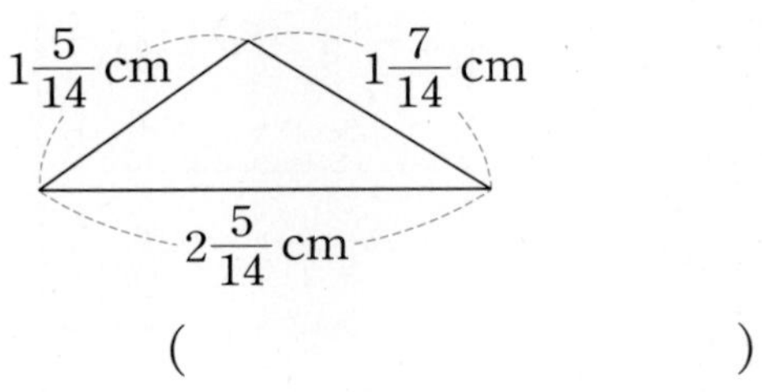

( )

19 다음 분수 중 8과 9 사이에 있는 수들의 합에서 나머지 수를 뺀 값을 구하세요.

$7\frac{12}{13}$ $\frac{106}{13}$ $8\frac{1}{13}$

( )

20 색 테이프 2장을 다음과 같이 겹쳐서 이어 붙였습니다. 겹쳐진 부분의 길이는 몇 cm일까요?

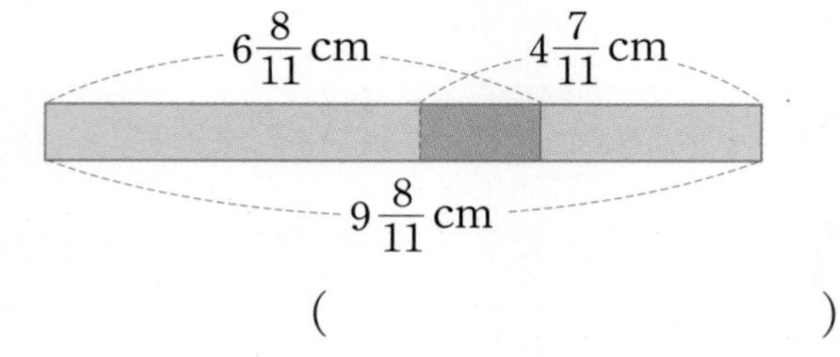

( )

1~20번까지의 단원평가 유사 문제 제공
문제 생성기

과정 중심 평가 문제

21 오늘 아침 기훈이네 집에 $\frac{4}{5}$ L짜리 우유 2병이 배달되었습니다. 기훈이가 우유 $\frac{1}{5}$ L를 마셨다면 남은 우유는 몇 L인지 알아보세요.

(1) 배달된 우유는 모두 몇 L일까요?

( )

(2) 마시고 남은 우유는 몇 L일까요?

( )

과정 중심 평가 문제

22 다음 덧셈의 계산 결과는 진분수입니다. □ 안에 들어갈 수 있는 자연수를 모두 구하려고 합니다. 풀이 과정을 쓰고 답을 구하세요.

$$\frac{7}{13}+\frac{\square}{13}$$

풀이

답

과정 중심 평가 문제

23 미술 시간에 만들기를 하는데 수일이는 고무찰흙이 부족해서 지혜에게 $1\frac{2}{9}$개를 받았습니다. 수일이가 고무찰흙 $2\frac{1}{9}$개를 쓰고 나니 $\frac{5}{9}$개가 남았습니다. 수일이가 처음에 가지고 있던 고무찰흙은 몇 개인지 알아보세요.

(1) 수일이가 쓴 고무찰흙의 양과 남은 고무찰흙의 양을 더하면 몇 개일까요?

( )

(2) 수일이가 처음에 가지고 있던 고무찰흙은 몇 개일까요?

( )

1 단원

진도 완료 체크

과정 중심 평가 문제

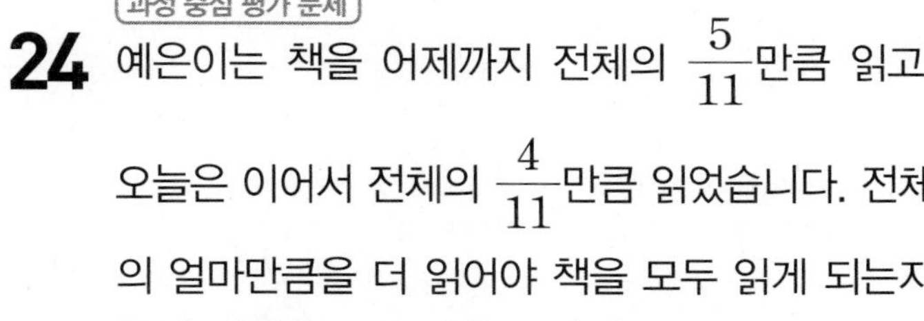

24 예은이는 책을 어제까지 전체의 $\frac{5}{11}$만큼 읽고, 오늘은 이어서 전체의 $\frac{4}{11}$만큼 읽었습니다. 전체의 얼마만큼을 더 읽어야 책을 모두 읽게 되는지 풀이 과정을 쓰고 답을 구하세요.

풀이

답

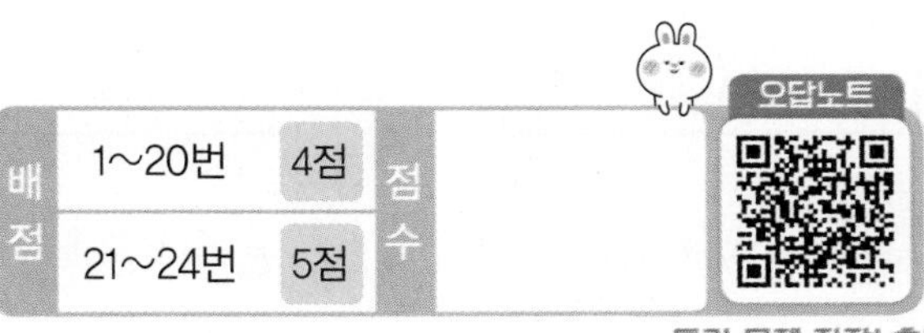

배점
1~20번 4점
21~24번 5점
점수
오답노트
틀린 문제 저장! 출력!

삼각형

웹툰으로 단원 미리보기 2화_ 삼각형의 이름은?

QR코드를 스캔하여 이어지는 내용을 확인하세요.

이전에 배운 내용

3-1 직각삼각형

직각삼각형: 한 각이 직각인 삼각형

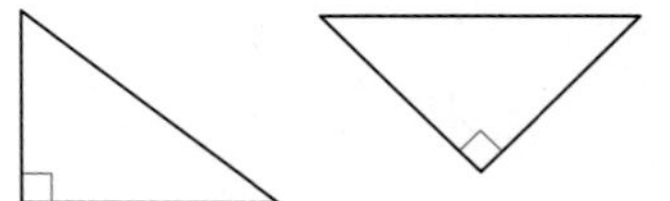

4-1 예각과 둔각

- 예각: 각도가 0°보다 크고 직각보다 작은 각
- 둔각: 각도가 직각보다 크고 180°보다 작은 각

4-1 삼각형의 세 각의 크기의 합

삼각형의 세 각의 크기의 합은 180°입니다.

이 단원에서 배울 내용

1 Step 교과 개념	이등변삼각형, 정삼각형
1 Step 교과 개념	이등변삼각형, 정삼각형의 성질
2 Step 교과 유형 익힘	
1 Step 교과 개념	예각삼각형, 둔각삼각형
1 Step 교과 개념	삼각형을 두 가지 기준으로 분류하기
2 Step 교과 유형 익힘	
3 Step 문제 해결	잘 틀리는 문제 / 서술형 문제
4 Step 실력 UP 문제	
단원 평가	

이 단원을 배우면 여러 가지 삼각형을 알고 삼각형을 분류할 수 있어요.

교과 개념

이등변삼각형, 정삼각형

개념1 이등변삼각형 알아보기

• **이등변삼각형**: 두 변의 길이가 같은 삼각형

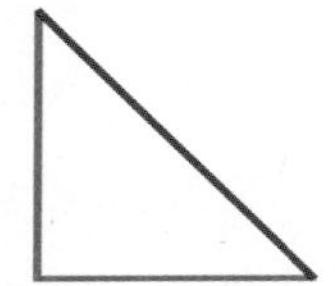
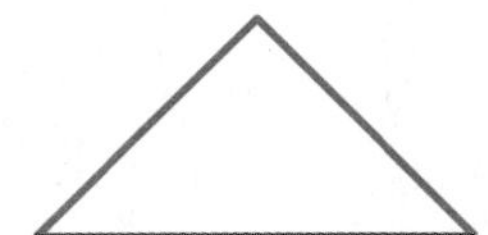
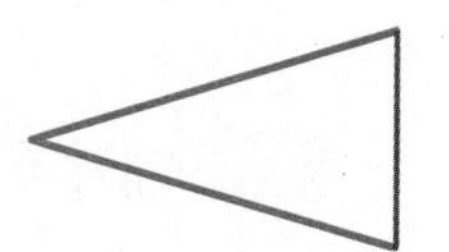

빨간색으로 표시한
두 변의 길이가 같아요!

참고 **이등변삼각형(二等邊三角形)**에서 '**이**'는 '2'이고, '**등**'은 '**같다**'는 뜻입니다.

개념2 정삼각형 알아보기

• **정삼각형**: 세 변의 길이가 같은 삼각형

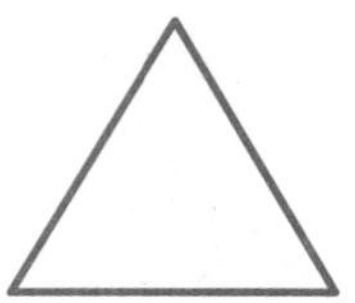
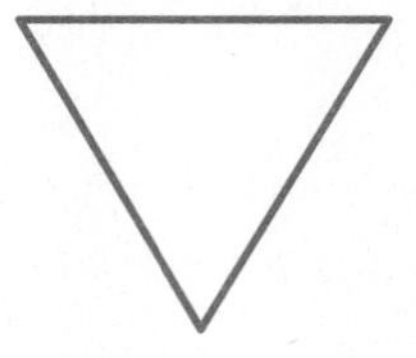

정삼각형도 두 변의 길이가 같으므로 이등변삼각형이라고 말할 수 있습니다.

주의 정삼각형은 이등변삼각형이라고 할 수 있지만,
이등변삼각형은 정삼각형이라고 할 수 없습니다.

개념확인 **1** 그림을 보고 □ 안에 알맞은 말을 써넣으세요.

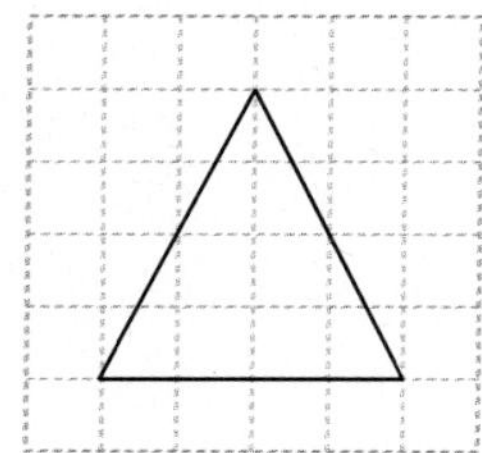

왼쪽과 같이 두 변의 길이가 같은 삼각형을 □이라고 합니다.

개념확인 **2** 그림을 보고 □ 안에 알맞은 말을 써넣으세요.

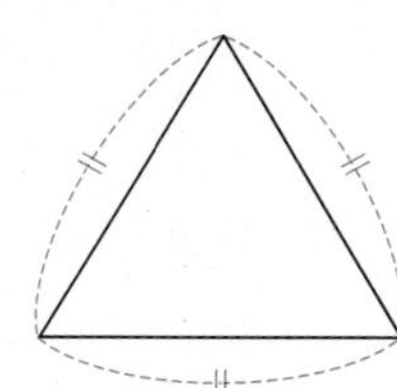

왼쪽과 같이 세 변의 길이가 같은 삼각형을 □이라고 합니다.

3 자를 이용하여 이등변삼각형을 찾아 ○표 하세요.

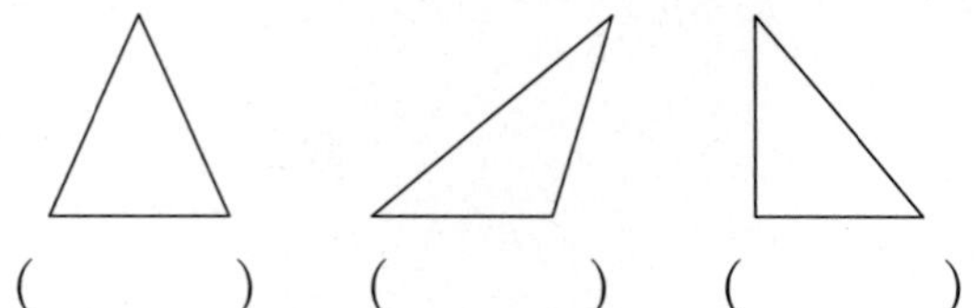

( ) ( ) ( )

4 다음 도형은 이등변삼각형입니다. □ 안에 알맞은 수를 써넣으세요.

(1)

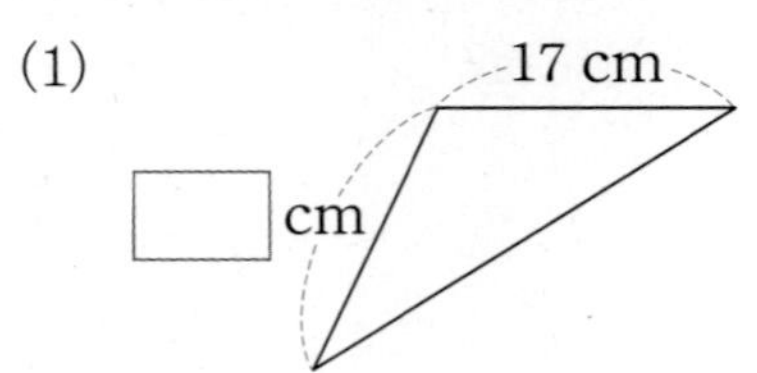

(2)

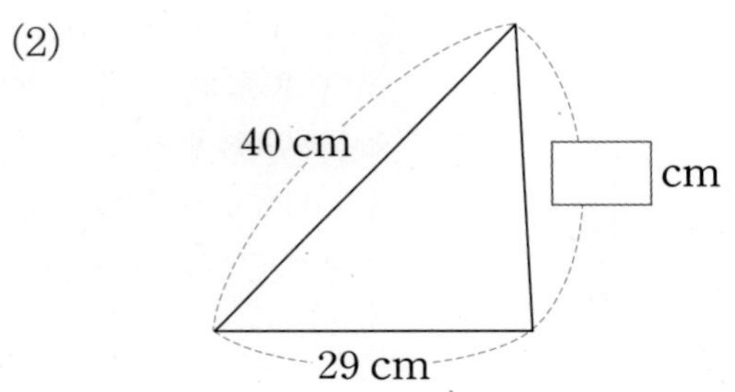

5 그림을 보고 물음에 답하세요.

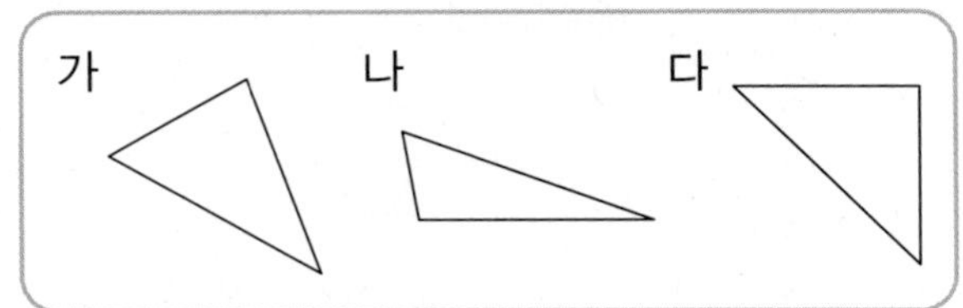

(1) 자를 이용하여 이등변삼각형을 찾아 기호를 쓰세요.

( )

(2) 찾은 도형이 이등변삼각형이라고 생각한 까닭을 쓰세요.

6 정삼각형을 찾아 ○표 하세요.

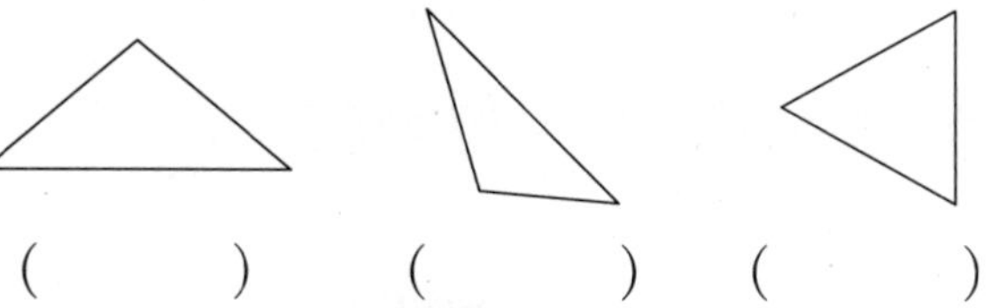

( ) ( ) ( )

7 다음 도형은 정삼각형입니다. □ 안에 알맞은 수를 써넣으세요.

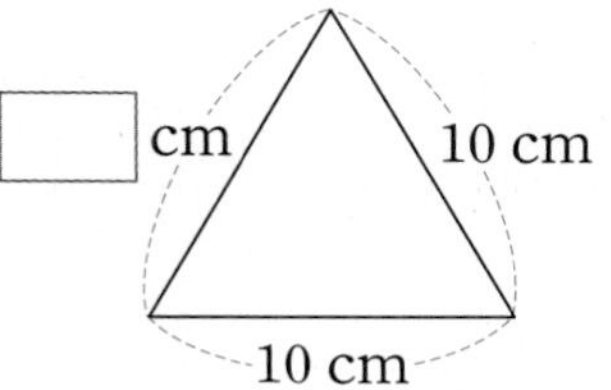

8 주어진 선분을 한 변으로 하는 이등변삼각형을 그리세요.

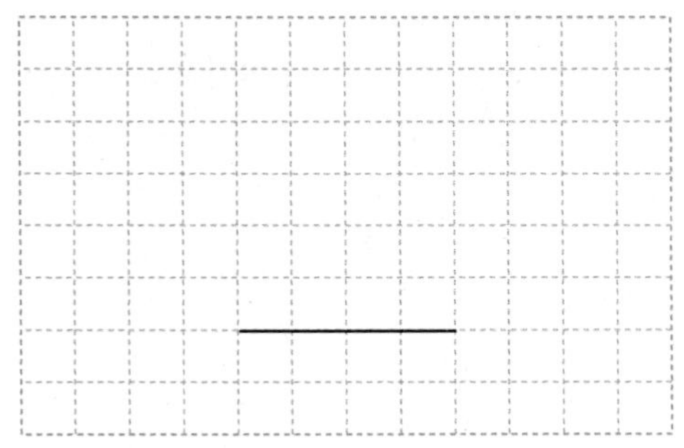

9 주어진 선분을 한 변으로 하는 정삼각형을 각각 그리세요.

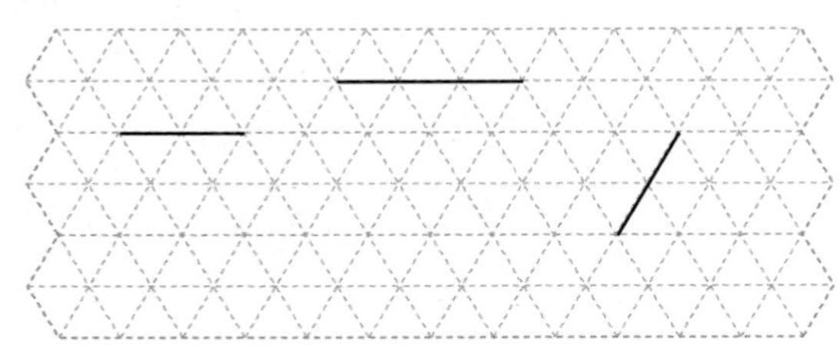

2 단원

교과 개념

이등변삼각형, 정삼각형의 성질

개념1 이등변삼각형의 성질

이등변삼각형은 두 각의 크기가 같습니다.

• 이등변삼각형 만들기

길이가 같은 두 변에 있는 두 각의 크기가 같아요.

➡ 두 변의 길이가 같은 삼각형은 두 각의 크기가 같습니다.

• 두 각의 크기가 주어진 이등변삼각형 그리기

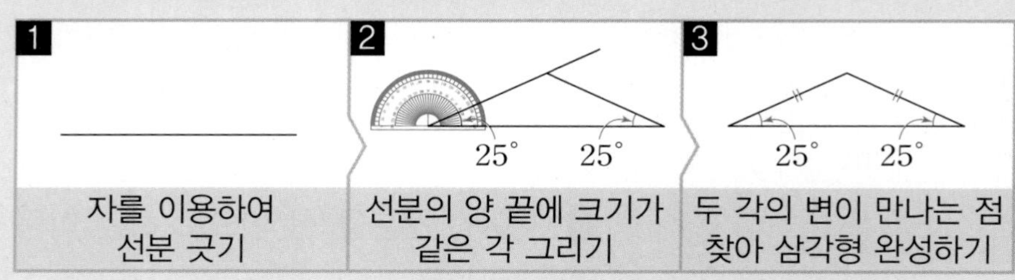

1	2	3
자를 이용하여 선분 긋기	선분의 양 끝에 크기가 같은 각 그리기	두 각의 변이 만나는 점 찾아 삼각형 완성하기

두 각의 크기가 같은 삼각형은 이등변삼각형입니다. 두 각의 크기가 같지 않으면 이등변삼각형이 아닙니다.

참고 이등변삼각형인지 확인하는 방법

방법 1 자를 이용하여 두 변의 길이가 같은지 확인합니다.

방법 2 각도기를 이용하여 두 각의 크기가 같은지 확인합니다.

개념2 정삼각형의 성질

정삼각형은 세 각의 크기가 같습니다.

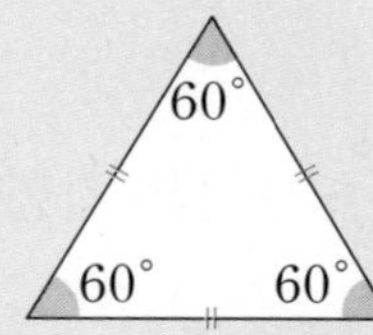

삼각형의 세 각의 크기의 합은 180°이므로 정삼각형의 한 각의 크기는 $180^\circ \div 3 = 60^\circ$입니다.

참고 정삼각형인지 확인하는 방법

방법 1 자를 이용하여 세 변의 길이가 같은지 확인합니다.

방법 2 각도기를 이용하여 세 각의 크기가 60°인지 확인합니다.

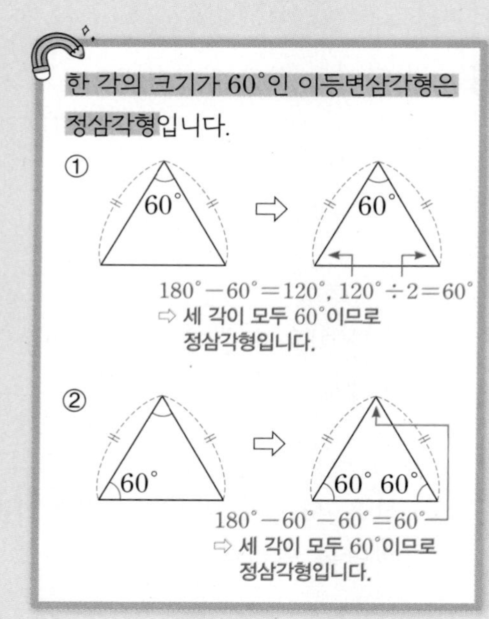

한 각의 크기가 60°인 이등변삼각형은 정삼각형입니다.
①
60°
60°
180°−60°=120°, 120°÷2=60°
⇨ 세 각이 모두 60°이므로 정삼각형입니다.
②
60°
60° 60°
180°−60°−60°=60°
⇨ 세 각이 모두 60°이므로 정삼각형입니다.

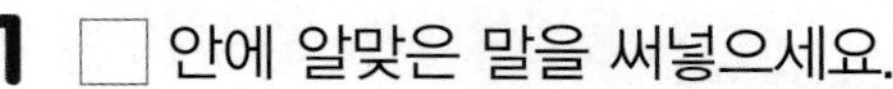

1 □ 안에 알맞은 말을 써넣으세요.

(1)
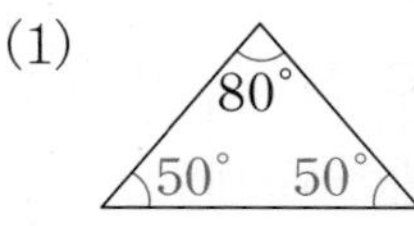

이등변삼각형은 두 각의 크기가 □.

(2)
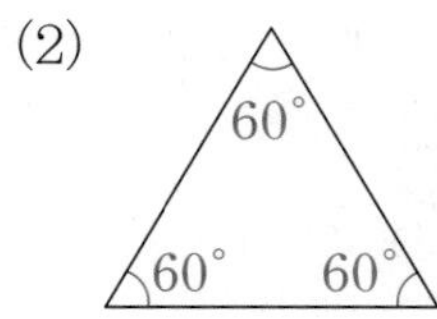

정삼각형은 □ 각의 크기가 같습니다.

2 다음 도형은 이등변삼각형입니다. □ 안에 알맞은 수를 써넣으세요.

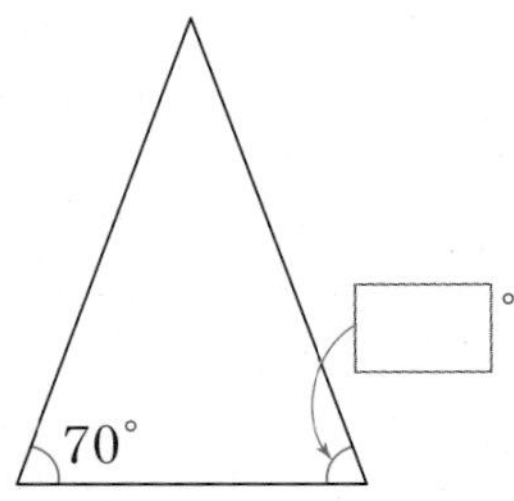

3 다음 도형은 이등변삼각형입니다. □ 안에 알맞은 수를 써넣으세요.

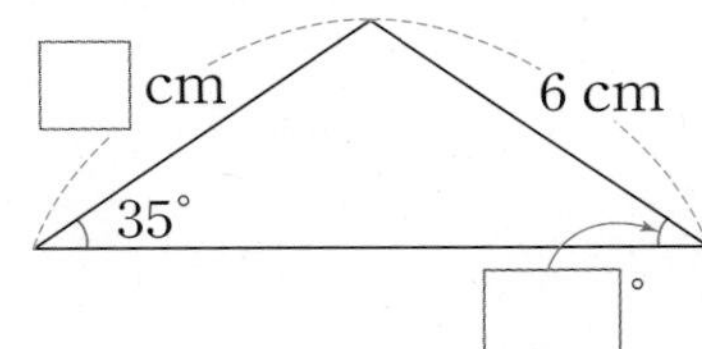

4 각도기를 이용하여 변 ㄱㄴ과 변 ㄱㄷ의 길이가 같은 이등변삼각형이 되도록 삼각형 ㄱㄴㄷ을 그리세요.

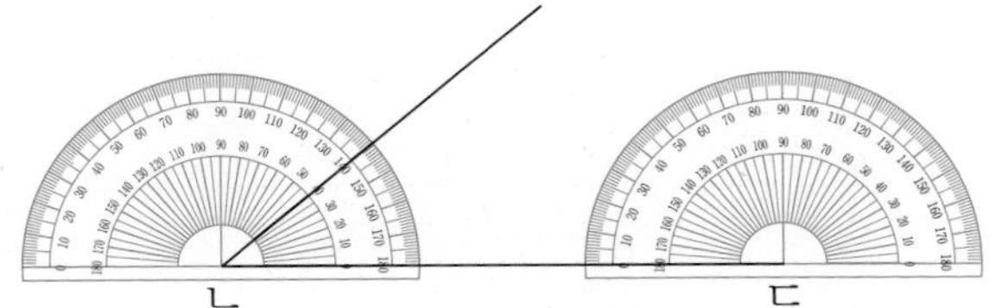

5 다음 도형은 정삼각형입니다. □ 안에 알맞은 수를 써넣으세요.

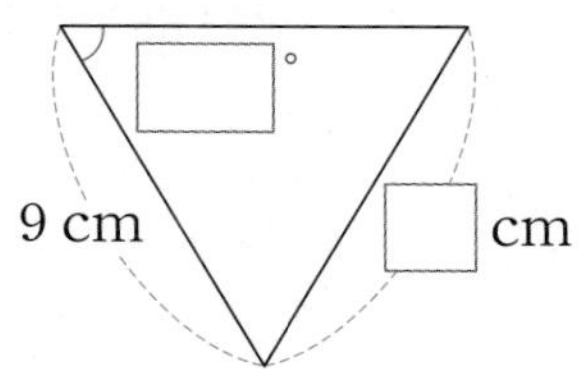

6 다음 도형은 이등변삼각형입니다. □ 안에 알맞은 수를 써넣으세요.

(1)

(2)

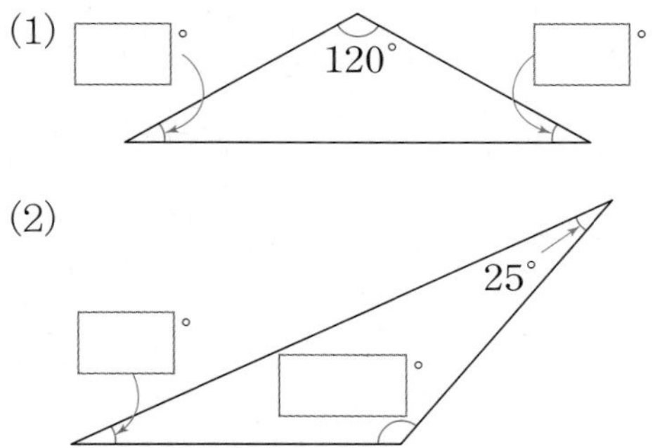

7 삼각형의 세 각 중 두 각의 크기입니다. 이등변삼각형이 될 수 있는 것에 모두 ○표 하세요.

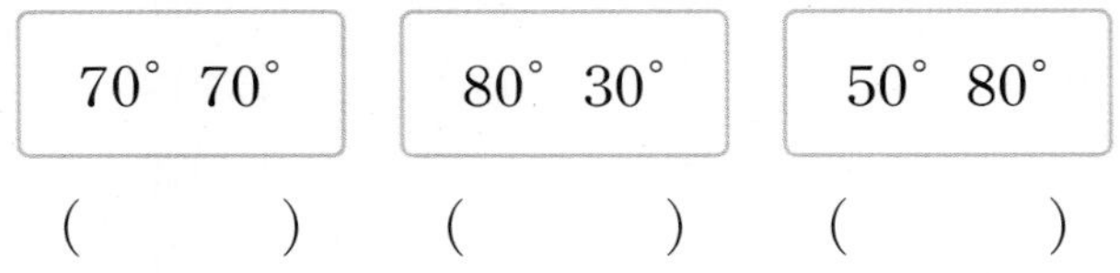

(　　　) (　　　) (　　　)

8 선분 ㄱㄴ을 한 변으로 하는 정삼각형을 그리세요.

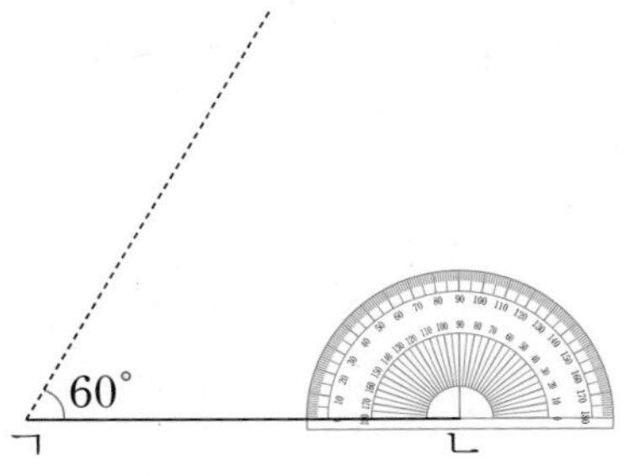

10종

교과 유형 익힘

01 이등변삼각형과 정삼각형을 모두 찾아 기호를 써넣으세요.

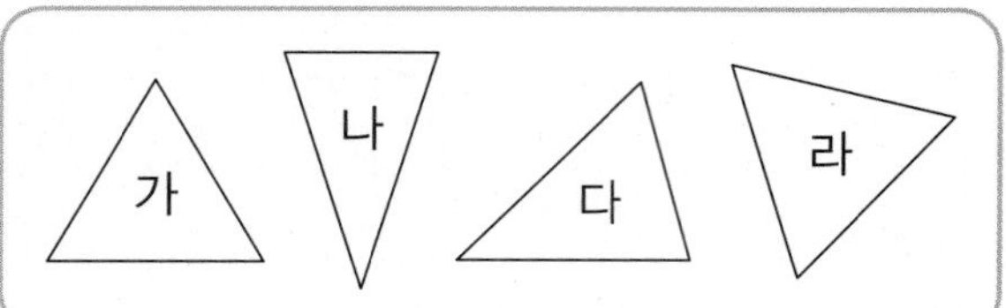

이등변삼각형	
정삼각형	

02 이등변삼각형을 모두 찾아 색칠하세요.

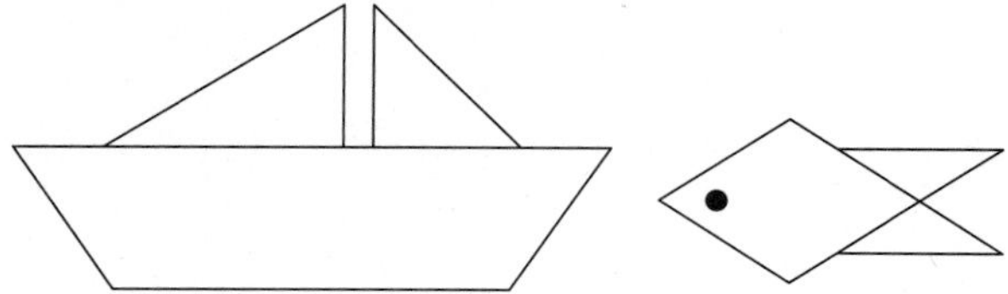

03 삼각형의 세 변의 길이입니다. 이등변삼각형을 모두 찾아 기호를 쓰세요.

㉠ 6 cm, 5 cm, 6 cm
㉡ 3 cm, 5 cm, 4 cm
㉢ 4 cm, 4 cm, 4 cm
㉣ 8 cm, 6 cm, 5 cm

( )

04 다음 도형의 이름이 될 수 있는 것에 모두 ○표 하세요.

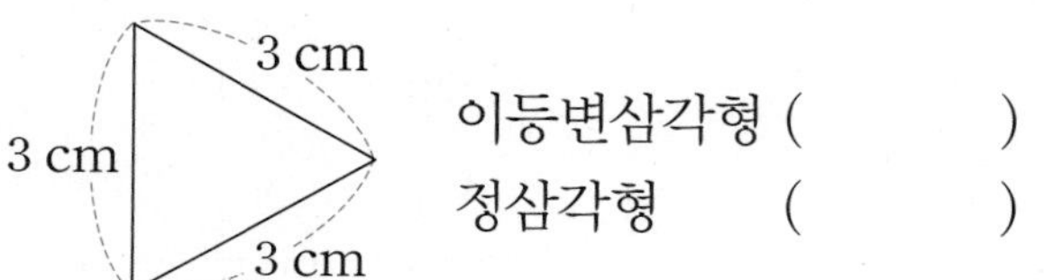

이등변삼각형 ( )
정삼각형 ( )

05 원의 중심 ㅇ과 원 위의 두 점 ㄱ, ㄴ을 이어 삼각형을 그렸습니다. 물음에 답하세요.

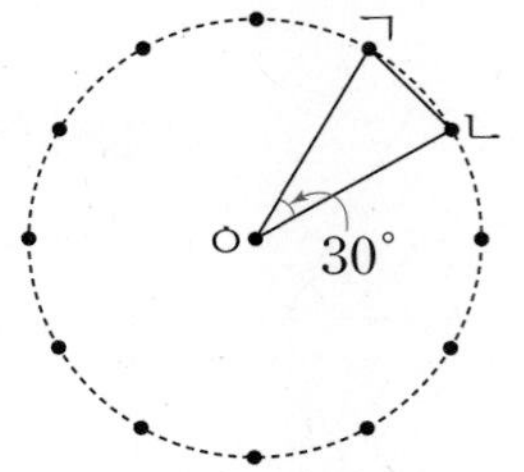

(1) 그린 삼각형은 어떤 삼각형인가요?

( )

(2) 각 ㅇㄱㄴ의 크기는 몇 도인가요?

( )

06 선분의 양 끝에 주어진 크기의 각을 그려 이등변삼각형을 완성하세요.

30°

서술형 문제

07 두 정삼각형의 같은 점을 쓰세요.

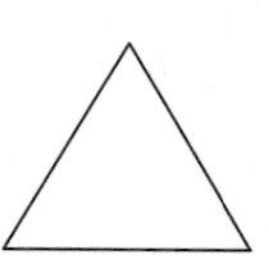
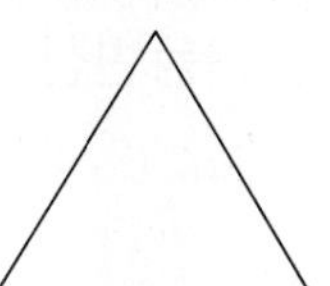

08 오른쪽은 이등변삼각형입니다. 세 변의 길이의 합은 몇 cm일까요?

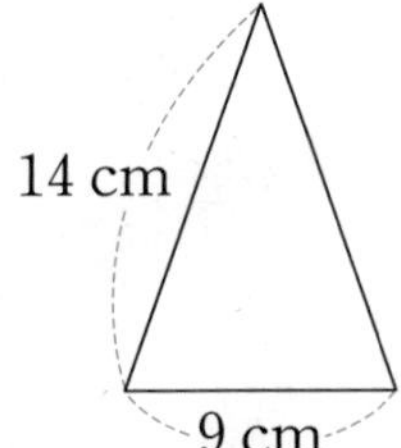

(　　　　　　　　　　)

09 다음 도형은 정삼각형입니다. 세 변의 길이의 합이 15 cm일 때 □ 안에 알맞은 수를 써넣으세요.

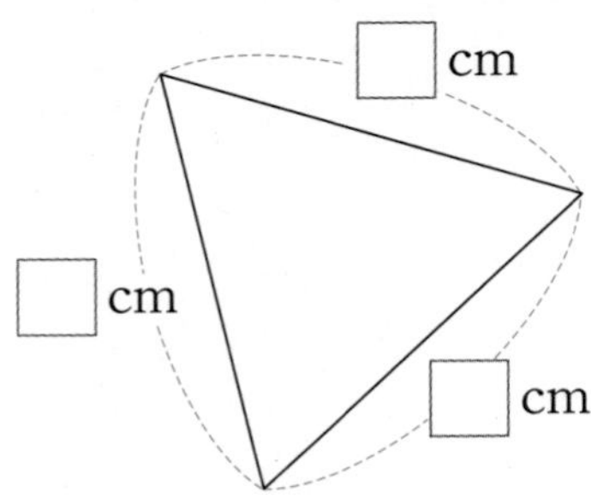

10 삼각형 ㄱㄴㄷ에서 각 ㄴㄱㄷ의 크기를 구하세요.

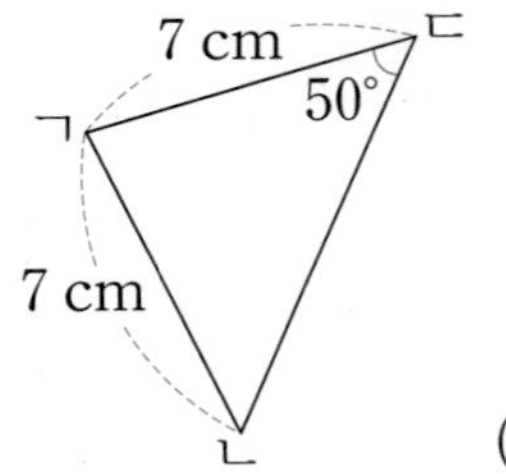

(　　　　　　　　　　)

서술형 문제

11 오른쪽 도형이 이등변삼각형이 아닌 까닭을 설명하세요.

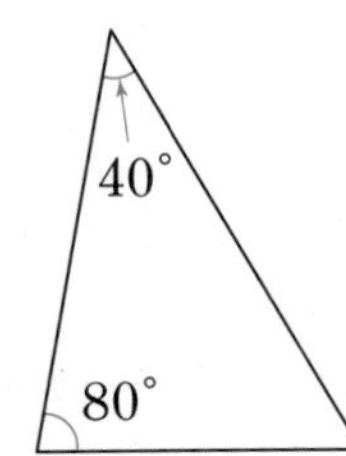

12 창의융합 보기 와 같이 정삼각형을 이용하여 모양을 꾸미세요.

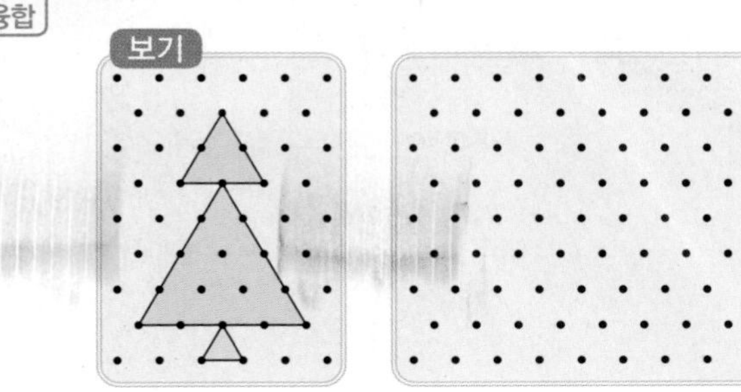

서술형 문제

13 추론 다음과 같이 색종이를 접어 점을 찍고, 선을 그린 삼각형이 정삼각형이 될 수 있는 까닭을 쓰세요.

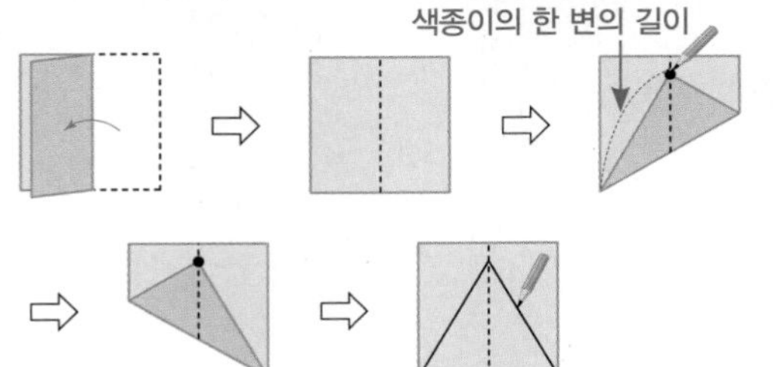

14 의사소통 두 삼각형에 대한 현호와 은혜의 대화를 보고 ㉠의 길이를 구하세요.

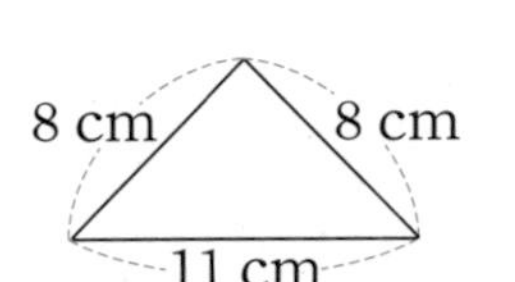

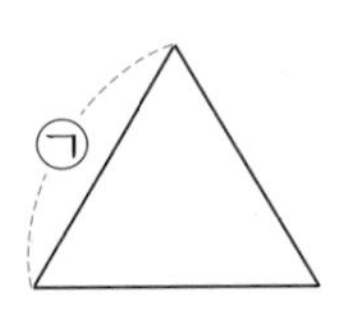

이등변삼각형과 정삼각형이 있어.
현호

두 삼각형의 세 변의 길이의 합이 서로 같아.
은혜

(　　　　　　　　　　)

2 단원
진도 완료 체크

개념1 예각삼각형 알아보기

• **예각삼각형**: **세** 각이 모두 **예각**인 삼각형

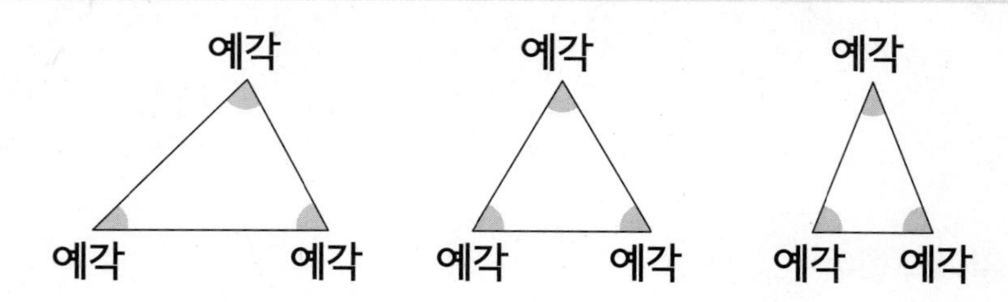

• 예각과 둔각
예각: 각도가 0°보다 크고 직각(90°)보다 작은 각
둔각: 각도가 직각(90°)보다 크고 180°보다 작은 각

개념2 둔각삼각형 알아보기

• **둔각삼각형**: **한** 각이 **둔각**인 삼각형

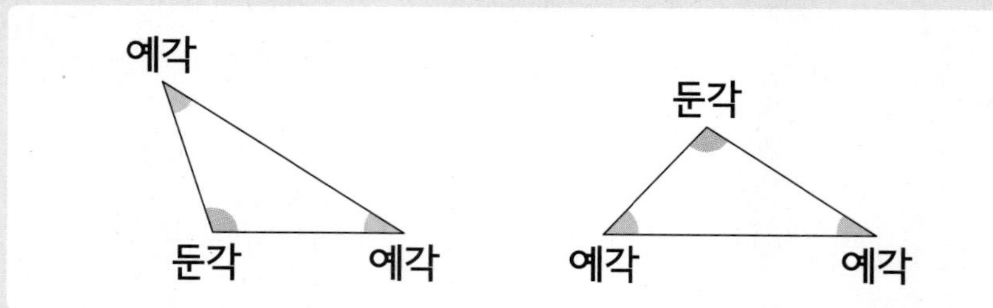

둔각삼각형은 세 각 중 한 각이 둔각이고, 나머지 두 각이 예각인 삼각형입니다.

참고 한 각이 **직각**인 삼각형은 **직각삼각형**이라고 합니다.
직각삼각형은 세 각 중 한 각이 직각이고, 나머지 두 각이 예각인 삼각형입니다.

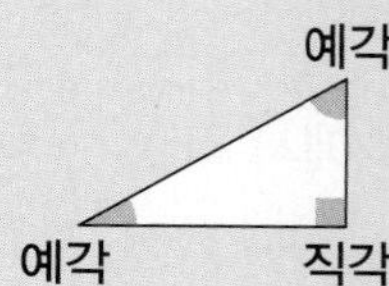

개념확인 **1** 그림을 보고 □ 안에 알맞은 말을 써넣으세요.

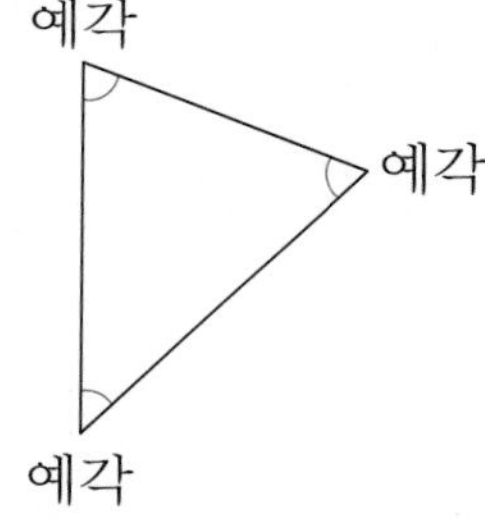

세 각이 모두 예각인 삼각형을 □이라고 합니다.

개념확인 **2** 그림을 보고 알맞은 말에 ○표 하세요.

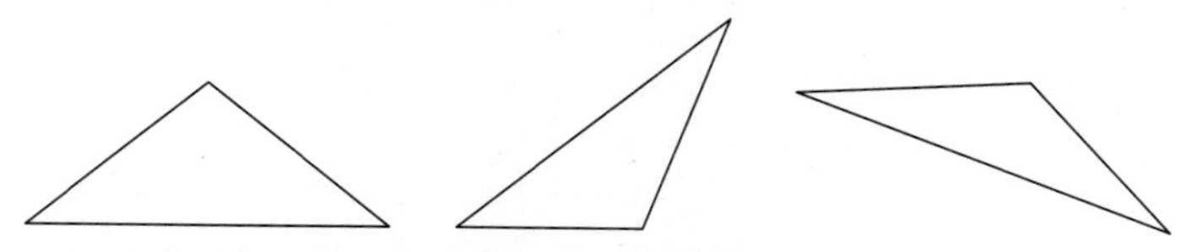

(한 , 두 , 세) 각이 둔각인 삼각형을 둔각삼각형이라고 합니다.

3 삼각형의 이름으로 알맞은 것에 ○표 하세요.

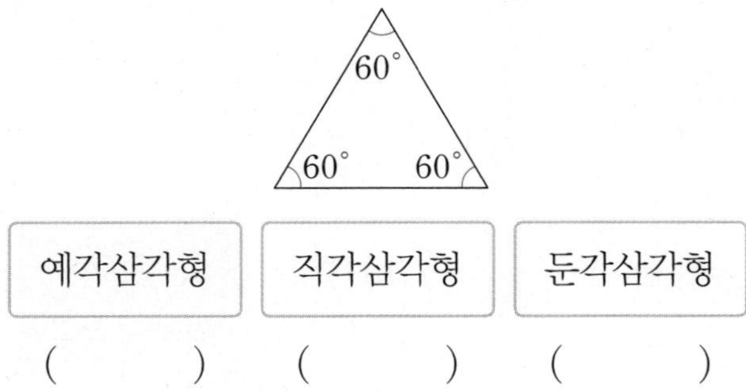

( ) ( ) ( )

4 ( ) 안에 예각삼각형은 '예', 둔각삼각형은 '둔', 직각삼각형은 '직'을 써넣으세요.

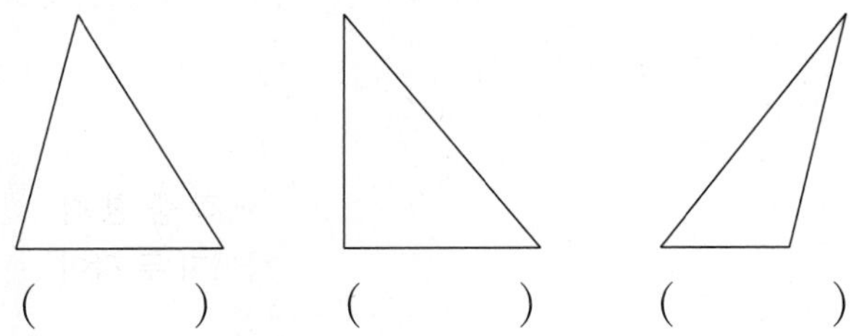

( ) ( ) ( )

5 주어진 삼각형을 예각삼각형과 둔각삼각형으로 분류하세요.

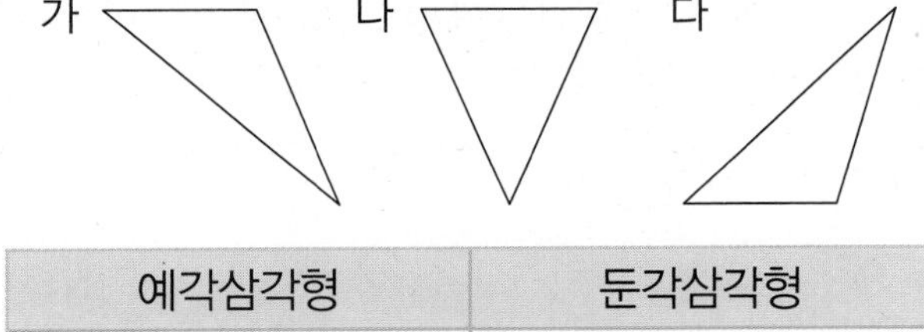

예각삼각형	둔각삼각형

6 5개의 점 중에서 한 점과 주어진 선분의 양 끝 점을 이어 삼각형을 만들려고 합니다. 예각삼각형을 그릴 수 있는 점은 어느 것인가요? ( )

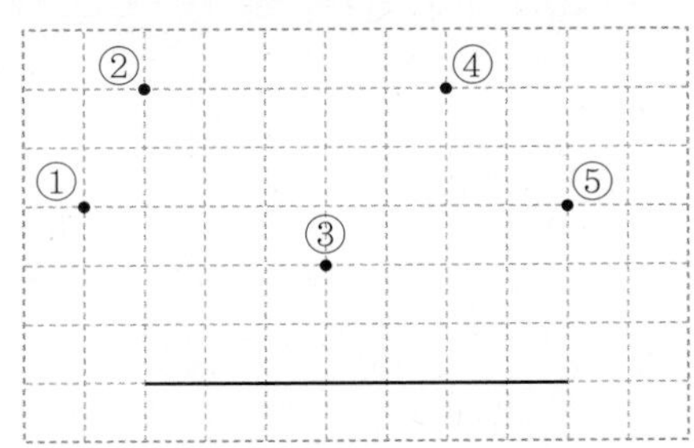

7 삼각형의 세 각의 크기가 다음과 같을 때, 예각삼각형을 찾아 기호를 쓰세요.

㉠ 60°, 30°, 90°
㉡ 80°, 55°, 45°
㉢ 25°, 100°, 55°

( )

8 주어진 선분을 한 변으로 하는 예각삼각형을 그리세요.

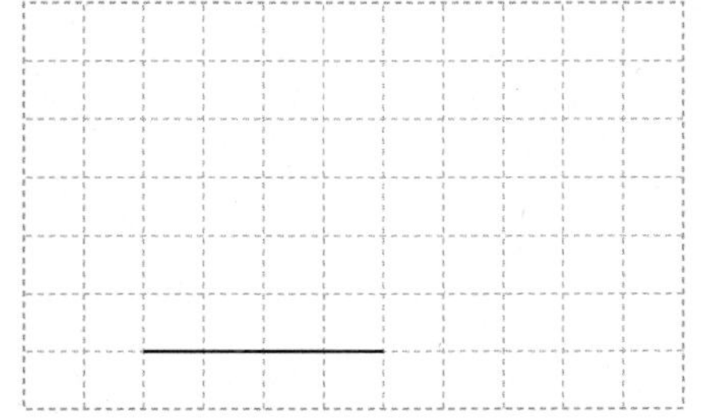

9 주어진 선분을 한 변으로 하는 둔각삼각형을 그리세요.

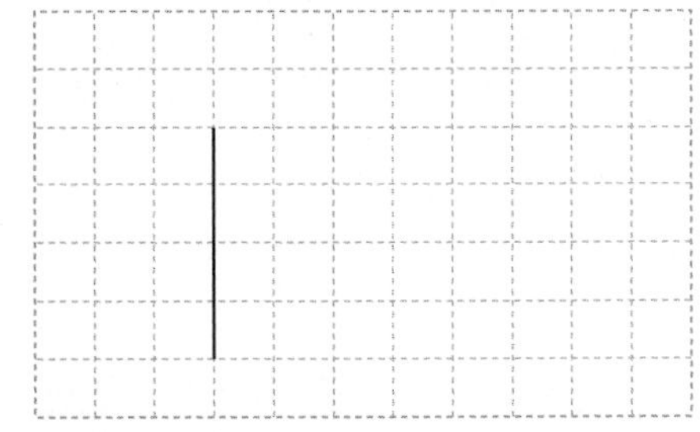

10 점 종이에 예각삼각형과 둔각삼각형을 각각 그리세요.

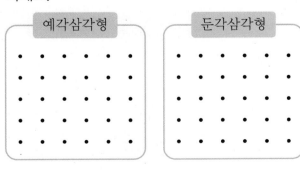

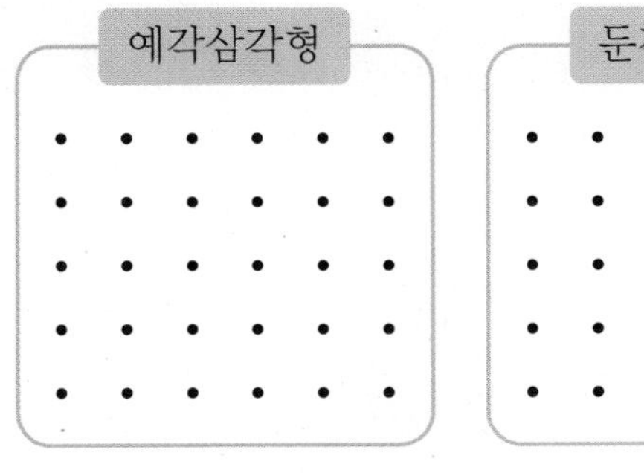

교과 개념

삼각형을 두 가지 기준으로 분류하기

개념1 삼각형을 두 가지 기준으로 분류하기

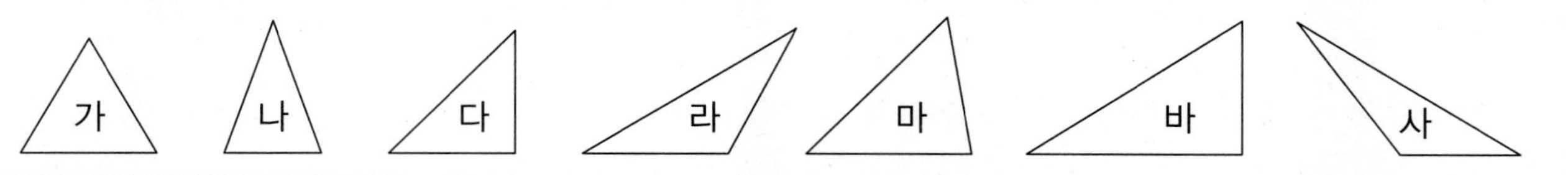

삼각형을 **변의 길이**와 **각의 크기**에 따라 분류할 수 있습니다.

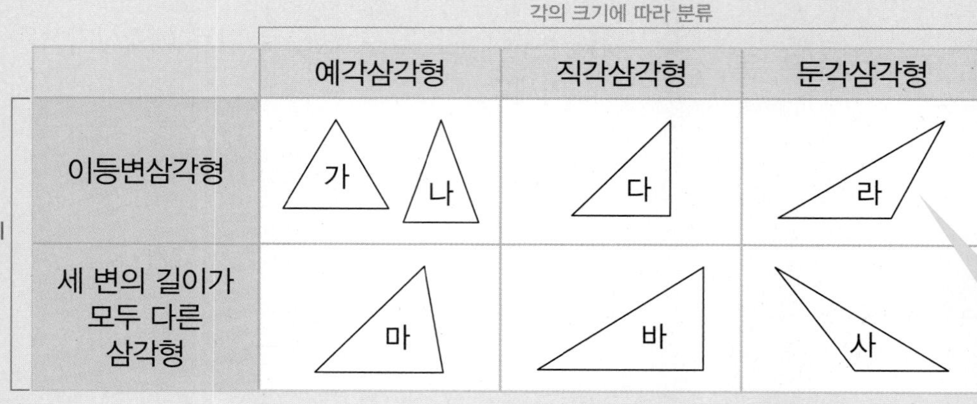

각의 크기에 따라 분류

변의 길이에 따라 분류

	예각삼각형	직각삼각형	둔각삼각형
이등변삼각형	가, 나	다	라
세 변의 길이가 모두 다른 삼각형	마	바	사

정삼각형은 이등변삼각형이라고 할 수 있습니다.
삼각형 가는 이등변삼각형이기도 하고 정삼각형이기도 합니다.

삼각형 라는 이등변삼각형이기도 하고 둔각삼각형이기도 합니다.

개념확인 1 삼각형을 보고 알맞은 것에 ○표 하세요.

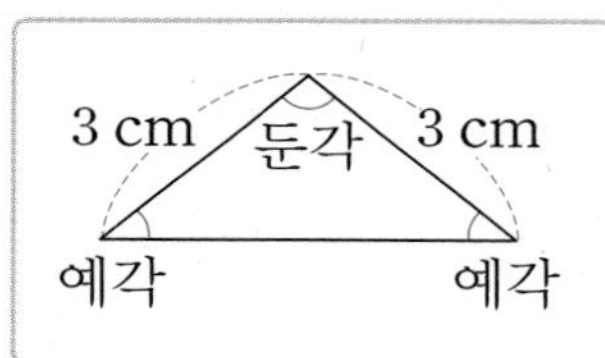

(1) 변의 길이를 보고 삼각형의 이름 찾기
두 변의 길이가 같으므로 (이등변삼각형 , 정삼각형)입니다.

(2) 각의 크기를 보고 삼각형의 이름 찾기
둔각이 있으므로 (예각삼각형 , 둔각삼각형)입니다.

개념확인 2 삼각형을 분류하여 알맞은 곳에 모두 ○표 하세요.

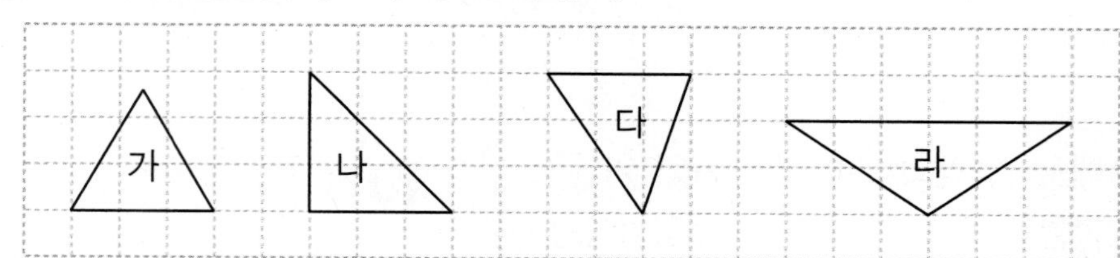

	이등변삼각형	정삼각형	예각삼각형	직각삼각형	둔각삼각형
가	○	○	○		
나					
다					
라					

3 삼각형을 보고 알맞은 이름을 찾아 모두 이으세요.

이등변삼각형 · 정삼각형

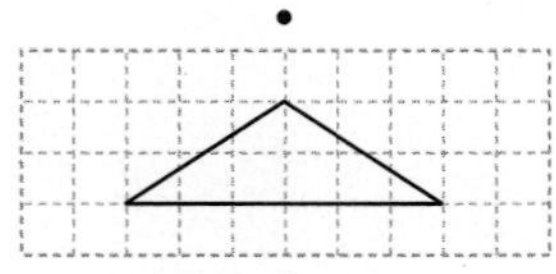

예각삼각형 · 둔각삼각형 · 직각삼각형

4 □ 안에 알맞은 삼각형의 이름을 써넣으세요.

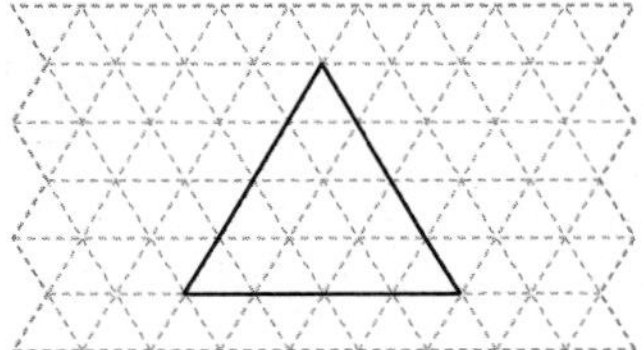

(1) 세 변의 길이가 같기 때문에 □ 입니다.

(2) 세 각이 모두 예각이기 때문에 □ 입니다.

5 샌드위치에서 찾은 삼각형을 보고 □ 안에 알맞은 말을 써넣으세요.

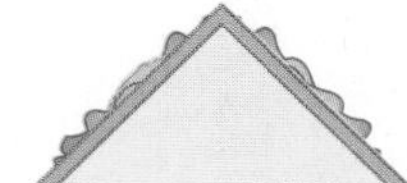  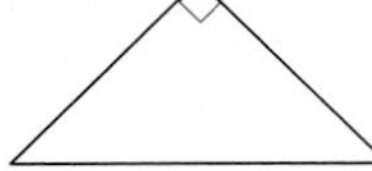

(1) 두 변의 길이가 같으므로 □ 삼각형 입니다.

(2) 한 각이 □ 이므로 직각삼각형입니다.

6 다음 삼각형의 이름이 될 수 있는 것을 2개 고르세요. ( )

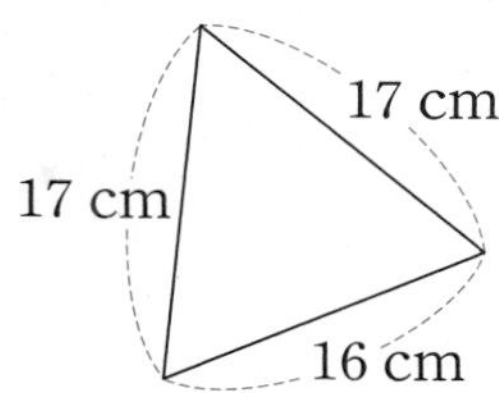

① 이등변삼각형 ② 정삼각형
③ 예각삼각형 ④ 직각삼각형
⑤ 둔각삼각형

[7~9] 삼각형을 분류하세요.

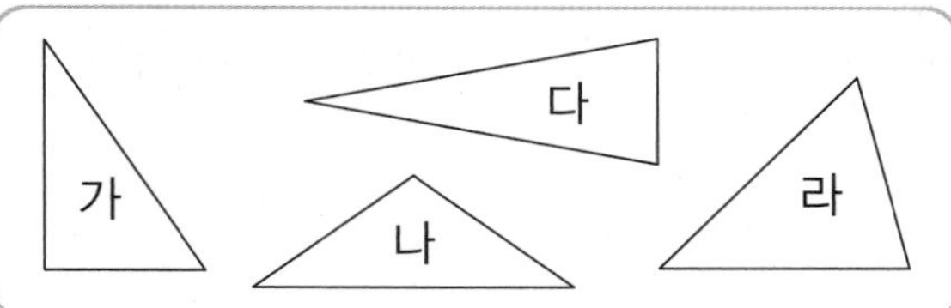

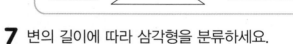

7 변의 길이에 따라 삼각형을 분류하세요.

이등변삼각형	
세 변의 길이가 모두 다른 삼각형	

8 각의 크기에 따라 삼각형을 분류하세요.

예각삼각형	직각삼각형	둔각삼각형

9 변의 길이와 각의 크기에 따라 삼각형을 분류하세요.

	예각삼각형	직각삼각형	둔각삼각형
이등변삼각형			
세 변의 길이가 모두 다른 삼각형			

2 단원
진도 완료 체크

10종

교과 유형 익힘

[01~02] 삼각형을 보고 물음에 답하세요.

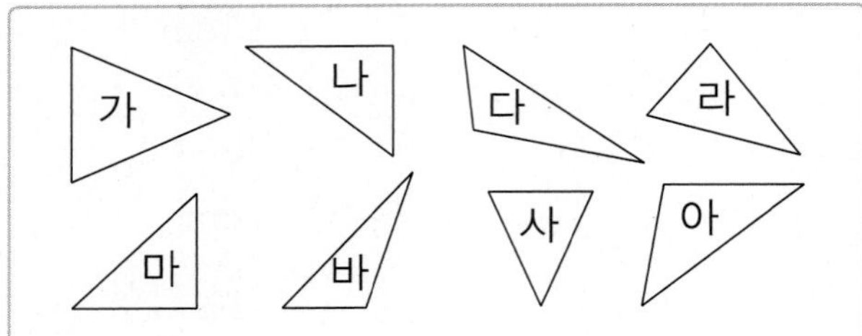

01 예각삼각형을 모두 찾아 기호를 쓰세요.

(　　　　　　　　　　)

02 둔각삼각형을 모두 찾아 기호를 쓰세요.

(　　　　　　　　　　)

03 오른쪽 삼각형의 이름이 아닌 것에 ×표 하세요.

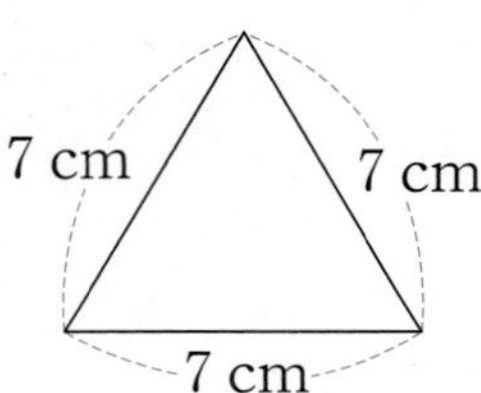

이등변삼각형	둔각삼각형	정삼각형
(　　)	(　　)	(　　)

04 각의 크기에 따라 삼각형을 분류하여 빈칸에 알맞은 기호를 써넣으세요.

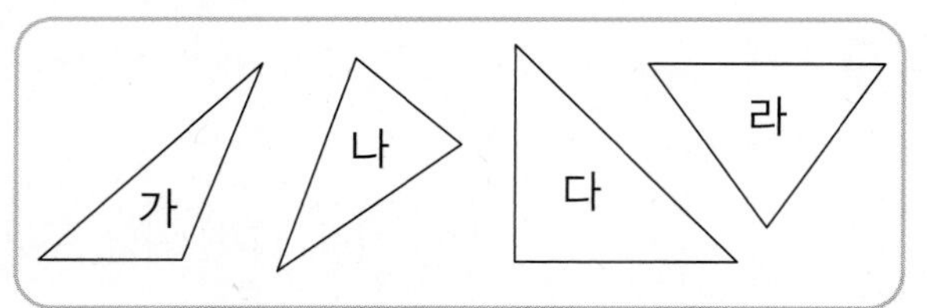

예각삼각형	둔각삼각형	직각삼각형

05 직사각형 모양의 종이를 점선을 따라 오렸습니다. 예각삼각형과 둔각삼각형을 모두 찾아 기호를 쓰세요.

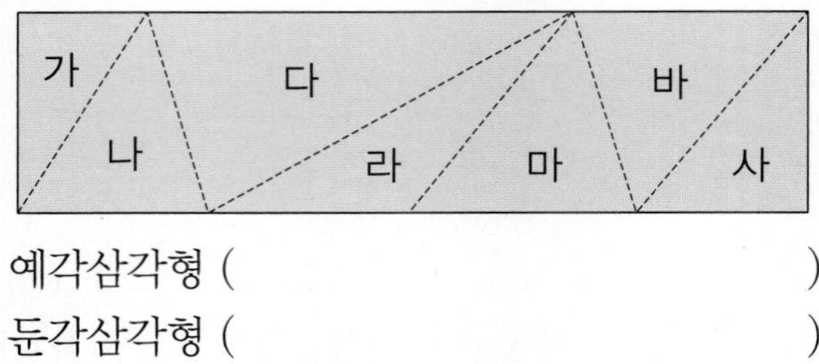

예각삼각형 (　　　　　　　　　　)

둔각삼각형 (　　　　　　　　　　)

06 변의 길이와 각의 크기에 따라 삼각형을 분류하여 기호를 쓰세요.

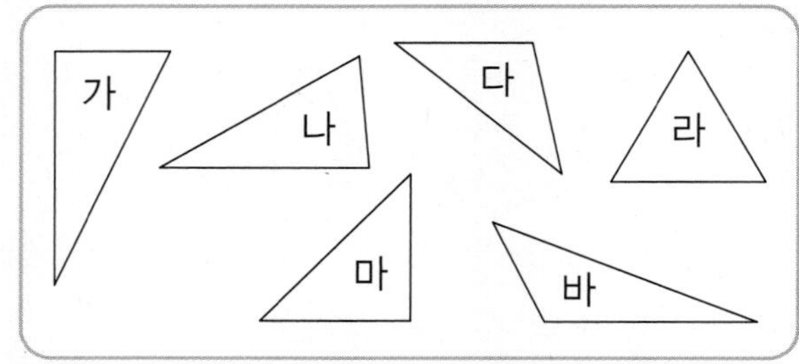

	예각삼각형	직각삼각형	둔각삼각형
이등변삼각형			
세 변의 길이가 모두 다른 삼각형			

07 색종이를 이용하여 삼각형 3개를 만들었습니다. 만든 삼각형에서 찾을 수 있는 예각은 모두 몇 개인가요?

예각삼각형

직각삼각형

둔각삼각형

(　　　　　　　　　　)

08 어떤 삼각형인지 보기 에서 모두 골라 쓰세요.

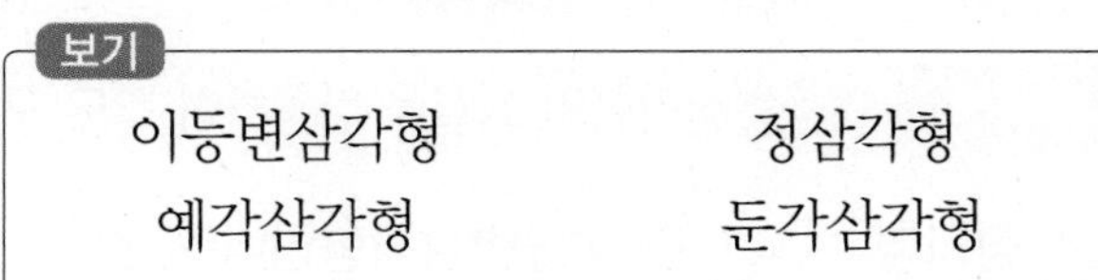

보기

이등변삼각형　　정삼각형
예각삼각형　　둔각삼각형

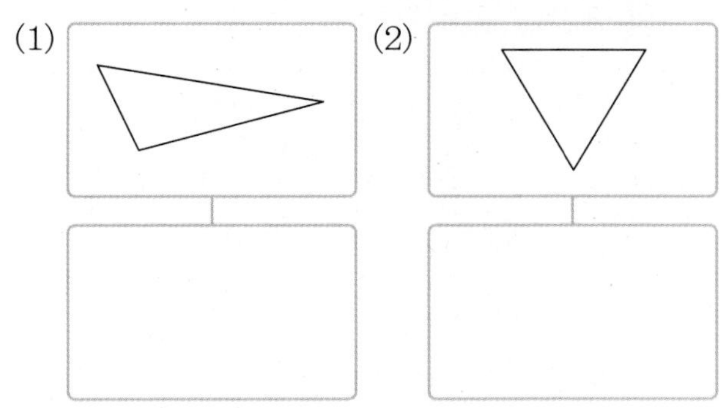

09 보기 에서 설명하는 삼각형을 그리세요.

보기

- 두 변의 길이가 같습니다.
- 세 각이 모두 예각입니다.

10 그림에서 찾을 수 있는 크고 작은 둔각삼각형은 모두 몇 개인지 구하세요.

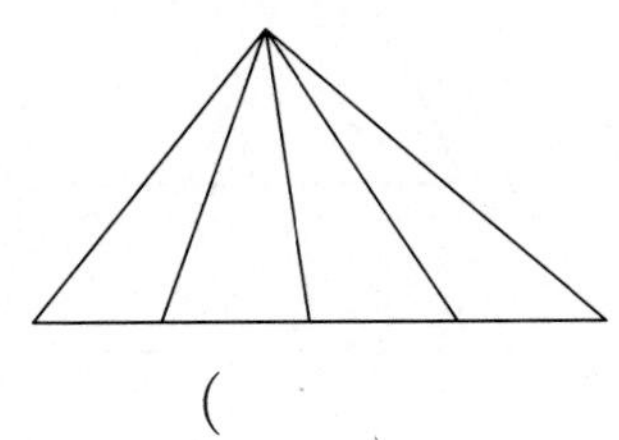

(　　　　　　　　　　)

11 추론 삼각형의 일부가 지워졌습니다. 어떤 삼각형인지 이름이 될 수 있는 것에 ○표 하세요.

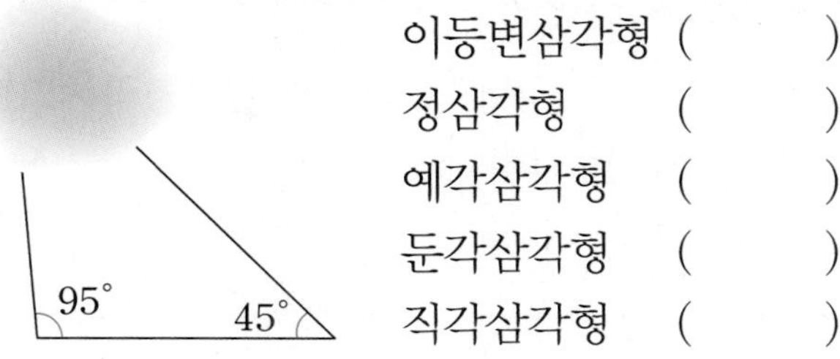

이등변삼각형 (　　)
정삼각형 (　　)
예각삼각형 (　　)
둔각삼각형 (　　)
직각삼각형 (　　)

12 문제해결 삼각형 ㄱㄴㄷ은 어떤 삼각형인지 알맞은 것을 모두 찾아 ○표 하세요.

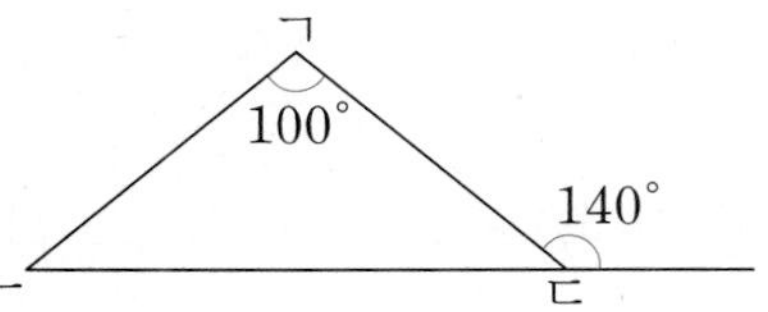

이등변삼각형　　정삼각형
예각삼각형　　직각삼각형　　둔각삼각형

13 창의융합 친구 세 명이 운동장에서 고무줄로 삼각형을 만들었습니다. 물음에 답하세요.

(1) 현호가 왼쪽으로 한 칸 이동하면 어떤 삼각형이 될까요?

(　　　　　　　　　　)

(2) 둔각삼각형을 만들려면 현호가 오른쪽으로 몇 칸 이동해야 할까요?

(　　　　　　　　　　)

2 단원

진도 완료 체크

문제 해결 잘 틀리는 문제

유형1 삼각형의 세 변의 길이의 합 구하기

1 ㉠과 ㉡의 각도가 같을 때 삼각형의 세 변의 길이의 합을 구하세요.

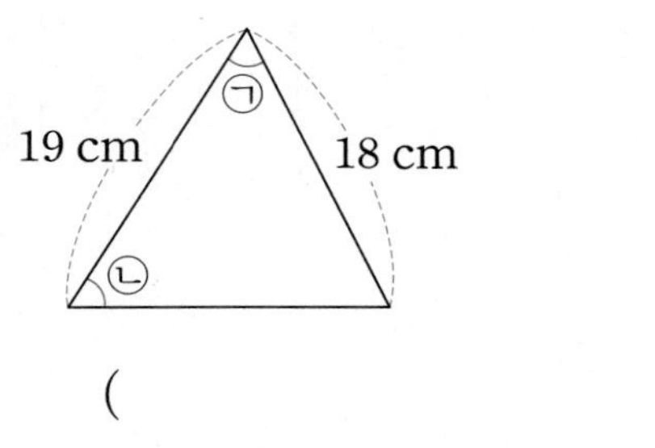

(　　　　　　　　　　)

Solution 이등변삼각형에서 크기가 같은 두 각의 위치를 알 때 길이가 같은 두 변을 찾습니다.

1-1 다음 삼각형의 세 변의 길이의 합을 구하세요.

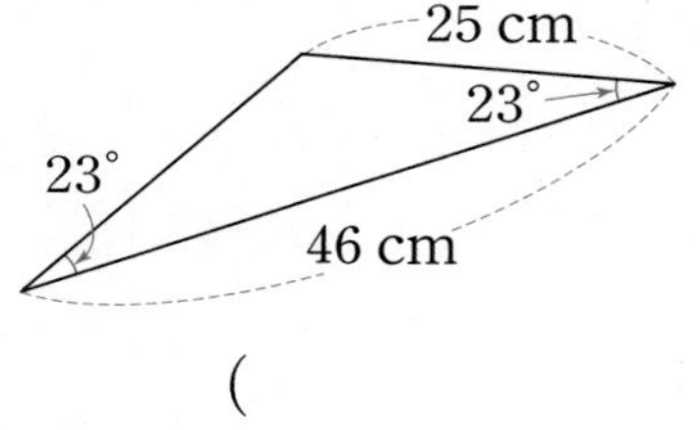

(　　　　　　　　　　)

1-2 한 각의 크기가 60°인 이등변삼각형입니다. 세 변의 길이의 합을 구하세요.

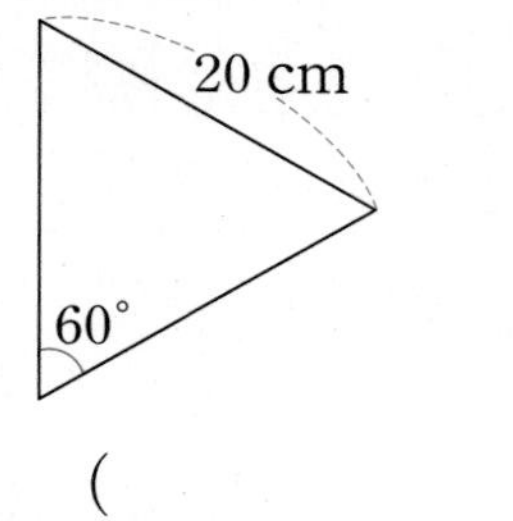

(　　　　　　　　　　)

유형2 이등변삼각형의 성질을 이용하여 각도 구하기

2 삼각형 ㄱㄴㄷ은 이등변삼각형입니다. 각 ㄷㄱㄹ의 크기를 구하세요.

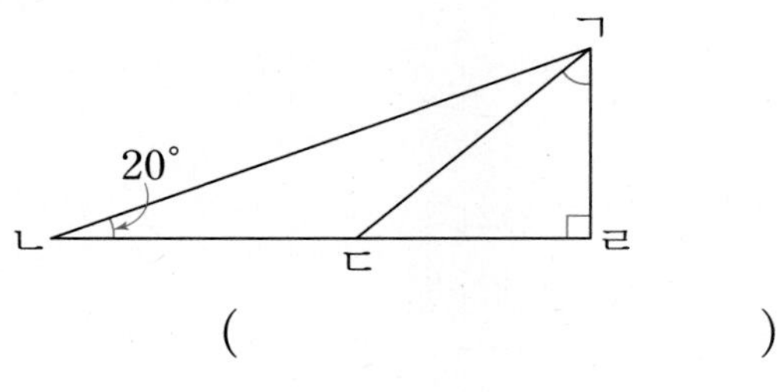

(　　　　　　　　　　)

Solution 이등변삼각형의 두 변의 길이가 같을 때 크기가 같은 두 각을 찾습니다.

2-1 삼각형 ㄱㄷㄹ과 삼각형 ㄴㄷㄹ은 이등변삼각형입니다. 각 ㄷㄴㄹ의 크기를 구하세요.

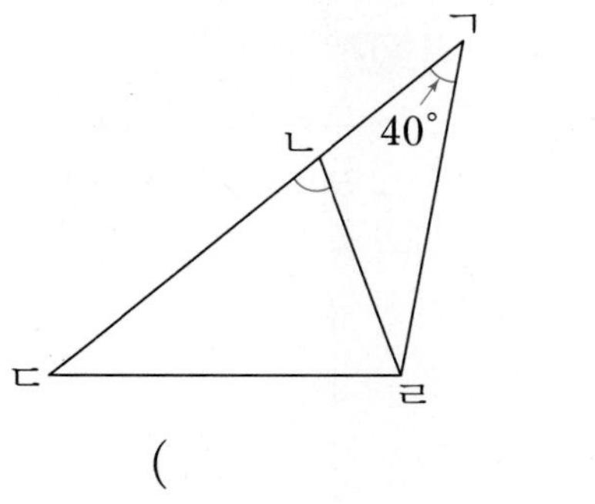

(　　　　　　　　　　)

2-2 삼각형 ㄱㄴㄷ과 삼각형 ㄱㄷㄹ은 이등변삼각형입니다. 각 ㄱㄹㄷ의 크기를 구하세요.

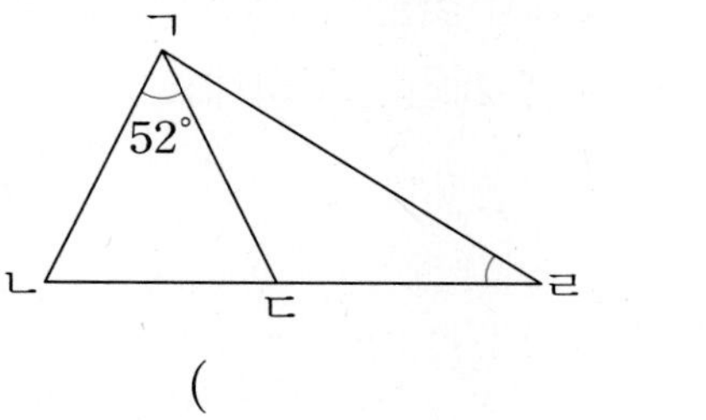

(　　　　　　　　　　)

유형3 삼각형의 이름 알아보기

3 다음 삼각형의 이름이 될 수 있는 것을 보기 에서 모두 찾아 기호를 쓰세요.

보기
㉠ 이등변삼각형
㉡ 정삼각형
㉢ 예각삼각형
㉣ 직각삼각형
㉤ 둔각삼각형

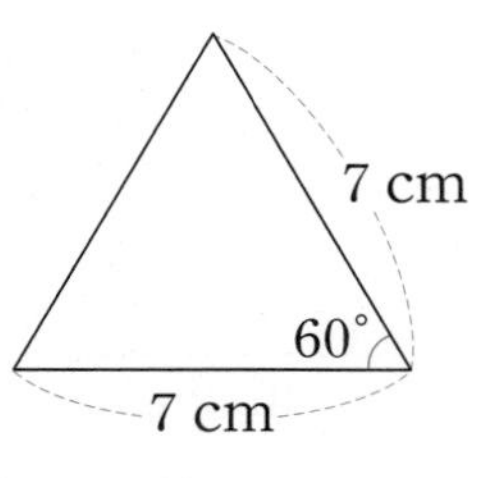

(　　　　　　　　　　)

Solution 길이가 같은 변이 있는지 알아보고, 둔각 또는 직각이 있는지 알아봅니다.

3-1 다음 삼각형의 이름이 될 수 있는 것을 보기 에서 모두 찾아 기호를 쓰세요.

보기
㉠ 이등변삼각형
㉡ 정삼각형
㉢ 예각삼각형
㉣ 직각삼각형
㉤ 둔각삼각형

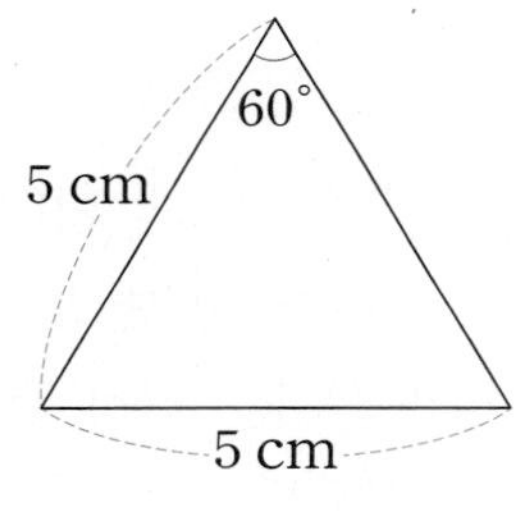

(　　　　　　　　　　)

3-2 다음 삼각형의 이름이 될 수 있는 것을 보기 에서 모두 찾아 기호를 쓰세요.

보기
㉠ 이등변삼각형
㉡ 정삼각형
㉢ 예각삼각형
㉣ 직각삼각형
㉤ 둔각삼각형

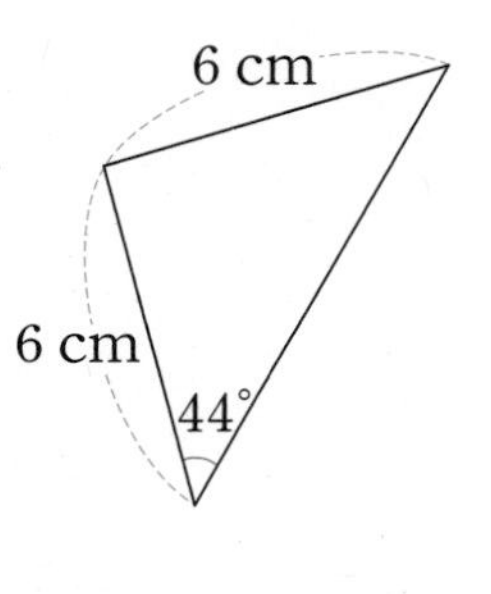

(　　　　　　　　　　)

유형4 크고 작은 삼각형 찾기

4 다음 그림에서 찾을 수 있는 크고 작은 예각삼각형은 모두 몇 개인지 구하세요.

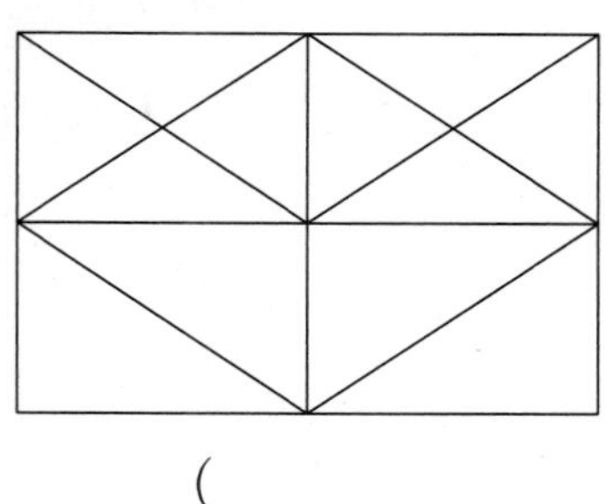

(　　　　　　　　　　)

Solution 삼각형 1개로 이루어진 예각삼각형뿐만 아니라 여러 개가 모여 예각삼각형이 된 경우도 찾아야 합니다.

4-1 다음 그림에서 찾을 수 있는 크고 작은 둔각삼각형은 모두 몇 개인지 구하세요.

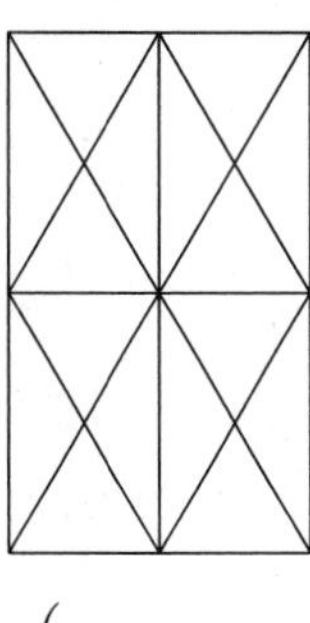

(　　　　　　　　　　)

4-2 다음 그림에서 찾을 수 있는 크고 작은 정삼각형은 모두 몇 개인지 구하세요.

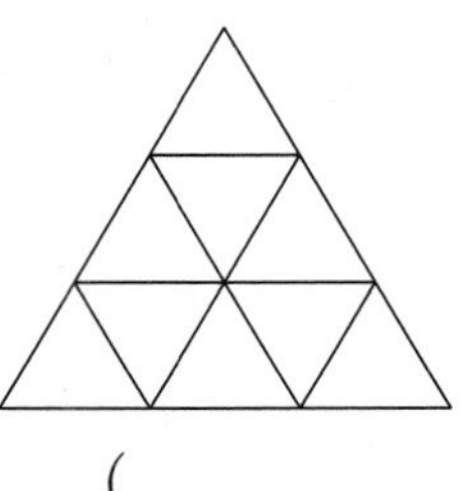

(　　　　　　　　　　)

2 단원

문제 해결 (서술형 문제)

유형5

문제 해결 Key

길이가 같은 두 변이 어느 변인지 찾고 길이를 구합니다.

문제 해결 전략

❶ 변 ㄱㄴ과 변 ㄱㄷ의 길이의 합 구하기

❷ 변 ㄱㄴ과 변 ㄱㄷ의 길이 구하기

5 다음은 [❶]세 변의 길이의 합이 90 cm인 이등변삼각형입니다. 삼각형의 [❷]세 변의 길이는 각각 몇 cm인지 풀이 과정을 보고 □ 안에 알맞은 수를 써넣어 답을 구하세요.

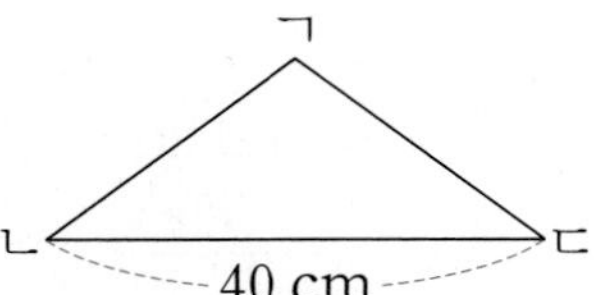

풀이 ❶ 삼각형의 세 변의 길이의 합이 90 cm이므로 변 ㄱㄴ과 변 ㄱㄷ의 길이의 합은 $90-\square=\square$ (cm)입니다.

❷ 이등변삼각형은 두 변의 길이가 같으므로 변 ㄱㄴ과 변 ㄱㄷ의 길이가 같습니다. 따라서 변 ㄱㄴ과 변 ㄱㄷ의 길이는 각각 $\square\div2=\square$ (cm)입니다.

______

5-1 (연습 문제)

오른쪽은 세 변의 길이의 합이 40 cm인 이등변삼각형입니다. 변 ㄱㄷ의 길이는 몇 cm인지 풀이 과정을 쓰고 답을 구하세요.

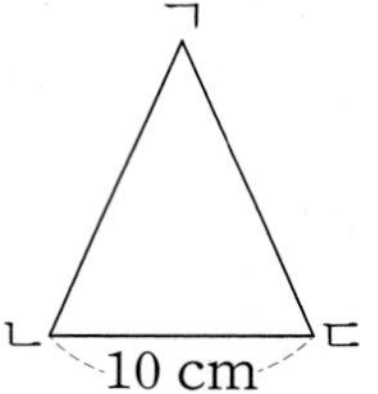

풀이

❶ 변 ㄱㄴ과 변 ㄱㄷ의 길이의 합 구하기

❷ 변 ㄱㄷ의 길이 구하기

답 ______

5-2 (실전 문제)

세 변의 길이의 합이 60 cm인 이등변삼각형에서 길이가 다른 한 변의 길이가 18 cm일 때 삼각형의 세 변의 길이는 각각 몇 cm인지 풀이 과정을 쓰고 답을 구하세요.

풀이

답 ______

유형6

문제 해결 Key
나머지 한 각의 크기를 구하고 크기가 같은 각이 있는지, 둔각이나 직각이 있는지 알아봅니다.

문제 해결 전략
① 나머지 한 각의 크기 구하기
② 크기가 같은 각이 있는지 알아보기
③ 직각 또는 둔각이 있는지 알아보기

6 ①삼각형의 세 각 중 두 각의 크기입니다. □ 안에 알맞은 수나 말을 써넣고, ②삼각형의 이름이 될 수 있는 것을 보기 에서 찾아 쓰세요.

$70°$ $30°$

보기
이등변삼각형 정삼각형
예각삼각형 직각삼각형 둔각삼각형

풀이 ① 삼각형의 세 각의 크기의 합은 □°이므로 나머지 한 각의 크기는 $180°-70°-30°=$□°입니다.

② 크기가 같은 두 각이 없으므로 이등변삼각형이 □.

③ 세 각이 모두 예각이므로 □삼각형입니다.

답 ____________

진도 완료 체크

6-1 연습 문제

삼각형의 세 각 중 두 각의 크기입니다. 삼각형의 이름이 될 수 있는 것을 보기 에서 모두 찾으려고 합니다. 풀이 과정을 쓰고 답을 쓰세요.

$80°$ $20°$

보기
이등변삼각형 정삼각형
예각삼각형 직각삼각형 둔각삼각형

풀이
① 나머지 한 각의 크기 구하기

② 크기가 같은 각이 있는지 알아보기

③ 직각 또는 둔각이 있는지 알아보기

답 ____________

6-2 실전 문제

삼각형의 세 각 중 두 각의 크기입니다. 삼각형의 이름이 될 수 있는 것을 보기 에서 모두 찾으려고 합니다. 풀이 과정을 쓰고 답을 쓰세요.

$25°$ $130°$

보기
이등변삼각형 정삼각형
예각삼각형 직각삼각형 둔각삼각형

풀이

답 ____________

실력 UP 문제

01 다음과 같이 크기가 같은 이등변삼각형 3개를 변끼리 이어 붙여 만든 삼각형의 이름을 쓰세요.

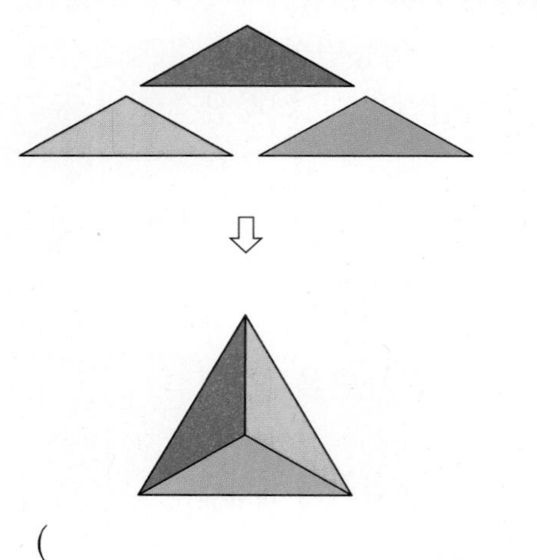

( )

02 점선으로 그려진 원의 반지름을 두 변으로 하는 이등변삼각형을 그리려고 합니다. 물음에 답하세요.

(1) 두 각의 크기가 45°인 삼각형을 그리세요.

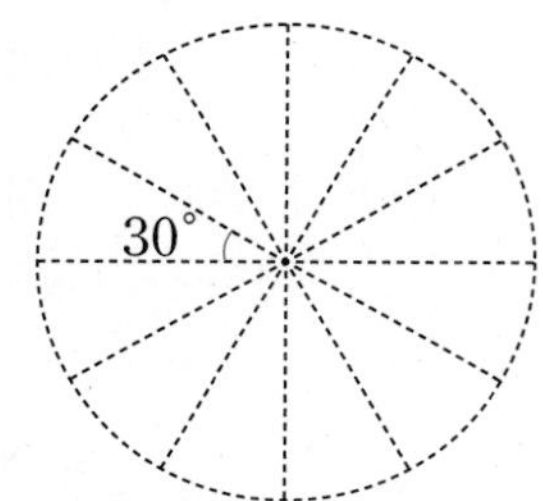

(2) 30°인 각을 가지고 있는 서로 다른 모양의 이등변삼각형을 2개 그리세요.

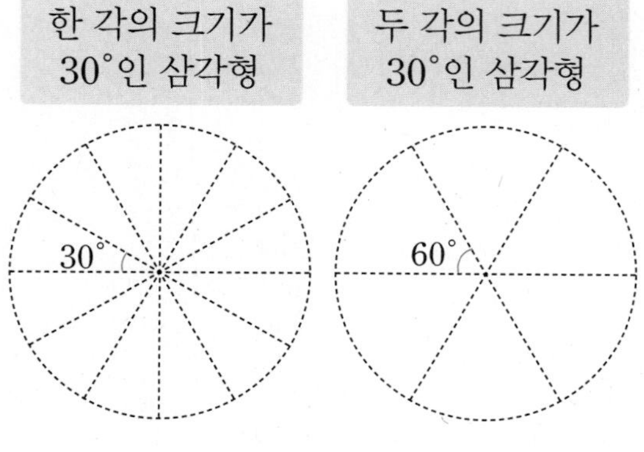

03 육각형에서 빨간색으로 표시한 꼭짓점과 다른 꼭짓점을 잇는 선분을 3개 그어 4개의 삼각형으로 나누려고 합니다. 나누어진 삼각형 중 예각삼각형은 몇 개일까요?

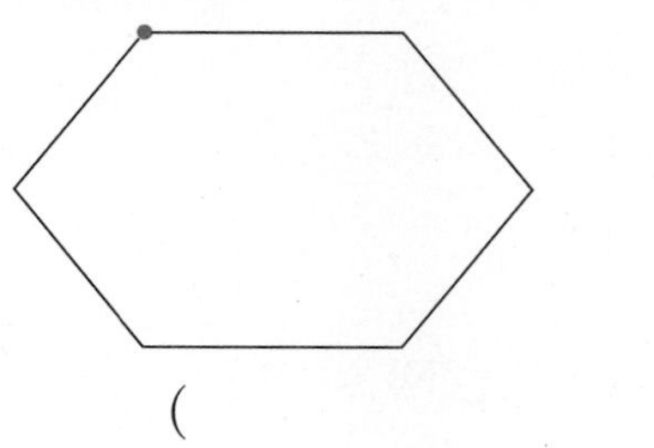

( )

04 정삼각형 2개를 겹쳐 다음과 같은 모양을 만들었습니다. □ 안에 알맞은 수를 써넣으세요.

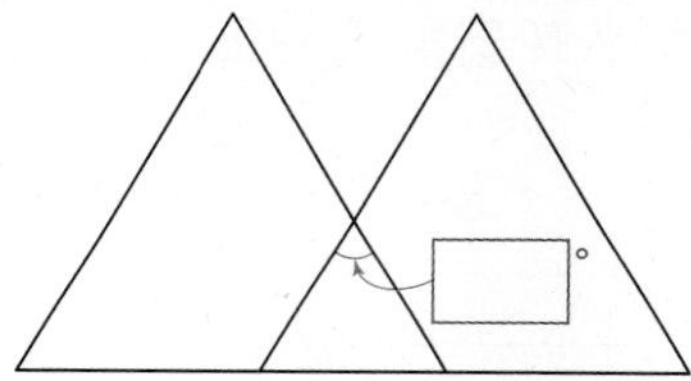

05 점 ㄱ, ㄴ은 원의 중심입니다. 삼각형 ㄱㄴㄷ의 이름이 될 수 있는 것을 모두 찾아 ○표 하세요.

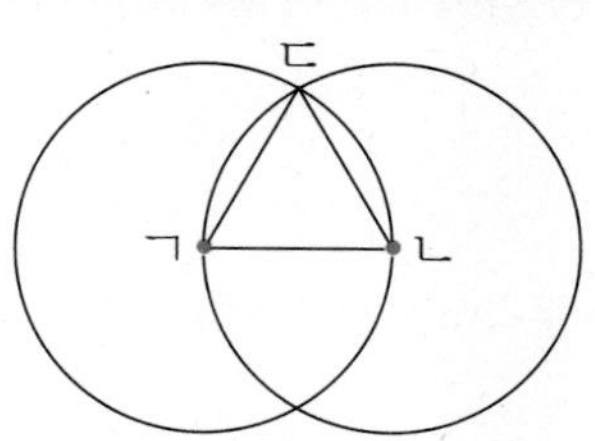

이등변삼각형	정삼각형	
예각삼각형	직각삼각형	둔각삼각형

06 삼각형 ㄹㅁㅂ은 정삼각형입니다. ㉠, ㉡, ㉢의 크기의 합은 몇 도인지 구하세요.

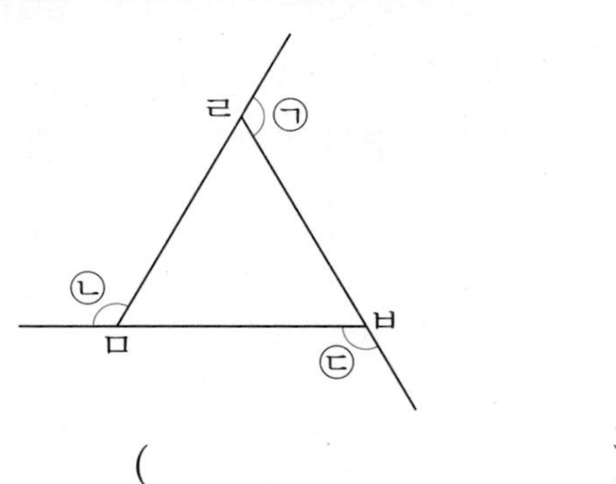

(　　　　　　　　)

07 ㉠과 ㉡의 크기의 합은 몇 도인지 구하세요.

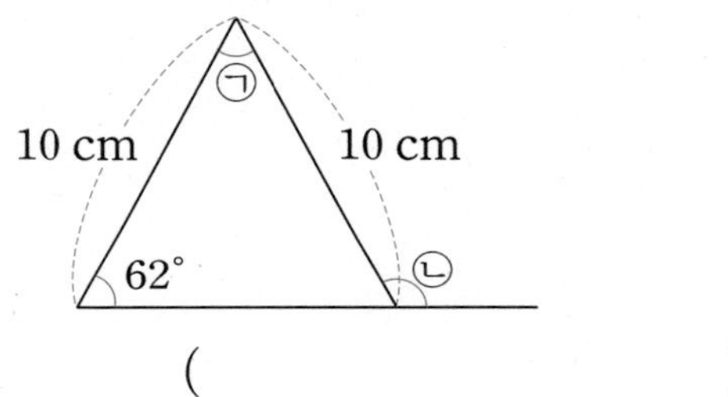

(　　　　　　　　)

08 삼각형 ㄹㄱㄴ은 이등변삼각형이고, 삼각형 ㄹㄴㄷ은 정삼각형입니다. 각 ㄱㄴㄷ의 크기를 구하세요.

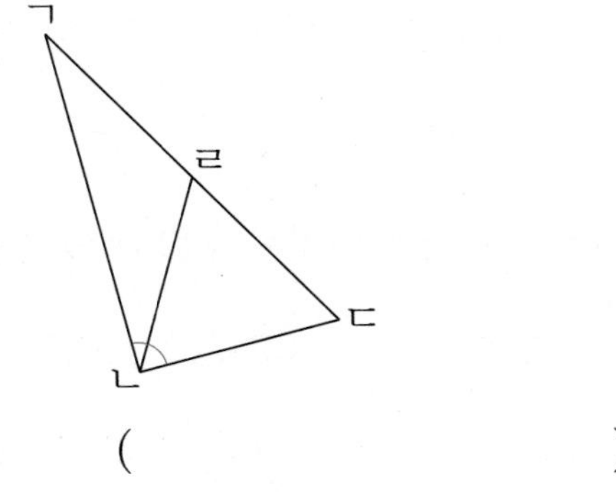

(　　　　　　　　)

09 삼각형 ㄷㄹㅁ과 삼각형 ㄷㅁㅂ은 이등변삼각형입니다. ㉠과 ㉡의 각도의 차를 구하세요.

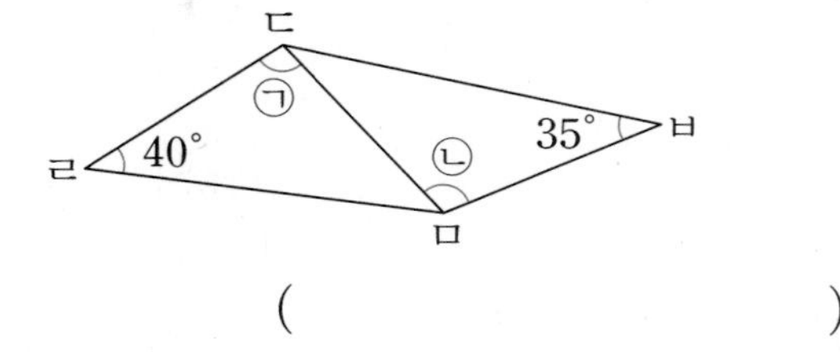

(　　　　　　　　)

10 세 변의 길이의 합이 50 cm인 이등변삼각형이 있습니다. 이 삼각형의 한 변의 길이가 20 cm일 때 삼각형의 세 변의 길이가 될 수 있는 경우를 모두 쓰세요.

□ cm, □ cm, □ cm

또는 □ cm, □ cm, □ cm

11 한 변의 길이가 6 cm인 정삼각형과 정사각형 모양의 색종이를 붙여 놓은 것입니다. 각 ㅁㄴㄷ의 크기는 몇 도인지 구하세요.

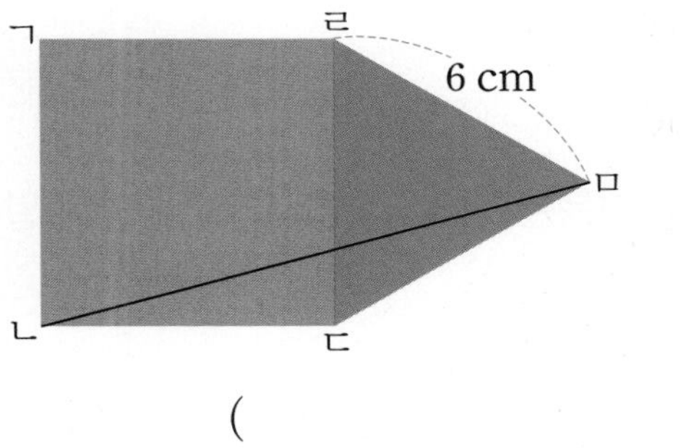

(　　　　　　　　)

2 단원

진도 완료 체크

[01~02] 도형을 보고 물음에 답하세요.

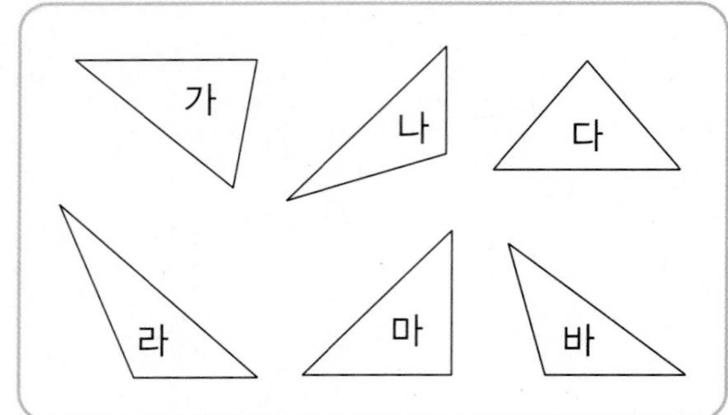

01 둔각삼각형을 모두 찾아 기호를 쓰세요.

( )

02 이등변삼각형을 모두 찾아 기호를 쓰세요.

( )

03 이등변삼각형을 모두 찾아 ○표 하세요.

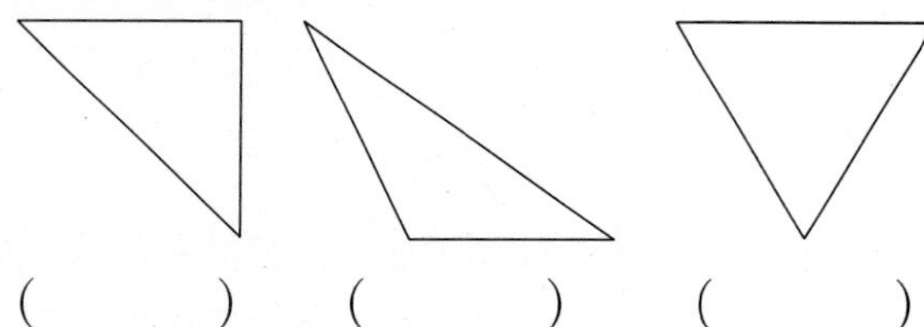

( ) ( ) ( )

04 다음은 정삼각형입니다. □ 안에 알맞은 수를 써넣으세요.

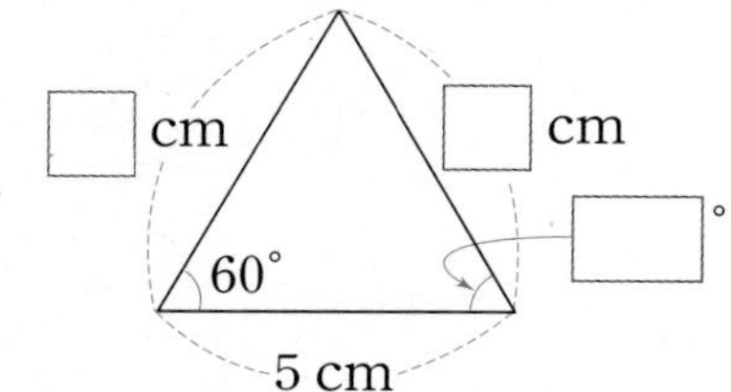

05 도형에서 선분 ㅁㅂ과 한 점을 이어 둔각삼각형을 그리려고 합니다. 어느 점을 이어야 하는지 찾아 기호를 쓰세요.

㉠ ㉡ ㉢ ㉣

ㅁ ㅂ

( )

06 예각삼각형은 '예', 둔각삼각형은 '둔', 직각삼각형은 '직'을 □ 안에 써넣으세요.

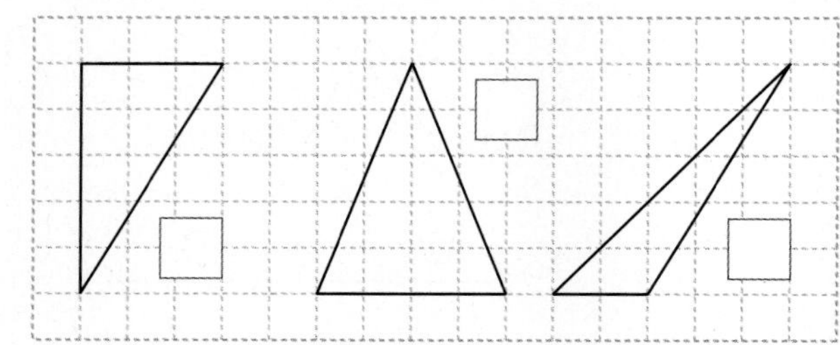

07 □ 안에 알맞은 수를 써넣으세요.

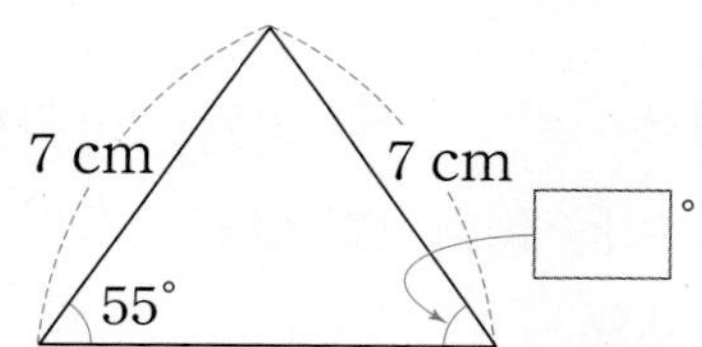

08 □ 안에 알맞은 수를 써넣으세요.

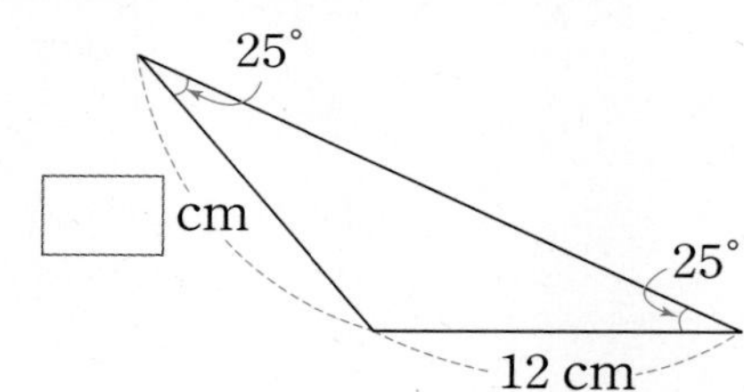

09 □ 안에 알맞은 수를 써넣으세요.

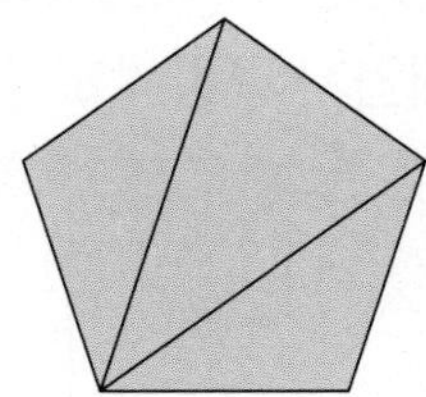

그림과 같이 오각형의 꼭짓점을 이었더니 둔각삼각형이 □개, 예각삼각형이 □개 생겼습니다.

10 다음을 보고 잘못 설명한 학생을 찾아 이름을 쓰세요.

직각삼각형은 한 각이 직각이야.
둔각삼각형은 두 각이 둔각이야.
예각삼각형은 세 각이 예각이야.
현호
은혜
성규

(　　　　　)

11 다음 중 잘못 설명한 것은 어느 것일까요? (　　　)

① 정삼각형은 세 변의 길이가 같은 삼각형입니다.
② 이등변삼각형은 두 변의 길이가 같습니다.
③ 정삼각형은 이등변삼각형이라고 할 수 있습니다.
④ 이등변삼각형은 정삼각형이라고 할 수 있습니다.
⑤ 정삼각형은 세 각의 크기가 모두 같습니다.

12 보기 에서 설명하는 삼각형을 2개 그리세요.

보기
- 변이 3개입니다.
- 두 변의 길이가 같습니다.
- 직각이 있습니다.

13 다음 삼각형의 이름이 될 수 있는 것을 모두 고르세요. (　　　)

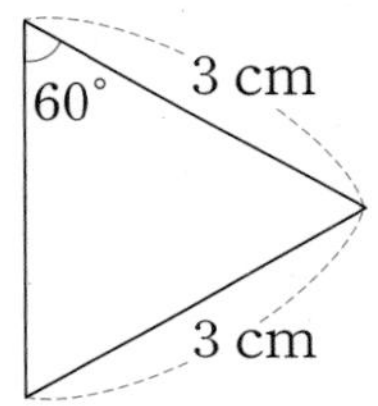

① 정삼각형　② 이등변삼각형
③ 예각삼각형　④ 직각삼각형
⑤ 둔각삼각형

14 색종이를 점선을 따라 오렸습니다. 예각삼각형을 모두 찾아 기호를 쓰세요.

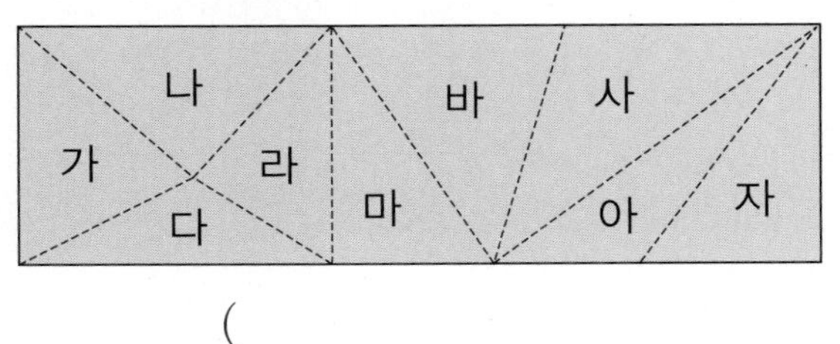

(　　　　　)

15 다음 도형이 이등변삼각형인 까닭을 쓰세요.

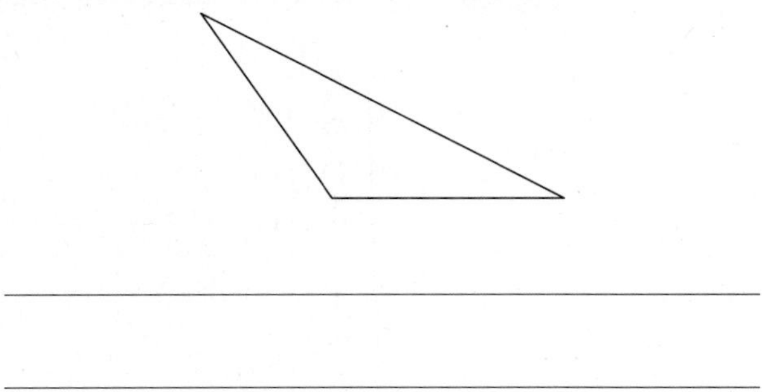

16 두 각의 크기가 다음과 같은 삼각형을 그리려고 합니다. 이등변삼각형이 될 수 없는 것은 어느 것일까요? ( )

① 80°, 80° ② 60°, 70°
③ 50°, 80° ④ 30°, 75°
⑤ 90°, 45°

17 삼각형 ㄱㄴㄷ은 이등변삼각형입니다. □ 안에 알맞은 수를 써넣으세요.

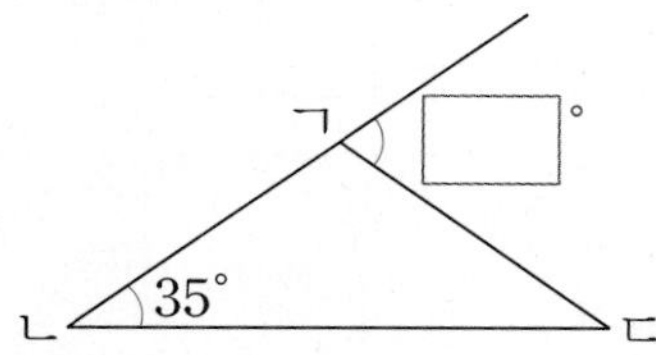

18 그림에서 찾을 수 있는 크고 작은 예각삼각형은 모두 몇 개인지 구하세요.

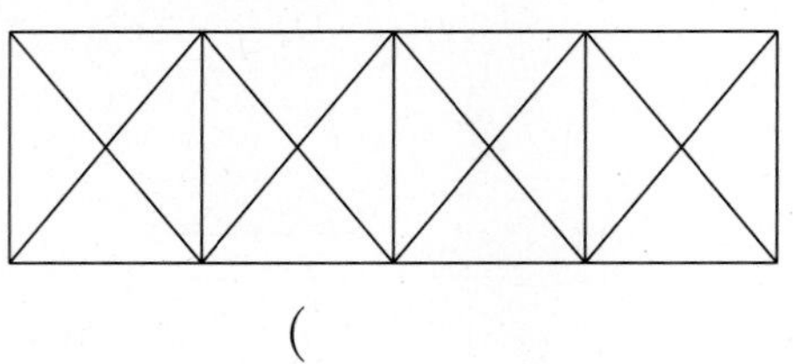

( )

19 다음은 이등변삼각형과 정삼각형을 붙여서 만든 도형입니다. ㉠은 몇 도일까요?

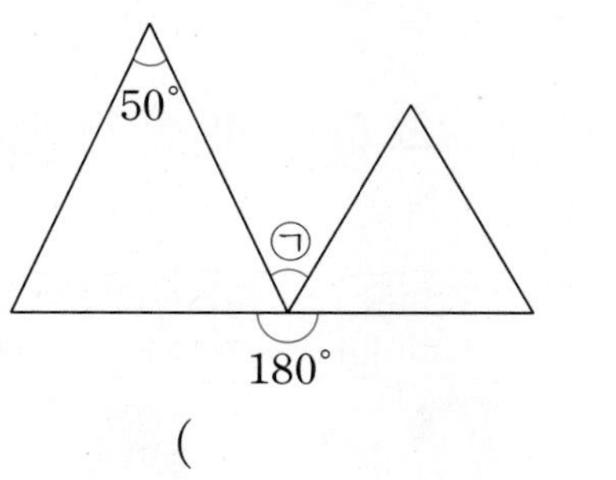

( )

20 삼각형 ㄱㄷㄹ은 이등변삼각형입니다. 각 ㄴㄱㄷ의 크기를 구하세요.

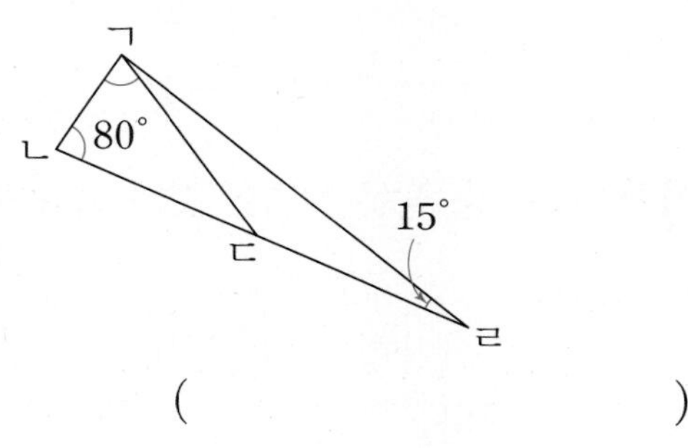

( )

1~20번까지의 단원평가 유사 문제 제공
문제 생성기

과정 중심 평가 문제

21 다음은 이등변삼각형입니다. 세 변의 길이의 합은 몇 cm인지 구하려고 합니다. 물음에 답하세요.

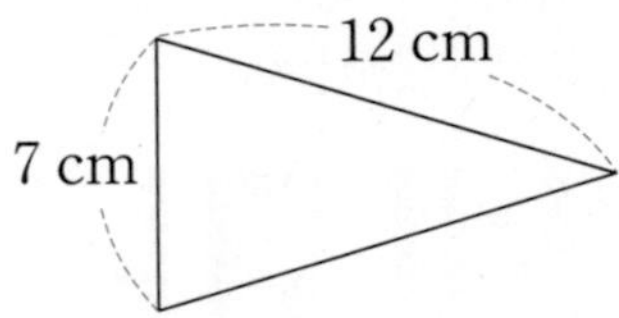

(1) 나머지 한 변의 길이는 몇 cm인가요?

( )

(2) 삼각형의 세 변의 길이의 합은 몇 cm인지 구하세요.

( )

과정 중심 평가 문제

22 오른쪽 삼각형의 세 변의 길이의 합이 24 cm일 때 한 변의 길이는 몇 cm인지 풀이 과정을 쓰고 답을 구하세요.

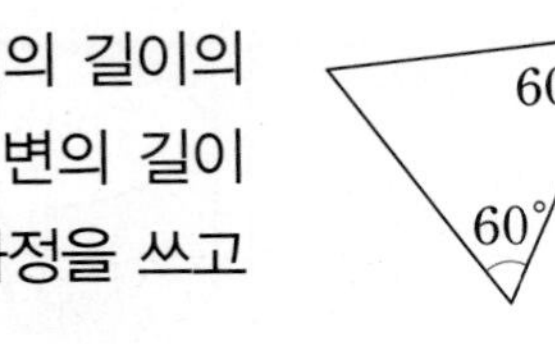

풀이

답

과정 중심 평가 문제

23 삼각형 ㄱㄴㄹ은 이등변삼각형입니다. 각 ㄹㄷㄴ의 크기를 구하려고 합니다. 물음에 답하세요.

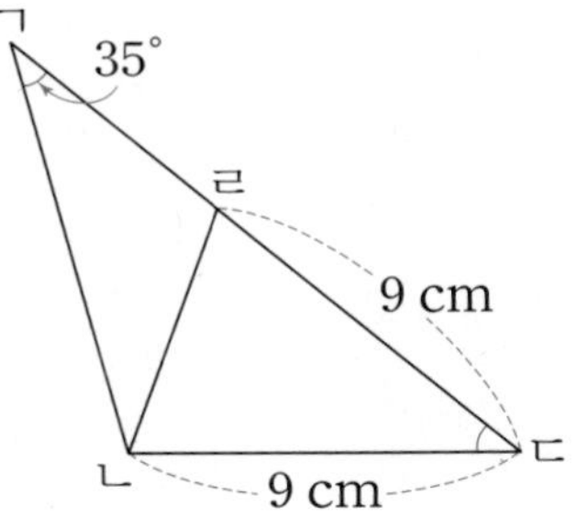

(1) 각 ㄴㄹㄷ의 크기를 구하세요.

( )

(2) 각 ㄹㄷㄴ의 크기를 구하세요.

( )

과정 중심 평가 문제

24 ㉠은 몇 도인지 풀이 과정을 쓰고 답을 구하세요.

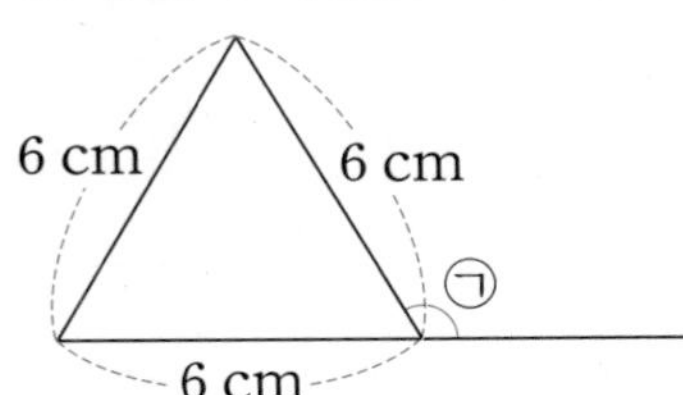

풀이

답

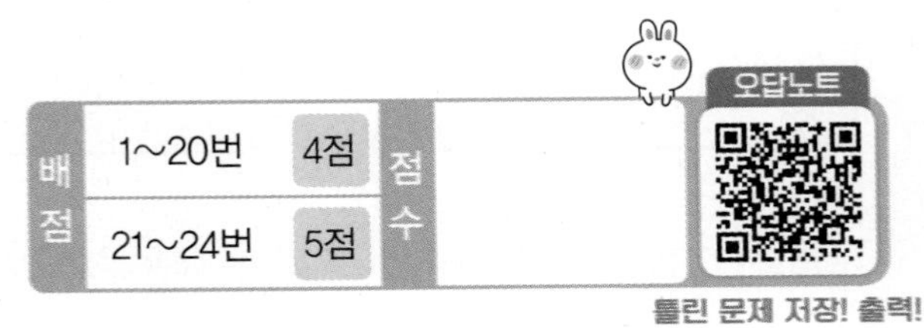

배점	1~20번	4점	점수	
	21~24번	5점		

3 소수의 덧셈과 뺄셈

웹툰으로 단원 미리보기 3화_ 주스를 마실 수 있을까?

QR코드를 스캔하여 이어지는 내용을 확인하세요.

이전에 배운 내용

3-1 소수 알아보기

• 0.1 알아보기

$\frac{1}{10}$

쓰기	0.1
읽기	영 점 일

• 1과 0.4만큼 ⇨ 쓰기 1.4 읽기 일 점 사

3-1 소수의 크기 비교

① 소수점 왼쪽에 있는 수의 크기 비교하기

② 소수점 오른쪽에 있는 수의 크기 비교하기

$2.3 > 1.4$ ($2 > 1$)

$0.3 < 0.7$ ($3 < 7$)

이 단원에서 배울 내용

단계	내용
1 Step 교과 개념	소수 두 자리 수
1 Step 교과 개념	소수 세 자리 수
2 Step 교과 유형 익힘	
1 Step 교과 개념	소수의 크기 비교
1 Step 교과 개념	소수 사이의 관계
2 Step 교과 유형 익힘	
1 Step 교과 개념	소수의 덧셈
1 Step 교과 개념	소수의 뺄셈
2 Step 교과 유형 익힘	
3 Step 문제 해결	잘 틀리는 문제 서술형 문제
4 Step 실력 UP 문제	
단원 평가	

이 단원을 배우면
소수 두 자리 수, 소수 세 자리 수를 알고
소수의 덧셈과 뺄셈을 할 수 있어요.

1 Step 교과 개념

소수 두 자리 수

개념1 0.01 알아보기

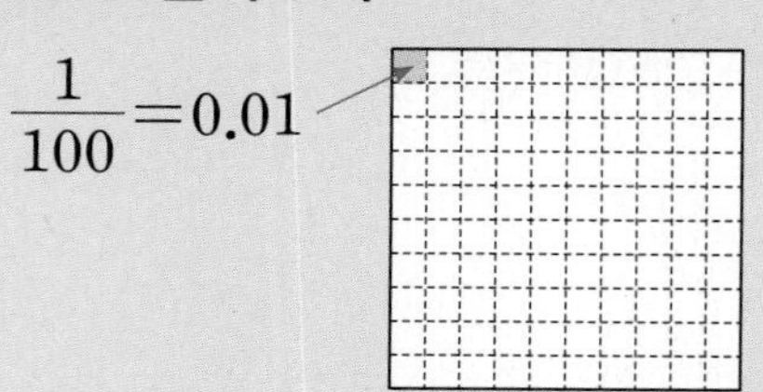

$\frac{1}{100}=0.01$

$\frac{1}{100}$	쓰기	0.01
	읽기	영 점 영일

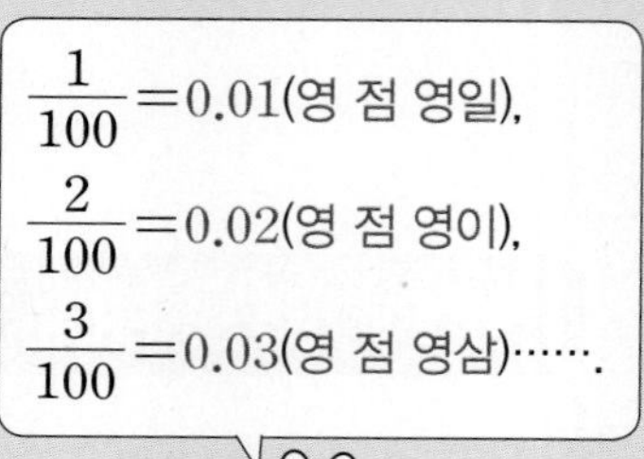

$\frac{1}{100}=0.01$(영 점 영일),
$\frac{2}{100}=0.02$(영 점 영이),
$\frac{3}{100}=0.03$(영 점 영삼)…….

개념2 소수 두 자리 수 알아보기

$\frac{29}{100}$	쓰기	0.29
	읽기	영 점 이구

→ 1과 0.75만큼인 수

$1\frac{75}{100}$	쓰기	1.75
	읽기	일 점 칠오

일의 자리		소수 첫째 자리	소수 둘째 자리
1	.	7	5

↓

1			
0	.	7	
0	.	0	5

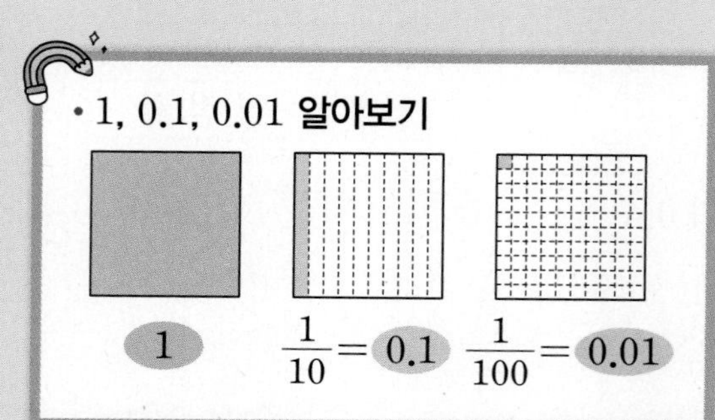

• 1, 0.1, 0.01 알아보기
1
$\frac{1}{10}=0.1$
$\frac{1}{100}=0.01$

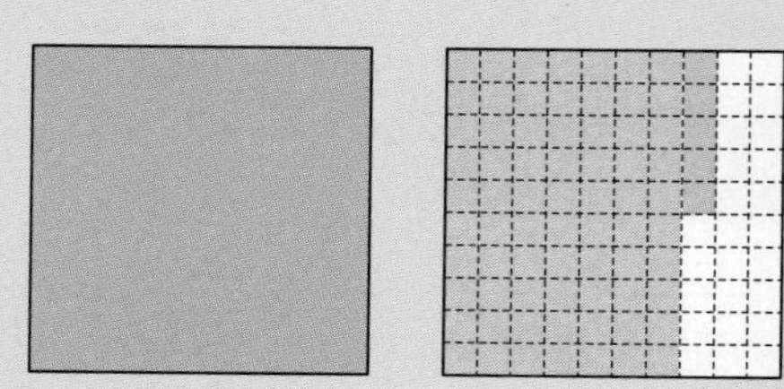

1.75 = 1 + 0.7 + 0.05

1.75는 1이 1개, 0.1이 7개, 0.01이 5개

주의 소수를 읽을 때 소수점 아래는 숫자만 읽습니다. 예 0.49 ⇨ 영 점 사십구(×), 영 점 사구(○)

개념확인 1 모눈종이 전체 크기가 1이라고 할 때 □ 안에 알맞은 수를 써넣으세요.

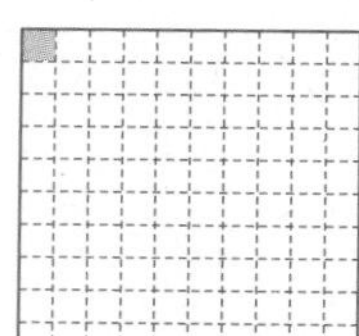

(1) 모눈 한 칸의 크기를 분수로 나타내면 $\frac{\square}{\square}$입니다.

(2) 모눈 한 칸의 크기를 소수로 나타내면 □입니다.

개념확인 2 □ 안에 알맞은 분수 또는 소수를 써넣으세요.

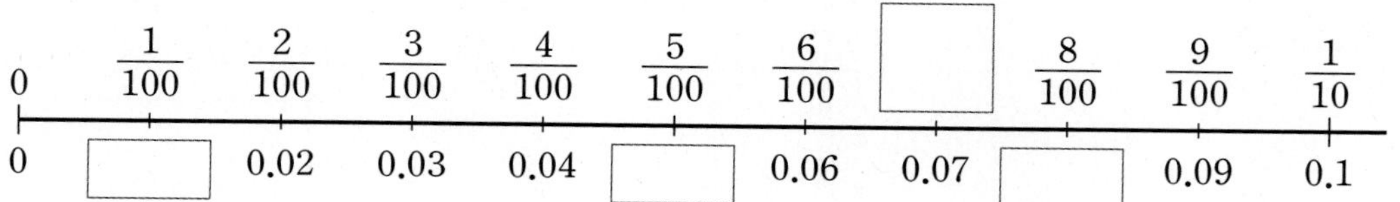

3 모눈종이 전체 크기가 1이라고 할 때 색칠된 부분의 크기를 소수로 나타내세요.

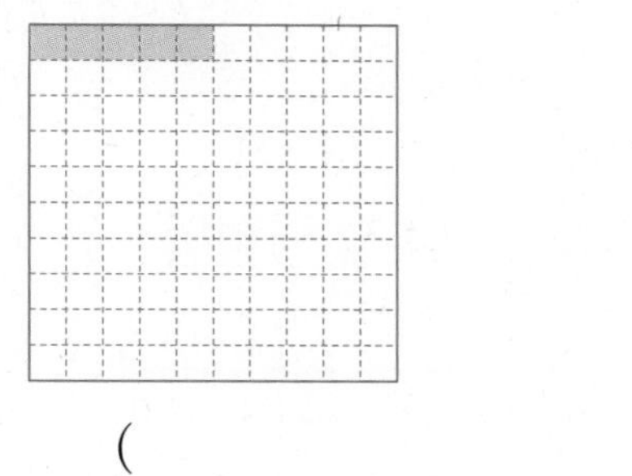

(　　　　　　　　　　)

4 분수를 소수로 쓰고 읽으세요.

$\frac{63}{100}$

쓰기 (　　　　　　　　　　)

읽기 (　　　　　　　　　　)

5 모눈종이 전체 크기가 1이라고 할 때 색칠된 부분의 크기를 소수로 나타내세요.

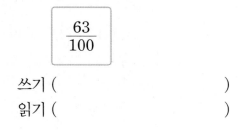

(　　　　　　　　　　)

6 소수를 읽으세요.

(1) 1.94 (　　　　　　　　　　)

(2) 4.07 (　　　　　　　　　　)

7 □ 안에 알맞은 소수를 써넣으세요.

(1)

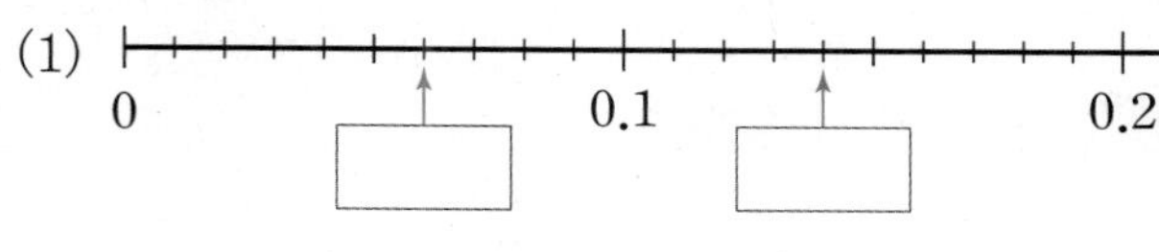

(2)

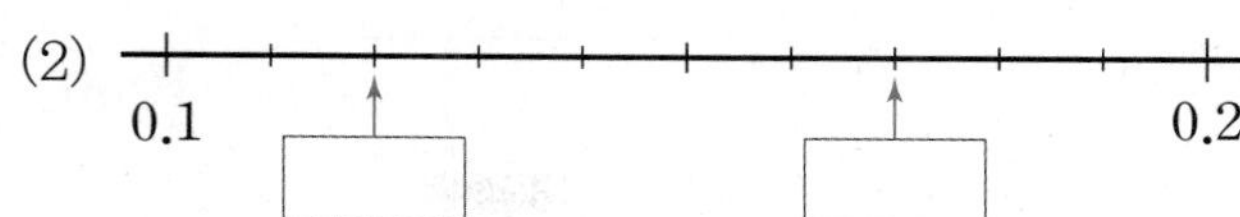

8 주어진 소수를 수직선에 ↑로 나타내세요.

7.56

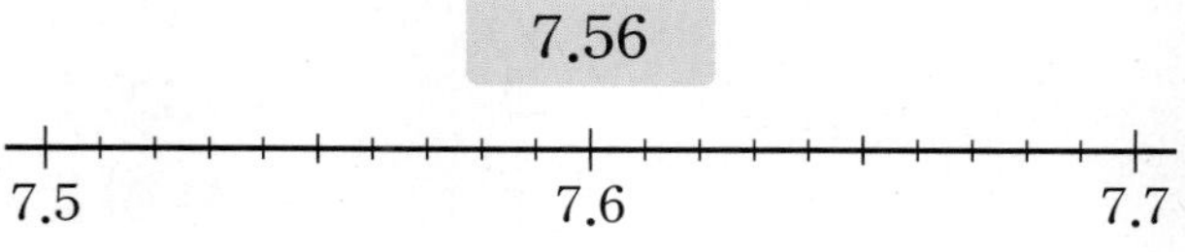

9 소수를 보고 □ 안에 알맞은 수나 말을 써넣으세요.

2.59

(1) 2는 일의 자리 숫자이고, □를 나타냅니다.

(2) 5는 소수 □ 자리 숫자이고, 0.5를 나타냅니다.

(3) 9는 소수 □ 자리 숫자이고, □를 나타냅니다.

10 ㉠이 나타내는 수를 구하세요.

7.28 (8 ↑ ㉠)

(　　　　　　　　　　)

3 단원

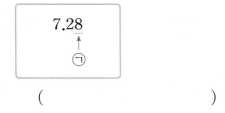

교과 개념

소수 세 자리 수

개념1 0.001 알아보기

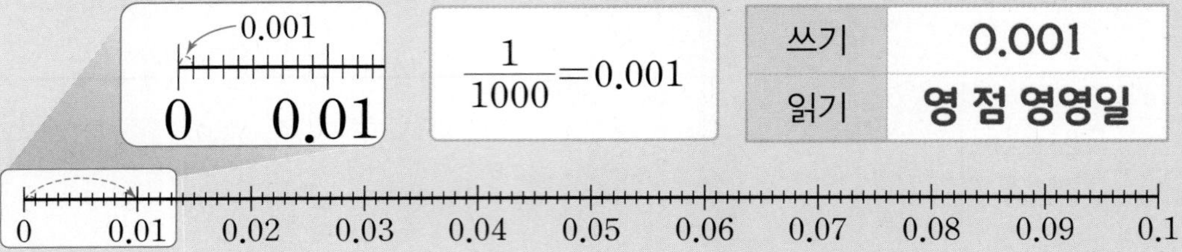

$\frac{1}{1000}=0.001$

쓰기	0.001
읽기	영 점 영영일

개념2 소수 세 자리 수 알아보기

$\frac{425}{1000}$

쓰기	0.425
읽기	영 점 사이오

$3\frac{264}{1000}$

쓰기	3.264
읽기	삼 점 이육사

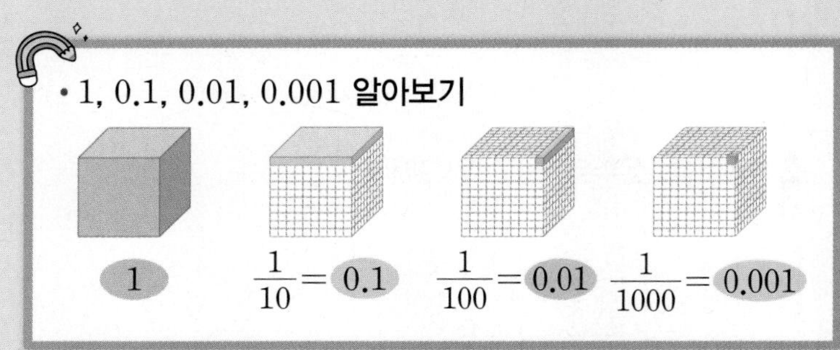

일의 자리		소수 첫째 자리	소수 둘째 자리	소수 셋째 자리
3	.	2	6	4

⬇

3				
0	.	2		
0	.	0	6	
0	.	0	0	4

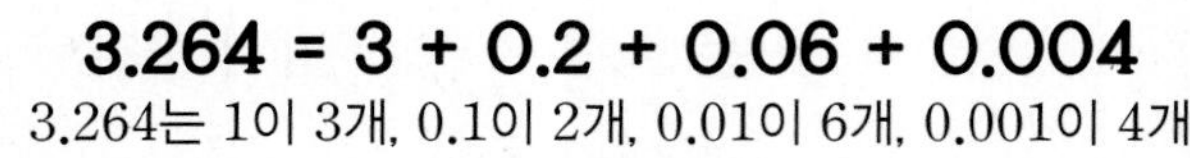

3.264 = 3 + 0.2 + 0.06 + 0.004

3.264는 1이 3개, 0.1이 2개, 0.01이 6개, 0.001이 4개

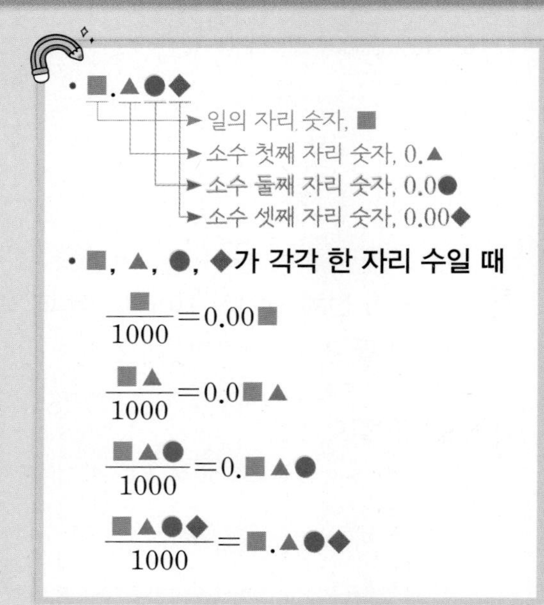

개념확인 1 그림을 보고 □ 안에 알맞은 소수를 써넣으세요.

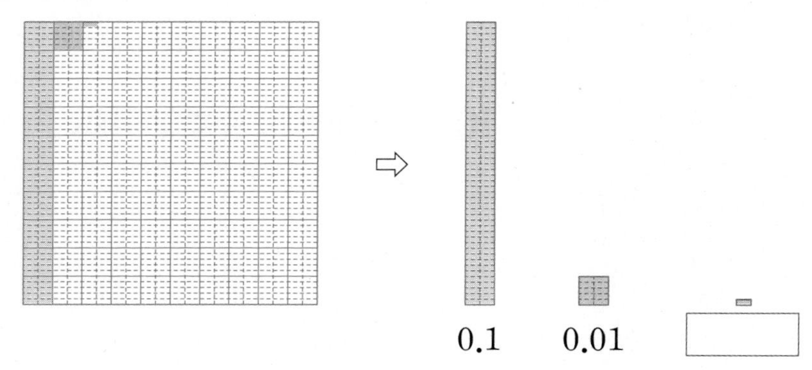

주황색으로 색칠된 부분은 전체를 똑같이 1000칸으로 나눈 것 중의 1칸이에요!

2 분수를 소수로 나타내세요.

(1) $\frac{316}{1000}$ (　　　　　　)

(2) $2\frac{507}{1000}$ (　　　　　　)

3 □ 안에 알맞은 분수나 소수를 써넣으세요.

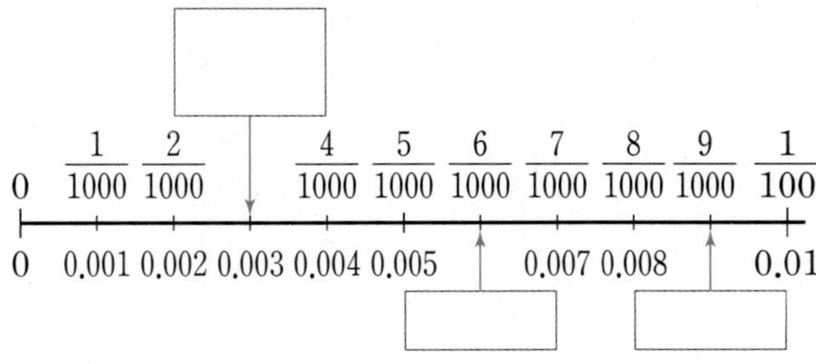

4 소수를 읽으세요.

(1) 0.025 (　　　　　　)

(2) 1.784 (　　　　　　)

5 □ 안에 알맞은 소수를 써넣으세요.

(1) $\frac{1}{1000}$이 4개인 수는  입니다.

(2) 0.001이 674개인 수는 □ 입니다.

6 □ 안에 알맞은 소수를 써넣으세요.

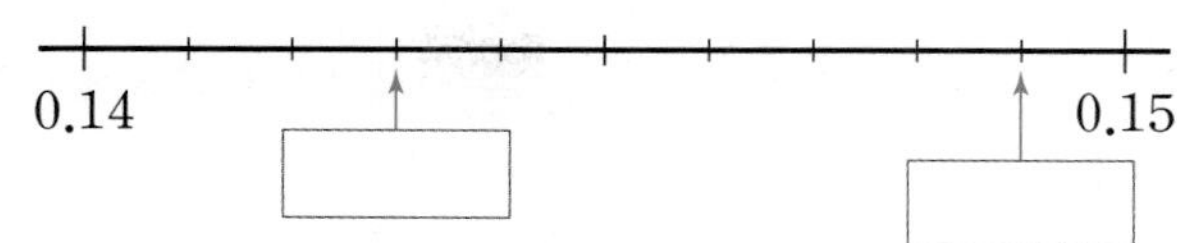

7 소수를 보고 빈 곳에 알맞은 수를 써넣으세요.

(1) 2.347

일의 자리		소수 첫째 자리	소수 둘째 자리	소수 셋째 자리
2	.	3		

(2) 5.806

일의 자리		소수 첫째 자리	소수 둘째 자리	소수 셋째 자리
5	.		0	

8 소수를 보고 □ 안에 알맞은 수나 말을 써넣으세요.

4.138

(1) 4는 □의 자리 숫자이고, □을/를 나타냅니다.

(2) 1은 소수 □ 자리 숫자이고, □을/를 나타냅니다.

(3) 3은 소수 □ 자리 숫자이고, □을/를 나타냅니다.

(4) 8은 소수 □ 자리 숫자이고, □을/를 나타냅니다.

10종

교과 유형 익힘

01 전체 크기가 1인 모눈종이에 0.36을 나타내세요.

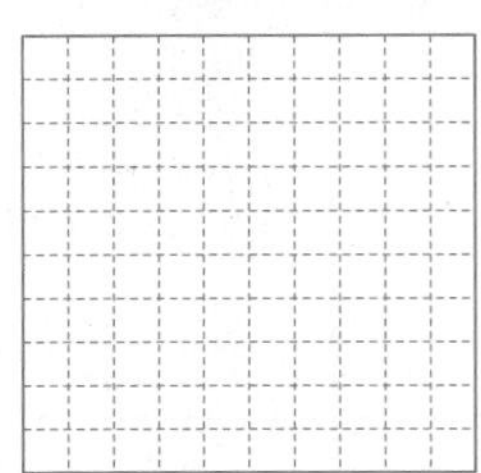

02 모눈종이 전체 크기가 1이라고 할 때 색칠된 부분의 크기를 소수로 나타내세요.

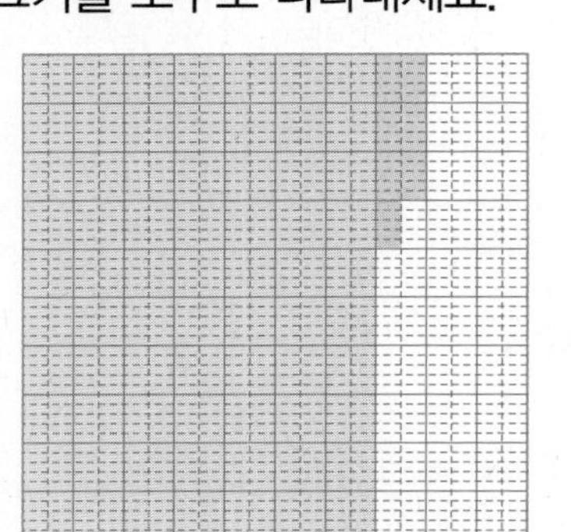

03 □ 안에 알맞은 수를 써넣으세요.

(1) 0.79는 0.01이 □개인 수입니다.

(2) 0.001이 52개인 수는 □입니다.

04 소수에 대한 설명 중 틀린 것은 어느 것일까요? ( )

① $\frac{1}{100}$을 소수로 나타내면 0.01입니다.

② 0.04는 영 점 사라고 읽습니다.

③ 0.06은 $\frac{1}{100}$이 6개인 수입니다.

④ 0.003은 0.001이 3개인 수입니다.

⑤ $\frac{1}{1000}$이 7개이면 0.007입니다.

05 □ 안에 알맞은 소수를 써넣으세요.

1이 5개, 0.1이 9개, 0.01이 1개인 수는 □입니다.

06 □ 안에 알맞은 소수를 써넣으세요.

1이 17개, 0.1이 3개, 0.001이 5개인 수는 □입니다.

07 소수 둘째 자리 숫자가 3인 수를 찾아 기호를 쓰세요.

㉠ 0.673	㉡ 3.84
㉢ 6.038	㉣ 5.32

( )

08 일의 자리 숫자가 8, 소수 첫째 자리 숫자가 7, 소수 둘째 자리 숫자가 3, 소수 셋째 자리 숫자가 2인 소수 세 자리 수를 쓰세요.

( )

09 9가 나타내는 수를 쓰세요.

(1) 0.294 ⇨ (　　　　　　　　)

(2) 0.159 ⇨ (　　　　　　　　)

10 5가 나타내는 수가 가장 작은 수는 어느 것인가요? ············ (　　　)

① 8.05　② 7.58　③ 5.16
④ 5.23　⑤ 9.52

11 □ 안에 알맞은 수를 써넣으세요.

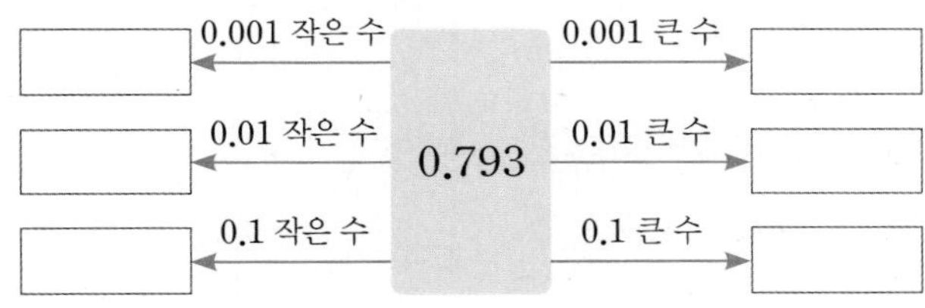

12 나머지 두 친구와 다른 수를 설명한 친구의 이름을 쓰세요.

(　　　　　　　　)

13 정보처리 지연이와 은호는 선물을 포장하는 데 리본을 사용하였습니다. 지연이와 은호가 사용한 리본은 각각 몇 m인지 쓰세요.

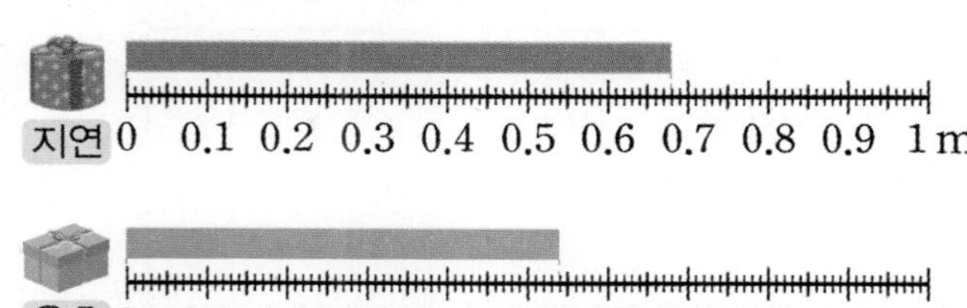

지연: □ m, 은호: □ m

14 정보처리 파인애플의 무게는 몇 kg인가요?

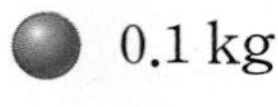

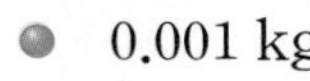

(　　　　　　　　)

15 추론 카드 [2], [6], [9], [.]을 한 번씩만 사용하여 일의 자리 숫자가 2인 소수 두 자리 수를 모두 만드세요.

(　　　　　　　　)

16 문제해결 조건을 모두 만족하는 소수 두 자리 수를 쓰고 읽으세요.

- 1보다 크고 2보다 작습니다.
- 소수 첫째 자리 숫자는 8입니다.
- 0.01이 5개인 수입니다.

쓰기 (　　　　　　　　)
읽기 (　　　　　　　　)

3 단원 진도 완료 체크

교과 개념

소수의 크기 비교

개념1 소수 끝자리 0 알아보기

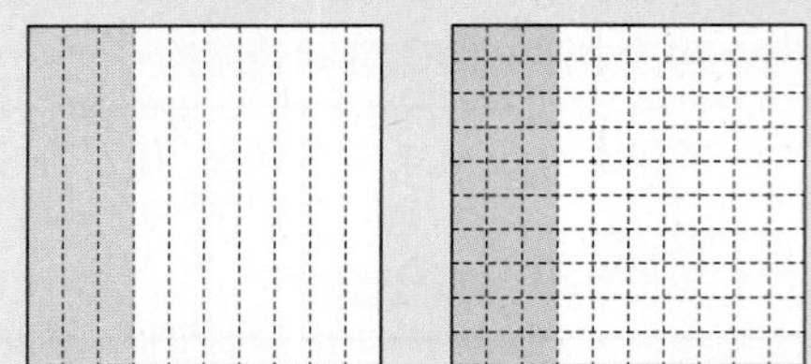

0.3 = 0.30

소수는 필요한 경우 **오른쪽 끝자리에 0**을 붙여서 나타낼 수 있습니다.

참고
- 소수 오른쪽 끝자리에 0을 여러 개 붙여도 같은 수입니다.
  예 $0.3=0.30=0.300=0.3000=\cdots\cdots$
- 소수 오른쪽 끝자리 0은 생략할 수 있습니다.

개념2 소수의 크기 비교하기

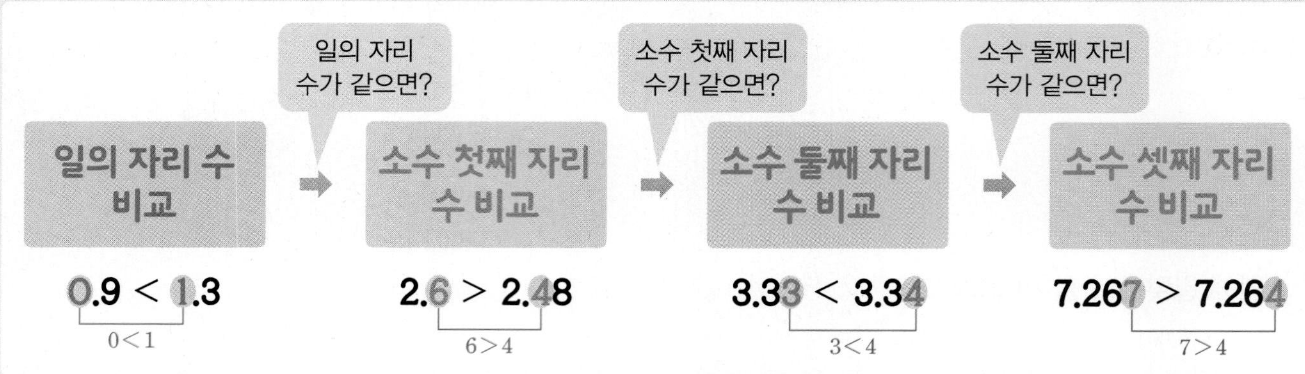

참고 8.47과 8.473의 크기를 비교하는 경우: $8.47=8.470$이므로 $8.470 < 8.473$입니다. ($0 < 3$)

개념확인 1 소수에서 생략할 수 있는 0을 찾아 보기 와 같이 나타내세요.

보기

0.2~~0~~	0.94~~0~~	2.07~~0~~

0.01	0.80	4.03
5.90	0.200	3.650

소수에서 오른쪽 끝자리 0은 생략할 수 있어요!

개념확인 2 수직선을 보고 0.35와 0.64의 크기를 비교하려고 합니다. ◯ 안에 $>$, $<$를 알맞게 써넣으세요.

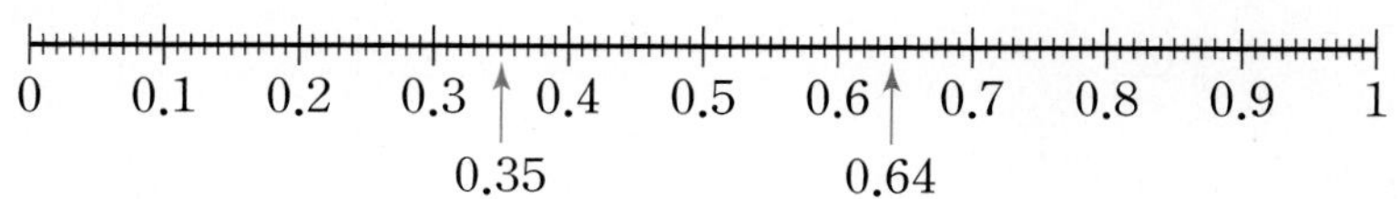

0.35 ◯ 0.64

3 그림을 보고 ◯ 안에 >, <를 알맞게 써넣으세요.

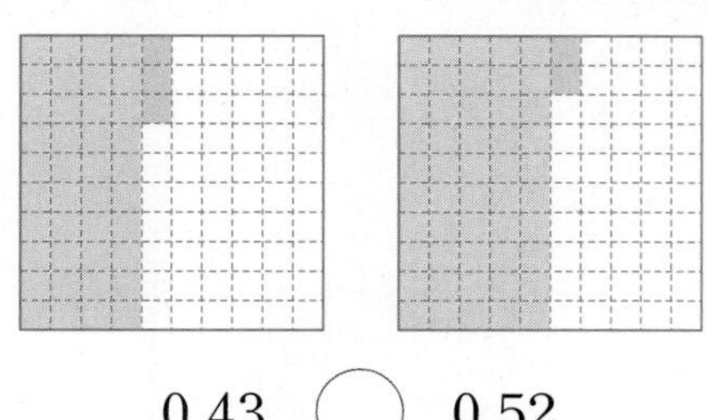

0.43 ◯ 0.52

4 0.58과 0.63의 크기를 비교하려고 합니다. 모눈종이 전체 크기가 각각 1이라고 할 때, 물음에 답하세요.

(1) 주어진 소수만큼 모눈종이에 색칠하세요.

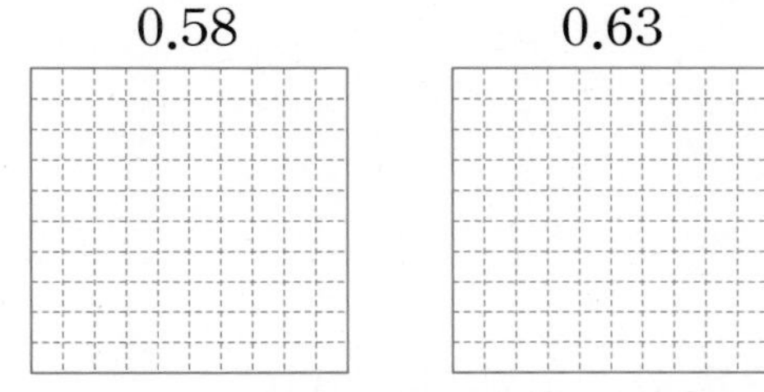

(2) 두 소수의 크기를 비교하여 ◯ 안에 >, <를 알맞게 써넣으세요.

0.58 ◯ 0.63

5 2.348과 2.367의 크기를 비교하려고 합니다. 물음에 답하세요.

(1) 수직선에 2.348과 2.367을 각각 ↑로 나타내세요.

2.34 2.35 2.36 2.37

(2) 두 소수의 크기를 비교하여 ◯ 안에 >, <를 알맞게 써넣으세요.

2.348 ◯ 2.367

6 2.87과 2.9의 크기를 비교하려고 합니다. □ 안에 알맞은 수를 써넣으세요.

2.87은 0.01이 □개인 수이고,
2.9는 0.01이 □개인 수입니다.
따라서 두 수 중 더 큰 수는 □입니다.

7 두 수의 크기를 비교하여 ◯ 안에 >, =, <를 알맞게 써넣으세요.

(1) 3.5 ◯ 2.6　　(2) 0.9 ◯ 0.4

(3) 3.8 ◯ 3.80　　(4) 5.471 ◯ 5.468

8 더 큰 수에 ◯표 하세요.

3.463	3.469
(　　)	(　　)

9 가장 작은 수를 찾아 쓰세요.

6.68　7.001　6.7

(　　　　　)

개념 강의

Step 1 교과 개념

소수 사이의 관계

개념1 1, 0.1, 0.01, 0.001 사이의 관계 알아보기

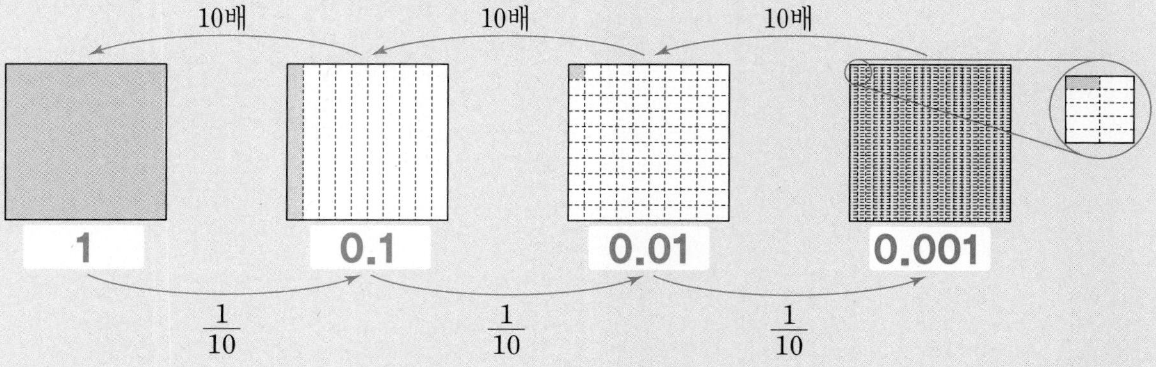

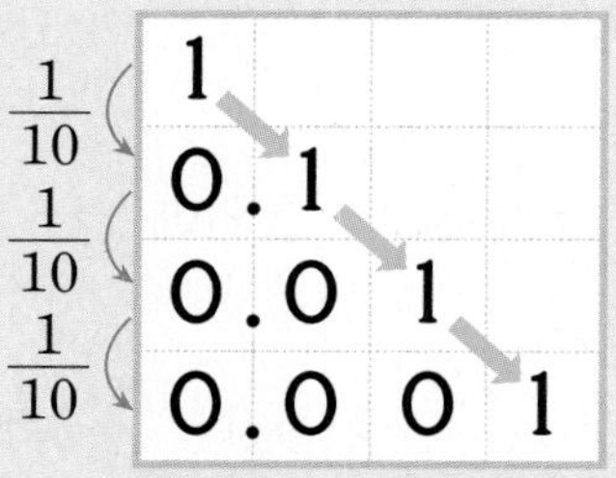

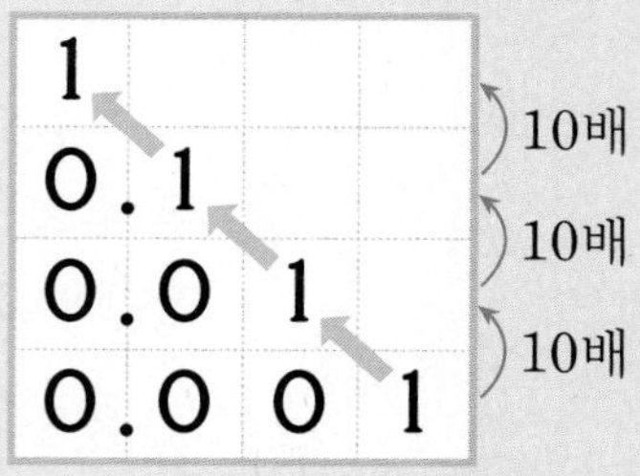

수를 10배 하면 수가 커지고, 수의 $\frac{1}{10}$을 구하면 수가 작아져요.

개념2 소수 사이의 관계 알아보기

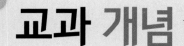

- 소수의 $\frac{1}{10}$을 구하면 소수점을 기준으로 **수가 오른쪽으로** 한 자리씩 이동합니다.
- 소수를 **10배** 하면 소수점을 기준으로 **수가 왼쪽으로** 한 자리씩 이동합니다.

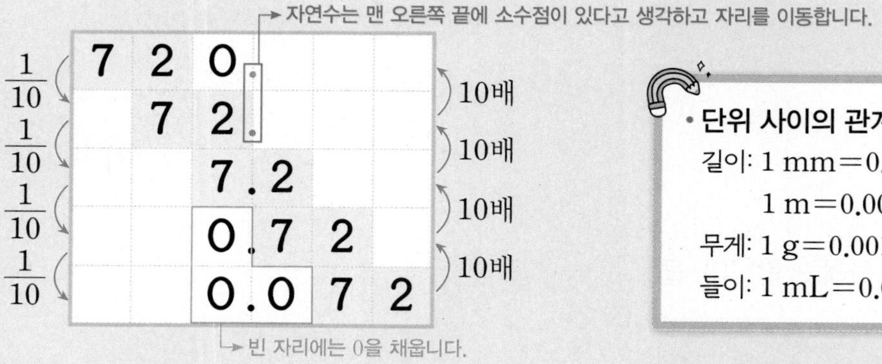

• 단위 사이의 관계

길이: 1 mm=0.1 cm, 1 cm=0.01 m, 1 m=0.001 km

무게: 1 g=0.001 kg, 1 kg=0.001 t

들이: 1 mL=0.001 L

개념확인 1 1, 0.1, 0.01, 0.001 사이의 관계를 보고 □ 안에 알맞은 수를 써넣으세요.

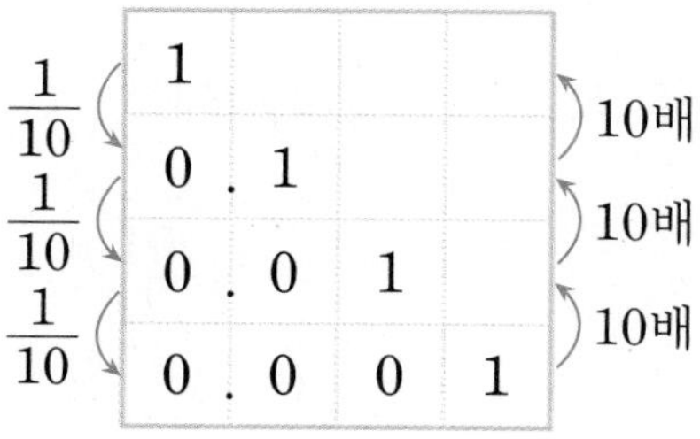

(1) 1은 0.1의 □배입니다.

(2) 0.1은 0.001의 □배입니다.

(3) 1의 $\frac{1}{10}$은 □입니다.

2 빈칸에 알맞은 수를 써넣으세요.

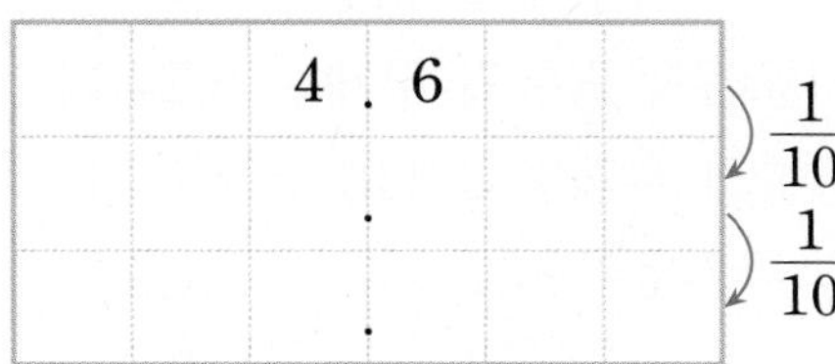

3 빈칸에 알맞은 수를 써넣으세요.

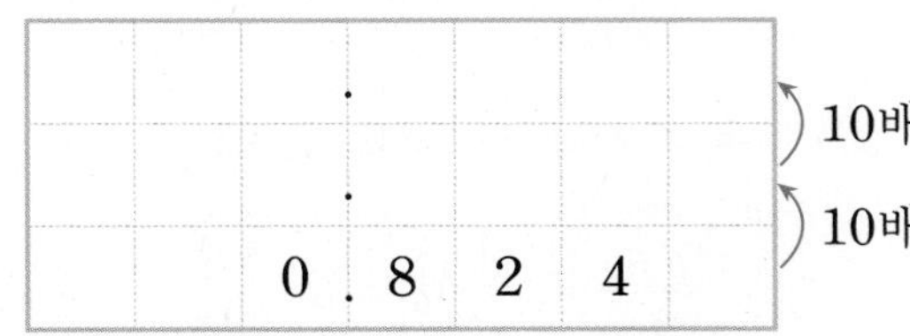

4 빈칸에 알맞은 수를 써넣으세요.

(1)

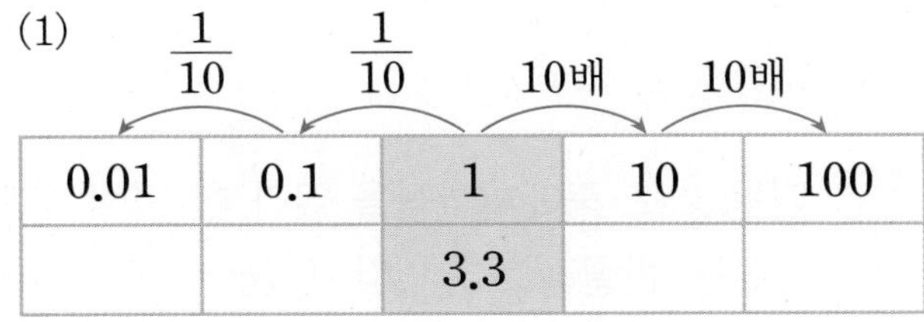

$\frac{1}{10}$ $\frac{1}{10}$ 10배 10배

0.01	0.1	1	10	100
		3.3		

(2) $\frac{1}{10}$ $\frac{1}{10}$ $\frac{1}{10}$ 10배

0.001	0.01	0.1	1	10
			529	5290

5 빈 곳에 알맞은 수를 써넣으세요.

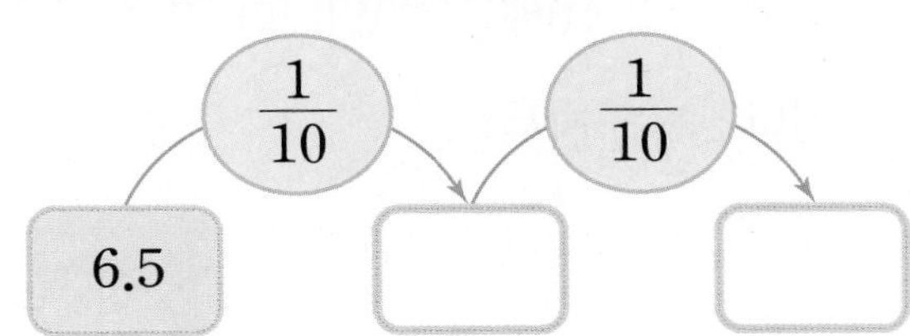

6 □ 안에 알맞은 소수를 써넣으세요.

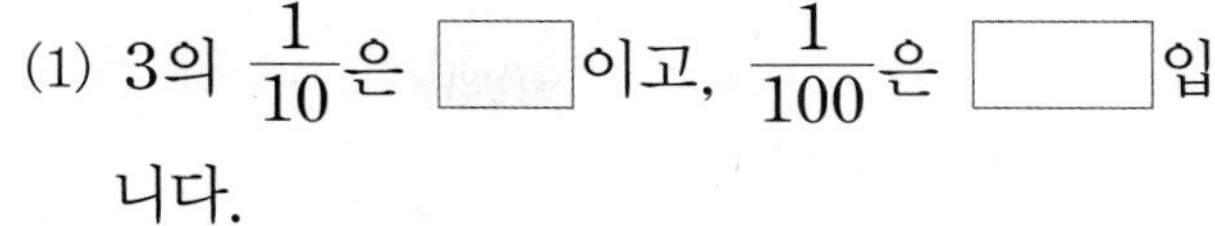

(1) 3의 $\frac{1}{10}$은 □이고, $\frac{1}{100}$은 □입니다.

(2) 19.6의 $\frac{1}{10}$은 □이고, $\frac{1}{100}$은 □입니다.

7 빈칸에 알맞은 수를 써넣고, 알맞은 말에 ○표 하세요.

(1)

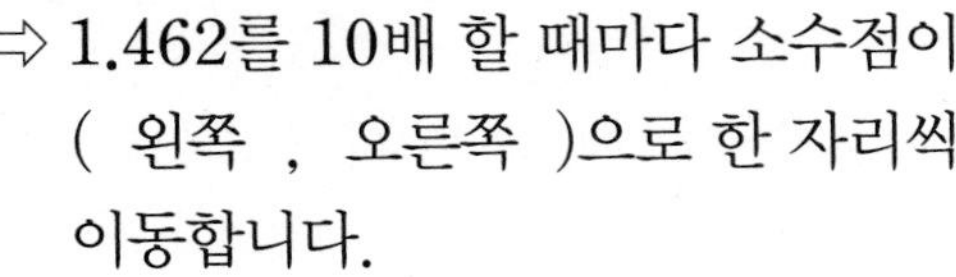

⇨ 1.462를 10배 할 때마다 소수점이 (왼쪽 , 오른쪽)으로 한 자리씩 이동합니다.

(2)

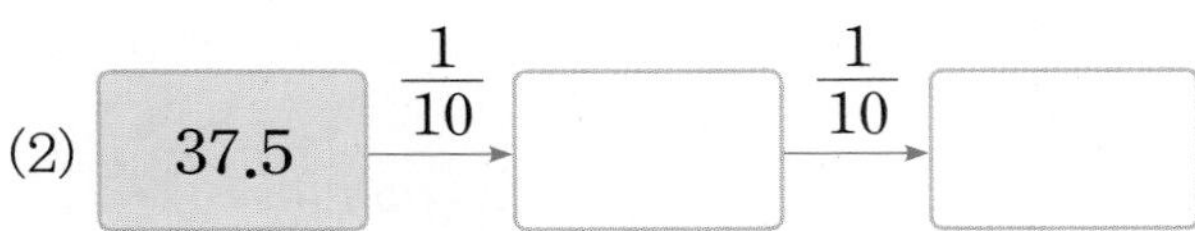

⇨ 37.5의 $\frac{1}{10}$을 할 때마다 소수점이 (왼쪽 , 오른쪽)으로 한 자리씩 이동합니다.

8 □ 안에 알맞은 수를 써넣으세요.

(1) 37은 0.37을 □배 한 수입니다.

(2) 54.5는 545의 □인 수입니다.

3 단원

진도 완료 체크

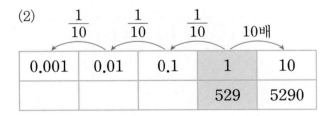

10종

교과 유형 익힘

01 다음 중 2와 같은 수를 찾아 ○표 하세요.

2.5	2.0	2.2	2.1

02 다음 중에서 잘못된 것은 어느 것인가요? .... (　　　　)

① 627 m=0.627 km
② 35 g=0.035 kg
③ 714 mL=0.714 L
④ 2081 m=20.81 km
⑤ 82 cm=0.82 m

03 빈 곳에 알맞은 수를 써넣으세요.

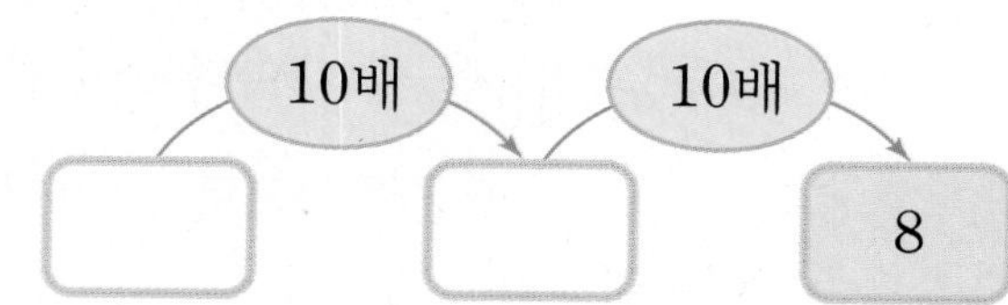

04 다른 수를 나타내는 것을 찾아 기호를 쓰세요.

㉠ 0.43의 100배	㉡ 43의 $\frac{1}{10}$
㉢ 4.3의 10배	㉣ 4300의 $\frac{1}{100}$

(　　　　　　　　)

05 지윤이의 필통의 무게는 0.245 kg이고 수지의 필통의 무게는 0.248 kg입니다. 누구의 필통이 더 무거운가요?

(　　　　　　　　)

06 큰 수부터 차례대로 기호를 쓰세요.

㉠ $\frac{7}{10}$	㉡ 1.04	㉢ $\frac{69}{100}$	㉣ 0.698

(　　　　　　　　)

07 다음 카드 중에서 4장을 골라 한 번씩 사용하여 소수를 만들려고 합니다. 만들 수 있는 가장 큰 소수 두 자리 수를 쓰세요.

0	1	4	7	.

(　　　　　　　　)

08 어떤 수의 10배는 70입니다. 어떤 수의 $\frac{1}{10}$은 얼마인지 구하세요.

(　　　　　　　　)

09 5.724보다 크고 5.73보다 작은 소수 세 자리 수는 모두 몇 개일까요?

(　　　　　　　　)

10 세 사람이 걸은 거리를 km로 나타낸 수입니다. 가장 많이 걸은 사람부터 차례로 이름을 쓰세요.

- 윤서: 10.68의 $\frac{1}{10}$인 수
- 정우: 일 점 오오
- 혜영: 0.1이 9개, 0.01이 9개인 수

(　　　　　　　　)

11 은혜는 친구네 집에 놀러 가려고 합니다. 갈림길에서 가장 큰 소수가 있는 길로 간다면 은혜가 도착하는 곳은 누구네 집일까요?

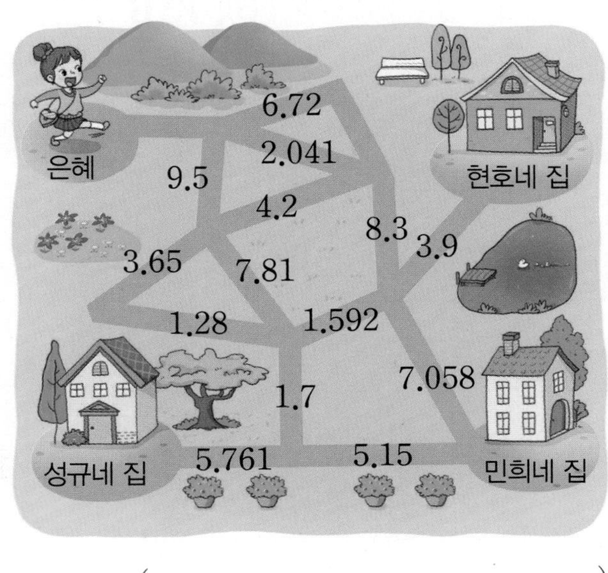

(　　　　　　　　)

12 [창의융합] 현호는 집에서부터 학교, 병원, 문구점까지의 거리를 알아보았습니다. 집에서 가까운 곳부터 순서대로 쓰세요.

집~학교	0.772 km
집~병원	1270 m
집~문구점	0.145 km

(　　　　　　　　)

13 [정보처리] 길이가 5.25 m인 자동차를 보고 민희가 실제 크기의 $\frac{1}{10}$이 되도록 자동차 모형을 만들었습니다. 민희가 만든 자동차 모형의 길이는 몇 m일까요?

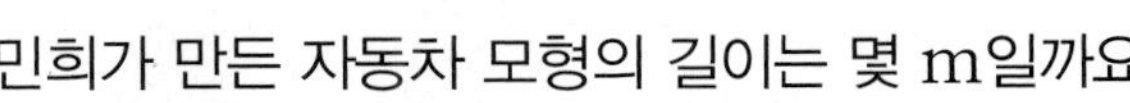

(　　　　　　　　)

14 [문제해결] 젤리 한 개의 칼로리는 3.15 킬로칼로리입니다. 젤리가 한 봉지에 10개씩 들어 있습니다. 상자에 젤리가 10봉지 들어 있다면 한 상자에 들어 있는 젤리의 칼로리는 모두 몇 킬로칼로리일까요?

(　　　　　　　　)

15 [추론] 1부터 9까지의 자연수 중에서 □ 안에 들어갈 수 있는 수를 모두 구하세요.

$$0.247 > 0.2\square 8$$

(　　　　　　　　)

3 단원 진도 완료 체크

교과 개념

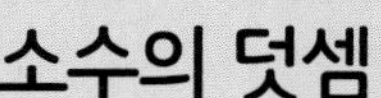

소수의 덧셈

개념1 소수 한 자리 수의 덧셈

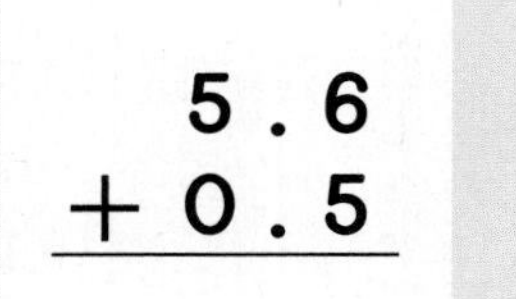

$$\begin{array}{r} 5.6 \\ +\ 0.5 \\ \hline \end{array} \Rightarrow \begin{array}{r} ^{1}\ \ \ \ \\ 5.6 \\ +\ 0.5 \\ \hline 6\ 1 \end{array} \Rightarrow \begin{array}{r} ^{1}\ \ \ \ \\ 5.6 \\ +\ 0.5 \\ \hline 6.1 \end{array}$$

❶ 소수점 위치 맞추어 쓰기 ❷ 자연수의 덧셈과 같이 계산한 후, 소수점 내려 찍기

- 0.1의 수로 알아보기
5.6은 0.1이 56개이고,
0.5는 0.1이 5개이므로
5.6+0.5는 0.1이 61개
⇨ 5.6+0.5=6.1

개념2 소수 두 자리 수의 덧셈

$$\begin{array}{r} 0.27 \\ +\ 0.19 \\ \hline \end{array} \Rightarrow \begin{array}{r} ^{1}\ \ \\ 0.27 \\ +\ 0.19 \\ \hline 46 \end{array} \Rightarrow \begin{array}{r} ^{1}\ \ \\ 0.27 \\ +\ 0.19 \\ \hline 0.46 \end{array}$$

❶ 소수점 위치 맞추어 쓰기 ❷ 자연수의 덧셈과 같이 계산한 후, 소수점 내려 찍기

개념3 자릿수가 다른 두 소수의 덧셈

소수점끼리 맞추어 쓰기

소수 끝자리 뒤에 0이 있는 것으로 생각하여 계산하기

$$\begin{array}{r} 3.86 \\ +\ 2.9 \\ \hline \end{array} \Rightarrow \begin{array}{r} 3.86 \\ +\ 2.90 \\ \hline 6 \end{array} \Rightarrow \begin{array}{r} ^{1}\ \ \ \ \\ 3.86 \\ +\ 2.9 \\ \hline 76 \end{array} \Rightarrow \begin{array}{r} ^{1}\ \ \ \ \\ 3.86 \\ +\ 2.9 \\ \hline 6.76 \end{array}$$

개념확인 1 그림을 보고 □ 안에 알맞은 수를 써넣으세요.

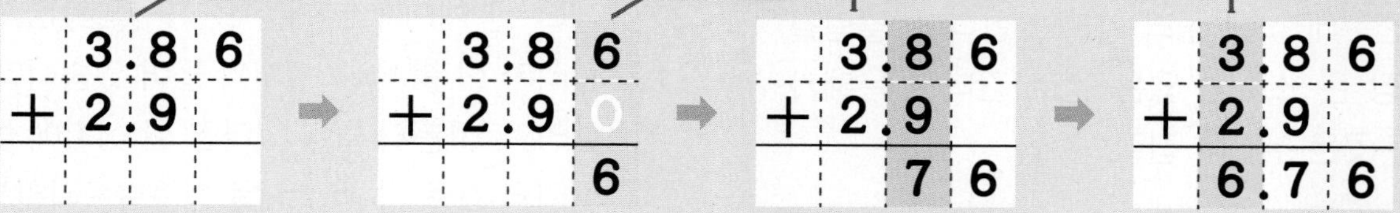

0.8+1.4=□

개념확인 2 □ 안에 알맞은 수를 써넣으세요.

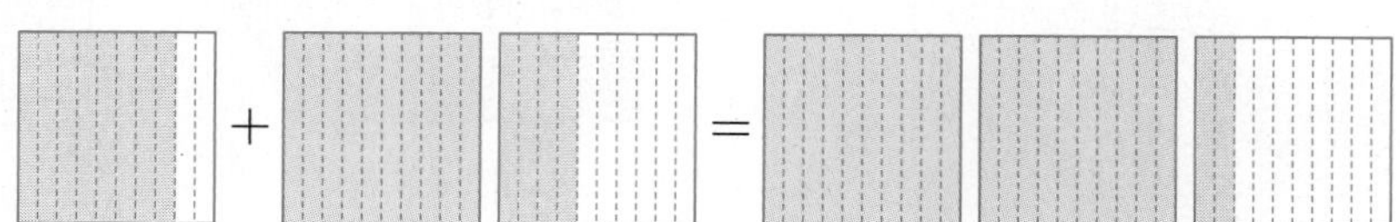

$$\begin{array}{r} 2.7 \\ +\ 0.5 \\ \hline \end{array} \Rightarrow \begin{array}{r} \square\ \ \ \ \\ 2.7 \\ +\ 0.5 \\ \hline \square \end{array} \Rightarrow \begin{array}{r} \square\ \ \ \ \\ 2.7 \\ +\ 0.5 \\ \hline \square.\square \end{array}$$

3 수직선을 보고 □ 안에 알맞은 수를 써넣으세요.

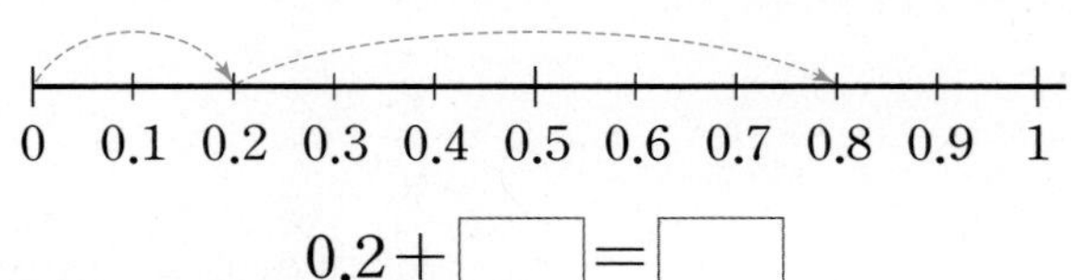

0.2+□=□

4 전체 크기가 1인 모눈종이를 이용하여 0.3+0.4는 얼마인지 알아보세요.

(1) 위 모눈종이에 0.3만큼 분홍색으로 색칠하고, 이어서 0.4만큼 하늘색으로 색칠하세요.

(2) 0.3+0.4는 얼마인가요?

( )

5 계산을 하세요.

(1)
$$\begin{array}{r} 2.3 \\ +\ 0.5 \\ \hline \end{array}$$

(2)
$$\begin{array}{r} 1.9 \\ +\ 4.7 \\ \hline \end{array}$$

(3) 0.5+0.2

(4) 0.8+7.4

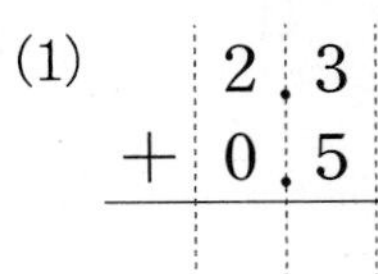

6 빈 곳에 알맞은 수를 써넣으세요.

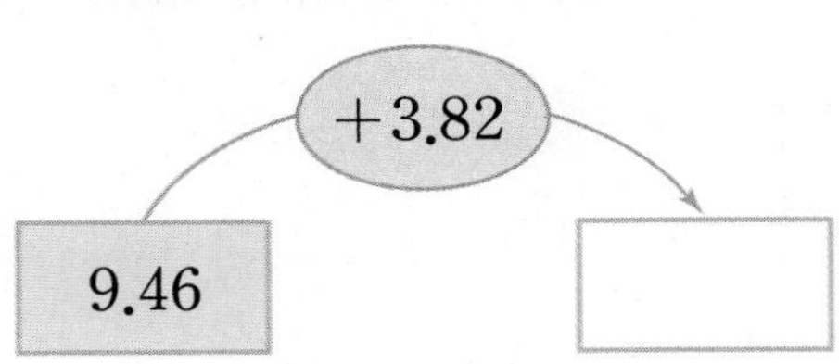

7 모눈종이 전체 크기가 1이라고 할 때 그림을 보고 □ 안에 알맞은 수를 써넣으세요.

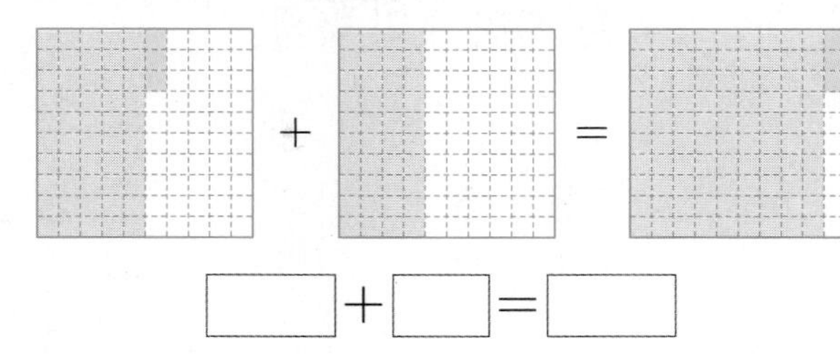

□+□=□

8 □ 안에 알맞은 수를 써넣으세요.

4.53 ⇨ 4.53은 0.01이 □개

+ 2.34 ⇨ 2.34는 0.01이 □개

□ ⇦ 4.53+2.34는 0.01이 □개

9 계산을 하세요.

(1)
$$\begin{array}{r} 7.42 \\ +\ 2.13 \\ \hline \end{array}$$

(2)
$$\begin{array}{r} 0.76 \\ +\ 0.53 \\ \hline \end{array}$$

(3) 0.64+0.27

(4) 0.83+0.91

10 2.7+0.54를 바르게 계산한 것에 ○표 하세요.

$$\begin{array}{r} 2.7 \\ +\ 0.54 \\ \hline 0.81 \end{array}$$

( )

$$\begin{array}{r} 2.7 \\ +\ 0.54 \\ \hline 3.24 \end{array}$$

( )

교과 개념

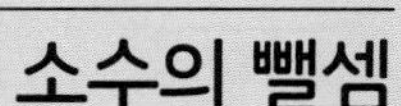

개념1 소수 한 자리 수의 뺄셈

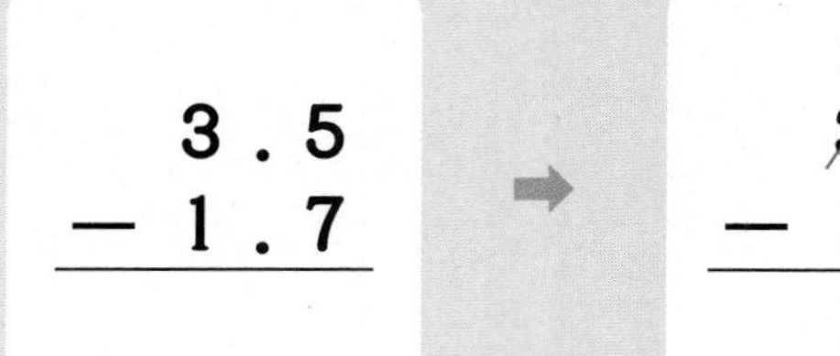

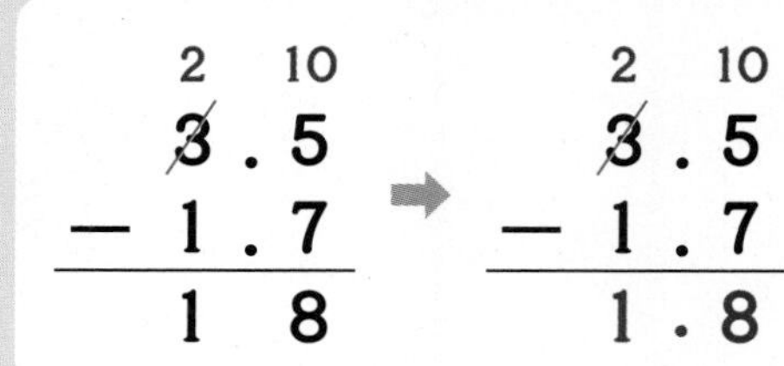

2 10
3 . 5
− 1 . 7
1 . 8

❶ 소수점 위치 맞추어 쓰기 ❷ 자연수의 뺄셈과 같이 계산한 후, 소수점 내려 찍기

- 0.1의 수로 알아보기
  3.5는 0.1이 35개이고,
  1.7은 0.1이 17개이므로
  3.5−1.7은 0.1이 18개
  ⇨ 3.5−1.7=1.8

개념2 소수 두 자리 수의 뺄셈

$$\begin{array}{r} 7.27 \\ -\,3.65 \\ \hline \end{array} \Rightarrow \begin{array}{r} \overset{6}{\cancel{7}}\,\overset{10}{.2}\,7 \\ -\,3.65 \\ \hline 3\;6\;2 \end{array} \Rightarrow \begin{array}{r} \overset{6}{\cancel{7}}\,\overset{10}{.2}\,7 \\ -\,3.65 \\ \hline 3.62 \end{array}$$

❶ 소수점 위치 맞추어 쓰기 ❷ 자연수의 뺄셈과 같이 계산한 후, 소수점 내려 찍기

개념3 자릿수가 다른 두 소수의 뺄셈

소수점끼리 맞추어 쓰기

소수 끝자리 뒤에 0이 있는 것으로 생각하여 계산하기

$$\begin{array}{r} 9.4 \\ -\,2.75 \\ \hline \end{array} \Rightarrow \begin{array}{r} 9.\overset{3}{\cancel{4}}\overset{10}{0} \\ -\,2.75 \\ \hline 5 \end{array}$$

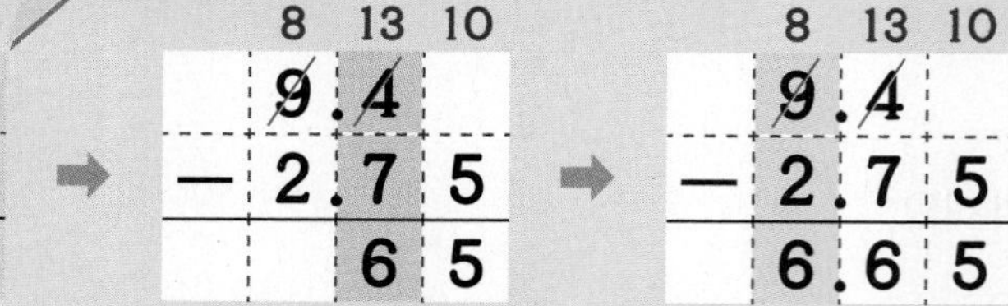

개념확인 1 그림을 보고 □ 안에 알맞은 수를 써넣으세요.

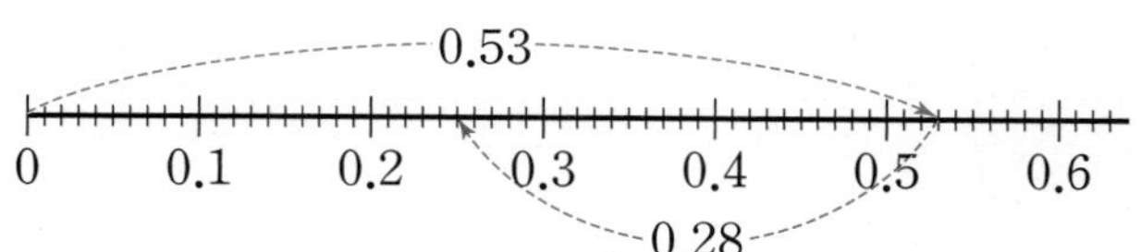

0.53−0.28=□

개념확인 2 □ 안에 알맞은 수를 써넣으세요.

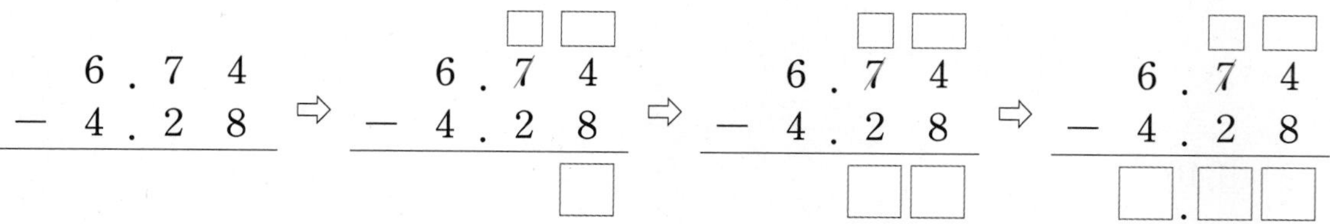

3 수직선을 보고 □ 안에 알맞은 수를 써넣으세요.

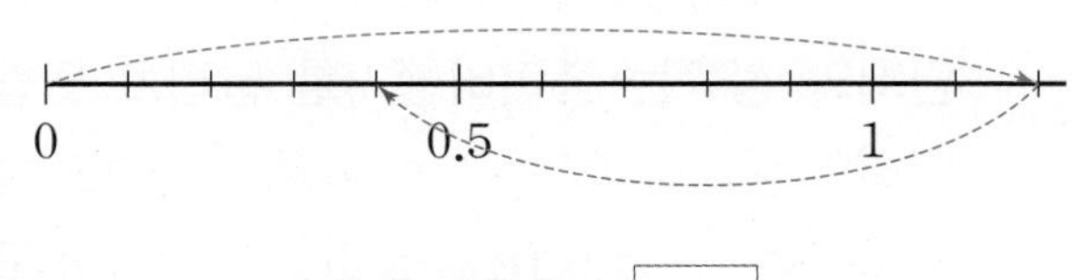

1.2－0.8＝□

4 그림을 보고 □ 안에 알맞은 수를 써넣으세요.

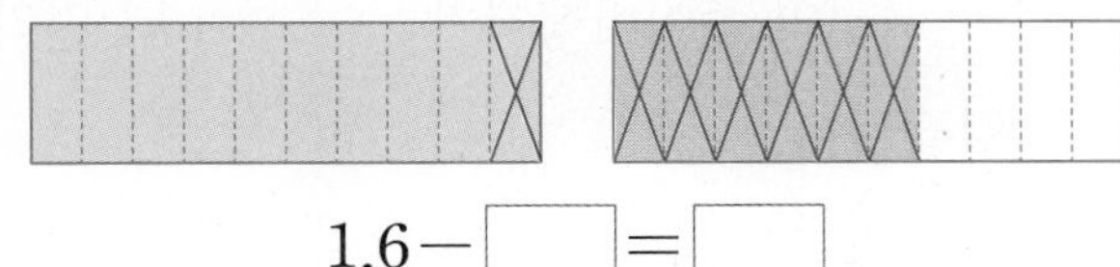

1.6－□＝□

5 계산을 하세요.

(1)
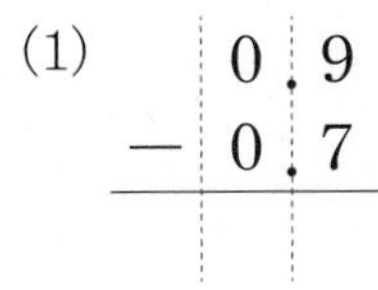

(2)
$$\begin{array}{r} 3.6 \\ -\ 0.8 \\ \hline \end{array}$$

(3) 0.7－0.4　　(4) 9.2－4.8

6 그림을 보고 □ 안에 알맞은 수를 써넣으세요.

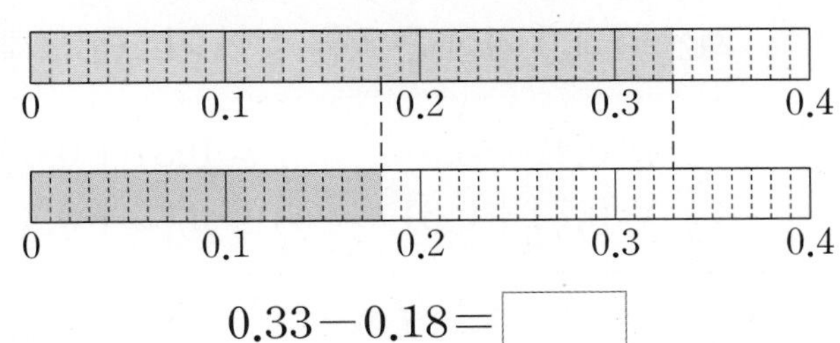

0.33－0.18＝□

7 0.86－0.31은 얼마인지 알아보려고 합니다. 물음에 답하세요.

(1) 전체 크기가 1인 모눈종이에 0.86만큼 색칠하고, 색칠한 부분에서 0.31만큼 ×표 하세요.

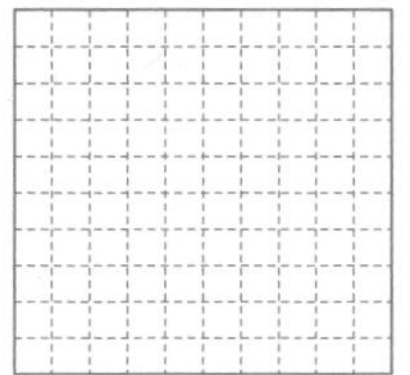

(2) 0.86－0.31은 얼마인가요?

(　　　　　　)

8 세로로 계산하세요.

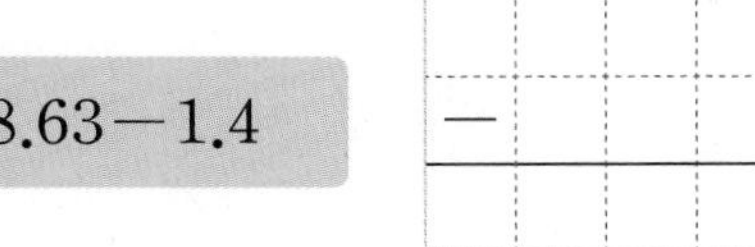

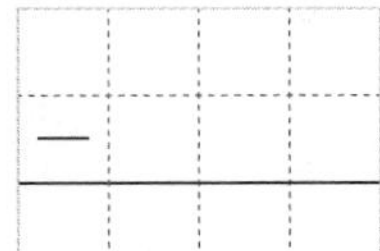

9 □ 안에 알맞은 수를 써넣으세요.

7.54	⇨	7.54는 0.01이 □개
－ 2.16	⇨	2.16은 0.01이 □개
□	⇦	7.54－2.16은 0.01이 □개

10 계산을 하세요.

(1)
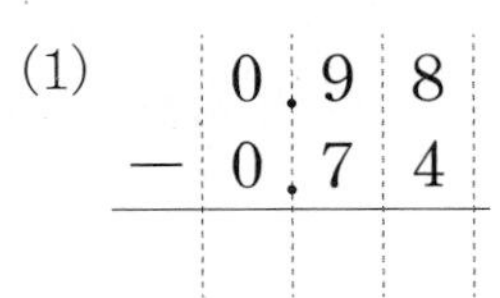

(2)
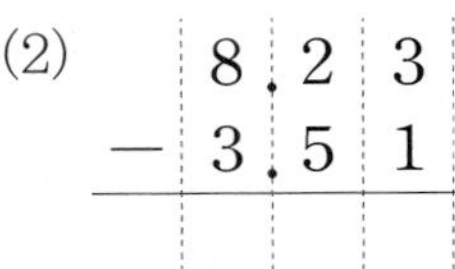

(3) 0.53－0.12　　(4) 4.95－2.67

3 단원

진도 완료 체크

10종

교과 유형 익힘

01 계산 결과를 비교하여 ◯ 안에 >, =, <를 알맞게 써넣으세요.

1.7−0.9 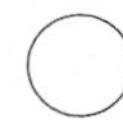 3.6−2.7

02 두 달 전에 강낭콩의 길이를 재었더니 0.3 m였습니다. 오늘 다시 재어 보니 두 달 전보다 0.4 m가 더 자랐습니다. 오늘 잰 강낭콩은 몇 m일까요?

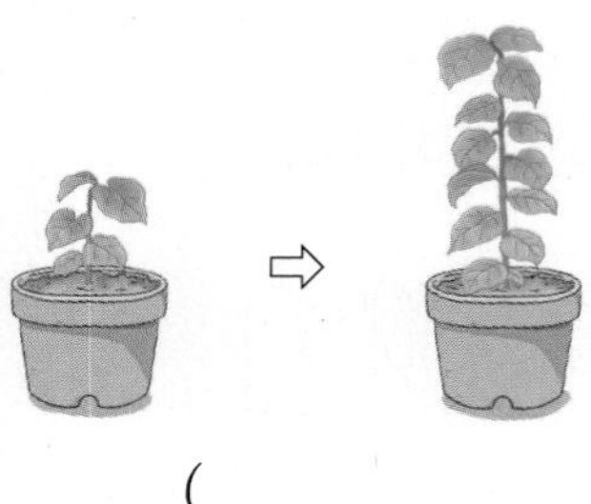

(　　　　　　　　)

03 계산 결과가 같은 것끼리 선으로 이으세요.

0.5+0.2 •	• 0.38+0.32
0.7+0.6 •	• 0.8+0.5
0.87+0.03 •	• 0.1+0.8

04 가장 큰 소수와 가장 작은 소수의 차를 구하세요.

0.68　0.45　0.89　0.57

(　　　　　　　　)

05 민희와 성규는 종이비행기를 날리고 있습니다. 민희의 종이비행기는 5.4 m를 날아갔고, 성규의 종이비행기는 4.5 m를 날아갔습니다. 누구의 종이비행기가 얼마나 더 멀리 날아갔나요?

☐의 종이비행기가 ☐ m 더 멀리 날아갔습니다.

06 두 막대를 겹치지 않게 이어 붙였습니다. 이어 붙인 막대 전체의 길이는 몇 m일까요?

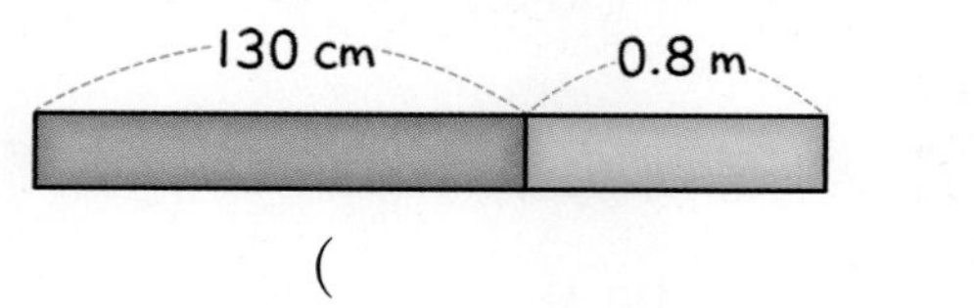

(　　　　　　　　)

07 ☐ 안에 알맞은 수를 써넣으세요.

☐+2.87=10.55

08 계산 결과가 가장 큰 것을 찾아 기호를 쓰세요.

㉠ 0.42+0.5　㉡ 0.37+0.65
㉢ 0.74+0.31　㉣ 0.89+0.3

(　　　　　　　　)

09 카드를 모두 한 번씩 이용하여 소수 한 자리 수를 만들 수 있습니다. 만들 수 있는 두 소수의 합을 구하세요.

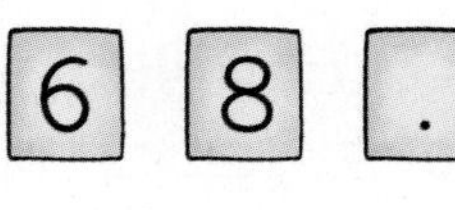

(　　　　　　　　　　)

10 혜선이의 책가방 무게는 3.28 kg이고, 지효의 책가방 무게는 3.64 kg입니다. 혜선이와 지효의 책가방 무게를 합하면 몇 kg인가요?

(　　　　　　　　　　)

서술형 문제

11 귤이 들어 있는 바구니의 무게는 2.71 kg입니다. 빈 바구니가 0.24 kg일 때 바구니에 들어 있는 귤은 몇 kg인지 식을 쓰고 답을 구하세요.

식 ______________________

답 ______________________

서술형 문제

12 보기 에서 두 수를 골라 차가 가장 큰 수가 되는 식을 쓰고 답을 구하세요.

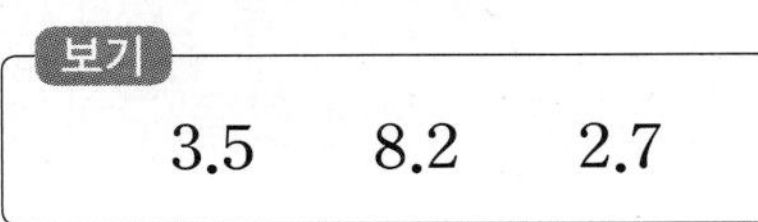

식 ______________________

답 ______________________

13 ㉠과 ㉡에 알맞은 수를 각각 구하세요.

추론

$$\begin{array}{r} 7.㉠ \\ -\ ㉡.5 \\ \hline 0.9 \end{array}$$

㉠ (　　　　　　　　　　)

㉡ (　　　　　　　　　　)

서술형 문제

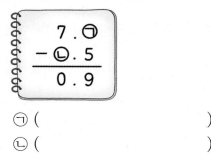

14 잘못 계산한 곳을 찾아 까닭을 쓰고, 바르게 계산하세요.

의사소통

$$\begin{array}{r} 9.7\ 2 \\ -\ \ 3.5 \\ \hline 9.3\ 7 \end{array}$$ ⇨ [　　　]

까닭 ______________________

____

____

15 은혜와 현호가 생각하는 소수의 합을 구하세요.

정보처리

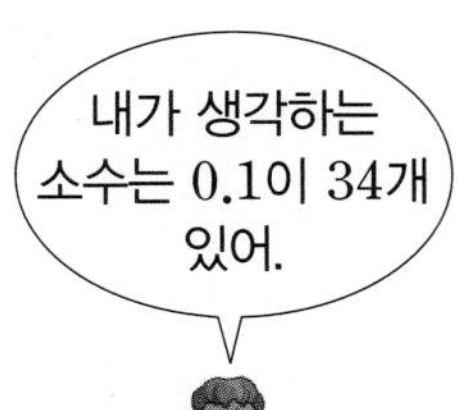

내가 생각하는 소수는 0.1이 34개 있어.
은혜

내가 생각하는 소수는 일의 자리 숫자가 5이고, 소수 첫째 자리 숫자가 2인 소수 한 자리 수야.
현호

(　　　　　　　　　　)

3 단원

진도 완료 체크

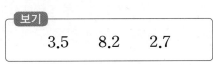

Step 3 문제 해결 (잘 틀리는 문제)

유형1 소수의 계산식 완성하기

1 ㉠, ㉡, ㉢에 알맞은 수를 구하세요.

$$\begin{array}{r} \boxed{㉠}.\,6\ \ 5 \\ +\ 2\,.\,7\ \boxed{㉢} \\ \hline 5\,.\,\boxed{㉡}\ 3 \end{array}$$

㉠ (　　　　　　　)
㉡ (　　　　　　　)
㉢ (　　　　　　　)

Solution 받아올림 또는 받아내림에 주의하여 가장 낮은 자리부터 같은 자리 수끼리 차례로 계산합니다.

1-1 □ 안에 알맞은 수를 써넣으세요.

$$\begin{array}{r} \square.\,8\ \square \\ +\ 1\,.\,7\ \ 3 \\ \hline 8\,.\,\square\ 5 \end{array}$$

1-2 ㉠, ㉡, ㉢에 알맞은 수를 구하세요.

$$\begin{array}{r} 8\,.\,\boxed{㉡}\ 4 \\ -\ \boxed{㉠}.\,1\ \ 9 \\ \hline 4\,.\,9\ \boxed{㉢} \end{array}$$

㉠ (　　　　　　　)
㉡ (　　　　　　　)
㉢ (　　　　　　　)

1-3 □ 안에 알맞은 수를 써넣으세요.

$$\begin{array}{r} \square.\,4\ \ \ \\ -\ 3\,.\,\square\ 7 \\ \hline 0\,.\,5\ \square \end{array}$$

유형2 바르게 계산한 값 구하기

2 어떤 수에서 3.7을 빼야 할 것을 잘못하여 더했더니 8.41이 되었습니다. 바르게 계산한 값을 구하세요.

(　　　　　　　)

Solution 어떤 수를 □라 하고 잘못 계산한 식을 세워 어떤 수를 구한 다음 바르게 계산한 값을 구합니다.

2-1 어떤 수에서 4.25를 빼야 할 것을 잘못하여 더했더니 9.38이 되었습니다. 바르게 계산한 값을 구하세요.

(　　　　　　　)

2-2 어떤 수에 2.76을 더해야 할 것을 잘못하여 뺐더니 6.14가 되었습니다. 바르게 계산한 값을 구하세요.

(　　　　　　　)

2-3 어떤 수에 5.4를 더하고 0.7을 빼야 할 것을 잘못하여 5.4를 빼고 0.7을 더했더니 3.1이 되었습니다. 바르게 계산한 값을 구하세요.

(　　　　　　　)

유형3 알맞은 소수 만들고 합 또는 차 구하기

3 카드를 한 번씩 모두 사용하여 소수 두 자리 수를 만들려고 합니다. 만들 수 있는 가장 큰 수와 가장 작은 수의 합을 구하세요.

3 5 1 .

( )

Solution 소수점의 위치를 먼저 정한 후 나머지 카드를 배열하여 알맞은 소수를 만들고, 만든 두 소수의 덧셈 또는 뺄셈을 합니다.

3-1 카드를 한 번씩 모두 사용하여 소수 두 자리 수를 만들려고 합니다. 만들 수 있는 가장 큰 수와 가장 작은 수의 합을 구하세요.

3 7 1 .

( )

3-2 카드를 한 번씩 모두 사용하여 소수 두 자리 수를 만들려고 합니다. 만들 수 있는 가장 큰 수와 가장 작은 수의 차를 구하세요.

8 4 9 .

( )

3-3 카드를 한 번씩 모두 사용하여 소수 두 자리 수를 만들려고 합니다. 만들 수 있는 가장 큰 수와 가장 작은 수의 차를 구하세요.

5 8 9 .

( )

유형4 □ 안에 들어갈 수 있는 숫자 구하기

4 0부터 9까지의 숫자 중 □ 안에 들어갈 수 있는 숫자를 모두 구하세요.

$2.84+7.92>10.\square8$

( )

Solution □가 없는 식을 먼저 계산한 다음 소수의 크기를 비교하여 □ 안에 들어갈 수 있는 숫자를 모두 구합니다.

4-1 0부터 9까지의 숫자 중 □ 안에 들어갈 수 있는 숫자는 모두 몇 개인가요?

$12.51-7.64<4.8\square$

( )

4-2 0부터 9까지의 숫자 중 □ 안에 들어갈 수 있는 숫자를 모두 구하세요.

$3.54-1.97<1.\square7$

( )

4-3 0부터 9까지의 숫자 중 □ 안에 들어갈 수 있는 숫자를 모두 더하면 얼마인가요?

$4.19+15.28>10.24+9.2\square$

( )

문제 풀이

Step 3 문제 해결 (서술형 문제)

유형5

문제 해결 Key
소수에서 각 자리의 숫자가 나타내는 값을 구하고 소수 사이의 관계를 이용합니다.

문제 해결 전략
❶ ㉠이 나타내는 수 구하기
❷ ㉡이 나타내는 수 구하기
❸ ㉠이 나타내는 수는 ㉡이 나타내는 수의 몇 배인지 구하기

5 ❶㉠이 나타내는 수는 ❷㉡이 나타내는 수의 ❸몇 배인지 풀이 과정을 보고 □ 안에 알맞은 수나 말을 써넣어 답을 구하세요.

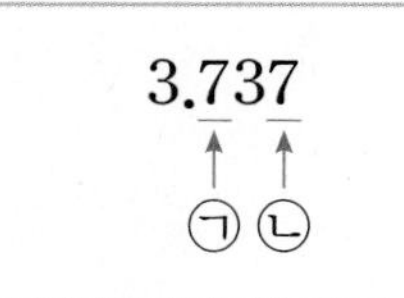

풀이 ❶ ㉠은 소수 □ 자리를 가리키므로 ㉠이 나타내는 수는 0.7입니다.
❷ ㉡은 소수 셋째 자리를 가리키므로 ㉡이 나타내는 수는 □입니다.
❸ 0.7은 0.007의 □배이므로 ㉠이 나타내는 수는 ㉡이 나타내는 수의 □배입니다.

답 ____________

5-1 연습 문제
㉠이 나타내는 수는 ㉡이 나타내는 수의 몇 배인지 풀이 과정을 쓰고 답을 구하세요.

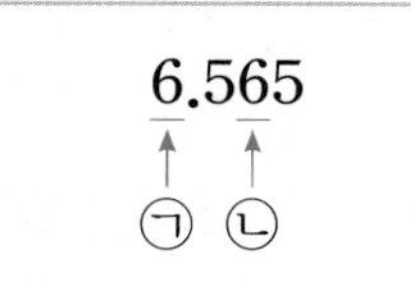

풀이
❶ ㉠이 나타내는 수 구하기

❷ ㉡이 나타내는 수 구하기

❸ ㉠이 나타내는 수는 ㉡이 나타내는 수의 몇 배인지 구하기

답 ____________

5-2 실전 문제
㉠이 나타내는 수는 ㉡이 나타내는 수의 몇 배인지 풀이 과정을 쓰고 답을 구하세요.

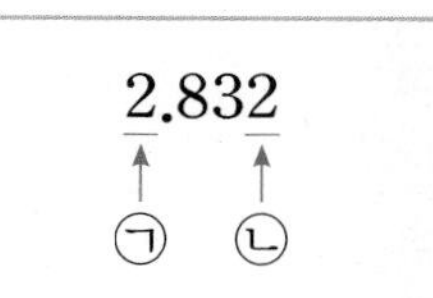

풀이

답 ____________

유형6

문제 해결 Key
두 사람이 생각하는 소수를 구한 후 덧셈을 합니다.

6 ❸성규와 민희가 생각하는 소수의 합은 얼마인지 풀이 과정을 보고 □ 안에 알맞은 수를 써넣어 답을 구하세요.

내가 생각하는 소수는 ❶0.1이 38개 있어.
성규

내가 생각하는 소수는 ❷일의 자리 숫자가 6이고, 소수 첫째 자리 숫자가 4인 소수 한 자리 수야.
민희

문제 해결 전략
❶ 성규가 생각하는 수 구하기
❷ 민희가 생각하는 수 구하기
❸ 두 소수의 합 구하기

풀이 ❶ 0.1이 38개인 소수는 □입니다.
❷ 일의 자리 숫자가 6이고, 소수 첫째 자리 숫자가 4인 소수 한 자리 수는 □입니다.
❸ 성규와 민희가 생각하는 소수의 합은 □ + □ = □입니다.

답 ______

진도 완료 체크

6-1 연습 문제
은혜와 현호가 생각하는 소수의 합은 얼마인지 풀이 과정을 쓰고 답을 구하세요.

내가 생각하는 소수는 0.1이 65개 있어.
은혜

내가 생각하는 소수는 일의 자리 숫자가 7이고, 소수 첫째 자리 숫자가 3인 소수 한 자리 수야.
현호

풀이
❶ 은혜가 생각하는 소수 구하기

❷ 현호가 생각하는 소수 구하기

❸ 두 소수의 합 구하기

답 ______

6-2 실전 문제
희진이와 재우가 생각하는 소수의 차는 얼마인지 풀이 과정을 쓰고 답을 구하세요.

희진: 내가 생각하는 소수는 0.1이 84개 있어.
재우: 내가 생각하는 소수는 일의 자리 숫자가 7이고, 소수 첫째 자리 숫자가 6인 소수 한 자리 수야.

풀이

답 ______

실력UP문제

01 0, 1, 2, 3, 4, 5를 □ 안에 한 번씩 모두 써넣어 뺄셈식을 만들려고 합니다. 차가 가장 크게 되도록 뺄셈식을 만들고 계산하세요.

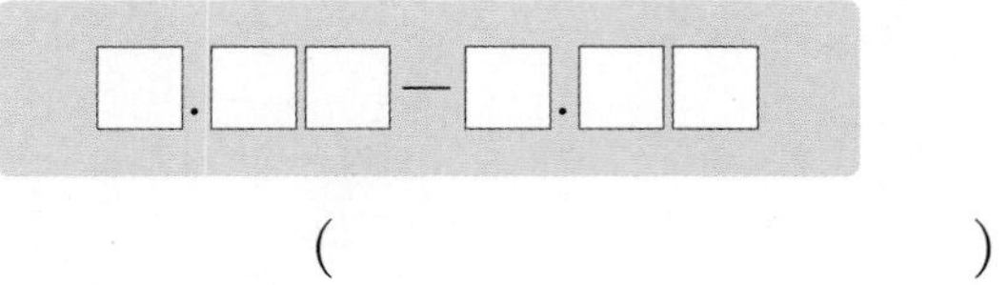

(　　　　　　　　)

02 성규가 설명하는 소수 두 자리 수는 얼마인지 쓰세요.

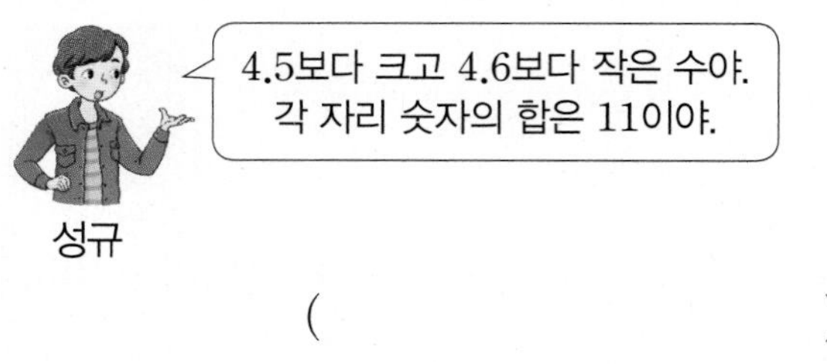

4.5보다 크고 4.6보다 작은 수야.
각 자리 숫자의 합은 11이야.
성규

(　　　　　　　　)

03 자두 2.5 kg을 사려고 합니다. 사야 하는 자두 2봉지를 골라 기호를 쓰세요.

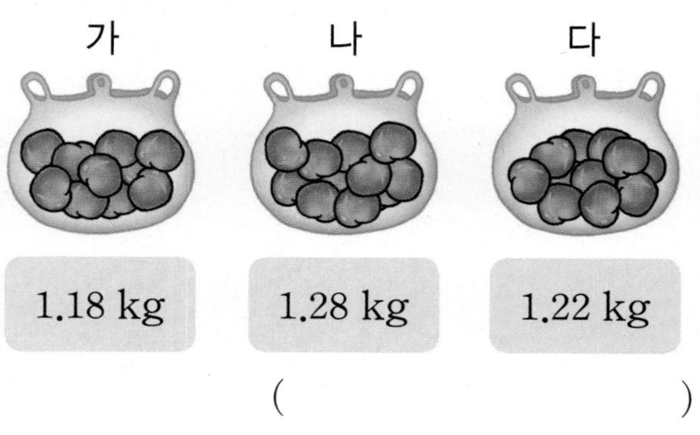

(　　　　　　　　)

서술형 문제

04 다음 낱말을 이용하여 1.5−0.9에 알맞은 문제를 만들고 답을 구하세요.

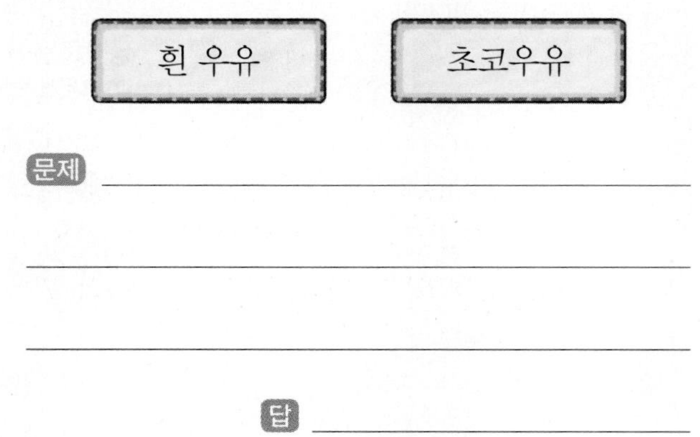

문제 ______________________

____

____

답 ______________

05 집에서 학교로 가는 길은 가, 나, 다 세 가지가 있습니다. 세 길 중 가까운 길부터 차례로 기호를 쓰세요.

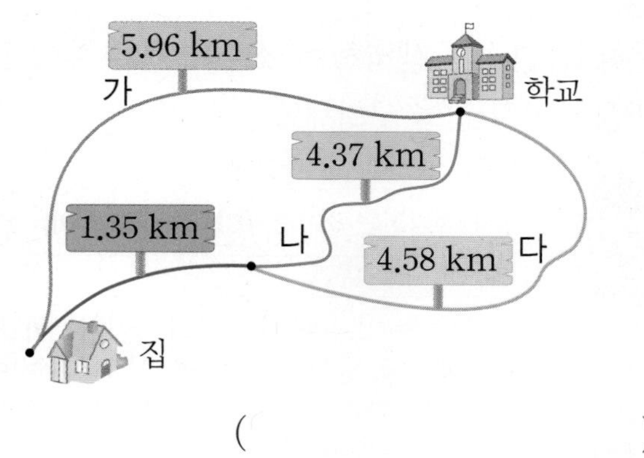

(　　　　　　　　)

06 ㉠과 ㉡ 사이에 있는 소수 두 자리 수를 모두 구하세요.

㉠ 1이 3개, 0.1이 2개, 0.01이 7개인 수

㉡ $\frac{1}{100}$이 330개인 수

(　　　　　　　　)

07 소수 ㉮와 ㉯를 보고 바르게 말한 학생을 찾아 이름을 쓰세요.

㉮=0.▲●　　㉯=0.★♥■

- 예은: ㉮는 소수 두 자리 수이고 ㉯는 소수 세 자리 수이니까 ㉯가 더 큰 수야.
- 지아: 소수 두 자리 수라도 ▲가 ★보다 크면 ㉮가 더 큰 수야.
- 수혁: ▲와 ★이 같으면 ㉮와 ㉯의 크기는 같아.

(　　　　　　　　　　)

08 현지가 매일 강낭콩의 키를 재어 나타낸 표입니다. 강낭콩의 키가 가장 많이 자란 때는 며칠과 며칠 사이인가요?

날짜	1일	2일	3일	4일
키	1.35 cm	1.51 cm	1.74 cm	2.03 cm

(　　　　　　　　　　)

09 ㉮에서 ㉱까지의 거리가 4.25 km일 때, ㉯에서 ㉰까지의 거리는 몇 km인가요?

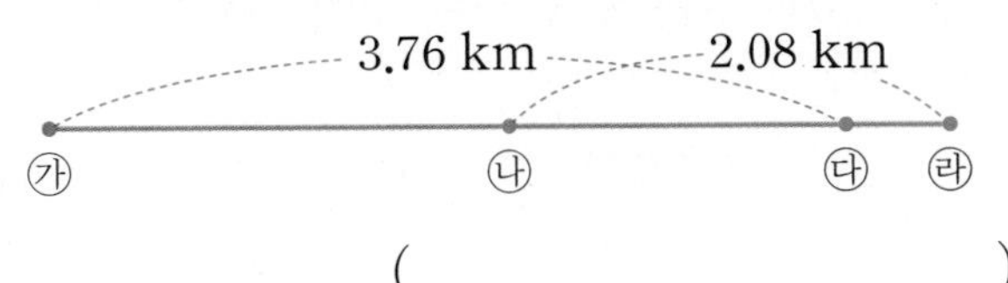

(　　　　　　　　　　)

10 지혜의 키는 1.37 m입니다. 영훈이의 키는 지혜보다 0.16 m 더 크고, 혜수의 키는 영훈이보다 0.05 m 작습니다. 혜수의 키는 몇 m인가요?

(　　　　　　　　　　)

11 '도전! 소수 다섯 고개' 놀이를 하려고 합니다. 소수를 알 수 있는 도움말 5개를 보고, 설명하는 소수가 무엇인지 구하세요.

도움말

① 소수 세 자리 수이며 소수의 각 자리의 숫자는 서로 다릅니다.
② 3보다 크고 4보다 작습니다.
③ 일의 자리 숫자와 소수 둘째 자리 숫자의 합은 9입니다.
④ 소수 첫째 자리 숫자는 2로 나누어떨어지는 수 중 가장 큰 수입니다.
⑤ 이 소수를 100배 하면 소수 첫째 자리 숫자는 5가 됩니다.

(　　　　　　　　　　)

12 ㉠, ㉡, ㉢은 0이 아닌 한 자리 숫자입니다. 다음 세 소수의 합이 4.87일 때, ㉠+㉡+㉢은 얼마일까요?

2.㉠2　　0.9㉡　　㉢.5

(　　　　　　　　　　)

3 단원

진도 완료 체크

01 소수를 바르게 읽은 것은 어느 것인가요? ( )

① 0.265 ⇨ 영 점 이백육십오
② 7.08 ⇨ 칠 점 팔
③ 3.107 ⇨ 삼 점 일영칠
④ 8.64 ⇨ 팔육사
⑤ 4.903 ⇨ 사 점 구백삼

02 6.37을 보고 □ 안에 알맞은 수나 말을 써넣으세요.

(1) 6은 □의 자리 숫자이고 □을 나타냅니다.

(2) □은 소수 첫째 자리 숫자이고 □을 나타냅니다.

(3) 7은 소수 □ 자리 숫자이고, □을 나타냅니다.

03 □ 안에 알맞은 수를 써넣으세요.

(1) 0.01이 36개인 수는 □입니다.

(2) 0.745는 0.001이 □개인 수입니다.

04 다음 중 생략해도 되는 0이 사용된 소수는 어느 것인가요? ( )

① 0.507 ② 0.61 ③ 4.901
④ 16.004 ⑤ 27.50

05 □ 안에 알맞은 수를 써넣으세요.

(1) 7의 $\frac{1}{10}$은 □이고, $\frac{1}{100}$은 □입니다.

(2) 14.8의 $\frac{1}{10}$은 □이고, $\frac{1}{100}$은 □입니다.

06 □ 안에 알맞은 수를 써넣으세요.

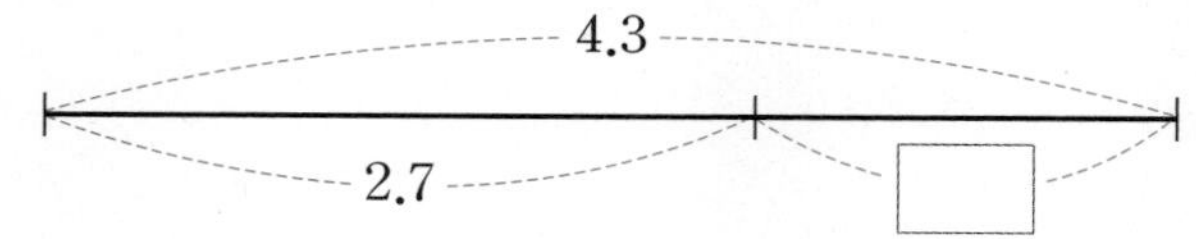

07 7.6과 같은 수를 모두 찾아 기호를 쓰세요.

㉠ 0.76의 $\frac{1}{10}$ ㉡ 0.76의 10배
㉢ 0.076의 100배 ㉣ 76의 $\frac{1}{100}$

( )

08 ○ 안에 >, =, <를 알맞게 써넣으세요.

(1) 5.794 ○ 6.57

(2) 7.842 ○ 7.824

(3) 9.046 ○ 9.047

09 작은 수부터 차례로 기호를 쓰세요.

㉠ 7.218	㉡ 6.843
㉢ 6.71	㉣ 6.82

( )

10 관계있는 것끼리 선으로 이으세요.

0.7−0.3 •	• 0.1+0.3
2.8−1.5 •	• 0.5+0.4
3.4−2.5 •	• 0.9+0.4

11 □ 안에 알맞은 수를 써넣으세요.

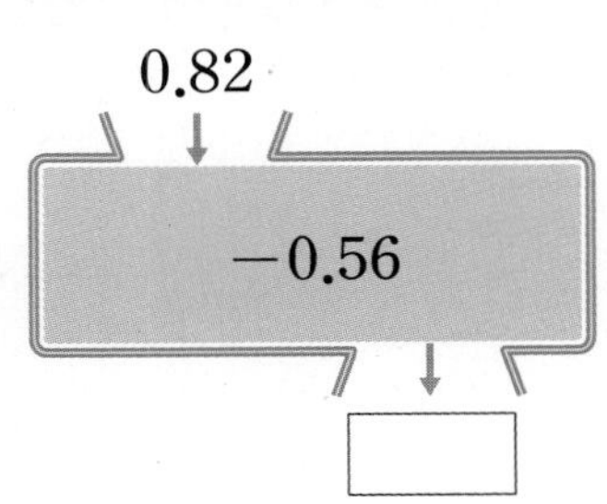

12 계산을 하세요.

(1) $\begin{array}{r} 4.05 \\ +\ 3.79 \\ \hline \end{array}$ (2) $\begin{array}{r} 12.38 \\ +\ 5.75 \\ \hline \end{array}$

(3) $\begin{array}{r} 9.14 \\ -\ 3.28 \\ \hline \end{array}$ (4) $\begin{array}{r} 16.92 \\ -\ 8.57 \\ \hline \end{array}$

13 빈 곳에 알맞은 수를 써넣으세요.

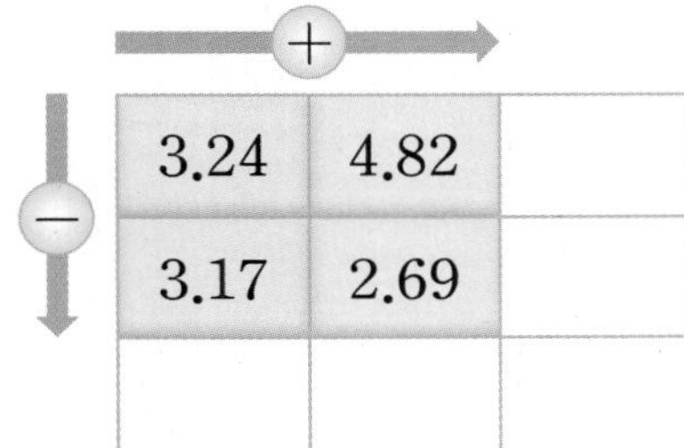

14 계산 결과의 크기를 비교하여 ○ 안에 >, =, <를 알맞게 써넣으세요.

(1) 0.6+0.7 ○ 0.3+0.9

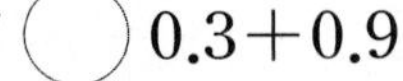

(2) 0.24+0.38 ○ 0.32+0.35

15 계산 결과가 가장 큰 것을 찾아 기호를 쓰세요.

㉠ 0.9－0.4
㉡ 0.83－0.27
㉢ 0.75－0.16

( )

16 은아와 세준이는 감자 캐기 체험을 했습니다. 은아는 42.1 kg을 캤고, 세준이는 은아가 캔 감자의 양의 $\frac{1}{10}$을 캤습니다. 세준이가 캔 감자는 몇 kg인가요?

( )

17 정은이는 미술 시간에 빨간색 물감 4.26 g 중에서 2.74 g을 사용했습니다. 정은이가 사용하고 남은 빨간색 물감은 몇 g인가요?

( )

18 어머니께서 마트에서 삼겹살 1.2 kg과 목살 0.85 kg을 사 오셨습니다. 어머니께서 사 오신 고기는 모두 몇 kg인가요?

( )

19 가장 큰 수와 가장 작은 수의 합에서 나머지 수를 뺀 값은 얼마인가요?

6.08　　3.72　　9.85

( )

20 다음 조건을 모두 만족하는 소수 세 자리 수를 구하세요.

조건
- $\frac{17}{100}$보다 크고 0.19보다 작습니다.
- 소수 둘째 자리 숫자와 소수 셋째 자리 숫자의 차는 3입니다.
- 소수 셋째 자리 숫자는 4입니다.

( )

1~20번까지의 단원평가 유사 문제 제공
문제 생성기

과정 중심 평가 문제

21 다음 중 5가 나타내는 수가 큰 것부터 차례로 기호를 쓰려고 합니다. 물음에 답하세요.

㉠ 5.03	㉡ 1.459
㉢ 8.57	㉣ 6.725

(1) 5가 나타내는 수를 각각 쓰세요.

㉠ (　　　　), ㉡ (　　　　)
㉢ (　　　　), ㉣ (　　　　)

(2) 5가 나타내는 수가 큰 것부터 차례로 기호를 쓰세요.

(　　　　　　　　)

과정 중심 평가 문제

22 미술 재료로 윤성이는 찰흙 2.63 kg과 지점토 1.29 kg을 사용하고, 희선이는 찰흙 2.78 kg과 지점토 1.23 kg을 사용했습니다. 두 사람 중 누가 사용한 미술 재료가 몇 kg 더 무거운지 구하려고 합니다. 물음에 답하세요.

(1) 윤성이가 사용한 미술 재료는 몇 kg인가요?

(　　　　　　)

(2) 희선이가 사용한 미술 재료는 몇 kg인가요?

(　　　　　　)

(3) 두 사람 중 누가 사용한 미술 재료가 몇 kg 더 무거운가요?

(　　　　), (　　　　)

과정 중심 평가 문제

23 ㉠과 ㉡ 중 더 큰 수는 어느 것인지 풀이 과정을 쓰고 답을 구하세요.

㉠ $\frac{274}{100}$	㉡ 0.274의 100배

풀이

답

과정 중심 평가 문제

24 이등변삼각형의 세 변의 길이의 합은 몇 m인지 풀이 과정을 쓰고 답을 구하세요.

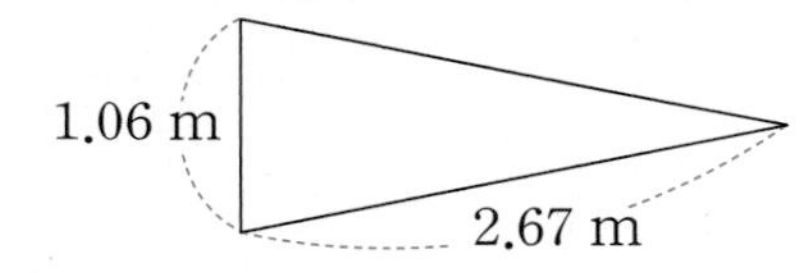

풀이

답

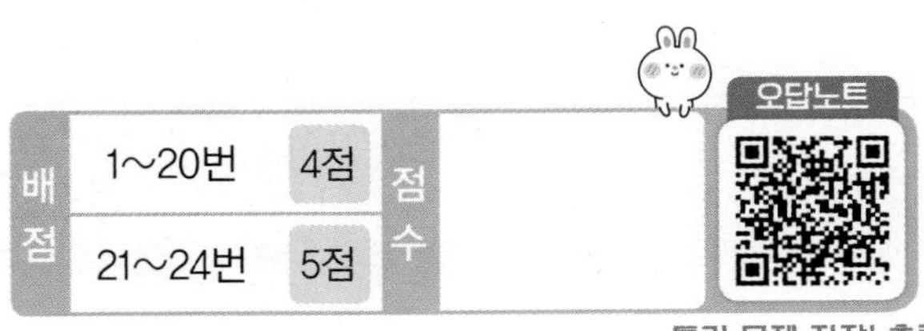

틀린 문제 저장! 출력!

4 사각형

웹툰으로 단원 미리보기 4화_ 혼자 과자 먹기

 QR코드를 스캔하여 이어지는 내용을 확인하세요.

이전에 배운 내용

3-1 직각

직각: 그림과 같이 종이를 반듯하게 두 번 접었을 때 생기는 각

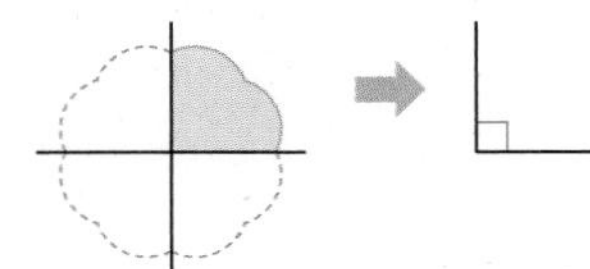

3-1 직사각형

직사각형: 네 각이 모두 직각인 사각형

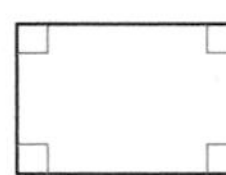

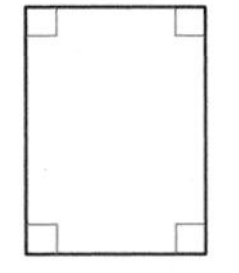

3-1 정사각형

정사각형: 네 각이 모두 직각이고 네 변의 길이가 모두 같은 사각형

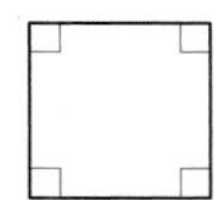

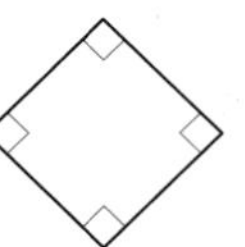

이 단원에서 배울 내용

1 Step 교과 개념	수직 알아보기
1 Step 교과 개념	평행, 평행선 사이의 거리
2 Step 교과 유형 익힘	
1 Step 교과 개념	사다리꼴 알아보기
1 Step 교과 개념	평행사변형 알아보기
2 Step 교과 유형 익힘	
1 Step 교과 개념	마름모 알아보기
1 Step 교과 개념	여러 가지 사각형
2 Step 교과 유형 익힘	
3 Step 문제 해결	잘 틀리는 문제 / 서술형 문제
4 Step 실력 UP 문제	
☆ 단원 평가	

이 단원을 배우면 수직과 평행, 여러 가지 사각형을 알 수 있어요.

Step 1 개념 강의

교과 개념

수직 알아보기

개념1 수직과 수선 알아보기

두 직선이 만나서 이루는 각이 직각일 때, 두 직선은 서로 **수직**이라고 합니다.

또 두 직선이 서로 수직으로 만났을 때, 한 직선을 다른 직선에 대한 **수선**이라고 합니다.

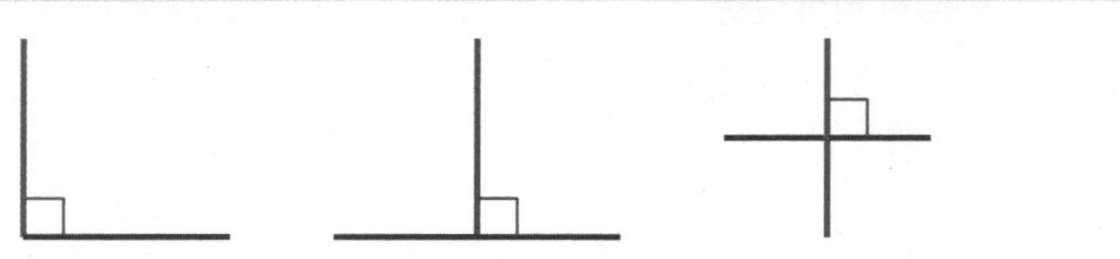

선분과 선분, 직선과 선분이 만나서 이루는 각이 직각일 때에도 수직이에요.

개념2 수선 긋기

① 삼각자를 사용하여 주어진 직선에 대한 수선 긋기

삼각자의 직각을 낀 변 중 한 변을 주어진 직선과 맞춥니다. → 직각을 낀 다른 변을 사용하여 수선을 긋습니다.

② 각도기를 사용하여 주어진 직선에 대한 수선 긋기

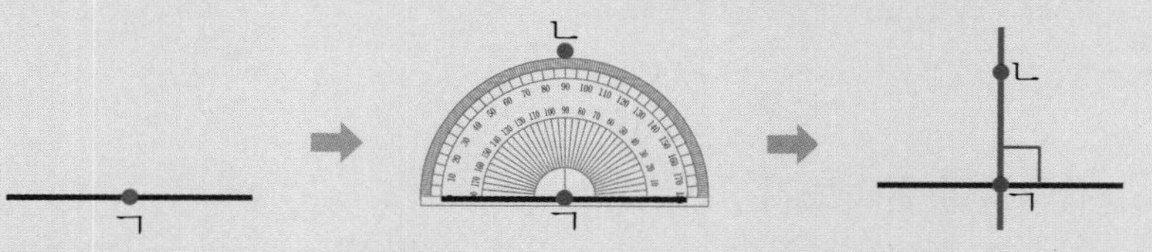

주어진 직선 위에 점 ㄱ을 찍습니다. → 각도기의 중심을 점 ㄱ에, 각도기의 밑금을 직선에 맞춘 후 90°가 되는 눈금 위에 점 ㄴ을 찍습니다. → 점 ㄴ과 점 ㄱ을 직선으로 잇습니다.

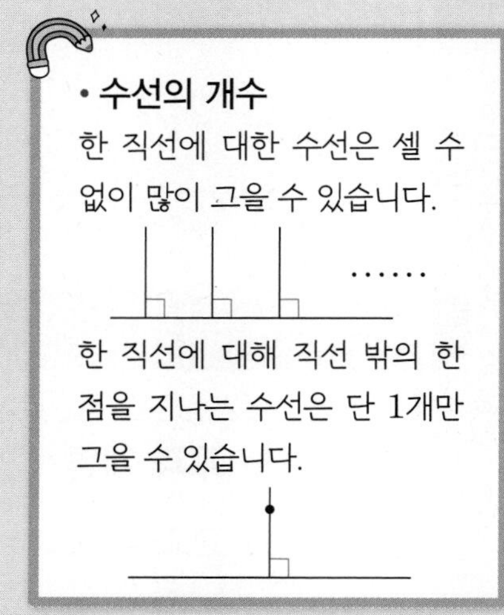

• **수선의 개수**

한 직선에 대한 수선은 셀 수 없이 많이 그을 수 있습니다.

한 직선에 대해 직선 밖의 한 점을 지나는 수선은 단 1개만 그을 수 있습니다.

개념확인 1 그림을 보고 □ 안에 알맞은 기호나 말을 써넣으세요.

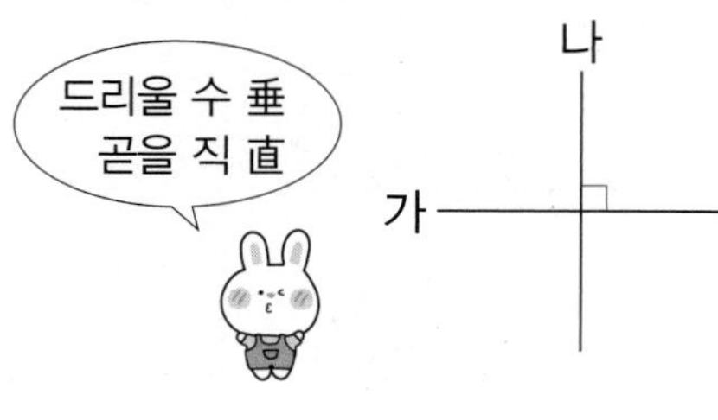

(1) 두 직선이 만나서 이루는 각이 직각일 때, 두 직선은 서로 □이라고 합니다.

(2) 직선 가는 직선 나에 대한 □입니다.

(3) 직선 가에 대한 수선은 직선 □입니다.

2 두 직선이 만나서 이루는 각이 직각인 곳을 모두 찾아 ∟ 로 표시하세요.

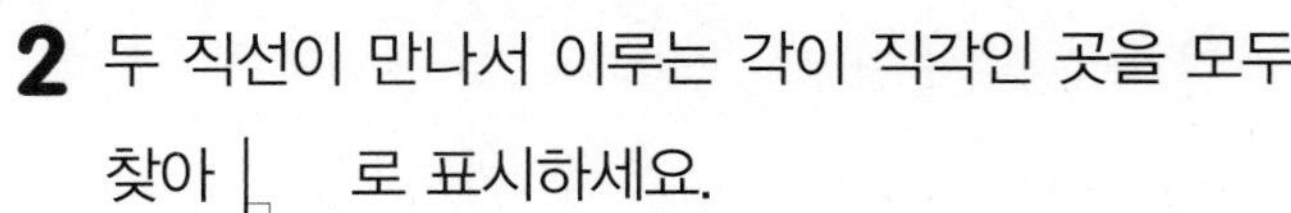

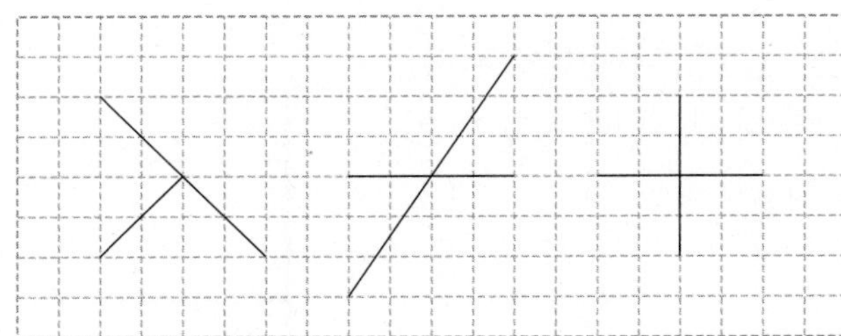

3 수직이 있는 물건을 모두 찾아 ○표 하세요.

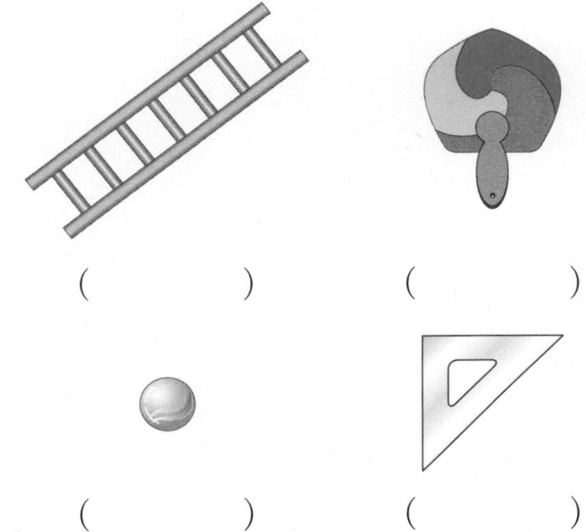

( ) ( )

( ) ( )

4 그림을 보고 물음에 답하세요.

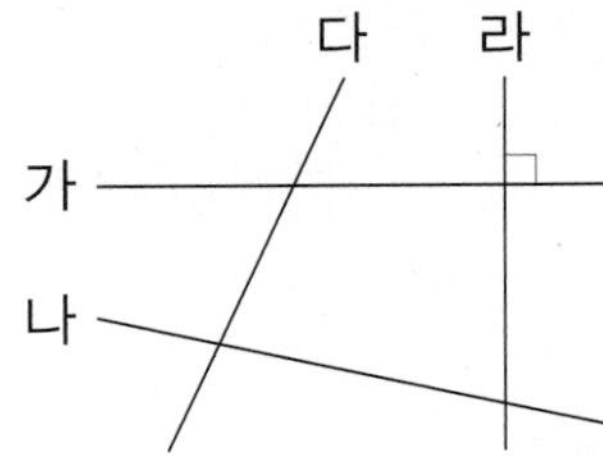

(1) 직선 가에 수직인 직선을 찾아 쓰세요.

( )

(2) 직선 라에 대한 수선을 찾아 쓰세요.

( )

5 삼각자를 사용하여 직선 가에 수직인 직선을 바르게 그은 것에 ○표 하세요.

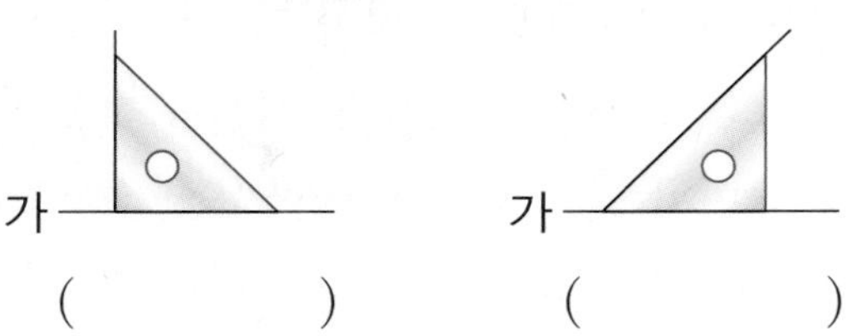

( ) ( )

6 각도기를 사용하여 주어진 직선에 대한 수선을 그으려고 합니다. 각도기를 바르게 놓은 것의 기호를 쓰세요.

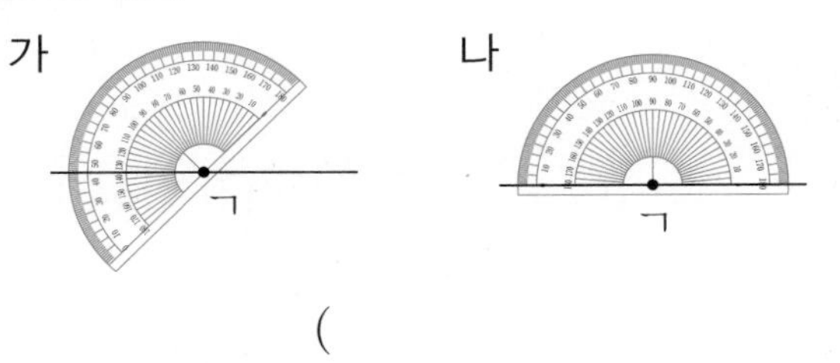

( )

7 삼각자와 각도기를 사용하여 주어진 직선에 대한 수선을 그으세요.

(1) 삼각자

(2) 각도기

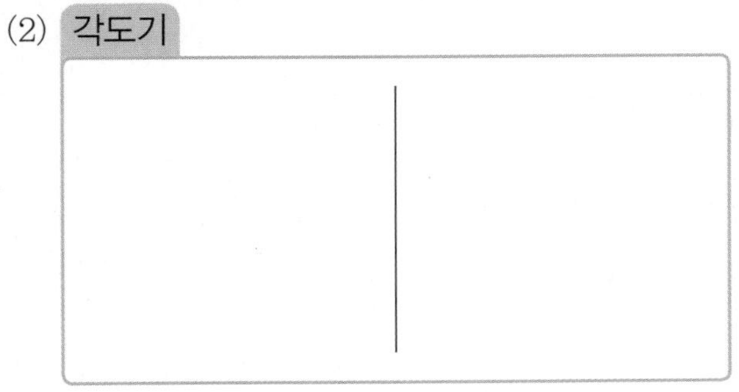

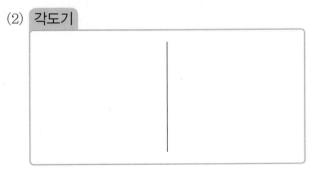

교과 개념

평행, 평행선 사이의 거리

개념1 평행과 평행선 알아보기

한 직선에 수직인 두 직선을 그었을 때, 그 두 직선은 서로 만나지 않습니다. 이와 같이 서로 만나지 않는 두 직선을 **평행**하다고 합니다. 이때 평행한 두 직선을 **평행선**이라고 합니다.

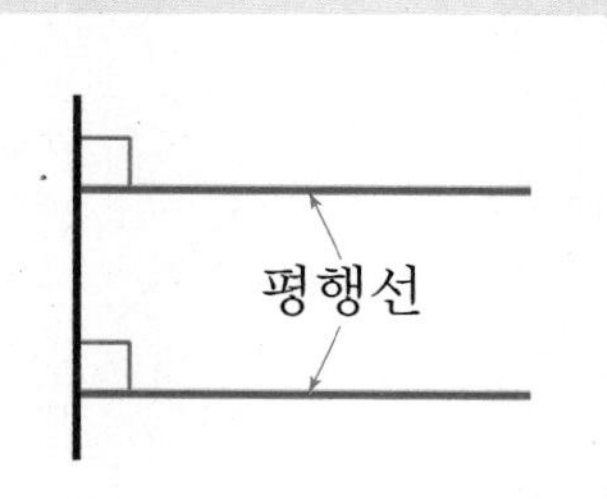

개념2 평행선 긋기

① 주어진 직선과 평행한 직선 긋기

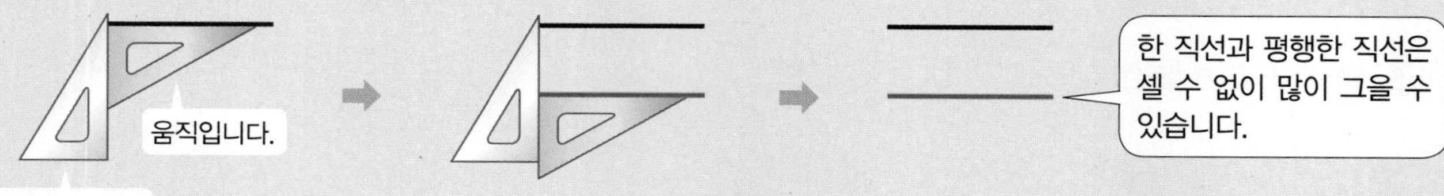

② 점 ㄱ을 지나고 주어진 직선과 평행한 직선 긋기

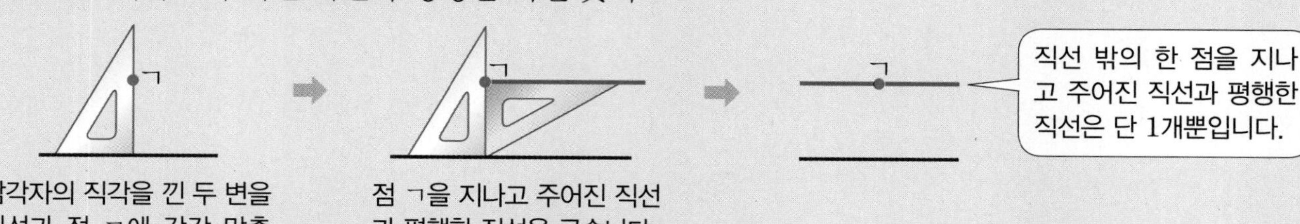

삼각자의 직각을 낀 두 변을 직선과 점 ㄱ에 각각 맞춥니다.

점 ㄱ을 지나고 주어진 직선과 평행한 직선을 긋습니다.

개념3 평행선 사이의 거리 알아보기

평행선의 한 직선에서 다른 직선에 수선을 긋습니다. 이때 이 수선의 길이를 **평행선 사이의 거리**라고 합니다.

참고 • 평행선 사이에 그은 선분 중 수선의 길이가 가장 짧습니다.
• 평행선 사이의 거리는 모두 같습니다.

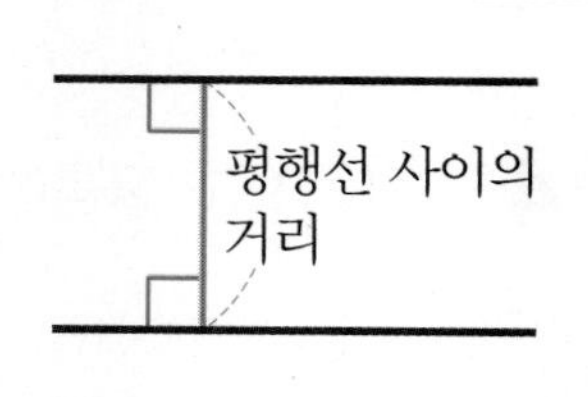

개념확인 1 그림을 보고 □ 안에 알맞은 기호나 말을 써넣으세요.

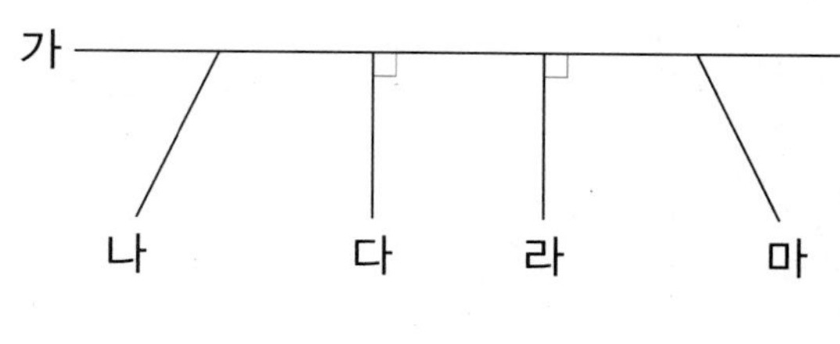

(1) 직선 가에 수직인 직선은 직선 □와 직선 □이고, 이 두 직선은 서로 만나지 않습니다.

(2) 서로 만나지 않는 두 직선을 □하다고 합니다.

(3) 평행한 두 직선을 □이라고 합니다.

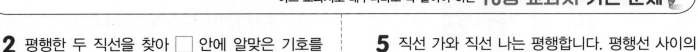

2 평행한 두 직선을 찾아 □ 안에 알맞은 기호를 써넣으세요.

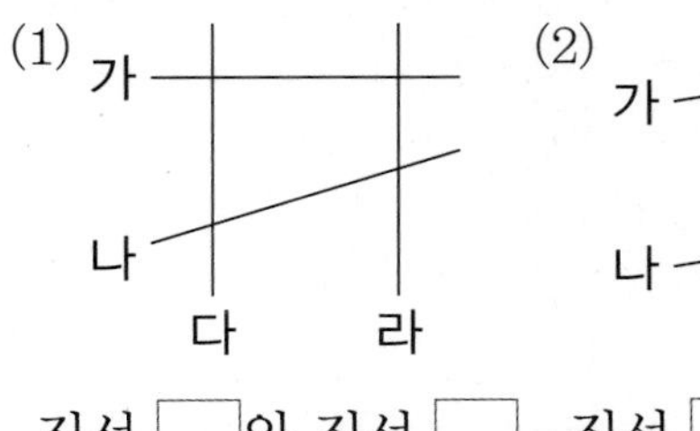

직선 □와 직선 □ 직선 □와 직선 □

3 주어진 직선과 평행한 직선을 그으세요.

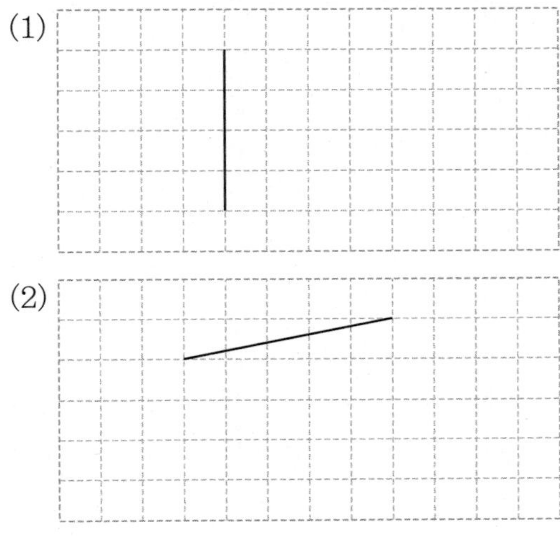

4 삼각자를 사용하여 점 ㄱ을 지나고 주어진 직선과 평행한 직선을 그으세요.

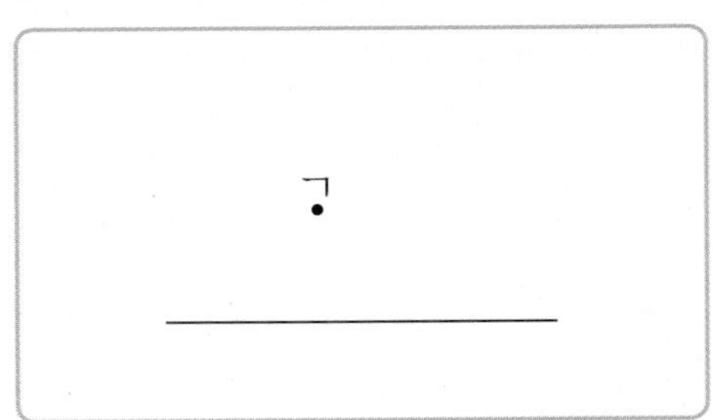

5 직선 가와 직선 나는 평행합니다. 평행선 사이의 거리를 나타내는 선분을 찾아 기호를 쓰세요.

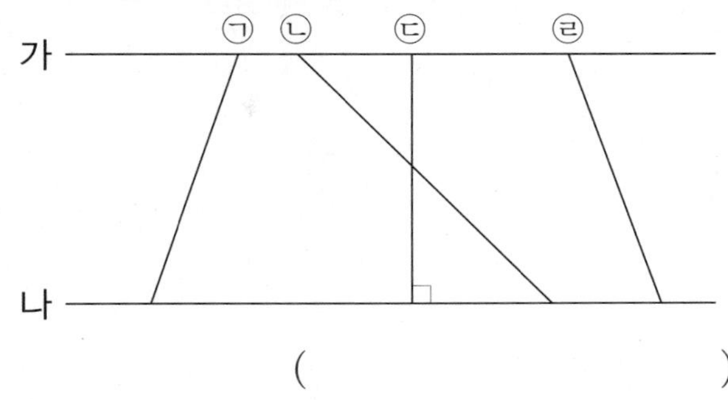

(　　　　　　)

6 평행선 사이의 거리는 몇 cm일까요?

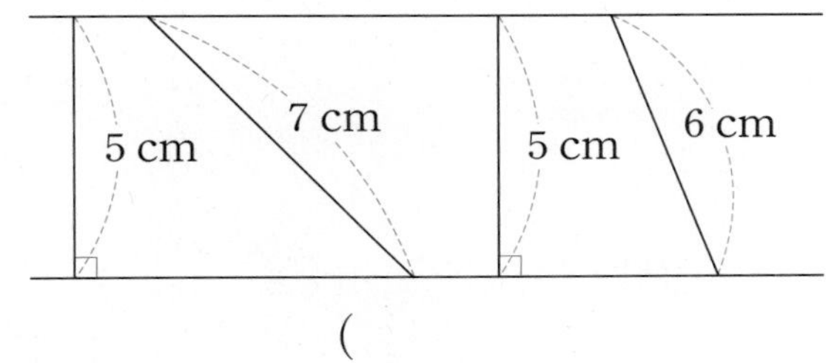

(　　　　　　)

7 직사각형에서 서로 평행한 변을 모두 찾아 쓰세요.

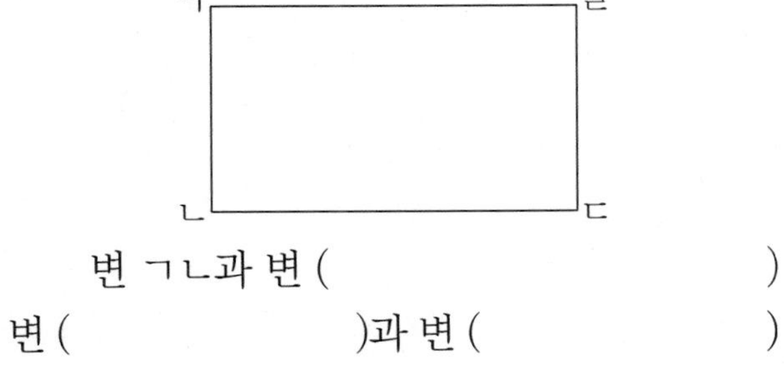

변 ㄱㄴ과 변 (　　　　　　)

변 (　　　　　　)과 변 (　　　　　　)

10종

교과 유형 익힘

01 수직인 두 변이 있는 도형을 모두 찾아 기호를 쓰세요.

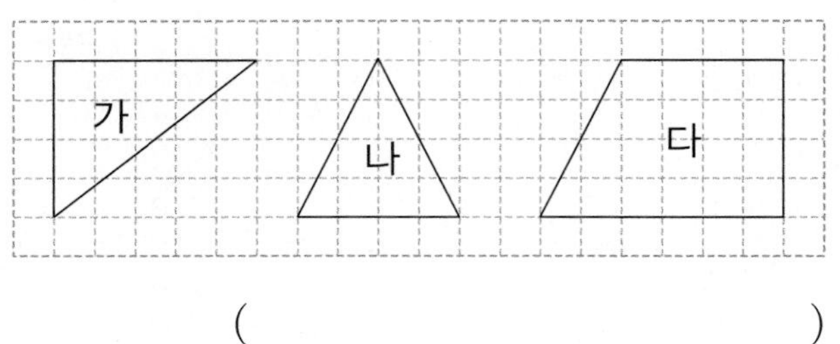

(　　　　　　　　　　)

02 수진이네 반 학생들이 만든 게시판입니다. 게시판에 걸려 있는 물건 중 평행선이 있는 물건은 몇 개일까요?

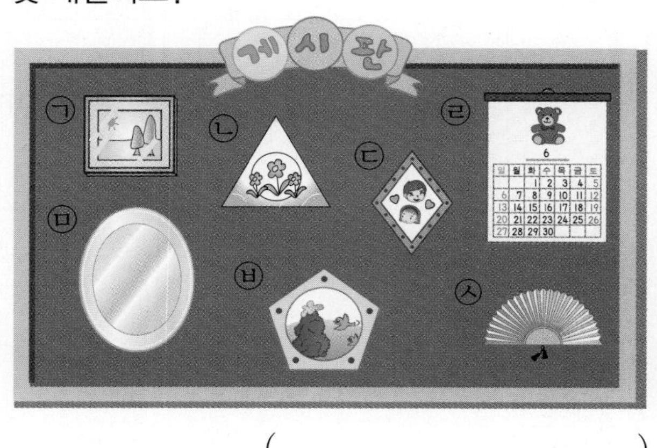

(　　　　　　　　　　)

03 삼각자를 사용하여 평행선을 바르게 그은 것을 찾아 기호를 쓰세요.

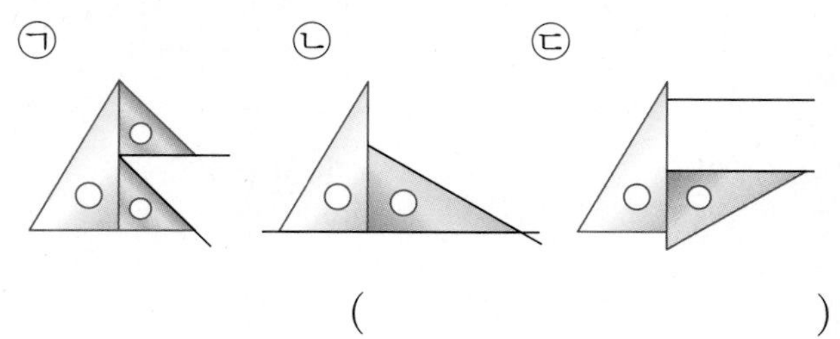

(　　　　　　　　　　)

04 점 ㄱ을 지나고 직선 가에 수직인 직선을 그으세요.

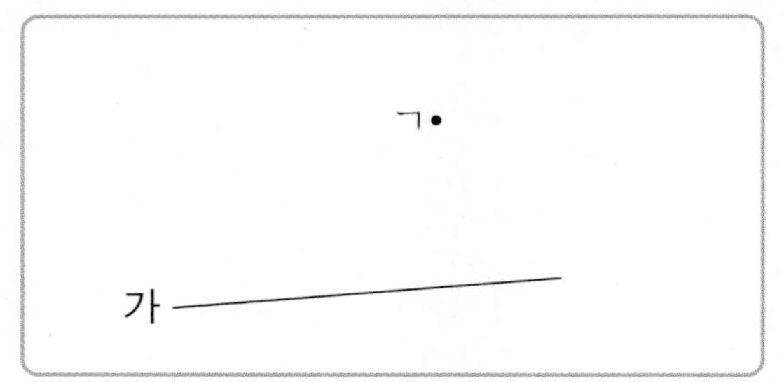

05 점 ㄱ을 지나고 직선 가와 평행한 직선을 그으세요.

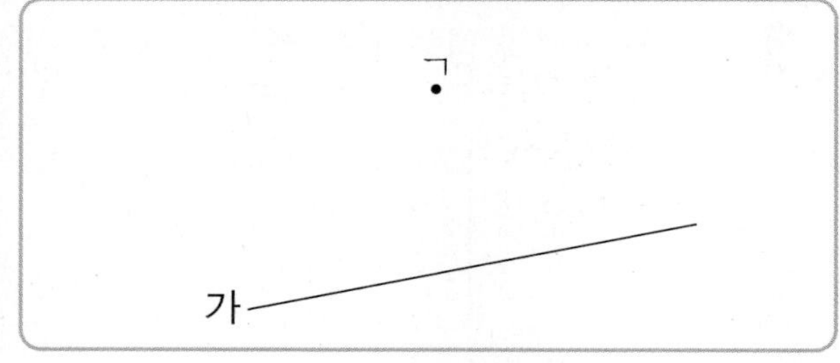

06 직선 가와 직선 나는 평행합니다. 평행선 사이의 거리를 나타내는 선분을 모두 찾아 기호를 쓰세요.

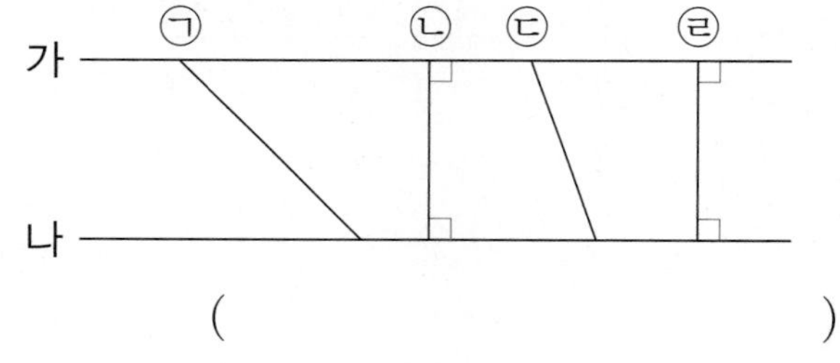

(　　　　　　　　　　)

07 변 ㄷㄹ과 평행한 변을 모두 찾아 쓰세요.

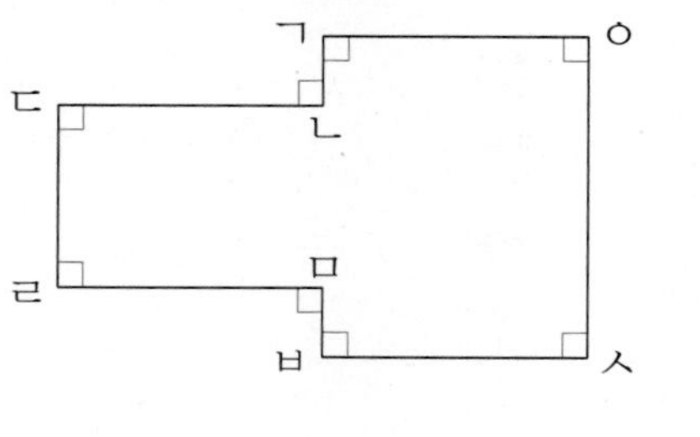

(　　　　　　　　　　)

08 평행선 사이의 거리는 몇 cm일까요?

(　　　　　　　　)

09 평행선 사이의 거리가 2 cm가 되도록 주어진 직선과 평행한 직선을 그으세요.

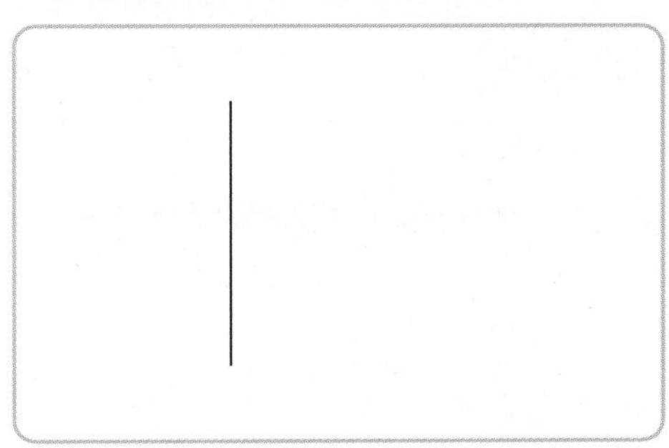

10 평행선에 대해 말한 것입니다. 잘못 말한 사람의 이름을 쓰세요.

평행선은 서로 만나지 않는 두 직선이야.
은혜
평행선은 수직으로 만나는 두 직선이야.
성규
한 직선에 수직인 두 직선은 평행선이지.
민희

(　　　　　　　　)

서술형 문제

11 의사소통

성규의 설명이 맞는지 틀린지 쓰고, 그 까닭을 설명하세요.

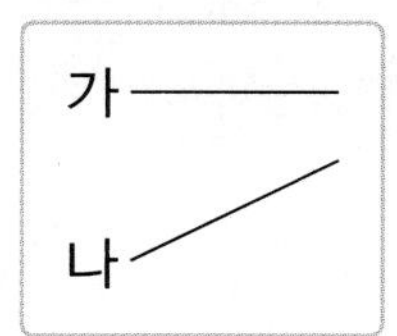

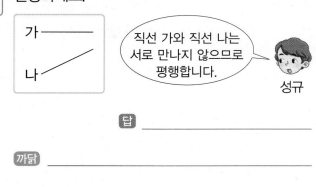

직선 가와 직선 나는 서로 만나지 않으므로 평행합니다.

성규

답 ______________

까닭 ______________

12 정보처리

평행선이 두 쌍인 사각형을 그리세요.

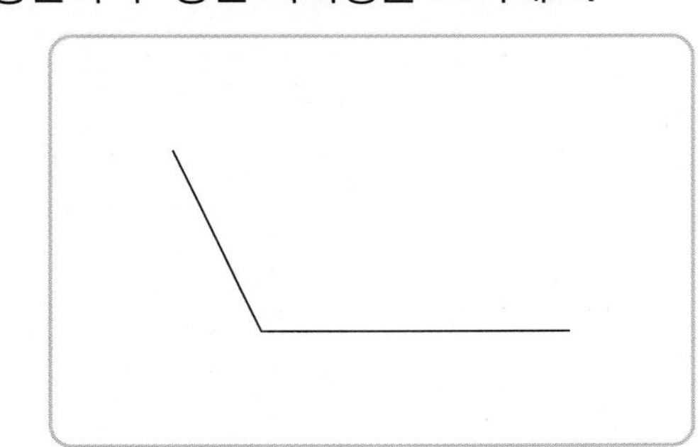

13 정보처리

도형에서 평행선을 찾아 평행선 사이의 거리는 몇 cm인지 구하세요.

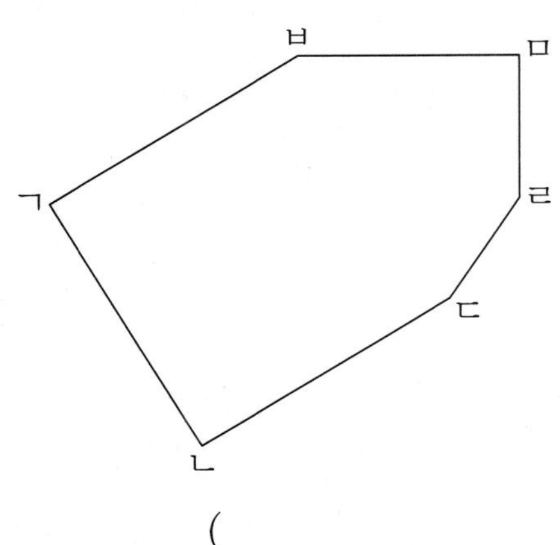

(　　　　　　　　)

4 단원

진도 완료 체크

교과 개념

개념1 사다리꼴 알아보기

평행한 변이 한 쌍이라도 있는 사각형을 **사다리꼴**이라고 합니다.

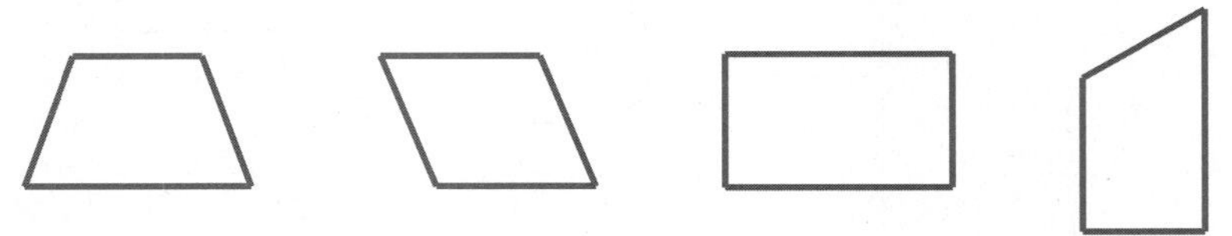

뜀틀은 평행한 변이 한 쌍 있으니까 사다리꼴이야.

개념2 사다리꼴 찾기

• **직사각형 모양의 종이띠를 선을 따라 잘라 만든 도형 중 사다리꼴 찾기**

잘라 낸 도형들은 모두 위와 아래의 변이 평행하기 때문에 사다리꼴입니다.

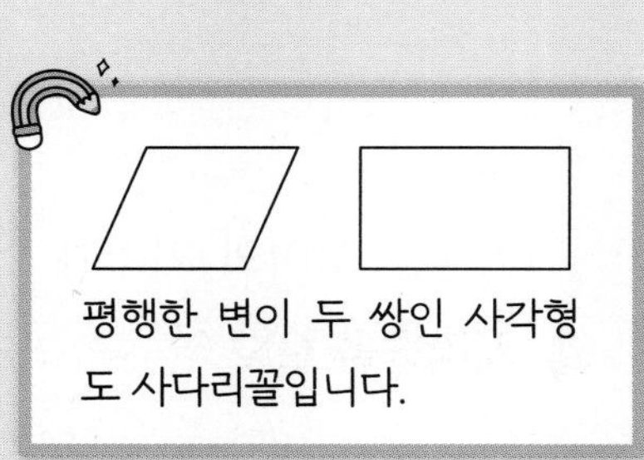

개념3 사다리꼴 완성하기

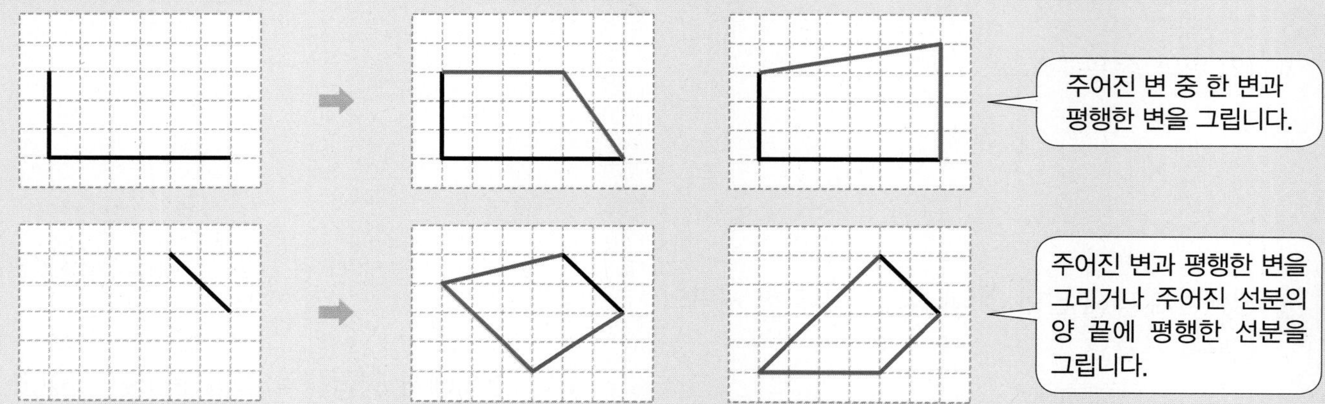

주어진 변 중 한 변과 평행한 변을 그립니다.
주어진 변과 평행한 변을 그리거나 주어진 선분의 양 끝에 평행한 선분을 그립니다.

개념확인 1 □ 안에 알맞은 말을 써넣으세요.

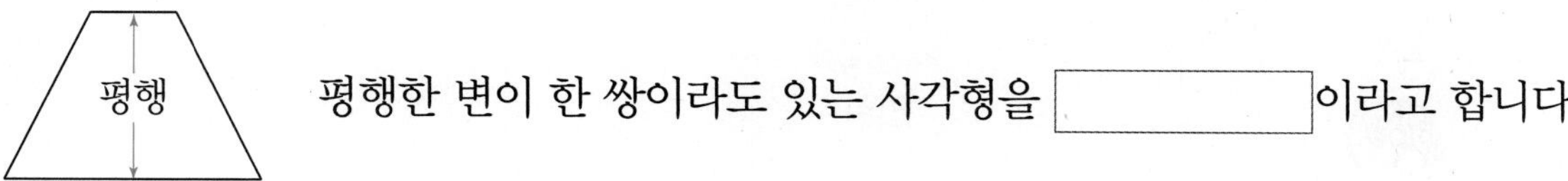

평행한 변이 한 쌍이라도 있는 사각형을 □이라고 합니다.

개념확인 2 알맞은 말에 ○표 하세요.

사다리꼴은 (한 , 두) 쌍의 마주 보는 변이 평행합니다.

3 사각형을 보고 □ 안에 알맞은 기호를 써넣으세요.

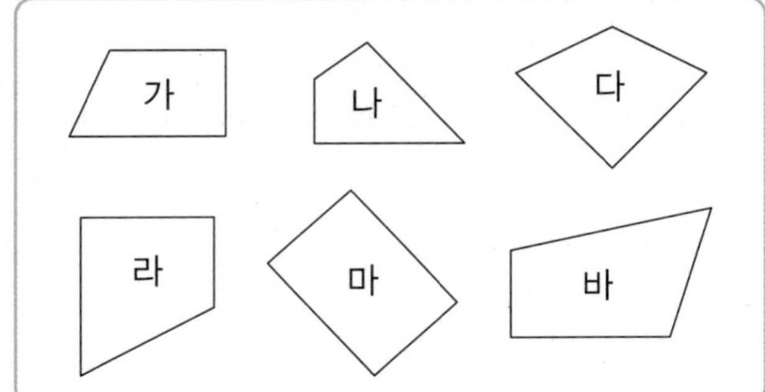

평행한 변이 한 쌍이라도 있는 사각형은

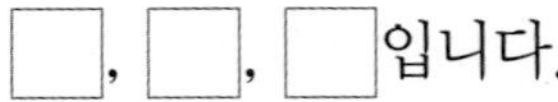
□, □, □입니다.

4 사각형을 보고 물음에 답하세요.

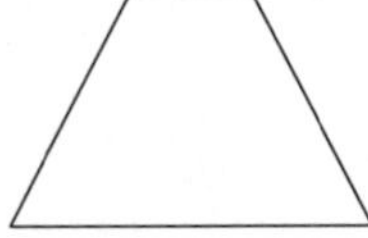

(1) 서로 평행한 변을 찾아 ○표 하세요.

(2) 위와 같은 사각형을 무엇이라고 하나요?

(　　　　　　　　　)

5 사다리꼴을 모두 찾아 기호를 쓰세요.

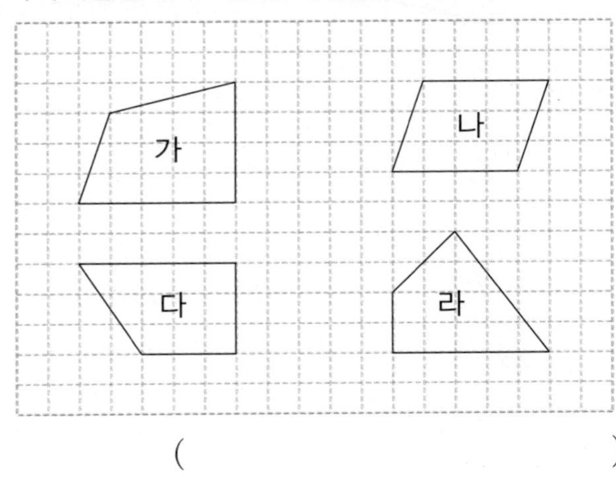

(　　　　　　　　　)

6 다음 중 사다리꼴이 아닌 것은 어느 것일까요? (　　　)

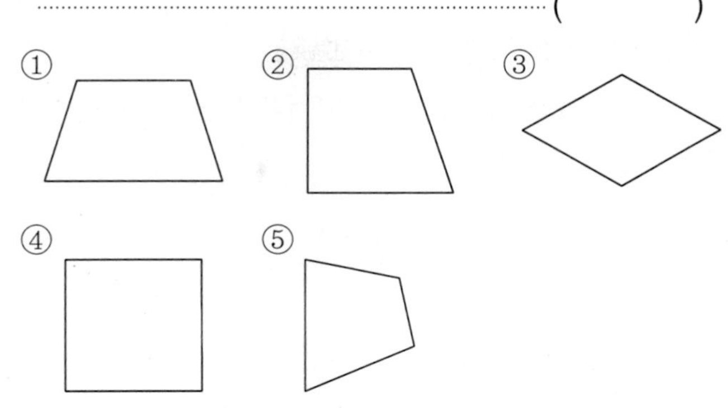

7 사다리꼴에서 평행한 두 변을 찾아 ○표 하세요.

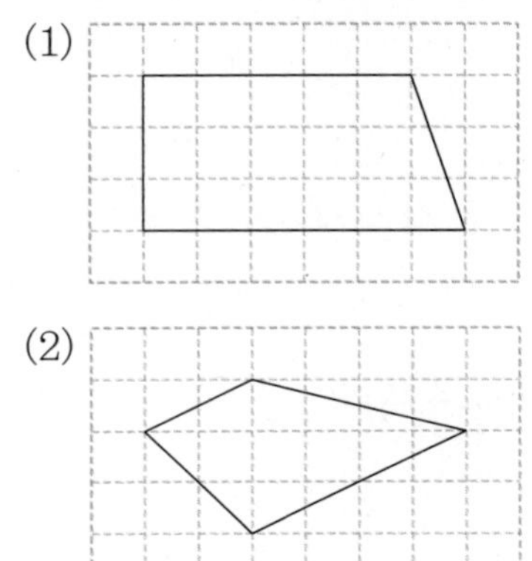

8 주어진 선분을 한 변으로 하는 사다리꼴을 완성하세요.

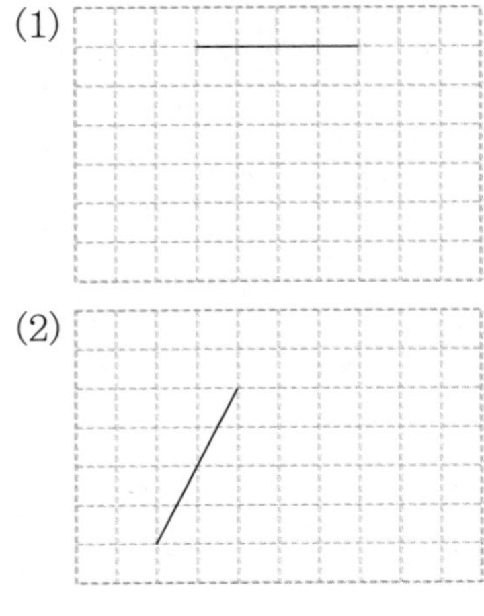

교과 개념

평행사변형 알아보기

개념1 평행사변형 알아보기

마주 보는 두 쌍의 변이 서로 평행한 사각형을 **평행사변형**이라고 합니다.

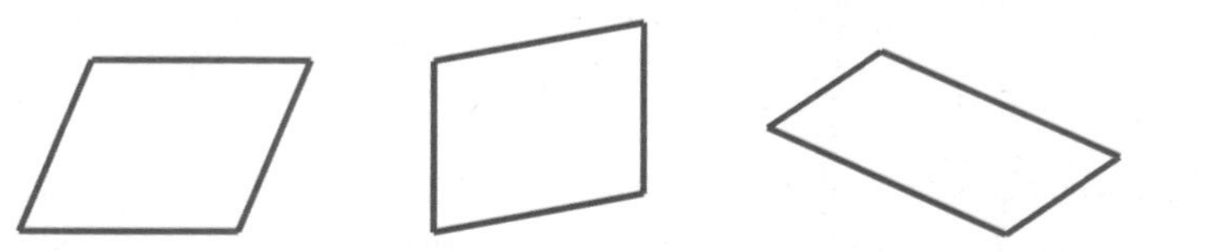

- 평행사변형과 사다리꼴

평행사변형 사다리꼴

① 평행사변형은 평행한 변이 있으므로 사다리꼴입니다.

② 사다리꼴은 두 쌍의 마주 보는 변이 평행하지 않을 수도 있으므로 평행사변형이라고 할 수 없습니다.

개념2 평행사변형의 성질

① 마주 보는 두 변의 길이가 같습니다.	
② 마주 보는 두 각의 크기가 같습니다.	
③ 이웃하는 두 각의 크기의 합은 180°입니다.	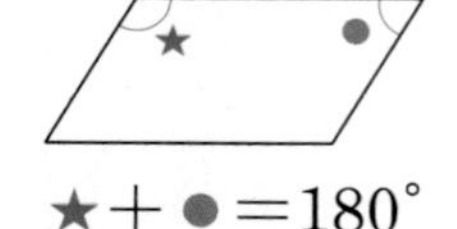 ★+●=180°

빨갛게 표시한 각을 이웃하는 각이라고 합니다.

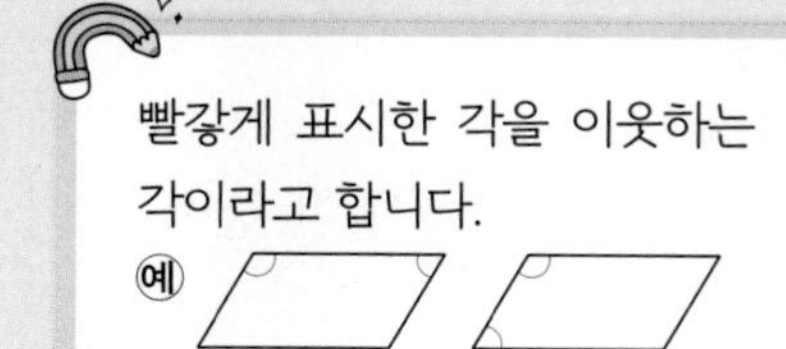

개념3 평행사변형 완성하기

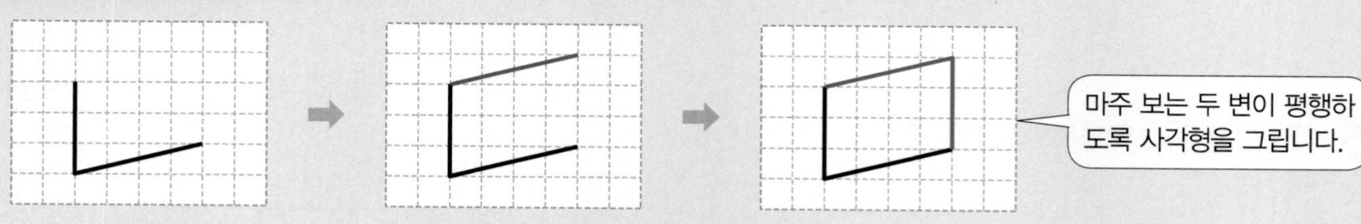

마주 보는 두 변이 평행하도록 사각형을 그립니다.

개념확인 1 □ 안에 알맞은 기호나 말을 써넣으세요.

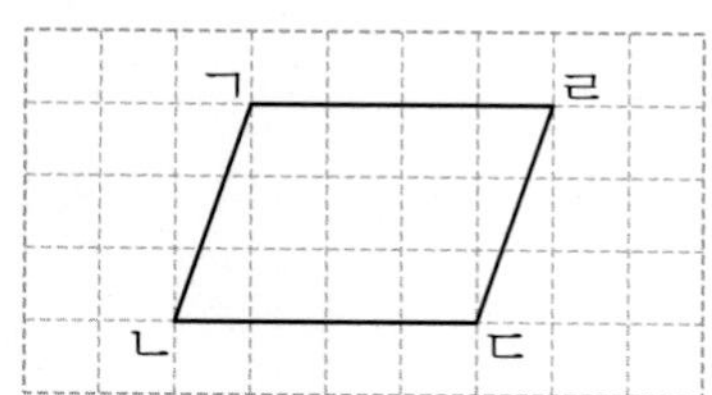

(1) 서로 평행한 변은 변 ㄱㄴ과 변 □, 변 ㄴㄷ과 변 □입니다.

(2) 마주 보는 두 쌍의 변이 서로 평행한 사각형을 □이라고 합니다.

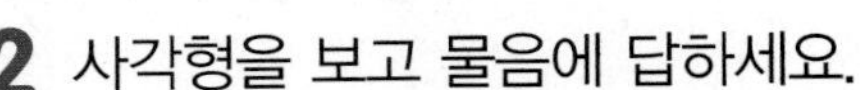

2 사각형을 보고 물음에 답하세요.

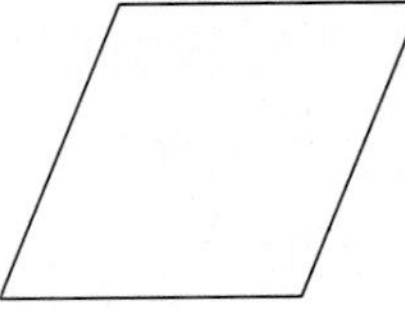

(1) 서로 평행한 변은 모두 몇 쌍일까요?

( )

(2) 위와 같은 사각형을 무엇이라고 하나요?

( )

3 평행사변형을 모두 찾아 기호를 쓰세요.

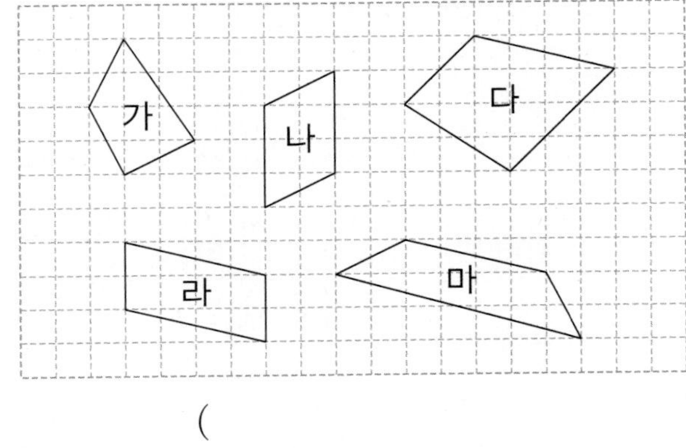

( )

4 평행사변형에 대한 설명으로 알맞은 말에 ○표 하세요.

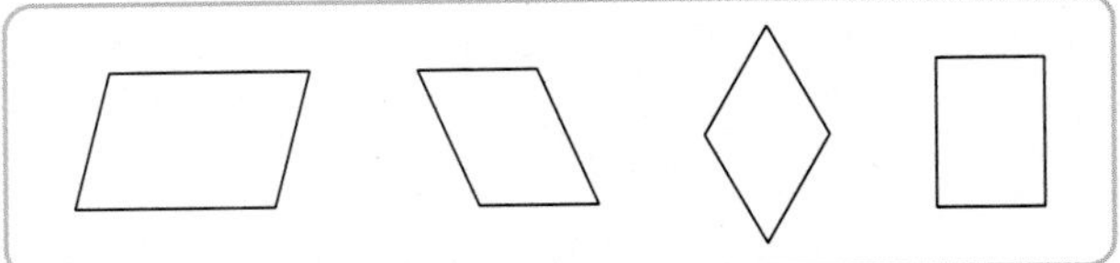

(1) 마주 보는 두 변의 길이가

(같습니다 , 다릅니다).

(2) 마주 보는 두 각의 크기가

(같습니다 , 다릅니다).

5 평행사변형을 보고 물음에 답하세요.

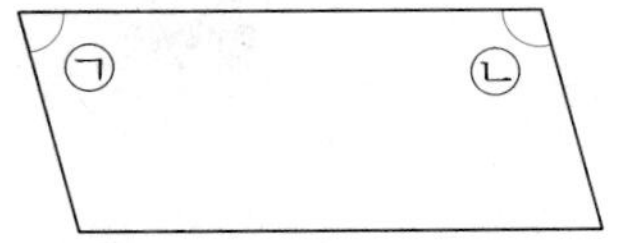

(1) 각도기를 사용하여 ㉠과 ㉡의 크기를 각각 구하세요.

㉠ ( )

㉡ ( )

(2) □ 안에 알맞은 수를 써넣으세요.

> 평행사변형에서 이웃하는 두 각의 크기의 합은 □°입니다.

[6~8] 평행사변형을 보고 □ 안에 알맞은 수를 써넣으세요.

6

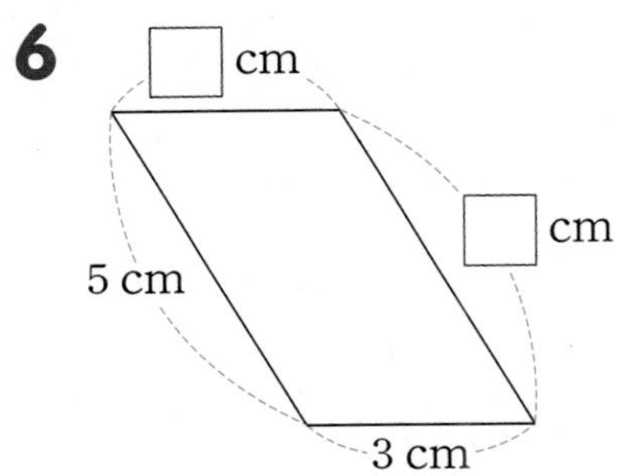

7

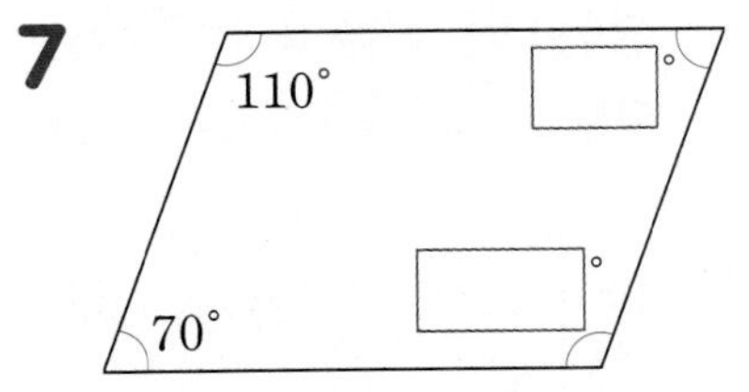

8

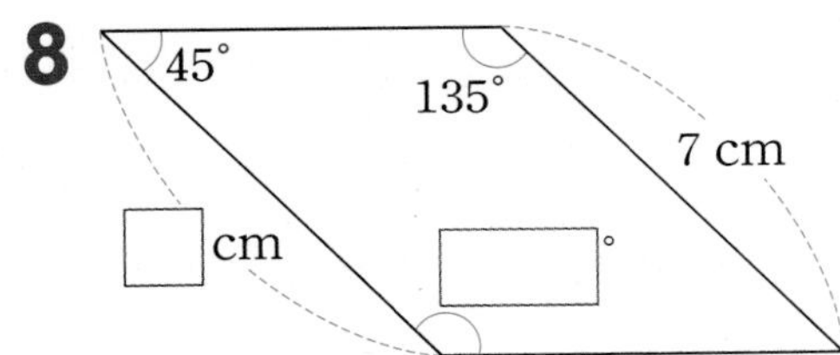

4 단원

10종

교과 유형 익힘

사다리꼴 알아보기 ~ 평행사변형 알아보기

01 사다리꼴을 모두 찾아 기호를 쓰세요.

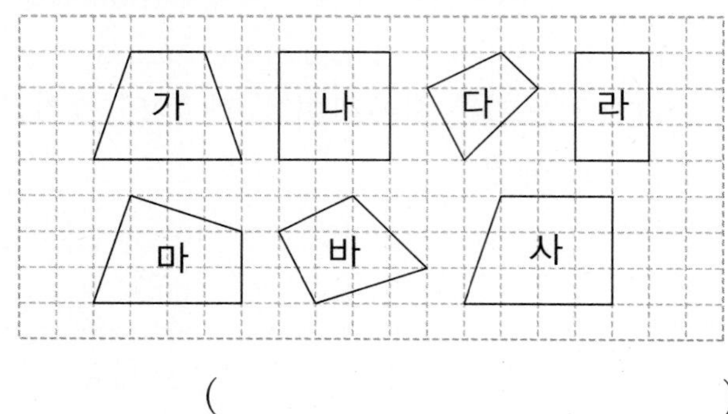

( )

02 5개의 점 중 한 점과 연결하여 사다리꼴을 완성하려고 합니다. 사다리꼴을 완성할 수 있는 점을 모두 고르세요. ··········( )

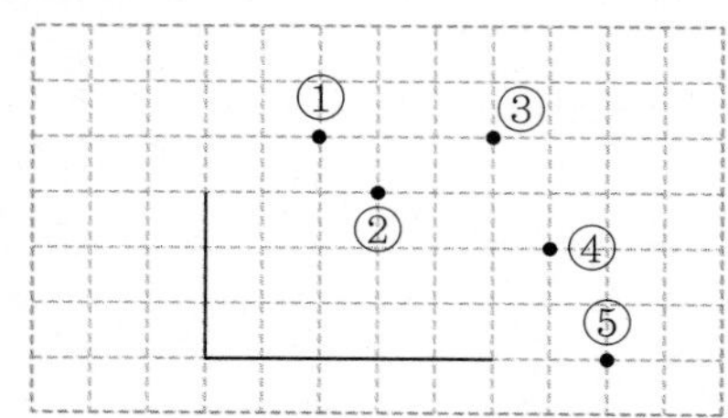

서술형 문제

03 직사각형 모양의 종이띠를 선을 따라 잘랐을 때 잘라 낸 도형들이 모두 사다리꼴인 까닭을 쓰세요.

가 나 다 라 마

04 직사각형 모양의 종이띠를 가~바의 6개의 도형으로 잘랐습니다. 잘라 낸 도형 중 평행사변형은 모두 몇 개일까요?

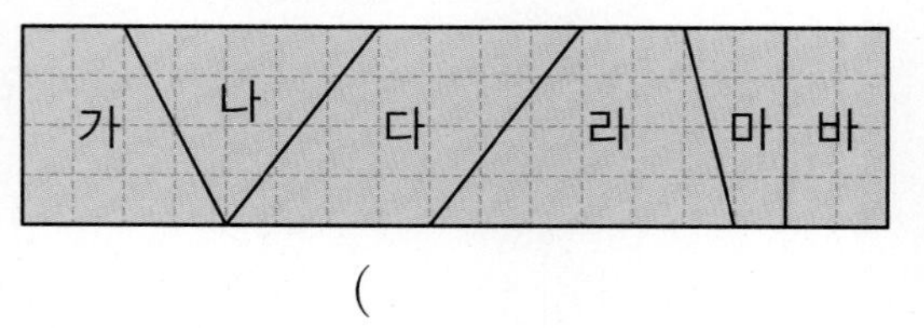

( )

05 평행사변형의 여러 가지 성질을 확인한 것입니다. □ 안에 알맞은 수나 말을 써넣으세요.

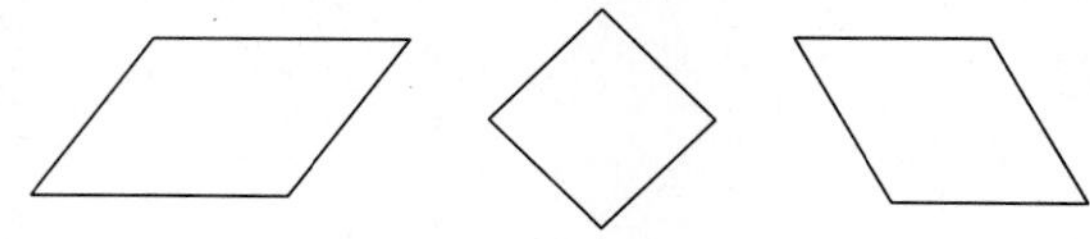

확인 방법	확인한 성질
자로 재기	마주 보는 두 □의 길이가 같습니다.
각도기로 재기	마주 보는 두 □의 크기가 같습니다.
각도기로 재기	이웃하는 두 각의 크기의 합이 □°입니다.

06 주어진 선분을 두 변으로 하는 평행사변형을 각각 완성하세요.

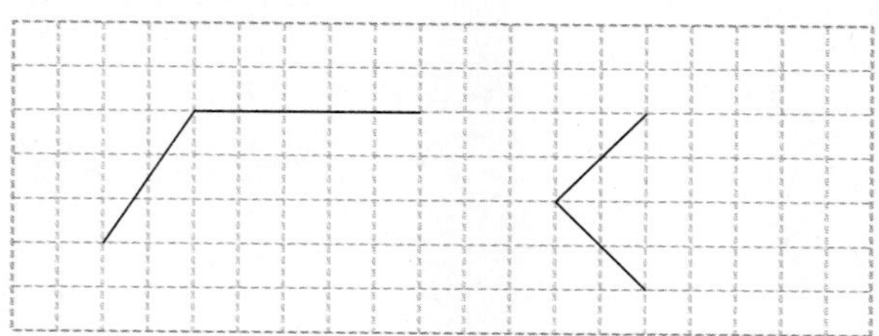

07 평행사변형을 보고 □ 안에 알맞은 수를 써넣으세요.

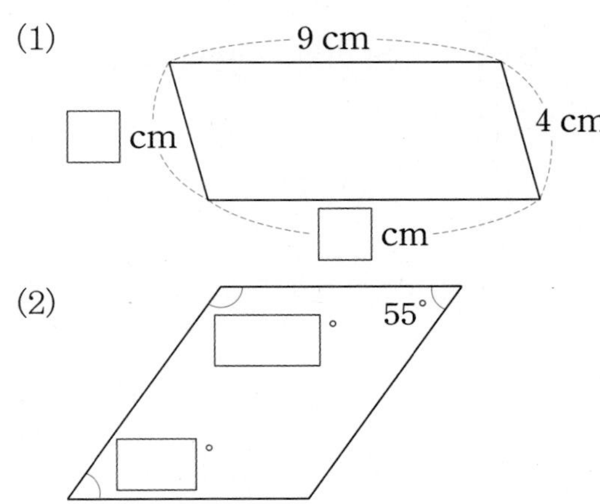

(2) 55°

08 평행사변형의 네 변의 길이의 합은 몇 cm일까요?

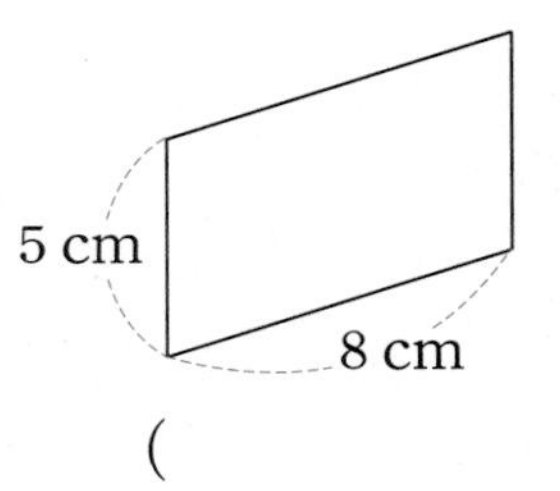

(　　　　　　　　)

09 조건에 따라 주어진 선분을 한 변으로 하는 사다리꼴을 완성하세요.

조건
- 평행한 두 변은 각각 4 cm, 6 cm입니다.
- 평행한 두 변 사이의 거리는 5 cm입니다.

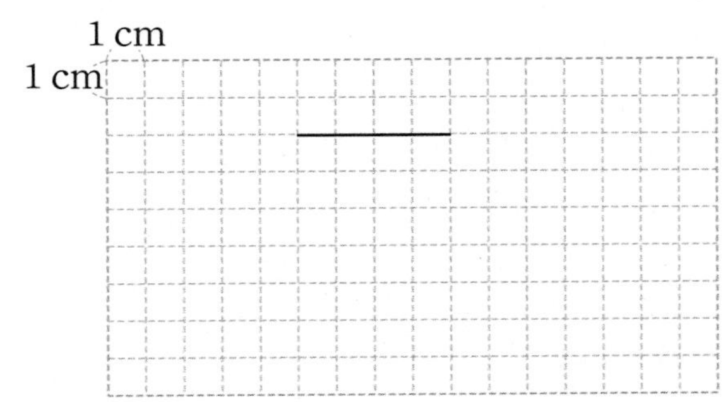

서술형 문제

10 의사소통 다음 도형이 사다리꼴인 까닭을 쓰세요.

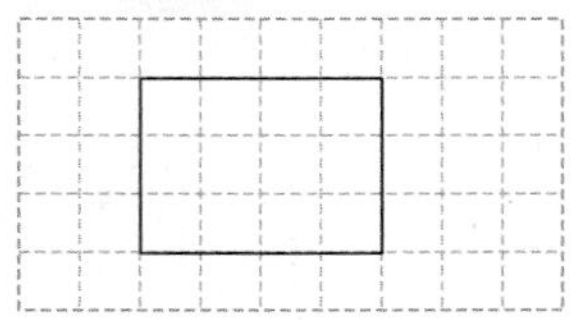

서술형 문제

11 의사소통 다음 도형이 평행사변형이면 ○표, 아니면 ×표 하고 그 까닭을 쓰세요.

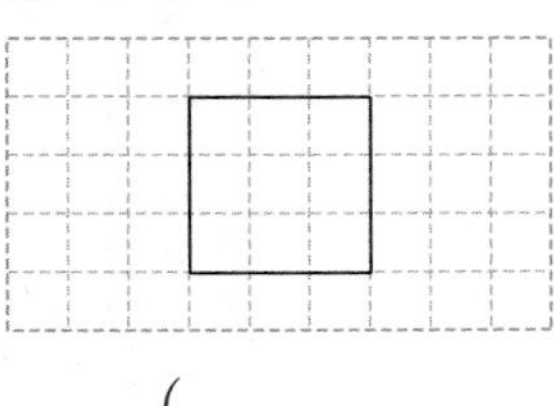

(　　　　　　　　)

까닭

12 문제해결 도형판에서 한 꼭짓점만 옮겨서 사다리꼴을 만드세요.

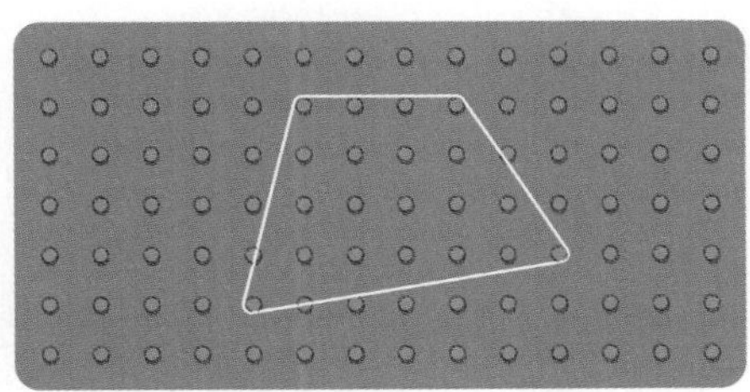

13 문제해결 도형판에서 한 꼭짓점만 옮겨서 평행사변형을 만드세요.

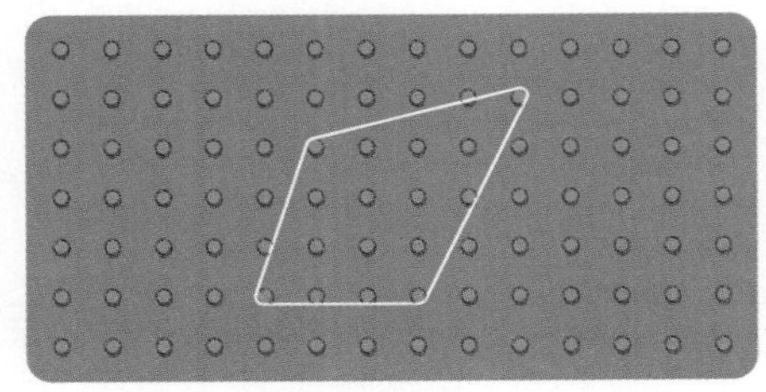

4 단원

진도 완료 체크

1 교과 개념

마름모 알아보기

개념1 마름모 알아보기

네 변의 길이가 모두 같은 사각형을 **마름모**라고 합니다.

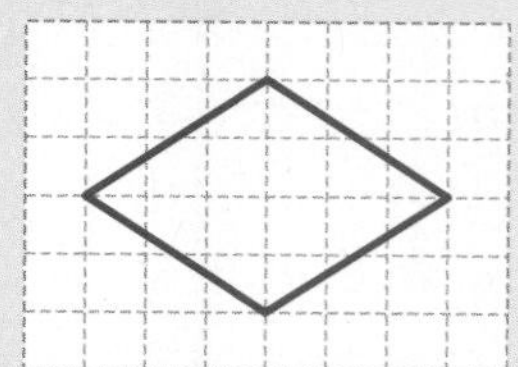

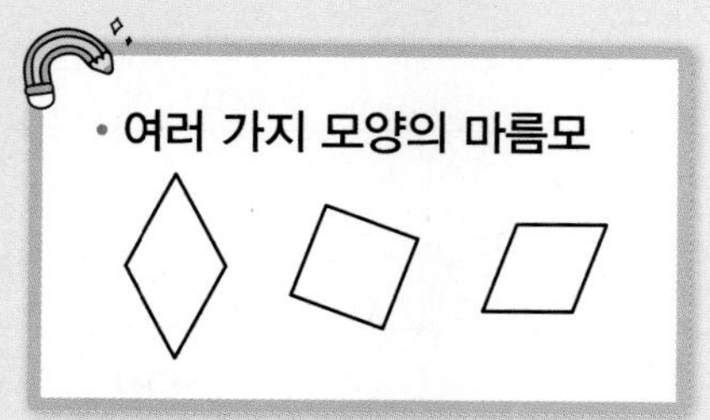

개념2 마름모의 성질

① 마주 보는 두 각의 크기가 같습니다.	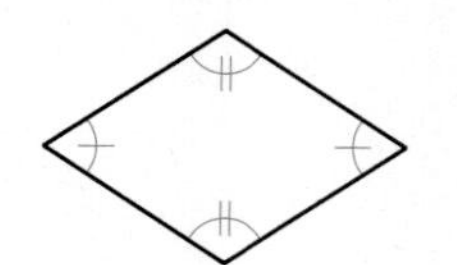
② 마주 보는 꼭짓점끼리 이은 두 선분은 서로를 똑같이 둘로 나눕니다.	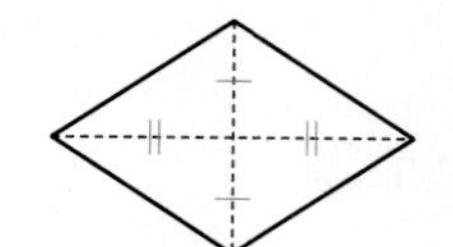
③ 마주 보는 꼭짓점끼리 이은 두 선분은 서로 수직입니다.	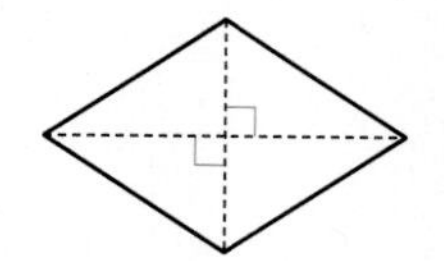

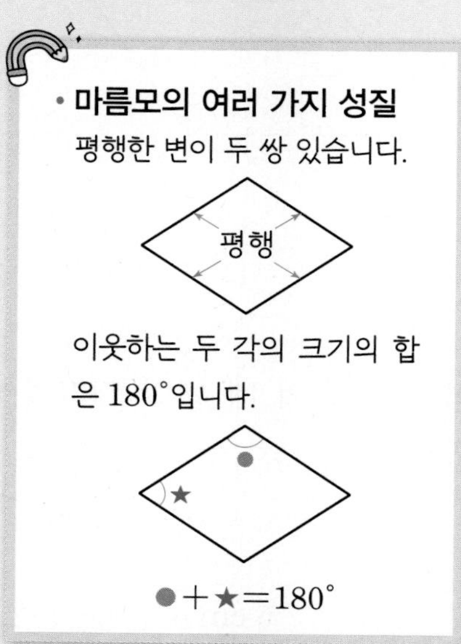

• 마름모의 여러 가지 성질
평행한 변이 두 쌍 있습니다.
평행
이웃하는 두 각의 크기의 합은 180°입니다.
●+★=180°

개념3 마름모 완성하기

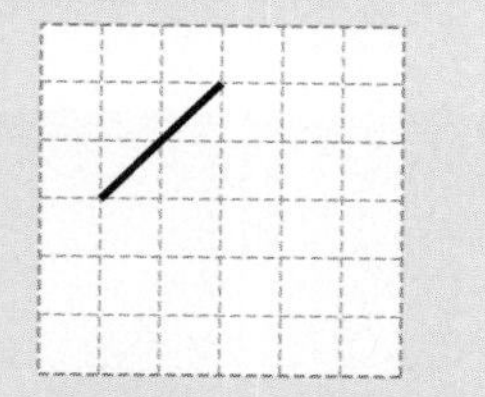

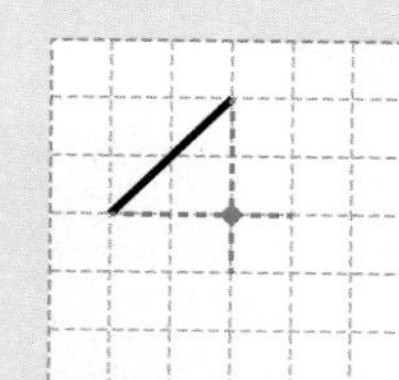

선분의 양 끝에서 가로줄과 세로줄을 그어 두 선분이 만나는 점 찾기

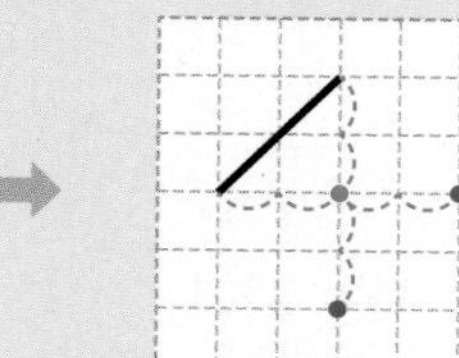

처음 선분의 양 끝에서 점을 기준으로 같은 거리에 각각 점 찍기

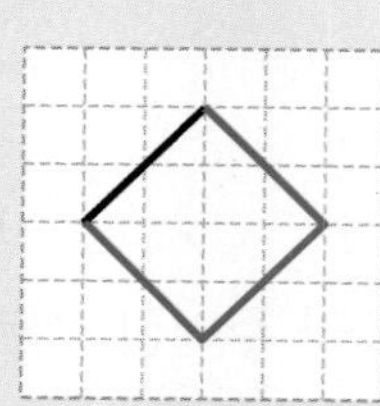

두 점과 처음 선분을 연결하여 사각형 그리기

개념확인 **1** 알맞은 사각형에 모두 ○표 하세요.

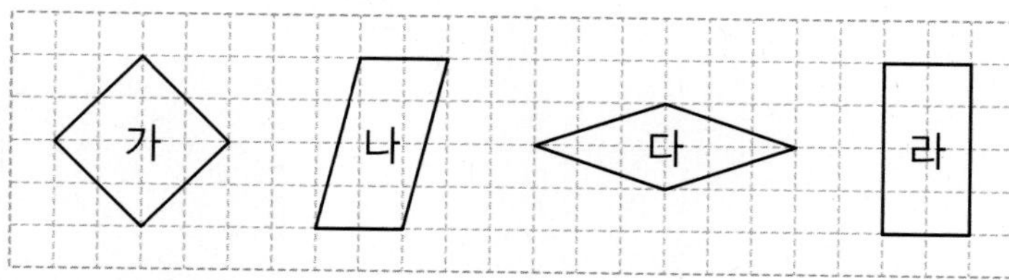

네 변의 길이가 모두 같은 사각형은 (가 , 나 , 다 , 라)입니다.

2 사각형을 보고 물음에 답하세요.

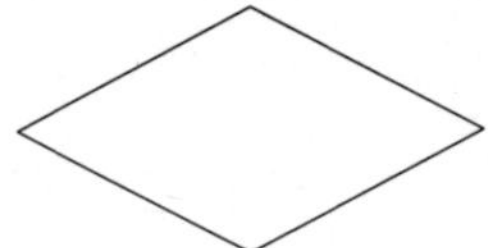

(1) 네 변의 길이는 모두 같습니까?
( )

(2) 마주 보는 두 각의 크기는 같습니까?
( )

(3) 위와 같은 사각형을 무엇이라고 하나요?
( )

3 마름모를 모두 찾아 기호를 쓰세요.

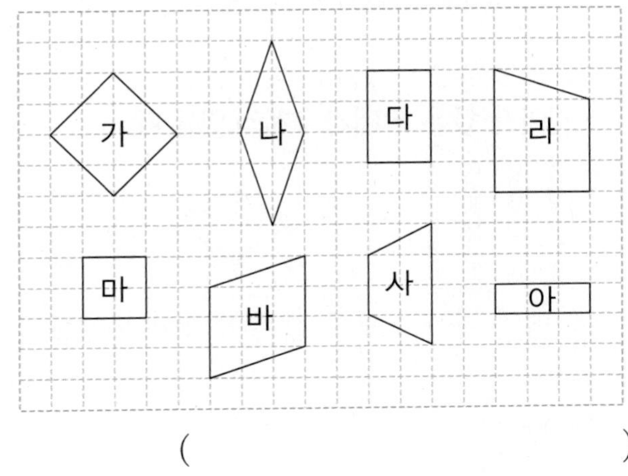

( )

4 주어진 선분을 한 변으로 하는 마름모를 각각 완성하세요.

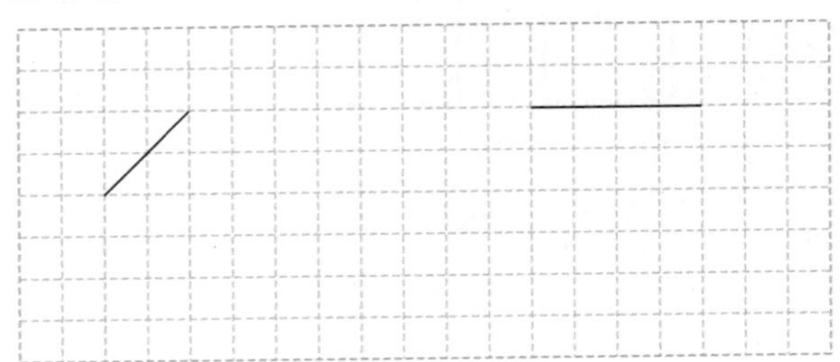

5 옷걸이에서 마름모를 따라 그리세요.

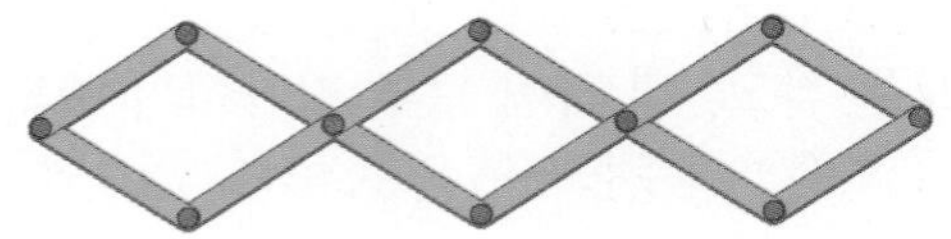

6 사각형 ㄱㄴㄷㄹ은 마름모입니다. 서로 평행한 변을 모두 찾아 쓰세요.

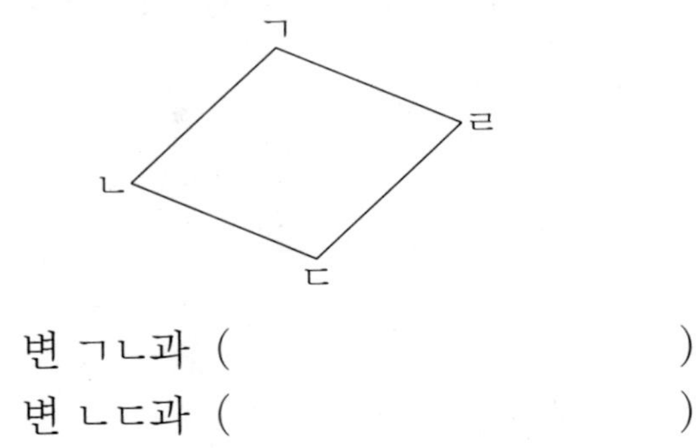

변 ㄱㄴ과 ( )
변 ㄴㄷ과 ( )

7 마름모를 보고 □ 안에 알맞은 수를 써넣으세요.

(1)

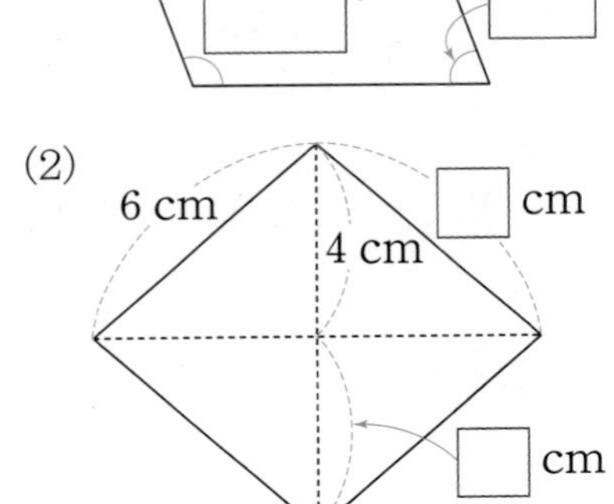

(2)

8 마름모의 네 변의 길이의 합은 몇 cm인지 구하세요.

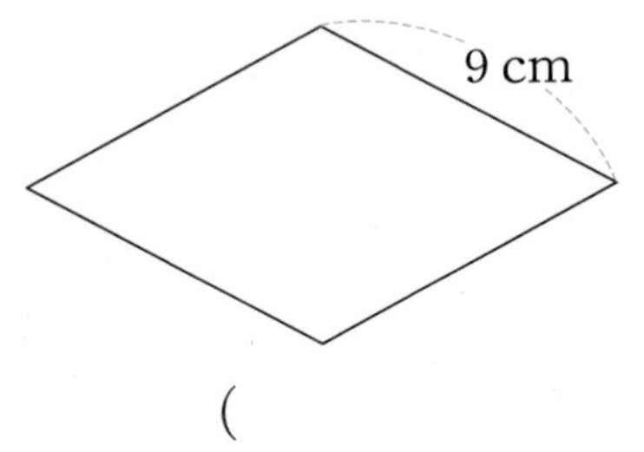

( )

교과 개념

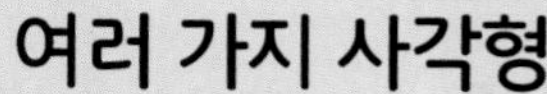

개념1 직사각형과 정사각형의 성질

• 직사각형

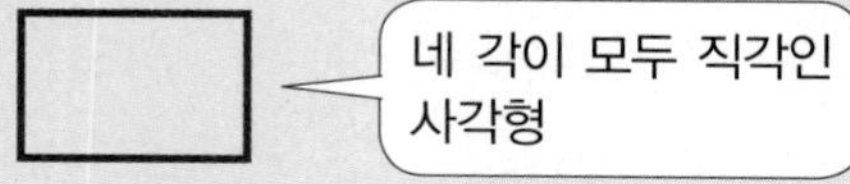

① 마주 보는 두 쌍의 변 ➡ 서로 평행합니다.
② 마주 보는 두 변의 길이 ➡ 같습니다.
③ 마주 보는 두 각의 크기 ➡ 같습니다.
④ 마주 보는 꼭짓점끼리 이은 두 선분의 길이 ➡ 같습니다.

• 정사각형

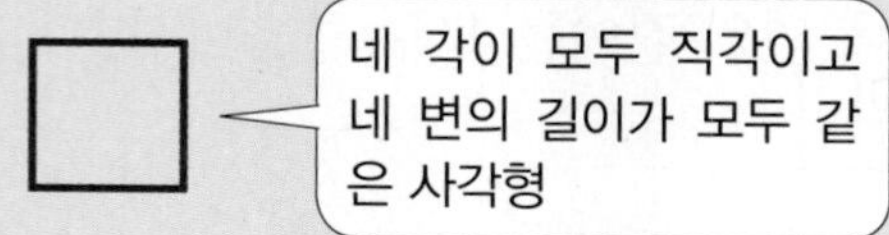

① 두 쌍의 마주 보는 변 ➡ 서로 평행합니다.
② 마주 보는 두 변의 길이 ➡ 같습니다.
③ 마주 보는 두 각의 크기 ➡ 같습니다.
④ 마주 보는 꼭짓점끼리 이은 두 선분의 길이 ➡ 같습니다.
⑤ 마주 보는 꼭짓점끼리 이은 두 선분은 서로 수직으로 만납니다.

개념2 막대로 여러 가지 사각형 만들기

• 길이가 같은 막대가 2개씩 있을 때

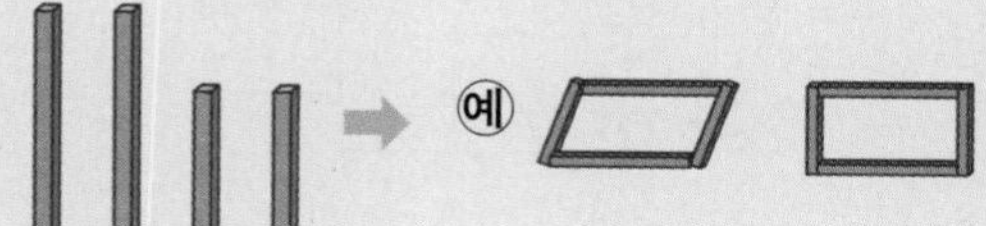

마주 보는 두 변의 길이가 같은 사각형을 만들 수 있습니다.
➡ 사다리꼴, 평행사변형, 직사각형

• 길이가 같은 막대가 4개씩 있을 때

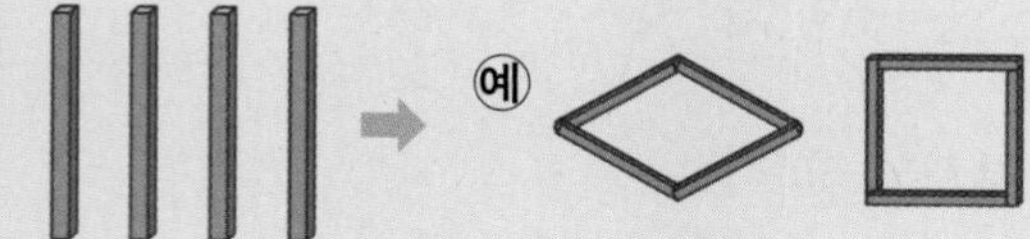

네 변의 길이가 모두 같은 사각형을 만들 수 있습니다.
➡ 사다리꼴, 평행사변형, 마름모, 직사각형, 정사각형

개념3 여러 가지 사각형의 성질 이해하기

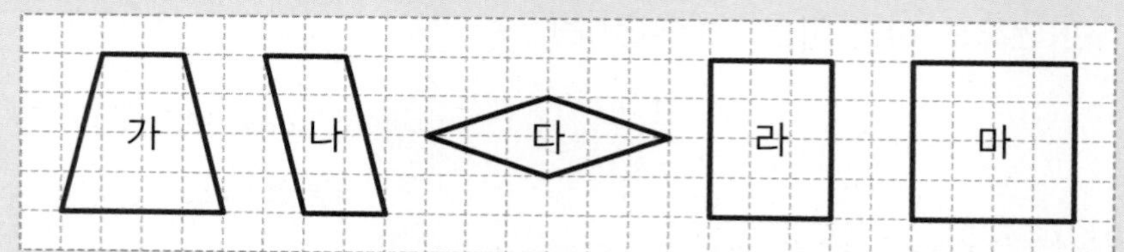

사각형	기호	까닭
사다리꼴	가, 나, 다, 라, 마	평행한 변이 한 쌍이라도 있기 때문입니다.
평행사변형	나, 다, 라, 마	마주 보는 두 쌍의 변이 평행하기 때문입니다.
마름모	다, 마	네 변의 길이가 모두 같기 때문입니다.
직사각형	라, 마	네 각이 모두 직각이기 때문입니다.
정사각형	마	네 변의 길이가 모두 같고, 네 각이 모두 직각이기 때문입니다.

1 직사각형과 정사각형을 각각 찾아 기호를 쓰세요.

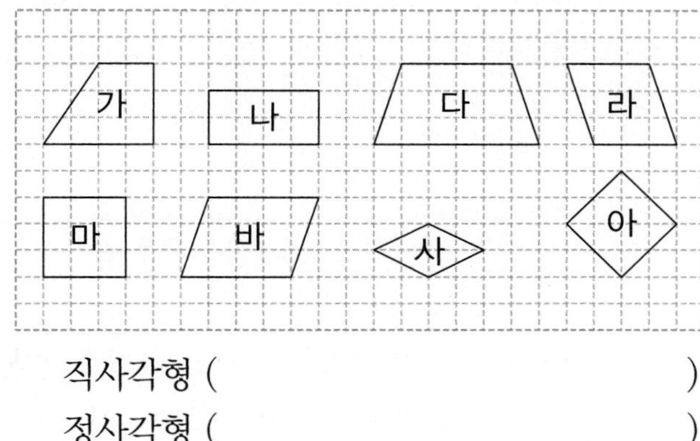

직사각형 (　　　　　　　　　　)
정사각형 (　　　　　　　　　　)

2 정사각형의 성질입니다. 알맞은 말에 ○표 하세요.

(1) 정사각형은 마주 보는 (한 , 두) 쌍의 변이 서로 평행합니다.

(2) 정사각형은 네 변의 길이가 모두 (같습니다 , 다릅니다).

(3) 정사각형은 마주 보는 두 각의 크기가 (같습니다 , 다릅니다).

3 두 사각형의 공통된 이름에 ○표 하세요.

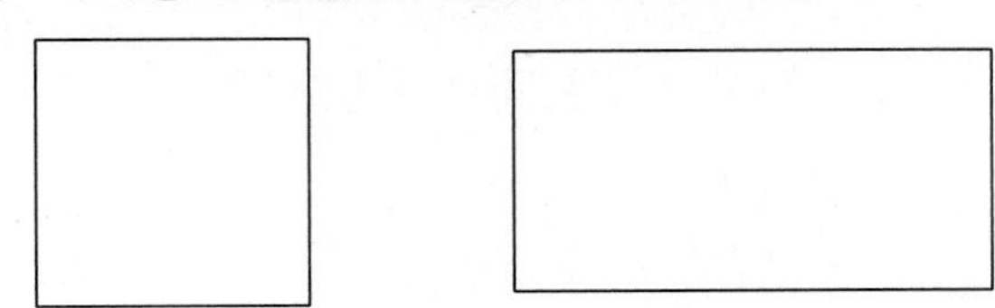

(마름모 , 직사각형 , 정사각형)

4 주어진 막대로 만들 수 있는 사각형을 보기 에서 모두 찾아 기호를 쓰세요.

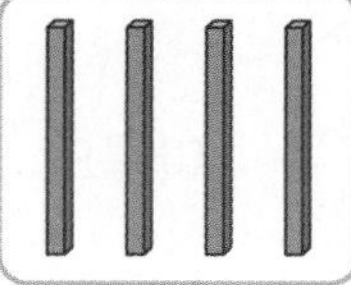

보기
㉠ 사다리꼴　㉡ 평행사변형
㉢ 마름모　㉣ 직사각형
㉤ 정사각형

(　　　　　　　　　　)

5 주어진 막대로 만들 수 있는 사각형을 보기 에서 모두 찾아 기호를 쓰세요.

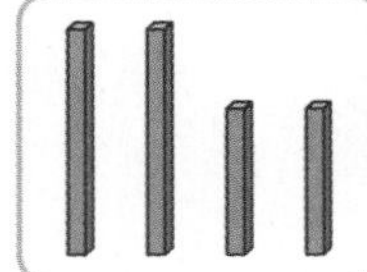

보기
㉠ 사다리꼴　㉡ 평행사변형
㉢ 마름모　㉣ 직사각형
㉤ 정사각형

(　　　　　　　　　　)

6 그림을 보고 해당되는 사각형을 모두 찾아 기호를 쓰세요.

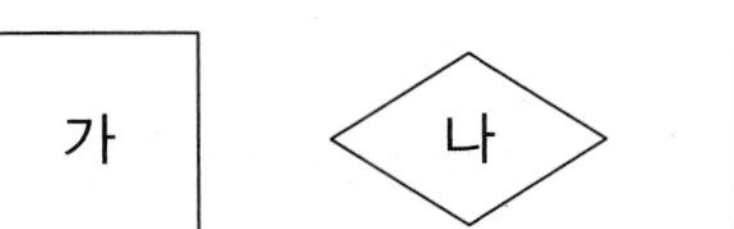

사다리꼴	
평행사변형	
마름모	
직사각형	
정사각형	

10종

교과 유형 익힘

01 마름모 ㄱㄴㄷㄹ을 보고 물음에 답하세요.

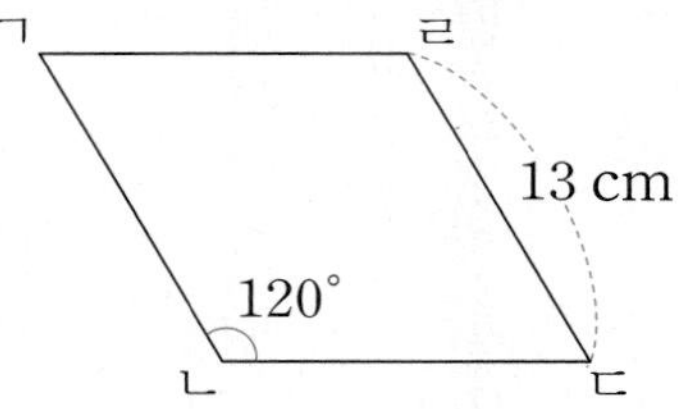

(1) 변 ㄱㄴ과 평행한 변은 어느 변일까요?

(　　　　　　　　)

(2) 변 ㄱㄹ은 몇 cm일까요?

(　　　　　　　　)

(3) 각 ㄱㄹㄷ의 크기는 몇 도일까요?

(　　　　　　　　)

02 직사각형을 보고 □ 안에 알맞은 수를 써넣으세요.

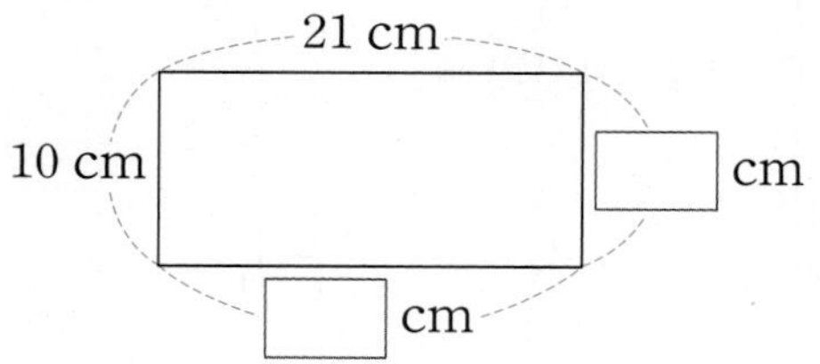

03 두 사각형의 성질로 알맞은 것을 보기 에서 모두 찾아 기호를 쓰세요.

> 보기
> ㉠ 마주 보는 두 변의 길이가 같습니다.
> ㉡ 마주 보는 두 쌍의 변이 서로 평행합니다.
> ㉢ 네 변의 길이가 모두 같습니다.

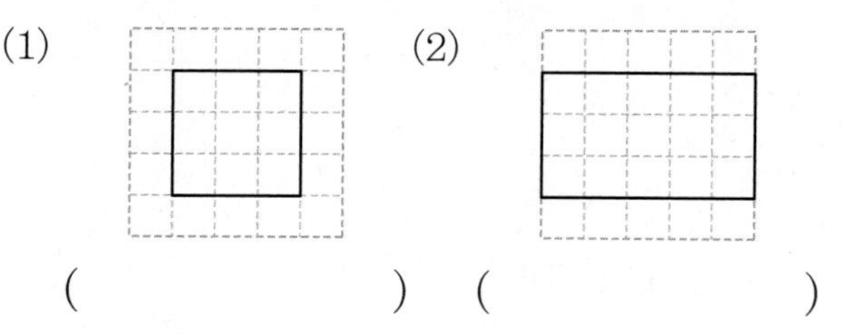

(　　　　　　　　) (　　　　　　　　)

04 마름모를 보고 □ 안에 알맞은 수를 써넣으세요.

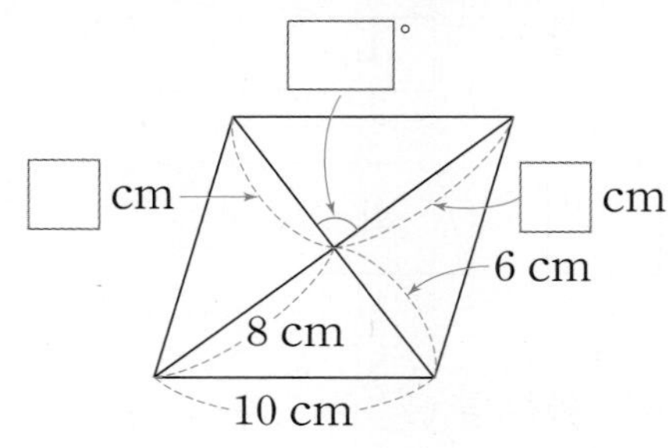

05 도형의 이름을 잘못 쓴 것을 찾아 기호를 쓰세요.

도형	이름
가	사다리꼴 평행사변형 마름모
나	평행사변형 마름모 직사각형

(　　　　　　　　)

06 다음 중 잘못된 것을 찾아 기호를 쓰세요.

> ㉠ 직사각형은 평행사변형이라고 할 수 있습니다.
> ㉡ 마름모는 정사각형이라고 할 수 있습니다.
> ㉢ 정사각형은 마름모라고 할 수 있습니다.

(　　　　　　　　)

07 길이가 96 cm인 철사를 겹치지 않게 모두 사용하여 마름모를 한 개 만들었습니다. 만들어진 마름모의 한 변의 길이는 몇 cm인지 구하세요.

(　　　　　　　　　　)

08 마름모에서 ㉠은 몇 도인지 구하려고 합니다. 물음에 답하세요.

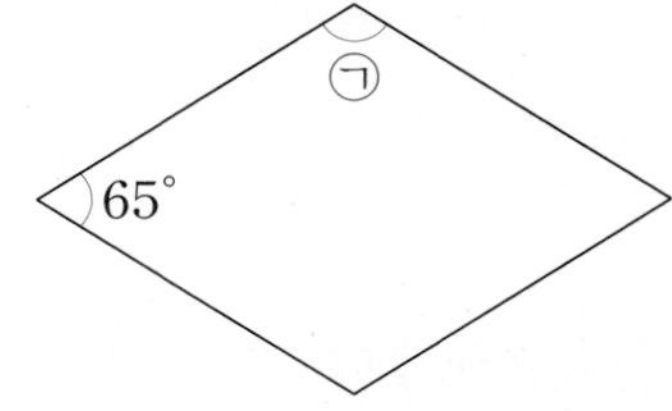

(1) 마름모에서 이웃하는 두 각의 크기의 합은 몇 도일까요?

(　　　　　　　　　　)

(2) ㉠은 몇 도일까요?

(　　　　　　　　　　)

09 직사각형 모양의 종이띠를 가~마의 5개의 도형으로 잘랐을 때 해당되는 사각형을 모두 찾아 기호를 쓰세요.

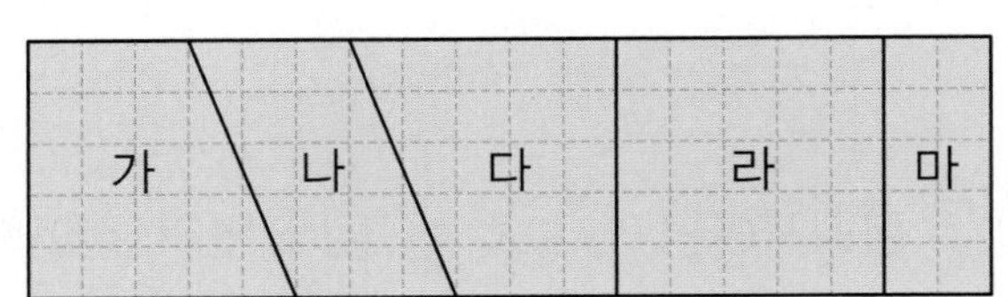

사다리꼴	
평행사변형	
마름모	
직사각형	
정사각형	

서술형 문제

10 의사소통

다음 직사각형이 마름모가 아닌 까닭을 쓰세요.

____

____

11 문제해결

도형판에서 한 꼭짓점만 옮겨서 마름모를 만드세요.

(1) 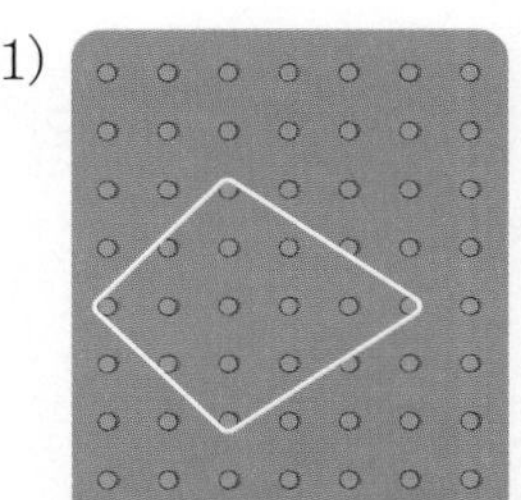

(2) 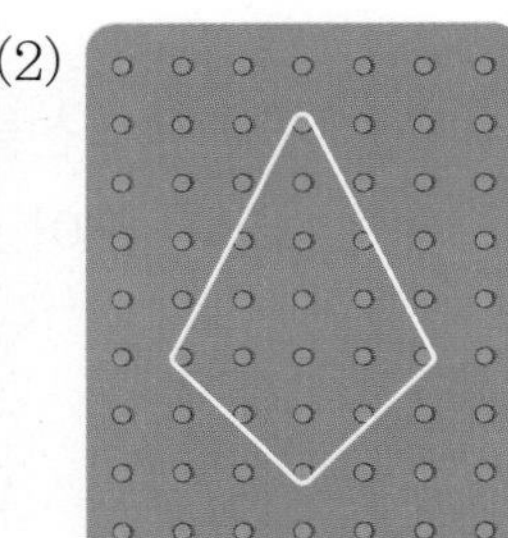

12 문제해결

마름모 모양 조각과 정삼각형 모양 조각을 겹치지 않게 이어 붙여 사다리꼴을 만들었습니다. 사다리꼴의 네 변의 길이의 합은 몇 cm인지 구하세요.

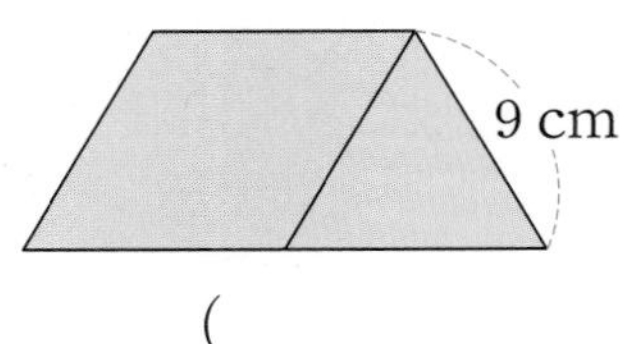

(　　　　　　　　　　)

4 단원

진도 완료 체크

문제 해결 잘 틀리는 문제

유형1 평행선 사이의 거리 재기

1 도형에서 평행선을 찾아 평행선 사이의 거리는 몇 cm인지 재어 보세요.

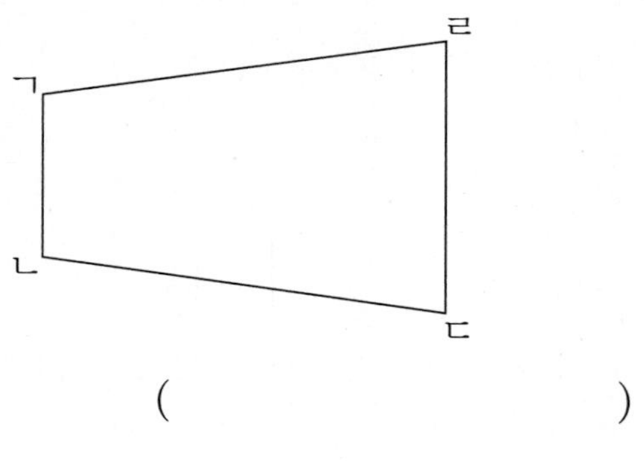

( )

Solution 평행선을 찾고 평행선 사이에 수선을 그어 자로 길이를 잽니다.

1-1 도형에서 평행선을 찾아 평행선 사이의 거리는 몇 cm인지 재어 보세요.

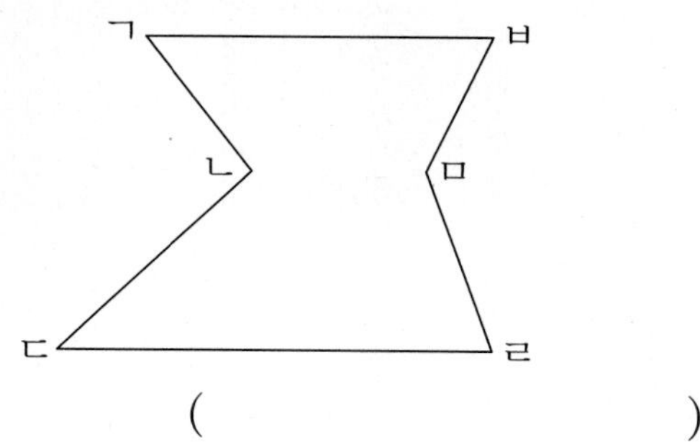

( )

1-2 도형에서 평행선을 찾아 평행선 사이의 거리는 몇 cm인지 재어 보세요.

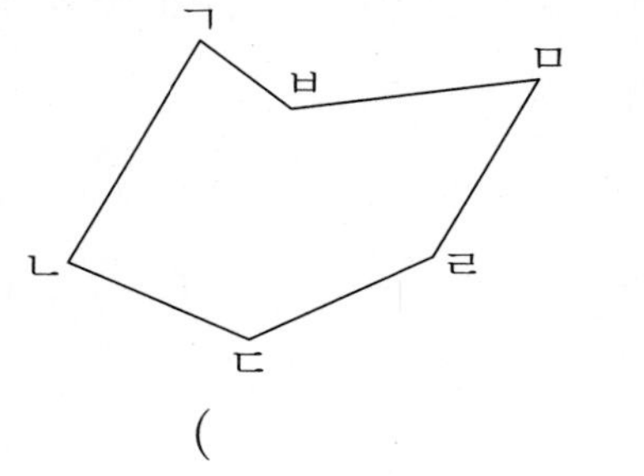

( )

유형2 평행사변형의 변의 길이 구하기

2 평행사변형 ㄱㄴㄷㄹ의 네 변의 길이의 합은 36 cm입니다. 변 ㄱㄴ의 길이는 몇 cm일까요?

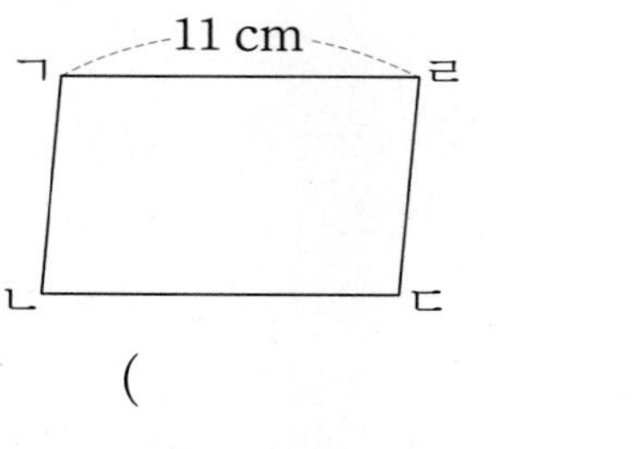

( )

Solution 평행사변형에서 마주 보는 두 변의 길이가 서로 같음을 이용합니다.

2-1 평행사변형 ㄱㄴㄷㄹ의 네 변의 길이의 합은 52 cm입니다. 변 ㄴㄷ의 길이는 몇 cm일까요?

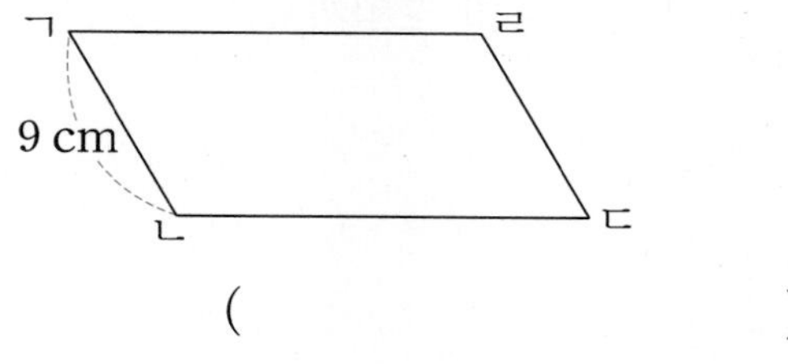

( )

2-2 평행사변형 ㄱㄴㄷㄹ의 네 변의 길이의 합은 60 cm입니다. 변 ㄱㄹ과 변 ㄱㄴ의 길이의 차는 몇 cm일까요?

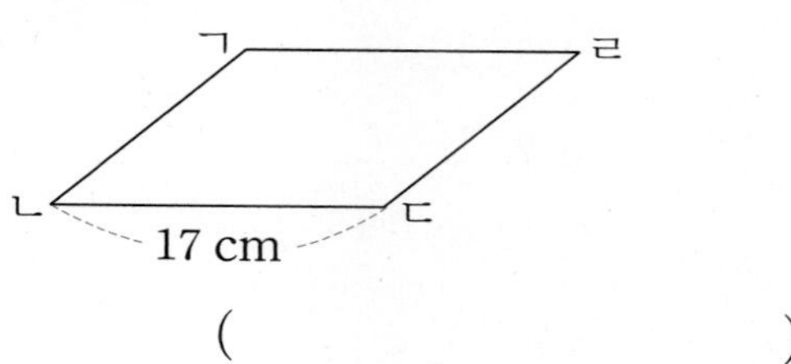

( )

유형3 마름모에서 각의 크기 구하기

3 마름모에서 ㉠과 ㉡은 각각 몇 도일까요?

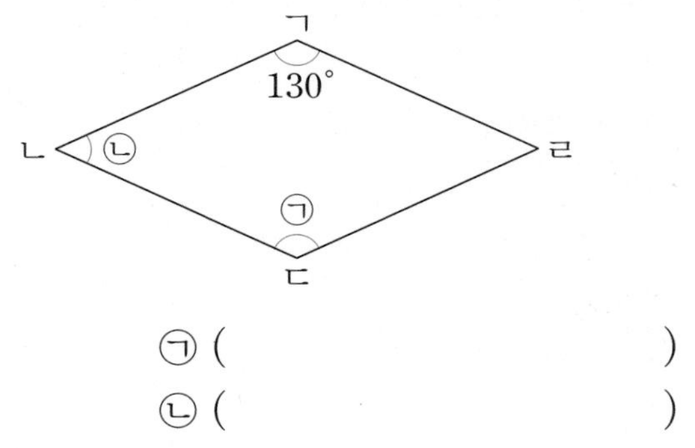

㉠ (　　　　　　　　)

㉡ (　　　　　　　　)

Solution 마름모에서 마주 보는 두 각의 크기는 서로 같고, 이웃하는 두 각의 크기의 합은 180°임을 이용합니다.

3-1 오른쪽 마름모에서 ㉠과 ㉡은 각각 몇 도일까요?

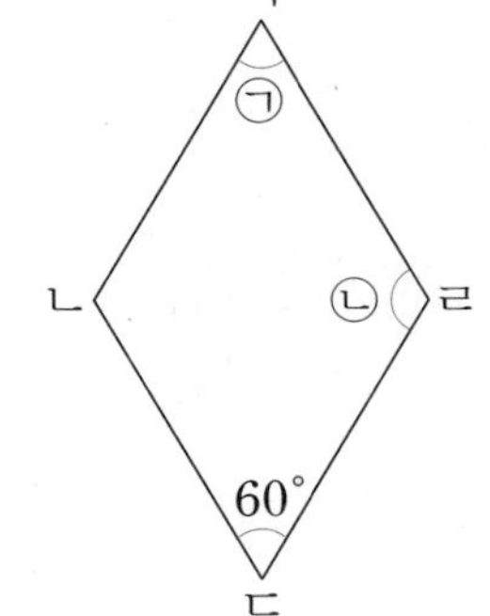

㉠ (　　　　　　　　)

㉡ (　　　　　　　　)

3-2 마름모에서 ㉠과 ㉡의 차는 몇 도일까요?

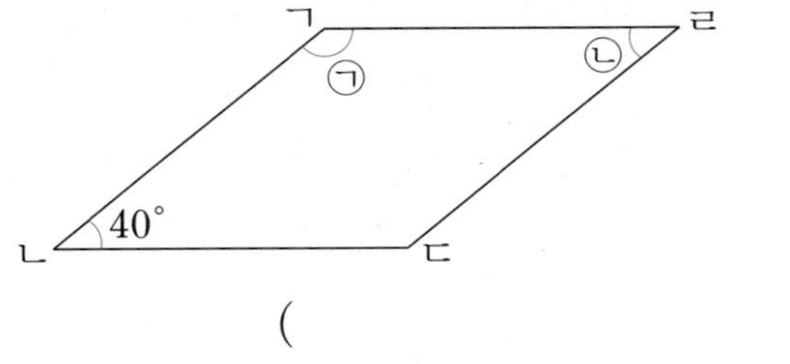

(　　　　　　　　)

유형4 사각형 사이의 포함 관계

4 다음 중 직사각형이 아닌 것을 찾아 기호를 쓰세요.

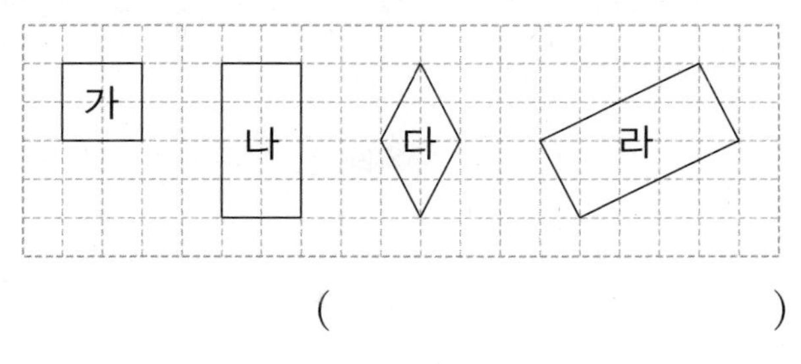

(　　　　　　　　)

Solution 직각이 아닌 각을 가지고 있는 사각형을 찾아봅니다.

4-1 다음 중 평행사변형이 아닌 것을 찾아 기호를 쓰세요.

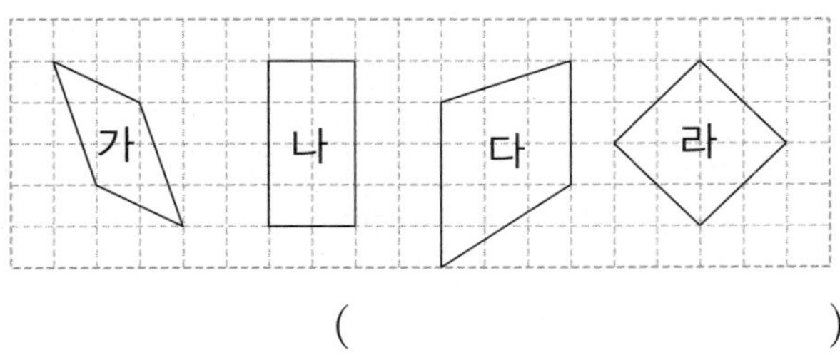

(　　　　　　　　)

서술형 문제

4-2 다음 중 정사각형이 아닌 것을 찾아 기호를 쓰고, 그 까닭을 쓰세요.

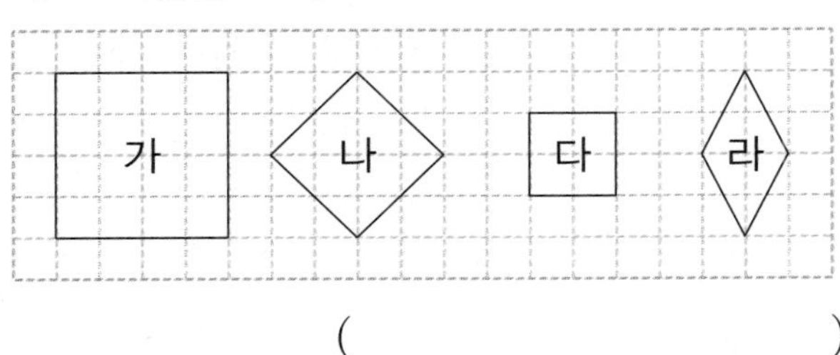

(　　　　　　　　)

까닭 ____________________

문제 해결 서술형 문제

유형5

문제 해결 Key
평행선을 찾고, 평행선 사이의 수선의 길이를 알아봅니다.

문제 해결 전략
❶ 평행한 두 변 찾기
❷ 평행선 사이의 거리 구하기

5 도형에서 ❶평행선 ❷사이의 거리는 몇 cm인지 풀이 과정을 보고 □ 안에 알맞게 써넣어 답을 구하세요.

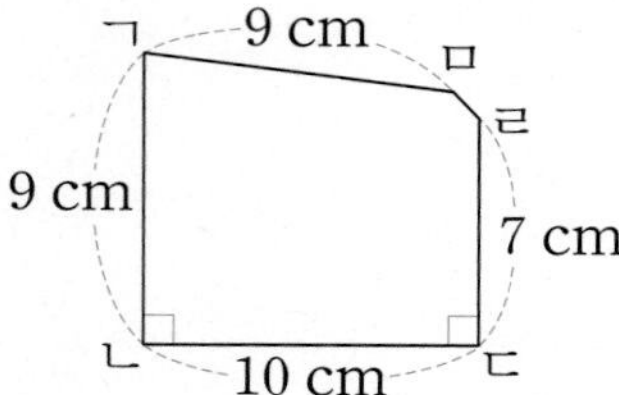

풀이 ❶ 도형에서 평행한 두 변은 변 □과 변 □입니다.
❷ 평행선 사이의 거리는 평행선 사이의 □의 길이와 같으므로 변 □의 길이인 □cm입니다.

답 ____________

5-1 연습 문제

도형에서 평행선 사이의 거리는 몇 cm인지 풀이 과정을 쓰고 답을 구하세요.

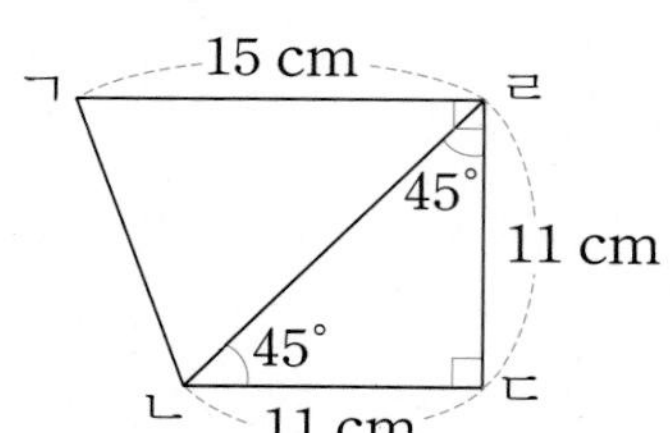

풀이
❶ 평행한 두 변 찾기

❷ 평행선 사이의 거리 구하기

답 ____________

5-2 실전 문제

도형에서 평행선 사이의 거리는 몇 cm인지 풀이 과정을 쓰고 답을 구하세요.

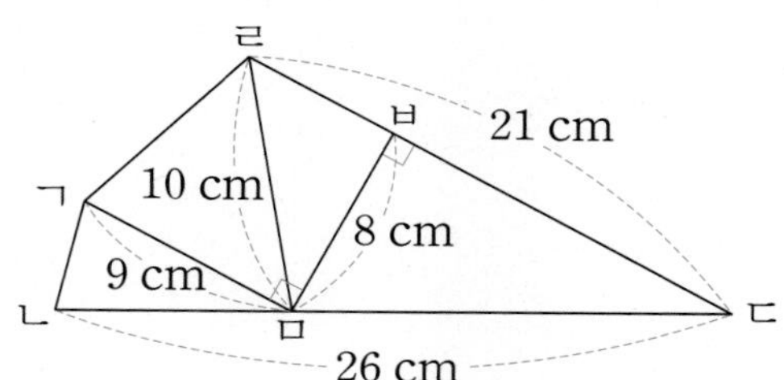

유형6

문제 해결 Key
마름모의 성질을 이용하여 선분의 길이를 구합니다.

문제 해결 전략
❶ 마름모의 성질 알기
❷ 선분 ㄴㄹ의 길이 구하기

6 ❶마름모 ㄱㄴㄷㄹ에서 ❷선분 ㄴㄹ의 길이는 몇 cm인지 풀이 과정을 보고 □ 안에 알맞게 써넣어 답을 구하세요.

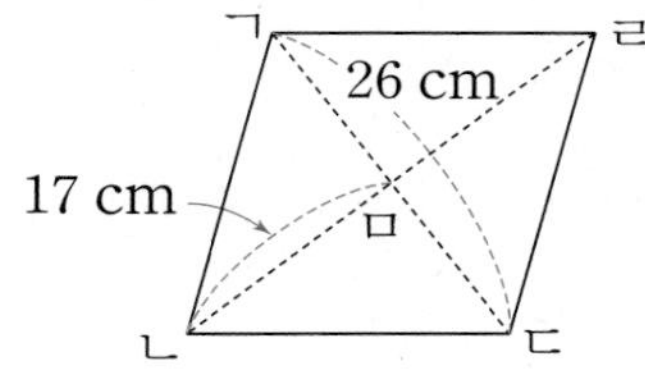

풀이 ❶ 마름모에서 마주 보는 꼭짓점끼리 이은 선분은 서로를 똑같이 .

❷ (선분 ㄴㄹ)=(선분 ㄴㅁ)×□

=17×□=□(cm)

답 ______

진도 완료 체크

6-1 연습 문제

마름모 ㄱㄴㄷㄹ에서 선분 ㄴㄹ의 길이는 몇 cm인지 풀이 과정을 쓰고 답을 구하세요.

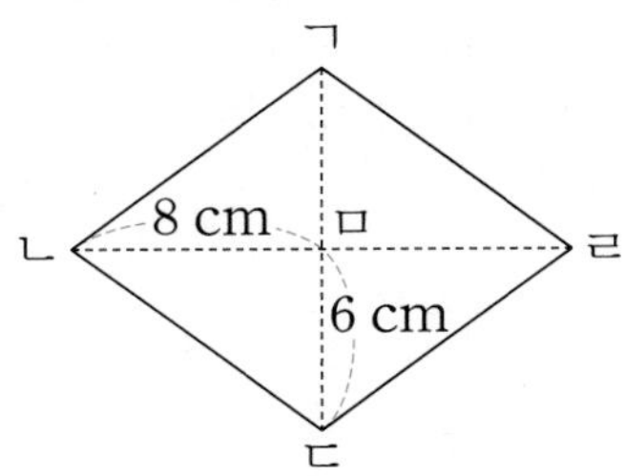

풀이
❶ 마름모의 성질 알기

❷ 선분 ㄴㄹ의 길이 구하기

답 ______

6-2 실전 문제

마름모 ㄱㄴㄷㄹ에서 선분 ㄱㄷ과 선분 ㄴㄹ의 길이의 차는 몇 cm인지 풀이 과정을 쓰고 답을 구하세요.

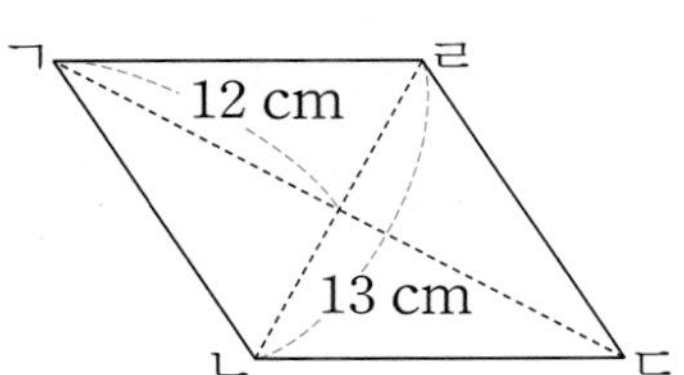

풀이

답 ______

실력UP 문제

01 다음과 같이 직사각형 모양의 색종이를 자른 후 빗금 친 부분을 펼쳤을 때 만들어진 사각형의 이름을 쓰시오.

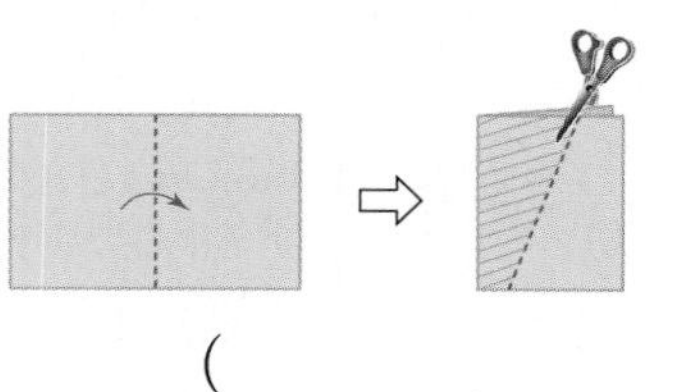

( )

02 설명하는 성질이 있는 사각형을 보기에서 모두 찾아 기호를 쓰세요.

보기

㉠ 사다리꼴 ㉡ 평행사변형

㉢ 마름모 ㉣ 직사각형 ㉤ 정사각형

(1) 평행한 변이 두 쌍 있는 사각형

( )

(2) 네 변의 길이가 모두 같은 사각형

( )

03 보기에서 사다리꼴을 모두 찾아 그리세요.

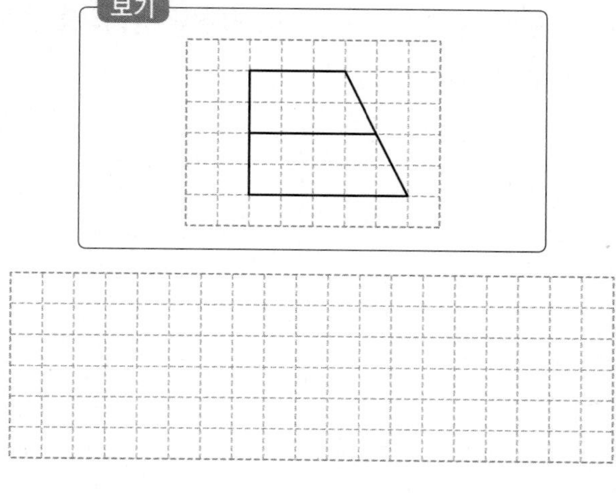

04 물의 수면과 평행선 사이의 거리가 1 cm가 되도록 평행선을 그리세요.

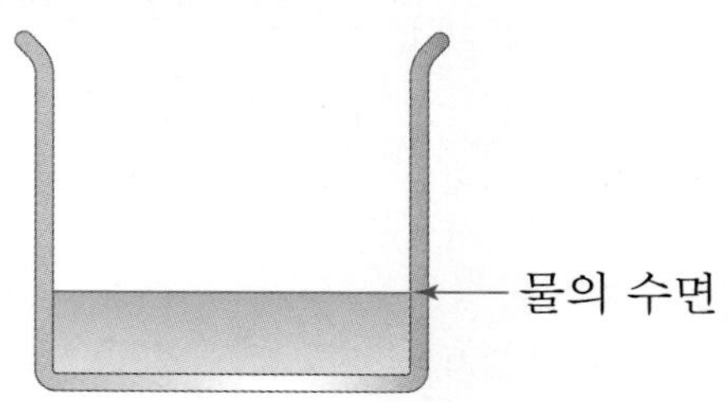

05 두 사각형이 모두 정사각형일 때, ㉠+㉡은 몇 cm일까요?

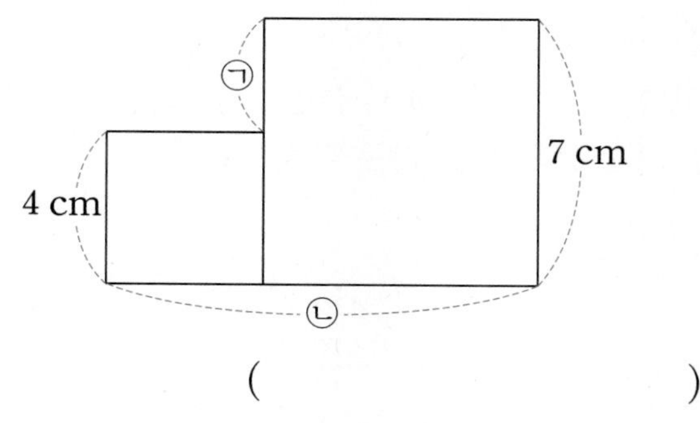

( )

06 도형에서 변 ㅇㅈ과 변 ㅅㅂ 사이의 거리는 몇 cm일까요?

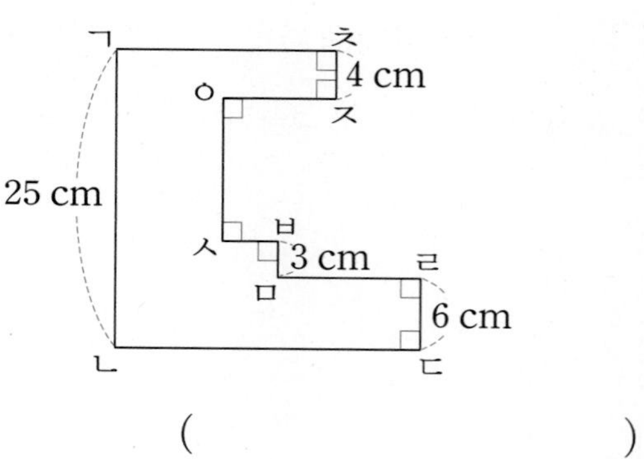

( )

07 도형에서 평행선은 모두 몇 쌍일까요?

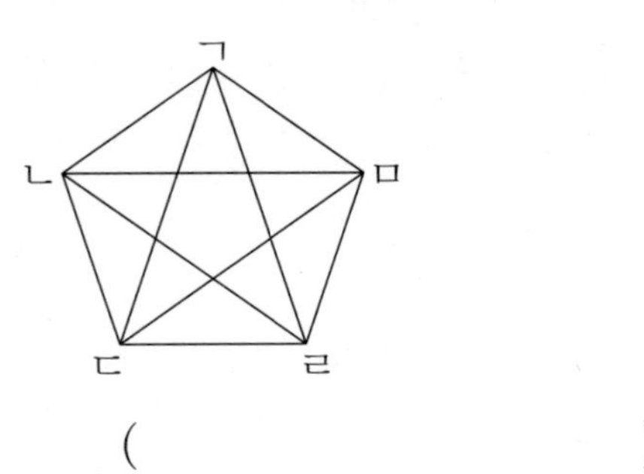

( )

08 그림에서 삼각형 ㄱㄴㅁ은 이등변삼각형이고 사각형 ㄱㅁㄷㄹ은 평행사변형입니다. 사각형 ㄱㅁㄷㄹ의 네 변의 길이의 합은 몇 cm일까요?

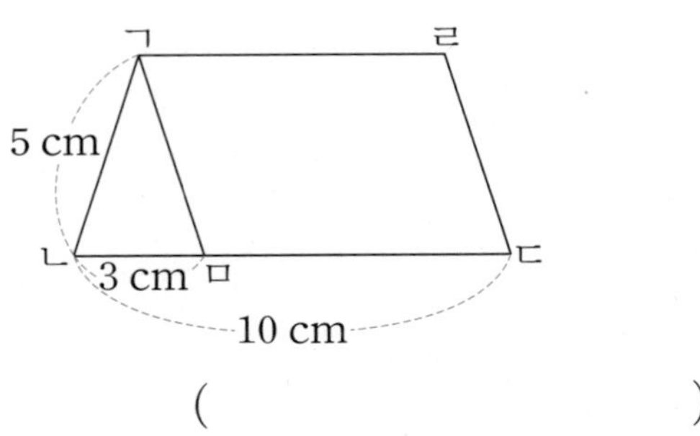

( )

09 평행사변형에서 □ 안에 알맞은 수를 써넣으세요.

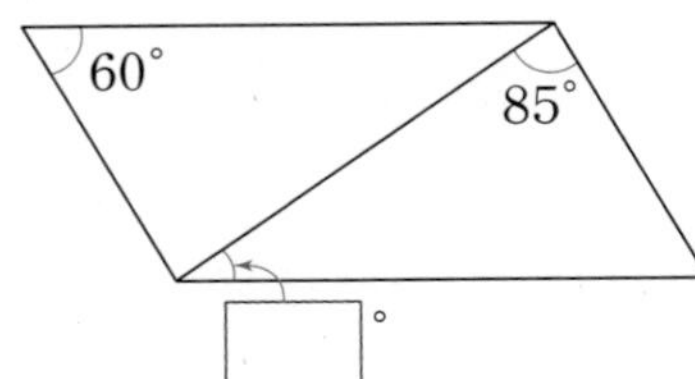

10 오른쪽 도형에서 변 ㄱㄹ과 변 ㄴㄷ은 서로 평행하고, 변 ㄱㄹ과 변 ㄱㄴ은 서로 수직입니다. 이 도형에서 평행선 사이의 거리는 몇 cm일까요?

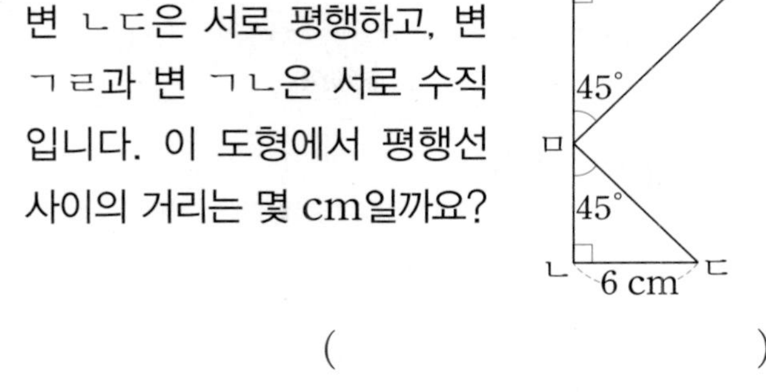

( )

11 평행사변형, 정사각형, 직각삼각형을 이어 붙여 만든 도형입니다. 각 ㅂㅅㅁ의 크기는 몇 도일까요? (단, 선분 ㄱㅂ과 선분 ㄴㄷ은 평행합니다.)

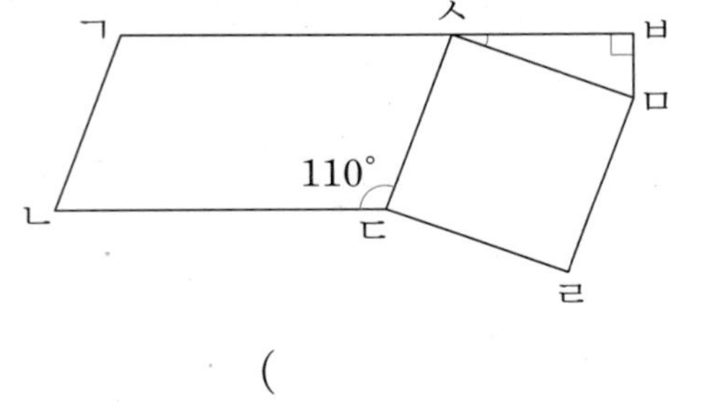

( )

12 주어진 점 종이에 정사각형을 그리려고 합니다. 변의 길이가 다른 정사각형은 모두 몇 가지 그릴 수 있을까요?

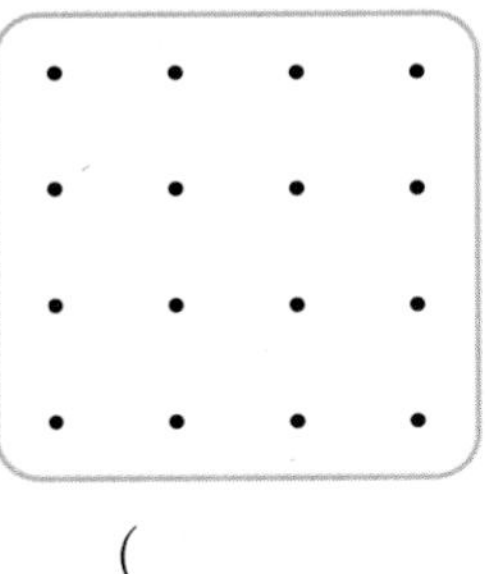

( )

4 단원

진도 완료 체크

01 그림을 보고 물음에 답하세요.

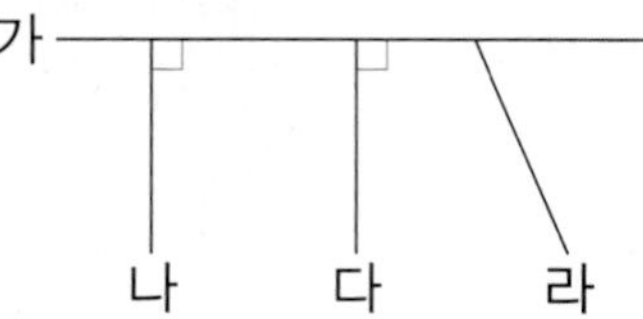

(1) 직선 가에 수직인 직선을 모두 찾아 쓰세요.

( )

(2) 서로 평행한 직선을 찾아 쓰세요.

( )

02 점 ㅇ을 지나고 직선 가에 대한 수선을 그으려면 점 ㅇ과 어느 점을 이어야 하나요?

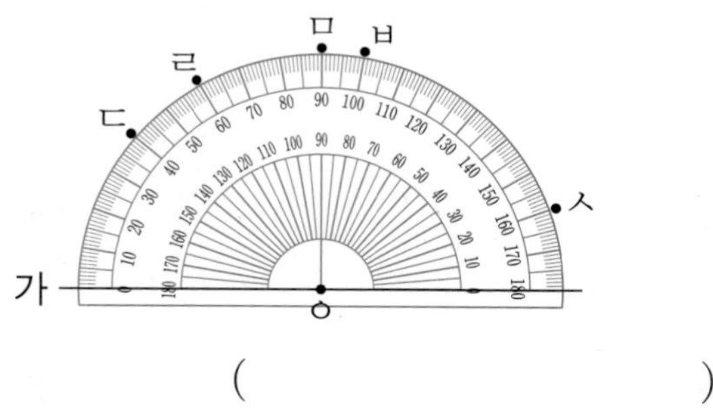

( )

03 삼각자를 사용하여 평행선을 그을 수 있는 방법으로 잘못된 것을 찾아 기호를 쓰세요.

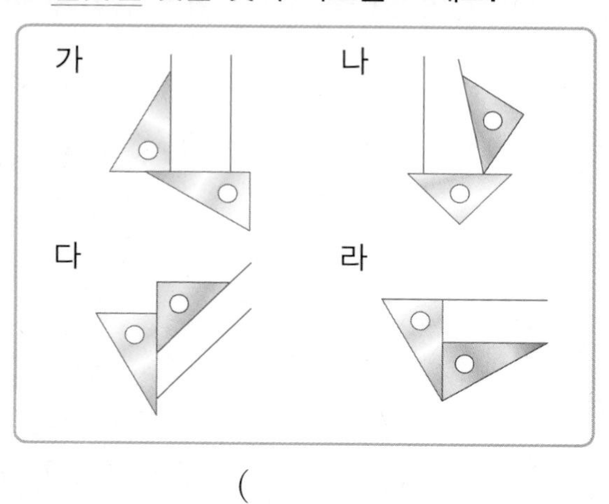

( )

[04~05] 도형을 보고 물음에 답하세요.

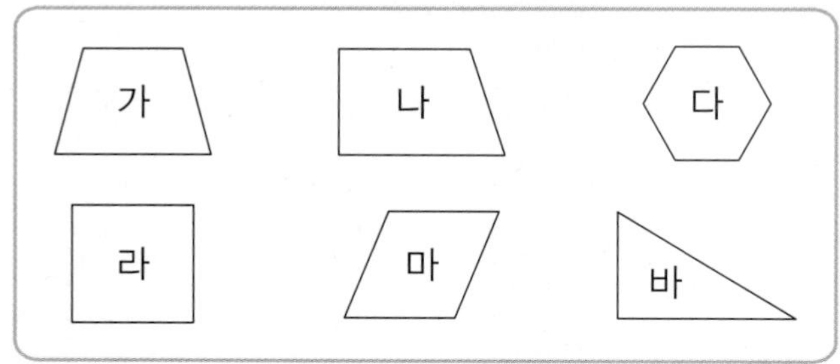

04 서로 수직인 변이 있는 도형을 모두 찾아 기호를 쓰세요.

( )

05 서로 수직인 변이 있고 평행한 변도 있는 도형을 모두 찾아 기호를 쓰세요.

( )

06 직선 가와 직선 나는 서로 평행합니다. 평행선 사이의 거리를 바르게 나타낸 선분은 어느 것일까요? ······ ( )

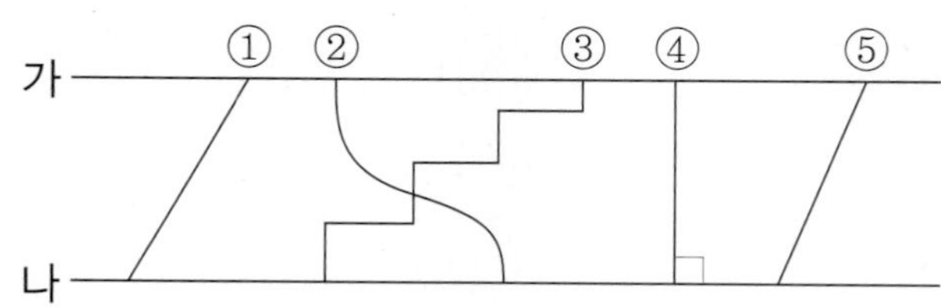

07 다음 설명 중 잘못된 것을 찾아 기호를 쓰세요.

㉠ 삼각형에는 평행선이 없습니다.
㉡ 한 점을 지나고 한 직선과 수직인 직선은 셀 수 없이 많습니다.
㉢ 평행한 두 직선은 양 끝을 아무리 늘여도 서로 만나지 않습니다.

( )

2 관련 있는 것끼리 선으로 이으세요.

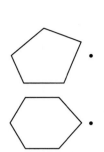

• 오각형

• 육각형

• 칠각형

• 팔각형

3 그림을 보고 빈칸에 알맞은 기호를 써넣으세요.

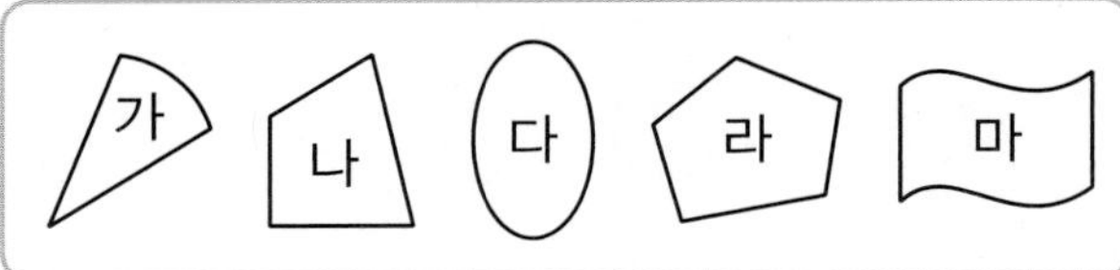

선분으로만 둘러싸인 도형	곡선이 포함된 도형

4 다각형을 모두 찾아 기호를 쓰세요.

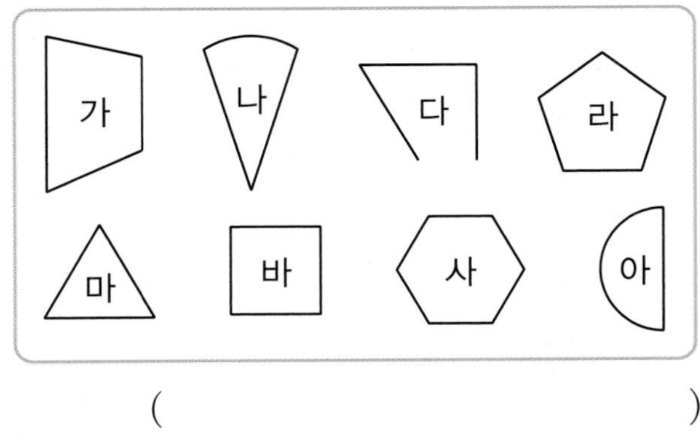

(　　　　　　　　　　)

5 오른쪽 도형은 다각형이 아닙니다. 그 까닭을 찾아 기호를 쓰세요.

㉠ 곡선으로만 이루어진 도형이기 때문입니다.
㉡ 도형이 열려 있기 때문입니다.

(　　　　　　　　　　)

6 변이 6개인 다각형을 찾아 기호를 쓰고 도형의 이름을 쓰세요.

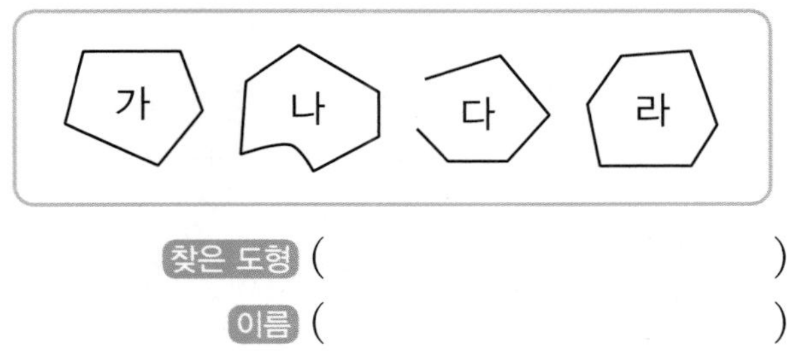

찾은 도형 (　　　　　　　　　　)

이름 (　　　　　　　　　　)

7 오른쪽 표지판은 어떤 도형인지 이름을 쓰세요.

(　　　　　　　　　　)

8 점 종이에 그려진 선분을 이용하여 다각형을 완성하세요.

(1) 오각형　　(2) 육각형

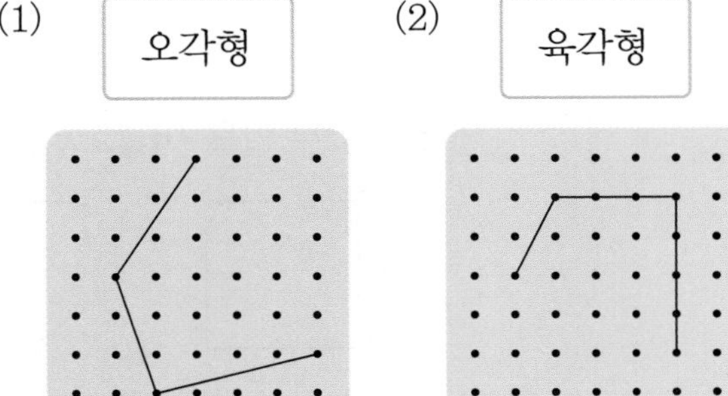

교과 개념

개념1 정다각형 알아보기

변의 길이가 모두 같고, 각의 크기가 모두 같은 다각형을 **정다각형**이라고 합니다.

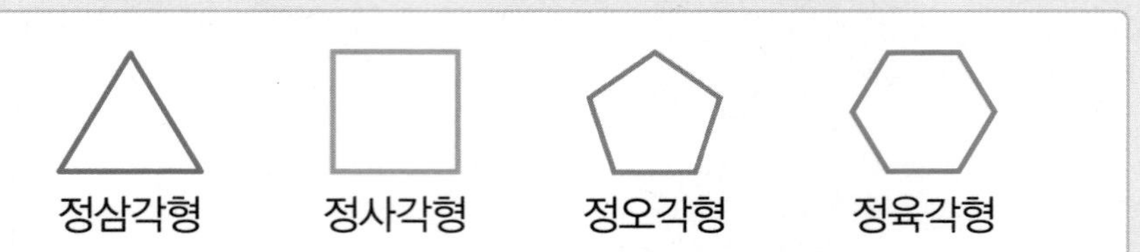

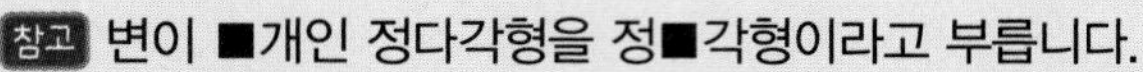

개념2 정다각형이 아닌 도형을 찾고, 그 까닭 알아보기

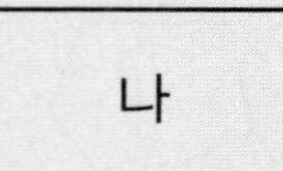

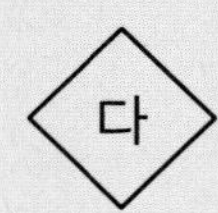

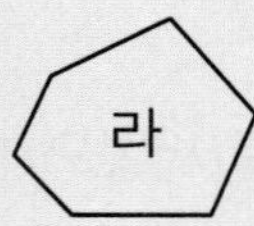

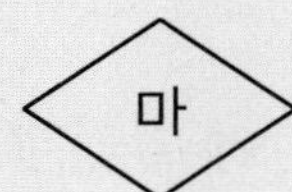

정다각형이 아닌 도형	까닭
나	각의 크기는 모두 같지만 변의 길이가 같지 않기 때문입니다.
라	변의 길이가 같지 않고 각의 크기가 같지 않기 때문입니다.
마	변의 길이는 모두 같지만 각의 크기가 같지 않기 때문입니다.

개념3 정다각형의 변의 길이와 각의 크기의 합

	한 변이 10 cm, 한 각이 60°인 정삼각형	한 변이 10 cm, 한 각이 90°인 정사각형	한 변이 10 cm, 한 각이 108°인 정오각형
모든 변의 길이의 합	10 cm × 3 = 30 cm	10 cm × 4 = 40 cm	10 cm × 5 = 50 cm
모든 각의 크기의 합	60° × 3 = 180°	90° × 4 = 360°	108° × 5 = 540°

참고 (정■각형의 모든 변의 길이의 합) = (한 변의 길이) × ■
(정■각형의 모든 각의 크기의 합) = (한 각의 크기) × ■

개념확인 **1** □ 안에 알맞은 말을 써넣으세요.

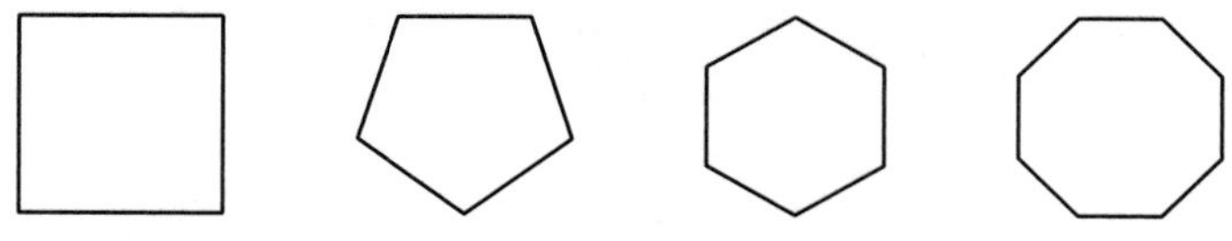

위의 도형과 같이 변의 길이가 모두 같고, 각의 크기가 모두 같은 다각형을 □ 이라고 합니다.

2 변의 길이가 모두 같고, 각의 크기가 모두 같은 다각형을 찾아 기호를 쓰세요.

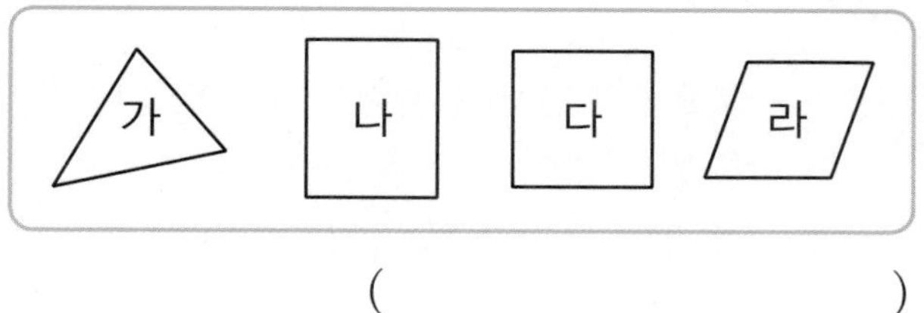

( )

3 □ 안에 알맞은 말을 써넣으세요.

(1) 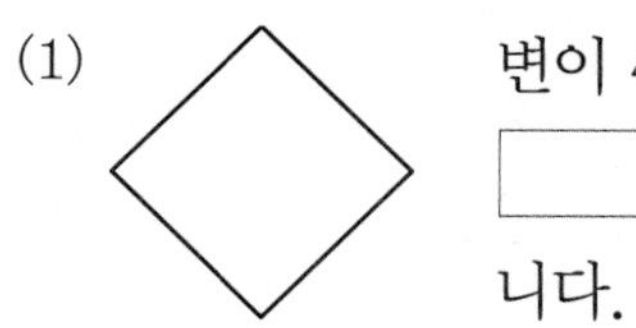

변이 4개인 정다각형이므로 □이라고 부릅니다.

(2) 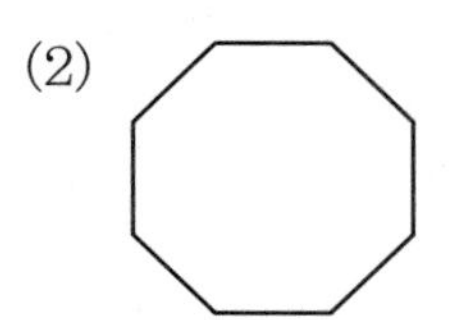

변이 8개인 정다각형이므로 □이라고 부릅니다.

4 정다각형을 찾아 빈 곳에 알맞은 기호와 이름을 써넣으세요.

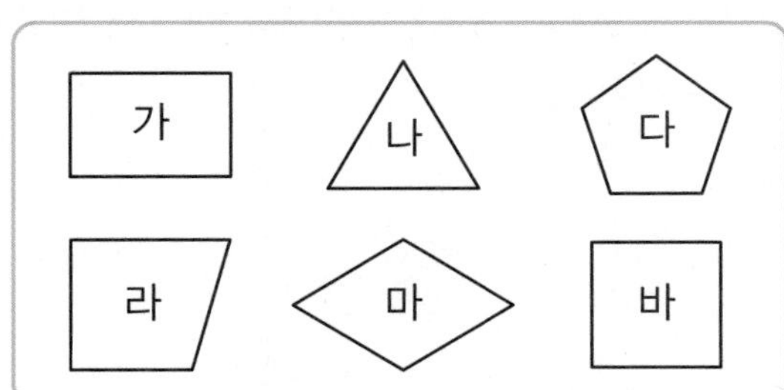

기호	이름
나	정삼각형

5 오른쪽 표지판은 어떤 도형인지 이름을 쓰세요.

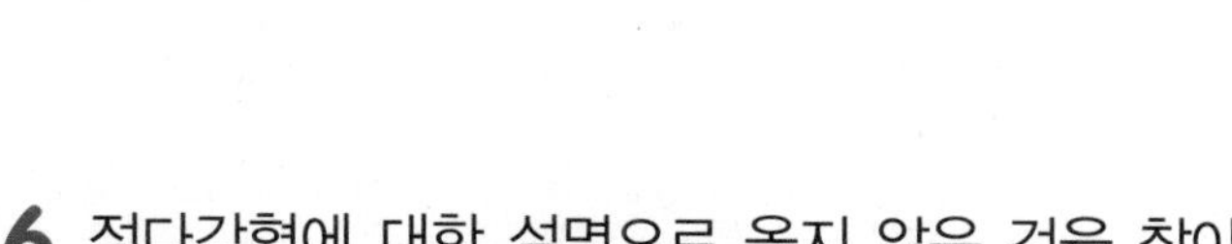

( )

6 정다각형에 대한 설명으로 옳지 않은 것을 찾아 기호를 쓰세요.

㉠ 변의 길이가 모두 같습니다.
㉡ 선분으로만 둘러싸인 도형입니다.
㉢ 직사각형은 정다각형입니다.
㉣ 각의 크기가 모두 같습니다.

( )

7 정오각형의 □ 안에 알맞은 수를 써넣으세요.

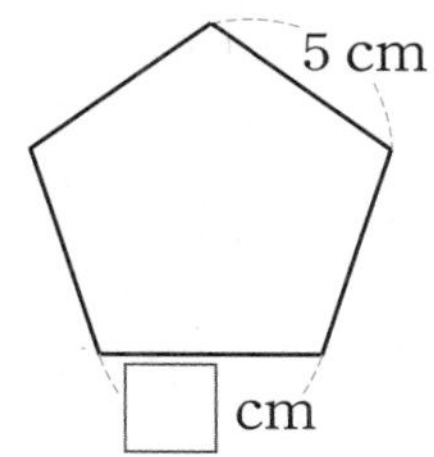

8 정육각형의 □ 안에 알맞은 수를 써넣으세요.

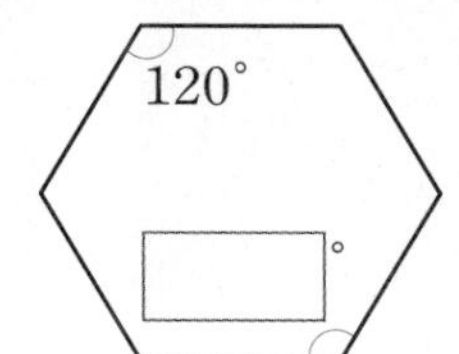

10종

교과 유형 익힘

[01 ~ 03] 모양자를 보고 물음에 답하세요.

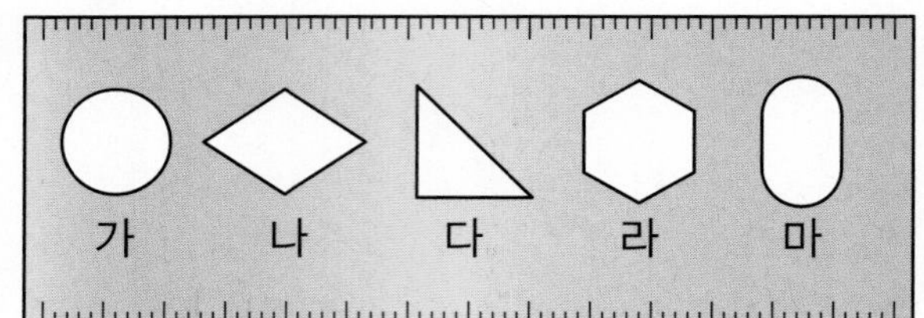

01 모양자에서 다각형을 모두 찾아 기호를 쓰세요.

( )

02 01번에서 찾은 다각형의 이름을 모두 쓰세요.

( )

서술형 문제

03 모양자에서 다각형이 아닌 도형을 모두 찾아 기호를 쓰고, 그 까닭을 쓰세요.

도형 ________________

까닭 ________________

____

04 도형판에 어떤 다각형을 만들었는지 쓰세요.

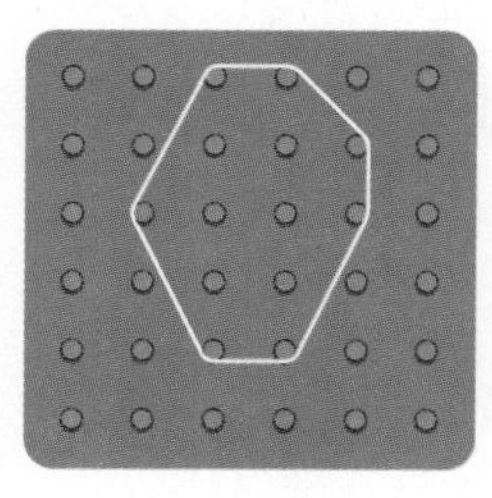
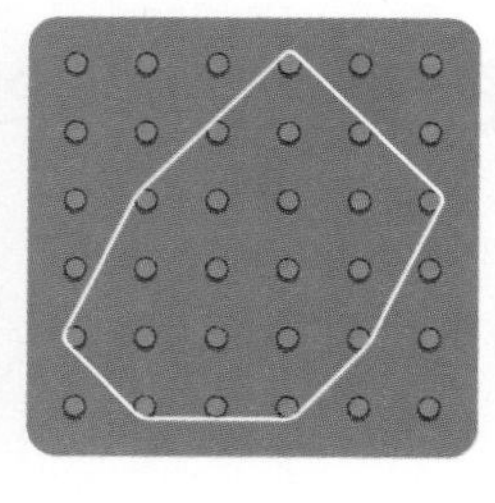

( )

05 다음을 모두 만족하는 다각형의 이름을 쓰세요.

> ㉠ 9개의 변으로 둘러싸인 도형입니다.
> ㉡ 변의 길이가 모두 같습니다.
> ㉢ 각의 크기가 모두 같습니다.

( )

06 정오각형의 한 각의 크기는 108°입니다. 정오각형의 모든 각의 크기의 합은 몇 도일까요?

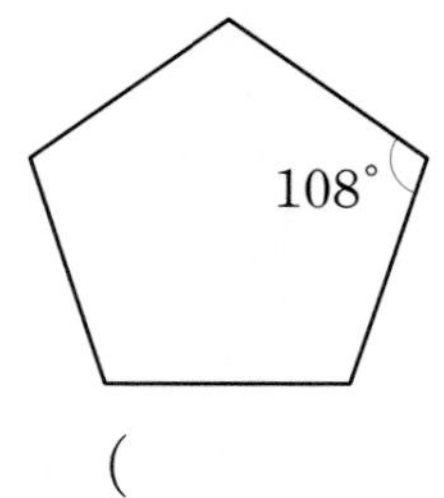

( )

서술형 문제

07 다음 도형이 정다각형인지 생각해 보고, 그 까닭을 쓰세요.

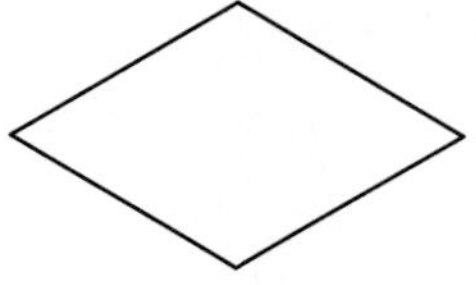

(1) 위 도형은 정다각형인가요?

( )

(2) (1)과 같이 생각한 까닭을 쓰세요.

____

____

08 다음과 같이 색종이를 접어 정다각형을 만들려고 합니다. 완성된 도형의 이름을 쓰세요.

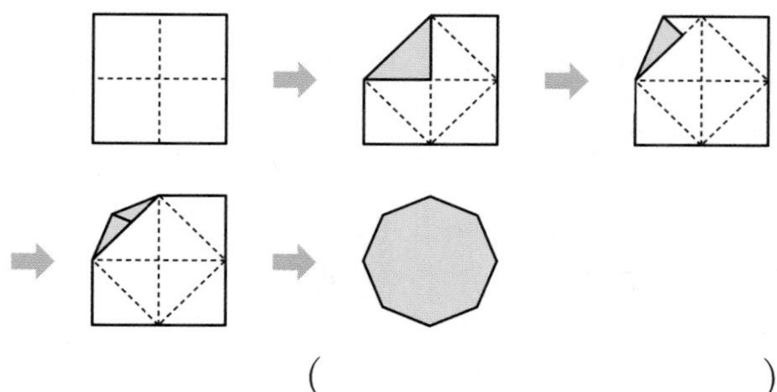

( )

09 크기가 다른 정육각형을 2개 그리세요.

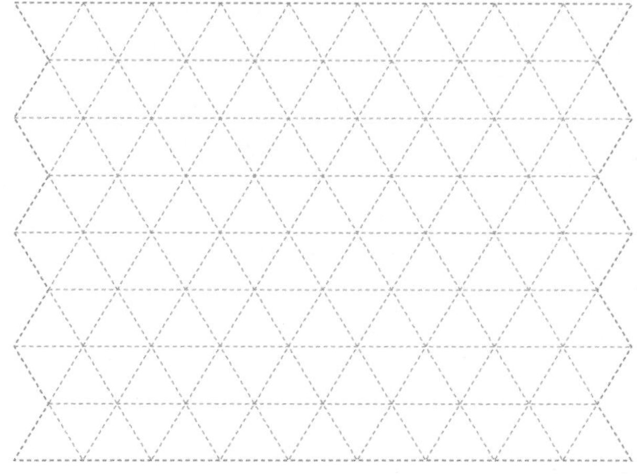

10 다음 도형을 보고 물음에 답하세요.

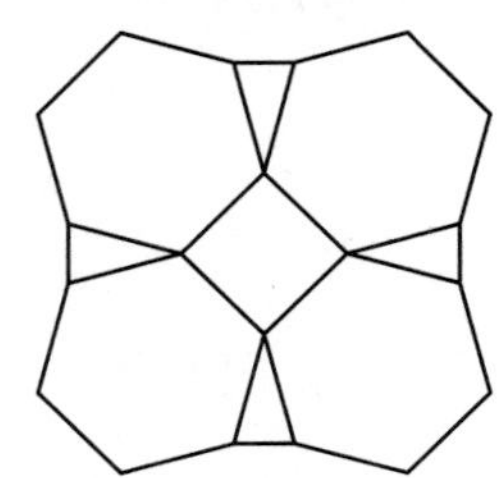

(1) 도형을 이루고 있는 모양 조각 중 정다각형을 모두 찾아 색칠하세요.

(2) (1)에서 색칠한 모양 조각의 이름을 모두 쓰세요.

( )

11 정보처리

비 오는 날에 창밖을 내려다본 풍경입니다. 오각형, 육각형, 칠각형, 팔각형 모양의 우산을 각각 찾아 기호를 쓰세요.

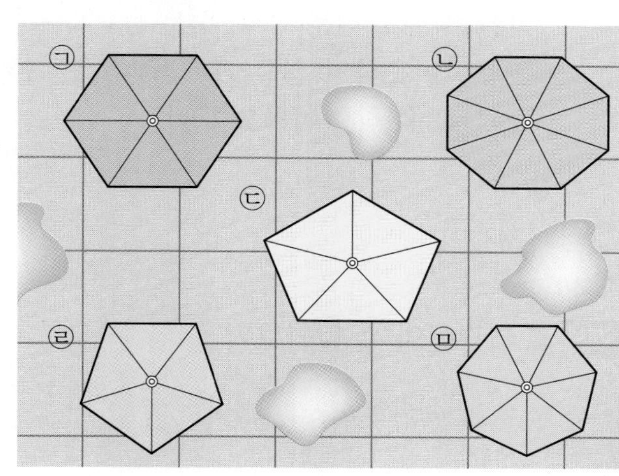

오각형	육각형	칠각형	팔각형
㉢,			

서술형 문제

12 의사소통

오른쪽 다각형의 이름을 쓰고, 다각형의 이름을 정한 까닭을 쓰세요.

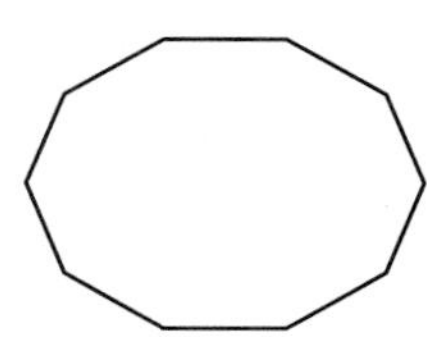

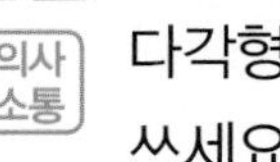

다각형의 이름 ____________

까닭 ____________

____

13 추론

집 주변에 한 변이 3 m인 정팔각형 모양의 울타리를 치려고 합니다. 울타리는 모두 몇 m일까요?

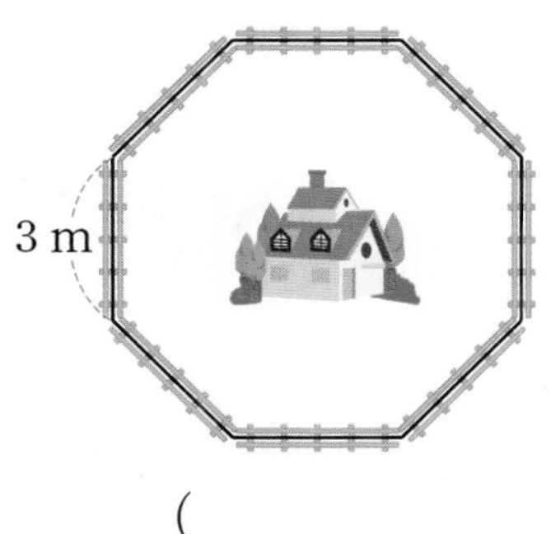

( )

6 단원

진도 완료 체크

교과 개념

대각선 알아보기

개념1 대각선 알아보기

다각형에서 선분 ㄱㄷ, 선분 ㄴㄹ과 같이 서로 이웃하지 않는 두 꼭짓점을 이은 선분을 **대각선**이라고 합니다.

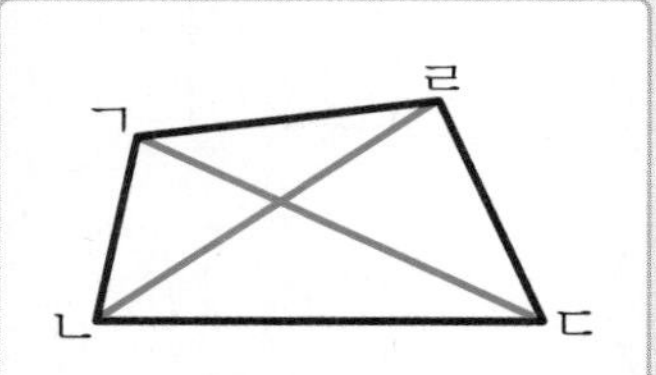

개념2 대각선의 수 알아보기

삼각형	사각형	오각형	육각형
0개	2개	5개	9개

+2 +3 +4

➡ 꼭짓점의 수가 많은 다각형일수록 더 많은 대각선을 그을 수 있습니다.

- **대각선을 그어 알게 된 사실**

① 삼각형은 세 꼭짓점이 모두 이웃하고 있으므로 대각선을 그을 수 없습니다.

② 오각형에 대각선을 빠짐없이 모두 그으면 별 모양이 됩니다.

개념3 사각형에서 대각선의 성질 알아보기

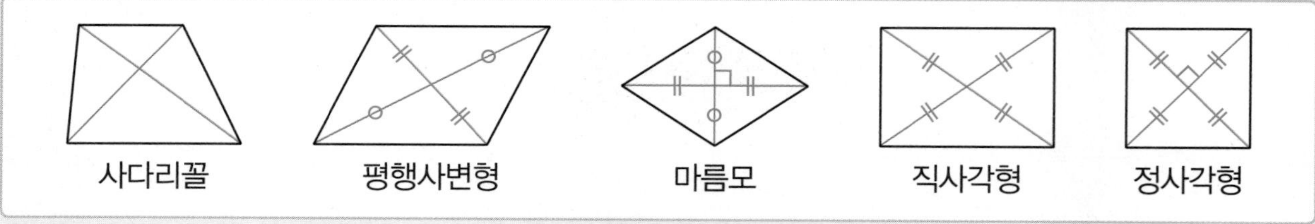

- 두 대각선이 서로 수직으로 만나는 사각형 ➡ 마름모, 정사각형
- 두 대각선의 길이가 같은 사각형 ➡ 직사각형, 정사각형
- 한 대각선이 다른 대각선을 똑같이 둘로 나누는 사각형 ➡ 평행사변형, 마름모, 직사각형, 정사각형

참고 사각형의 대각선의 수는 모양에 관계없이 2개입니다.

개념확인 1 □ 안에 알맞은 말을 써넣으세요.

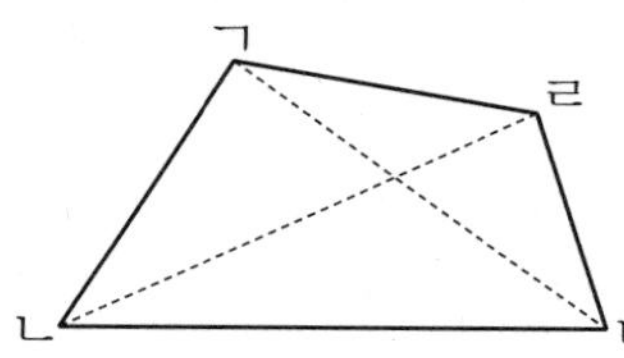

다각형에서 선분 ㄱㄷ, 선분 ㄴㄹ과 같이 서로 이웃하지 않는 두 꼭짓점을 이은 선분을 □이라고 합니다.

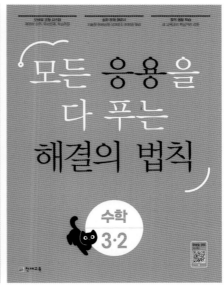

뭘 좋아할지 몰라 다 준비했어♥
전과목 교재

전과목 시리즈 교재

●무등생 해법시리즈

– 국어/수학	1~6학년, 학기용
– 사회/과학	3~6학년, 학기용
– SET(전과목/국수, 국사과)	1~6학년, 학기용

●똑똑한 하루 시리즈

– 똑똑한 하루 독해	예비초~6학년, 총 14권
– 똑똑한 하루 글쓰기	예비초~6학년, 총 14권
– 똑똑한 하루 어휘	예비초~6학년, 총 14권
– 똑똑한 하루 한자	예비초~6학년, 총 14권
– 똑똑한 하루 수학	1~6학년, 총 12권
– 똑똑한 하루 계산	예비초~6학년, 총 14권
– 똑똑한 하루 도형	예비초~6학년, 총 8권
– 똑똑한 하루 사고력	1~6학년, 총 12권
– 똑똑한 하루 사회/과학	3~6학년, 학기용
– 똑똑한 하루 봄/여름/가을/겨울	1~2학년, 총 8권
– 똑똑한 하루 안전	1~2학년, 총 2권
– 똑똑한 하루 Voca	3~6학년, 학기용
– 똑똑한 하루 Reading	초3~초6, 학기용
– 똑똑한 하루 Grammar	초3~초6, 학기용
– 똑똑한 하루 Phonics	예비초~초등, 총 8권

●독해가 힘이다 시리즈

– 초등 수학도 독해가 힘이다	1~6학년, 학기용
– 초등 문해력 독해가 힘이다 문장제수학편	1~6학년, 총 12권
– 초등 문해력 독해가 힘이다 비문학편	3~6학년

영어 교재

●초등영어 교과서 시리즈

파닉스(1~4단계)	3~6학년, 학년용
영단어(1~4단계)	3~6학년, 학년용
●LOOK BOOK 영단어	3~6학년, 단행본
●원서 읽는 LOOK BOOK 영단어	3~6학년, 단행본

국가수준 시험 대비 교재

●해법 기초학력 진단평가 문제집	2~6학년·중1 신입생, 총 6권

10종 교과 평가 자료집

기본·실력 단원평가

과정 중심 단원평가

창의·융합 문제

초등 수학 4-2

천재교육

10종 교과 평가 자료집
포인트 3가지

▶ 지필 평가, 구술 평가 대비

▶ 서술형 문제로 과정 중심 평가 대비

▶ 기본·실력 단원평가로 학교 시험 대비

10종 교과

평가 자료집

4-2

1. 분수의 덧셈과 뺄셈 ········ **2쪽**

2. 삼각형 ········ **10쪽**

3. 소수의 덧셈과 뺄셈 ········ **18쪽**

4. 사각형 ········ **26쪽**

5. 꺾은선그래프 ········ **34쪽**

6. 다각형 ········ **42쪽**

기본 단원평가 지필 평가 대비

점수

01 그림을 보고 □ 안에 알맞은 수를 써넣으세요.
하

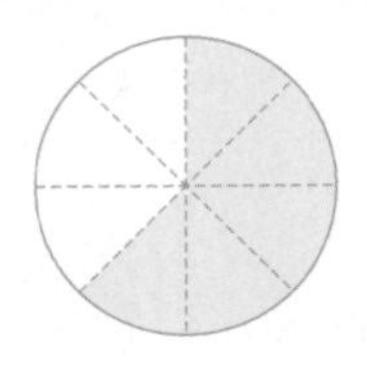

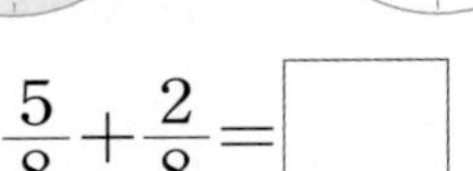

$\frac{5}{8}+\frac{2}{8}=\square$

[02~03] □ 안에 알맞은 수를 써넣으세요.

02 $1\frac{2}{13}+1\frac{5}{13}=(1+\square)+\left(\frac{\square}{13}+\frac{5}{13}\right)$
하

$=\square+\frac{\square}{13}=\square\frac{\square}{\square}$

03 $2\frac{1}{5}-\frac{4}{5}=\frac{\square}{5}-\frac{\square}{5}=\frac{\square}{5}=\square\frac{\square}{\square}$
하

[04~05] 계산을 하세요.

04 $\frac{7}{15}+\frac{4}{15}$
하

05 $1-\frac{5}{9}$
하

[06~07] 계산 결과를 비교하여 ○ 안에 $>$, $=$, $<$를 알맞게 써넣으세요.

06 $4\frac{3}{6}-3\frac{5}{6}$ ○ $\frac{5}{6}$
중

07 $\frac{7}{8}+1\frac{6}{8}$ ○ $5\frac{2}{8}-2\frac{7}{8}$
중

08 계산 결과를 찾아 선으로 이으세요.
중

$\frac{3}{7}+1\frac{5}{7}$ •	• $1\frac{2}{7}$
$2-\frac{3}{7}$ •	• $1\frac{4}{7}$
$3\frac{1}{7}-1\frac{6}{7}$ •	• $2\frac{1}{7}$

09 다음 중 나머지 넷과 다른 하나는 어느 것일까요? ············ (　　　)
중

① $1\frac{4}{9}$　② $\frac{13}{9}$

③ $\frac{6}{9}+\frac{7}{9}$　④ $4-2\frac{5}{9}$

⑤ $3\frac{1}{9}-1\frac{8}{9}$

1 단원

• 정답 59쪽

[10~11] 빈칸에 알맞은 분수를 써넣으세요.

10 중

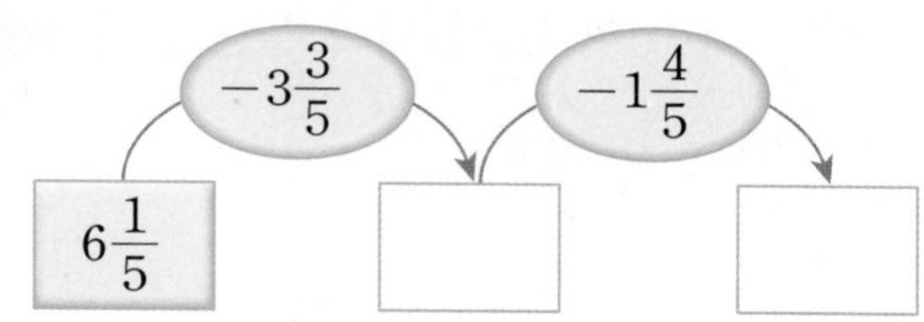

11 중

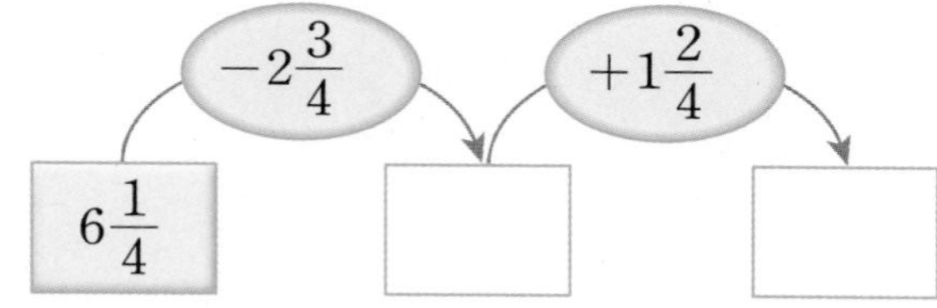

12 빈칸에 알맞은 분수를 써넣으세요.
중

(가로: +, 세로: −)

$2\frac{3}{8}$	$2\frac{1}{8}$	$4\frac{4}{8}$
$1\frac{7}{8}$	$\frac{6}{8}$	

13 계산 결과가 가장 큰 것을 찾아 기호를 쓰세요.
중

㉠ $5-1\frac{2}{9}$　　㉡ $3\frac{4}{9}+\frac{5}{9}$
㉢ $\frac{7}{9}+2\frac{8}{9}$　　㉣ $4\frac{1}{9}-\frac{12}{9}$

(　　　　　　　　)

[14~15] 다음을 보고 물음에 답하세요.

♥$=6\frac{4}{15}$, ♣$=2\frac{7}{15}$, ♠$=2\frac{13}{15}$

14 ♥+♣+♠는 얼마일까요?
중
(　　　　　　　　)

15 ♥−♣+♠는 얼마일까요?
중
(　　　　　　　　)

16 □ 안에 알맞은 분수를 써넣으세요.
중

$7\frac{3}{6}+4\frac{5}{6}=\square+9\frac{4}{6}$

17 □ 안에 들어갈 수 있는 자연수는 모두 몇 개일까요?
중

$4\frac{2}{7}-\frac{6}{7}<3\frac{\square}{7}<4$

(　　　　　　　　)

1 단원

• 정답 59쪽

[18 ~ 19] 밭에서 감자를 성우는 $2\frac{5}{13}$ kg, 연희는 $\frac{30}{13}$ kg 캤습니다. 물음에 답하세요.

18 성우와 연희 중 감자를 더 많이 캔 사람은 누구일까요?
중

( )

19 감자를 더 많이 캔 사람은 감자를 더 적게 캔 사람보다 몇 kg 더 많이 캤을까요?
중

( )

20 추론
대분수로만 만들어진 뺄셈식에서 ■ + ▲가 가장 큰 때의 값을 구하세요.
중

$$3\frac{■}{8}-1\frac{▲}{8}=2\frac{3}{8}$$

( )

21 성하네 반 학생들의 혈액형을 조사하였습니다. 전체의 $\frac{5}{18}$가 A형, $\frac{7}{18}$이 O형, $\frac{4}{18}$가 B형, $\frac{2}{18}$가 AB형이라면 A형과 B형인 학생은 전체의 얼마일까요?
중

( )

[22 ~ 23] 어떤 수에서 $3\frac{7}{11}$을 빼야 할 것을 잘못하여 더했더니 10이 되었습니다. 물음에 답하세요.

22 어떤 수는 얼마일까요?
중

( )

23 바르게 계산한 값은 얼마일까요?
상

( )

24 창의·융합
밀가루가 $3\frac{2}{7}$ kg 있습니다. 빵 한 개를 만드는데 밀가루가 $1\frac{2}{7}$ kg 필요합니다. 만들 수 있는 빵은 모두 몇 개이고, 남는 밀가루는 몇 kg인가요?
상

만들 수 있는 빵: ☐개,

남는 밀가루: ☐ kg

25 서술형 문제
귤 $4\frac{3}{5}$ kg과 사과 $2\frac{4}{5}$ kg을 바구니에 담아 무게를 재었더니 $8\frac{1}{5}$ kg이었습니다. 빈 바구니의 무게는 몇 kg인지 풀이 과정을 쓰고 답을 구하세요.
상

풀이 ______________________

____

____

____

답 ______________________

실력 단원평가 지필 평가 대비

점수

01 하 계산 결과를 비교하여 ○ 안에 >, =, <를 알맞게 써넣으세요. [5점]

$$\frac{7}{11}+\frac{2}{11} \bigcirc \frac{3}{11}+\frac{6}{11}$$

02 하 빈칸에 알맞은 분수를 써넣으세요. [5점]

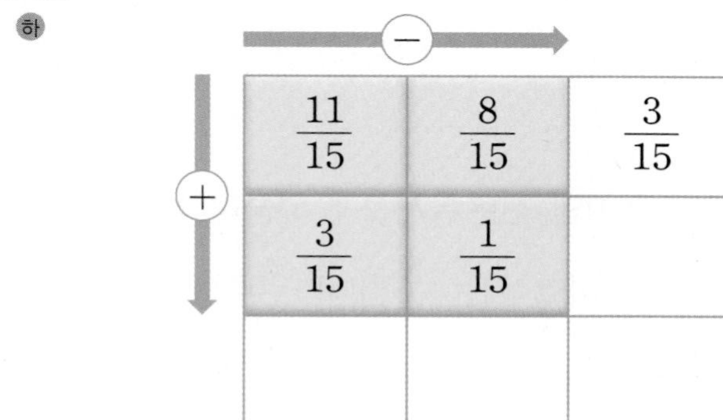

03 하 두 분수의 합과 차를 각각 구하세요. [5점]

$1\frac{2}{7}$　　$4\frac{4}{7}$

합 (　　　　　　)
차 (　　　　　　)

04 중 계산 결과가 큰 것부터 차례로 기호를 쓰세요. [5점]

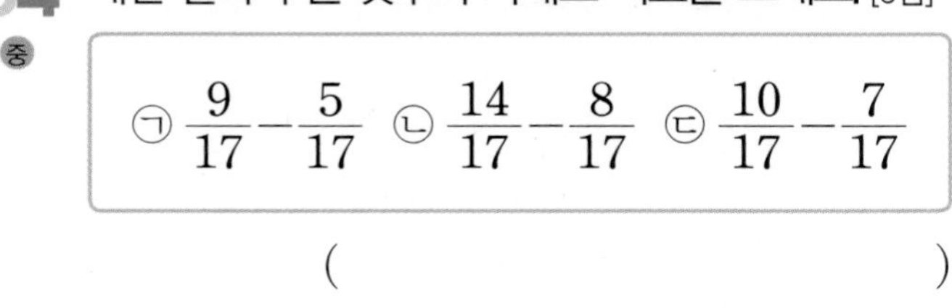

㉠ $\frac{9}{17}-\frac{5}{17}$　㉡ $\frac{14}{17}-\frac{8}{17}$　㉢ $\frac{10}{17}-\frac{7}{17}$

(　　　　　　)

05 중 가장 큰 수와 가장 작은 수의 합을 구하세요. [5점]

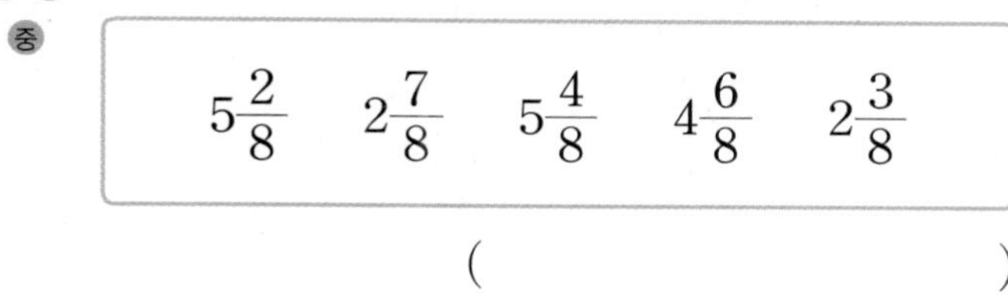

$5\frac{2}{8}$　$2\frac{7}{8}$　$5\frac{4}{8}$　$4\frac{6}{8}$　$2\frac{3}{8}$

(　　　　　　)

서술형 문제

06 중 분모가 8인 진분수 중 가장 큰 진분수와 가장 작은 진분수의 차는 얼마인지 풀이 과정을 쓰고 답을 구하세요. [10점]

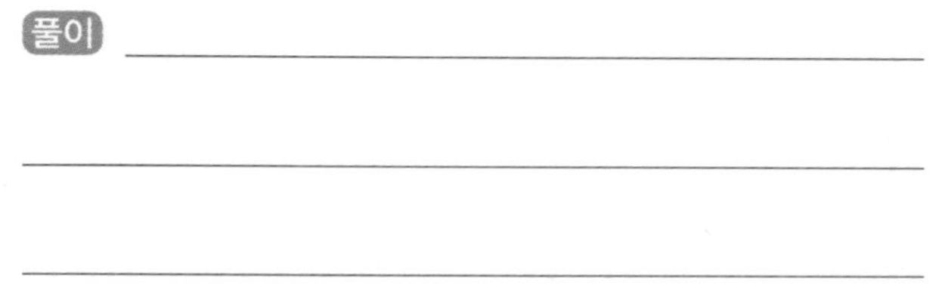

07 중 빈칸에 알맞은 분수를 써넣으세요. [5점]

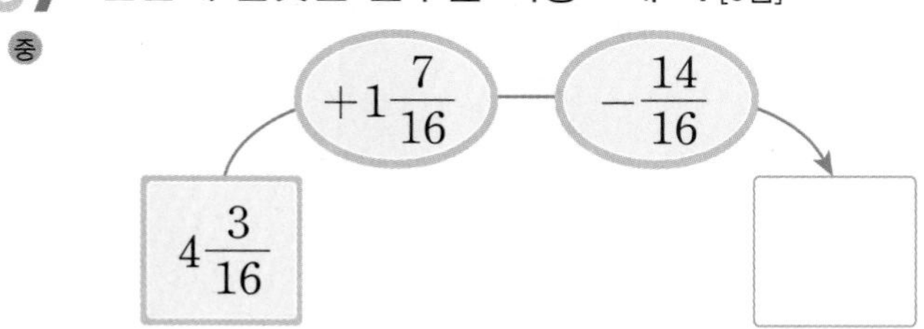

08 중 어떤 수에서 $3\frac{11}{14}$을 뺐더니 $2\frac{9}{14}$가 되었습니다. 어떤 수는 얼마일까요? [5점]

(　　　　　　)

1 단원

• 정답 60쪽

09 중 다음 수 카드 중에서 2장을 뽑아 한 번씩만 사용하여 분모가 6인 진분수를 만들려고 합니다. 만들 수 있는 가장 큰 진분수와 가장 작은 진분수의 합을 구하세요. [5점]

6 5 4 3 8

( )

10 중 □ 안에 알맞은 대분수를 써넣으세요. [5점]

$$2\frac{8}{21}+\square=4\frac{3}{21}$$

11 중 분모가 10인 분수 중 $1\frac{5}{10}$보다 크고 $1\frac{9}{10}$보다 작은 수의 합을 구하세요. [5점]

( )

12 중 길이가 10 cm인 색 테이프 3장을 그림과 같이 $1\frac{2}{5}$ cm만큼씩 겹쳐서 이어 붙였습니다. 이어 붙인 색 테이프의 전체 길이는 몇 cm일까요? [10점]

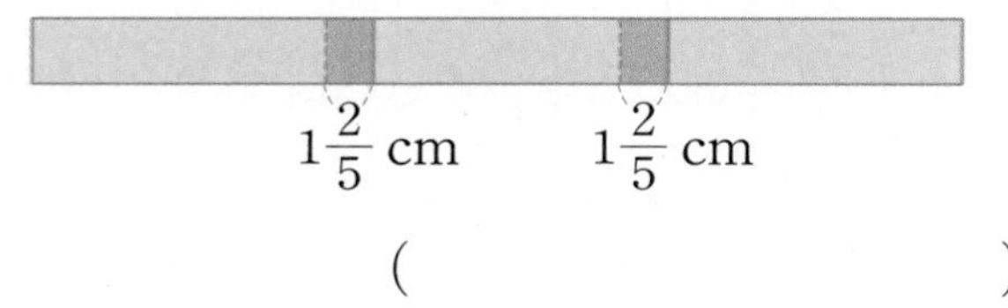

( )

추론

13 상 대분수로만 만들어진 식입니다. ㉠과 ㉡에 공통으로 들어갈 수 있는 자연수를 모두 구하세요. [10점]

$$5\frac{㉠}{7}>3\frac{5}{7}+1\frac{3}{7}$$
$$2\frac{㉡}{8}>6\frac{2}{8}-3\frac{7}{8}$$

( )

문제 해결

14 상 분모가 9인 진분수가 2개 있습니다. 두 분수의 합은 $\frac{7}{9}$이고, 차는 $\frac{3}{9}$입니다. 두 분수를 각각 구하세요. [10점]

( ), ( )

서술형 문제

15 상 주스가 가득 들어 있는 주스 병의 무게를 재었더니 $4\frac{2}{6}$ kg이었습니다. 이 주스의 절반을 마시고 무게를 재어 보니 $2\frac{3}{6}$ kg이었습니다. 마시기 전 주스만의 무게는 몇 kg이었는지 풀이 과정을 쓰고 답을 구하세요. [10점]

풀이 ______

답 ______

1 단원

진도 완료 체크

과정 중심 단원평가 지필 · 구술 평가 대비 1. 분수의 덧셈과 뺄셈

점수

지필 평가 종이에 답을 쓰는 형식의 평가

1 보기 는 주사위 2개를 던져 나온 눈을 이용하여 진분수로 나타내고 그 합을 구한 것입니다. 보기 와 같은 방법으로 주사위 눈을 이용하여 식을 만들고 계산하세요. [10점]

보기

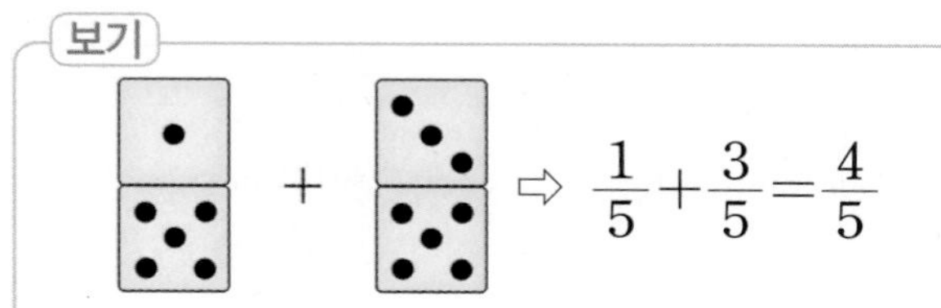

$\Rightarrow \frac{1}{5}+\frac{3}{5}=\frac{4}{5}$

(1) + ⇨ __________

(2) + ⇨ __________

지필 평가

2 색종이를 태정이는 전체의 $\frac{2}{9}$만큼 사용했고, 인수는 전체의 $\frac{5}{9}$만큼 사용했습니다. 태정이와 인수가 사용한 색종이는 전체의 얼마인지 식을 쓰고 답을 구하세요. [10점]

식 __________

답 __________

지필 평가

3 가 막대의 길이는 $21\frac{1}{4}$ cm이고 나 막대의 길이는 $25\frac{3}{4}$ cm입니다. 어느 막대의 길이가 몇 cm 더 짧은지 풀이 과정을 쓰고 답을 구하세요. [10점]

풀이 __________

답 __________ , __________

지필 평가

4 어머니께서 정월 대보름에 오곡밥을 짓기 위해 콩과 팥을 사 오셨습니다. 콩을 팥보다 몇 kg 더 많이 사 오셨는지 풀이 과정을 쓰고 답을 구하세요. [10점]

콩: $3\frac{4}{9}$ kg

팥: $2\frac{7}{9}$ kg

풀이 __________

답 __________

1 단원

• 정답 62쪽

지필 평가

5 세 사람의 발 길이를 재었습니다. 발이 가장 긴 사람과 가장 짧은 사람의 발 길이의 차는 몇 cm인지 풀이 과정을 쓰고 답을 구하세요. [15점]

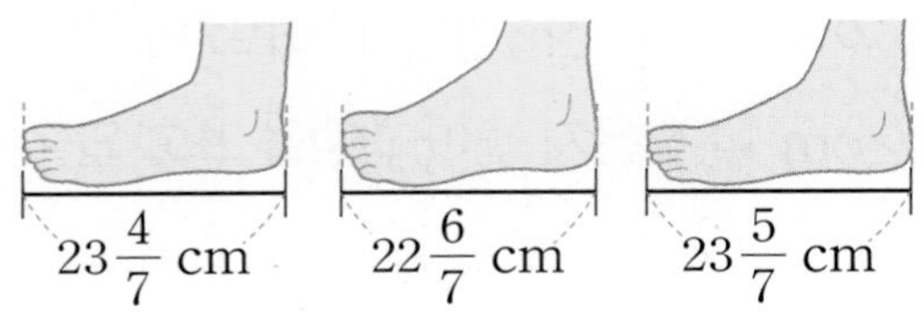

풀이

답

지필 평가

6 승환이가 키우는 고양이의 무게는 $2\frac{2}{13}$ kg이고 강아지의 무게는 $\frac{21}{13}$ kg입니다. 고양이와 강아지 중 어느 동물이 몇 kg 더 무거운지 풀이 과정을 쓰고 답을 구하세요. [15점]

풀이

답 ,

지필 평가

7 길이가 4 cm인 색 테이프 2장을 그림과 같이 $2\frac{3}{8}$ cm만큼 겹쳐서 이어 붙였습니다. 이어 붙인 색 테이프 전체의 길이는 몇 cm인지 풀이 과정을 쓰고 답을 구하세요. [15점]

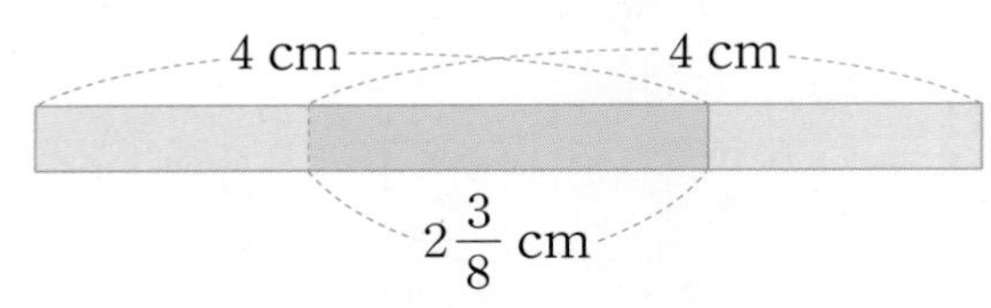

풀이

답

지필 평가

8 $2\frac{1}{3}$ L들이 병 2개에 주스를 가득 담으려고 합니다. 주스가 $3\frac{2}{3}$ L 있다면 주스는 몇 L 부족한지 풀이 과정을 쓰고 답을 구하세요. [15점]

풀이

답

1 단원

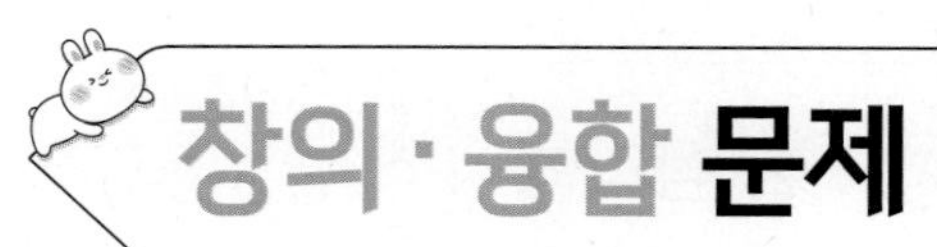

[1~2] 바다 깊이 난파된 배에서 보물 상자를 발견했습니다. 보물 상자에는 다음과 같은 경고문이 붙어 있었습니다. 물음에 답하세요. (창의·융합) (문제 해결)

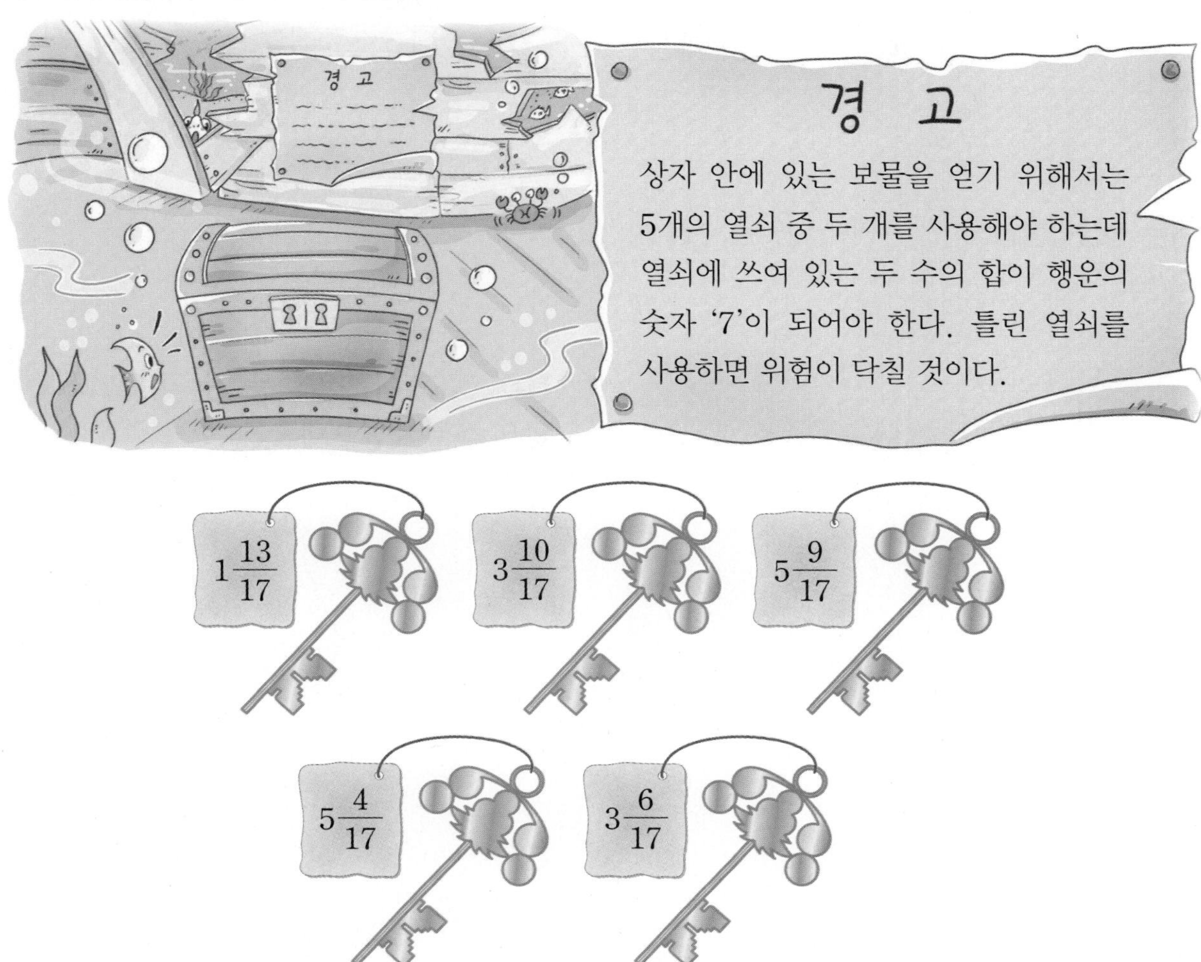

경 고
상자 안에 있는 보물을 얻기 위해서는 5개의 열쇠 중 두 개를 사용해야 하는데 열쇠에 쓰여 있는 두 수의 합이 행운의 숫자 '7'이 되어야 한다. 틀린 열쇠를 사용하면 위험이 닥칠 것이다.
$1\frac{13}{17}$
$3\frac{10}{17}$
$5\frac{9}{17}$
$5\frac{4}{17}$
$3\frac{6}{17}$

1 자연수 부분의 합이 8보다 작은 두 수의 덧셈입니다. □ 안에 알맞은 수를 써넣으세요.

① $1\frac{13}{17}+3\frac{10}{17}=$ □　② $1\frac{13}{17}+5\frac{9}{17}=$ □　③ $1\frac{13}{17}+5\frac{4}{17}=$ □

④ $1\frac{13}{17}+3\frac{6}{17}=$ □　⑤ $3\frac{10}{17}+3\frac{6}{17}=$ □

2 보물 상자를 열기 위해 5가지 열쇠 중 어떤 분수가 쓰여 있는 열쇠 2개를 사용하면 될까요?

(　　　　　　　　), (　　　　　　　　)

기본 단원평가 지필 평가 대비

점수

01 하 □ 안에 알맞은 말을 써넣으세요.

한 각이 □인 삼각형을 둔각삼각형이라고 합니다.

02 하 다음은 정삼각형입니다. □ 안에 알맞은 수를 써넣으세요.

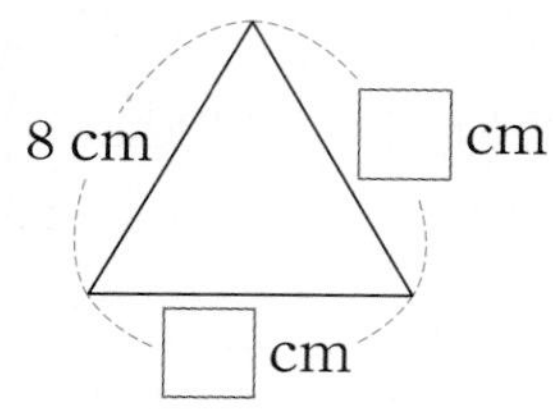

03 하 다음은 이등변삼각형입니다. □ 안에 알맞은 수를 써넣으세요.

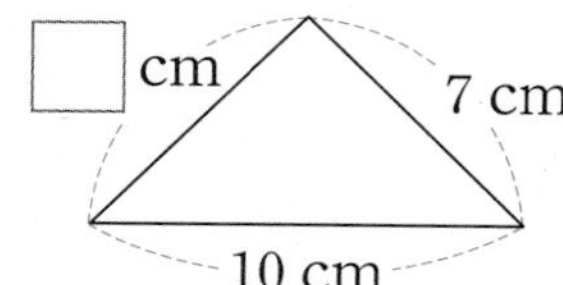

[04~05] 지은이가 아프리카 어린이를 위해 만든 이불에 들어가는 무늬 조각을 보고 물음에 답하세요.

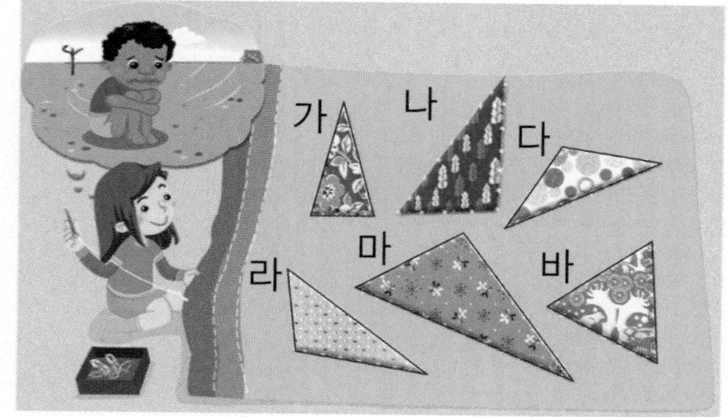

04 하 이등변삼각형을 모두 찾아 기호를 쓰세요.

(　　　　　　　　　　)

05 하 정삼각형을 찾아 기호를 쓰세요.

(　　　　　　　　　　)

06 중 다음은 정삼각형입니다. □ 안에 알맞은 수를 써넣으세요.

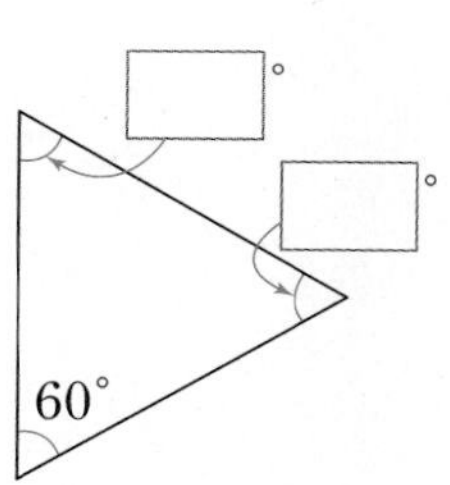

[07~08] 다음은 이등변삼각형입니다. □ 안에 알맞은 수를 써넣으세요.

07 중

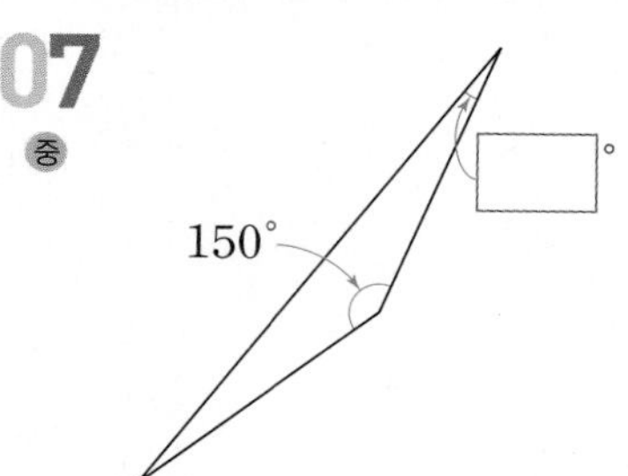

08 중

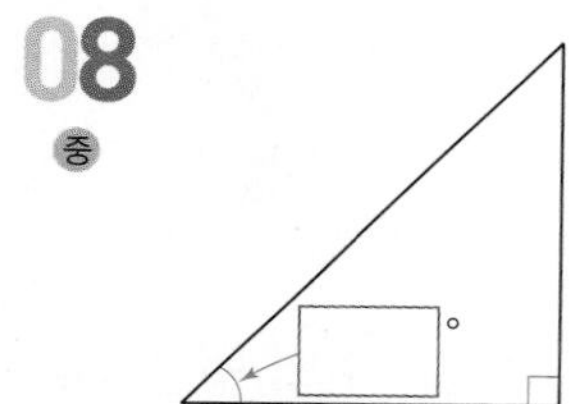

09 중 각의 크기에 따라 분류하여 기호를 쓰세요.

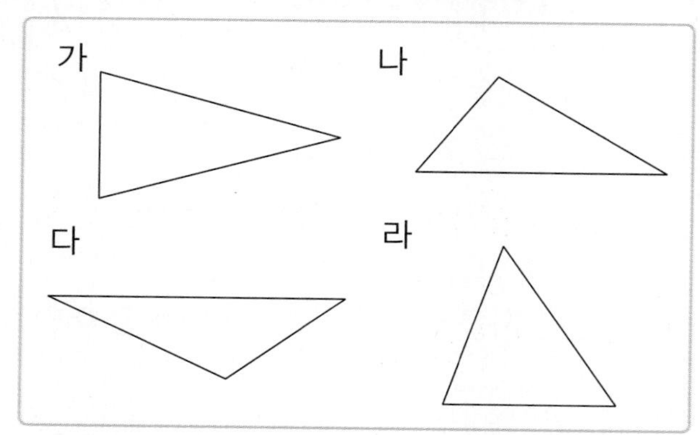

예각삼각형	직각삼각형	둔각삼각형

• 정답 63쪽

10 변 ㄱㄴ과 변 ㄱㄷ의 길이가 같을 때 □ 안에 알맞은 수를 써넣으세요.

중

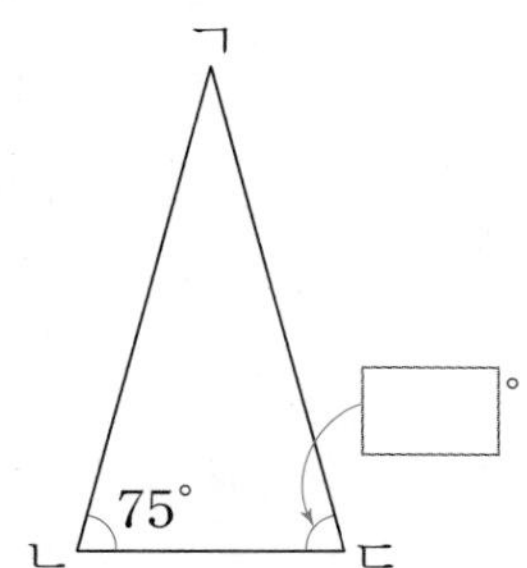

[11~12] 삼각형을 보고 물음에 답하세요.

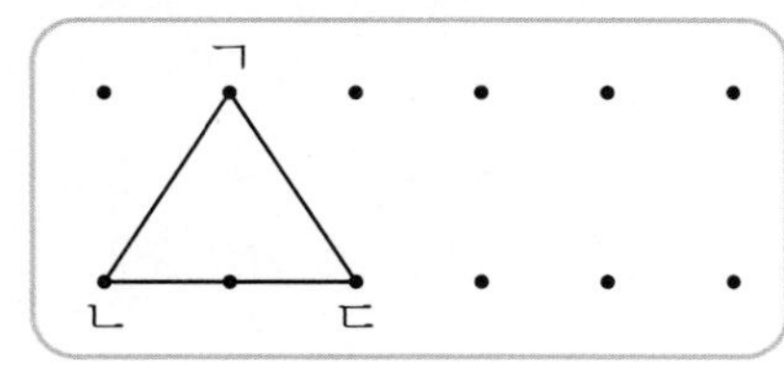

11 점 ㄱ을 오른쪽으로 한 칸 이동하면 어떤 삼각형이 될까요?

중

(　　　　　　　　　　)

12 점 ㄱ을 오른쪽으로 네 칸 이동하면 어떤 삼각형이 될까요?

중

(　　　　　　　　　　)

13 이등변삼각형에 대하여 잘못 설명한 것을 찾아 기호를 쓰세요.

중

㉠ 두 변의 길이가 같습니다.
㉡ 세 개의 선분으로 둘러싸인 도형입니다.
㉢ 세 각의 크기가 항상 같습니다.

(　　　　　　　　　　)

14 다음 중 둔각삼각형은 어느 것일까요? (　　　　)

중

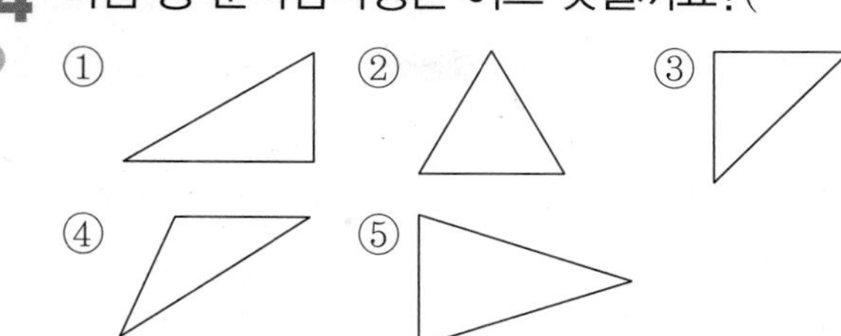

15 □ 안에 알맞은 수를 써넣으세요.

중

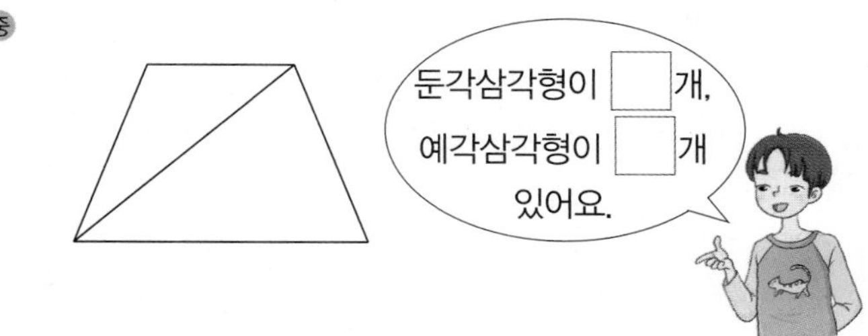

둔각삼각형이 □개,
예각삼각형이 □개
있어요.

16 오른쪽 삼각형의 이름으로 알맞은 것을 모두 고르세요.

중

(　　　　)

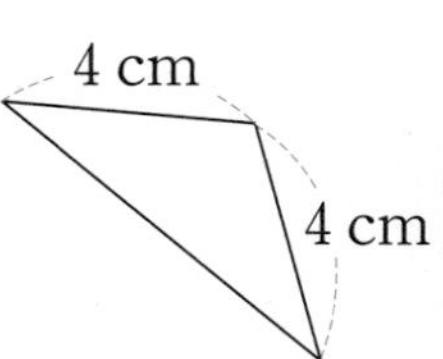

① 이등변삼각형　② 정삼각형
③ 직각삼각형　④ 예각삼각형
⑤ 둔각삼각형

서술형 문제

17 다음 삼각형이 이등변삼각형인 까닭을 쓰세요.

중

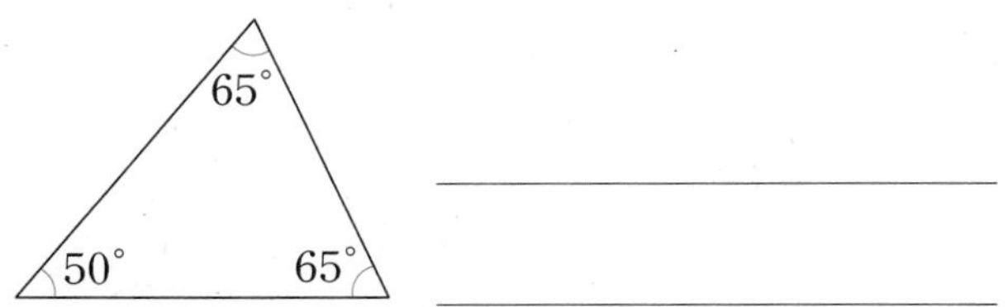

창의·융합

18 점선을 따라 종이를 잘랐습니다. 예각삼각형과 둔각삼각형을 각각 찾아 기호를 쓰세요.

중

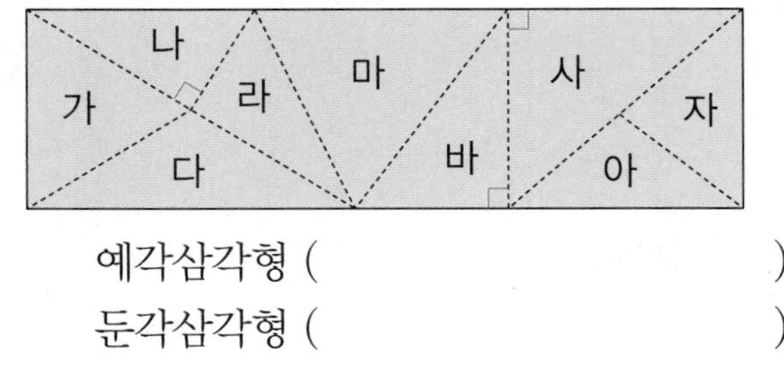

예각삼각형 (　　　　　　　　)
둔각삼각형 (　　　　　　　　)

2 단원

• 정답 63쪽

19 길이가 같은 빨대 3개를 변으로 하여 만든 삼각형의 이름이 될 수 있는 것에 모두 ○표 하세요.
중

정삼각형 (   )
이등변삼각형 (   )
예각삼각형 (   )
둔각삼각형 (   )
직각삼각형 (   )

정보 처리

20 보기 에서 설명하는 삼각형을 그리세요.
중

보기
- 변이 3개입니다.
- 두 변의 길이가 같습니다.
- 세 각이 모두 예각입니다.

21 다음은 이등변삼각형입니다. 세 변의 길이의 합은 몇 cm인가요?
중

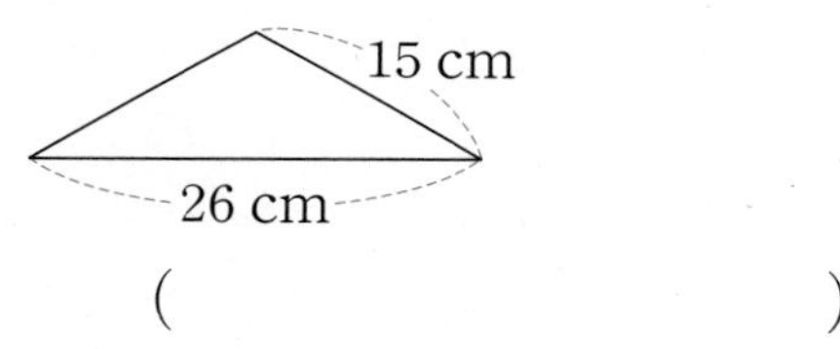

(   )

추론

22 소정이는 다음과 같은 두 각의 크기를 이용하여 이등변삼각형을 그리려고 합니다. 이등변삼각형이 될 수 없는 것은 무엇일까요? ·········· (   )
중

① 70°, 70° ② 35°, 110°
③ 40°, 70° ④ 45°, 80°
⑤ 65°, 50°

서술형 문제

23 삼각형의 일부가 지워졌습니다. 이 삼각형의 이름을 구하는 풀이 과정을 쓰고, 삼각형의 이름을 쓰세요.
상

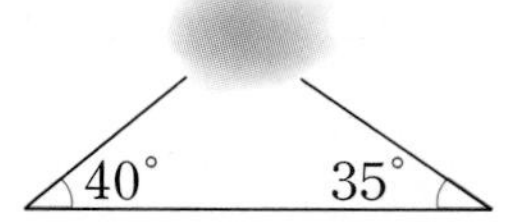

풀이 ______

답 ______

24 다음 이등변삼각형과 세 변의 길이의 합이 같은 정삼각형을 만들려고 합니다. 정삼각형의 한 변의 길이를 몇 cm로 해야 할까요?
상

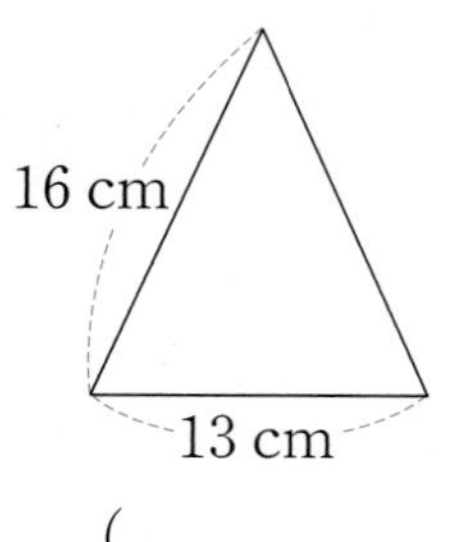

(   )

서술형 문제

25 삼각형 ㄱㄴㄷ은 이등변삼각형입니다. 각 ㄱㄴㄹ의 크기는 몇 도인지 풀이 과정을 쓰고 답을 구하세요.
상

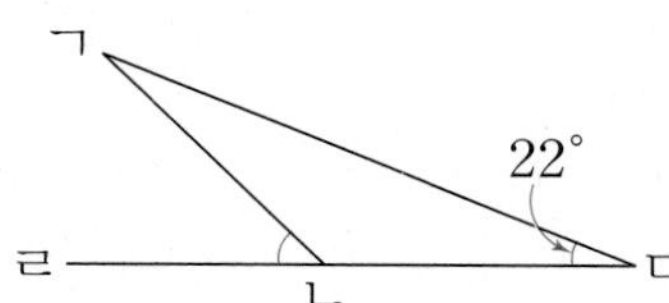

풀이 ______

답 ______

[01~03] 도형을 보고 물음에 답하세요.

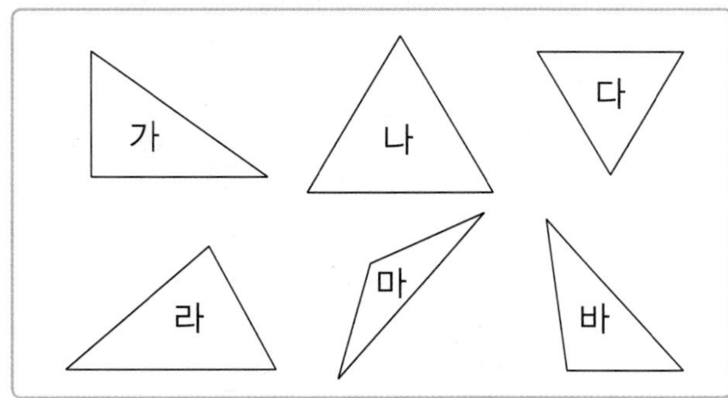

01 정삼각형을 모두 찾아 기호를 쓰세요. [5점]
하
( )

02 예각삼각형을 모두 찾아 기호를 쓰세요. [5점]
하
( )

03 둔각삼각형이면서 이등변삼각형인 삼각형을 찾아 기호를 쓰세요. [5점]
하
( )

04 다음은 정삼각형입니다. □ 안에 알맞은 수를 써넣으세요. [5점]
중

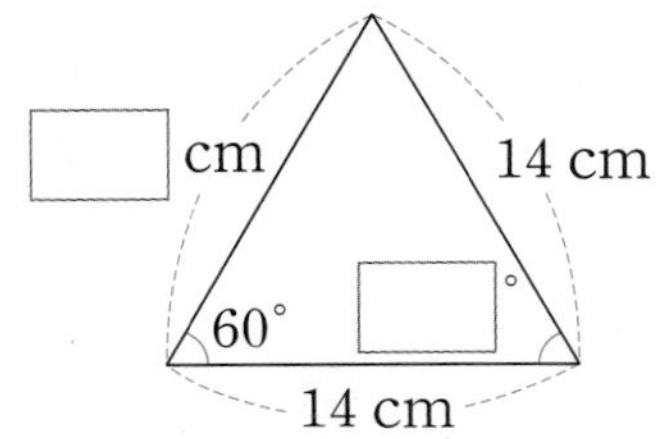

[05~06] 다음은 이등변삼각형입니다. □ 안에 알맞은 수를 써넣으세요.

05 [5점]
중

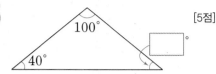

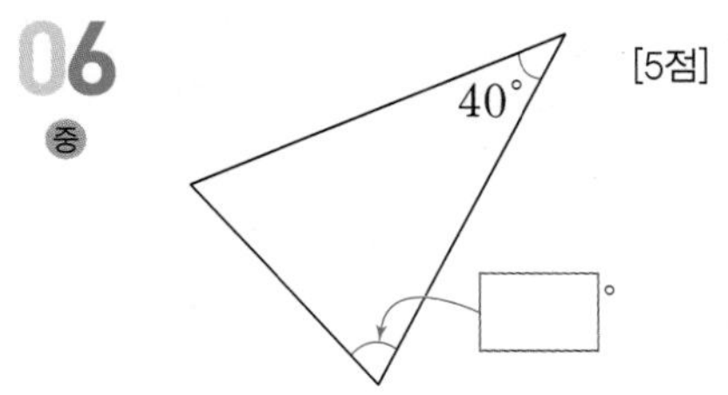

06 [5점]
중

40° °

서술형 문제

07 다음 삼각형이 이등변삼각형인 까닭을 쓰세요. [5점]
중

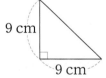

9 cm
9 cm

의사소통

08 민희의 말을 읽고 잘못된 부분을 고쳐 쓰세요. [5점]
중

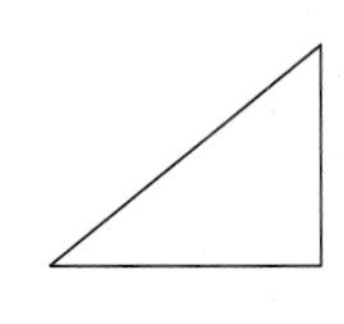

• 정답 64쪽

09 다음 삼각형의 이름이 될 수 있는 것에 모두 ○표 하세요. [5점]
중

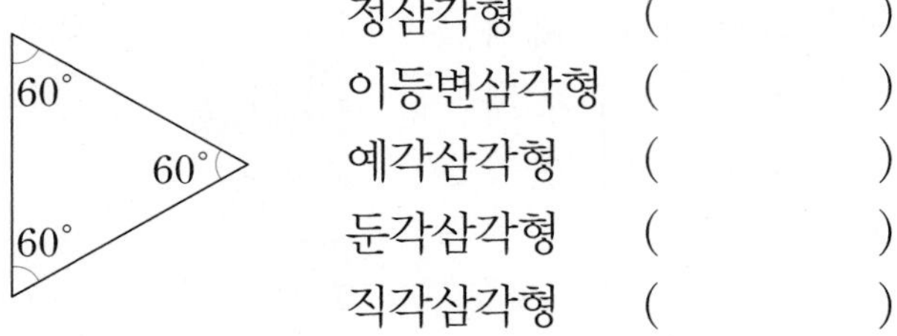

10 다음 삼각형은 이등변삼각형입니다. 삼각형의 세 변의 길이의 합이 19 cm일 때 가장 긴 변의 길이는 몇 cm일까요? [5점]
중

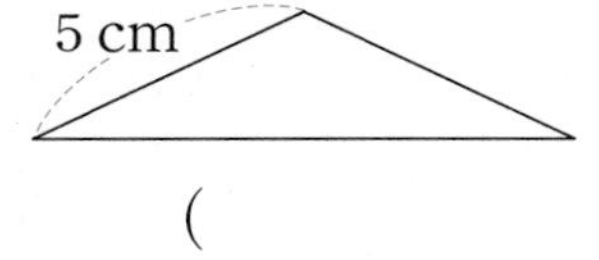

( )

11 다음 중 이등변삼각형을 모두 찾아 기호를 쓰세요. [10점]
중

㉠ 두 각의 크기가 80°, 50°인 삼각형
㉡ 세 변의 길이가 모두 9 cm인 삼각형
㉢ 세 변의 길이가 각각 9 cm, 8 cm, 7 cm인 삼각형

( )

문제 해결

12 한 각의 크기가 60°이고, 한 변이 7 cm인 이등변삼각형입니다. 세 변의 길이의 합을 구하세요. [10점]
상

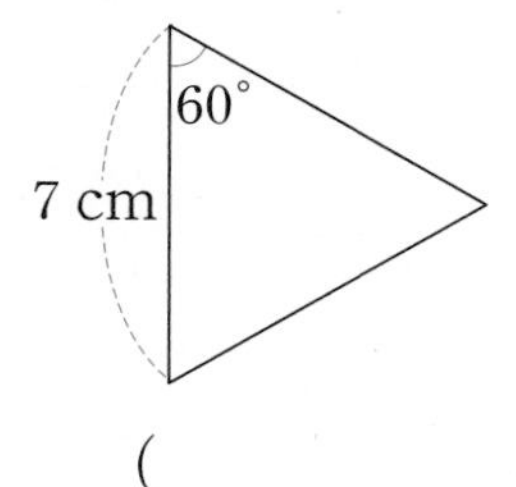

( )

추론

13 그림에서 찾을 수 있는 크고 작은 예각삼각형은 몇 개일까요? [10점]
상

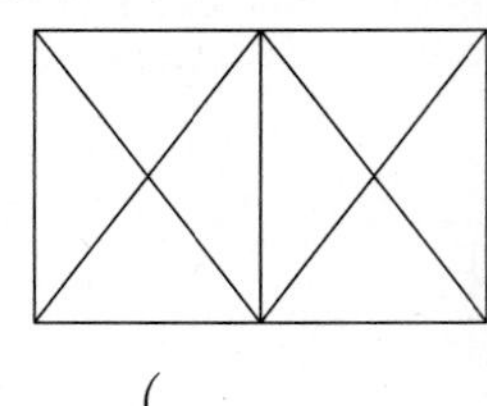

( )

서술형 문제

14 ㉠의 각도는 몇 도인지 풀이 과정을 쓰고 답을 구하세요. [10점]
상

서술형 문제

15 삼각형 ㄱㄴㄷ은 정삼각형이고, 삼각형 ㄱㄷㄹ은 이등변삼각형입니다. 각 ㄱㄹㄷ의 크기는 몇 도인지 풀이 과정을 쓰고 답을 구하세요. [10점]
상

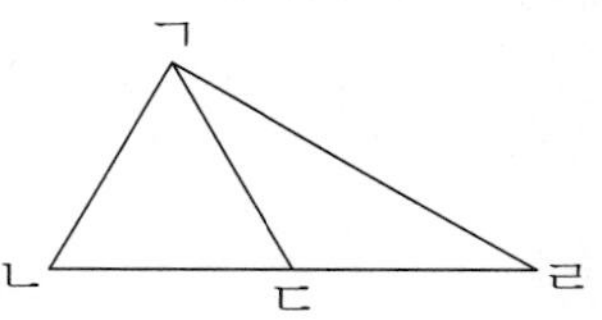

풀이

답

2 단원

진도 완료 체크

2. 삼각형

점수

(구술 평가) 발표를 통해 이해 정도를 평가

1 삼각형에 대해 잘못 설명한 사람을 찾아 이름을 쓰고 바르게 고쳐 쓰세요. [10점]

> 은호: 둔각삼각형에는 둔각이 한 개만 있습니다.
> 서준: 예각삼각형에는 예각이 한 개만 있습니다.
> 민찬: 정삼각형의 세 각은 모두 예각입니다.

(　　　　　　　　　)

(지필 평가) 종이에 답을 쓰는 형식의 평가

2 다음은 이등변삼각형입니다. 세 변의 길이의 합은 몇 cm인지 풀이 과정을 쓰고 답을 구하세요. [10점]

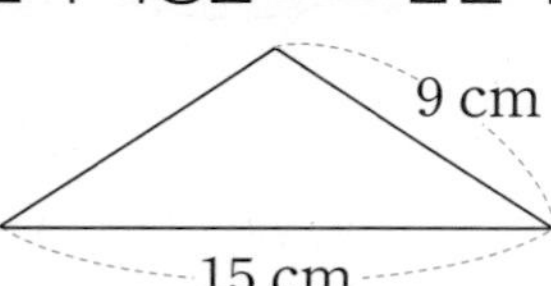

풀이

답

(지필 평가)

3 다음과 같이 이등변삼각형 모양의 종이 한쪽이 찢어졌습니다. 삼각형의 세 각 중 찢어진 곳에 있던 각의 크기는 몇 도인지 풀이 과정을 쓰고 답을 구하세요. [10점]

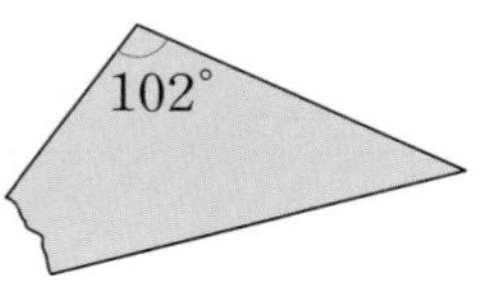

풀이

답

(지필 평가)

4 어떤 삼각형의 두 각의 크기가 30°, 45°입니다. 이 삼각형은 예각삼각형, 직각삼각형, 둔각삼각형 중 어떤 삼각형인지 풀이 과정을 쓰고 답을 구하세요. [10점]

풀이

답

2 단원

• 정답 65쪽

(지필 평가)

5 길이가 33 cm인 철사로 남거나 겹치는 부분 없이 정삼각형을 만들었습니다. 정삼각형의 한 변의 길이는 몇 cm인지 풀이 과정을 쓰고 답을 구하세요. [15점]

풀이 ______

답 ______

(지필 평가)

6 삼각형 ㄱㄴㄷ은 이등변삼각형입니다. 각 ㄱㄷㄹ의 크기는 몇 도인지 풀이 과정을 쓰고 답을 구하세요. [15점]

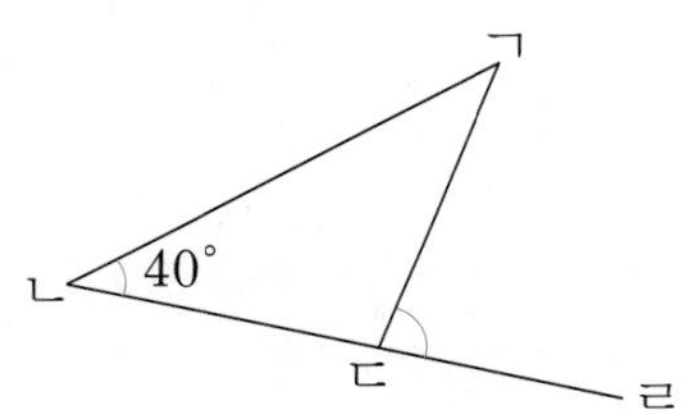

풀이 ______

답 ______

(지필 평가)

7 삼각형 ㄱㄴㄷ은 이등변삼각형입니다. 각 ㄴㄱㄹ의 크기는 몇 도인지 풀이 과정을 쓰고 답을 구하세요. [15점]

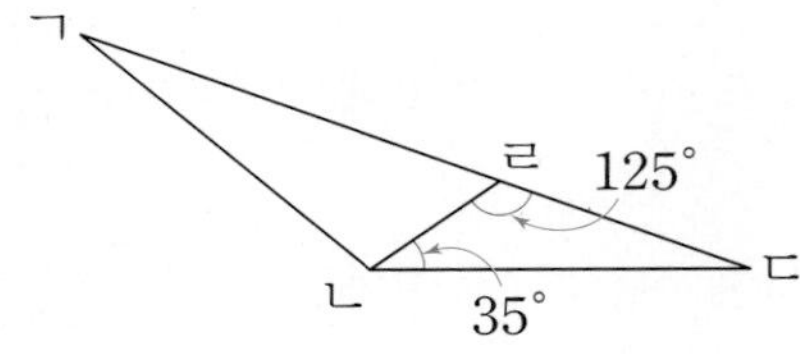

풀이 ______

답 ______

(지필 평가)

8 다음 도형에서 찾을 수 있는 크고 작은 예각삼각형은 모두 몇 개인지 풀이 과정을 쓰고 답을 구하세요. [15점]

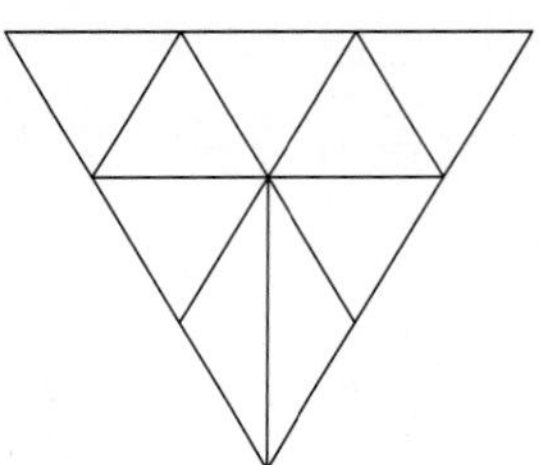

풀이 ______

답 ______

[1~3] 대화를 읽고 물음에 답하세요. 창의·융합 추론

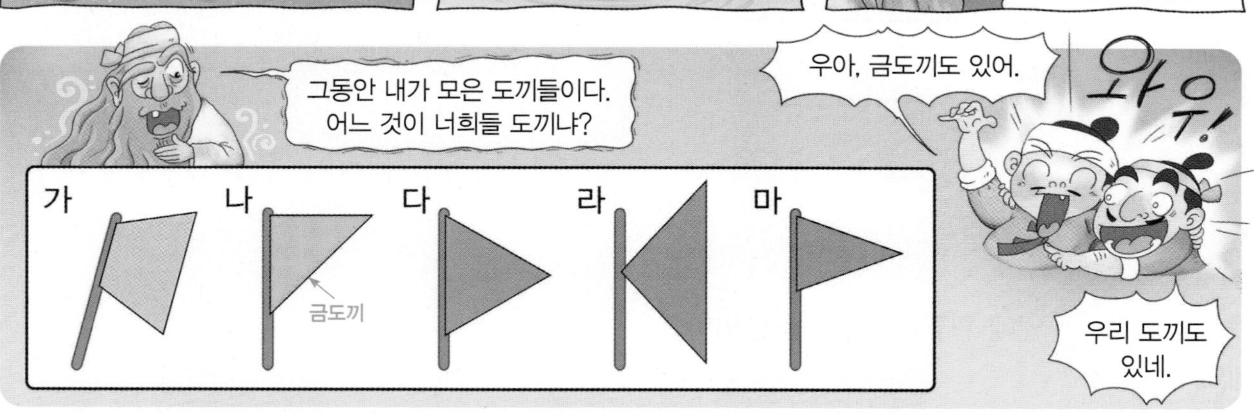

2 단원

1 다음 나무꾼의 도끼를 찾아 기호를 쓰세요.

제 도끼는 예각이 2개만 있고 두 변의 길이가 같은 삼각형이에요. 직각은 없어요.

(　　　　　　　　　　)

2 다음 나무꾼의 도끼를 찾아 기호를 쓰세요.

제 도끼는 60°인 각이 있고 서로 길이가 같은 변도 있는 삼각형이에요.

(　　　　　　　　　　)

3 금도끼에서 찾을 수 있는 삼각형의 이름을 2가지 쓰세요.

(　　　　　　　　　　), (　　　　　　　　　　)

기본 단원평가 지필 평가 대비

3. 소수의 덧셈과 뺄셈

점수

01 소수를 읽으세요.

하

0.207

( )

02 □ 안에 알맞은 수를 써넣으세요.

하

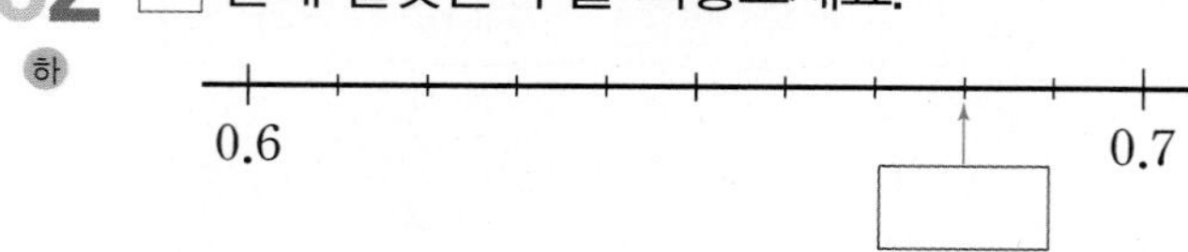

03 소수를 보고 □ 안에 알맞은 수나 말을 써넣으세요.

하

7.429

(1) 7은 □의 자리 숫자이고 □을 나타냅니다.

(2) 4는 □ 자리 숫자이고 □를 나타냅니다.

(3) 9는 □ 자리 숫자이고 □를 나타냅니다.

04 □ 안에 알맞은 수를 써넣으세요.

하

(1) 0.37은 0.01이 □개입니다.

(2) 0.29는 0.01이 □개입니다.

(3) 0.37+0.29는 0.01이 □개이므로

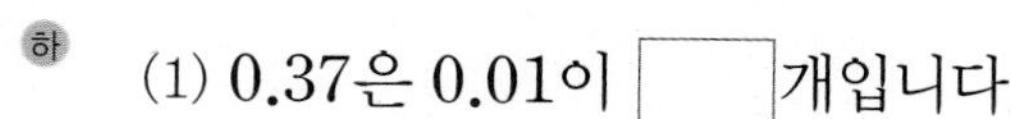

0.37+0.29=□입니다.

05 □ 안에 알맞은 수를 써넣으세요.

중

(1) 0.001이 409개인 수는 □입니다.

(2) 0.001이 6147개인 수는 □입니다.

06 크기가 다른 소수를 찾아 쓰세요.

중

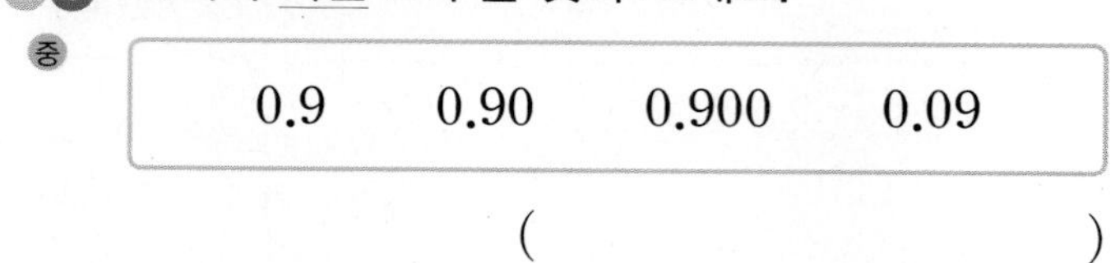

0.9　　0.90　　0.900　　0.09

( )

07 빈 곳에 알맞은 수를 써넣으세요.

중

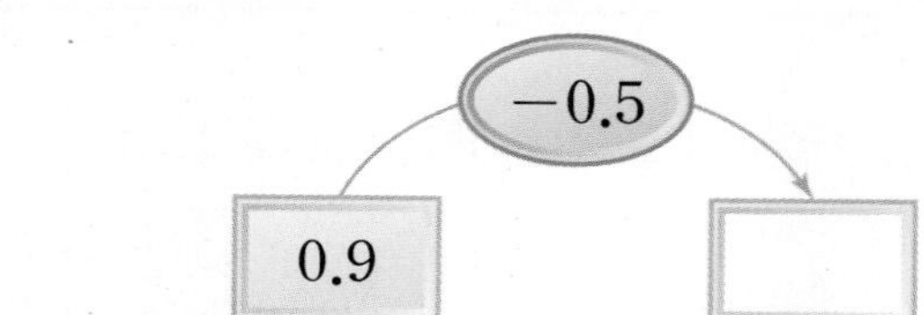

08 □ 안에 알맞은 수를 써넣으세요.

중

(1) 750 g=□ kg

(2) 3.04 kg=□ g

09 가장 작은 소수는 어느 것인가요? ·········( )

중

① 0.638　② 8.025　③ 0.835

④ 0.189　⑤ 8.194

10 □ 안에 알맞은 수를 써넣으세요.

중

1 → □ → 0.1 → □ → 0.01

□배 ← □배

11 계산 결과가 같은 것끼리 선으로 이으세요.

중

0.2+0.4	•	•	0.3+0.8
0.5+0.6	•	•	0.4+0.5
0.7+0.2	•	•	0.3+0.3

12 ◯ 안에 >, =, <를 알맞게 써넣으세요.

중

0.27+0.11 ◯ 0.44−0.18

13 계산을 하세요.

중

(1) $\begin{array}{r} 3.38 \\ +\,2.75 \\ \hline \end{array}$ (2) $\begin{array}{r} 5.67 \\ +\,1.37 \\ \hline \end{array}$

(3) $\begin{array}{r} 4.54 \\ -\,2.85 \\ \hline \end{array}$ (4) $\begin{array}{r} 3.13 \\ -\,1.25 \\ \hline \end{array}$

14 계산 결과가 큰 것부터 차례로 기호를 쓰세요.

중

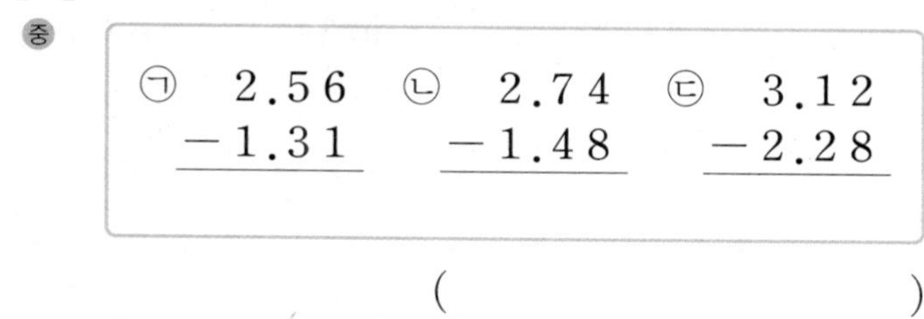

(   )

15 가장 큰 수와 가장 작은 수의 차를 구하세요.

중

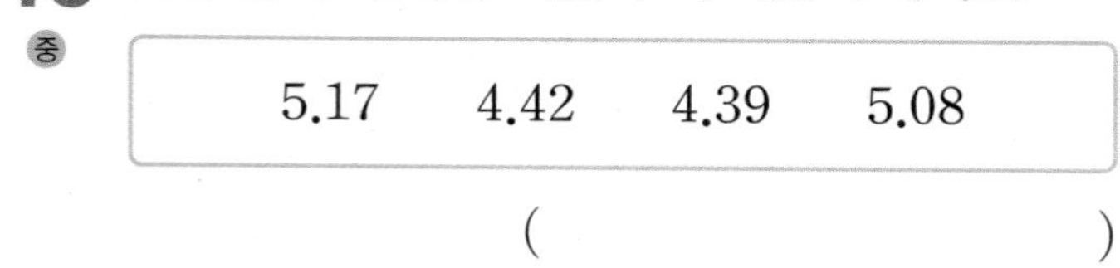

(   )

[16~17] 진우와 서연이는 소수의 덧셈을 잘못 계산하였습니다. 물음에 답하세요.

16 바르게 계산하세요.

중

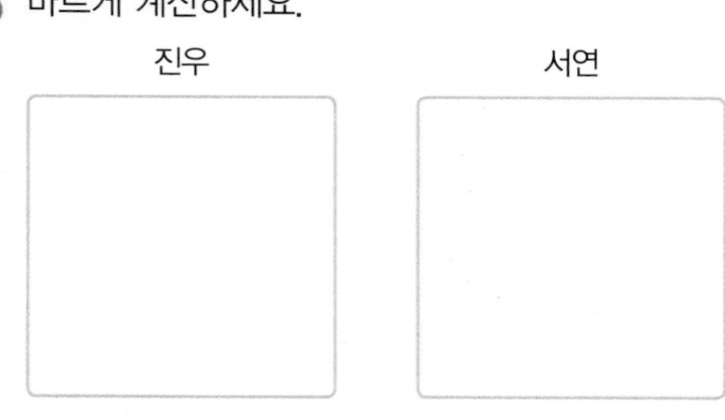

17 바르게 계산한 결과가 더 큰 사람은 누구일까요?

중

(   )

3 단원

• 정답 66쪽

18 중 착한 할아버지는 옹달샘 물을 0.2 L 마시고 젊어졌습니다. 욕심쟁이 할아버지는 착한 할아버지가 마신 물의 10배를 마시고 아기가 되었습니다. 욕심쟁이 할아버지가 마신 물은 몇 L일까요?

(　　　　　　　　)

창의·융합

19 중 다음은 우사인 볼트가 100 m 달리기에서 세운 기록입니다. 우사인 볼트의 기록이 더 좋은 해는 언제였나요?

▲ 우사인 볼트

2009년	9.58초
2013년	9.77초

(　　　　　　　　)

20 중 미주는 아프리카 어린이들을 돕기 위해 모자 뜨기를 했습니다. 파란색 털실을 5.39 m, 빨간색 털실을 3.52 m 사용했다면 미주가 사용한 털실은 모두 몇 m일까요?

(　　　　　　　　)

21 중 두 수의 합을 구하세요.

- 0.1이 28개, 0.01이 45개인 수
- 0.01이 56개, 0.001이 30개인 수

(　　　　　　　　)

추론

22 상 □ 안에 알맞은 수를 써넣으세요.

$$\begin{array}{r} 6.8\square \\ +\ 2.\square 5 \\ \hline \square.21 \end{array}$$

서술형 문제

23 상 ㉠이 나타내는 수는 ㉡이 나타내는 수의 몇 배인지 풀이 과정을 쓰고 답을 구하세요.

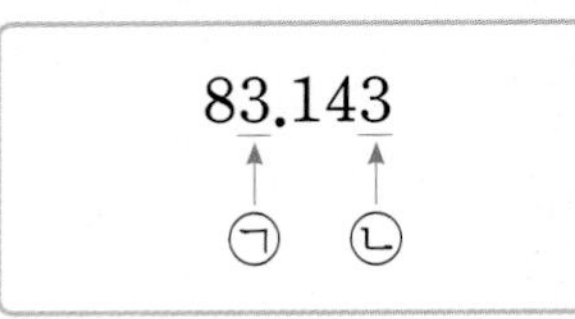

풀이 ____________________

____

____

답 ____________________

24 상 0부터 9까지의 숫자 중에서 □ 안에 들어갈 수 있는 수를 모두 구하세요.

8.56−6.98>1.□9

(　　　　　　　　)

25 상 민기네 집에서 행정복지센터를 지나 학교까지 가는 길은 학교까지 바로 가는 길보다 몇 km 더 먼가요?

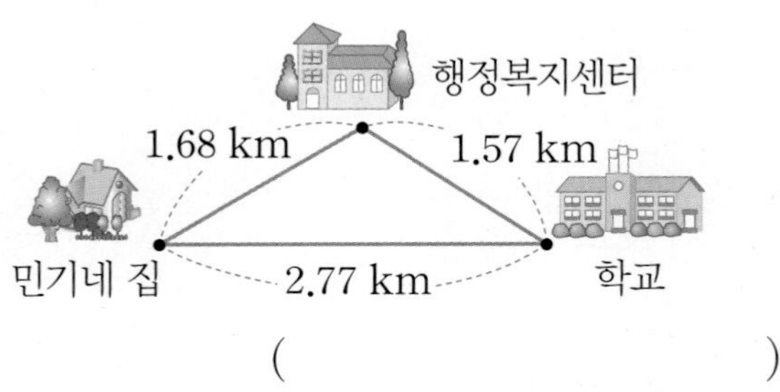

(　　　　　　　　)

3 단원

실력 단원평가 지필 평가 대비

점수

01 다음 설명 중 틀린 것은 어느 것인가요? [5점]

하 ( )

① 0.07은 0.01이 7개인 수입니다.
② 0.053은 0.001이 53개인 수입니다.
③ 3.402는 0.001이 3402개인 수입니다.
④ 2.036은 $\frac{236}{1000}$과 같은 수입니다.
⑤ 4.03은 4.030과 같은 수입니다.

02 □ 안에 알맞은 수를 써넣으세요. [5점]

하

(1) 13.7의 $\frac{1}{10}$은 □이고, 13.7의 $\frac{1}{100}$은 □입니다.

(2) 25.8의 $\frac{1}{10}$은 □이고, 25.8의 $\frac{1}{100}$은 □입니다.

03 2가 나타내는 수가 가장 작은 수를 쓰세요. [5점]

하

2.316　　8.024　　3.562

( )

04 빈 곳에 알맞은 수를 써넣으세요. [5점]

하

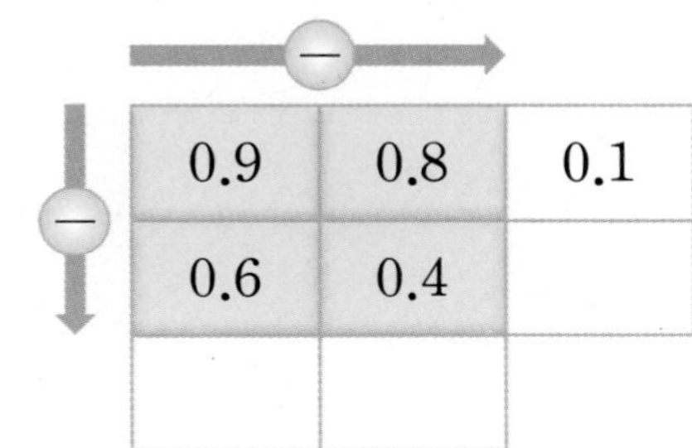

0.9	0.8	0.1
0.6	0.4	

05 소수의 크기를 비교하여 큰 수부터 차례로 쓰세요. [5점]

중

3.96　　4.07　　3.986　　4.1

( )

06 두 수의 합이 1보다 작은 것은 어느 것일까요? [5점] ( )

중

① 0.81＋0.29　　② 0.39＋0.62
③ 0.47＋0.51　　④ 0.58＋0.67
⑤ 0.28＋0.84

07 계산에서 잘못된 곳을 찾아 바르게 계산하세요. [5점]

중

$$\begin{array}{r} 6.52 \\ -\ 2.8 \\ \hline 4.72 \end{array}$$

⇨

08 다음 카드 5장을 한 번씩 모두 사용하여 만들 수 있는 가장 작은 소수 세 자리 수를 구하세요. [5점]

중

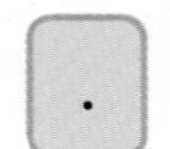    

. 3 0 5 8

( )

3 단원

• 정답 67쪽

09 구슬 한 개의 무게는 385 g입니다. 똑같은 구슬 100개의 무게는 몇 kg일까요? [5점]
중

(　　　　　　　　)

창의·융합

10 수프를 여우는 1.04 L, 두루미는 0.29 L 먹었습니다. 여우와 두루미가 먹은 수프는 모두 몇 L일까요? [5점]
중

(　　　　　　　　)

11 옥수수가 들어 있는 바구니의 무게는 4.16 kg입니다. 빈 바구니의 무게가 0.27 kg일 때 바구니에 들어 있는 옥수수의 무게는 몇 kg일까요? [5점]
중

(　　　　　　　　)

12 0부터 9까지의 숫자 중에서 □ 안에 들어갈 수 있는 수를 모두 구하세요. [5점]
중

$3.275 < 3.2\square4$

(　　　　　　　　)

13 □ 안에 알맞은 수를 써넣으세요. [10점]
상

$$\begin{array}{r} 5.\square4 \\ -\ 2.5\square \\ \hline \square.68 \end{array}$$

14 다음 카드를 한 번씩 모두 사용하여 소수 두 자리 수를 만들려고 합니다. 만들 수 있는 가장 작은 수와 가장 큰 수의 합을 구하세요. (단, 0은 맨 마지막에 올 수 없습니다.) [10점]
상

6　0　1　

(　　　　　　　　)

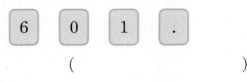

추론

15 0부터 9까지의 숫자 중에서 □ 안에 들어갈 수 있는 가장 작은 수를 구하세요. [10점]
상

$3.76+5.19<8.9\square3$

(　　　　　　　　)

서술형 문제

16 어떤 수에 8.26을 더해야 할 것을 잘못하여 뺐더니 2.79가 되었습니다. 바르게 계산한 값은 얼마인지 풀이 과정을 쓰고 답을 구하세요. [10점]
상

풀이 ________________________

답 ________________

3 단원

진도 완료 체크

과정 중심 단원평가 지필·구술 평가 대비 3. 소수의 덧셈과 뺄셈

점수

지필 평가 종이에 답을 쓰는 형식의 평가

1 주희네 집에서 놀이터를 거쳐 학교까지 가려면 몇 km를 가야 하는지 식을 쓰고 답을 구하세요. [10점]

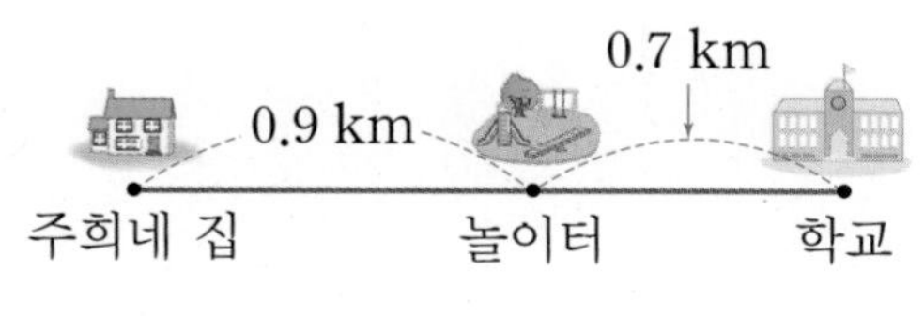

식

답

지필 평가

2 대걸레와 빗자루의 길이를 나타낸 것입니다. 대걸레의 길이는 빗자루의 길이보다 몇 m 더 긴지 식을 쓰고 답을 구하세요. [10점]

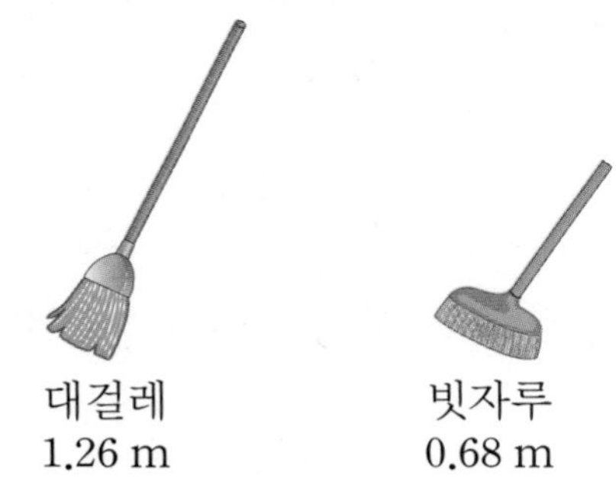

식

답

지필 평가

3 아래 신발의 사이즈는 255 mm입니다. 이 신발의 사이즈는 몇 cm인지 풀이 과정을 쓰고 답을 구하세요. [10점]

풀이

답

구술 평가 발표를 통해 이해 정도를 평가

4 계산에서 잘못된 곳을 찾아 바르게 계산하고 그 까닭을 쓰세요. [10점]

$$\begin{array}{r} 1.73 \\ +\,6.34 \\ \hline 7.07 \end{array} \Rightarrow \boxed{}$$

까닭

3 단원

• 정답 68쪽

지필 평가

5 가장 큰 수와 가장 작은 수의 차는 얼마인지 풀이 과정을 쓰고 답을 구하세요. [15점]

6.17	2.42	2.39	5.08

풀이 ________

답 ________

지필 평가

6 삼각형의 세 변의 길이의 합은 몇 cm인지 풀이 과정을 쓰고 답을 구하세요. [15점]

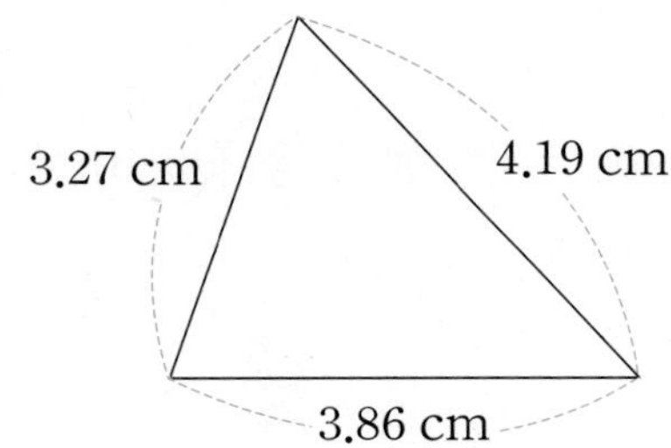

풀이 ________

답 ________

지필 평가

7 다음 카드를 한 번씩 모두 사용하여 소수 두 자리 수를 만들려고 합니다. 만들 수 있는 가장 큰 수와 가장 작은 수의 차는 얼마인지 풀이 과정을 쓰고 답을 구하세요. [15점]

1	3	5	7	.

풀이 ________

답 ________

지필 평가

8 0부터 9까지의 숫자 중에서 □ 안에 들어갈 수 있는 숫자는 모두 몇 개인지 풀이 과정을 쓰고 답을 구하세요. [15점]

$2.04+1.73<3.\square6$

풀이 ________

답 ________

창의·융합 문제

[1~3] 다음은 태준이네 집의*평면도입니다. 평면도를 보고 물음에 답하세요. (창의·융합) (문제 해결)

* **평면도:** 건물의 각 층, 방, 출입구 따위의 배치를 나타내기 위하여 건물을 수평 방향으로 절단하여 바로 위에서 내려다본 그림.

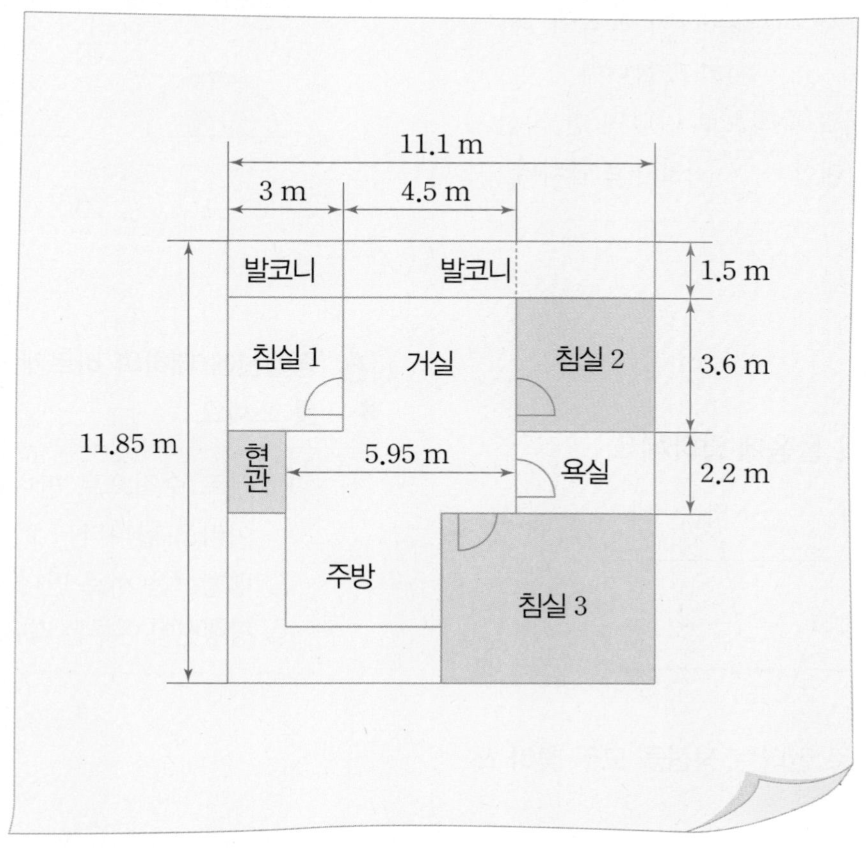

1 침실 2의 세로는 3.6 m입니다. 침실 2의 가로는 몇 m일까요?

( )

2 현관의 짧은 변의 길이는 몇 m일까요?

( )

3 침실 3의 짧은 변의 길이는 몇 m인지 하나의 식을 쓰고 답을 구하세요.

식 ________________

답 ________________

3 단원

진도 완료 체크

01 하 □ 안에 알맞은 말을 써넣으세요.

두 직선이 만나서 이루는 각이 직각일 때, 두 직선은 서로 □이라고 합니다.
또 두 직선이 서로 수직으로 만나면 한 직선을 다른 직선에 대한 □이라고 합니다.

[02~03] 그림을 보고 물음에 답하세요.

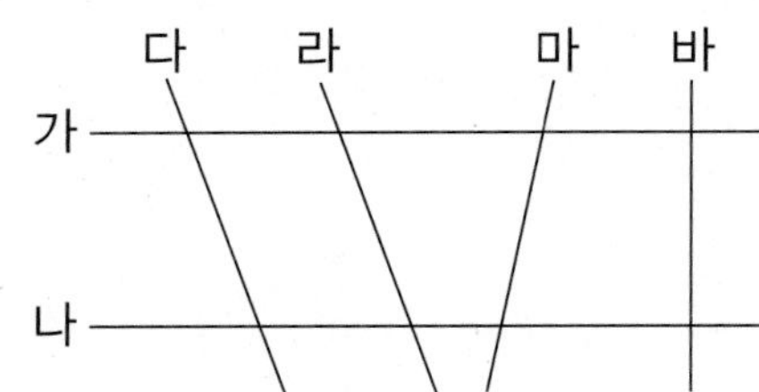

02 하 직선 바와 수직으로 만나는 직선을 모두 찾아 쓰세요.

(　　　　　　)

03 하 서로 평행한 직선은 모두 몇 쌍일까요?

(　　　　　　)

04 하 도형에서 변 ㄴㄷ과 수직인 변은 모두 몇 개일까요?

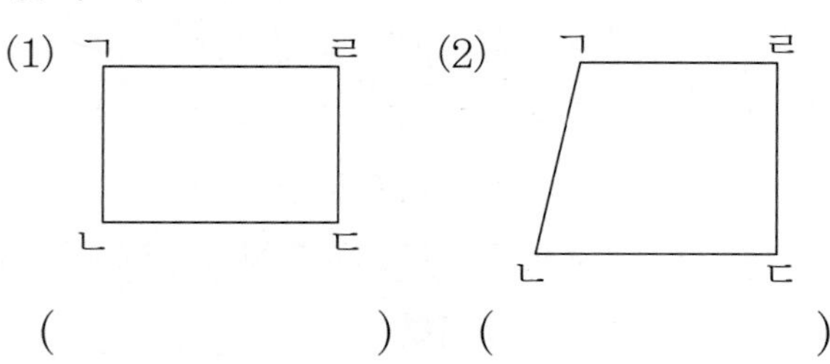

(　　　　　　) (　　　　　　)

05 중 각도기를 사용하여 주어진 직선에 대한 수선을 그으려고 합니다. 차례로 기호를 쓰세요.

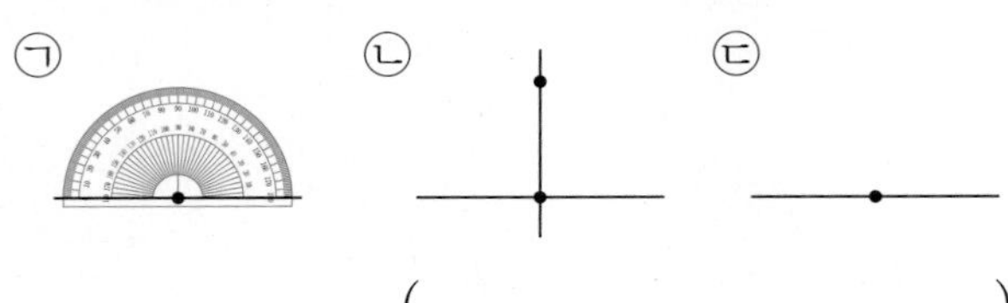

(　　　　　　)

06 중 평행선에 대하여 바르게 설명한 것을 찾아 기호를 쓰세요.

㉠ 서로 수직으로 만나는 두 직선을 평행선이라고 합니다.
㉡ 평행선은 서로 만나지 않습니다.
㉢ 평행선이 이루는 각은 직각입니다.

(　　　　　　)

07 중 삼각자를 사용하여 점 ㅇ을 지나고 직선 가와 평행한 직선을 그으세요.

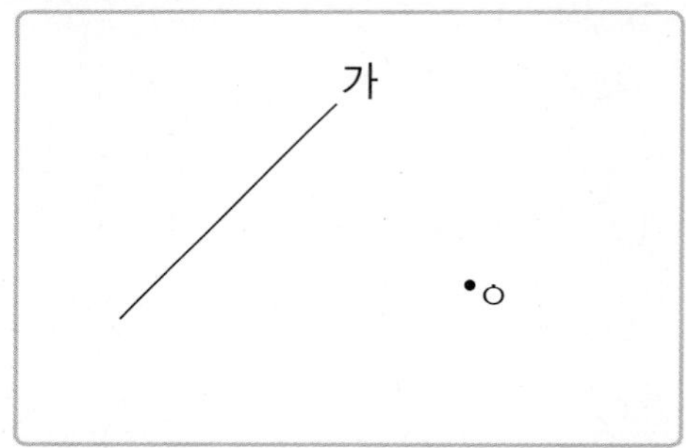

08 중 도형에서 서로 평행한 선분을 모두 찾아 쓰세요.

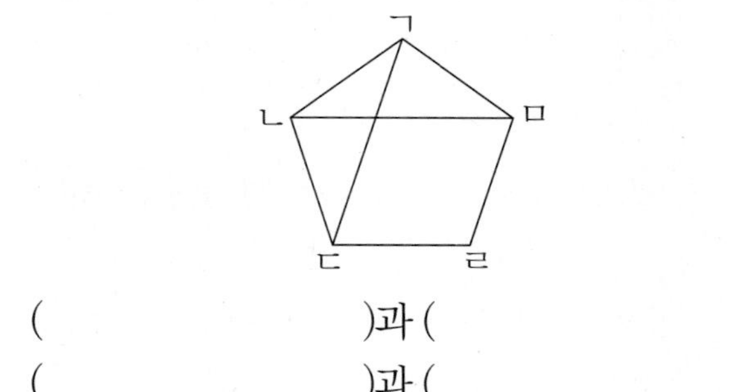

(　　　　　　)과 (　　　　　　),
(　　　　　　)과 (　　　　　　)

• 정답 69쪽

[09~11] 도형을 보고 물음에 답하세요.

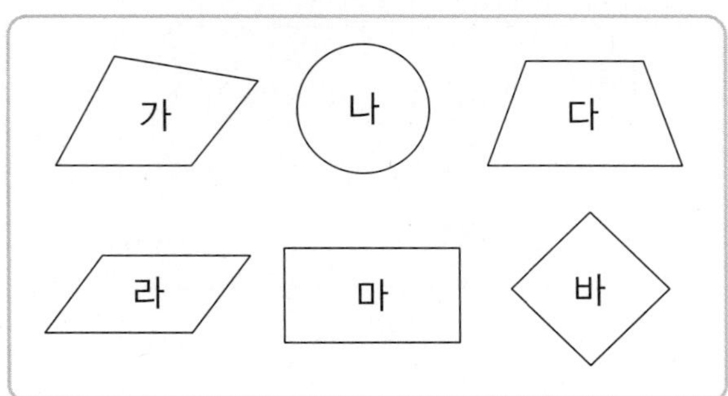

09 사다리꼴을 모두 찾아 기호를 쓰세요.
중 ( )

10 평행사변형을 모두 찾아 기호를 쓰세요.
중 ( )

11 마름모를 찾아 기호를 쓰세요.
중 ( )

[12~14] 직사각형 모양의 종이를 다음과 같이 선을 따라 잘랐습니다. 물음에 답하세요.

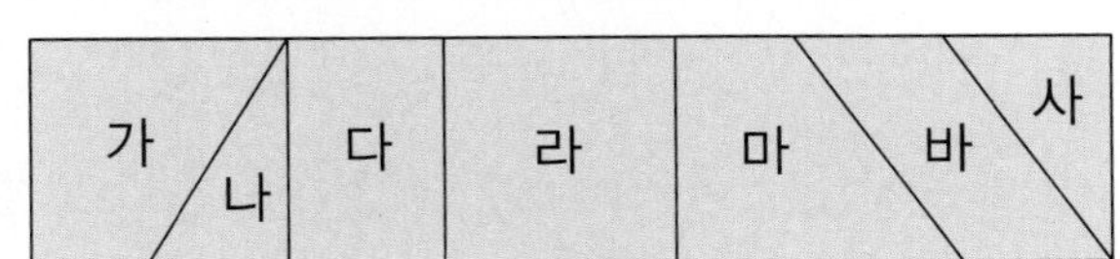

12 평행사변형을 모두 찾아 기호를 쓰세요.
중 ( )

13 직사각형을 모두 찾아 기호를 쓰세요.
중 ( )

14 정사각형을 찾아 기호를 쓰세요.
중 ( )

문제 해결

15 평행선을 찾아 평행선 사이의 거리를 재어 보면 몇 cm일까요?
중

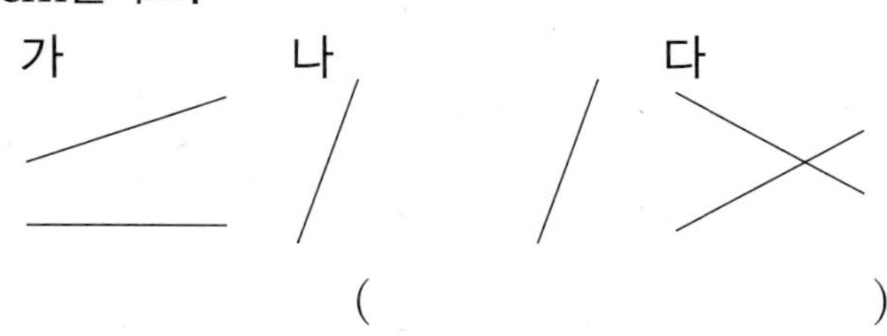

( )

16 평행사변형을 보고 □ 안에 알맞은 수를 써넣으세요.
중

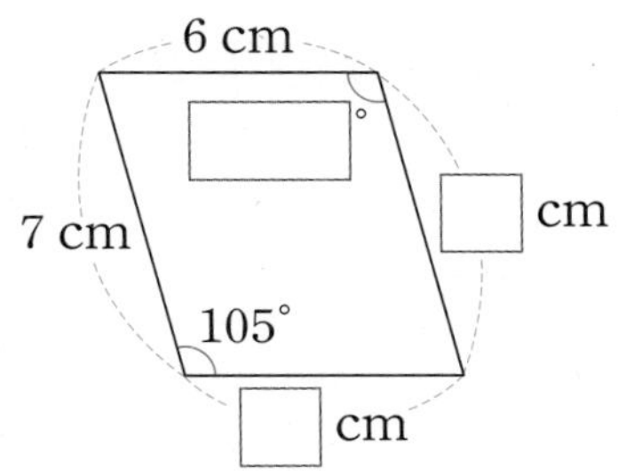

17 다음은 어떤 사각형에 대한 설명일까요?
중

• 네 변의 길이가 모두 같습니다.
• 네 각의 크기가 모두 같습니다.

( )

18 두 사각형의 공통점이 아닌 것을 모두 고르세요. ………… ( )
중

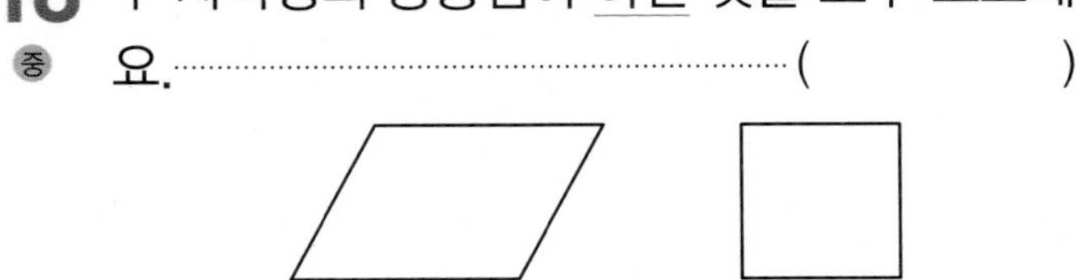

① 서로 평행한 변이 있습니다.
② 마주 보는 두 변의 길이가 같습니다.
③ 마주 보는 두 각의 크기가 같습니다.
④ 네 변의 길이가 모두 같습니다.
⑤ 마주 보는 꼭짓점끼리 이은 선분이 서로 수직으로 만납니다.

4 단원

• 정답 69쪽

[19~20] 마름모를 보고 □ 안에 알맞은 수를 써넣으세요.

19 중

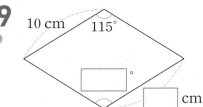

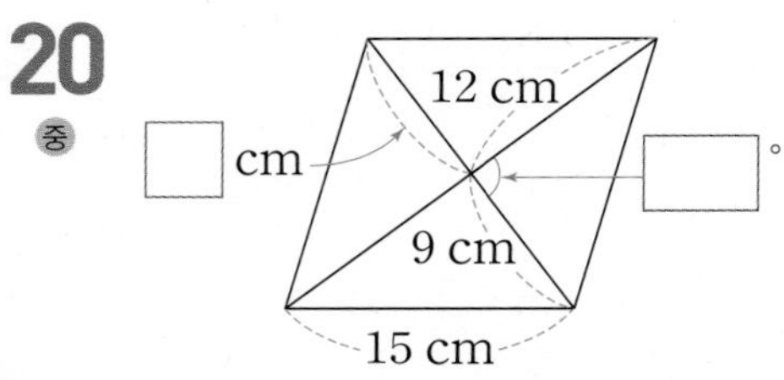

20 중

정보 처리

21 중 다음 중 옳지 않은 것은 어느 것일까요? ( )

① 정사각형은 평행사변형입니다.
② 정사각형은 직사각형입니다.
③ 직사각형은 사다리꼴입니다.
④ 평행사변형은 사다리꼴입니다.
⑤ 마름모는 정사각형입니다.

22 중 도형판에서 한 꼭짓점만 옮겨서 사다리꼴을 만드세요.

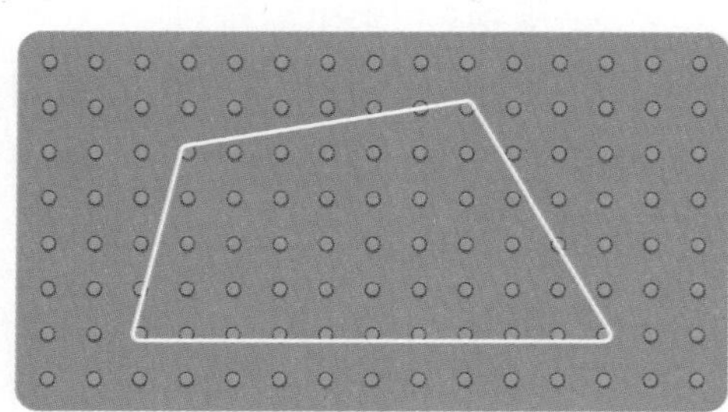

서술형 문제

23 중 오른쪽 사각형의 이름이 될 수 없는 것을 찾아 기호를 쓰고, 그 까닭을 쓰세요.

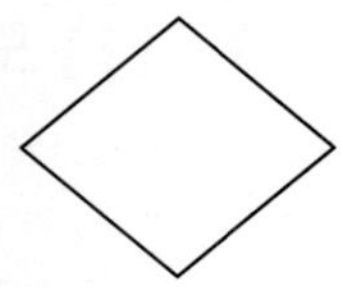

㉠ 평행사변형	㉡ 사다리꼴
㉢ 마름모	㉣ 정사각형

( )

까닭 ______

24 상 변 ㄱㄴ과 평행한 변은 모두 몇 개일까요?

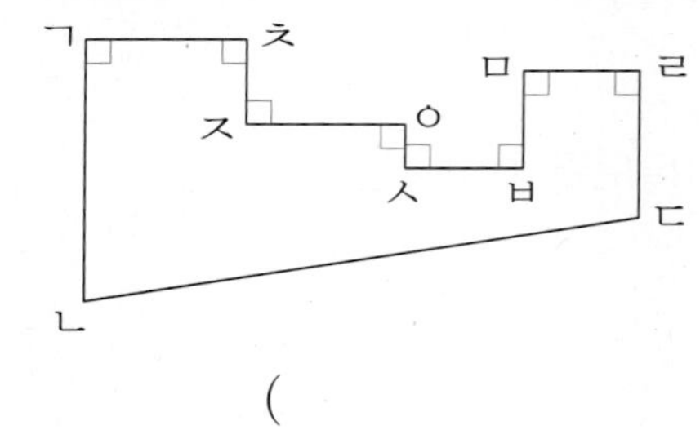

( )

서술형 문제

25 상 평행사변형 ㄱㄴㄷㄹ의 네 변의 길이의 합은 54 cm입니다. 변 ㄱㄹ의 길이는 몇 cm인지 풀이 과정을 쓰고 답을 구하세요.

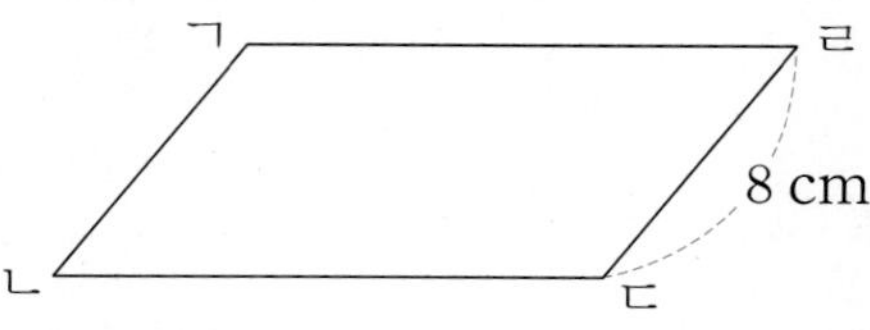

풀이 ______

답 ______

01 하 서로 수직인 변이 없는 도형을 찾아 기호를 쓰세요. [5점]

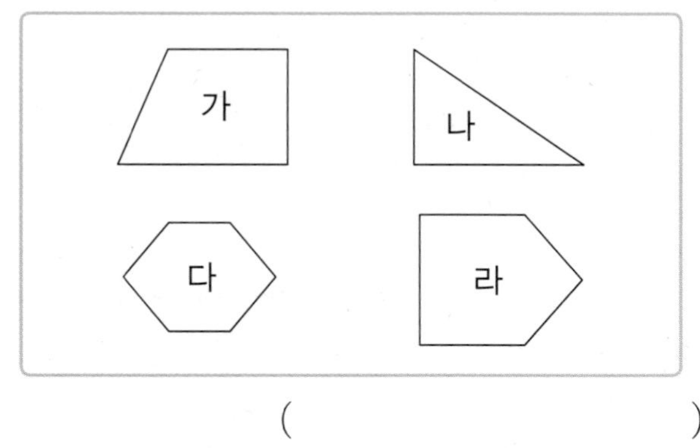

( )

02 하 대화를 읽고 바르게 말한 사람을 찾아 이름을 쓰세요. [5점]

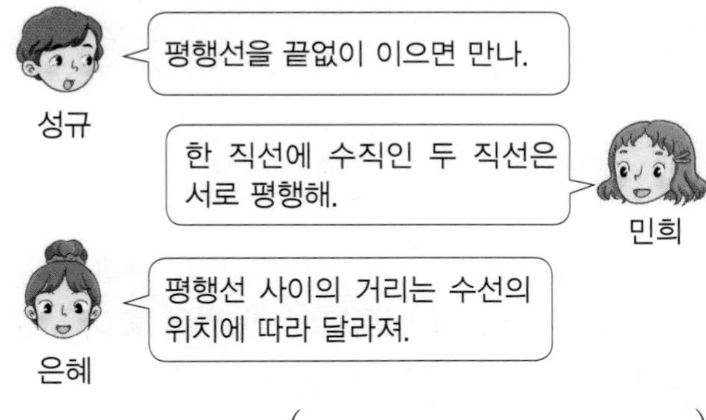

평행선을 끝없이 이으면 만나.
성규
한 직선에 수직인 두 직선은 서로 평행해.
민희
평행선 사이의 거리는 수선의 위치에 따라 달라져.
은혜

( )

03 하 평행선을 모두 찾아 쓰세요. [5점]

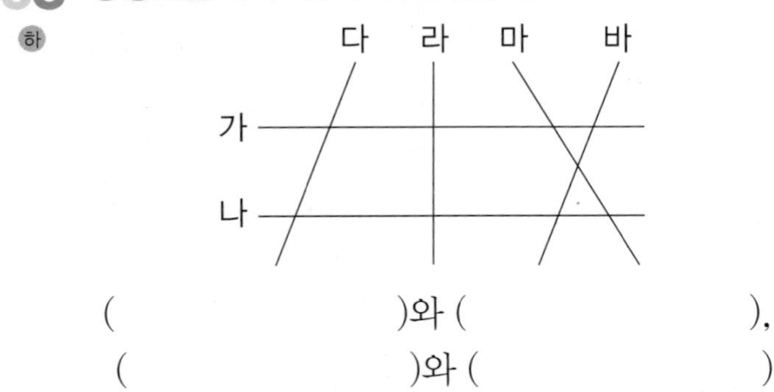

( )와 ( ),
( )와 ( )

[04~05] 도형을 보고 물음에 답하세요.

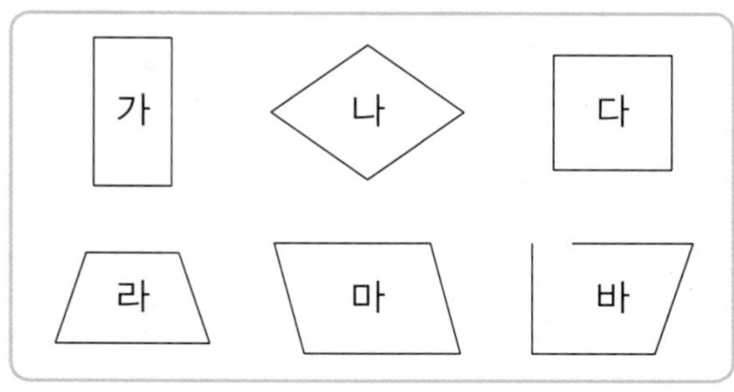

04 중 직사각형을 모두 찾아 기호를 쓰세요. [5점]

( )

05 중 정사각형을 찾아 기호를 쓰세요. [5점]

( )

06 중 직사각형과 정사각형에 대한 설명입니다. 옳은 것에 ○표, 틀린 것에 ×표 하세요. [5점]

(1) 정사각형은 직사각형입니다. ( )

(2) 직사각형은 마름모입니다. ( )

(3) 직사각형은 사다리꼴입니다. ( )

07 중 도형판에서 한 꼭짓점만 옮겨서 평행사변형을 만들 때 한 꼭짓점이 될 수 있는 점은 어느 것일까요? [8점] ( )

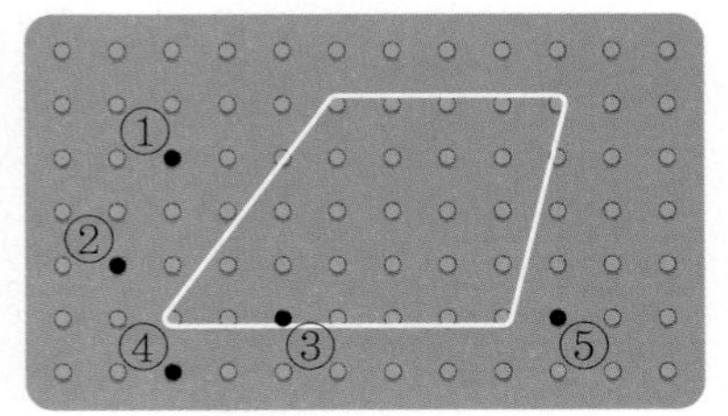

4 단원

• 정답 70쪽

08 다음 중 평행선과 수선이 모두 있는 자음은 모두 몇 개일까요? [8점]
중

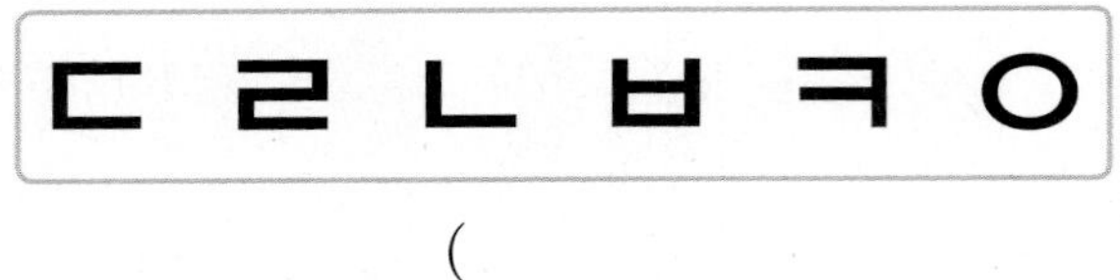

( )

09 마름모의 네 변의 길이의 합은 72 cm입니다. □ 안에 알맞은 수를 써넣으세요. [8점]
중

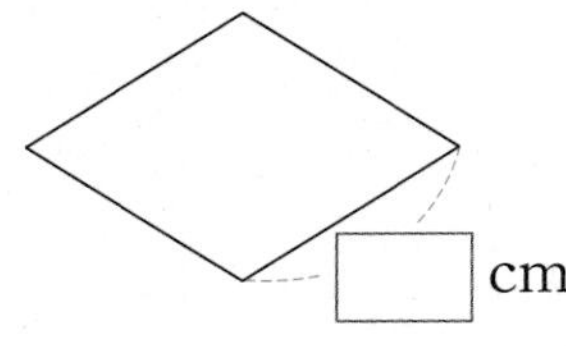

10 변 ㄱㅂ과 변 ㄴㄷ 사이의 거리를 구하세요. [8점]
중

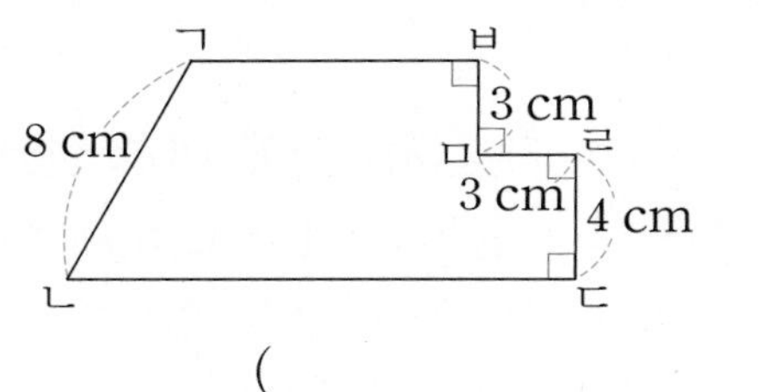

( )

11 점 ㄱ에서 수선을 최대 몇 개까지 그을 수 있나요? [8점]
중

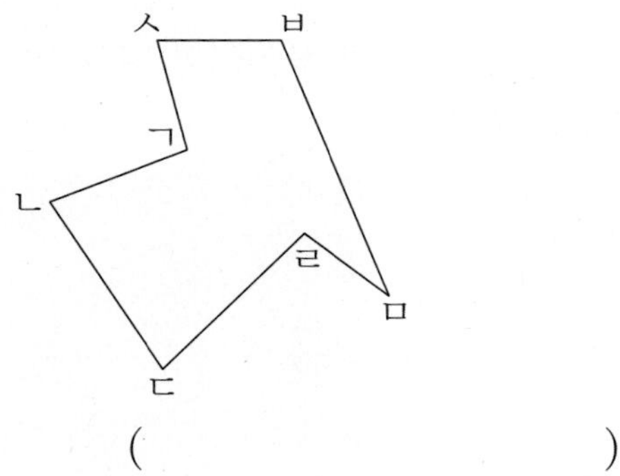

( )

추론

12 주어진 두 점을 꼭짓점으로 하는 마름모를 그려 보세요. [10점]
상

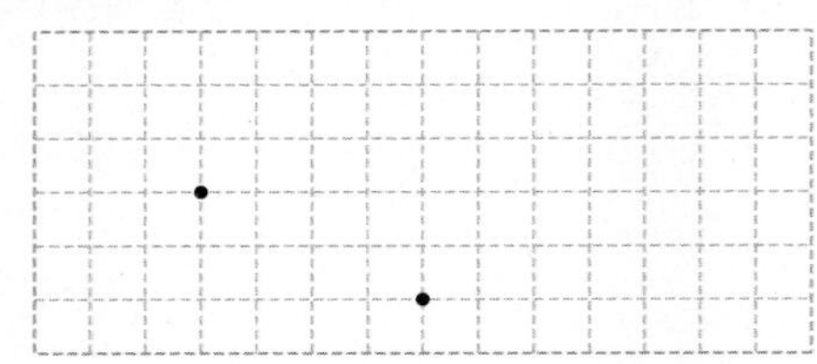

문제 해결

13 평행사변형에서 네 변의 길이의 합은 52 cm입니다. 이웃하는 두 변의 길이의 차는 몇 cm일까요? [10점]
상

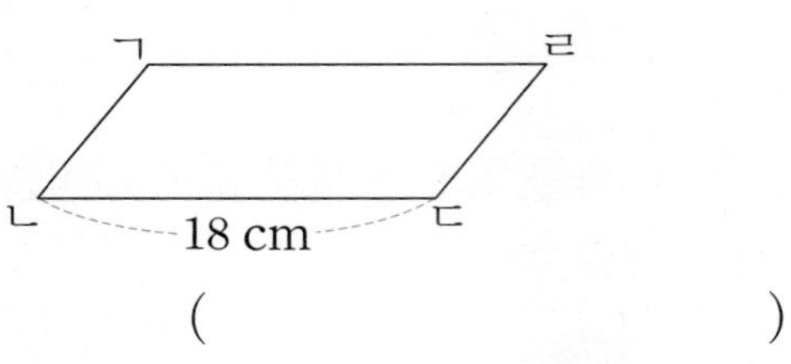

( )

14 평행사변형과 마름모의 한 변을 붙여 놓은 것입니다. 물음에 답하세요. [10점]
상

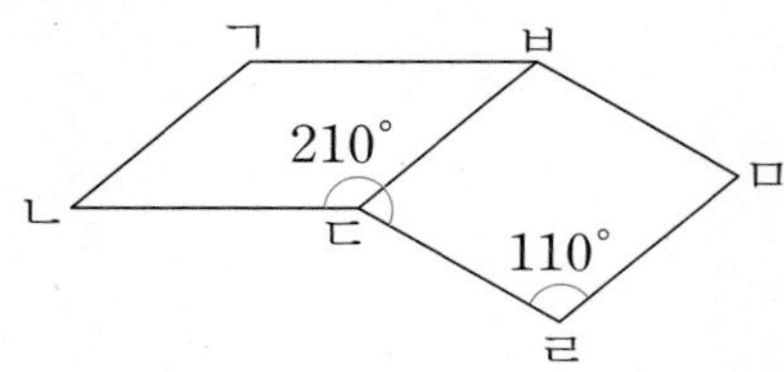

(1) 각 ㄴㄱㅂ의 크기를 구하세요.

( )

(2) 각 ㄱㄴㄷ의 크기를 구하세요.

( )

4 단원

진도 완료 체크

과정 중심 단원평가 지필·구술 평가 대비

4. 사각형

점수

지필 평가 종이에 답을 쓰는 형식의 평가

1 사각형 ㄱㄴㄷㄹ에서 변 ㄷㄹ에 수직인 변은 모두 몇 개인지 풀이 과정을 쓰고 답을 구하세요. [10점]

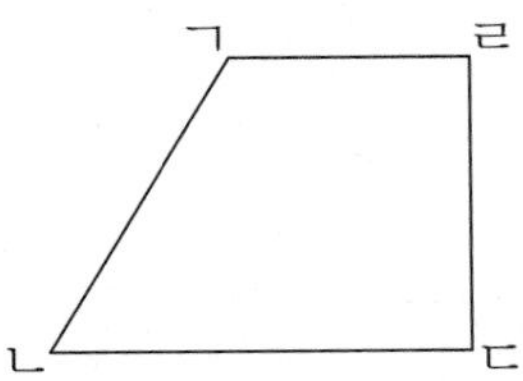

풀이 ______

답 ______

지필 평가

2 도형에서 평행선 사이의 거리는 몇 cm인지 풀이 과정을 쓰고 답을 구하세요. [10점]

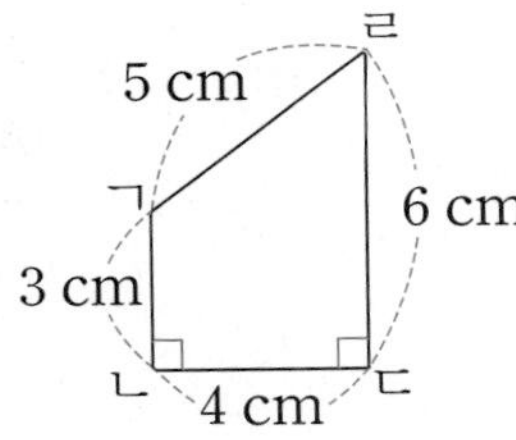

풀이 ______

답 ______

지필 평가

3 성규와 민희가 그림을 보고 수직과 평행에 대해 말한 것입니다. 잘못 말한 학생의 이름을 쓰고 바르게 고치세요. [10점]

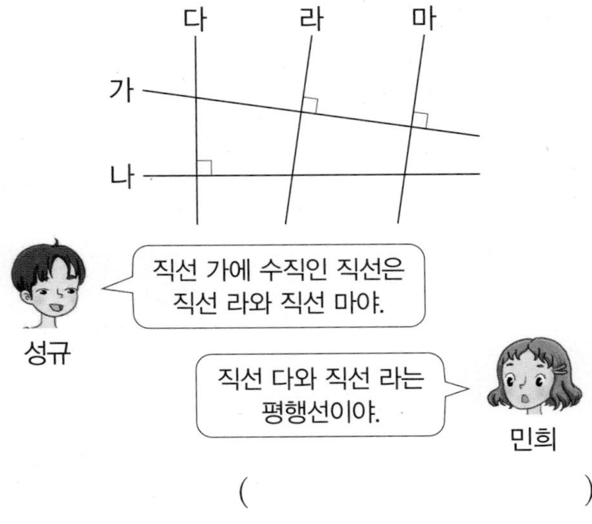

다
라
마
가
나
직선 가에 수직인 직선은 직선 라와 직선 마야.
성규
직선 다와 직선 라는 평행선이야.
민희

(　　　　　　　　)

바르게 고치기 ______

구술 평가 발표를 통해 이해 정도를 평가

4 다음 사각형이 사다리꼴인 까닭을 쓰세요. [10점]

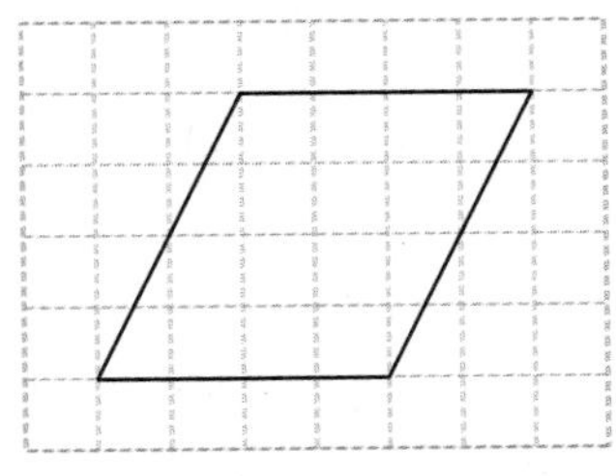

______

4 단원

• 정답 70쪽

지필 평가

5 도형에서 변 ㄱㄴ과 평행한 변은 모두 몇 개인지 풀이 과정을 쓰고 답을 구하세요. [15점]

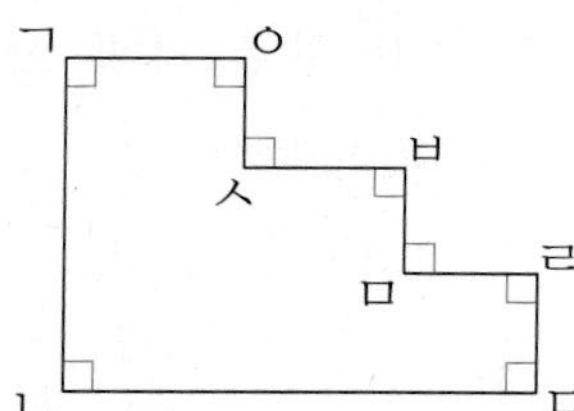

풀이

답

구술 평가

6 마름모라고 할 수 있는 것을 찾아 기호를 쓰고 그 까닭을 쓰세요. [15점]

㉠ 사다리꼴	㉡ 평행사변형
㉢ 직사각형	㉣ 정사각형

( )

까닭

지필 평가

7 마름모의 네 변의 길이의 합은 몇 cm인지 풀이 과정을 쓰고 답을 구하세요. [15점]

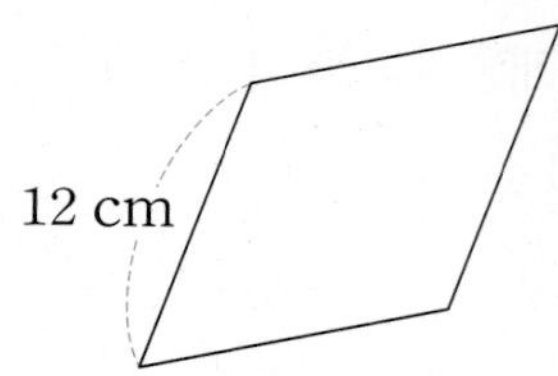

풀이

답

지필 평가

8 평행사변형에서 각 ㄱㄹㄷ의 크기는 몇 도인지 풀이 과정을 쓰고 답을 구하세요. [15점]

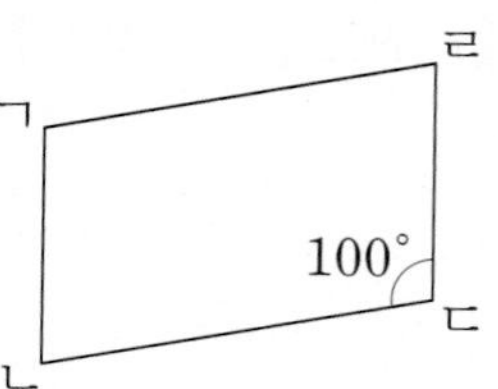

풀이

답

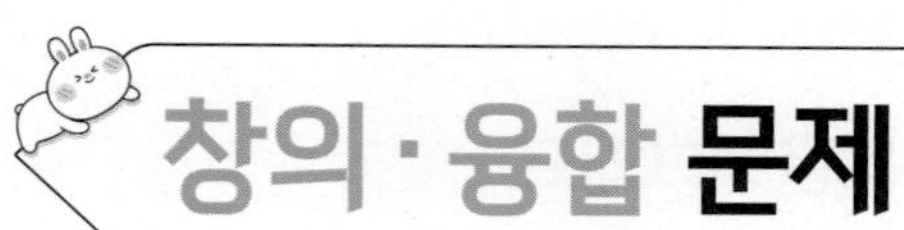

[1~2] 예은이는 아빠와 함께 야구장에 갔습니다. 야구장을 살펴보면서 예은이와 아빠가 나눈 대화를 보고 물음에 답하세요. 창의·융합 문제 해결

예은: 아빠, 야구장의 *내야를 보니 사각형 모양이에요.
아빠: 예은이가 사각형을 공부하더니 생활 속의 사각형을 잘 관찰하는구나.
예은: 그런데 홈에서 1루, 1루에서 2루, 2루에서 3루, 3루에서 홈까지의 거리는 다 같아요?
아빠: 내야의 각 변의 길이는 모두 같고, 각 변이 이루는 각의 크기도 모두 직각이란다.
예은: 아하~ 그럼 야구장의 내야 모양은 [㉠]이네요.
홈에서 1루까지의 거리는 몇 m예요?
아빠: 27.43 m이지. 타자가 홈런을 쳐서 홈에서 1루, 2루, 3루를 돌아 다시 홈으로 들어온다면 최소한 몇 m를 뛴 것일까?
예은: 타자는 최소한 [㉡] m를 뛴 것이네요.

* **내야:** 야구장에서 홈 · 1루 · 2루 · 3루를 연결한 선의 구역 안.

1 ㉠에 알맞은 도형의 이름을 쓰세요.

( )

2 ㉡에 알맞은 수는 얼마인지 풀이 과정을 쓰고 답을 구하세요.

풀이

답

4 단원

진도 완료 체크

기본 단원평가 지필 평가 대비

5. 꺾은선그래프

점수

[01~05] 교실의 온도를 조사하여 나타낸 표를 보고 꺾은선그래프로 나타내려고 합니다. 물음에 답하세요.

교실의 온도

시각(시)	낮 12	오후 1	오후 2	오후 3	오후 4
온도(℃)	9	12	14	18	17

01 하 그래프의 가로에는 무엇을 나타내면 좋을까요?

( )

02 하 그래프의 세로에는 무엇을 나타내면 좋을까요?

( )

03 중 표를 보고 꺾은선그래프로 나타내세요.

교실의 온도

(℃) 20, 15, 10, 5, 0 / 온도, 시각 / 12 낮, 1 오후, 2, 3, 4 (시)

04 하 교실의 온도가 가장 높은 때는 몇 시인가요?

( )

05 중 오후 2시에는 오후 1시보다 온도가 몇 ℃ 더 높은가요?

( )

[06~09] 민서와 친구들이 키운 채송화의 키를 조사하여 나타낸 표입니다. 물음에 답하세요.

(가) 채송화의 키

이름	민서	미연	윤하	시영	혜선
키(cm)	19	12	17	13	15

(나) 민서가 키운 채송화의 키

날짜(일)	20	22	24	26	28
키(cm)	10	12	15	17	19

06 하 표 (가)와 (나)를 그래프로 나타내려고 합니다. 알맞은 것끼리 선으로 이으세요.

표 (가) •		• 꺾은선그래프
표 (나) •		• 막대그래프

07 하 표 (나)를 알맞은 그래프로 나타낼 때 가로와 세로에는 각각 무엇을 나타내어야 하나요?

가로 ( )

세로 ( )

08 중 표 (나)를 알맞은 그래프로 나타낼 때 세로 눈금 한 칸은 몇 cm로 나타내어야 하나요?

( )

09 중 표 (나)를 알맞은 그래프로 나타내세요.

민서가 키운 채송화의 키

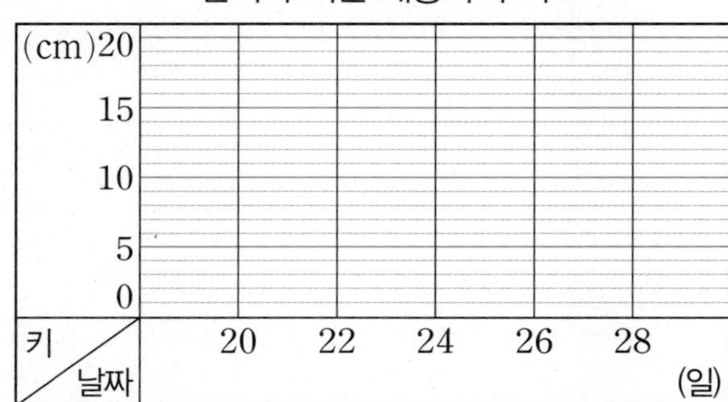

[10~11] 보기를 보고 물음에 답하세요.

보기
㉠ 도서관에 있는 종류별 책 수
㉡ 서울의 기온 변화
㉢ 서울시의 월별 수도 사용량
㉣ 좋아하는 과목별 학생 수

정보 처리

10 중 꺾은선그래프와 막대그래프 중 꺾은선그래프로 나타내기에 더 적당한 것을 보기에서 모두 찾아 기호를 쓰세요.

( )

11 중 꺾은선그래프와 막대그래프 중 막대그래프로 나타내기에 더 적당한 것을 보기에서 모두 찾아 기호를 쓰세요.

( )

[12~13] 현서의 턱걸이 횟수를 조사하여 나타낸 꺾은선그래프입니다. 물음에 답하세요.

현서의 턱걸이 횟수

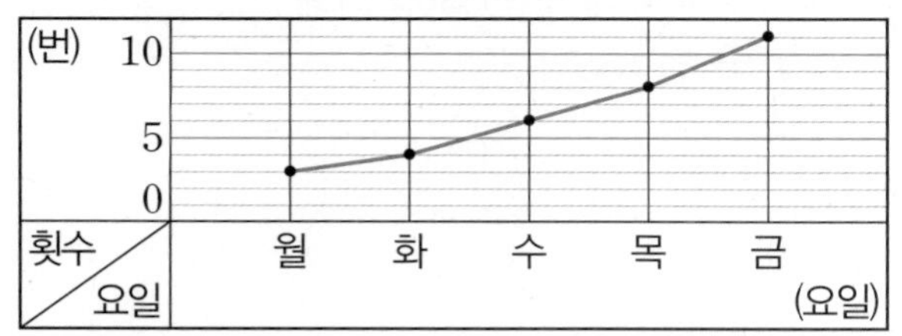

12 중 표의 빈칸에 알맞은 수를 써넣으세요.

현서의 턱걸이 횟수

요일	월	화	수	목	금
횟수(번)	3				

13 중 현서의 턱걸이 횟수는 어떻게 변하고 있나요?

( )

[14~16] 어느 마을의 연도별 쌀 생산량을 조사하여 나타낸 꺾은선그래프입니다. 물음에 답하세요.

쌀 생산량

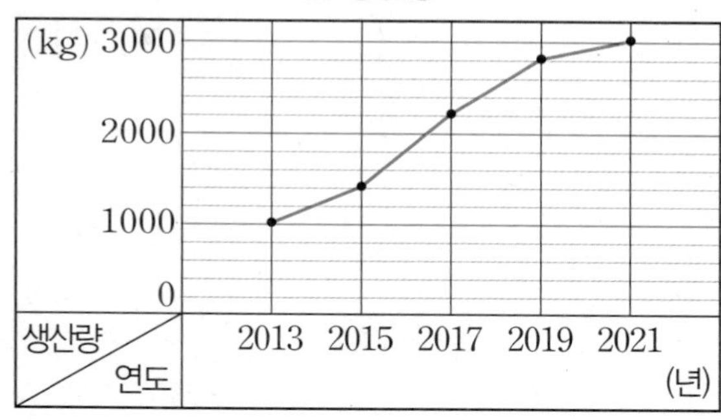

14 중 세로 눈금 한 칸은 몇 kg을 나타내나요?

( )

15 중 2021년 쌀 생산량은 2013년 쌀 생산량보다 몇 kg 더 늘어났나요?

( )

16 중 쌀 생산량의 변화가 가장 적은 때는 몇 년과 몇 년 사이인가요?

( )년과 ( )년 사이

의사소통

17 중 성규와 민희의 대화를 읽고 바르게 말한 사람의 이름을 쓰세요.

성규: 꺾은선그래프의 세로 눈금 한 칸의 크기를 작게 하면 변화하는 모습이 더 잘 나타나.

민희: 꺾은선그래프는 자료가 앞으로 변화될 모습을 예상할 수 없는 단점이 있어.

( )

• 정답 71쪽

[18~21] 우리나라 여자의*기대수명을 나타낸 꺾은선그래프입니다. 물음에 답하세요.

우리나라 여자의 기대수명

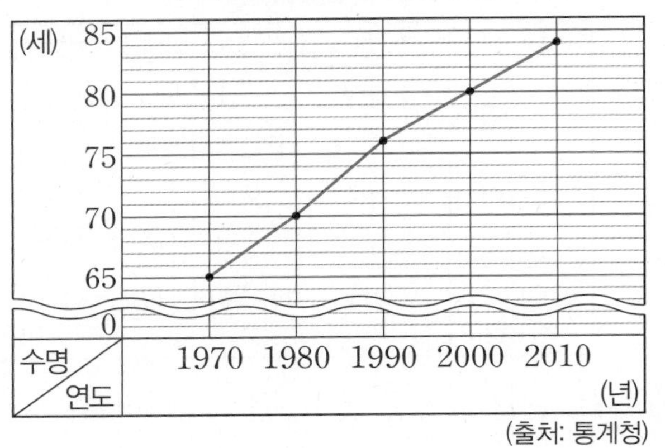

(출처: 통계청)

* 기대수명: 해당 연도에 태어난 사람이 앞으로 생존할 것으로 기대되는 평균 생존연수

18 1970년에 비해 2010년의 우리나라 여자 기대수명은 어떻게 변하였습니까?
중

( )

19 기대수명이 가장 많이 늘어난 때는 몇 년과 몇 년 사이인가요?
중

( )년과 ( )년 사이

20 기대수명이 가장 높았을 때와 가장 낮았을 때의 기대수명의 차는 몇 세인가요?
중

( )

문제 해결

21 1995년에 우리나라 여자의 기대수명은 몇 세였을지 예상해 보세요.
상

( )

[22~25] 강아지의 무게를 월별로 조사하여 나타낸 꺾은선그래프입니다. 물음에 답하세요.

강아지의 무게 (매월 1일 조사)

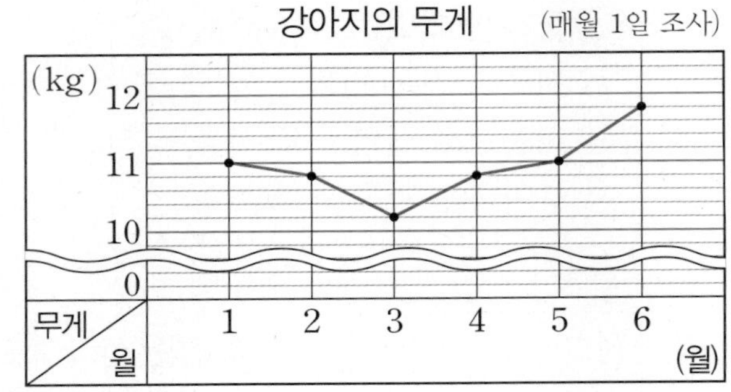

22 물결선을 어디에 넣었나요?
중

0 kg과 [ ] 사이

23 그래프를 보고 표의 빈칸에 알맞은 무게를 써넣으세요.
중

강아지의 무게 (매월 1일 조사)

월	1	2	3	4	5	6
무게(kg)	11	10.8				

24 강아지의 무게가 전월에 비해 가장 많이 줄어든 때는 몇 월인가요?
상

( )

서술형 문제

25 5월 16일에 강아지의 무게는 몇 kg이었을지 풀이 과정을 쓰고 답을 구하세요.
상

풀이

답

[01~02] 어느 병원의 2021년 월별 출생아 수를 나타낸 꺾은선그래프입니다. 물음에 답하세요.

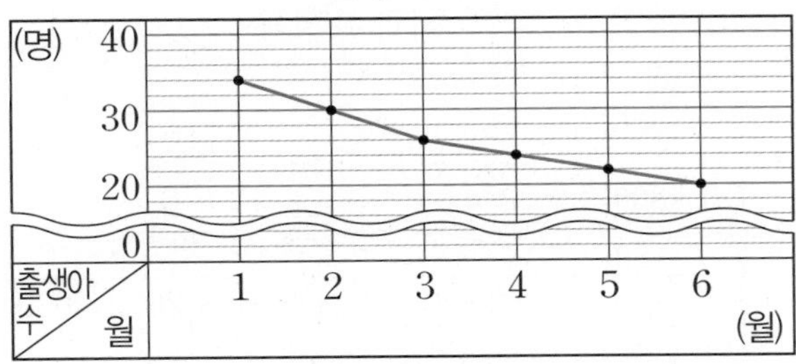

01 하 6월은 1월보다 출생아 수가 몇 명 더 적나요? [7점]

( )

02 하 2021년 7월의 출생아 수는 어떻게 될 것이라고 예상할 수 있나요? [7점]

( )

03 중 하윤이네 마당의 온도를 나타낸 꺾은선그래프입니다. 낮 12시에 마당의 온도는 몇 °C였을지 □ 안에 알맞은 수를 써넣으세요. [7점]

마당의 온도

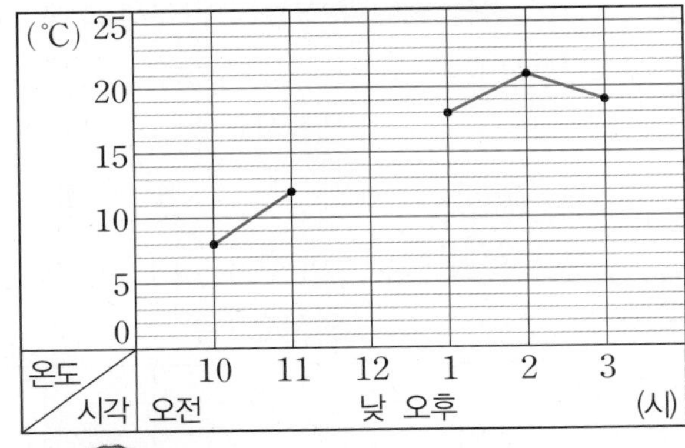

오전 11시의 온도인 □ °C와 오후 1시의 온도인 □ °C의 중간인 □ °C였을 것입니다.

[04~06] 세 식물의 키의 변화를 나타낸 꺾은선그래프입니다. 물음에 답하세요.

가 식물의 키

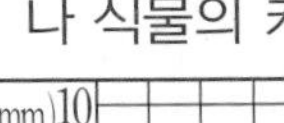

다 식물의 키

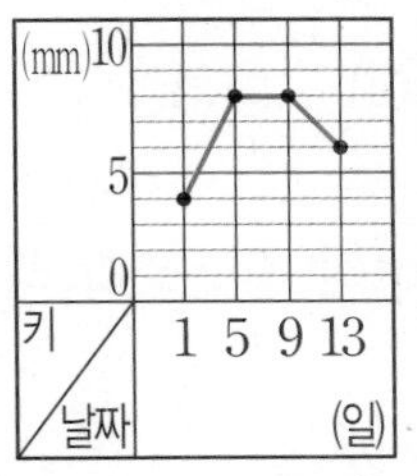

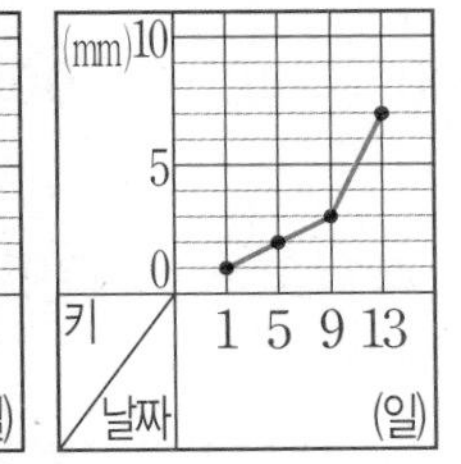

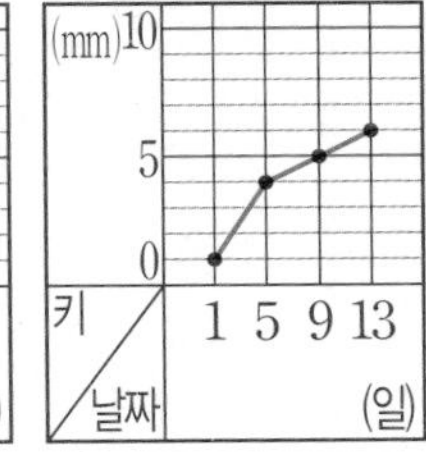

04 중 처음에는 빠르게 자라다가 시간이 지나면서 천천히 자라는 식물의 기호를 쓰세요. [7점]

( )

05 중 처음에는 천천히 자라다가 시간이 지나면서 빠르게 자라는 식물의 기호를 쓰세요. [7점]

( )

06 중 조사하는 동안 시들기 시작한 식물의 기호를 쓰세요. [7점]

( )

서술형 문제

07 중 선인장의 키를 나타낸 꺾은선그래프입니다. 선인장의 키가 변화하는 모습을 더 뚜렷하게 나타내도록 꺾은선그래프를 다시 그리려면 어떻게 그려야 하는지 설명하세요. [8점]

선인장의 키

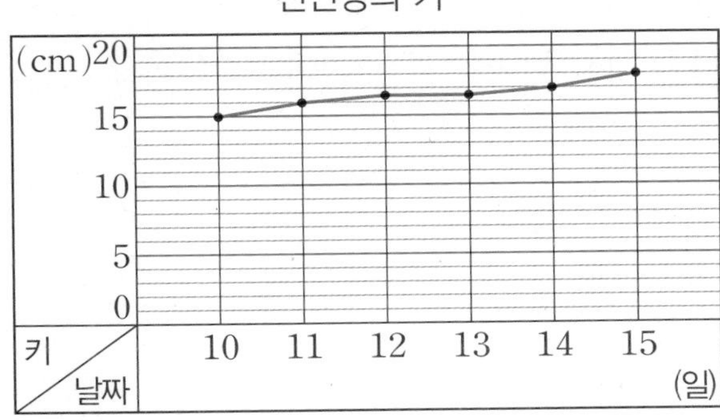

5 단원

• 정답 73쪽

[08~10] 어느 박물관의 입장객 수를 월별로 조사하여 나타낸 표입니다. 물음에 답하세요.

박물관의 입장객 수

월	6	7	8	9	10
입장객 수(명)	2800	3400	3900	3500	3700

08 중 표를 보고 물결선을 사용하여 꺾은선그래프를 완성하세요. [8점]

박물관의 입장객 수

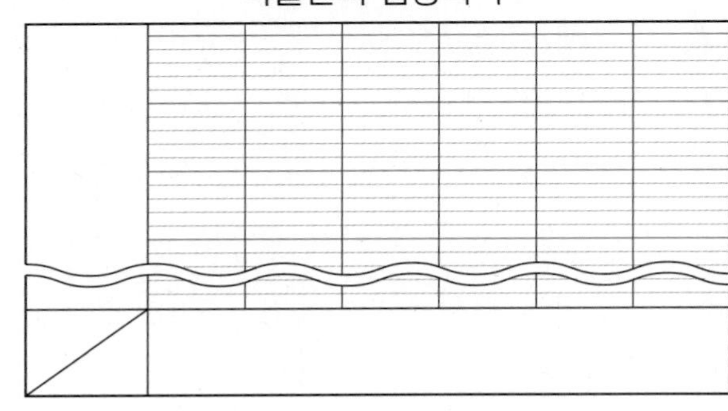

09 중 박물관의 입장객 수가 가장 많이 늘어난 때는 몇 월과 몇 월 사이인가요? [8점]

(   )

정보 처리

10 상 08번의 꺾은선그래프를 보고 알 수 있는 내용을 2가지 쓰세요. [10점]

① ______________________

② ______________________

11 상 용재네 과수원의 사과 수확량을 나타낸 꺾은선그래프입니다. 사과 수확량이 2015년부터 2018년까지 매년 20상자씩 늘었을 때 꺾은선그래프를 완성하세요. [8점]

사과 수확량

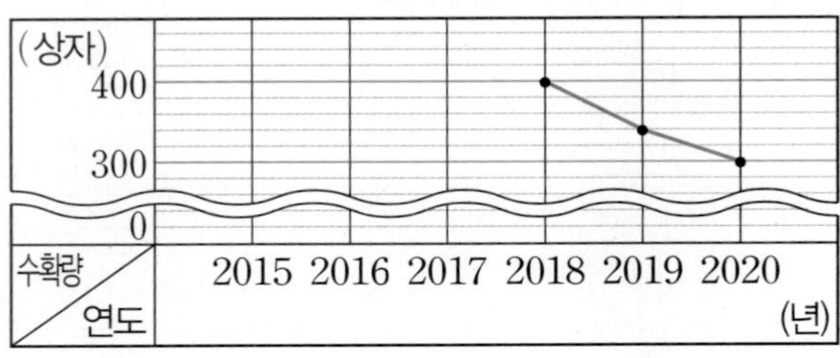

12 상 붕어빵 판매량을 나타낸 꺾은선그래프입니다. 붕어빵 한 개가 300원일 때 15일부터 19일까지 붕어빵을 판매한 금액은 모두 얼마인가요? [8점]

붕어빵 판매량

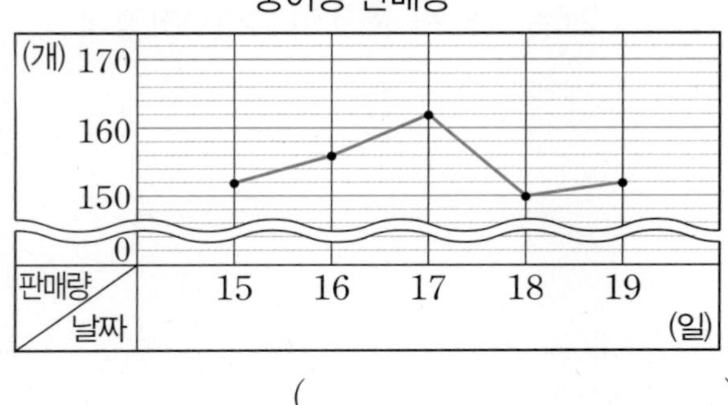

(   )

추론

13 상 어느 공사장의 안전사고 수를 조사하여 나타낸 표와 그래프입니다. 9월의 안전사고 수는 몇 건인가요? [8점]

안전사고 수

월	6	7	8	9	합계
사고 수(건)	2	8			14

안전사고 수

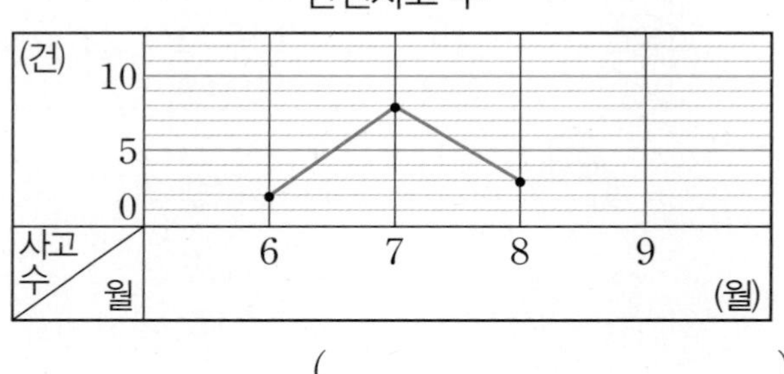

(   )

5 단원

진도 완료 체크

과정 중심 단원평가 지필·구술 평가 대비

점수

(관찰 평가) 관찰을 통해 이해 정도를 평가

1 남주네 집에서 기르는 꽃의 키를 나타낸 꺾은선그래프입니다. 꽃의 키의 변화를 설명하세요. [10점]

꽃의 키

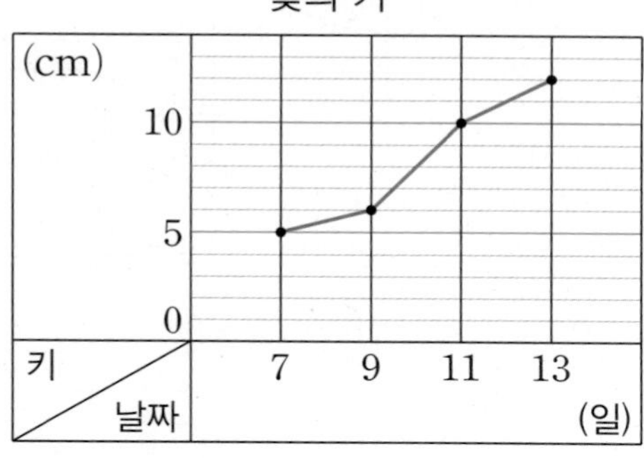

(관찰 평가)

2 다음은 꺾은선그래프를 잘못 그린 것입니다. 꺾은선그래프를 잘못 그린 까닭을 쓰세요. [10점]

학교 운동장의 온도

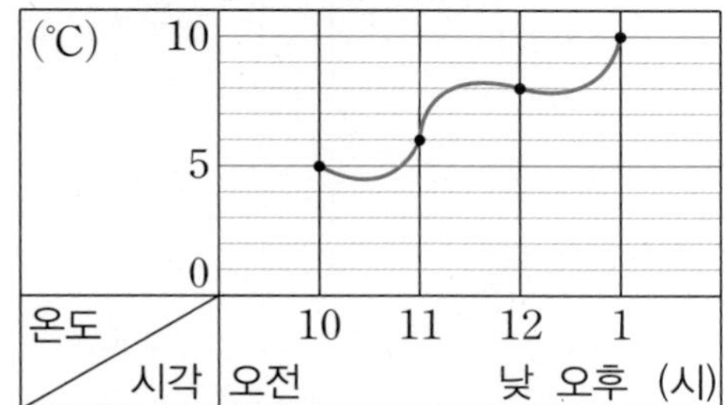

[3~4] 서울의 기온을 조사하여 나타낸 꺾은선그래프입니다. 물음에 답하세요.

서울의 기온

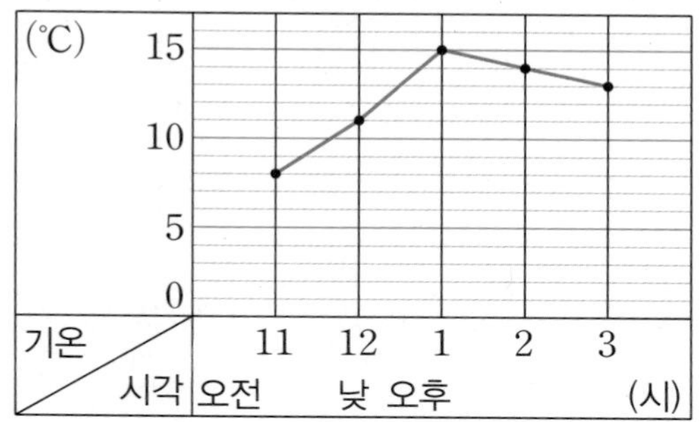

(지필 평가)

3 오후 12시 30분의 서울의 기온은 몇 ℃였을지 풀이 과정을 쓰고 답을 구하세요. [15점]

풀이

답

(관찰 평가)

4 오후 4시 서울의 기온은 몇 ℃가 될 것인지 쓰고, 까닭을 설명하세요. [15점]

( )

까닭

5 단원

• 정답 74쪽

[5~6] 지름이 다른 두 용수철 A와 B에 무게가 10 g인 추를 각각 매달아 변화한 길이를 나타낸 꺾은선그래프입니다. 물음에 답하세요.

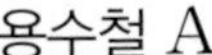

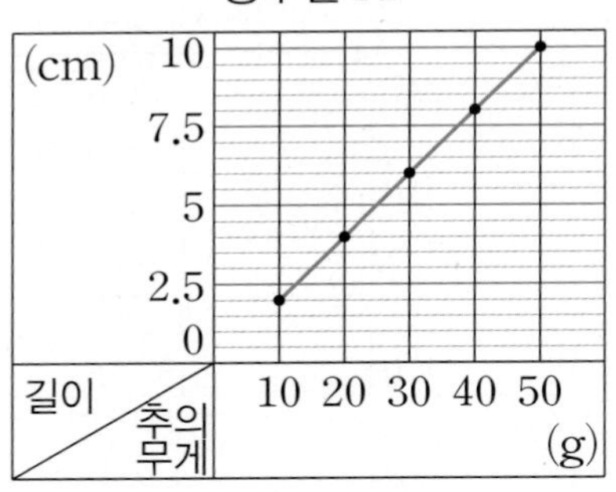

용수철 B

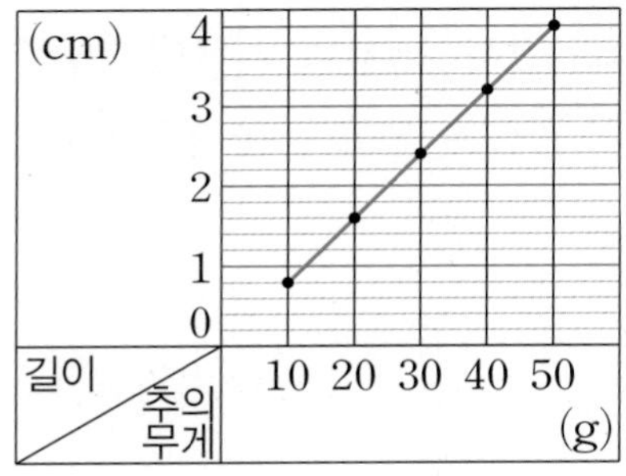

관찰 평가

5 그래프를 보고 알게 된 점을 쓰세요. [10점]

관찰 평가

6 용수철 B에 무게가 60 g인 추를 매달았을 때 용수철의 길이는 몇 cm가 될지 예상하고, 그 까닭을 쓰세요. [15점]

(　　　　　　　　　　)

까닭

구술 평가

7 (나) 그래프가 (가) 그래프보다 몸무게가 변화하는 모습을 뚜렷하게 알 수 있는 까닭을 쓰세요. [10점]

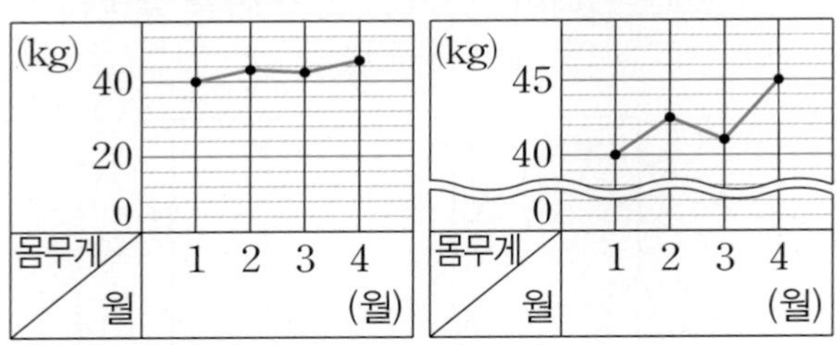

지필 평가

8 어느 컴퓨터 회사의 월별 컴퓨터 생산량을 나타낸 꺾은선그래프입니다. 6월은 2월보다 컴퓨터 생산량이 몇 대 더 적은지 풀이 과정을 쓰고 답을 구하세요. [15점]

컴퓨터 생산량

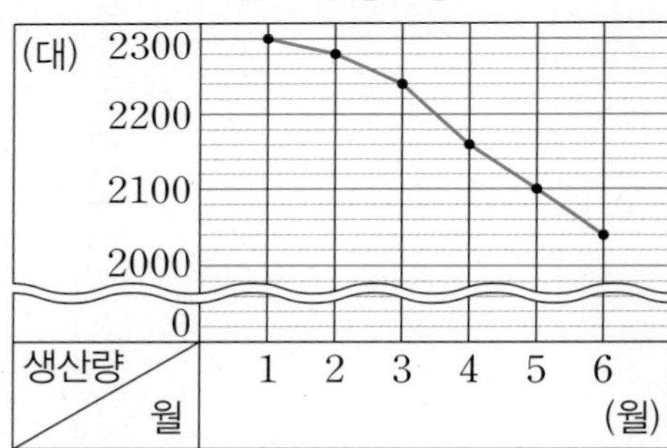

풀이

답

창의·융합 문제

[1~2] 유미네 모둠 학생들이 실생활에서 찾을 수 있는 여러 종류의 그래프를 찾아보았습니다. 물음에 답하세요.

의사소통

(가) 서울의 월별 황사 발생 비율

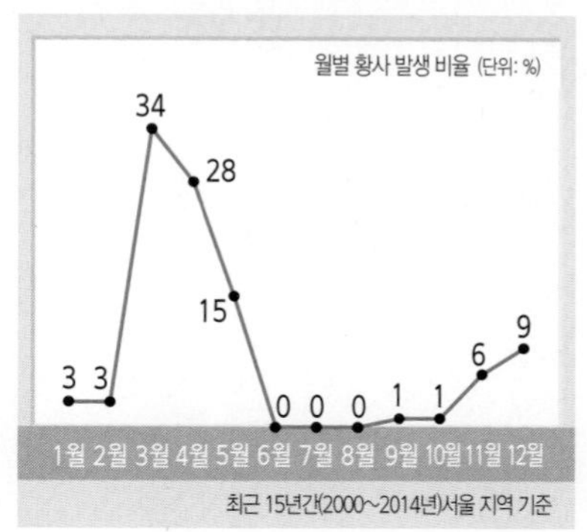

(나) 서울시 대중교통 이용객

(다) 마을별 학생 수

1 (가) 그래프에서 알 수 있는 것을 바르게 설명한 학생의 이름을 모두 찾아 쓰세요.

성규: 3월에 황사가 가장 많이 발생합니다.
현호: 황사는 주로 여름에 발생합니다.
민희: 황사 발생 비율은 점점 감소하고 있습니다.
은혜: 6월부터 8월까지는 황사가 발생하지 않았습니다.

( )

2 (가), (나), (다) 그래프의 특징을 바르게 설명한 학생의 이름을 쓰세요.

현호: (다) 그래프는 조사하지 않은 값을 예상할 수 있습니다.
민희: (가) 그래프는 자료의 변화를 쉽게 알 수 있습니다.
은혜: (나) 그래프는 조사한 수를 그림으로 나타냈습니다.

( )

5 단원

진도 완료 체크

01 다각형에 대해 설명한 것입니다. □ 안에 알맞은 말을 써넣으세요. (하)

> 다각형은 삼각형, 사각형처럼 □(으)로 만 둘러싸인 도형입니다.

[02~03] 도형을 보고 물음에 답하세요.

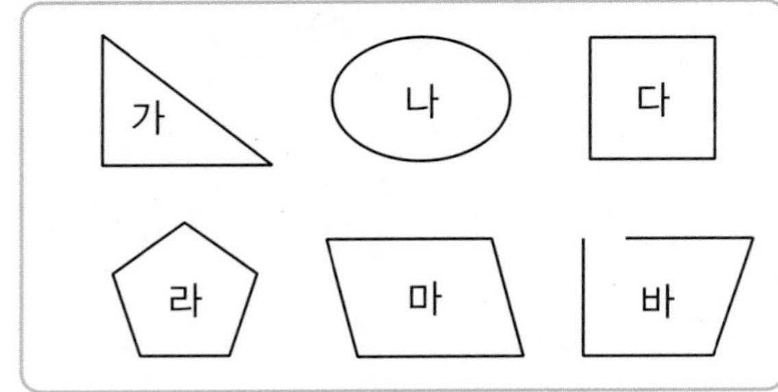

02 다각형을 모두 찾아 기호를 쓰세요. (하)

(　　　　　　　　)

03 정다각형은 모두 몇 개일까요? (하)

(　　　　　　　　)

04 사각형 ㄱㄴㄷㄹ의 대각선을 모두 쓰세요. (하)

(　　　　　　　　)

05 오각형을 찾아 ○표 하세요. (중)

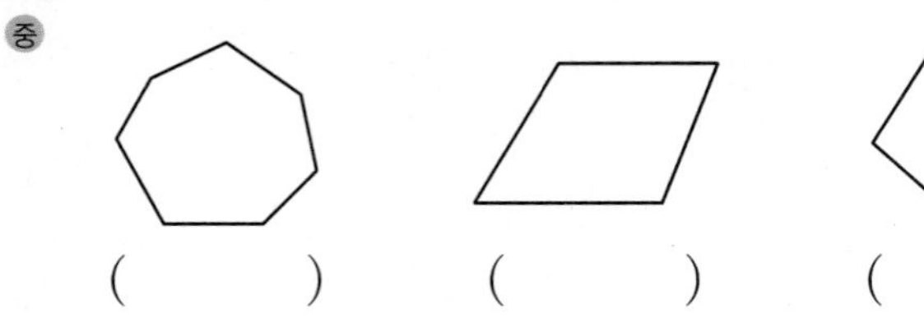

(　　)　(　　)　(　　)

06 관련 있는 것끼리 이으세요. (중)

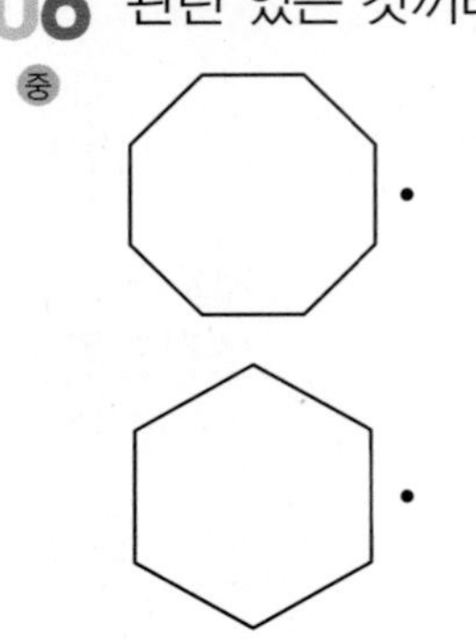

• 오각형
• 육각형
• 팔각형

07 □ 안에 알맞은 수를 써넣으세요. (중)

> 육각형은 변이 □개, 꼭짓점이 □개입니다.

08 다음 모양을 만드는 데 사용한 다각형의 이름을 찾아 ○표 하세요. (중)

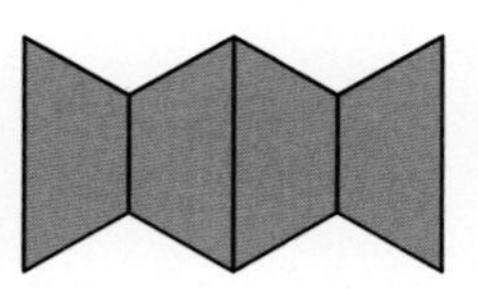

(삼각형 , 사각형 , 오각형)

09 정오각형을 찾아 기호를 쓰세요. (중)

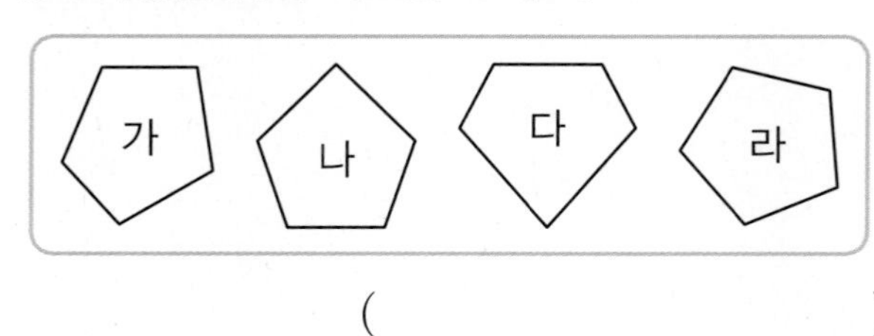

(　　　　　　　　)

서술형 문제

10 다음 도형은 다각형이 아닙니다. 그 까닭을 쓰세요.
중

11 다각형에 대각선을 모두 그으세요.
중

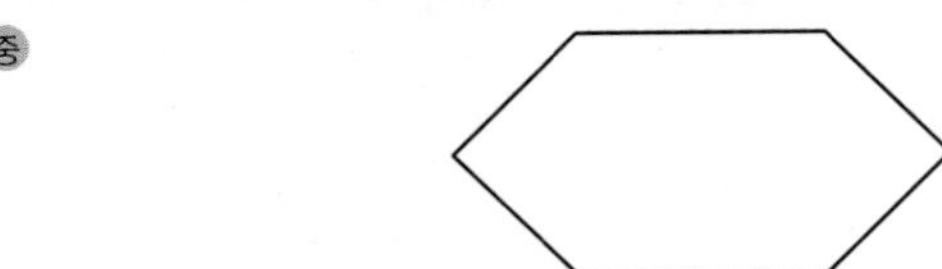

[12~13] 점 종이에 그려진 선분을 이용하여 다각형을 완성하세요.

12 육각형
중

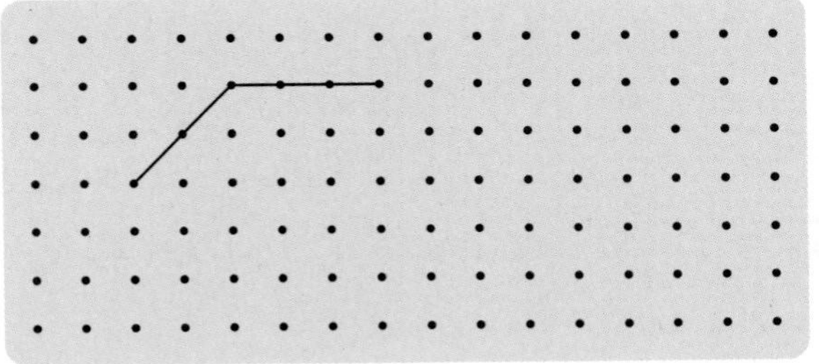

13 칠각형
중

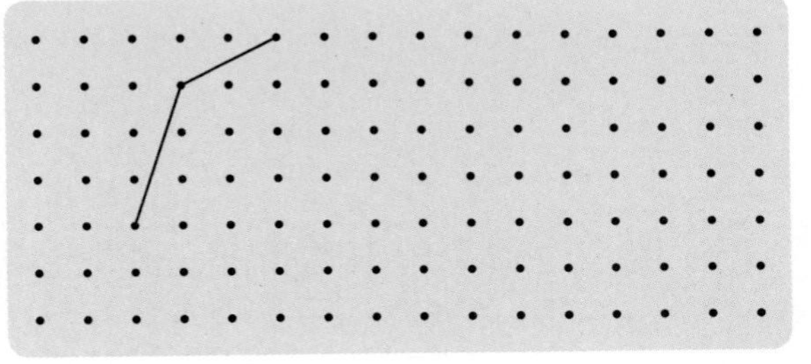

창의·융합

14 다음 사진에 있는 그릇에서 볼 수 있는 정다각형의 이름을 쓰세요.
중

( )

[15~17] 모양 조각을 보고 물음에 답하세요.

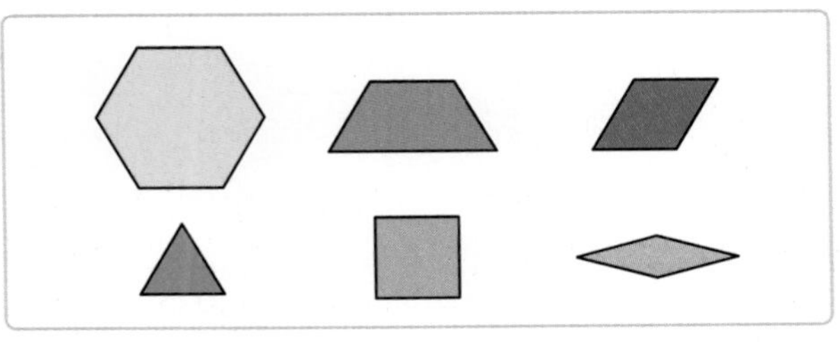

15 모양 조각 중 1가지를 골라 정육각형을 만드세요.
중

16 모양 조각 중 2가지를 골라 정육각형을 만드세요.
중

17 모양 조각 중 3가지를 골라 정육각형을 만드세요.
중

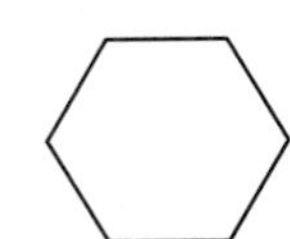

6 단원

18 다음은 정사각형입니다. □ 안에 알맞은 수를 써넣으세요. (중)

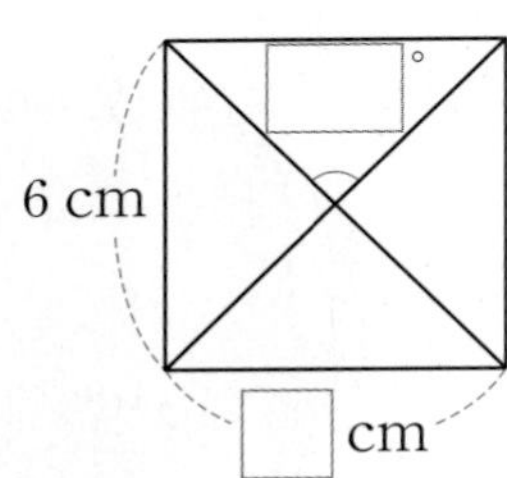

19 대각선의 수가 가장 많은 것을 찾아 기호를 쓰세요. (중)

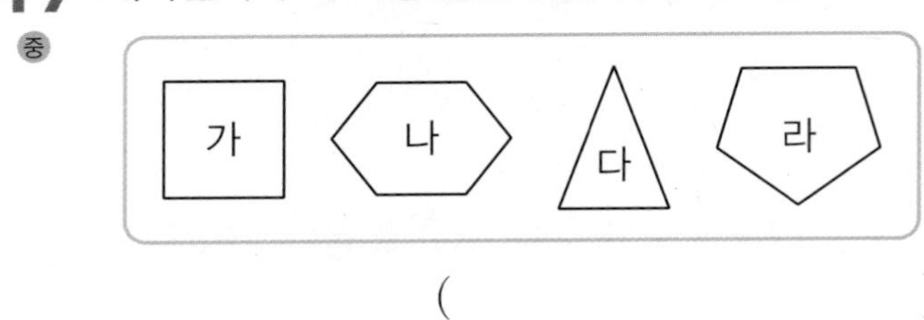

( )

추론
20 다음 설명을 만족하는 도형의 이름을 쓰세요. (중)

- 다각형입니다.
- 변이 7개입니다.
- 변의 길이가 모두 같습니다.
- 각의 크기가 모두 같습니다.

( )

21 2가지 모양 조각을 사용하여 주어진 모양을 채우세요. (상)

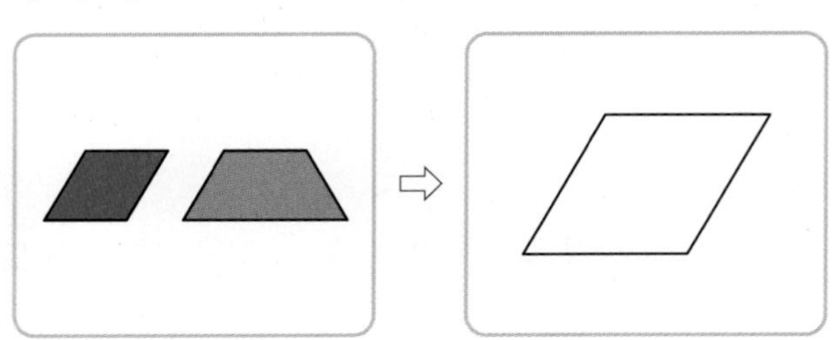

22 두 대각선의 길이가 같은 사각형을 찾아 기호를 쓰세요. (상)

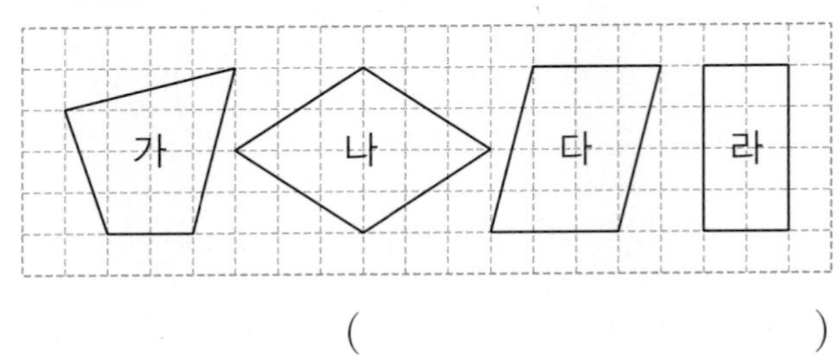

( )

23 두 사각형의 공통점으로 알맞은 것은 어느 것일까요? ( ) (상)

① 정다각형입니다.
② 두 대각선의 길이가 같습니다.
③ 두 대각선이 서로 수직으로 만납니다.
④ 한 대각선이 다른 대각선을 똑같이 둘로 나눕니다.
⑤ 그을 수 있는 대각선은 3개입니다.

[24~25] 칠각형을 보고 물음에 답하세요.

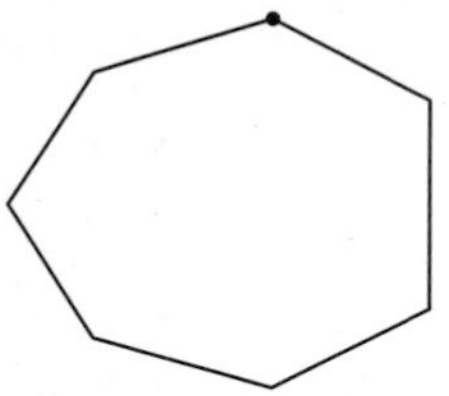

24 표시된 꼭짓점에서 그을 수 있는 대각선을 모두 그으세요. (중)

25 칠각형의 일곱 각의 크기의 합은 몇 도일까요? (상)

( )

(창의·융합)

01 다음은 지연이가 종이접기를 하여 만든 새 모양입니다. 새 모양에서 찾을 수 있는 다각형을 2개 쓰세요. [5점]
하

( )

02 다음 도형에 그을 수 있는 대각선은 모두 몇 개일까요? [5점]
중

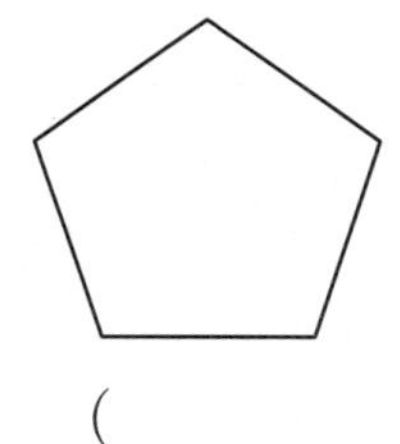

( )

03 점 종이에 오각형을 그리세요. [8점]
중

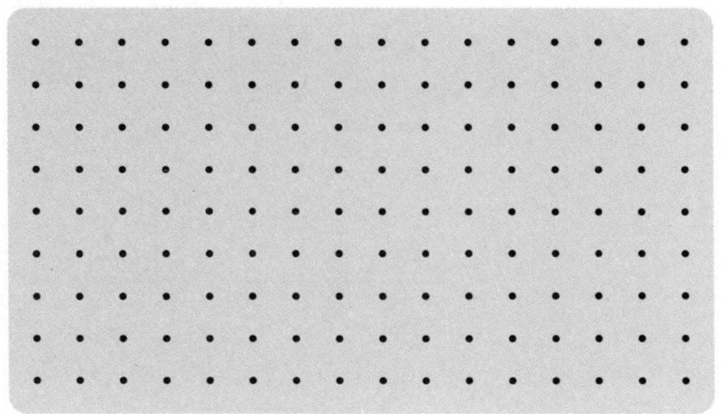

(서술형 문제) (창의·융합)

04 라푼젤은 마녀의 성에 갇혀 있습니다. 라푼젤이 갇힌 성의 문의 모양이 다각형이 아닌 까닭을 쓰세요. [8점]
중

05 다음 중 대각선을 그을 수 없는 도형은 어느 것일까요? [8점] ( )
중

① 삼각형 ② 오각형
③ 사각형 ④ 칠각형
⑤ 팔각형

(서술형 문제)

06 다음 도형이 정다각형인지 아닌지 알아보고, 그 까닭을 쓰세요. [8점]
중

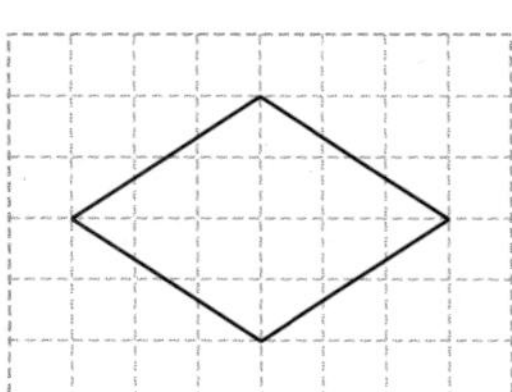

답

까닭

6 단원

• 정답 76쪽

추론

07 보기 에서 설명하는 도형의 이름을 쓰세요. [8점]

중

보기
- 대각선의 수는 9개입니다.
- 변의 길이가 모두 같고, 각의 크기가 모두 같습니다.

( )

08 평행사변형입니다. □ 안에 알맞은 수를 써넣으세요. [8점]

중

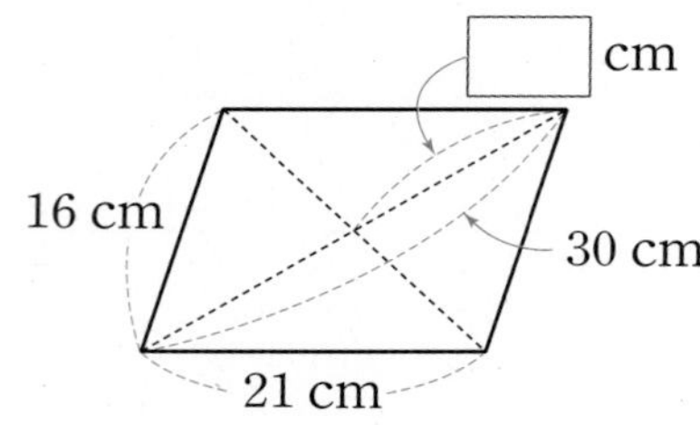

09 다음 중 두 대각선이 서로를 반으로 똑같이 나누고 서로 수직인 사각형을 모두 고르세요. [8점]

중

( )

① 사다리꼴 ② 평행사변형
③ 직사각형 ④ 정사각형
⑤ 마름모

10 직사각형 ㄱㄴㄷㄹ에서 선분 ㄴㅇ의 길이는 몇 cm일까요? [8점]

상

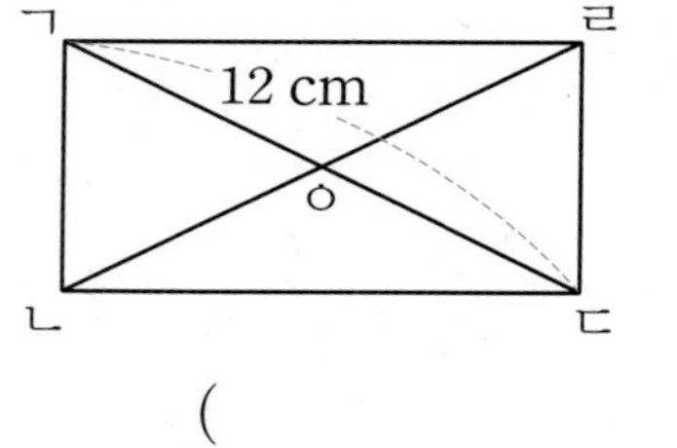

( )

11 모든 변의 길이의 합이 63 cm인 정구각형이 있습니다. 이 도형의 한 변의 길이는 몇 cm일까요? [8점]

중

( )

문제 해결

12 정육각형의 한 각의 크기를 구하세요. [8점]

상

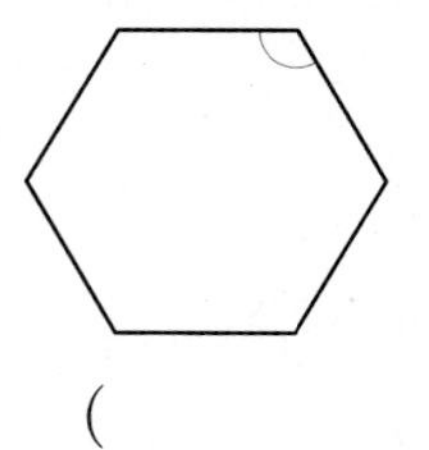

( )

13 보기 의 모양 조각을 모두 사용하여 다음 모양을 채우세요. [10점]

상

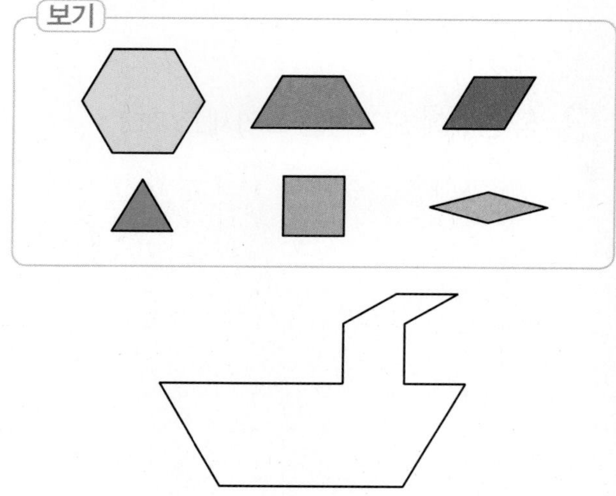

6 단원

진도 완료 체크

과정 중심 단원평가 지필·구술 평가 대비 6. 다각형

점수

구술 평가 발표를 통해 이해 정도를 평가

1 주어진 도형이 다각형이 아닌 까닭을 쓰세요. [10점]

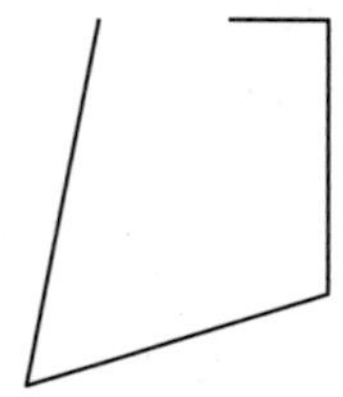

관찰 평가 관찰을 통해 이해 정도를 평가

2 다각형은 모두 몇 개인지 풀이 과정을 쓰고 답을 구하세요. [10점]

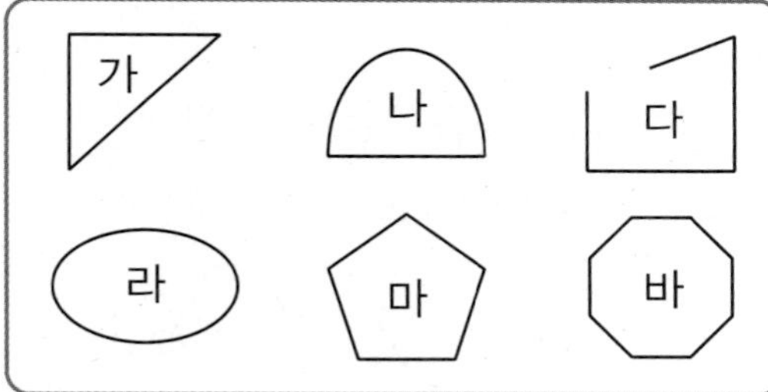

풀이

답

구술 평가

3 삼각형에 대각선을 그을 수 없는 까닭을 쓰세요. [10점]

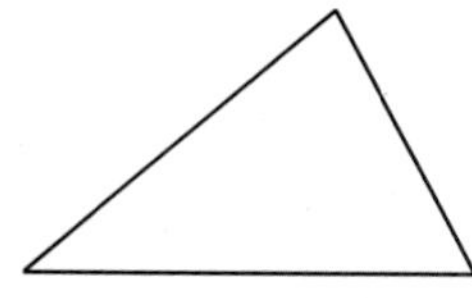

구술 평가

4 도형 중 정다각형이 아닌 것을 찾아 기호를 쓰고, 그 까닭을 쓰세요. [10점]

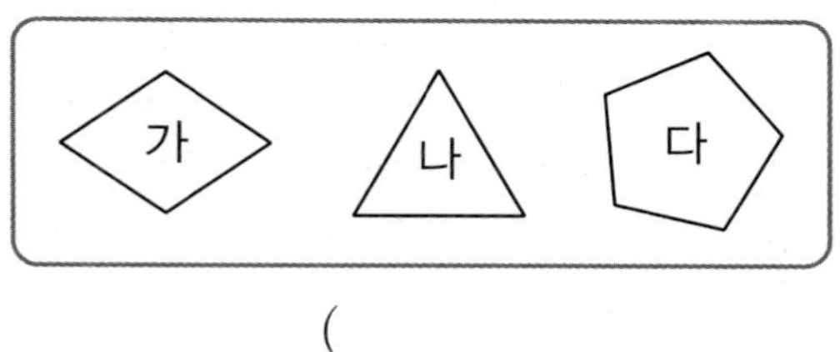

(　　　　　　　)

까닭

6 단원

• 정답 76쪽

(지필 평가) 종이에 답을 쓰는 형식의 평가

5 정오각형의 한 각의 크기는 108°입니다. 정오각형의 모든 각의 크기의 합은 몇 도인지 풀이 과정을 쓰고 답을 구하세요. [15점]

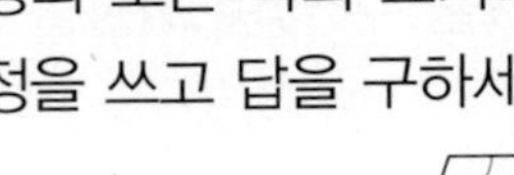

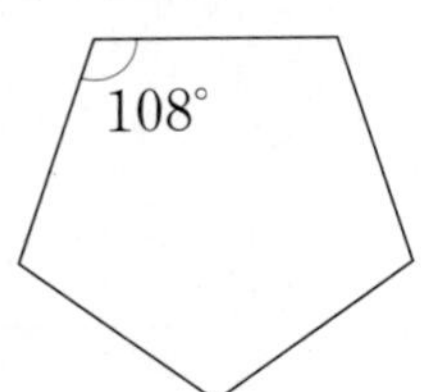

풀이 ______________________________

____

____

____

답 ______________________________

(지필 평가)

6 육각형에 그을 수 있는 대각선의 수는 사각형에 그을 수 있는 대각선의 수보다 몇 개 더 많은지 풀이 과정을 쓰고 답을 구하세요. [15점]

풀이 ______________________________

____

____

____

답 ______________________________

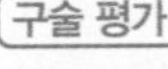

(구술 평가)

7 사각형을 보고 잘못 설명한 학생의 이름을 쓰고, 그 내용을 바르게 고치세요. [15점]

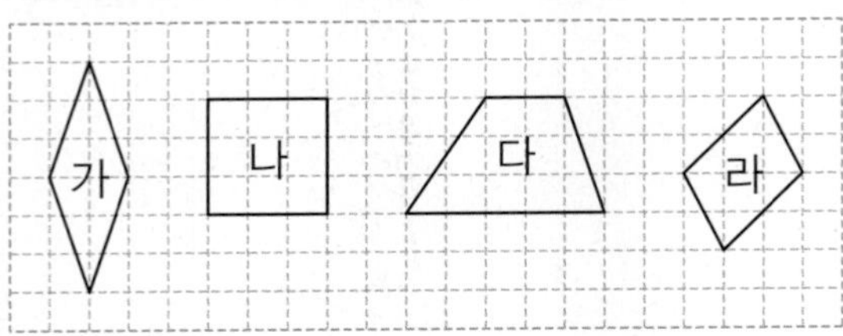

민서: 두 대각선의 길이가 같은 사각형은 나입니다.
승호: 한 대각선이 다른 대각선을 반으로 똑같이 나누는 사각형은 다입니다.
서현: 두 대각선의 길이가 같고 서로 수직으로 만나는 사각형은 나입니다.

(　　　　　　　　)

____

____

(지필 평가)

8 정육각형의 모든 각의 크기의 합은 몇 도인지 풀이 과정을 쓰고 답을 구하세요. [15점]

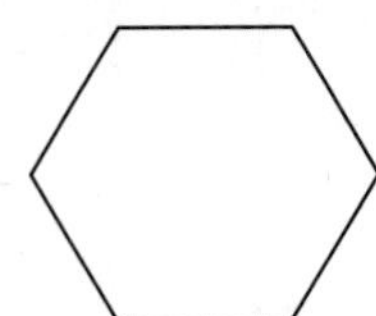

풀이 ______________________________

____

____

____

답 ______________________________

평 가
자료집

수학 전문 교재

●면산 학습

빅터면산	예비초~6학년, 총 20권
참의뮴합 빅터면산	예비초~4학년, 총 16권

●개념 학습

개념클릭 해법수학	1~6학년, 학기용

●수준별 수학 전문서

해결의법칙(개념/유형/응용)	1~6학년, 학기용

●단원평가 대비

수학 단원평가	1~6학년, 학기용
밀듬전략 초등 수학	1~6학년, 학기용

●단기완성 학습

초등 수학전략	1~6학년, 학기용

●상위권 학습

최고수준 S 수학	1~6학년, 학기용
최고수준 수학	1~6학년, 학기용
최강 TOT 수학	1~6학년, 학년용

●경시대회 대비

해법 수학경시대회 기출문제	1~6학년, 학기용

예비 중등 교재

●해법 반편성 배치고사 예상문제	6학년
●해법 신입생 시리즈(수학/몀머)	6학년

맞춤형 학교 시험대비 교재

●멸공 전과목 단원평가	1~6학년, 학기용(1학기 2~6년)

한자 교재

●한자능력검정시험 자격증 한번에 따기	8~3급, 총 9권
●씸씸 한자 자격시험	8~5급, 총 4권
●한자 전략	8~5급Ⅱ, 총 12권

배움으로 행복한 내일을 꿈꾸는

천재교육 커뮤니티 안내

교재 안내부터 구매까지 한 번에!

천재교육 홈페이지

자사가 발행하는 참고서, 교과서에 대한 소개는 물론
도서 구매도 할 수 있습니다. 회원에게 지급되는 별을 모아
다양한 상품 응모에도 도전해 보세요!

다양한 교육 꿀팁에 깜짝 이벤트는 덤!

천재교육 인스타그램

천재교육의 새롭고 중요한 소식을 가장 먼저 접하고 싶다면?
천재교육 인스타그램 팔로우가 필수!
깜짝 이벤트도 수시로 진행되니 놓치지 마세요!

수업이 편리해지는

천재교육 ACA 사이트

오직 선생님만을 위한, 천재교육 모든 교재에 대한 정보가 담긴
아카 사이트에서는 다양한 수업자료 및 부가 자료는 물론
시험 출제에 필요한 문제도 다운로드하실 수 있습니다.

https://aca.chunjae.co.kr

천재교육을 사랑하는 샘들의 모임

천사샘

학원 강사, 공부방 선생님이시라면 누구나 가입할 수 있는 천사샘!
교재 개발 및 평가를 통해 교재 검토진으로 참여할 수 있는 기회는 물론
다양한 교사용 교재 증정 이벤트가 선생님을 기다립니다.

아이와 함께 성장하는 학부모들의 모임공간

튠맘 학습연구소

튠맘 학습연구소는 초·중등 학부모를 대상으로 다양한 이벤트와 함께
교재 리뷰 및 학습 정보를 제공하는 네이버 카페입니다.
초등학생, 중학생 자녀를 둔 학부모님이라면 튠맘 학습연구소로 오세요!

GENIE FRIENDS

정답은 정확하게, 풀이는 자세하게

꼼꼼 풀이집

문제의 풀이 중에서 이해가 되지 않는 부분은
우등생 홈페이지(home.chunjae.co.kr)
일대일 문의에 올려주세요.

초등
수학 4-2

천재교육

꼼꼼 풀이집
포인트 3가지

▶ 참고, 주의, 다른 풀이 등과 함께 친절한 해설 제공

▶ 단계별 배점과 채점 기준을 제시하여 서술형 문항 완벽 대비

▶ 틀린 과정을 분석하여 과정 중심 평가 완벽 대비

꼼꼼 풀이집

정답과 풀이

4-2

	본책	평가 자료집
1. 분수의 덧셈과 뺄셈	**2**쪽	**59**쪽
2. 삼각형	**14**쪽	**63**쪽
3. 소수의 덧셈과 뺄셈	**23**쪽	**66**쪽
4. 사각형	**34**쪽	**69**쪽
5. 꺾은선그래프	**43**쪽	**71**쪽
6. 다각형	**51**쪽	**75**쪽

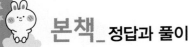

1단원 분수의 덧셈과 뺄셈

Step 1 교과 개념 8~9쪽

1 (왼쪽부터) 3, 2, 5 ; 3, 2, 5

2 (왼쪽부터) 4, 3 ; 4, 3, 7, $\boxed{1}\frac{\boxed{2}}{5}$

3 $\frac{\boxed{6}}{\boxed{9}}$, $\frac{\boxed{6}}{\boxed{9}}$

4 5, 4, 9, $\boxed{1}\frac{\boxed{1}}{8}$

5 6, 7, 13, 13, $\boxed{1}\frac{\boxed{5}}{8}$

6

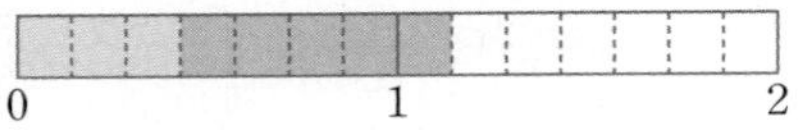

; 3, 5, 8, $\boxed{1}\frac{\boxed{1}}{7}$

7 위쪽에 ○표

8 (1) $\frac{7}{10}$ (2) $1\frac{3}{11}\left(=\frac{14}{11}\right)$

9 $1\left(=\frac{12}{12}\right)$, $1\frac{1}{9}\left(=\frac{10}{9}\right)$

10 $\frac{7}{10}$, $1\frac{1}{10}\left(=\frac{11}{10}\right)$

1 $\frac{3}{6}+\frac{2}{6}$는 $\frac{1}{6}$이 $3+2=5$(개)이므로

$\frac{3}{6}+\frac{2}{6}=\frac{3+2}{6}=\frac{5}{6}$입니다.

3 수직선에서 작은 눈금 한 칸은 $\frac{1}{9}$을 나타냅니다.

$\frac{2}{9}+\frac{4}{9}$는 $\frac{1}{9}$씩 $2+4=6$(칸) 간 것과 같습니다.

4 $\frac{1}{8}$이 9칸이므로 $\frac{9}{8}=1\frac{1}{8}$입니다.

5 $\frac{1}{8}$이 몇 개인지 알아보고 덧셈을 합니다.

6 $\frac{1}{7}$이 8칸이므로 $\frac{8}{7}=1\frac{1}{7}$입니다.

7 분모가 같은 진분수끼리의 덧셈은 분모는 그대로 두고 분자끼리 더합니다.

8 (1) $\frac{5}{10}+\frac{2}{10}=\frac{5+2}{10}=\frac{7}{10}$

(2) $\frac{6}{11}+\frac{8}{11}=\frac{6+8}{11}=\frac{14}{11}=1\frac{3}{11}$

9 $\frac{5}{12}+\frac{7}{12}=\frac{5+7}{12}=\frac{12}{12}=1$

$\frac{4}{9}+\frac{6}{9}=\frac{4+6}{9}=\frac{10}{9}=1\frac{1}{9}$

10 $\frac{4}{10}+\frac{3}{10}=\frac{4+3}{10}=\frac{7}{10}$,

$\frac{7}{10}+\frac{4}{10}=\frac{7+4}{10}=\frac{11}{10}=1\frac{1}{10}$

Step 1 교과 개념 10~11쪽

1 1, 2, 2, 1, 3, 3, $\boxed{3}\frac{\boxed{3}}{4}$

2 7, 11 ; 7, 11, $\boxed{2}\frac{\boxed{1}}{5}$

3 1, 3, 4, 3, 7, 3, $\boxed{1}\frac{\boxed{1}}{6}$, $\boxed{4}\frac{\boxed{1}}{6}$

4 39, 12, 51, $\boxed{7}\frac{\boxed{2}}{7}$

5 (1) $7\frac{7}{10}$ (2) $3\frac{1}{9}$

6 $3\frac{4}{7}+1\frac{6}{7}=\frac{25}{7}+\frac{13}{7}=\frac{25+13}{7}=\frac{38}{7}=5\frac{3}{7}$

7 $2\frac{2}{6}$

8 $9\frac{7}{15}$

9 $3\frac{5}{7}$, $5\frac{2}{7}$

2 $1\frac{2}{5}=\frac{7}{5}$이고 $\frac{4}{5}$를 더하면 $\frac{1}{5}$씩 11칸이므로

$\frac{11}{5}=2\frac{1}{5}$입니다.

3 자연수 부분의 합은 3이고 진분수 부분의 합은

$\frac{3}{6}+\frac{4}{6}=\frac{7}{6}=1\frac{1}{6}$이므로 둘을 더하면

$3+1\frac{1}{6}=4\frac{1}{6}$입니다.

4 $5\frac{4}{7}=5+\frac{4}{7}=\frac{35}{7}+\frac{4}{7}=\frac{39}{7}$,

$1\frac{5}{7}=1+\frac{5}{7}=\frac{7}{7}+\frac{5}{7}=\frac{12}{7}$

가분수의 덧셈은 진분수의 덧셈과 마찬가지로 분모는 그대로 두고 분자끼리 더합니다.

5 (1) $1\frac{5}{10}+6\frac{2}{10}=(1+6)+\left(\frac{5}{10}+\frac{2}{10}\right)$

$=7+\frac{7}{10}=7\frac{7}{10}$

(2) $1\frac{5}{9}+1\frac{5}{9}=(1+1)+\left(\frac{5}{9}+\frac{5}{9}\right)$

$=2+\frac{10}{9}=2+1\frac{1}{9}=3\frac{1}{9}$

6 대분수를 가분수로 바꾸어 계산하는 방법입니다.

$3\frac{4}{7}=3+\frac{4}{7}=\frac{21}{7}+\frac{4}{7}=\frac{25}{7}$,

$1\frac{6}{7}=1+\frac{6}{7}=\frac{7}{7}+\frac{6}{7}=\frac{13}{7}$

⇨ $3\frac{4}{7}+1\frac{6}{7}=\frac{25}{7}+\frac{13}{7}=\frac{25+13}{7}=\frac{38}{7}=5\frac{3}{7}$

7 $1\frac{3}{6}+\frac{5}{6}=1+\left(\frac{3}{6}+\frac{5}{6}\right)=1+\frac{8}{6}=1+1\frac{2}{6}=2\frac{2}{6}$

8 $7\frac{3}{15}+2\frac{4}{15}=(7+2)+\left(\frac{3}{15}+\frac{4}{15}\right)=9+\frac{7}{15}=9\frac{7}{15}$

9 $2\frac{3}{7}+1\frac{2}{7}=(2+1)+\left(\frac{3}{7}+\frac{2}{7}\right)=3+\frac{5}{7}=3\frac{5}{7}$,

$3\frac{5}{7}+1\frac{4}{7}=(3+1)+\left(\frac{5}{7}+\frac{4}{7}\right)$

$=4+\frac{9}{7}=4+1\frac{2}{7}=5\frac{2}{7}$

Step 2 교과 유형 익힘 12~13쪽

01 (위에서부터) $\frac{9}{13}$, $\frac{5}{13}$, $\frac{11}{13}$

02 예 분모는 그대로 두고 분자끼리 더하면 되므로 $\frac{6}{7}$입니다.▸10점

03 방법 1 예 $5\frac{2}{4}+3\frac{2}{4}=(5+3)+\left(\frac{2}{4}+\frac{2}{4}\right)$

$=8+\frac{4}{4}=8+1=9$

방법 2 예 $5\frac{2}{4}+3\frac{2}{4}=\frac{22}{4}+\frac{14}{4}=\frac{22+14}{4}$

$=\frac{36}{4}=9$

04

○		

05 ㉠

06 $\frac{9}{10}$ L

07 1, 2

08 $2\frac{7}{8}$ km

09 4개

10 $7\frac{14}{22}$

11 $2\frac{4}{5}$ + $2\frac{3}{5}$ = $5\frac{2}{5}$

→ 더하는 두 수의 순서를 바꿔 써도 정답입니다.

12 $1\frac{12}{15}\left(=\frac{27}{15}\right)$

13 $1\frac{2}{9}\left(=\frac{11}{9}\right)$ m

14 $\frac{7}{10}+\frac{7}{10}=1\frac{4}{10}$ ▸5점 ; $1\frac{4}{10}\left(=\frac{14}{10}\right)$ cm ▸5점

15 $\frac{10}{9}+\frac{12}{9}$, $\frac{11}{9}+\frac{11}{9}$

→ 더하는 두 수의 순서를 바꿔 써도 정답입니다.

01 $\frac{3}{13}+\frac{6}{13}=\frac{3+6}{13}=\frac{9}{13}$,

$\frac{2}{13}+\frac{3}{13}=\frac{2+3}{13}=\frac{5}{13}$, $\frac{5}{13}+\frac{6}{13}=\frac{5+6}{13}=\frac{11}{13}$

02 학부모 지도 가이드

분모가 같은 분수의 덧셈은 분모는 그대로 두고 분자끼리만 더해야 함을 스스로 찾아낼 수 있도록 합니다.

03 방법 1 자연수 부분과 진분수 부분으로 나누어 계산하는 방법입니다.

방법 2 대분수를 가분수로 바꾸어 계산하는 방법입니다.

04 • $1\frac{6}{9}+1\frac{5}{9}=2+\frac{11}{9}=2+1\frac{2}{9}=3\frac{2}{9}$

• $1\frac{2}{7}+1\frac{3}{7}=2+\frac{5}{7}=2\frac{5}{7}$

• $2\frac{3}{8}+1\frac{6}{8}=3+\frac{9}{8}=3+1\frac{1}{8}=4\frac{1}{8}$

참고

• $1\frac{6}{9}+1\frac{5}{9}$ ⇨ $1+1=2$이고 $\frac{6}{9}+\frac{5}{9}$는 1보다 크기 때문에 $1\frac{6}{9}+1\frac{5}{9}$는 3보다 큽니다. 따라서 계산 결과가 3과 4 사이입니다.

• $1\frac{2}{7}+1\frac{3}{7}$ ⇨ $1+1=2$이고 $\frac{2}{7}+\frac{3}{7}$은 1보다 작기 때문에 $1\frac{2}{7}+1\frac{3}{7}$은 3보다 작습니다.

• $2\frac{3}{8}+1\frac{6}{8}$ ⇨ $2+1=3$이고 $\frac{3}{8}+\frac{6}{8}$은 1보다 크기 때문에 $2\frac{3}{8}+1\frac{6}{8}$은 4보다 큽니다.

05 ㉠ $\frac{10}{13}+\frac{11}{13}=\frac{10+11}{13}=\frac{21}{13}=1\frac{8}{13}$

㉡ $1\frac{3}{13}+\frac{4}{13}=1+\left(\frac{3}{13}+\frac{4}{13}\right)=1+\frac{7}{13}=1\frac{7}{13}$

06 $\frac{3}{10}+\frac{6}{10}=\frac{3+6}{10}=\frac{9}{10}$ (L)

07 $\frac{5}{8}+\frac{\square}{8}=\frac{5+\square}{8}$는 1보다 작으므로 진분수입니다.
따라서 $5+\square$는 7이거나 7보다 작아야 하므로 □ 안에 들어갈 수 있는 자연수는 1, 2입니다.

08 $1\frac{3}{8}+1\frac{4}{8}=(1+1)+\left(\frac{3}{8}+\frac{4}{8}\right)=2+\frac{7}{8}=2\frac{7}{8}$ (km)

09 $\frac{6}{10}+\frac{\square}{10}<1\frac{1}{10}$에서 $\frac{6+\square}{10}<\frac{11}{10}$이므로
$6+\square<11$, $\square<5$입니다.
따라서 □ 안에 들어갈 수 있는 자연수는 1, 2, 3, 4로 모두 4개입니다.

10 어떤 대분수를 □라 하면 $\square+1\frac{3}{22}=8\frac{17}{22}$,
$\square=8\frac{17}{22}-1\frac{3}{22}=7\frac{14}{22}$입니다.

11 합이 가장 큰 덧셈식을 만들려면 가장 큰 수와 두 번째로 큰 수를 더해야 합니다.
$\frac{11}{5}=2\frac{1}{5}$이므로 $2\frac{4}{5}>2\frac{3}{5}>2\frac{1}{5}\left(=\frac{11}{5}\right)$입니다.
⇨ $2\frac{4}{5}+2\frac{3}{5}=4+\frac{7}{5}=4+1\frac{2}{5}=5\frac{2}{5}$

12 분모가 15인 진분수 중에서 $\frac{12}{15}$보다 큰 분수는 $\frac{13}{15}$, $\frac{14}{15}$입니다.
따라서 합은 $\frac{13}{15}+\frac{14}{15}=\frac{13+14}{15}=\frac{27}{15}=1\frac{12}{15}$입니다.

13 성규가 사용한 리본은 $\frac{6}{9}$ m이고, 은혜가 사용한 리본은 $\frac{5}{9}$ m입니다.
⇨ $\frac{6}{9}+\frac{5}{9}=\frac{6+5}{9}=\frac{11}{9}=1\frac{2}{9}$ (m)

14 $\frac{7}{10}+\frac{7}{10}=\frac{7+7}{10}=\frac{14}{10}=1\frac{4}{10}$ (cm)

15 $2\frac{4}{9}=\frac{22}{9}$이므로 분자의 합이 22가 되는 두 가분수의 덧셈식을 모두 씁니다.

학부모 지도 가이드
대분수를 가분수로 바꾸고 분자끼리의 덧셈을 이용하여 분수의 덧셈식을 만들 수 있도록 지도합니다.

1 교과 개념 14~15쪽

1 2 ; 6, 4, 2 **2** 1, 2 ; 3, 2, 1

3 3 ; $\frac{\boxed{3}}{\boxed{10}}$ **4** 3, 2, 1, 3, 2, 1

5 예 ; 3

6 6, 6, 2, 4, 6, 2, 6, 2, 4 **7** 7, 7, 4, 3

8 (1) $\frac{3}{11}$ (2) $\frac{5}{12}$ **9** $\frac{5}{14}$

1 $\frac{1}{8}$씩 6칸을 갔다가 4칸을 되돌아 가면 2칸이 됩니다.
$\frac{1}{8}$씩 2칸은 $\frac{2}{8}$입니다. ⇨ $\frac{6}{8}-\frac{4}{8}=\frac{2}{8}$

3 $1=\frac{10}{10}$
10칸을 갔다가 7칸을 되돌아 가면 3칸이 됩니다.
⇨ $1-\frac{7}{10}=\frac{10}{10}-\frac{7}{10}=\frac{10-7}{10}=\frac{3}{10}$

4 $\frac{1}{9}$이 몇 개인지 알아보고 뺄셈을 합니다.
$\frac{3}{9}-\frac{2}{9}$는 $\frac{1}{9}$이 $3-2=1$(개)이므로 $\frac{1}{9}$입니다.

5 전체를 똑같이 6칸으로 나누어 5칸만큼 색칠한 후 색칠한 칸 중 2칸을 ×표 하면 3칸이 되므로 $\frac{5}{6}-\frac{2}{6}=\frac{3}{6}$입니다.

6 1을 분모가 6인 가분수로 바꾸면 $\frac{6}{6}$입니다.
$6-2=4$이므로 $\frac{1}{6}$이 4개인 수를 알아보면 $\frac{4}{6}$입니다.

7 1을 빼는 분수 $\frac{4}{7}$와 분모가 같은 가분수로 바꾸면 $\frac{7}{7}$입니다.

8 (1) $\frac{5}{11}-\frac{2}{11}=\frac{5-2}{11}=\frac{3}{11}$
(2) $1-\frac{7}{12}=\frac{12}{12}-\frac{7}{12}=\frac{12-7}{12}=\frac{5}{12}$

9 큰 수에서 작은 수를 뺍니다.
$1-\frac{9}{14}=\frac{14}{14}-\frac{9}{14}=\frac{14-9}{14}=\frac{5}{14}$

1 교과 개념 16~17쪽

1 2, 1, $\boxed{2}\frac{\boxed{1}}{5}$

2 10, 5 ; 10, 5, 5, $\boxed{1}\frac{\boxed{1}}{4}$

3 

 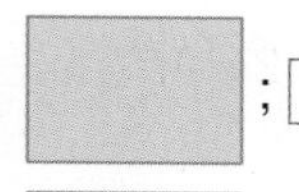 ; $\boxed{2}\frac{\boxed{1}}{\boxed{6}}$

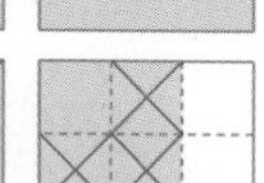

4 (위에서부터) 16, 8, 8 ; 16, 8, 8, $\boxed{1}\frac{\boxed{2}}{6}$

5 1, 2, 3, 1, $\boxed{3}\frac{\boxed{1}}{7}$

6 (1) $5\frac{2}{9}$ (2) $1\frac{6}{11}$

7 5

8 방법 1 5, 2, $\frac{\boxed{4}}{\boxed{8}}$, $\frac{\boxed{1}}{\boxed{8}}$, 3, $\frac{\boxed{3}}{\boxed{8}}$, $\boxed{3}\frac{\boxed{3}}{\boxed{8}}$

방법 2 $\frac{\boxed{44}}{\boxed{8}}$, $\frac{\boxed{17}}{\boxed{8}}$, $\frac{\boxed{27}}{\boxed{8}}$, $\boxed{3}\frac{\boxed{3}}{\boxed{8}}$

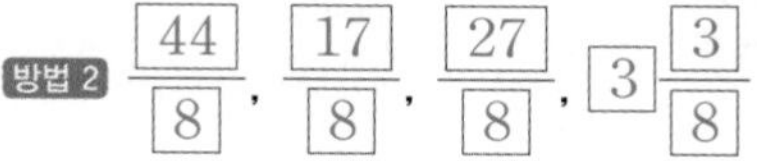

9 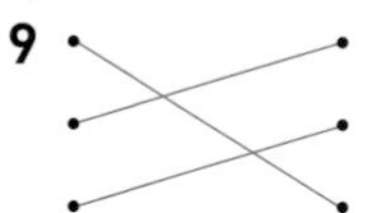

1 자연수 부분끼리 빼고, 진분수 부분끼리 뺀 결과를 더합니다.

2 10칸에서 5칸을 빼면 5칸이므로 $\frac{1}{4}$이 5개인 $\frac{5}{4}=1\frac{1}{4}$이 됩니다.

3 $3\frac{4}{6}$에서 $1\frac{3}{6}$만큼 지우고 남은 부분은 $2\frac{1}{6}$이므로 $3\frac{4}{6}-1\frac{3}{6}=2\frac{1}{6}$입니다.

4 $16-8=8$이고 작은 눈금 한 칸은 $\frac{1}{6}$이므로 $\frac{8}{6}=1\frac{2}{6}$입니다.

5 자연수 부분과 진분수 부분으로 나누어 계산합니다.

6 (1) $6\frac{4}{9}-1\frac{2}{9}=(6-1)+\left(\frac{4}{9}-\frac{2}{9}\right)=5+\frac{2}{9}=5\frac{2}{9}$

(2) $4\frac{8}{11}-3\frac{2}{11}=(4-3)+\left(\frac{8}{11}-\frac{2}{11}\right)$
$=1+\frac{6}{11}=1\frac{6}{11}$

7 $7\frac{2}{9}$와 $2\frac{2}{9}$는 진분수 부분이 같습니다.
⇨ $7-2=5$

9 • $4\frac{6}{9}-1\frac{1}{9}=(4-1)+\left(\frac{6}{9}-\frac{1}{9}\right)=3+\frac{5}{9}=3\frac{5}{9}$

• $5\frac{4}{9}-3\frac{3}{9}=(5-3)+\left(\frac{4}{9}-\frac{3}{9}\right)=2+\frac{1}{9}=2\frac{1}{9}$

• $8\frac{7}{9}-5\frac{6}{9}=(8-5)+\left(\frac{7}{9}-\frac{6}{9}\right)=3+\frac{1}{9}=3\frac{1}{9}$

2 교과 유형 익힘 18~19쪽

01 34, 21, $\boxed{4}\frac{\boxed{1}}{5}$

02 $\frac{3}{8}$, $\frac{2}{8}$

03 (1) < (2) >

04 $\frac{5}{11}$ kg

05 $2\frac{1}{7}$

06 예 $\frac{4}{7}-\frac{2}{7}=\frac{2}{7}$; $\frac{5}{7}-\frac{3}{7}=\frac{2}{7}$

07 예 오전에 마시고 남은 물은 $1-\frac{1}{4}=\frac{3}{4}$ (L)이고 ▸3점
오후에 마시고 남은 물은 $\frac{3}{4}-\frac{2}{4}=\frac{1}{4}$ (L)입니다. ▸3점
; $\frac{1}{4}$ L ▸4점

08 $\boxed{9}\frac{\boxed{8}}{13}-\boxed{1}\frac{\boxed{2}}{13}$; $8\frac{6}{13}$

09 $5\frac{2}{6}-4\frac{1}{6}=1\frac{1}{6}$ ▸5점 ; $1\frac{1}{6}$ m ▸5점

10 2, $\frac{1}{4}$

11 $\frac{4}{7}$

12 $31\frac{1}{8}$ cm

13 $\frac{7}{10}$, $\frac{2}{10}$ → 순서를 바꿔 써도 정답입니다.

01 대분수를 가분수로 바꾸어 계산합니다.
$6\frac{4}{5}=\frac{30}{5}+\frac{4}{5}=\frac{34}{5}$
⇨ $6\frac{4}{5}-\frac{13}{5}=\frac{34}{5}-\frac{13}{5}=\frac{34-13}{5}=\frac{21}{5}=4\frac{1}{5}$

02 $\frac{7}{8}-\frac{4}{8}=\frac{7-4}{8}=\frac{3}{8}$, $\frac{3}{8}-\frac{1}{8}=\frac{3-1}{8}=\frac{2}{8}$

03 (1) $\frac{2}{9}+\frac{5}{9}=\frac{7}{9}$, $1-\frac{1}{9}=\frac{9}{9}-\frac{1}{9}=\frac{8}{9}$ ⇨ $\frac{7}{9}<\frac{8}{9}$

(2) $3\frac{7}{15}+1\frac{2}{15}=4\frac{9}{15}$, $5\frac{9}{15}-1\frac{7}{15}=4\frac{2}{15}$
⇨ $4\frac{9}{15}>4\frac{2}{15}$

04 $1-\frac{6}{11}=\frac{11}{11}-\frac{6}{11}=\frac{11-6}{11}=\frac{5}{11}$ (kg)

05 $\frac{17}{7}=2\frac{3}{7}$이므로 $2\frac{5}{7}>2\frac{3}{7}\left(=\frac{17}{7}\right)>1\frac{6}{7}>\frac{4}{7}$입니다.
따라서 가장 큰 수와 가장 작은 수의 차는
$2\frac{5}{7}-\frac{4}{7}=2+\frac{1}{7}=2\frac{1}{7}$입니다.

06 $\frac{4}{7}-\frac{2}{7}=\frac{2}{7}$, $\frac{5}{7}-\frac{3}{7}=\frac{2}{7}$, $\frac{6}{7}-\frac{4}{7}=\frac{2}{7}$……와 같이 분모가 7이고 분자의 차가 2인 두 분수의 뺄셈식을 만들었으면 정답입니다.

07 오전에 마시고 남은 물의 양:
$1-\frac{1}{4}=\frac{4}{4}-\frac{1}{4}=\frac{4-1}{4}=\frac{3}{4}$ (L)
오후에 마시고 남은 물의 양:
$\frac{3}{4}-\frac{2}{4}=\frac{3-2}{4}=\frac{1}{4}$ (L)

채점 기준		
오전에 마시고 남은 물의 양을 구한 경우	3점	10점
오후에 마시고 남은 물의 양을 구한 경우	3점	
답을 바르게 쓴 경우	4점	

다른 풀이
예 오전과 오후에 마신 물은 모두 $\frac{1}{4}+\frac{2}{4}=\frac{3}{4}$ (L)입니다.
따라서 남은 물은 $1-\frac{3}{4}=\frac{4}{4}-\frac{3}{4}=\frac{1}{4}$ (L)입니다.

채점 기준		
오전과 오후에 마신 물의 양의 합을 구한 경우	3점	10점
남은 물의 양을 구한 경우	3점	
답을 바르게 쓴 경우	4점	

08 계산 결과가 가장 큰 뺄셈식을 만들 때에는 빼지는 수를 가장 크게, 빼는 수를 가장 작게 만들어야 합니다.
빼지는 수의 자연수 부분에 가장 큰 수를 넣고, 분자 부분에 두 번째로 큰 수를 넣습니다.
빼는 수의 자연수 부분에 가장 작은 수를 넣고, 분자 부분에 두 번째로 작은 수를 넣습니다.
⇨ $9\frac{8}{13}-1\frac{2}{13}=(9-1)+\left(\frac{8}{13}-\frac{2}{13}\right)$
$=8+\frac{6}{13}=8\frac{6}{13}$

09 $5\frac{2}{6}-4\frac{1}{6}=(5-4)+\left(\frac{2}{6}-\frac{1}{6}\right)=1+\frac{1}{6}=1\frac{1}{6}$ (m)

10 $2\frac{3}{4}-1\frac{1}{4}=1\frac{2}{4}$ (kg), $1\frac{2}{4}-1\frac{1}{4}=\frac{1}{4}$ (kg)
$2\frac{3}{4}$에서 $1\frac{1}{4}$을 2번 빼고 $\frac{1}{4}$이 남았습니다.
따라서 만들 수 있는 빵은 2개이고, 남는 밀가루는 $\frac{1}{4}$ kg입니다.

다른 풀이
빵 1개를 만드는 데 필요한 밀가루는 $1\frac{1}{4}$ kg이고, 빵 2개를 만드는 데 필요한 밀가루는 $1\frac{1}{4}+1\frac{1}{4}=2\frac{2}{4}$ (kg), 빵 3개를 만드는 데 필요한 밀가루는
$2\frac{2}{4}+1\frac{1}{4}=3\frac{3}{4}$ (kg)입니다.
밀가루가 $2\frac{3}{4}$ kg 있으므로 빵을 2개까지 만들 수 있고, 남는 밀가루는 $2\frac{3}{4}-2\frac{2}{4}=\frac{1}{4}$ (kg)입니다.

11 빵 전체의 양이 1이므로 동생이 먹은 빵은 전체에서 현지가 먹은 빵의 양을 빼어 구할 수 있습니다.
⇨ $1-\frac{3}{7}=\frac{7}{7}-\frac{3}{7}=\frac{7-3}{7}=\frac{4}{7}$

12 이어 붙인 색 테이프의 전체 길이는 색 테이프 2장의 길이의 합에서 겹쳐진 부분의 길이를 뺀 길이와 같습니다.
(색 테이프 2장의 길이의 합)
$=23\frac{5}{8}+12\frac{7}{8}=35+\frac{12}{8}$
$=35+1\frac{4}{8}=36\frac{4}{8}$ (cm)
⇨ (이어 붙인 색 테이프의 전체 길이)
$=36\frac{4}{8}-5\frac{3}{8}=31+\frac{1}{8}=31\frac{1}{8}$ (cm)

13 분모가 10인 두 진분수를 $\frac{■}{10}$, $\frac{▲}{10}$라 하고, $\frac{■}{10}>\frac{▲}{10}$이면
$\frac{■}{10}+\frac{▲}{10}=\frac{9}{10}$, $\frac{■}{10}-\frac{▲}{10}=\frac{5}{10}$입니다.
■+▲=9, ■−▲=5이므로 ■=7, ▲=2입니다.
따라서 두 진분수는 $\frac{7}{10}$, $\frac{2}{10}$입니다.

참고
합이 9이고, 차가 5인 두 수 구하기
• 두 수 중 더 큰 수: 9+5=14, 14÷2=7
• 두 수 중 더 작은 수: 9−5=4, 4÷2=2

1 교과 개념 20~21쪽

1 $\boxed{1}\frac{\boxed{1}}{4}$　　2 2

3 $\boxed{2}\frac{\boxed{4}}{4}$, $\boxed{1}\frac{\boxed{3}}{4}$　　4 5 ; 5, 7, $\boxed{2}\frac{\boxed{1}}{3}$

5 2, 2, 2, 1, $\boxed{2}\frac{\boxed{1}}{2}$　　6 12, 10, 2, 12, 10, 2

7 42, 16, 42, 16, 26, $\boxed{4}\frac{\boxed{2}}{6}$

8 (1) $6\frac{7}{9}$ (2) $4\frac{3}{7}$　　9 $7\frac{2}{5}$

1 $\frac{1}{4}$이 8개 있는데 그중 3개를 지웠으므로 5개가 남습니다. $\frac{1}{4}$이 5개이면 $\frac{5}{4}=1\frac{1}{4}$입니다.

⇨ $2-\frac{3}{4}=1\frac{1}{4}$

2 지우고 남은 부분은 $\frac{1}{5}$이 2개이므로 $\frac{2}{5}$입니다.

⇨ $2-1\frac{3}{5}=\frac{2}{5}$

3 3에서 1만큼을 가분수로 바꾸어 계산합니다.

4 $4=\frac{12}{3}$, $1\frac{2}{3}=\frac{5}{3}$

⇨ $4-1\frac{2}{3}=\frac{12}{3}-\frac{5}{3}=\frac{12-5}{3}=\frac{7}{3}=2\frac{1}{3}$

5 5를 $4\frac{2}{2}$로 바꾸고 자연수 부분과 진분수 부분으로 나누어 계산합니다.

6 모두 가분수로 바꾸어 분자 부분끼리 뺍니다.

7 $7=\frac{7\times6}{6}=\frac{42}{6}$, $2\frac{4}{6}=2+\frac{4}{6}=\frac{12}{6}+\frac{4}{6}=\frac{16}{6}$

$7-2\frac{4}{6}=\frac{42}{6}-\frac{16}{6}=\frac{42-16}{6}=\frac{26}{6}=4\frac{2}{6}$

8 (1) $8-1\frac{2}{9}=7\frac{9}{9}-1\frac{2}{9}=6\frac{7}{9}$

(2) $6-1\frac{4}{7}=5\frac{7}{7}-1\frac{4}{7}=4\frac{3}{7}$

9 $9-1\frac{3}{5}=8\frac{5}{5}-1\frac{3}{5}=7\frac{2}{5}$

1  22~23쪽

1 $\boxed{1}\frac{\boxed{5}}{\boxed{6}}$　　2 3, 작다에 ○표

3 13, 5, 8, $\boxed{2}\frac{\boxed{2}}{3}$　　4 6 ; 13, 7, 6, $\boxed{1}\frac{\boxed{2}}{4}$

5 9, 9, 3, 6, $\boxed{3}\frac{\boxed{6}}{7}$　　6 14, 7, 7, 7, $\boxed{1}\frac{\boxed{3}}{4}$

7 $3\frac{7}{9}$

8 (1) $3\frac{8}{10}$ (2) $4\frac{5}{8}$ (3) $\frac{9}{11}$ (4) $\frac{8}{9}$

1 $3\frac{2}{6}-1\frac{3}{6}=2\frac{8}{6}-1\frac{3}{6}=(2-1)+\left(\frac{8}{6}-\frac{3}{6}\right)$

$=1+\frac{5}{6}=1\frac{5}{6}$

3 $4\frac{1}{3}=\frac{13}{3}$, $1\frac{2}{3}=\frac{5}{3}$

$4\frac{1}{3}-1\frac{2}{3}=\frac{13}{3}-\frac{5}{3}=\frac{13-5}{3}=\frac{8}{3}=2\frac{2}{3}$

4 $3\frac{1}{4}=\frac{13}{4}$, $1\frac{3}{4}=\frac{7}{4}$로 모두 가분수로 바꾸어 분자끼리 뺐습니다.

5 $5\frac{2}{7}$를 $4\frac{9}{7}$로 바꾸어 자연수 부분끼리, 진분수 부분끼리 뺀 결과를 더합니다.

6 $3\frac{2}{4}=\frac{14}{4}$ ⇨ $\frac{1}{4}$이 14개

$1\frac{3}{4}=\frac{7}{4}$ ⇨ $\frac{1}{4}$이 7개

$14-7=7$이므로 $3\frac{2}{4}-1\frac{3}{4}$은 $\frac{1}{4}$이 7개인 $\frac{7}{4}=1\frac{3}{4}$입니다.

7 $6\frac{3}{9}-2\frac{5}{9}=5\frac{12}{9}-2\frac{5}{9}=(5-2)+\left(\frac{12}{9}-\frac{5}{9}\right)$

$=3+\frac{7}{9}=3\frac{7}{9}$

8 (1) $5\frac{1}{10}-1\frac{3}{10}=4\frac{11}{10}-1\frac{3}{10}=3\frac{8}{10}$

(2) $6\frac{3}{8}-1\frac{6}{8}=5\frac{11}{8}-1\frac{6}{8}=4\frac{5}{8}$

(3) $6\frac{5}{11}-5\frac{7}{11}=5\frac{16}{11}-5\frac{7}{11}=\frac{9}{11}$

(4) $8\frac{7}{9}-7\frac{8}{9}=7\frac{16}{9}-7\frac{8}{9}=\frac{8}{9}$

Step 2 교과 유형 익힘 24~25쪽

01 32, 10, 22, 22, $\boxed{3}\frac{\boxed{4}}{6}$

02 | | | ○ |

03 $1\frac{1}{7}$ m

04 $>$

05 (위에서부터) $\frac{3}{5}$, $1\frac{4}{5}$, $\frac{4}{5}$

06 $8\frac{4}{7}$

07 $1\frac{2}{3}$ kg

08 은행나무, $2\frac{3}{5}$ m

09 $1\frac{2}{11}-\frac{8}{11}=\frac{5}{11}$ ▸5점 ; $\frac{5}{11}$ L ▸5점

10 예 $2\frac{1}{5}-1\frac{3}{5}=1\frac{6}{5}-1\frac{3}{5}=\frac{3}{5}$

11 $\boxed{6}-\boxed{2}\frac{\boxed{4}}{7}$; $3\frac{3}{7}$

12 예 $3-2\frac{1}{4}$은 3에서 2를 빼고 $\frac{1}{4}$을 더 빼야 하니까 $3-2\frac{1}{4}=2\frac{4}{4}-2\frac{1}{4}=\frac{3}{4}$입니다. ▸10점

13 나에 ○표, $\frac{1}{10}$에 ○표, 8

01 $5\frac{2}{6}-1\frac{4}{6}$는 $\frac{1}{6}$이 $32-10=22$(개)입니다.

$\frac{22}{6}=\frac{18}{6}+\frac{4}{6}=3+\frac{4}{6}=3\frac{4}{6}$

02 • $\frac{15}{4}-\frac{9}{4}=\frac{6}{4}=1\frac{2}{4}$

• $5\frac{2}{7}-1\frac{3}{7}=4\frac{9}{7}-1\frac{3}{7}=3\frac{6}{7}$

• $6\frac{3}{8}-3\frac{7}{8}=5\frac{11}{8}-3\frac{7}{8}=2\frac{4}{8}$

참고

• $5\frac{2}{7}-1\frac{3}{7}$에서 $5-1=4$이고 $\frac{2}{7}$보다 $\frac{3}{7}$이 크므로 계산 결과는 3보다 크고 4보다 작습니다.

• $6\frac{3}{8}-3\frac{7}{8}$에서 $6-3=3$이고 $\frac{3}{8}$보다 $\frac{7}{8}$이 크므로 계산 결과는 2보다 크고 3보다 작습니다. 따라서 계산 결과가 2와 3 사이입니다.

03 $4-2\frac{6}{7}=3\frac{7}{7}-2\frac{6}{7}=(3-2)+\left(\frac{7}{7}-\frac{6}{7}\right)$

$=1+\frac{1}{7}=1\frac{1}{7}$ (m)

04 $3\frac{17}{20}-1\frac{8}{20}=2+\frac{9}{20}=2\frac{9}{20}$,

$4\frac{6}{20}-1\frac{19}{20}=3\frac{26}{20}-1\frac{19}{20}=2+\frac{7}{20}=2\frac{7}{20}$

⇨ $2\frac{9}{20}>2\frac{7}{20}$

05 $3\frac{1}{5}-2\frac{3}{5}=2\frac{6}{5}-2\frac{3}{5}=\frac{3}{5}$,

$3\frac{1}{5}-1\frac{2}{5}=2\frac{6}{5}-1\frac{2}{5}=1\frac{4}{5}$,

$2\frac{3}{5}-1\frac{4}{5}=1\frac{8}{5}-1\frac{4}{5}=\frac{4}{5}$

06 가장 큰 수에서 가장 작은 수를 뺍니다.

자연수 부분을 비교하면 $30\frac{2}{7}$가 가장 크고 $21\frac{5}{7}$가 가장 작습니다.

$30\frac{2}{7}-21\frac{5}{7}=29\frac{9}{7}-21\frac{5}{7}=8\frac{4}{7}$

07 (하늘색 봉지의 무게)

=(분홍색 봉지의 무게)+(연두색 봉지의 무게)이므로

(연두색 봉지의 무게)

=(하늘색 봉지의 무게)−(분홍색 봉지의 무게)입니다.

⇨ (연두색 봉지의 무게)

$=4\frac{1}{3}-2\frac{2}{3}=\frac{13}{3}-\frac{8}{3}=\frac{13-8}{3}=\frac{5}{3}$

$=1\frac{2}{3}$ (kg)

08 $1\frac{4}{5}<4\frac{2}{5}$이므로 은행나무가

$4\frac{2}{5}-1\frac{4}{5}=3\frac{7}{5}-1\frac{4}{5}=2\frac{3}{5}$ (m) 더 높습니다.

09 (물통에 남아 있는 물의 양)

=(물통에 있던 물의 양)−(은혜가 마신 물의 양)

$=1\frac{2}{11}-\frac{8}{11}=\frac{13}{11}-\frac{8}{11}=\frac{5}{11}$ (L)

10 받아내림이 있는 대분수의 뺄셈은 자연수 부분에서 1만큼을 가분수로 바꾸어 계산해야 하므로 자연수 부분이 1만큼 작아집니다.

$2\frac{1}{5}=2+\frac{1}{5}=1+1+\frac{1}{5}=1+\frac{5}{5}+\frac{1}{5}$

$=1+\frac{6}{5}=1\frac{6}{5}$

11 차가 가장 크려면 가장 큰 수에서 가장 작은 수를 빼야 합니다. ⇨ $6-2\frac{4}{7}=5\frac{7}{7}-2\frac{4}{7}=3\frac{3}{7}$

13 가 접시: 1 g짜리 추 4개 ⇨ 4 g

나 접시: 1 g짜리 추 3개와 $\frac{1}{10}$ g짜리 추 2개 ⇨ $3\frac{2}{10}$ g

⇨ $4-3\frac{2}{10}=3\frac{10}{10}-3\frac{2}{10}=\frac{8}{10}$이므로 저울이 수평이 되게 하려면 나 접시에 $\frac{1}{10}$ g짜리 추를 8개 더 올려야 합니다.

Step 3 문제 해결 26~29쪽

1 $\frac{1}{11}$, $\frac{4}{11}$ **1-1** $\frac{7}{13}$, $\frac{11}{13}$ **1-2** $\frac{3}{9}$, $\frac{7}{9}$

1-3 $\frac{5}{7}$, $1\frac{4}{7}$ **2** $13\frac{4}{5}$ cm

2-1 (1) 28 cm (2) $4\frac{5}{7}$ cm (3) $23\frac{2}{7}$ cm

2-2 $\frac{5}{7}$ cm

3 4개 **3-1** 3 **3-2** 3

4 8 **4-1** 9 **4-2** 5

5 ❶ $\boxed{1}\frac{\boxed{4}}{7}$, $\boxed{2}\frac{\boxed{6}}{7}$ ▸3점 ❷ $\boxed{2}\frac{\boxed{6}}{7}$, $\boxed{4}\frac{\boxed{1}}{7}$ ▸3점

; $4\frac{1}{7}$ L ▸4점

5-1 예 ❶ 기름은 물보다 $1\frac{7}{9}$ L 더 많으므로

$3\frac{4}{9}+1\frac{7}{9}=4\frac{11}{9}=5\frac{2}{9}$ (L)입니다. ▸3점

❷ 물과 기름은 모두 $3\frac{4}{9}+5\frac{2}{9}=8\frac{6}{9}$ (L)입니다. ▸3점

; $8\frac{6}{9}$ L ▸4점

5-2 예 포도 주스는 딸기 주스보다 $2\frac{7}{11}$ L 더 많으므로

$2\frac{8}{11}+2\frac{7}{11}=4\frac{15}{11}=5\frac{4}{11}$ (L)입니다. ▸3점

따라서 딸기 주스와 포도 주스는 모두

$2\frac{8}{11}+5\frac{4}{11}=7\frac{12}{11}=8\frac{1}{11}$ (L)입니다. ▸3점

; $8\frac{1}{11}$ L ▸4점

6 ❶ 4 ▸3점 ❷ 4, 1 ▸3점 ; $\frac{1}{6}$ ▸4점

6-1 예 ❶ 어떤 수를 □라 하면 $\square+\frac{1}{11}=\frac{7}{11}$이므로

$\square=\frac{7}{11}-\frac{1}{11}=\frac{6}{11}$입니다. ▸3점

❷ 바르게 계산하면 $\frac{6}{11}-\frac{1}{11}=\frac{5}{11}$입니다. ▸3점

; $\frac{5}{11}$ ▸4점

6-2 예 어떤 수를 □라 하면 $\square-\frac{2}{5}=1\frac{2}{5}$이므로

$\square=1\frac{2}{5}+\frac{2}{5}=1\frac{4}{5}$입니다. ▸3점

따라서 바르게 계산하면 $1\frac{4}{5}+\frac{2}{5}=1\frac{6}{5}=2\frac{1}{5}$ 입니다. ▸3점 ; $2\frac{1}{5}$ ▸4점

1 분자의 합이 5이고 차가 3인 두 진분수의 분자는 1과 4입니다. 따라서 두 진분수는 $\frac{1}{11}$, $\frac{4}{11}$입니다.

참고
합이 5이고, 차가 3인 두 수 구하기
• 두 수 중 더 작은 수: 5−3=2, 2÷2=1
• 두 수 중 더 큰 수: 5+3=8, 8÷2=4

1-1 $1\frac{5}{13}=\frac{18}{13}$이므로 분자의 합이 18이고 차가 4인 두 진분수의 분자는 7과 11입니다. 분모가 13이므로 두 진분수는 $\frac{7}{13}$, $\frac{11}{13}$입니다.

참고
합이 18이고, 차가 4인 두 수 구하기
• 두 수 중 더 작은 수: 18−4=14, 14÷2=7
• 두 수 중 더 큰 수: 18+4=22, 22÷2=11

1-2 $1\frac{1}{9}=\frac{10}{9}$이므로 분자의 합이 10이고 차가 4인 두 진분수의 분자는 3과 7입니다. 분모가 9이므로 두 진분수는 $\frac{3}{9}$, $\frac{7}{9}$입니다.

1-3 $2\frac{2}{7}=\frac{16}{7}$이므로 분자의 합이 16이고 차가 6인 두 분수의 분자는 5와 11입니다. 따라서 두 분수는 $\frac{5}{7}$, $\frac{11}{7}$이고, 진분수와 대분수를 구해야 하므로 가분수 $\frac{11}{7}$을 대분수로 바꾸면 $1\frac{4}{7}$입니다.

2 색 테이프 3장의 길이의 합: $5\times3=15$ (cm)

(겹쳐진 부분의 수)=(색 테이프의 수)$-1=3-1=2$(군데)

겹쳐진 부분의 길이의 합: $\frac{3}{5}+\frac{3}{5}=\frac{6}{5}=1\frac{1}{5}$ (cm)

⇨ 이어 붙인 색 테이프의 전체 길이:

$15-1\frac{1}{5}=13\frac{4}{5}$ (cm)

2-1 (1) $7\times4=28$ (cm)

(2) (겹쳐진 부분의 수)$=4-1=3$(군데)

⇨ 겹쳐진 부분의 길이의 합:

$1\frac{4}{7}+1\frac{4}{7}+1\frac{4}{7}=4\frac{5}{7}$ (cm)

(3) $28-4\frac{5}{7}=23\frac{2}{7}$ (cm)

2-2 두 색 테이프의 길이의 합: $3\frac{1}{7}+4\frac{2}{7}=7\frac{3}{7}$ (cm)

(겹쳐진 부분의 길이)

=(두 색 테이프의 길이의 합)

−(이어 붙인 색 테이프의 전체 길이)

$=7\frac{3}{7}-6\frac{5}{7}=6\frac{10}{7}-6\frac{5}{7}=\frac{5}{7}$ (cm)

3 $\frac{8}{11}-\frac{\square}{11}=\frac{8-\square}{11}$이고 계산 결과로 나올 수 있는 가장 작은 진분수는 $\frac{4}{11}$이므로 □ 안에 들어갈 수 있는 자연수는 1, 2, 3, 4입니다. ⇨ 4개

3-1 $\frac{10}{13}-\frac{\square}{13}=\frac{10-\square}{13}$이고 계산 결과로 나올 수 있는 가장 큰 진분수는 $\frac{7}{13}$이므로 □ 안에 들어갈 수 있는 자연수는 3, 4, 5, 6, 7, 8, 9, 10입니다. 따라서 □ 안에 들어갈 수 있는 가장 작은 수는 3입니다.

3-2 $7\frac{7}{17}+13\frac{13}{17}=20+\frac{20}{17}=21\frac{3}{17}$

따라서 □ 안에 들어갈 수 있는 자연수는 1, 2이므로 합은 $1+2=3$입니다.

4 자연수 부분끼리 계산하면 $5-1=4$이므로 ㉮$-$㉯$=2$입니다. ㉮는 6보다 작아야 하므로 ㉮는 5, ㉯는 3일 때 ㉮$+$㉯$=8$로 가장 큽니다.

4-1 자연수 부분끼리 계산하면 $6-3=3$이므로 ■$-$▲$=3$이고 ■는 7보다 작아야 합니다.

따라서 ■는 6, ▲는 3일 때 ■$+$▲가 9로 가장 큽니다.

4-2 자연수 부분끼리 계산하면 $1+2=3$이므로 ★$+$▲$=7$이고 ★과 ▲는 각각 8보다 작아야 합니다.

★$-$▲가 가장 큰 때는 ★이 가장 크고 ▲가 가장 작을 때입니다. ★이 7이면 ▲가 0이 되므로 될 수 없고, ★이 6이면 ▲가 1이 되어 ★$-$▲$=5$로 가장 큽니다.

5-1

채점 기준		
기름의 양을 구한 경우	3점	10점
물과 기름의 양이 모두 몇 L인지 구한 경우	3점	
답을 바르게 쓴 경우	4점	

5-2

채점 기준		
포도 주스의 양을 구한 경우	3점	10점
딸기 주스와 포도 주스가 모두 몇 L인지 구한 경우	3점	
답을 바르게 쓴 경우	4점	

6-1

채점 기준		
어떤 수를 구한 경우	3점	10점
바르게 계산한 경우	3점	
답을 바르게 쓴 경우	4점	

6-2

채점 기준		
어떤 수를 구한 경우	3점	10점
바르게 계산한 경우	3점	
답을 바르게 쓴 경우	4점	

Step 4 실력UP문제 30~31쪽

01 $8\frac{5}{9}\left(=\frac{77}{9}\right)$

02 $2\frac{7}{9}$, $2\frac{2}{9}$; $1\frac{2}{9}$, $3\frac{7}{9}$; $1\frac{8}{9}$, $3\frac{1}{9}$

03 파란색, 노란색

04 $5\frac{4}{7}$

05 $1\frac{5}{8}$ L, $\frac{3}{8}$ L

06 $65\frac{4}{5}$ L

07 $\frac{8}{9}$ L

08 예 밤을 성규는 $1\frac{7}{15}$ kg 주웠고 어머니는 $2\frac{4}{15}$ kg 주웠습니다. 두 사람이 주운 밤은 모두 몇 kg인가요?▸5점 ; $3\frac{11}{15}$ kg▸5점

09 (1) 12 km (2) $11\frac{2}{5}$ km (3) 소방서

10 $4\frac{3}{8}$가마니

01 재민이가 쓴 수를 □라 하면 $\frac{4}{9}+□=9$이므로

$□=9-\frac{4}{9}=8\frac{9}{9}-\frac{4}{9}=8\frac{5}{9}$입니다.

02 자연수 부분끼리 더하면 4이고, 분수 부분끼리 더하면 1이 되는 두 분수끼리 모아야 합니다.

$2\frac{7}{9}+2\frac{2}{9}=(2+2)+\left(\frac{7}{9}+\frac{2}{9}\right)=4+\frac{9}{9}=4+1=5$

$1\frac{2}{9}+3\frac{7}{9}=(1+3)+\left(\frac{2}{9}+\frac{7}{9}\right)=4+\frac{9}{9}=4+1=5$

$1\frac{8}{9}+3\frac{1}{9}=(1+3)+\left(\frac{8}{9}+\frac{1}{9}\right)=4+\frac{9}{9}=4+1=5$

03 색 물감의 양을 두 개씩 더해서 $2\frac{7}{8}$ mL가 되는지 확인합니다.

(빨간색)+(파란색)$=\frac{11}{8}+1\frac{2}{8}=1\frac{3}{8}+1\frac{2}{8}$

$=2\frac{5}{8}$ (mL) (×)

(빨간색)+(노란색)$=\frac{11}{8}+\frac{13}{8}=\frac{11+13}{8}$

$=\frac{24}{8}=3$ (mL) (×)

(파란색)+(노란색)$=1\frac{2}{8}+\frac{13}{8}=1\frac{2}{8}+1\frac{5}{8}$

$=2\frac{7}{8}$ (mL) (○)

따라서 섞은 두 가지 색은 파란색과 노란색입니다.

04 어떤 대분수를 □라 하면 $□-2\frac{6}{7}+\frac{5}{7}=1\frac{2}{7}$이므로

$□=1\frac{2}{7}-\frac{5}{7}+2\frac{6}{7}=\frac{9}{7}-\frac{5}{7}+2\frac{6}{7}=\frac{4}{7}+2\frac{6}{7}$

$=2\frac{10}{7}=3\frac{3}{7}$입니다.

따라서 바르게 계산하면

$3\frac{3}{7}+2\frac{6}{7}-\frac{5}{7}=6\frac{2}{7}-\frac{5}{7}=5\frac{9}{7}-\frac{5}{7}=5\frac{4}{7}$입니다.

05 전체 물의 양이 2 L이므로 두 사람이 가진 물의 양이 서로 같아졌을 때 각각 가지고 있는 물의 양은 1 L입니다.

거꾸로 풀기	현재 물의 양(L)	주고 받기 전 물의 양(L)
지안	1	$1+\frac{5}{8}=1\frac{5}{8}$
용대	1	$1-\frac{5}{8}=\frac{3}{8}$

06 (나 수도꼭지에서 한 시간 동안 받을 수 있는 물의 양)

$=17\frac{4}{5}+17\frac{4}{5}=34\frac{8}{5}=35\frac{3}{5}$ (L)

⇨ (두 수도꼭지로 동시에 한 시간 동안 받을 수 있는 물의 양)

=(가 수도꼭지에서 한 시간 동안 받을 수 있는 물의 양)

+(나 수도꼭지에서 한 시간 동안 받을 수 있는 물의 양)

$=30\frac{1}{5}+35\frac{3}{5}=65\frac{4}{5}$ (L)

07 현호: $2\frac{7}{9}+\frac{5}{9}=2\frac{12}{9}=3\frac{3}{9}$ (L)

$3\frac{6}{9}>3\frac{3}{9}>2\frac{7}{9}$이므로 물이 가장 많이 들어 있는 물통과 가장 적게 들어 있는 물통의 물의 양의 차는

$3\frac{6}{9}-2\frac{7}{9}=2\frac{15}{9}-2\frac{7}{9}=\frac{8}{9}$ (L)입니다.

08 $1\frac{7}{15}+2\frac{4}{15}=3\frac{11}{15}$

09 (1) $4\frac{2}{5}+7\frac{3}{5}=11\frac{5}{5}=12$ (km)

(2) $8\frac{3}{5}+2\frac{4}{5}=10\frac{7}{5}=11\frac{2}{5}$ (km)

(3) $12>11\frac{2}{5}$이므로 더 가까운 길은 소방서를 지나서 가는 길입니다.

10 형이 처음에 가지고 있던 쌀을 □가마니라 하면 형이 쌀 $\frac{6}{8}$가마니를 동생 집에 가져다 놓은 후 형이 가지고 있는 쌀은 $\left(□-\frac{6}{8}\right)$가마니이고, 동생이 쌀 $1\frac{3}{8}$가마니를 형 집에 가져다 놓은 후 형이 가지고 있는 쌀은 $\left(□-\frac{6}{8}+1\frac{3}{8}\right)$가마니가 됩니다.

⇨ $□-\frac{6}{8}+1\frac{3}{8}=5$이므로

$□=5-1\frac{3}{8}+\frac{6}{8}=4\frac{8}{8}-1\frac{3}{8}+\frac{6}{8}=3\frac{5}{8}+\frac{6}{8}$

$=3\frac{11}{8}=4\frac{3}{8}$입니다.

따라서 형이 처음에 가지고 있던 쌀은 $4\frac{3}{8}$가마니입니다.

참고

쌀 5가마니에서 동생이 가져다 놓은 쌀의 양을 빼고, 형이 동생 집에 가져다 놓은 쌀의 양을 더하면 형이 처음에 가지고 있던 쌀의 양을 구할 수 있습니다.

본책 26~31쪽

단원 평가 32~35쪽

01 4, 6, 10, $\boxed{1}\frac{\boxed{3}}{7}$

02 예 (2 m 막대 그림) ; $\boxed{1}\frac{\boxed{1}}{5}$

03 6, 3, 3, 3

04 (1) 5, 3, 2, 1, 5, 3, 1, 2, $\boxed{1}\frac{\boxed{2}}{4}$ (2) 13, 7, 6, $\boxed{1}\frac{\boxed{2}}{4}$

05 $3\frac{5}{6}$

06 $5-2\frac{5}{6}=\frac{30}{6}-\frac{17}{6}=\frac{13}{6}=2\frac{1}{6}$

07 $1\frac{5}{7}\left(=\frac{12}{7}\right)$ 08 $5\frac{1}{9}$, $2\frac{5}{9}$ 09 ④

10 $>$ 11 예 $\frac{5}{7}+\frac{4}{7}=\frac{5+4}{7}=\frac{9}{7}=1\frac{2}{7}$

12 ㉡, ㉠, ㉢ 13 5, 8 ; $4\frac{7}{10}$ 14 3

15 $\boxed{2\frac{2}{5}}+\boxed{1\frac{3}{5}}=\boxed{4}$

└→ 더하는 두 수의 순서를 바꿔 써도 정답입니다.

16 $3\frac{14}{15}$ 17 $3\frac{2}{7}$ L 18 $5\frac{3}{14}$ cm

19 $8\frac{4}{13}$ 20 $1\frac{7}{11}$ cm

21 (1) $1\frac{3}{5}$ L▸3점 (2) $1\frac{2}{5}$ L▸2점

22 예 $\frac{7}{13}+\frac{\square}{13}=\frac{7+\square}{13}$▸1점

계산 결과로 나올 수 있는 가장 큰 진분수는 $\frac{12}{13}$입니다. 따라서 □ 안에 들어갈 수 있는 자연수는 1, 2, 3, 4, 5입니다.▸2점 ; 1, 2, 3, 4, 5▸2점

23 (1) $2\frac{6}{9}$개▸2점 (2) $1\frac{4}{9}$개▸3점

24 예 오늘까지 읽은 책의 양: $\frac{5}{11}+\frac{4}{11}=\frac{9}{11}$▸2점

더 읽어야 하는 책의 양: $1-\frac{9}{11}=\frac{11}{11}-\frac{9}{11}=\frac{2}{11}$

⇨ 전체의 $\frac{2}{11}$만큼 더 읽어야 합니다.▸1점 ; $\frac{2}{11}$▸2점

02 $2-\frac{4}{5}=1\frac{5}{5}-\frac{4}{5}=1\frac{1}{5}$ (m)

03 $\frac{6}{8}-\frac{3}{8}$은 $\frac{1}{8}$이 $6-3=3$(개)이고 $\frac{1}{8}$이 3개이면 $\frac{3}{8}$이므로 $\frac{6}{8}-\frac{3}{8}=\frac{3}{8}$입니다.

04 (1) 빼지는 수의 자연수 부분에서 1만큼을 가분수로 바꾸어 계산하는 방법입니다.
(2) 모두 가분수로 바꾸어 계산하는 방법입니다.

05 $2\frac{1}{6}+1\frac{4}{6}=(2+1)+\left(\frac{1}{6}+\frac{4}{6}\right)=3+\frac{5}{6}=3\frac{5}{6}$

06 자연수와 대분수를 모두 가분수로 바꾸어 계산하는 방법입니다.

07 $4\frac{3}{7}-\frac{19}{7}=\frac{31}{7}-\frac{19}{7}=\frac{12}{7}=1\frac{5}{7}$

08 $6-\frac{8}{9}=5\frac{9}{9}-\frac{8}{9}=5\frac{1}{9}$, $3-\frac{4}{9}=2\frac{9}{9}-\frac{4}{9}=2\frac{5}{9}$

09 ④ $2\frac{1}{4}+1\frac{2}{4}=(2+1)+\left(\frac{1}{4}+\frac{2}{4}\right)=3+\frac{3}{4}=3\frac{3}{4}$

10 $5\frac{5}{8}+2\frac{7}{8}=7+\frac{12}{8}=7+1\frac{4}{8}=8\frac{4}{8}$
$11\frac{3}{8}-3\frac{7}{8}=10\frac{11}{8}-3\frac{7}{8}=7\frac{4}{8}$

11 분모는 그대로 두고 분자끼리 더해야 합니다.
계산 결과가 가분수이면 대분수로 바꾸어 나타냅니다.

12 ㉠ $2\frac{4}{15}+3\frac{8}{15}=5\frac{12}{15}$
㉡ $9\frac{9}{15}-3\frac{11}{15}=8\frac{24}{15}-3\frac{11}{15}=5\frac{13}{15}$
㉢ $7\frac{7}{15}-2\frac{2}{15}=5\frac{5}{15}$

13 계산 결과가 가장 작아야 하므로 빼지는 수의 분자에 가장 작은 수를 써넣고 빼는 수의 분자에 가장 큰 수를 써넣습니다.
$6\frac{5}{10}-1\frac{8}{10}=5\frac{15}{10}-1\frac{8}{10}=4\frac{7}{10}$

14 $\frac{6}{9}+\frac{7}{9}=\frac{13}{9}=1\frac{4}{9}$이므로 $1\frac{\square}{9}<1\frac{4}{9}$에서 분자를 비교하면 $\square<4$입니다. 따라서 □ 안에 들어갈 수 있는 가장 큰 자연수는 3입니다.

15 가장 큰 수와 두 번째로 큰 수를 더합니다.
⇨ $2\frac{2}{5}+1\frac{3}{5}=3\frac{5}{5}=4$

16 어떤 수를 □라 하면 $\square+3\frac{2}{15}=7\frac{1}{15}$,
$\square=7\frac{1}{15}-3\frac{2}{15}=6\frac{16}{15}-3\frac{2}{15}=3\frac{14}{15}$입니다.
따라서 어떤 수는 $3\frac{14}{15}$입니다.

17 의자 1개를 칠하면 페인트 $4\frac{5}{7}-1\frac{3}{7}=3\frac{2}{7}$ (L)가 남습니다.

18 $1\frac{5}{14}+2\frac{5}{14}+1\frac{7}{14}=3\frac{10}{14}+1\frac{7}{14}$

$=4\frac{17}{14}=5\frac{3}{14}$ (cm)

다른 풀이

$1\frac{5}{14}+2\frac{5}{14}+1\frac{7}{14}$

$=(1+2+1)+\left(\frac{5}{14}+\frac{5}{14}+\frac{7}{14}\right)$

$=4+\frac{17}{14}=4+1\frac{3}{14}=5\frac{3}{14}$ (cm)

19 $\frac{106}{13}=\frac{104}{13}+\frac{2}{13}=8+\frac{2}{13}=8\frac{2}{13}$

8과 9 사이에 있는 수: $\frac{106}{13}$, $8\frac{1}{13}$, 나머지 수: $7\frac{12}{13}$

$\frac{106}{13}+8\frac{1}{13}-7\frac{12}{13}=8\frac{2}{13}+8\frac{1}{13}-7\frac{12}{13}$

$=16\frac{3}{13}-7\frac{12}{13}$

$=15\frac{16}{13}-7\frac{12}{13}=8\frac{4}{13}$

20 두 색 테이프의 길이의 합:

$6\frac{8}{11}+4\frac{7}{11}=10\frac{15}{11}=11\frac{4}{11}$ (cm)

⇨ (겹쳐진 부분의 길이)

=(두 색 테이프의 길이의 합)

−(이어 붙인 색 테이프의 전체 길이)

$=11\frac{4}{11}-9\frac{8}{11}=10\frac{15}{11}-9\frac{8}{11}=1\frac{7}{11}$ (cm)

21 (1) $\frac{4}{5}+\frac{4}{5}=\frac{8}{5}=1\frac{3}{5}$ (L) (2) $1\frac{3}{5}-\frac{1}{5}=1\frac{2}{5}$ (L)

틀린 과정을 분석해 볼까요?

틀린 이유	이렇게 지도해 주세요
배달된 우유의 양을 잘못 구한 경우	배달된 우유는 $\frac{4}{5}$ L짜리 2병이므로 $\frac{4}{5}$ L를 2번 더한 것과 같다는 것을 이해하고 분수의 덧셈을 바르게 계산하도록 지도합니다.
마시고 남은 우유의 양을 잘못 구한 경우	배달된 우유의 양에서 기훈이가 마신 우유의 양을 빼어야 함을 이해하고 분수의 뺄셈을 바르게 계산하도록 지도합니다.

22

채점 기준		
분수의 덧셈 방법을 아는 경우	1점	5점
□ 안에 들어갈 수 있는 자연수를 모두 찾은 경우	2점	
답을 바르게 쓴 경우	2점	

틀린 과정을 분석해 볼까요?

틀린 이유	이렇게 지도해 주세요
$\frac{7}{13}+\frac{□}{13}=\frac{7+□}{13}$ 임을 모르는 경우	분수의 덧셈을 할 때는 분모는 그대로 두고 분자끼리 더해야 한다는 것을 알고 식을 간단하게 나타내도록 지도합니다.
□ 안에 들어갈 수 있는 자연수를 구하지 못한 경우	진분수는 분자가 분모보다 작은 분수임을 이해하고, 진분수의 분모가 13일 때의 분자의 범위를 구하여 □ 안에 들어갈 수 있는 자연수를 모두 구하도록 지도합니다.

23 틀린 과정을 분석해 볼까요?

틀린 이유	이렇게 지도해 주세요
수일이가 쓴 고무찰흙의 양과 남은 고무찰흙의 양의 합을 잘못 구한 경우	분수의 덧셈을 계산하는 방법을 다시 공부하고 바르게 계산하도록 지도합니다. 수일이가 쓴 고무찰흙의 양과 남은 고무찰흙의 양의 합은 수일이가 지혜에게 고무찰흙을 받고 난 직후의 양과 같습니다.
수일이가 처음에 가지고 있던 고무찰흙의 양을 구하지 못한 경우	수일이가 처음에 가지고 있던 고무찰흙의 양은 수일이가 쓴 고무찰흙의 양과 남은 고무찰흙의 양의 합에서 지혜에게 받은 고무찰흙의 양을 빼어야 함을 이해하도록 지도합니다.

24

채점 기준		
오늘까지 읽은 책의 양을 구한 경우	2점	5점
더 읽어야 하는 책의 양을 구한 경우	1점	
답을 바르게 쓴 경우	2점	

틀린 과정을 분석해 볼까요?

틀린 이유	이렇게 지도해 주세요
오늘까지 읽은 책의 양을 구하지 못한 경우	어제 읽은 양과 오늘 읽은 양의 합을 구해야 함을 이해하고 분수의 덧셈을 바르게 계산하도록 지도합니다.
더 읽어야 하는 책의 양을 구하지 못한 경우	전체 책의 양을 1로 생각해야 함을 알고, 전체에서 오늘까지 읽은 책의 양을 빼면 더 읽어야 하는 책의 양을 구할 수 있음을 이해하도록 지도합니다. 1−(진분수)를 계산하는 방법을 알고, 바르게 계산하도록 지도합니다.

2단원 삼각형

Step 1 교과 개념 38~39쪽

1 이등변삼각형
2 정삼각형
3 (○)(　)(　)
4 (1) 17 (2) 29
5 (1) 다 (2) 예 길이가 같은 두 변이 있습니다.
6 (　)(　)(○)
7 10
8 예

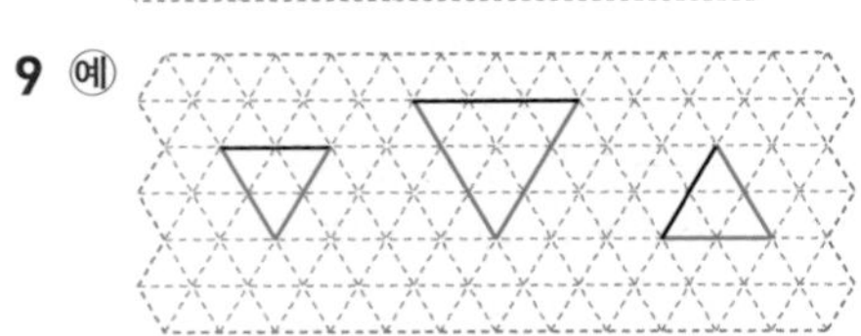

9 예

1 두 변의 길이가 같은 삼각형을 이등변삼각형이라고 합니다.

2 세 변의 길이가 같은 삼각형을 정삼각형이라고 합니다.

3 이등변삼각형은 두 변의 길이가 같은 삼각형이므로 두 변의 길이가 같은 삼각형을 찾습니다.

4 (1) 이등변삼각형은 길이가 같은 두 변이 있습니다.
(2) 오른쪽 아래에 있는 각을 사이에 둔 두 변의 길이가 같습니다.

5 (1) 자를 이용하여 두 변의 길이가 같은 삼각형을 찾습니다.
(2) 이등변삼각형은 두 변의 길이가 같은 삼각형입니다.

6 세 변의 길이가 모두 같은 삼각형을 찾습니다.

7 정삼각형은 세 변의 길이가 모두 같습니다.

8 주어진 변과 길이가 같은 변을 더 그려 삼각형을 그리거나 길이가 같은 두 변을 더 그려 삼각형을 완성합니다.

예 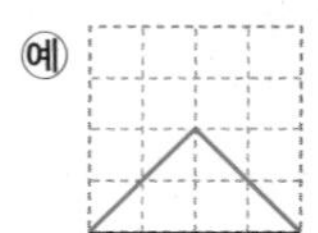 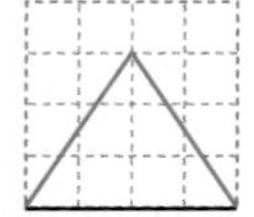 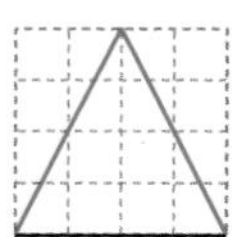

9 세 변의 길이가 같은 삼각형을 그립니다.

Step 1 교과 개념 40~41쪽

1 (1) 같습니다 (2) 세
2 70
3 (왼쪽부터) 6, 35
4

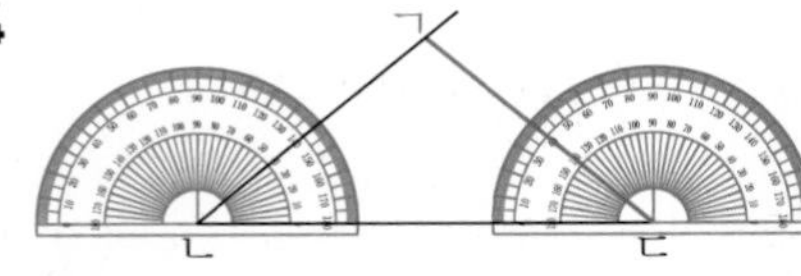

5 (왼쪽부터) 60, 9
6 (왼쪽부터) (1) 30, 30 (2) 25, 130
7 (○)(　)(○)
8

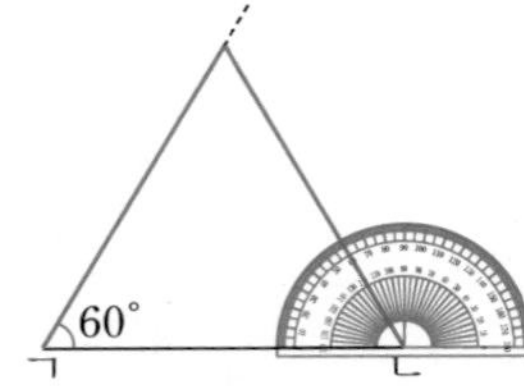

2 이등변삼각형은 두 각의 크기가 같습니다.

3 이등변삼각형은 두 변의 길이가 같고, 두 각의 크기가 같습니다.

참고 둔각이 있는 이등변삼각형은 두 예각의 크기가 같습니다.

4 각 ㄱㄴㄷ의 크기가 40°이므로 각 ㄱㄷㄴ의 크기도 40°가 되도록 변을 그립니다.

5 정삼각형이므로 세 변의 길이가 9 cm로 같습니다.
정삼각형은 세 각의 크기가 항상 60°입니다.

6 (1) 이등변삼각형이므로 두 각의 크기가 같습니다.
$180° - 120° = 60°$, $60° \div 2 = 30°$
(2) 이등변삼각형이므로 둔각이 아닌 두 각의 크기가 25°로 같습니다.
$180° - 25° - 25° = 130°$

7 70°, 70° ⇨ 크기가 같은 두 각이 있으므로 이등변삼각형입니다.
80°, 30° ⇨ 나머지 한 각의 크기는 $180° - 80° - 30° = 70°$이므로 이등변삼각형이 아닙니다.
50°, 80° ⇨ 나머지 한 각의 크기는 $180° - 50° - 80° = 50°$이므로 이등변삼각형입니다.

8 삼각형에서 점 ㄴ이 꼭짓점인 각의 크기가 60°가 되도록 그립니다.

Step 2 교과 유형 익힘 42~43쪽

01 가, 나, 라 ; 가, 라

02

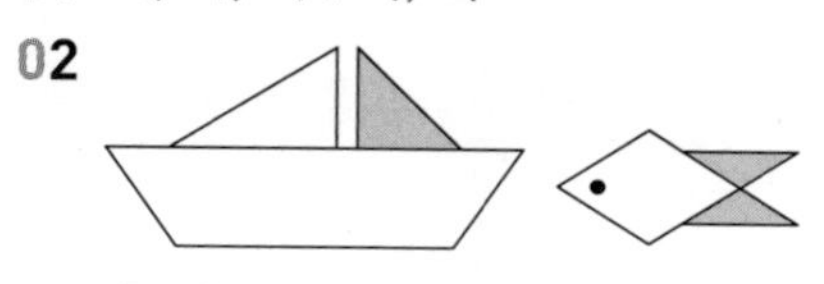

03 ㉠, ㉢

04 (○)
(○)

05 (1) 이등변삼각형 (2) 75°

06 예

07 예 각의 크기가 모두 60°로 같습니다. ▸10점

08 37 cm

09 5, 5, 5

10 80°

11 예 나머지 한 각의 크기가 60°이므로 크기가 같은 두 각이 없습니다.
따라서 이등변삼각형이 아닙니다. ▸10점

12 예

13 예 색종이에 그린 두 변의 길이는 색종이의 한 변의 길이와 같으므로 세 변의 길이가 모두 같은 정삼각형입니다. ▸10점

14 9 cm

01 정삼각형은 이등변삼각형이므로 이등변삼각형 중에서 찾습니다.

02 길이가 같은 두 변이 있는 삼각형을 모두 찾아 색칠합니다.

03 길이가 같은 변이 있는 것을 모두 찾습니다.

04 세 변의 길이가 모두 같으므로 정삼각형입니다.
길이가 같은 두 변이 있으므로 이등변삼각형입니다.

05 (1) 원의 반지름의 길이는 모두 같으므로 원의 반지름을 두 변으로 하는 삼각형은 이등변삼각형입니다.
(2) 이등변삼각형에서 크기가 다른 한 각의 크기가 30°이므로 나머지 두 각의 크기는 각각 $150^\circ \div 2 = 75^\circ$입니다.

06 주어진 선분의 양 끝에 각각 크기가 30°인 각을 그리고, 두 각의 변이 만나는 점을 찾아 삼각형을 완성하면 이등변삼각형이 됩니다.

07 정삼각형은 모든 각의 크기가 60°입니다.

08 이등변삼각형은 두 변의 길이가 같으므로 나머지 한 변의 길이는 14 cm입니다.
⇨ $14+14+9=37$ (cm)

09 정삼각형은 세 변의 길이가 모두 같습니다.
$15 \div 3 = 5$이므로 한 변의 길이는 5 cm입니다.

10 두 변의 길이가 7 cm로 같으므로 삼각형 ㄱㄴㄷ은 이등변삼각형입니다.
각 ㄱㄴㄷ과 각 ㄱㄷㄴ의 크기가 같으므로
(각 ㄴㄱㄷ)$=180^\circ-50^\circ-50^\circ=80^\circ$입니다.

11 각의 크기를 이용하여 알아봅니다.
두 각의 크기가 같지 않으면 이등변삼각형이 아닙니다.

12 크기가 다른 정삼각형을 이용하여 꾸며도 됩니다.
정삼각형을 이용하여 모양을 꾸몄으면 모두 정답입니다.

13 세 변의 길이가 모두 같으므로 정삼각형입니다.

14 이등변삼각형의 세 변의 길이의 합은
$8+11+8=27$ (cm)입니다.
정삼각형은 세 변의 길이가 모두 같으므로 ㉠의 길이는
$27 \div 3 = 9$ (cm)입니다.

Step 1 교과 개념 44~45쪽

1 예각삼각형

2 한에 ○표

3 (○)( )( )

4 (예)(직)(둔)

5 나 ; 가, 다

6 ④

7 ㉡

8 예

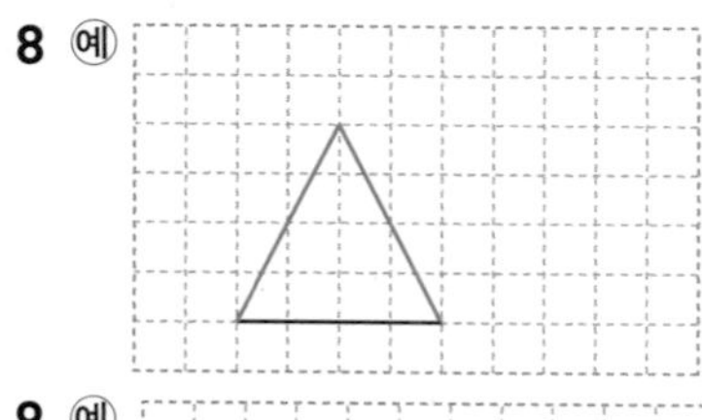

9 예

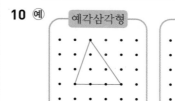

10 예 예각삼각형 둔각삼각형

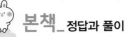

1 주어진 삼각형은 세 각이 모두 예각입니다.
세 각이 모두 예각인 삼각형을 예각삼각형이라고 합니다.

2 한 각이 둔각인 삼각형을 둔각삼각형이라고 합니다.

참고
둔각삼각형에는 둔각이 1개, 예각이 2개 있습니다.

3 세 각이 모두 예각이므로 예각삼각형입니다.

참고
세 각이 모두 60°인 삼각형은 정삼각형입니다.
정삼각형은 예각삼각형입니다.

4 직각과 둔각이 없으면 예각삼각형, 직각이 있으면 직각삼각형, 둔각이 있으면 둔각삼각형입니다.

참고
- 예각삼각형: 세 각이 모두 예각인 삼각형
- 직각삼각형: 한 각이 직각인 삼각형
- 둔각삼각형: 한 각이 둔각인 삼각형

5 가와 다에는 둔각이 있으므로 둔각삼각형입니다.
나는 세 각이 모두 예각이므로 예각삼각형입니다.

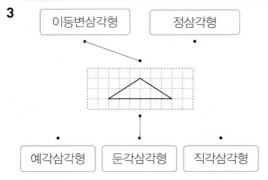

6
①, ③과 이으면 둔각삼각형을 그릴 수 있고, ②, ⑤와 이으면 직각삼각형을 그릴 수 있습니다.

7 ㉠ 60°, 30°, 90°
⇨ 한 각이 90°로 직각이므로 직각삼각형입니다.
㉡ 80°, 55°, 45°
⇨ 세 각이 모두 예각이므로 예각삼각형입니다.
㉢ 25°, 100°, 55°
⇨ 한 각이 100°로 둔각이므로 둔각삼각형입니다.

8 직각이나 둔각이 만들어지지 않도록 삼각형을 그립니다.

9 주어진 선분을 이용하여 둔각을 그린 후 양 끝점을 이어서 둔각삼각형을 그릴 수 있습니다.
둔각을 이루는 두 변을 그릴 수도 있습니다.

10 예각삼각형: 세 각의 크기가 모두 90°보다 작은 삼각형을 그립니다.
둔각삼각형: 둔각을 1개 그린 후 그 양 끝점을 이어 삼각형을 완성합니다.

Step 1 교과 개념 46~47쪽

1 (1) 이등변삼각형에 ○표 (2) 둔각삼각형에 ○표

2

	이등변삼각형	정삼각형	예각삼각형	직각삼각형	둔각삼각형
가	○	○	○		
나	○			○	
다			○		
라	○				○

3

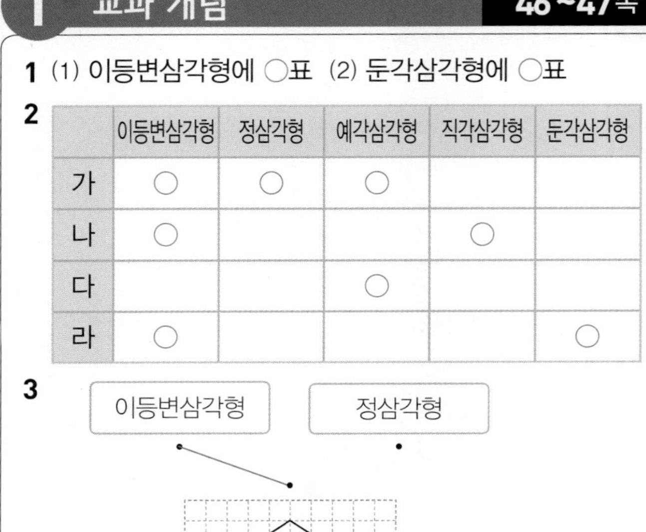

4 (1) 정삼각형 (2) 예각삼각형

5 (1) 이등변 (2) 직각

6 ①, ③

7 나, 다 ; 가, 라

8 다, 라 ; 가 ; 나

9

	예각삼각형	직각삼각형	둔각삼각형
이등변삼각형	다		나
세 변의 길이가 모두 다른 삼각형	라	가	

1 (1) 두 변의 길이가 같은 삼각형은 이등변삼각형입니다.
(2) 한 각이 둔각인 삼각형은 둔각삼각형입니다.

2 • 길이가 같은 변이 있는지 확인하여 이등변삼각형, 정삼각형을 분류합니다.
• 직각 또는 둔각이 있는지 확인하여 예각삼각형, 직각삼각형, 둔각삼각형을 분류합니다.

3 길이가 같은 두 변이 있습니다. ⇨ 이등변삼각형
둔각이 있습니다. ⇨ 둔각삼각형

4 (1) 세 변의 길이가 같으므로 정삼각형입니다.
(2) 정삼각형은 예각삼각형입니다.

5 (1) 두 변의 길이가 같은 삼각형을 이등변삼각형이라고 합니다.
(2) 직각이 있는 삼각형을 직각삼각형이라고 합니다.

6 두 변의 길이가 같으므로 이등변삼각형이고, 세 각이 모두 예각이므로 예각삼각형입니다.

7 길이가 같은 두 변이 있으면 이등변삼각형입니다.

8 세 각이 모두 예각이면 예각삼각형, 직각이 있으면 직각삼각형, 둔각이 있으면 둔각삼각형입니다.

9 가는 세 변의 길이가 모두 다르고, 직각삼각형입니다.
나는 이등변삼각형이면서 둔각삼각형입니다.
다는 이등변삼각형이면서 예각삼각형입니다.
라는 세 변의 길이가 모두 다르고, 예각삼각형입니다.

Step 2 교과 유형 익힘 48~49쪽

01 가, 라, 사 **02** 다, 바, 아
03 ( )(×)( ) **04** 나, 라 ; 가 ; 다
05 나, 다, 마, 바 ; 라
06

	예각삼각형	직각삼각형	둔각삼각형
이등변삼각형	라	마	다
세 변의 길이가 모두 다른 삼각형	나	가	바

07 7개
08 (1) 둔각삼각형
(2) 이등변삼각형, 정삼각형, 예각삼각형
09 예

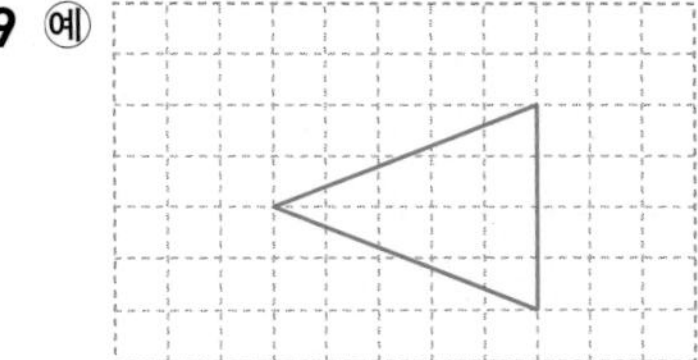

10 4개 **11** ( )
( )
( )
(○)
( )
12 이등변삼각형, 둔각삼각형에 ○표
13 (1) 직각삼각형 (2) 3칸

01 세 각이 모두 예각인 삼각형을 찾습니다.

02 한 각이 둔각인 삼각형을 찾습니다.

03 • 세 변의 길이가 같으므로 정삼각형입니다.
• 정삼각형은 이등변삼각형이라고 할 수 있습니다.
• 정삼각형은 세 각이 모두 60°이므로 예각삼각형입니다.

04 직각이나 둔각이 있는지 알아봅니다.

05 예각삼각형은 세 각이 모두 예각인 삼각형이므로 나, 다, 마, 바입니다.
둔각삼각형은 한 각이 둔각인 삼각형이므로 라입니다.

가, 사는 한 각이 직각인 삼각형이므로 직각삼각형입니다.

06

07 예각삼각형에는 예각이 3개, 직각삼각형과 둔각삼각형에는 예각이 2개씩 있습니다. ⇨ $3+2+2=7$(개)

08 (1) 한 각이 둔각이므로 둔각삼각형입니다.
(2) 세 변의 길이가 같으므로 정삼각형입니다.
정삼각형이므로 이등변삼각형입니다.
세 각이 모두 예각이므로 예각삼각형입니다.

09 두 변의 길이가 같으므로 이등변삼각형입니다.
세 각이 모두 예각이므로 예각삼각형입니다.

10

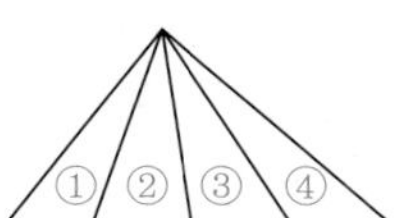

삼각형 1개로 이루어진 둔각삼각형: ①, ③, ④ ⇨ 3개
삼각형 2개로 이루어진 둔각삼각형: ③+④ ⇨ 1개
⇨ $3+1=4$(개)

11 지워진 한 각의 크기는 $180°-95°-45°=40°$이므로 크기가 같은 두 각이 없습니다.
둔각이 있으므로 둔각삼각형입니다.

12 (각 ㄱㄷㄴ)$=180°-140°=40°$
(각 ㄱㄴㄷ)$=180°-100°-40°=40°$
삼각형 ㄱㄴㄷ은 두 각의 크기가 같으므로 이등변삼각형이고, 한 각이 100°로 둔각이므로 둔각삼각형입니다.

13 (1) 직각이 만들어지므로 직각삼각형이 됩니다.
(2) 둔각이 생기도록 이동해야 합니다.

참고
현호가 왼쪽으로 2칸 이동하는 경우에도 둔각삼각형을 만들 수 있습니다.

Step 3 문제 해결 50~53쪽

1	55 cm	1-1	96 cm	1-2	60 cm
2	50°	2-1	70°	2-2	32°
3	㉠, ㉡, ㉢	3-1	㉠, ㉡, ㉢	3-2	㉠, ㉤
4	6개	4-1	12개	4-2	13개

5 ❶ 40, 50▸2점 ❷ 50, 25▸4점
; 25 cm, 40 cm, 25 cm▸4점 → 순서를 바꿔 써도 정답입니다.

5-1 ㉮ ❶ 세 변의 길이의 합이 40 cm이므로 변 ㄱㄴ과 변 ㄱㄷ의 길이의 합은 $40-10=30$ (cm)입니다.▸2점
❷ 이등변삼각형은 두 변의 길이가 같으므로 변 ㄱㄴ과 변 ㄱㄷ의 길이가 같습니다. 변 ㄱㄷ의 길이는 $30\div2=15$ (cm)입니다.▸4점
; 15 cm▸4점

5-2 ㉮ 세 변의 길이의 합이 60 cm이므로 나머지 두 변의 길이의 합은 $60-18=42$ (cm)입니다.▸2점
이등변삼각형은 두 변의 길이가 같으므로 길이가 같은 두 변의 길이는 각각 $42\div2=21$ (cm)입니다.▸4점
; 18 cm, 21 cm, 21 cm▸4점 → 순서를 바꿔 써도 정답입니다.

6 ❶ 180, 80▸2점 ❷ 아닙니다▸2점 ❸ 예각▸2점
; 예각삼각형▸4점

6-1 ㉮ ❶ 삼각형의 세 각의 크기의 합은 180°이므로 나머지 한 각의 크기는 $180°-80°-20°=80°$입니다.▸2점
❷ 세 각이 80°, 20°, 80°이므로 크기가 같은 두 각이 있습니다. 따라서 이등변삼각형입니다.▸2점
❸ 직각 또는 둔각이 없고 세 각이 모두 예각이므로 예각삼각형입니다.▸2점
; 이등변삼각형, 예각삼각형▸4점

6-2 ㉮ 삼각형의 세 각의 크기의 합은 180°이므로 나머지 한 각의 크기는 $180°-25°-130°=25°$입니다.▸2점
세 각이 25°, 25°, 130°이므로 크기가 같은 두 각이 있습니다. 따라서 이등변삼각형입니다.▸2점
130°는 둔각이므로 둔각삼각형입니다.▸2점
; 이등변삼각형, 둔각삼각형▸4점

1

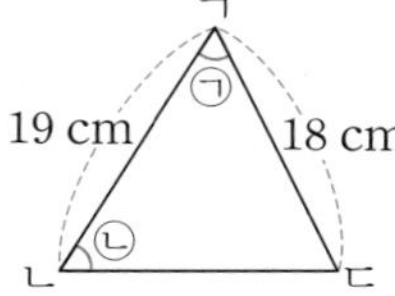

㉠과 ㉡의 크기가 같으므로 변 ㄱㄷ과 변 ㄴㄷ의 길이가 18 cm로 같습니다.
⇨ $19+18+18=55$ (cm)

1-1

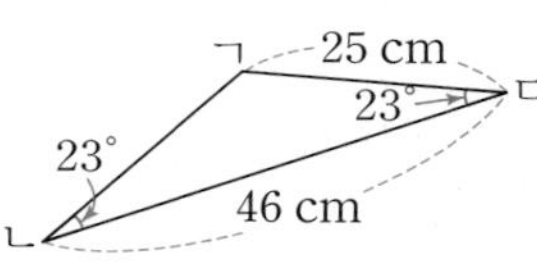

각 ㄱㄴㄷ과 각 ㄱㄷㄴ의 크기가 같으므로 변 ㄱㄴ과 변 ㄱㄷ의 길이가 25 cm로 같습니다.
⇨ $25+25+46=96$ (cm)

1-2

변 ㄱㄴ과 변 ㄱㄷ의 길이가 같다면 각 ㄱㄷㄴ은 60°가 되므로 세 각의 크기가 모두 60°인 정삼각형이 됩니다.
변 ㄴㄷ과 변 ㄱㄷ의 길이가 같은 경우에도 마찬가지로 정삼각형이 됩니다.
변 ㄱㄴ과 변 ㄴㄷ의 길이가 같다면 각 ㄴㄱㄷ과 각 ㄴㄷㄱ의 크기의 합은 $180°-60°=120°$이므로 각 ㄴㄱㄷ과 각 ㄴㄷㄱ의 크기는 각각 $120°\div2=60°$입니다.
따라서 삼각형 ㄱㄴㄷ은 정삼각형입니다.
⇨ $20+20+20=60$ (cm)

참고
한 각의 크기가 60°인 이등변삼각형은 항상 정삼각형입니다. 정삼각형은 세 변의 길이가 모두 같습니다.

2 각 ㄷㄱㄴ의 크기는 20°이므로 각 ㄴㄷㄱ의 크기는 $180°-20°-20°=140°$입니다.
각 ㄱㄷㄹ의 크기는 $180°-140°=40°$이므로
각 ㄷㄱㄹ의 크기는 $180°-40°-90°=50°$입니다.

참고

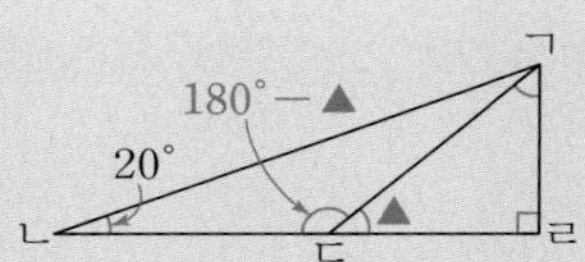

각 ㄱㄴㄷ과 각 ㄴㄱㄷ의 각도의 합을 ▲라고 하면 삼각형 ㄱㄴㄷ에서 각 ㄱㄷㄴ의 크기는 180°−▲입니다.
각 ㄴㄷㄹ은 180°이므로 각 ㄱㄷㄹ의 크기는 ▲인 것을 알 수 있습니다. 따라서 각 ㄱㄷㄹ의 크기는 각 ㄱㄴㄷ과 각 ㄴㄱㄷ의 크기의 합과 같습니다.

2-1 삼각형 ㄱㄷㄹ은 이등변삼각형이므로 각 ㄱㄷㄹ의 크기는 40°입니다.
삼각형 ㄴㄷㄹ은 이등변삼각형이므로 각 ㄷㄴㄹ과 각 ㄷㄹㄴ의 크기는 같습니다.
$180°-40°=140°$, $140°\div2=70°$이므로 각 ㄷㄴㄹ의 크기는 70°입니다.

2-2 각 ㄱㄴㄷ과 각 ㄱㄷㄴ의 크기는 같습니다.
$180°-52°=128°$, $128°\div2=64°$
각 ㄱㄷㄹ의 크기는 $180°-64°=116°$입니다.
각 ㄷㄱㄹ과 각 ㄷㄹㄱ의 크기는 같습니다.
$180°-116°=64°$, $64°\div2=32°$이므로 각 ㄱㄹㄷ의 크기는 32°입니다.

3 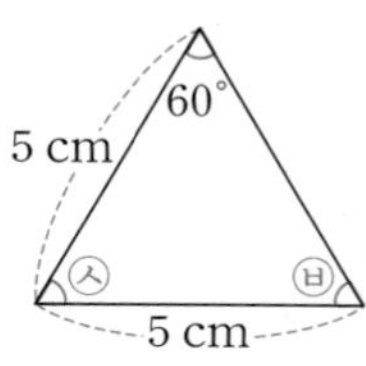

길이가 7 cm로 같은 변이 있으므로 ㉥과 ㉦의 크기는 같습니다.
㉥과 ㉦의 크기의 합은 $180°-60°=120°$입니다.
$120°\div2=60°$이므로 ㉥과 ㉦은 각각 $60°$입니다.
⇨ 정삼각형이므로 이등변삼각형이 될 수 있고 예각삼각형입니다.

3-1 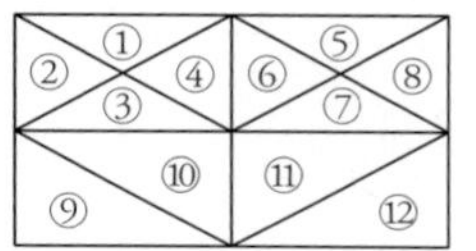

길이가 5 cm로 같은 변이 있으므로 ㉥은 $60°$입니다.
㉦은 $180°-60°-60°=60°$입니다.
⇨ 정삼각형이므로 이등변삼각형이 될 수 있고 예각삼각형입니다.

3-2 길이가 같은 두 변이 있으므로 이등변삼각형이고 오른쪽에 있는 각의 크기는 $44°$입니다.
나머지 한 각의 크기는 $180°-44°-44°=92°$이므로 둔각입니다.
⇨ 둔각삼각형

4

• 삼각형 1개로 이루어진 예각삼각형:
②, ④, ⑥, ⑧ ⇨ 4개
• 삼각형 3개로 이루어진 예각삼각형:
④+③+⑩, ⑥+⑦+⑪ ⇨ 2개
따라서 크고 작은 예각삼각형은 모두 $4+2=6$(개)입니다.

4-1 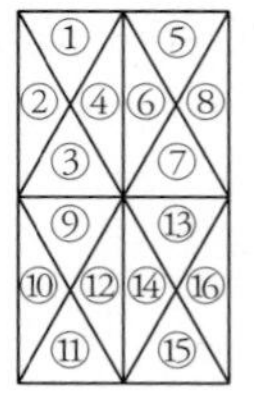
삼각형 1개로 이루어진 둔각삼각형:
②, ④, ⑥, ⑧, ⑩, ⑫, ⑭, ⑯ ⇨ 8개
삼각형 4개로 이루어진 둔각삼각형:
②+③+⑨+⑩, ④+③+⑨+⑫,
⑥+⑦+⑬+⑭, ⑧+⑦+⑬+⑯ ⇨ 4개
따라서 크고 작은 둔각삼각형은 모두 $8+4=12$(개)입니다.

4-2 삼각형 1개로 이루어진 정삼각형: 9개,
삼각형 4개로 이루어진 정삼각형: 3개,
삼각형 9개로 이루어진 정삼각형: 1개
따라서 크고 작은 정삼각형은 모두 $9+3+1=13$(개)입니다.

5-1

채점 기준		
변 ㄱㄴ과 변 ㄱㄷ의 길이의 합을 구한 경우	2점	10점
변 ㄱㄷ의 길이를 구한 경우	4점	
답을 바르게 쓴 경우	4점	

5-2

채점 기준		
나머지 두 변의 길이의 합을 구한 경우	2점	10점
나머지 두 변의 길이를 각각 구한 경우	4점	
답을 바르게 쓴 경우	4점	

6-1

채점 기준		
나머지 한 각의 크기를 구한 경우	2점	10점
크기가 같은 각이 있는지 살펴보고 이등변삼각형 또는 정삼각형인지 알아본 경우	2점	
예각삼각형, 직각삼각형, 둔각삼각형 중 어느 것인지 알아본 경우	2점	
답을 바르게 쓴 경우	4점	

6-2

채점 기준		
나머지 한 각의 크기를 구한 경우	2점	10점
크기가 같은 각이 있는지 살펴보고 이등변삼각형 또는 정삼각형인지 알아본 경우	2점	
예각삼각형, 직각삼각형, 둔각삼각형 중 어느 것인지 알아본 경우	2점	
답을 바르게 쓴 경우	4점	

Step 4 실력UP 문제 54~55쪽

01 정삼각형 (또는 이등변삼각형, 예각삼각형)
02 (1) 예 (2) 예
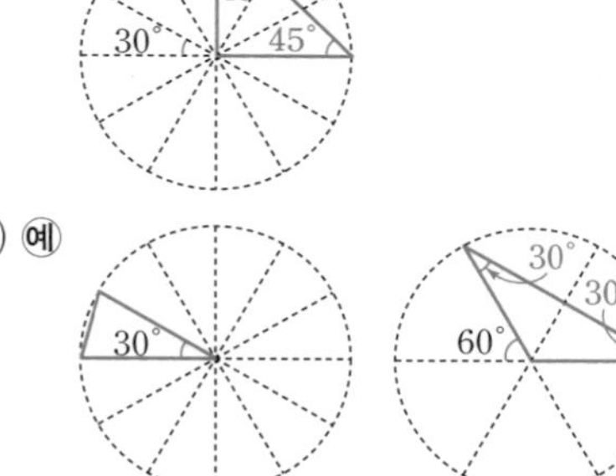

03 1개 **04** 60
05 이등변삼각형, 정삼각형, 예각삼각형에 ○표
06 $360°$ **07** $174°$
08 $90°$ **09** $10°$
10 15, 15, 20 ; 10, 20, 20 → 순서를 바꿔 써도 정답입니다.
11 $15°$

01 크기가 같은 이등변삼각형이므로 이어 붙여 만든 삼각형의 세 변의 길이는 모두 같습니다. 세 변의 길이가 같으므로 이어 붙여 만든 삼각형은 정삼각형입니다.

본책 50~55쪽

02 (1) 두 각의 크기가 45°인 이등변삼각형을 그려야 합니다. 두 각의 크기가 45°인 이등변삼각형의 나머지 한 각의 크기는 $180^\circ-45^\circ-45^\circ=90^\circ$입니다.
⇨ 세 각의 크기가 90°, 45°, 45°인 삼각형을 그립니다.
(2) 한 각의 크기가 30°인 이등변삼각형과 두 각의 크기가 각각 30°인 이등변삼각형을 그립니다.
두 각의 크기가 30°일 때 나머지 한 각의 크기는 $180^\circ-30^\circ-30^\circ=120^\circ$입니다.

03 나누어진 삼각형 중 예각삼각형은 1개, 둔각삼각형은 2개, 직각삼각형은 1개입니다.

04 정삼각형 2개를 겹쳐 만든 삼각형의 아래쪽에 있는 두 각의 크기는 각각 60°이므로 $\square=180^\circ-60^\circ-60^\circ=60^\circ$입니다.

05 반지름의 양 끝인 원의 중심과 두 원이 만나는 한 점을 연결하면 정삼각형이 만들어집니다.

06 정삼각형의 한 각의 크기는 60°이므로 ㉠, ㉡, ㉢은 각각 $180^\circ-60^\circ=120^\circ$입니다.
⇨ ㉠+㉡+㉢$=120^\circ+120^\circ+120^\circ=360^\circ$

07 두 변의 길이가 같으므로 주어진 삼각형은 이등변삼각형이고, 이등변삼각형은 두 각의 크기가 같습니다.
㉠$=180^\circ-62^\circ-62^\circ=56^\circ$, ㉡$=180^\circ-62^\circ=118^\circ$
⇨ ㉠+㉡$=56^\circ+118^\circ=174^\circ$

08 삼각형 ㄹㄴㄷ이 정삼각형이므로 삼각형 ㄹㄴㄷ의 세 각의 크기는 모두 60°입니다.
(각 ㄱㄹㄴ)$=180^\circ-60^\circ=120^\circ$이고, 삼각형 ㄹㄱㄴ이 이등변삼각형이므로
(각 ㄹㄱㄴ)+(각 ㄹㄴㄱ)$=180^\circ-120^\circ=60^\circ$,
(각 ㄹㄴㄱ)=(각 ㄹㄱㄴ)$=60^\circ\div2=30^\circ$입니다.
⇨ (각 ㄱㄴㄷ)=(각 ㄹㄴㄱ)+(각 ㄹㄴㄷ)
$=30^\circ+60^\circ=90^\circ$

09 (각 ㄷㅁㄹ)=(각 ㄷㄹㅁ)$=40^\circ$
⇨ ㉠$=180^\circ-40^\circ-40^\circ=100^\circ$
(각 ㅂㄷㅁ)=(각 ㄷㅂㅁ)$=35^\circ$
⇨ ㉡$=180^\circ-35^\circ-35^\circ=110^\circ$
⇨ ㉡−㉠$=110^\circ-100^\circ=10^\circ$

10 20 cm인 변이 1개인 경우: $50-20=30$ (cm), $30\div2=15$ (cm)
⇨ 15 cm, 15 cm, 20 cm
20 cm인 변이 2개인 경우: $50-20-20=10$ (cm)
⇨ 10 cm, 20 cm, 20 cm

11 삼각형 ㄹㄷㅁ은 정삼각형이므로 세 변의 길이가 같고, 사각형 ㄱㄴㄷㄹ은 정사각형이므로 네 변의 길이가 같습니다.
따라서 사각형 ㄱㄴㄷㄹ과 삼각형 ㄹㄷㅁ의 변의 길이는 모두 6 cm이고, 삼각형 ㄴㄷㅁ은 두 변의 길이가 같으므로 이등변삼각형입니다. 따라서 각 ㅁㄴㄷ과 각 ㄴㅁㄷ의 크기는 같습니다.
정사각형의 한 각의 크기는 90°이고, 정삼각형의 한 각의 크기는 60°이므로 각 ㄴㄷㅁ의 크기는 $90^\circ+60^\circ=150^\circ$입니다.
⇨ (각 ㅁㄴㄷ)+(각 ㄴㅁㄷ)$=180^\circ-150^\circ=30^\circ$,
(각 ㅁㄴㄷ)=(각 ㄴㅁㄷ)$=30^\circ\div2=15^\circ$

단원 평가 56~59쪽

01 나, 라, 바
02 다, 마, 바
03 (○)( )(○)
04 (왼쪽부터) 5, 5, 60
05 ㉠
06 (왼쪽부터) 직, 예, 둔
07 55
08 12
09 2, 1
10 은혜
11 ④
12 예

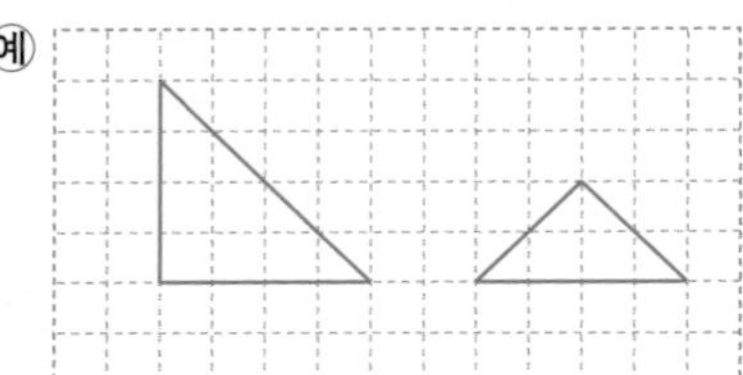

13 ①, ②, ③
14 가, 라, 바
15 예 두 변의 길이가 같습니다. (또는 두 각의 크기가 같습니다.) ▸4점
16 ②
17 70
18 14개
19 55°
20 70°
21 (1) 12 cm ▸2점 (2) 31 cm ▸3점
22 예 나머지 한 각의 크기는 $180^\circ-60^\circ-60^\circ=60^\circ$이므로 정삼각형입니다. ▸1점 따라서 세 변의 길이가 모두 같으므로 한 변의 길이는 $24\div3=8$ (cm)입니다. ▸2점
; 8 cm ▸2점
23 (1) 70° ▸3점 (2) 40° ▸2점
24 예 주어진 삼각형은 세 변의 길이가 모두 같으므로 정삼각형입니다. ▸1점 정삼각형은 세 각의 크기가 모두 60°이므로 ▸1점 ㉠$=180^\circ-60^\circ=120^\circ$입니다. ▸1점
; 120° ▸2점

01 둔각삼각형은 한 각이 둔각인 삼각형이므로 나, 라, 바입니다.

02 이등변삼각형은 두 변의 길이가 같은 삼각형이므로 다, 마, 바입니다.

03 두 변의 길이가 같은 삼각형을 모두 찾습니다.

04 정삼각형은 세 변의 길이가 같고 세 각의 크기는 $60°$로 같습니다.

05 한 점을 이어서 삼각형을 그렸을 때 한 각이 직각보다 크고 $180°$보다 작은 각이어야 합니다.

선분 ㅁㅂ과 점 ㉡, 점 ㉢, 점 ㉣을 이어 그린 삼각형은 세 각이 모두 예각이므로 예각삼각형입니다.

06 직각이 있으면 직각삼각형이고, 둔각이 있으면 둔각삼각형입니다.
직각과 둔각이 없으면 예각삼각형입니다.

07 두 변의 길이가 같으므로 이등변삼각형입니다.
이등변삼각형은 두 각의 크기가 같으므로 □ 안에 알맞은 수는 55입니다.

08 두 각의 크기가 같으므로 이등변삼각형입니다.
따라서 □ 안에 알맞은 수는 12입니다.

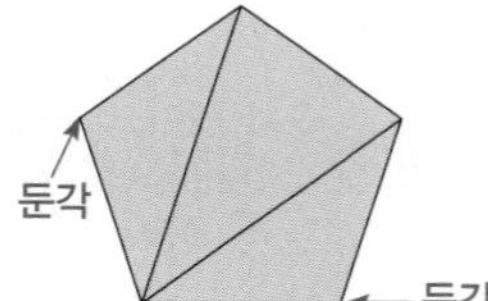

둔각이 있는 삼각형은 둔각삼각형이고, 예각만 있는 삼각형은 예각삼각형입니다.

10 둔각삼각형은 두 각이 둔각이 아니고, 한 각이 둔각인 삼각형입니다.

11 ④ 이등변삼각형은 세 변의 길이가 모두 같은 정삼각형이라고 할 수 없습니다.

12 두 변의 길이가 같으므로 이등변삼각형입니다.
직각이 있으므로 직각삼각형입니다.

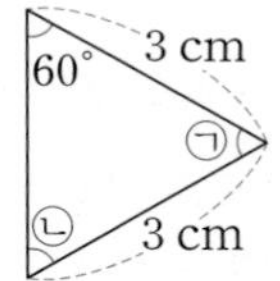

길이가 같은 두 변이 있으므로 ㉡은 $60°$입니다.
㉠은 $180°-60°-60°=60°$입니다.
세 각의 크기가 같으므로 정삼각형입니다.
정삼각형은 이등변삼각형이라 할 수 있고 예각삼각형입니다.

14

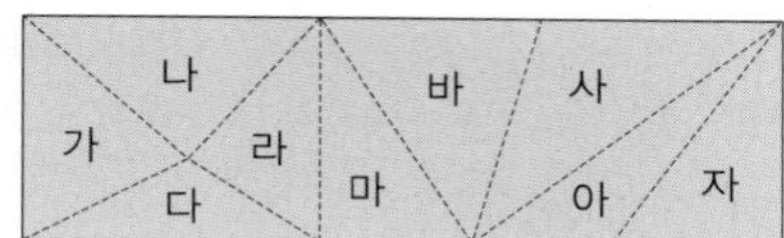

세 각이 모두 예각인 삼각형을 찾으면 가, 라, 바입니다.
다, 사, 아: 한 각이 둔각이므로 둔각삼각형입니다.
나, 마, 자: 한 각이 직각이므로 직각삼각형입니다.

15 두 변의 길이가 같은 삼각형을 이등변삼각형이라고 합니다.
이등변삼각형은 두 각의 크기가 같습니다.

16 ① 두 각의 크기가 같으므로 이등변삼각형이 됩니다.
②, ③, ④, ⑤의 나머지 한 각의 크기를 구해 봅니다.
② $180°-60°-70°=50°$ ⇨ 이등변삼각형이 아님.
③ $180°-50°-80°=50°$ ⇨ 이등변삼각형
④ $180°-30°-75°=75°$ ⇨ 이등변삼각형
⑤ $180°-90°-45°=45°$ ⇨ 이등변삼각형

다른 풀이

두 각을 모두 각각 크기가 같은 각으로 생각해 봅니다.
① $80°$, $80°$로 두 각이 같으므로 이등변삼각형입니다.
② $60°+60°+70°=190°$(×), $60°+70°+70°=200°$(×)
③ $50°+50°+80°=180°$(◯), $50°+80°+80°=210°$(×)
④ $30°+30°+75°=135°$(×), $30°+75°+75°=180°$(◯)
⑤ $90°+90°+45°=225°$(×), $90°+45°+45°=180°$(◯)
따라서 이등변삼각형이 될 수 없는 것은 ②입니다.

17 이등변삼각형은 두 각의 크기가 같으므로
(각 ㄱㄷㄴ)=(각 ㄱㄴㄷ)$=35°$입니다.
삼각형의 세 각의 크기의 합은 $180°$이므로
(각 ㄴㄱㄷ)$=180°-35°-35°=110°$입니다.
직선이 이루는 각은 $180°$이므로
□$=180°-110°=70°$입니다.

18

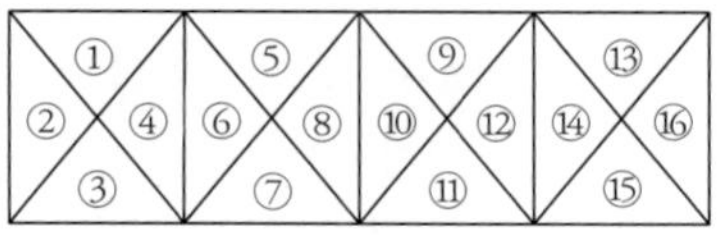

삼각형 1개로 이루어진 예각삼각형:
①, ③, ⑤, ⑦, ⑨, ⑪, ⑬, ⑮ ⇨ 8개
삼각형 4개로 이루어진 예각삼각형:
①+④+⑥+⑤, ③+④+⑥+⑦,
⑤+⑧+⑩+⑨, ⑦+⑧+⑩+⑪,
⑨+⑫+⑭+⑬, ⑪+⑫+⑭+⑮ ⇨ 6개
⇨ $8+6=14$(개)

19 이등변삼각형은 두 각의 크기가 같으므로 주어진 각을 제외한 나머지 두 각의 크기의 합은 $180°-50°=130°$이고, 한 각의 크기는 $130°\div2=65°$입니다.
정삼각형은 세 각의 크기가 모두 같으므로 한 각의 크기는 60°입니다.
⇨ ㉠$=180°-65°-60°=55°$

20 삼각형 ㄱㄷㄹ은 이등변삼각형이므로 두 각의 크기가 같습니다.
따라서 각 ㄹㄱㄷ과 각 ㄱㄹㄷ의 크기가 같습니다.
⇨ (각 ㄹㄱㄷ)=(각 ㄱㄹㄷ)$=15°$
각 ㄱㄷㄹ의 크기는 $180°-15°-15°=150°$,
각 ㄱㄷㄴ의 크기는 $180°-150°=30°$입니다.
삼각형 ㄱㄴㄷ에서 각 ㄴㄱㄷ의 크기는
$180°-80°-30°=70°$입니다.

21 (1) 이등변삼각형은 두 변의 길이가 같으므로 나머지 한 변의 길이는 12 cm입니다.
(2) $12+7+12=31$ (cm)

틀린 과정을 분석해 볼까요?

틀린 이유	이렇게 지도해 주세요
나머지 한 변의 길이를 구하지 못한 경우	이등변삼각형은 두 변의 길이가 같음을 알고 길이가 같은 변을 찾도록 지도합니다.
삼각형의 세 변의 길이의 합을 잘못 구한 경우	삼각형의 세 변의 길이를 모두 더하는 식을 바르게 세우고 계산 과정에서 실수하지 않도록 지도합니다.

22

채점 기준		
정삼각형인 것을 아는 경우	1점	5점
삼각형의 한 변의 길이를 구한 경우	2점	
답을 바르게 쓴 경우	2점	

틀린 과정을 분석해 볼까요?

틀린 이유	이렇게 지도해 주세요
주어진 삼각형이 정삼각형인 것을 모르는 경우	두 각의 크기가 60°임을 이용하여 나머지 한 각의 크기를 구해 봅니다. 세 각의 크기가 모두 같은 삼각형은 정삼각형이라는 것을 지도합니다.
삼각형의 한 변의 길이를 구하지 못한 경우	정삼각형은 세 변의 길이가 모두 같음을 이해하고, 세 변의 길이의 합을 변의 수로 나누어 구하도록 지도합니다. (정삼각형의 한 변의 길이)=(정삼각형의 세 변의 길이의 합)÷3

23 (1) 삼각형 ㄱㄴㄹ이 이등변삼각형이므로
(각 ㄹㄴㄱ)=(각 ㄹㄱㄴ)$=35°$입니다.
⇨ (각 ㄱㄹㄴ)$=180°-35°-35°=110°$,
(각 ㄴㄹㄷ)$=180°-110°=70°$
(2) 삼각형 ㄹㄷㄴ은 두 변의 길이가 같으므로 이등변삼각형입니다.
⇨ (각 ㄹㄴㄷ)=(각 ㄴㄹㄷ)$=70°$,
(각 ㄹㄷㄴ)$=180°-70°-70°=40°$

틀린 과정을 분석해 볼까요?

틀린 이유	이렇게 지도해 주세요
각 ㄴㄹㄷ의 크기를 구하지 못한 경우	각 ㄱㄹㄴ의 크기를 구하여 각 ㄴㄹㄷ의 크기를 구하도록 지도합니다. 삼각형 ㄱㄴㄹ이 이등변삼각형이고, 이등변삼각형은 두 각의 크기가 같음을 이용하면 각 ㄱㄹㄴ의 크기를 구할 수 있습니다.
각 ㄹㄷㄴ의 크기를 구하지 못한 경우	두 변의 길이가 같은 삼각형은 이등변삼각형이고, 이등변삼각형은 두 각의 크기가 같음을 이해하도록 지도합니다. 삼각형의 세 각의 크기의 합은 180°이므로 크기가 같은 두 각을 이용하면 각 ㄹㄷㄴ의 크기도 구할 수 있습니다.

24 삼각형의 세 변의 길이가 모두 6 cm로 같으므로 정삼각형입니다.

채점 기준		
정삼각형인 것을 아는 경우	1점	5점
정삼각형의 각의 크기를 구한 경우	1점	
㉠이 몇 도인지 구한 경우	1점	
답을 바르게 쓴 경우	2점	

틀린 과정을 분석해 볼까요?

틀린 이유	이렇게 지도해 주세요
주어진 삼각형이 정삼각형인 것을 모르는 경우	세 변의 길이가 같은 삼각형은 정삼각형임을 이해하도록 지도합니다.
정삼각형의 각의 크기를 모르는 경우	정삼각형은 세 각의 크기가 모두 같음을 이용하여 한 각의 크기를 구하도록 지도합니다. (정삼각형의 한 각의 크기)=(삼각형의 세 각의 크기의 합)÷3
㉠이 몇 도인지 구하지 못한 경우	일직선은 180°를 이루므로 180°에서 정삼각형의 한 각의 크기를 빼어 ㉠의 크기를 구하도록 지도합니다.

소수의 덧셈과 뺄셈

Step 1 교과 개념 62~63쪽

1 (1) $\frac{\boxed{1}}{\boxed{100}}$ (2) 0.01

2 (왼쪽부터) 0.01, 0.05, $\frac{7}{100}$, 0.08

3 0.05

4 0.63, 영 점 육삼

5 0.38

6 (1) 일 점 구사 (2) 사 점 영칠

7 (1) 0.06, 0.14 (2) 0.12, 0.17

8 7.5 ↑ 7.6 7.7

9 (1) 2 (2) 첫째 (3) 둘째, 0.09

10 0.08

1 모눈 한 칸은 전체를 똑같이 100으로 나눈 것 중의 1이므로 $\frac{1}{100}=0.01$입니다.

2 $\frac{1}{100}=0.01$, $\frac{2}{100}=0.02$, $\frac{3}{100}=0.03$, $\frac{4}{100}=0.04$,
$\frac{5}{100}=0.05$, $\frac{6}{100}=0.06$, $\frac{7}{100}=0.07$, $\frac{8}{100}=0.08$,
$\frac{9}{100}=0.09$, $\frac{10}{100}=\frac{1}{10}=0.1$

3 색칠된 부분은 전체 100칸 중에서 5칸이므로 $\frac{5}{100}$이고 소수로 나타내면 0.05입니다.

4 $\frac{■▲}{100}$=0.■▲ ⇨ $\frac{63}{100}=0.63$
0.63은 영 점 육삼이라고 읽습니다.

> **참고**
> ■, ▲, ●가 각각 한 자리 수일 때
> $\frac{■}{100}$=0.0■, $\frac{■▲}{100}$=0.■▲, $\frac{■▲●}{100}$=■.▲●입니다.

5 색칠된 부분은 전체 100칸 중에서 38칸이므로 $\frac{38}{100}=0.38$입니다.

6 (1) 1 . 9 4 (일 점 구 사) (2) 4 . 0 7 (일 점 구 사)

7 (1) 수직선에서 작은 눈금 한 칸의 크기는 0.01입니다.
따라서 0에서 6칸 간 곳은 0.06이고, 0.1에서 4칸 더 간 곳은 0.14입니다.
(2) 수직선에서 작은 눈금 10칸이 0.1을 나타내므로 작은 눈금 한 칸의 크기는 0.01입니다. 따라서 0.1에서 2칸 더 간 곳은 0.12이고, 7칸 더 간 곳은 0.17입니다.

8 수직선에서 작은 눈금 한 칸의 크기는 0.01이므로 7.56은 7.5에서 오른쪽으로 6칸 더 간 곳에 나타냅니다.

9 2.59
- → 일의 자리 숫자, 2
- → 소수 첫째 자리 숫자, 0.5
- → 소수 둘째 자리 숫자, 0.09

10 7.28
- → 일의 자리 숫자, 7
- → 소수 첫째 자리 숫자, 0.2
- → 소수 둘째 자리 숫자, 0.08(㉠)

Step 1 교과 개념 64~65쪽

1 0.001

2 (1) 0.316 (2) 2.507

3 (왼쪽부터) $\frac{3}{1000}$, 0.006, 0.009

4 (1) 영 점 영이오 (2) 일 점 칠팔사

5 (1) 0.004 (2) 0.674

6 0.143, 0.149

7 (1) 4, 7 (2) 8, 6

8 (1) 일, 4 (2) 첫째, 0.1 (3) 둘째, 0.03 (4) 셋째, 0.008

1 주황색으로 색칠된 부분은 전체를 똑같이 100으로 나눈 한 칸을 다시 10으로 나누었으므로 전체를 1000으로 나눈 것 중의 하나입니다.
따라서 분수로 $\frac{1}{1000}$이고 소수로 0.001입니다.

2 (1) $\frac{1}{1000}=0.001$이므로 $\frac{316}{1000}=0.316$입니다.
(2) $\frac{1}{1000}=0.001$이므로 $2\frac{507}{1000}=2.507$입니다.

> **참고**
> ■, ▲, ●가 각각 한 자리 수일 때
> $\frac{■▲●}{1000}$=0.■▲●입니다.

3 $0.003=\frac{3}{1000}$, $\frac{6}{1000}=0.006$, $\frac{9}{1000}=0.009$

4 소수를 읽을 때 소수점 아래는 숫자만 읽습니다.
(1) 0 . 0 2 5 (영 점 영 이 오) (2) 1 . 7 8 4 (일 점 칠 팔 사)

본책 58~65쪽

5 (1) $\frac{1}{1000}=0.001$이므로 $\frac{4}{1000}=0.004$입니다.
(2) 0.001이 674개이면 0.674입니다.

6 수직선에서 작은 눈금 10칸이 0.01을 나타내므로 작은 눈금 한 칸의 크기는 0.001입니다.
따라서 0.14에서 3칸 더 간 곳은 0.143이고, 9칸 더 간 곳은 0.149입니다.

7 (1) 2.347
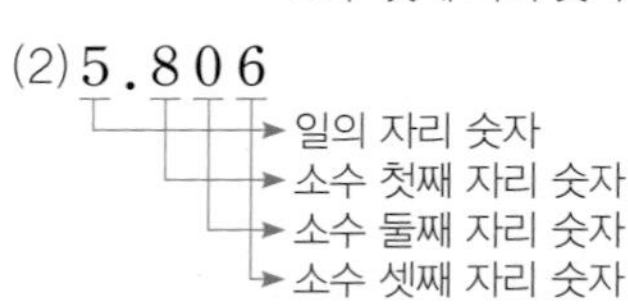

(2) 5.806
- 일의 자리 숫자
- 소수 첫째 자리 숫자
- 소수 둘째 자리 숫자
- 소수 셋째 자리 숫자

8 4.138
- 일의 자리 숫자, 4
- 소수 첫째 자리 숫자, 0.1
- 소수 둘째 자리 숫자, 0.03
- 소수 셋째 자리 숫자, 0.008

참고
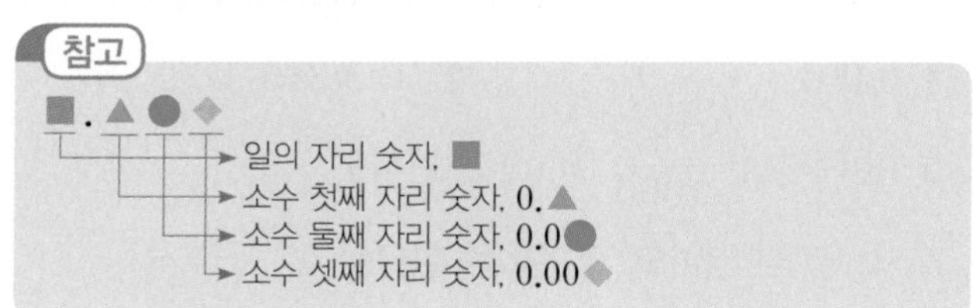

Step 2 교과 유형 익힘 66~67쪽

01 예 (모눈 그림)　　**02** 0.735
03 (1) 79 (2) 0.052　　**04** ②
05 5.91　　**06** 17.305
07 ㉢　　**08** 8.732
09 (1) 0.09 (2) 0.009　　**10** ①
11

		0.793		
0.792	← 0.001 작은 수		0.001 큰 수 →	0.794
0.783	← 0.01 작은 수		0.01 큰 수 →	0.803
0.693	← 0.1 작은 수		0.1 큰 수 →	0.893

12 은혜　　**13** 0.68, 0.54
14 1.354 kg　　**15** 2.69, 2.96
16 1.85, 일 점 팔오

01 모눈 한 칸의 크기가 0.01이므로 0.36은 36칸 칠하면 됩니다.

참고
- 0.36은 0.01이 36개인 수입니다.
- 0.36은 0.1이 3개, 0.01이 6개인 수입니다.

02
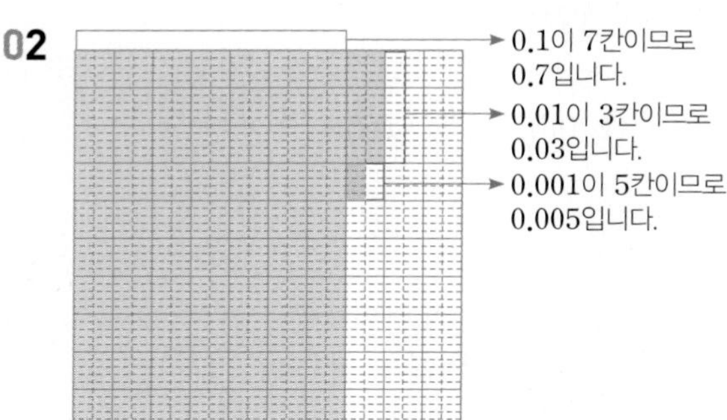

0.1이 7칸이므로 0.7입니다.
0.01이 3칸이므로 0.03입니다.
0.001이 5칸이므로 0.005입니다.

색칠된 부분은 0.1이 7칸, 0.01이 3칸, 0.001이 5칸이므로 0.735입니다.

03 (1) 0.■▲는 0.01이 ■▲개인 수입니다.
(2) 0.001이 ■▲개인 수는 0.0■▲입니다.

04 ② 0.04는 영 점 영사라고 읽습니다.

05 일의 자리 숫자가 5, 소수 첫째 자리 숫자가 9, 소수 둘째 자리 숫자가 1인 소수이므로 5.91입니다.

06 0.01이 없으므로 소수 둘째 자리 숫자는 0입니다.

07 소수 둘째 자리 숫자를 알아봅니다.
㉠ 0.673 ⇨ 7　㉡ 3.84 ⇨ 4
㉢ 6.038 ⇨ 3　㉣ 5.32 ⇨ 2

08

일의 자리		소수 첫째 자리	소수 둘째 자리	소수 셋째 자리
8	.	7	3	2

09 (1) 0.294에서 9는 소수 둘째 자리 숫자이고, 0.09를 나타냅니다.
(2) 0.159에서 9는 소수 셋째 자리 숫자이고, 0.009를 나타냅니다.

10 ① 8.05 ⇨ 0.05　② 7.58 ⇨ 0.5　③ 5.16 ⇨ 5
④ 5.23 ⇨ 5　⑤ 9.52 ⇨ 0.5
따라서 5가 나타내는 수가 가장 작은 수는 ① 8.05입니다.

11
- 0.793의 소수 셋째 자리 숫자가 3이므로 0.001 작은 수는 0.792, 0.001 큰 수는 0.794입니다.
- 0.793의 소수 둘째 자리 숫자가 9이므로 0.01 작은 수는 0.783, 0.01 큰 수는 0.803입니다.
- 0.739의 소수 첫째 자리 숫자가 7이므로 0.1 작은 수는 0.693, 0.1 큰 수는 0.893입니다.

12 성규가 설명한 수: $5+0.1+0.09=5.19$
은혜가 설명한 수: $5+1.9=6.9$
현호가 설명한 수: $5.1+0.09=5.19$
따라서 다른 수를 설명한 친구는 은혜입니다.

13 • 지연: 0.6에서 8칸만큼 더 길므로 0.6 m부터 0.01 m씩 8번 커지면 0.68 m입니다.
• 은호: 0.5에서 4칸만큼 더 길므로 0.5 m부터 0.01 m씩 4번 커지면 0.54 m입니다.

14 1이 1개, 0.1이 3개, 0.01이 5개, 0.001이 4개인 수는 1.354입니다.
따라서 파인애플의 무게는 1.354 kg입니다.

15 일의 자리 숫자가 2인 소수 두 자리 수는 2.□□이므로 만들 수 있는 수는 2.69, 2.96입니다.

16 소수 두 자리 수이므로 □.□□이고, 1보다 크고 2보다 작으므로 일의 자리 숫자는 1입니다. ⇨ 1.□□
소수 첫째 자리 숫자가 8이므로 1.8□이고, 0.01이 5개인 수이므로 소수 둘째 자리 숫자는 5입니다. ⇨ 1.85
1.85는 일 점 팔오라고 읽습니다.

Step 1 교과 개념 68~69쪽

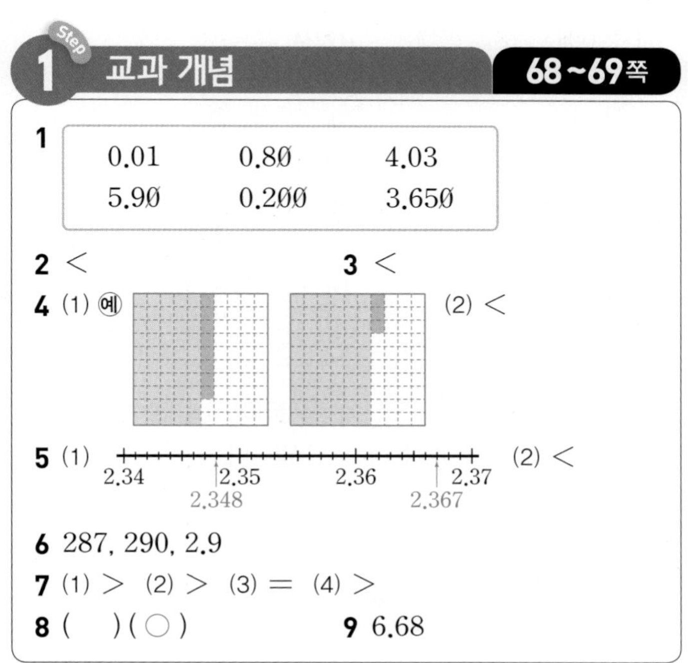

1 0.01 0.80 4.03 5.90 0.200 3.650
2 <
3 <
4 (1) 예 (2) <
5 (1) 2.34 2.35 2.36 2.37 2.348 2.367 (2) <
6 287, 290, 2.9
7 (1) > (2) > (3) = (4) >
8 ( ) (○)
9 6.68

1 소수의 오른쪽 끝자리 0은 생략할 수 있습니다.

2 수직선에 나타내었을 때 오른쪽에 있을수록 더 큰 수입니다. 수직선에서 0.35와 0.64 중 0.64가 오른쪽에 있으므로 더 큽니다.
⇨ $0.35<0.64$

3 모눈종이에 색칠한 칸 수가 많을수록 더 큰 수이므로 $0.43<0.52$입니다.

4 (1) 모눈 한 칸의 크기는 0.01입니다.
따라서 0.58은 모눈 58칸을, 0.63은 모눈 63칸을 색칠합니다.
(2) 색칠한 칸 수가 많을수록 더 큰 수이므로 $0.58<0.63$입니다.

5 (1) 수직선에서 작은 눈금 한 칸의 크기는 0.001입니다.
따라서 2.348은 2.34에서 8칸 더 간 곳에, 2.367은 2.36에서 7칸 더 간 곳에 나타냅니다.
(2) 수직선에 나타내었을 때 오른쪽에 있을수록 더 큰 수입니다. 수직선에서 2.367이 2.348보다 오른쪽에 있으므로 2.367이 더 큽니다.

> **참고**
> 2.348과 2.367의 일의 자리 수, 소수 첫째 자리 수가 같으므로 소수 둘째 자리 수를 비교하면 $4<6$입니다. 따라서 2.348보다 2.367이 더 큰 수입니다.
> $2.348<2.367$ ($4<6$)

6 0.01의 개수가 더 많은 수가 더 큰 수입니다.

7 (1) 일의 자리 수가 큰 수가 더 큽니다. ⇨ $3.5>2.6$ ($3>2$)
(2) 일의 자리 수가 같으므로 소수 첫째 자리 수가 큰 수가 더 큽니다. ⇨ $0.9>0.4$ ($9>4$)
(3) 소수는 필요한 경우 오른쪽 끝자리에 0을 붙여서 나타낼 수 있습니다. 3.8과 3.80은 같은 수입니다.
⇨ $3.8=3.80$
(4) $5.471>5.468$ ($7>6$)

8 $3.463<3.469$ ($3<9$)

9 일의 자리 수를 비교해 보면 $6<7$이므로 7.001이 가장 크고, 6.68과 6.7의 소수 첫째 자리 수를 비교해 보면 $6<7$이므로 가장 작은 수는 6.68입니다.
$6.68<6.7<7.001$ ($6<7$, $6<7$)

> **참고**
> 소수의 크기를 비교할 때에는 일의 자리 수, 소수 첫째 자리 수, 소수 둘째 자리 수, 소수 셋째 자리 수의 순서대로 비교합니다.

1 교과 개념 70~71쪽

1 (1) 10 (2) 100 (3) 0.1

2

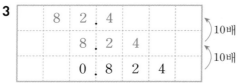

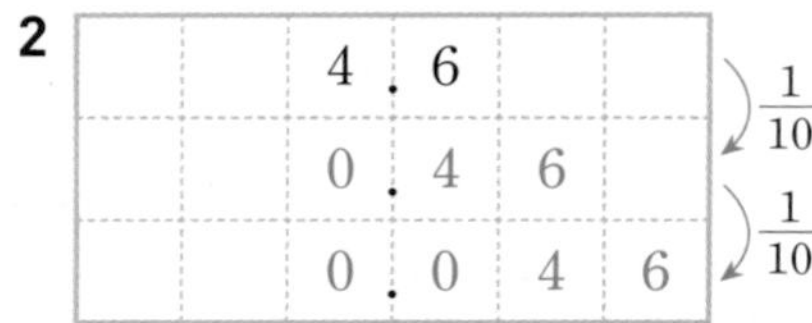

3

	8	2	. 4		
		8	. 2	4	
		0	. 8	2	4

(10배, 10배)

4 (왼쪽부터) (1) 0.033, 0.33, 33, 330
(2) 0.529, 5.29, 52.9

5 0.65, 0.065

6 (1) 0.3, 0.03 (2) 1.96, 0.196

7 (1) 14.62, 146.2 ; 오른쪽에 ○표
(2) 3.75, 0.375 ; 왼쪽에 ○표

8 (1) 100 (2) $\frac{1}{10}$

1 (2) 0.001의 10배는 0.01이고, 0.01의 10배는 0.1입니다. 따라서 0.001의 100배가 0.1입니다.

2 소수의 $\frac{1}{10}$을 구하면 소수점을 기준으로 수가 오른쪽으로 한 자리씩 이동합니다.

3 소수를 10배 하면 소수점을 기준으로 수가 왼쪽으로 한 자리씩 이동합니다.

4 • 소수를 10배 하면 소수점을 기준으로 수가 왼쪽으로 한 자리씩 이동합니다.
• 소수의 $\frac{1}{10}$을 구하면 소수점을 기준으로 수가 오른쪽으로 한 자리씩 이동합니다.

5 소수의 $\frac{1}{10}$을 구하면 소수점을 기준으로 수가 오른쪽으로 한 자리씩 이동합니다.

6	. 5		
0	. 6	5	
0	. 0	6	5

($\frac{1}{10}$, $\frac{1}{10}$)

6 소수의 $\frac{1}{10}$은 소수점을 기준으로 수가 오른쪽으로 한 자리씩 이동하고, $\frac{1}{100}$은 소수점을 기준으로 수가 오른쪽으로 두 자리씩 이동합니다.

7 (1) 소수를 10배 하면 소수점을 기준으로 수가 왼쪽으로 한 자리씩 이동하므로 1.462의 10배는 14.62이고, 14.62의 10배는 146.2입니다.
따라서 10배 할 때마다 소수점은 오른쪽으로 한 자리씩 이동합니다. ⇨ 1.462 $\xrightarrow{10배}$ 14.62 $\xrightarrow{10배}$ 146.2

(2) 소수의 $\frac{1}{10}$을 구하면 소수점을 기준으로 수가 오른쪽으로 한 자리씩 이동하므로 37.5의 $\frac{1}{10}$은 3.75이고, 3.75의 $\frac{1}{10}$은 0.375입니다.
따라서 $\frac{1}{10}$을 할 때마다 소수점은 왼쪽으로 한 자리씩 이동합니다. ⇨ 37.5 $\xrightarrow{\frac{1}{10}}$ 3.75 $\xrightarrow{\frac{1}{10}}$ 0.375

8 (1) 37은 0.37에서 소수점을 기준으로 수가 왼쪽으로 두 자리씩 이동한 수이므로 0.37을 100배 한 수입니다.
(2) 54.5는 545에서 소수점을 기준으로 수가 오른쪽으로 한 자리씩 이동한 수이므로 545의 $\frac{1}{10}$인 수입니다.

2 교과 유형 익힘 72~73쪽

01 2.0에 ○표
02 ④
03 (왼쪽부터) 0.08, 0.8
04 ㉡
05 수지
06 ㉡, ㉠, ㉣, ㉢
07 7.41
08 0.7
09 5개
10 정우, 윤서, 혜영
11 성규네 집
12 문구점, 학교, 병원
13 0.525 m
14 315 킬로칼로리
15 1, 2, 3

01 소수는 필요한 경우 오른쪽 끝자리에 0을 붙여서 나타낼 수 있으므로 2와 2.0은 같은 수입니다.

02 ④ 1 m=0.001 km이므로 2081 m=2.081 km입니다.

03

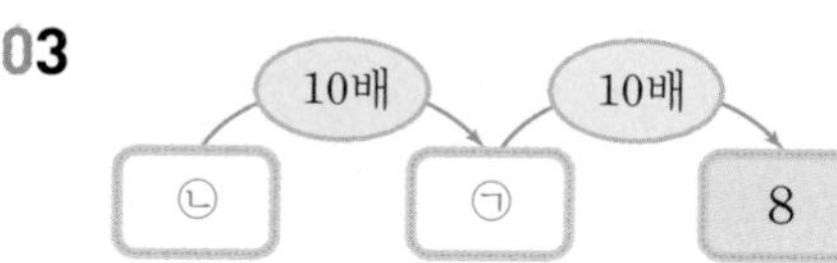

㉠ 어떤 수의 10배가 8이므로 어떤 수는 8의 $\frac{1}{10}$입니다.
⇨ 0.8

㉡ 어떤 수의 10배가 0.8이므로 어떤 수는 0.8의 $\frac{1}{10}$입니다. ⇨ 0.08

04 ㉠ | |0|4|3| →(100배) |4|3| | |

㉡ |4|3| | | →($\frac{1}{10}$) | |4|3| |

㉢ | |4|3| →(10배) |4|3| | |

㉣ |4|3|0|0| →($\frac{1}{100}$) | | |4|3|

다른 풀이

소수를 10배 하면 소수점이 오른쪽으로 한 자리씩 이동하고, 소수의 $\frac{1}{10}$을 구하면 소수점이 왼쪽으로 한 자리씩 이동합니다.

㉠ 0.43의 100배: 0.43 ⇨ 43

㉡ 43의 $\frac{1}{10}$: 43 ⇨ 4.3

㉢ 4.3의 10배: 4.3 ⇨ 43

㉣ 4300의 $\frac{1}{100}$: 4300 ⇨ 43

05 0.245와 0.248은 소수 둘째 자리 수까지 같으므로 소수 셋째 자리 수를 비교하면 0.245＜0.248입니다.
(5＜8)

따라서 수지의 필통이 더 무겁습니다.

06 $\frac{7}{10}=0.7$, $\frac{69}{100}=0.69$이므로

$1.04>0.7(=\frac{7}{10})>0.698>0.69(=\frac{69}{100})$입니다.

⇨ ㉡＞㉠＞㉣＞㉢

07 5장의 카드 중에서 4장을 골라 가장 큰 소수 두 자리 수를 만들어야 하므로 소수점(.) 카드와 큰 숫자부터 차례로 3개의 숫자가 적힌 카드를 사용해야 합니다.

7＞4＞1＞0이므로 가장 큰 소수 두 자리 수는

[7] [.] [4] [1]입니다.

08 어떤 수의 10배가 70이므로 어떤 수는 70의 $\frac{1}{10}$인 7이고, 7의 $\frac{1}{10}$은 0.7입니다.

09 5.724보다 크고 5.73보다 작은 소수 세 자리 수는 5.724와 5.73 사이의 수입니다.

따라서 5.725, 5.726, 5.727, 5.728, 5.729로 모두 5개입니다.

10 윤서: 10.68의 $\frac{1}{10}$인 수 ⇨ 1.068 km

정우: 일 점 오오 ⇨ 1.55 km

혜영: 0.1이 9개, 0.01이 9개인 수 ⇨ 0.99 km

⇨ 1.55＞1.068＞0.99이므로 가장 많이 걸은 사람부터 차례로 이름을 쓰면 정우, 윤서, 혜영이입니다.

11

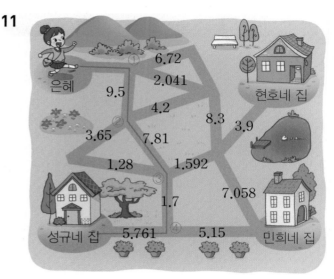

각 갈림길에 있는 소수의 크기를 비교합니다.

① 9.5＞6.72＞2.041

② 7.81＞4.2＞3.65

③ 1.7＞1.592＞1.28

④ 5.761＞5.15

⇨ 은혜가 도착하는 곳은 성규네 집입니다.

12 1 m＝0.001 km이므로 1270 m＝1.27 km입니다.

0.145＜0.772＜1.27이므로 집에서 가까운 곳부터 순서대로 쓰면 문구점, 학교, 병원입니다.

13 5.25의 $\frac{1}{10}$은 0.525입니다.

따라서 민희가 만든 자동차 모형의 길이는 0.525 m가 됩니다.

14 3.15의 10배는 31.5이므로 한 봉지에 들어 있는 젤리의 칼로리는 31.5 킬로칼로리입니다.

31.5의 10배는 315이므로 한 상자에 들어 있는 젤리의 칼로리는 모두 315 킬로칼로리입니다.

참고

소수를 10배 하면 소수점을 기준으로 수가 왼쪽으로 한 자리씩 이동합니다.

		3.	1	5
	3	1.	5	
3	1	5.		

(10배, 10배)

15 0.2□8이 0.247보다 작은 수가 되려면 □ 안에 4보다 작은 수가 들어가야 합니다.

따라서 1부터 9까지의 자연수 중에서 □ 안에 들어갈 수 있는 수는 1, 2, 3입니다.

주의

1부터 9까지의 자연수 중에서 찾아야 하므로 0은 포함되지 않습니다.

1 교과 개념 74~75쪽

1 2.2

2 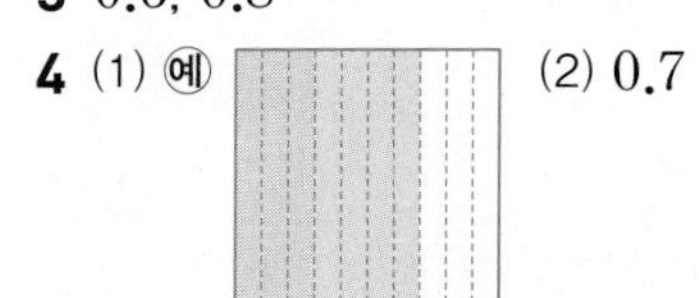

3 0.6, 0.8

4 (1) 예 (2) 0.7

5 (1) 2.8 (2) 6.6 (3) 0.7 (4) 8.2

6 13.28

7 0.53, 0.4, 0.93

8 (위에서부터) 453, 234 ; 6.87, 687

9 (1) 9.55 (2) 1.29 (3) 0.91 (4) 1.74

10 ( ) (○)

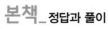

2 받아올림에 주의하여 소수 첫째 자리 수끼리 더하고, 일의 자리 수끼리 더한 후 소수점을 그대로 내려 찍습니다.

3 수직선의 작은 눈금 한 칸의 크기는 0.1입니다. 0에서 2칸만큼 간 다음 6칸만큼 더 가면 8칸 간 것과 같으므로 $0.2+0.6=0.8$입니다.

4 (1) 전체 크기가 1인 모눈종이가 똑같이 10으로 나누어져 있으므로 모눈 한 칸의 크기는 0.1입니다. 따라서 3칸만큼 분홍색으로 색칠하고, 4칸만큼 하늘색으로 색칠합니다.

(2) 색칠한 부분은 0.1이 7칸이므로 0.7입니다.
⇨ $0.3+0.4=0.7$

5 (1) $2.3+0.5=2.8$ (2) $1.9+4.7=6.6$ (3) $0.5+0.2=0.7$ (4) $0.8+7.4=8.2$

주의
소수 첫째 자리 수의 합이 10이거나 10보다 크면 일의 자리로 받아올림합니다.

6 $9.46+3.82=13.28$

7 전체 크기가 1인 모눈종이가 똑같이 100으로 나누어져 있으므로 모눈 한 칸의 크기는 0.01입니다. 모눈종이에서 $0.53+0.4$는 모눈 93칸이므로 0.93입니다.

8 4.53은 0.01이 453개이고, 2.34는 0.01이 234개이므로 $4.53+2.34$는 0.01이 $453+234=687$(개)입니다.
⇨ $4.53+2.34=6.87$

9 (1) $7.42+2.13=9.55$ (2) $0.76+0.53=1.29$ (3) $0.64+0.27=0.91$ (4) $0.83+0.91=1.74$

10 소수의 덧셈을 할 때는 자연수처럼 오른쪽을 기준으로 맞추어 쓰는 것이 아니라 소수점끼리 위치를 맞추어 쓰고 계산해야 합니다.

$2.70+0.54=3.24$ ← 소수 끝자리 뒤에 0이 있는 것으로 생각하고 계산합니다.

1 교과 개념 76~77쪽

1 0.25

2 $6.74-4.28$: 6 ⇨ 4 6 ⇨ 2.46

3 0.4

4 0.7, 0.9

5 (1) 0.2 (2) 2.8 (3) 0.3 (4) 4.4

6 0.15

7 (1) 예 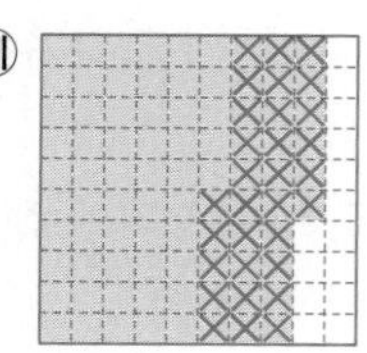 (2) 0.55

8 $8.63-1.4=7.23$

9 (위에서부터) 754, 216 ; 5.38, 538

10 (1) 0.24 (2) 4.72 (3) 0.41 (4) 2.28

1 0.53만큼 간 후 0.28만큼 되돌아 가면 0.25이므로 0.53－0.28＝0.25입니다.

2 받아내림에 주의하여 소수 둘째 자리 수끼리 빼고, 소수 첫째 자리 수끼리 빼고, 일의 자리 수끼리 뺀 후 소수점을 그대로 내려 찍습니다.

3 1.2에서 0.8만큼 되돌아 가면 0.4입니다.
⇨ 1.2－0.8＝0.4

4 1.6만큼 색칠한 것 중 0.7만큼을 지우면 0.9가 남습니다.
⇨ 1.6－0.7＝0.9

5 (1)
$$\begin{array}{r} 0.9 \\ -\,0.7 \\ \hline 0.2 \end{array}$$
(2)
$$\begin{array}{r} \overset{2}{\not3}.\overset{10}{6} \\ -\,0.8 \\ \hline 2.8 \end{array}$$
(3)
$$\begin{array}{r} 0.7 \\ -\,0.4 \\ \hline 0.3 \end{array}$$
(4)
$$\begin{array}{r} \overset{8}{\not9}.\overset{10}{2} \\ -\,4.8 \\ \hline 4.4 \end{array}$$

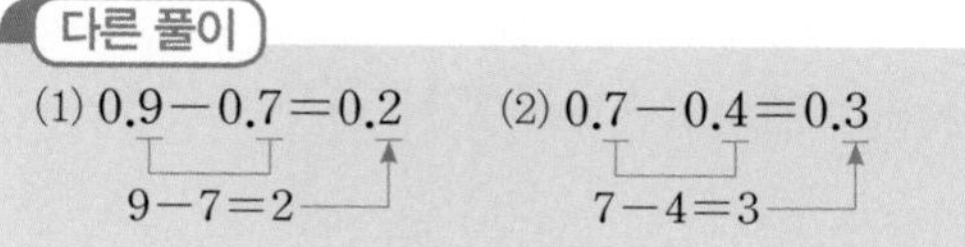

다른 풀이

(1) 0.9－0.7＝0.2 (9－7＝2)　(2) 0.7－0.4＝0.3 (7－4＝3)

6 차는 0.01이 15개이므로 0.33－0.18＝0.15입니다.

7 (1) 모눈 한 칸의 크기가 0.01이므로 86칸만큼 색칠하고, 그중 31칸만큼 ×표 합니다.
(2) 색칠한 86칸 중에서 31칸을 ×표 하고 남은 부분은 55칸입니다.
0.01이 55개이면 0.55이므로 0.86－0.31＝0.55입니다.

8 ① 소수점의 위치를 맞추어 세로로 씁니다.
② 1.4의 소수 끝자리 뒤에 0이 있는 것으로 생각하여 같은 자리 수끼리 뺍니다.
③ 계산 결과에 소수점을 그대로 내려 찍습니다.

9 7.54는 0.01이 754개이고, 2.16은 0.01이 216개이므로 7.54－2.16은 0.01이 754－216＝538(개)입니다.
⇨ 7.54－2.16＝5.38

10 (1)
$$\begin{array}{r} 0.98 \\ -\,0.74 \\ \hline 0.24 \end{array}$$
(2)
$$\begin{array}{r} \overset{7}{\not8}.\overset{10}{2}3 \\ -\,3.51 \\ \hline 4.72 \end{array}$$
(3)
$$\begin{array}{r} 0.53 \\ -\,0.12 \\ \hline 0.41 \end{array}$$
(4)
$$\begin{array}{r} 4.\overset{8}{\not9}\overset{10}{5} \\ -\,2.67 \\ \hline 2.28 \end{array}$$

Step 2 교과 유형 익힘 78~79쪽

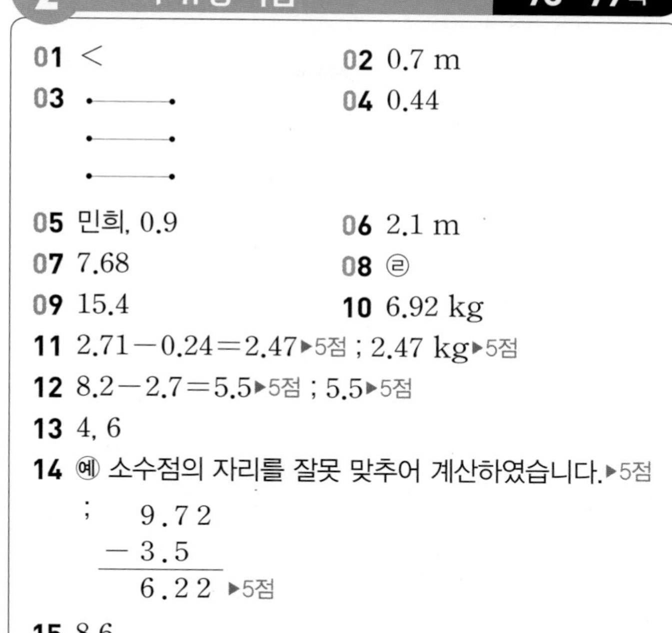

01 ＜　　02 0.7 m
03 (선 잇기)　　04 0.44
05 민희, 0.9　　06 2.1 m
07 7.68　　08 ㉣
09 15.4　　10 6.92 kg
11 2.71－0.24＝2.47 ▸5점 ; 2.47 kg ▸5점
12 8.2－2.7＝5.5 ▸5점 ; 5.5 ▸5점
13 4, 6
14 예 소수점의 자리를 잘못 맞추어 계산하였습니다. ▸5점
; $\begin{array}{r} 9.72 \\ -\,3.5 \\ \hline 6.22 \end{array}$ ▸5점
15 8.6

01 1.7－0.9＝0.8, 3.6－2.7＝0.9 ⇨ 0.8＜0.9

02 0.3＋0.4＝0.7 (m)

03 0.5＋0.2＝0.7, 0.7＋0.6＝1.3, 0.87＋0.03＝0.9, 0.38＋0.32＝0.7, 0.8＋0.5＝1.3, 0.1＋0.8＝0.9

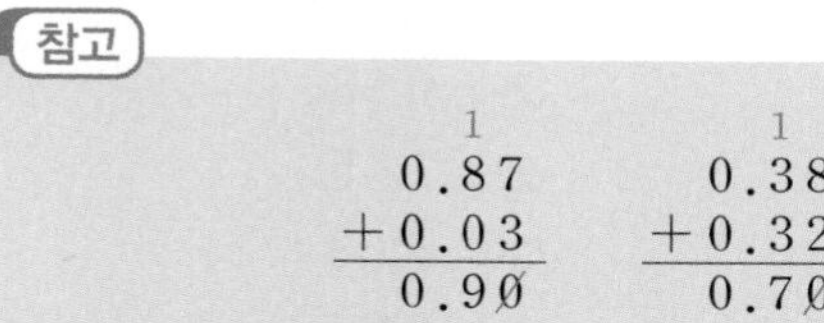

참고

$$\begin{array}{r} \overset{1}{0}.87 \\ +\,0.03 \\ \hline 0.9\not0 \end{array} \qquad \begin{array}{r} \overset{1}{0}.38 \\ +\,0.32 \\ \hline 0.7\not0 \end{array}$$

일반적으로 소수의 덧셈 또는 뺄셈의 결과에서 소수점 오른쪽 끝자리 숫자가 0인 경우에는 0을 생략하여 나타냅니다.

04 0.89＞0.68＞0.57＞0.45
가장 큰 소수: 0.89, 가장 작은 소수: 0.45
⇨ 0.89－0.45＝0.44

05 5.4＞4.5이므로 민희의 종이비행기가 5.4－4.5＝0.9 (m) 더 멀리 날아갔습니다.

06 왼쪽 막대의 길이는 130 cm이므로 m 단위로 고치면 1.3 m입니다.
따라서 두 막대의 길이의 합은 1.3＋0.8＝2.1 (m)입니다.

07 □＋2.87＝10.55 ⇨ □＝10.55－2.87, □＝7.68

08 ㉠ 0.42＋0.5＝0.92　㉡ 0.37＋0.65＝1.02
㉢ 0.74＋0.31＝1.05　㉣ 0.89＋0.3＝1.19
⇨ 1.19(㉣)＞1.05(㉢)＞1.02(㉡)＞0.92(㉠)

본책 74~79쪽

09 만들 수 있는 두 소수는 6.8과 8.6입니다.
⇨ $6.8+8.6=15.4$

10 (혜선이의 책가방 무게)+(지호의 책가방 무게)
$=3.28+3.64=6.92$ (kg)

11 (귤의 무게)
=(귤이 들어 있는 바구니의 무게)−(빈 바구니의 무게)

12 가장 큰 수에서 가장 작은 수를 뺄 때 차가 가장 큽니다.
따라서 $8.2>3.5>2.7$이므로 $8.2-2.7=5.5$입니다.

13 • 소수 첫째 자리 계산: ㉠$+10-5=9$
⇨ ㉠$+5=9$, ㉠$=4$
• 일의 자리 계산: $7-1-$㉡$=0$ ⇨ $6-$㉡$=0$, ㉡$=6$

14 소수점의 자리를 맞추어 쓰고 계산해야 하는데 잘못 맞추어 계산해서 틀렸습니다.

15 • 은혜가 생각하는 소수: 3.4
• 현호가 생각하는 소수: 5.2
⇨ 소수의 합: $3.4+5.2=8.6$

Step 3 문제 해결 80~83쪽

1	2, 4, 8	1-1	(왼쪽부터) 6, 5, 2
1-2	3, 1, 5	1-3	(왼쪽부터) 4, 8, 3
2	1.01	2-1	0.88
2-2	11.66	2-3	12.5
3	6.66	3-1	8.68
3-2	4.95	3-3	3.96
4	0, 1, 2, 3, 4, 5, 6	4-1	2개
4-2	6, 7, 8, 9	4-3	3

5 ❶ 첫째▸2점 ❷ 0.007▸2점 ❸ 100, 100▸3점
; 100배▸3점

5-1 예 ❶ ㉠은 일의 자리를 가리키므로 ㉠이 나타내는 수는 6입니다.▸2점
❷ ㉡은 소수 둘째 자리를 가리키므로 ㉡이 나타내는 수는 0.06입니다.▸2점
❸ 6은 0.06의 100배이므로 ㉠이 나타내는 수는 ㉡이 나타내는 수의 100배입니다.▸3점
; 100배▸3점

5-2 예 ㉠은 일의 자리를 가리키므로 ㉠이 나타내는 수는 2입니다.▸2점
㉡은 소수 셋째 자리를 가리키므로 ㉡이 나타내는 수는 0.002입니다.▸2점
2는 0.002의 1000배이므로 ㉠이 나타내는 수는 ㉡이 나타내는 수의 1000배입니다.▸3점
; 1000배▸3점

6 ❶ 3.8▸2점 ❷ 6.4▸2점 ❸ 3.8, 6.4, 10.2▸3점
; 10.2▸3점

6-1 예 ❶ 0.1이 65개인 소수는 6.5입니다.▸2점
❷ 일의 자리 숫자가 7이고, 소수 첫째 자리 숫자가 3인 소수 한 자리 수는 7.3입니다.▸2점
❸ 은혜와 현호가 생각하는 소수의 합은 $6.5+7.3=13.8$입니다.▸3점 ; 13.8▸3점

6-2 예 0.1이 84개인 소수는 8.4입니다.▸2점
일의 자리 숫자가 7이고, 소수 첫째 자리 숫자가 6인 소수 한 자리 수는 7.6입니다.▸2점
따라서 희진이와 재우가 생각하는 소수의 차는 $8.4-7.6=0.8$입니다.▸3점 ; 0.8▸3점

1
```
   ㉠ . 6  5
+  2 . 7  ㉢
-----------
   5 . ㉡ 3
```
• $5+$㉢$=13$, ㉢$=8$
• $1+6+7=1$㉡, $14=1$㉡, ㉡$=4$
• $1+$㉠$+2=5$, ㉠$+3=5$, ㉠$=2$

1-1
```
   ㉠ . 8  ㉢
+  1 . 7  3
-----------
   8 . ㉡ 5
```
• ㉢$+3=5$ ⇨ ㉢$=2$
• $8+7=1$㉡ ⇨ ㉡$=5$
• $1+$㉠$+1=8$ ⇨ ㉠$=6$

1-2
```
   8 . ㉡ 4
−  ㉠ . 1  9
-----------
   4 . 9  ㉢
```
• $4+10-9=$㉢, ㉢$=5$
• ㉡$-1+10-1=9$, ㉡$=1$
• $8-1-$㉠$=4$, ㉠$=3$

1-3
```
   ㉠ . 4
−  3 . ㉡ 7
-----------
   0 . 5  ㉢
```
• $10-7=$㉢, ㉢$=3$
• $4-1+10-$㉡$=5$, ㉡$=8$
• ㉠$-1-3=0$, ㉠$=4$

2 어떤 수를 □라 하면 잘못 계산한 식은 $□+3.7=8.41$, $□=8.41-3.7$, $□=4.71$입니다.
따라서 바르게 계산하면 $4.71-3.7=1.01$입니다.

2-1 어떤 수를 □라 하면 $□+4.25=9.38$, $□=9.38-4.25$, $□=5.13$입니다.
따라서 바르게 계산하면 $5.13-4.25=0.88$입니다.

2-2 어떤 수를 □라 하면 $□-2.76=6.14$, $□=6.14+2.76$, $□=8.9$입니다.
따라서 바르게 계산하면 $8.9+2.76=11.66$입니다.

2-3 어떤 수를 □라 하면 $□-5.4+0.7=3.1$, $□=3.1-0.7+5.4=2.4+5.4=7.8$입니다.
⇨ $7.8+5.4-0.7=13.2-0.7=12.5$

3 만들 수 있는 가장 큰 소수 두 자리 수: 5.31
만들 수 있는 가장 작은 소수 두 자리 수: 1.35
따라서 두 수의 합은 $5.31+1.35=6.66$입니다.

3-1 만들 수 있는 가장 큰 소수 두 자리 수: 7.31
만들 수 있는 가장 작은 소수 두 자리 수: 1.37
따라서 두 수의 합은 $7.31+1.37=8.68$입니다.

3-2 만들 수 있는 가장 큰 소수 두 자리 수: 9.84
만들 수 있는 가장 작은 소수 두 자리 수: 4.89
따라서 두 수의 차는 $9.84-4.89=4.95$입니다.

3-3 만들 수 있는 가장 큰 소수 두 자리 수: 9.85
만들 수 있는 가장 작은 소수 두 자리 수: 5.89
따라서 두 수의 차는 $9.85-5.89=3.96$입니다.

4 $2.84+7.92=10.76$이므로 $10.76>10.\square8$입니다.
자연수 부분이 같고 소수 둘째 자리가 $6<8$이므로 소수 첫째 자리 수를 비교하면 □는 7보다 작아야 합니다.
⇨ □$=0, 1, 2, 3, 4, 5, 6$

4-1 $12.51-7.64=4.87$이므로 $4.87<4.8\square$입니다.
일의 자리 수, 소수 첫째 자리 수가 같으므로 소수 둘째 자리 수를 비교하면 □는 7보다 커야 합니다.
따라서 □ 안에 들어갈 수 있는 숫자는 8, 9로 모두 2개입니다.

4-2 $3.54-1.97=1.57$이므로 $1.57<1.\square7$입니다.
일의 자리 수가 같고 소수 둘째 자리 수가 7로 같으므로 소수 첫째 자리 수를 비교하면 □는 5보다 커야 합니다.
⇨ □$=6, 7, 8, 9$

4-3 $4.19+15.28=19.47$이므로 $19.47>10.24+9.2\square$입니다. 따라서 $9.2\square$는 $19.47-10.24=9.23$보다 작아야 하므로 $9.2\square<9.23$입니다.
일의 자리 수, 소수 첫째 자리 수가 같으므로 소수 둘째 자리 수를 비교하면 □는 3보다 작아야 합니다.
□ 안에 들어갈 수 있는 숫자는 0, 1, 2이므로 모두 더하면 $0+1+2=3$입니다.

5-1

채점 기준		
㉠이 나타내는 수를 구한 경우	2점	10점
㉡이 나타내는 수를 구한 경우	2점	
㉠이 나타내는 수는 ㉡이 나타내는 수의 몇 배인지 구한 경우	3점	
답을 바르게 쓴 경우	3점	

5-2

채점 기준		
㉠이 나타내는 수를 구한 경우	2점	10점
㉡이 나타내는 수를 구한 경우	2점	
㉠이 나타내는 수는 ㉡이 나타내는 수의 몇 배인지 구한 경우	3점	
답을 바르게 쓴 경우	3점	

6-1

채점 기준		
은혜가 생각하는 소수를 구한 경우	2점	10점
현호가 생각하는 소수를 구한 경우	2점	
두 소수의 합을 구한 경우	3점	
답을 바르게 쓴 경우	3점	

6-2

채점 기준		
희진이가 생각하는 소수를 구한 경우	2점	10점
재우가 생각하는 소수를 구한 경우	2점	
두 소수의 차를 구한 경우	3점	
답을 바르게 쓴 경우	3점	

Step 4 실력UP문제 84~85쪽

01 [5].[4][3]−[0].[1][2] ; 5.31
02 4.52
03 나, 다
04 예 흰 우유가 1.5 L, 초코우유가 0.9 L 있습니다. 흰 우유는 초코우유보다 몇 L 더 많은가요? ▸5점
; 0.6 L ▸5점
05 나, 다, 가
06 3.28, 3.29
07 지아
08 3일과 4일 사이
09 1.59 km
10 1.48 m
11 3.865
12 10

01 두 수의 차가 가장 크려면 가장 큰 수에서 가장 작은 수를 빼야 합니다.
0, 1, 2, 3, 4, 5로 만들 수 있는 가장 큰 소수 두 자리 수는 5.43이고, 가장 작은 소수 두 자리 수는 0.12입니다.
⇨ $5.43-0.12=5.31$

02 4.5보다 크고 4.6보다 작은 소수 두 자리 수의 일의 자리 숫자는 4, 소수 첫째 자리 숫자는 5입니다. ⇨ $4.5\square$
각 자리 숫자의 합은 11이므로 소수 둘째 자리 숫자는 $11-4-5=2$입니다.
따라서 성규가 설명하는 소수 두 자리 수는 4.52입니다.

03 소수 두 자리 수를 더하여 소수 한 자리 수인 2.5가 되려면 소수 둘째 자리 수의 합이 10이 되어야 하므로 가+다 또는 나+다 중에서 2.5 kg인 것을 찾습니다.
가+다$=1.18+1.22=2.4$ (kg),
나+다$=1.28+1.22=2.5$ (kg)
따라서 사야 하는 자두 2봉지는 나 봉지와 다 봉지입니다.

04 $1.5-0.9=0.6$

본책 79~85쪽

05 가: 5.96 km
나: 1.35+4.37=5.72 (km)
다: 1.35+4.58=5.93 (km)

세 길의 길이를 비교하면 5.72<5.93<5.96입니다.
(3<6, 7<9)

거리가 짧을수록 가까운 길이므로 세 길 중 가까운 길부터 차례로 기호를 쓰면 나, 다, 가입니다.

06 ㉠ 1이 3개, 0.1이 2개, 0.01이 7개인 수는 3.27입니다.
㉡ $\frac{1}{100}$이 330개인 수는 3.3입니다.
따라서 3.27과 3.3 사이에 있는 소수 두 자리 수는 3.28, 3.29입니다.

07 자연수 부분이 같은 소수의 크기 비교는 소수 첫째 자리 수부터 차례로 비교해야 합니다.
따라서 ▲가 ★보다 크면 ㉮가 더 큰 수입니다.

08 1일과 2일 사이: 1.51−1.35=0.16 (cm),
2일과 3일 사이: 1.74−1.51=0.23 (cm),
3일과 4일 사이: 2.03−1.74=0.29 (cm)
0.16<0.23<0.29이므로 강낭콩의 키가 가장 많이 자란 때는 3일과 4일 사이입니다.

09 (㉯에서 ㉰까지의 거리)
=(㉮에서 ㉰까지의 거리)+(㉯에서 ㉱까지의 거리)
−(㉮에서 ㉱까지의 거리)
=3.76+2.08−4.25=5.84−4.25=1.59 (km)

10 (영훈이의 키)=1.37+0.16=1.53 (m)
⇨ (혜수의 키)=1.53−0.05=1.48 (m)

11 ① 소수 세 자리 수이므로 □.□□□입니다.
② 3보다 크고 4보다 작으므로 일의 자리 숫자는 3입니다.
⇨ 3.□□□
③ 일의 자리 숫자와 소수 둘째 자리 숫자의 합은 9이므로 소수 둘째 자리 숫자는 6입니다. ⇨ 3.□6□
④ 소수 첫째 자리 숫자는 2로 나누어떨어지는 수 중 가장 큰 수이므로 8입니다. ⇨ 3.86□
⑤ 3.86□를 100배 하면 386.□이고 이 수의 소수 첫째 자리 숫자는 5가 되므로 □=5입니다. ⇨ 3.865

12

	2	.	㉠	2
	0	.	9	㉡
+	㉢	.	5	
	4	.	8	7

• 2+㉡=7, ㉡=5
• ㉠+9+5=18, ㉠=4
• 1+2+㉢=4, ㉢=1
⇨ ㉠+㉡+㉢=4+5+1=10

단원 평가 86~89쪽

01 ③
02 (1) 일, 6 (2) 3, 0.3 (3) 둘째, 0.07
03 (1) 0.36 (2) 745
04 ⑤
05 (1) 0.7, 0.07 (2) 1.48, 0.148
06 1.6
07 ㉡, ㉢
08 (1) < (2) > (3) <
09 ㉢, ㉣, ㉡, ㉠
10 (선 잇기)
11 0.26
12 (1) 7.84 (2) 18.13 (3) 5.86 (4) 8.35
13 (위에서부터) 8.06, 5.86, 0.07, 2.13
14 (1) > (2) <
15 ㉢
16 4.21 kg
17 1.52 g
18 2.05 kg
19 7.49
20 0.174
21 (1) 5, 0.05, 0.5, 0.005 ▸각 1점 (2) ㉠, ㉢, ㉡, ㉣ ▸1점
22 (1) 3.92 kg ▸1점 (2) 4.01 kg ▸1점
(3) 희선, 0.09 kg ▸3점
23 예 ㉠ $\frac{274}{100}$=2.74이고 ▸1점 ㉡ 0.274의 100배는 27.4입니다. ▸1점
따라서 2.74<27.4이므로 ㉡이 더 큽니다. ▸1점
; ㉡ ▸2점
24 예 이등변삼각형은 두 변의 길이가 같으므로 나머지 한 변의 길이는 2.67 m입니다. ▸1점
⇨ (세 변의 길이의 합)=1.06+2.67+2.67
=3.73+2.67
=6.4 (m) ▸2점
; 6.4 m ▸2점

01 ① 0.265 ⇨ 영 점 이육오
② 7.08 ⇨ 칠 점 영팔
④ 8.64 ⇨ 팔 점 육사
⑤ 4.903 ⇨ 사 점 구영삼

02 6.37
→ 일의 자리 숫자, 6
→ 소수 첫째 자리 숫자, 0.3
→ 소수 둘째 자리 숫자, 0.07

03 (1) 0.01이 ■▲개인 수는 0.■▲입니다.
(2) 0.■▲●는 0.001이 ■▲●개인 수입니다.

04 소수의 오른쪽 끝자리 0은 생략해도 됩니다.
⑤ 27.50=27.5

1 Step 교과 개념 94~95쪽

1 (1) 다, 라 (2) 평행 (3) 평행선

2 (1) 다, 라 (2) 가, 나

3 (1) 예

(2) 예

4 ㄱ

5 ㉢ 6 5 cm

7 ㄹㄷ (또는 ㄷㄹ) ; ㄱㄹ (또는 ㄹㄱ), ㄴㄷ (또는 ㄷㄴ)

순서를 바꿔 써도 정답입니다.

1 서로 만나지 않는 두 직선을 평행하다고 하고, 평행한 두 직선을 평행선이라고 합니다.

2 양쪽으로 아무리 늘여도 서로 만나지 않는 두 직선을 찾습니다.

3 (1) 모눈종이의 세로선을 따라 평행한 직선을 긋습니다.
(2) 모눈종이의 칸 수를 세어 평행한 직선을 긋습니다.

4 ① 삼각자에서 직각을 낀 변 중 한 변을 주어진 직선에 맞추고 다른 한 변이 점 ㄱ을 지나도록 놓습니다.

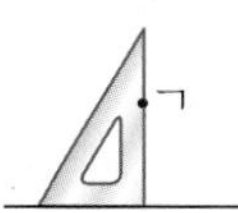

② 다른 삼각자를 사용하여 점 ㄱ을 지나고 주어진 직선과 평행한 직선을 긋습니다.

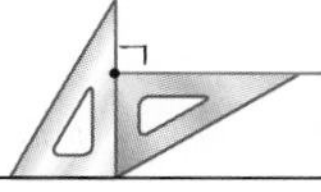

참고
주어진 직선과 평행한 직선은 여러 개 그을 수 있지만 직선 밖의 한 점을 지나고 주어진 직선과 평행한 직선은 1개만 그을 수 있습니다.

5 평행선인 직선 가와 직선 나 사이에 있는 수선을 찾습니다.

6 평행선과 수직인 선분의 길이는 5 cm입니다.

참고
평행선 위의 두 점을 잇는 선분 중에서 수직인 선분의 길이가 가장 짧습니다.

7 한 직선에 수직인 직선 2개는 서로 만나지 않습니다.

2 Step 교과 유형 익힘 96~97쪽

01 가, 다 02 3개

03 ㉢

04

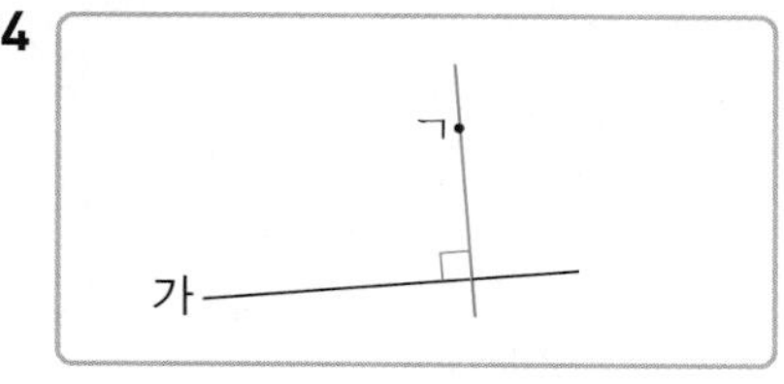

05

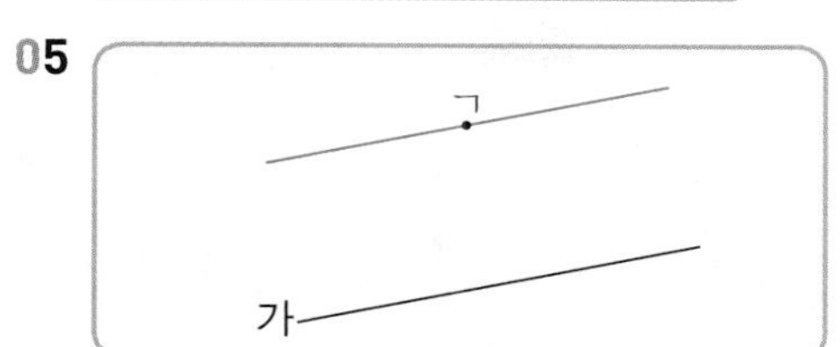

06 ㉡, ㉣

07 변 ㄱㄴ(또는 변 ㄴㄱ), 변 ㅁㅂ(또는 변 ㅂㅁ), 변 ㅇㅅ(또는 변 ㅅㅇ)

08 4 cm

09 예

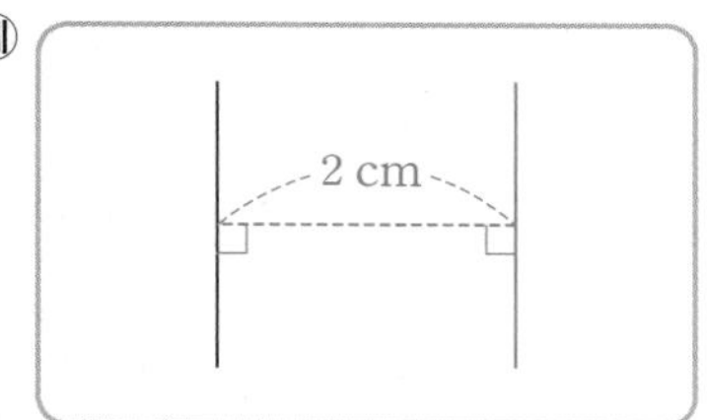

10 성규

11 틀립니다. ▸5점 ; 예 직선 가와 직선 나는 끝이 없는 곧은 선이므로 양쪽으로 늘이면 서로 만납니다. 따라서 두 직선은 평행선이 아닙니다. ▸5점

12

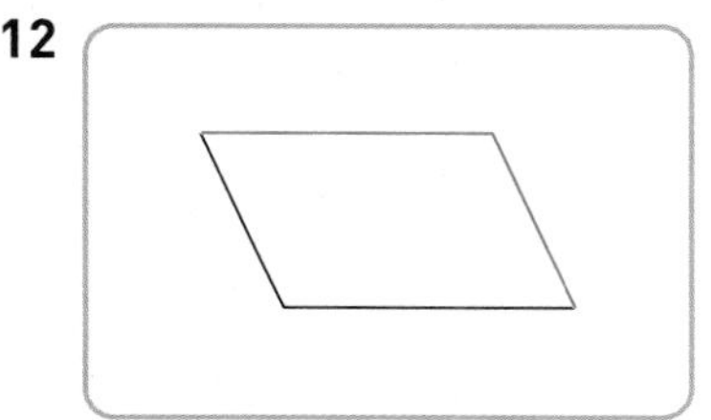

13 3 cm

01 직각인 각이 있는지 확인합니다.

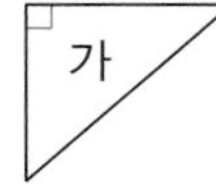

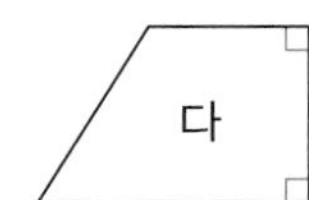

02 평행선이 있는 물건은 ㉠, ㉢, ㉣로 모두 3개입니다.

㉠  ㉢  ㉣ 

04 삼각자의 직각을 낀 변 중 한 변을 직선 가에 맞추고, 직각을 낀 변 중 다른 한 변이 점 ㄱ을 지나도록 놓은 후 선을 긋습니다.

본책 89~97쪽

참고
• 각도기를 사용하여 직선 밖의 한 점을 지나고 수직인 직선 그리기
각도기에서 90°가 되는 눈금을 직선 가와 일치하도록 맞추고 각도기의 밑변이 점 ㄱ을 지나도록 맞춰서 밑변을 따라 직선을 긋습니다.

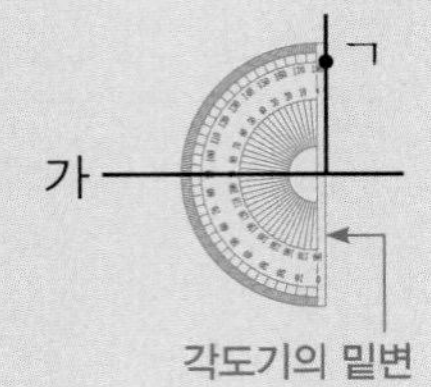

05 점 ㄱ을 지나면서 직선 가와 만나지 않는 직선을 긋습니다.

참고
점 ㄱ을 지나고 직선 가와 평행한 직선은 1개뿐입니다.

06 평행선 사이에 그은 선분 중 평행선과 수직인 선분의 길이를 평행선 사이의 거리라고 합니다.

07 아무리 늘여도 변 ㄷㄹ과 만나지 않는 변을 모두 찾아보면 변 ㄱㄴ, 변 ㅁㅂ, 변 ㅇㅅ입니다.

08 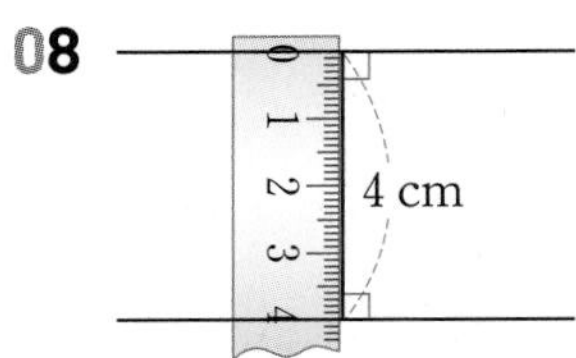

⇨ 평행선 사이에 수선을 그은 후 그 길이를 재면 4 cm입니다.

09 주어진 직선의 한쪽에 수선을 긋고 수선의 길이가 2 cm가 되는 점을 지나면서 그은 수선과 수직인 직선을 긋습니다.

참고
• 평행선 사이의 거리가 주어졌을 때 평행선 긋기
① 주어진 직선에 대한 수선을 긋습니다.
② 수선의 길이가 평행선 사이의 거리만큼 떨어진 곳에 점을 찍습니다.
③ 표시한 점을 지나면서 ①에서 그은 수선과 수직인 직선을 긋습니다.

10 평행선은 서로 만나지 않으므로 성규가 잘못 말했습니다.

11 직선 가와 직선 나는 끝이 없는 곧은 선이므로 오른쪽 그림과 같이 생각할 수 있습니다.
가
나

12 주어진 두 선분의 양 끝 점을 지나면서 두 선분에 평행한 선분을 각각 그어 사각형을 완성합니다.

13 서로 평행한 변은 변 ㄱㅂ과 변 ㄴㄷ입니다. 평행선의 한 직선에서 다른 직선에 수선을 긋고 수선의 길이를 재면 3 cm입니다.

Step 1 교과 개념 98~99쪽

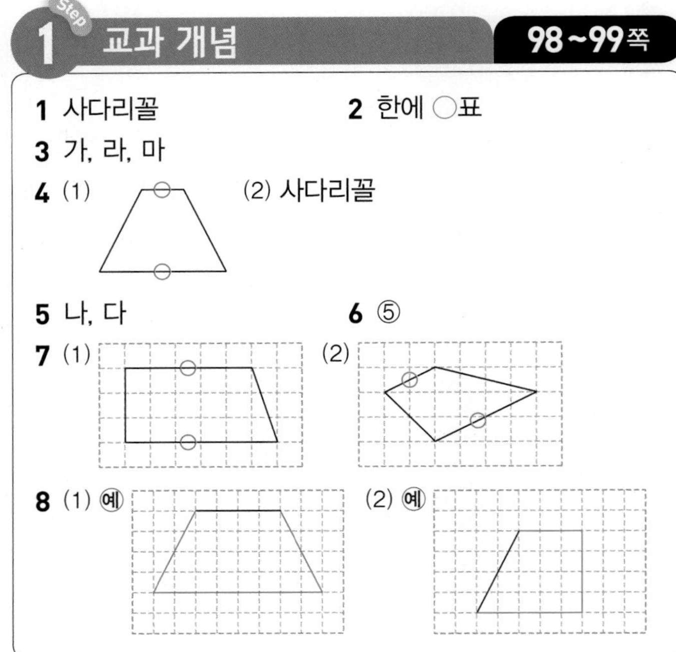

3 평행한 변이 한 쌍이라도 있는 사각형을 사다리꼴이라고 합니다.

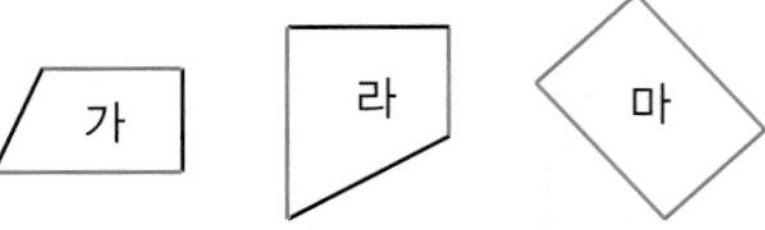

⇨ 가, 라, 마는 평행한 변이 있으므로 사다리꼴입니다.

주의
평행한 변이 2쌍인 사각형도 사다리꼴입니다.

5 • 나는 마주 보는 두 쌍의 변이 서로 평행합니다. 따라서 평행한 변이 한 쌍이라도 있는 사다리꼴이라고 할 수 있습니다.
• 가, 라는 평행한 변이 없으므로 사다리꼴이 아닙니다.

6 ⑤ 평행한 변이 없으므로 사다리꼴이 아닙니다.

8 주어진 선분과 평행한 선분을 그리거나 주어진 선분의 양 끝에 평행한 선분을 한 쌍 그려 사각형을 완성합니다.

Step 1 교과 개념 100~101쪽

1 (1) ㄹㄷ(또는 ㄷㄹ), ㄱㄹ(또는 ㄹㄱ) (2) 평행사변형
2 (1) 2쌍 (2) 평행사변형
3 나, 라
4 (1) 같습니다에 ○표 (2) 같습니다에 ○표
5 (1) 75°, 105° (2) 180
6 (위에서부터) 3, 5
7 (위에서부터) 70, 110
8 (왼쪽에서부터) 7, 135

2 마주 보는 두 쌍의 변이 서로 평행한 사각형을 평행사변형이라고 합니다.

3 마주 보는 두 쌍의 변이 서로 평행한 사각형은 나, 라입니다.

4 평행사변형은 마주 보는 두 변의 길이가 같고, 마주 보는 두 각의 크기가 같습니다.

5 (2) $75^\circ+105^\circ=180^\circ$
⇨ 평행사변형은 이웃하는 두 각의 크기의 합이 180°입니다.

6 평행사변형은 마주 보는 두 변의 길이가 같습니다.

7 평행사변형은 마주 보는 두 각의 크기가 같습니다.

8 평행사변형은 마주 보는 두 변의 길이가 같고, 마주 보는 두 각의 크기가 같습니다.

Step 2 교과 유형 익힘 102~103쪽

01 가, 나, 라, 사 **02** ②, ③

03 예 잘라 낸 도형들은 모두 위와 아래의 변이 평행하므로 사다리꼴입니다. ▶10점

04 2개 **05** 변, 각, 180

06

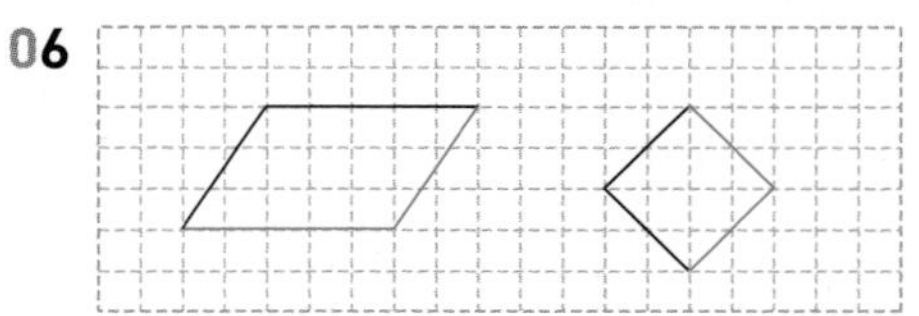

07 (위에서부터) (1) 4, 9 (2) 125, 55

08 26 cm

09 1 cm, 1 cm

10 예 평행한 변이 있기 때문입니다. ▶10점

11 ○ ▶5점 ; 예 마주 보는 두 쌍의 변이 서로 평행하기 때문입니다. ▶5점

12 예

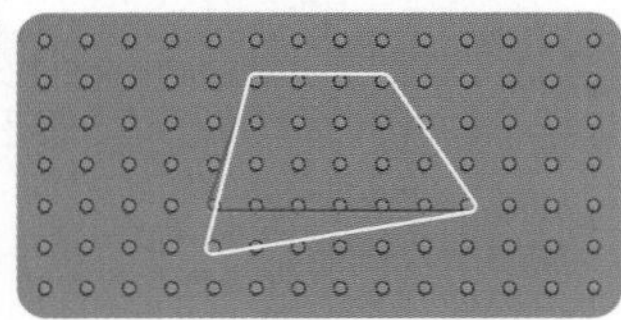

13 예

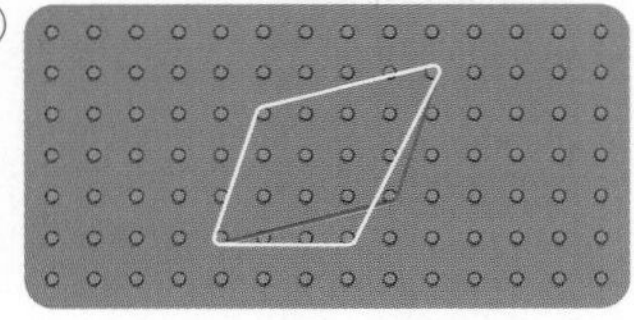

04 가 나 다 라 마 바 ⇨ 2개

05 길이를 비교할 때는 자를, 각도를 비교할 때는 각도기를 사용합니다.

06 마주 보는 두 변의 길이가 같고 평행하게 그립니다.

07 (1) 평행사변형은 마주 보는 두 변의 길이가 같습니다.
(2) 평행사변형은 마주 보는 두 각의 크기가 같고, 이웃하는 두 각의 크기의 합이 180°입니다.

> **다른 풀이**
> 평행사변형은 마주 보는 두 각의 크기가 같으므로 크기가 55°인 각과 마주 보는 각의 크기는 55°입니다.
> 사각형의 네 각의 크기의 합은 360°이므로
> $55^\circ+\square+55^\circ+\square=360^\circ$, $\square+\square+110^\circ=360^\circ$, $\square+\square=250^\circ$, $\square=125^\circ$입니다.

08 평행사변형은 마주 보는 두 변의 길이가 같습니다.
⇨ $5+8+5+8=26$ (cm)

09 길이가 4 cm인 변과 평행선 사이의 거리가 5 cm가 되도록 6 cm인 변을 그려 사다리꼴을 완성합니다.

12 마주 보는 한 쌍의 변이 평행하도록 한 꼭짓점을 옮깁니다.

13 마주 보는 두 쌍의 변이 서로 평행하도록 한 꼭짓점을 옮깁니다.

Step 1 교과 개념 104~105쪽

1 가, 다에 ○표

2 (1) 예 모두 같습니다. (2) 예 같습니다. (3) 마름모

3 가, 나, 마

4 예

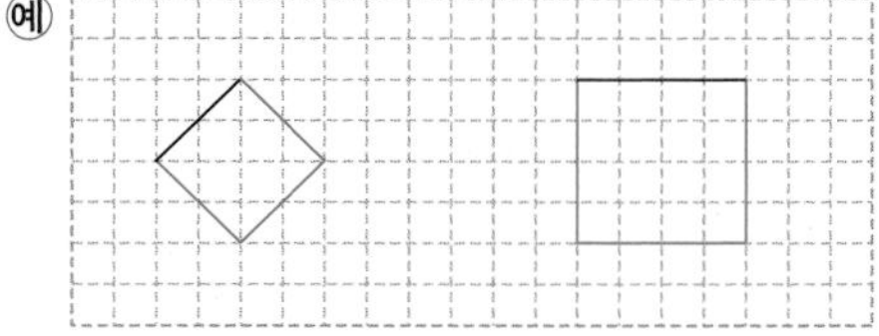

5

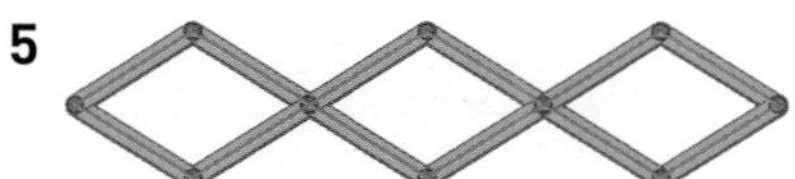

6 변 ㄹㄷ (또는 변 ㄷㄹ), 변 ㄱㄹ (또는 변 ㄹㄱ)

7 (1) (왼쪽에서부터) 110, 70 (2) (위에서부터) 6, 4

8 36 cm

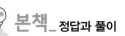

3 네 변의 길이가 모두 같은 사각형은 가, 나, 마입니다.

주의
바는 네 변의 길이가 모두 같지는 않음에 주의합니다.

4 네 변의 길이가 모두 같은 사각형을 그립니다.

6 마름모는 마주 보는 두 쌍의 변이 서로 평행합니다.

7 (1) 마름모는 마주 보는 두 각의 크기가 같습니다.
(2) 마름모는 네 변의 길이가 모두 같고, 마주 보는 꼭짓점끼리 이은 두 선분은 서로를 똑같이 둘로 나눕니다.

8 마름모는 네 변의 길이가 모두 같습니다.
따라서 네 변의 길이의 합은 $9 \times 4 = 36$ (cm)입니다.

Step 1 교과 개념 106~107쪽

1 나, 마, 아 ; 마, 아
2 (1) 두에 ○표 (2) 같습니다에 ○표 (3) 같습니다에 ○표
3 직사각형에 ○표
4 ㉠, ㉡, ㉢, ㉣, ㉤
5 ㉠, ㉡, ㉣
6

사다리꼴	가, 나, 다
평행사변형	가, 나, 다
마름모	가, 나
직사각형	가, 다
정사각형	가

1 직사각형은 마주 보는 두 변의 길이가 같고 네 각이 모두 직각입니다. ⇨ 나, 마, 아
정사각형은 네 변의 길이가 모두 같고 네 각이 모두 직각입니다. ⇨ 마, 아

2 (1) 정사각형은 이웃하는 변끼리 수직으로 만나므로 마주 보는 두 쌍의 변이 서로 평행합니다.
(3) 정사각형은 네 각이 모두 직각이므로 마주 보는 두 각의 크기가 90°로 같습니다.

3 네 각이 모두 직각이므로 직사각형입니다.

주의
오른쪽 사각형은 네 변의 길이가 모두 같은 것은 아니므로 마름모도 아니고 정사각형도 아닙니다.

4 길이가 같은 막대가 4개 있으므로 네 변의 길이가 모두 같은 사각형을 만들 수 있습니다.

5 • 길이가 같은 막대가 2개씩 있으므로 마주 보는 두 변의 길이가 같은 사각형을 만들 수 있습니다.
⇨ 평행사변형, 직사각형
• 평행사변형과 직사각형은 사다리꼴이라고 할 수 있으므로 사다리꼴을 만들 수 있습니다.

참고
• 사각형의 포함 관계

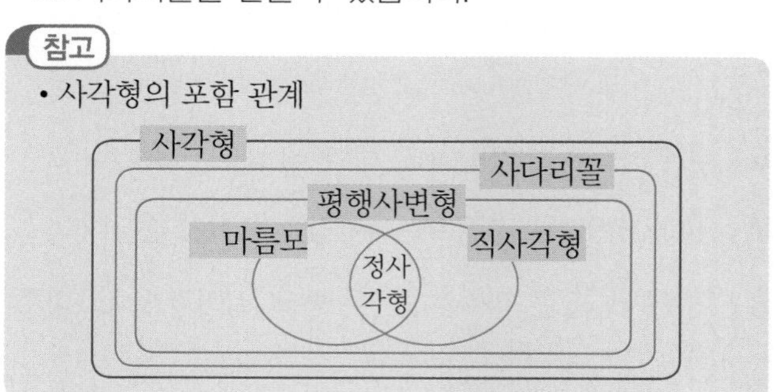

Step 2 교과 유형 익힘 108~109쪽

01 (1) 변 ㄹㄷ (또는 변 ㄷㄹ) (2) 13 cm (3) 120°
02 (위에서부터) 10, 21
03 (1) ㉠, ㉡, ㉢ (2) ㉠, ㉡
04

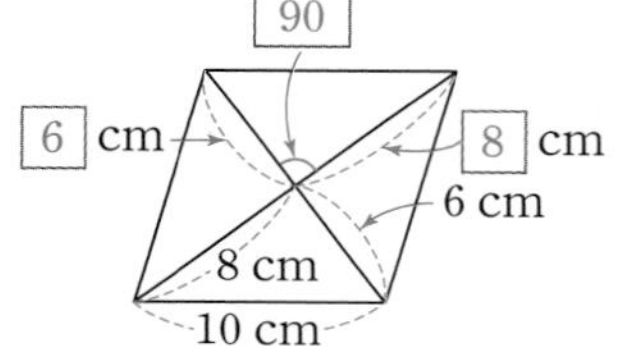

05 나
06 ㉡
07 24 cm
08 (1) 180° (2) 115°
09

사다리꼴	가, 나, 다, 라, 마
평행사변형	나, 라, 마
마름모	라
직사각형	라, 마
정사각형	라

10 ㉑ 네 변의 길이가 모두 같지는 않기 때문입니다. ▶10점
11 (1) 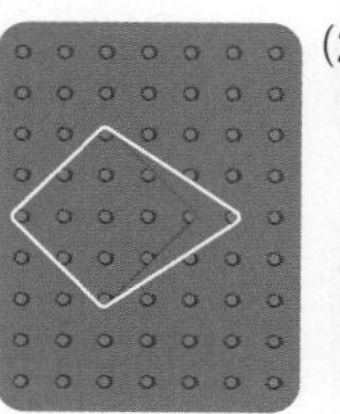 (2) 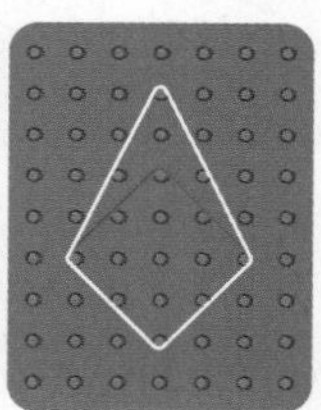
12 45 cm

01 (1) 마름모는 마주 보는 두 변이 서로 평행하므로 변 ㄱㄴ과 평행한 변은 변 ㄹㄷ입니다.
(2) 마름모는 네 변의 길이가 모두 같으므로 (변 ㄱㄹ)=(변 ㄹㄷ)=13 cm입니다.
(3) 마름모는 마주 보는 두 각의 크기가 같으므로 (각 ㄱㄹㄷ)=(각 ㄱㄴㄷ)=120°입니다.

02 직사각형은 마주 보는 두 변의 길이가 같습니다.

04 마름모는 마주 보는 꼭짓점끼리 이은 선분이 서로 수직으로 만나고 서로를 똑같이 둘로 나눕니다.

05 나: 네 변의 길이가 모두 같지는 않으므로 마름모가 아닙니다.

06 ㉡ 마름모는 네 각이 모두 직각이 아닐 수도 있으므로 정사각형이라고 할 수 없습니다.

07 마름모는 네 변의 길이가 모두 같으므로
(한 변의 길이)=(네 변의 길이의 합)÷4
=96÷4=24 (cm)입니다.

참고
(마름모의 네 변의 길이의 합)=(한 변의 길이)×4
⇨ (마름모의 한 변의 길이)=(네 변의 길이의 합)÷4

08 (2) 마름모의 이웃하는 두 각의 크기의 합은 180°이므로 65°+㉠=180°, 180°−65°=㉠, ㉠=115°입니다.

다른 풀이
마름모에서 마주 보는 두 각의 크기는 같으므로
㉠+㉠=360°−65°−65°=230°
㉠=230°÷2=115°입니다.

09
- 사다리꼴: 평행한 변이 한 쌍이라도 있는 사각형 ⇨ 가, 나, 다, 라, 마
- 평행사변형: 마주 보는 두 쌍의 변이 서로 평행한 사각형 ⇨ 나, 라, 마
- 마름모: 네 변의 길이가 모두 같은 사각형 ⇨ 라
- 직사각형: 네 각이 모두 직각인 사각형 ⇨ 라, 마
- 정사각형: 네 각이 모두 직각이고 네 변의 길이가 모두 같은 사각형 ⇨ 라

10 네 변의 길이가 모두 같은 사각형을 마름모라고 합니다.

11 도형판에 만들어진 사각형이 마름모가 되도록 한 꼭짓점만 옮겨서 네 변의 길이가 모두 같은 사각형을 만듭니다.

12 마름모의 한 변의 길이와 정삼각형의 한 변의 길이가 같으므로 사다리꼴의 네 변의 길이의 합은
9×5=45 (cm)입니다.

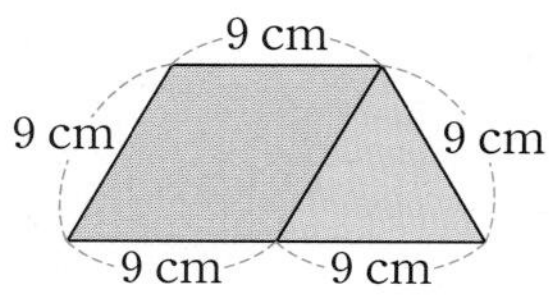

Step 3 문제 해결 110~113쪽

1	4 cm	1-1	3 cm
1-2	2.5 cm	2	7 cm
2-1	17 cm	2-2	4 cm
3	130°, 50°	3-1	60°, 120°
3-2	100°	4	다
4-1	다		

4-2 라▶5점 ; 예 네 변의 길이는 모두 같지만 네 각이 모두 직각인 것은 아니므로 정사각형이 아닙니다.▶5점

5 ❶ ㄱㄴ(또는 ㄴㄱ), ㄹㄷ(또는 ㄷㄹ)▶3점
순서를 바꿔 써도 정답입니다.
❷ 수선, ㄴㄷ(또는 ㄷㄴ), 10▶3점
; 10 cm▶4점

5-1 예 ❶ 도형에서 평행한 두 변은 변 ㄱㄹ과 변 ㄴㄷ입니다.▶3점
❷ 평행선 사이의 거리는 평행선 사이의 수선의 길이와 같으므로 변 ㄹㄷ의 길이인 11 cm입니다. ▶3점
; 11 cm▶4점

5-2 예 평행선은 선분 ㄱㅁ과 선분 ㄹㄷ입니다.▶3점
평행선 사이의 거리는 평행선 사이의 수선의 길이와 같으므로 변 ㅁㅂ의 길이인 8 cm입니다.▶3점
; 8 cm▶4점

6 ❶ 예 둘로 나눕니다.▶2점 ❷ 2, 2, 34▶4점
; 34 cm▶4점

6-1 예 ❶ 마름모에서 마주 보는 꼭짓점끼리 이은 선분은 서로를 똑같이 둘로 나눕니다.▶2점
❷ (선분 ㄴㄹ)=(선분 ㄴㅁ)×2
=8×2=16 (cm)▶4점
; 16 cm▶4점

6-2 예 마름모에서 마주 보는 꼭짓점끼리 이은 선분은 서로를 똑같이 둘로 나눕니다.▶2점
(선분 ㄴㄹ)=13 cm,
(선분 ㄱㄷ)=12×2=24 (cm)입니다.▶3점
따라서 두 선분의 길이의 차는
24−13=11 (cm)입니다.▶2점
; 11 cm▶3점

1

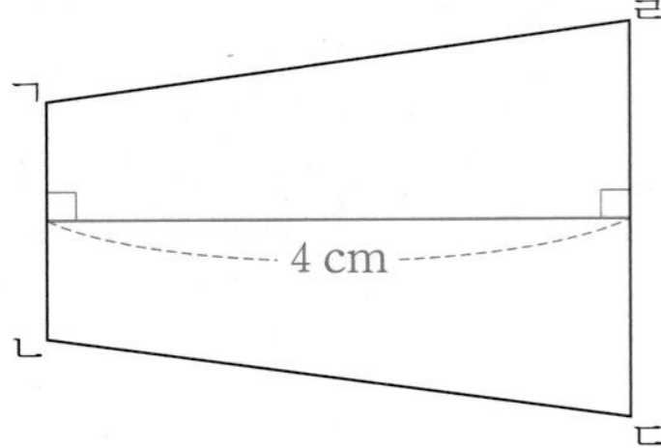

평행선은 변 ㄱㄴ과 변 ㄹㄷ입니다. 따라서 두 변 사이에 수선을 그어 길이를 재면 4 cm입니다.

1-1

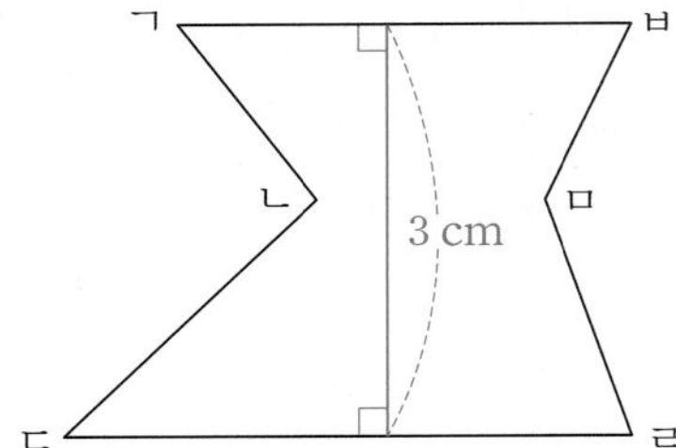

평행선은 변 ㄱㅂ과 변 ㄷㄹ입니다. 따라서 두 변 사이에 수선을 그어 길이를 재면 3 cm입니다.

1-2

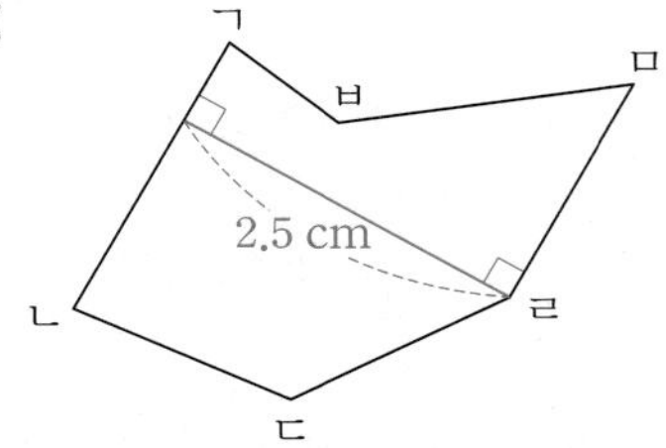

평행선은 변 ㄱㄴ과 변 ㅁㄹ입니다. 따라서 두 변 사이에 수선을 그어 길이를 재면 2.5 cm입니다.

2 평행사변형은 마주 보는 두 변의 길이가 같으므로
(변 ㄴㄷ)=(변 ㄱㄹ)=11 cm, (변 ㄱㄴ)=(변 ㄹㄷ)입니다.
36÷2=18 (cm)이므로 변 ㄱㄴ의 길이를 □cm라 하면 11+□=18, □=7입니다.
따라서 변 ㄱㄴ의 길이는 7 cm입니다.

2-1 평행사변형은 마주 보는 두 변의 길이가 같으므로
(변 ㄹㄷ)=(변 ㄱㄴ)=9 cm,
(변 ㄱㄹ)=(변 ㄴㄷ)입니다.
52÷2=26 (cm)이므로 변 ㄴㄷ의 길이를 □cm라 하면 □+9=26, □=17입니다.
따라서 변 ㄴㄷ의 길이는 17 cm입니다.

2-2 (변 ㄱㄹ)=(변 ㄴㄷ)=17 cm,
(변 ㄱㄴ)=(변 ㄹㄷ)
60÷2=30 (cm)이므로 변 ㄱㄴ의 길이를 □cm라 하면 17+□=30, □=13입니다.
⇨ (변 ㄱㄹ)−(변 ㄱㄴ)=17−13=4 (cm)

3 마름모는 마주 보는 두 각의 크기가 같으므로
㉠=(각 ㄴㄱㄹ)=130°입니다.
마름모의 이웃하는 두 각의 크기의 합은 180°이므로
130°+㉡=180°, ㉡=180°−130°=50°입니다.

3-1 마름모는 마주 보는 두 각의 크기가 같으므로
㉠=(각 ㄴㄷㄹ)=60°입니다.
마름모의 이웃하는 두 각의 크기의 합은 180°이므로
60°+㉡=180°, ㉡=120°입니다.

3-2 마름모는 마주 보는 두 각의 크기가 같으므로
㉡=(각 ㄱㄴㄷ)=40°입니다.
이웃하는 두 각의 크기의 합은 180°이므로
40°+㉠=180°, ㉠=140°입니다.
따라서 ㉠−㉡=140°−40°=100°입니다.

4 직사각형은 네 각이 모두 직각인 사각형이므로 직각이 아닌 각을 가지고 있는 사각형을 찾습니다.

4-1 평행사변형은 마주 보는 두 쌍의 변이 서로 평행한 사각형입니다.
가, 나, 라는 마주 보는 두 쌍의 변이 서로 평행하므로 평행사변형입니다.
다는 마주 보는 한 쌍의 변만 서로 평행하므로 평행사변형이 아닙니다.

5-1

채점 기준		
도형에서 평행한 두 변을 찾은 경우	3점	10점
평행선 사이의 거리를 구한 경우	3점	
답을 바르게 쓴 경우	4점	

5-2

채점 기준		
도형에서 평행선을 찾은 경우	3점	10점
평행선 사이의 거리를 구한 경우	3점	
답을 바르게 쓴 경우	4점	

6 '이등분합니다.', '반으로 나눕니다.' 등 여러 가지 표현이 가능합니다.

6-1

채점 기준		
마름모의 성질을 설명한 경우	2점	10점
선분 ㄴㄹ의 길이를 구한 경우	4점	
답을 바르게 쓴 경우	4점	

6-2

채점 기준		
마름모의 성질을 설명한 경우	2점	10점
선분 ㄱㄷ의 길이를 구한 경우	3점	
두 선분의 길이의 차를 구한 경우	2점	
답을 바르게 쓴 경우	3점	

4 실력UP 문제 114~115쪽

01 사다리꼴
02 (1) ㉡, ㉢, ㉣, ㉤ (2) ㉢, ㉤
03
04 예

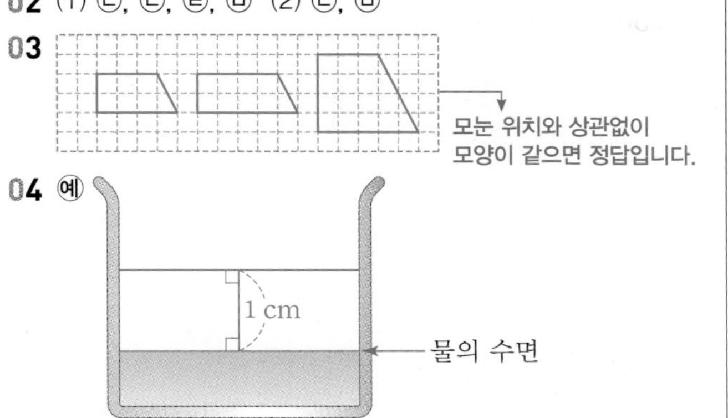

05 14 cm
06 12 cm
07 5쌍
08 24 cm
09 35
10 14 cm
11 20°
12 5가지

01 빗금 친 부분을 펼쳤을 때 만들어진 사각형은 한 쌍의 마주 보는 변이 서로 평행하므로 사다리꼴입니다.

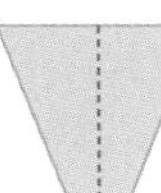

02 (2) 사다리꼴, 평행사변형은 변의 길이와 상관없이 평행한 변이 몇 쌍인지에 따라 결정됩니다.
마름모는 네 변의 길이가 모두 같은 사각형입니다.
직사각형은 변의 길이와 상관없이 네 각이 모두 직각인 사각형입니다.
정사각형은 네 변의 길이가 모두 같고 네 각이 모두 직각인 사각형입니다.

03 주어진 도형에서 평행한 변이 한 쌍이라도 있는 사각형을 모두 찾습니다.

04 물의 수면을 나타내는 직선에 수직인 선분을 그어서 그 길이가 1 cm가 되는 곳에 점을 찍어 찍은 점을 지나는 평행선을 긋습니다.

05 ㉠은 $7-4=3$ (cm), ㉡은 $4+7=11$ (cm)입니다.
⇨ ㉠+㉡$=3+11=14$ (cm)

06 (변 ㅇㅈ과 변 ㅅㅂ 사이의 거리)
=(변 ㅇㅅ)
=(변 ㄱㄴ)−(변 ㅊㅈ)−(변 ㅂㅁ)−(변 ㄹㄷ)
$=25-4-3-6$
$=12$ (cm)

07 선분 ㄱㄴ과 선분 ㅁㄷ, 선분 ㄴㄷ과 선분 ㄱㄹ, 선분 ㄷㄹ과 선분 ㄴㅁ, 선분 ㅁㄹ과 선분 ㄱㄷ, 선분 ㄱㅁ과 선분 ㄴㄹ로 모두 5쌍입니다.

08 삼각형 ㄱㄴㅁ은 이등변삼각형이므로 변 ㄱㅁ과 변 ㄱㄴ의 길이는 5 cm로 같습니다.
변 ㅁㄷ의 길이는 $10-3=7$ (cm)입니다.
사각형 ㄱㅁㄷㄹ은 평행사변형이므로 마주 보는 두 변의 길이가 같습니다.
변 ㄱㅁ과 변 ㄹㄷ의 길이가 같고, 변 ㄱㄹ과 변 ㅁㄷ의 길이가 같습니다.
따라서 사각형 ㄱㅁㄷㄹ의 네 변의 길이의 합은
$7+5+7+5=24$ (cm)입니다.

09 평행사변형은 마주 보는 두 각의 크기가 같고, 삼각형은 세 각의 크기의 합이 180°임을 이용합니다.
$85°+\square+60°=180°$, $145°+\square=180°$이므로
$\square=180°-145°=35°$입니다.

10 (각 ㄱㄹㅁ)$=180°-90°-45°=45°$이므로
삼각형 ㄱㅁㄹ은 이등변삼각형입니다.
⇨ (변 ㄱㅁ)=(변 ㄱㄹ)=8 cm
(각 ㄴㄷㅁ)$=180°-90°-45°=45°$이므로
삼각형 ㅁㄴㄷ은 이등변삼각형입니다.
⇨ (변 ㅁㄴ)=(변 ㄴㄷ)=6 cm
따라서 평행선 사이의 거리는
(변 ㄱㅁ)+(변 ㅁㄴ)$=8+6=14$ (cm)입니다.

참고
구해야 하는 것은 길이이고, 주어진 그림은 삼각형입니다. 따라서 삼각형의 변의 길이의 특징이 있는 이등변삼각형과 정삼각형을 이용해야 합니다.
① 이등변삼각형은 두 각의 크기가 같고 두 변의 길이가 같습니다.
② 정삼각형은 세 각의 크기가 60°로 모두 같고 세 변의 길이가 모두 같습니다.

11

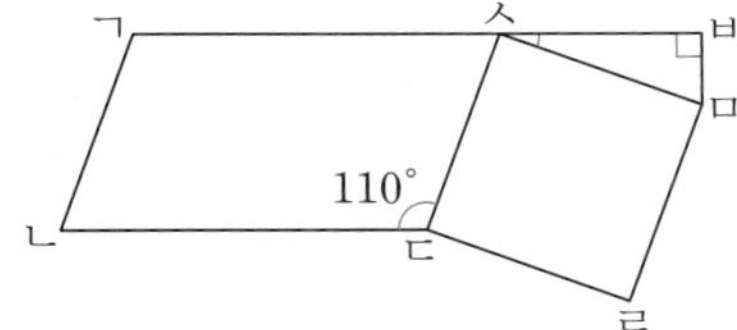

평행사변형에서 이웃하는 두 각의 크기의 합은 180°이므로
(각 ㄱㅅㄷ)$=180°-110°=70°$입니다.
정사각형은 네 각이 모두 직각이므로 (각 ㄷㅅㅁ)$=90°$입니다.
따라서 (각 ㅂㅅㅁ)$=180°-70°-90°=20°$

12

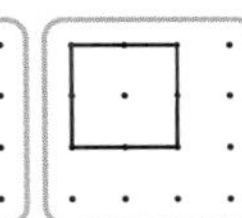
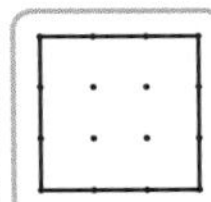
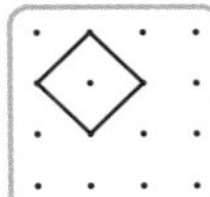
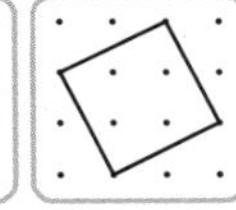

⇨ 5가지

단원 평가 116~119쪽

01 (1) 직선 나, 직선 다 (2) 직선 나, 직선 다

02 점 ㅁ

03 나

04 나, 라, 바

05 나, 라

06 ④

07 ㉡

08 예

09 ①, ③

10 (1) ㄱ

(2) 2 cm

11 4개

12 (1) 가, 나, 라, 바 (2) 나, 바 (3) 나, 라

13 ④

14 14 cm, 55°

15 5 cm

16 예 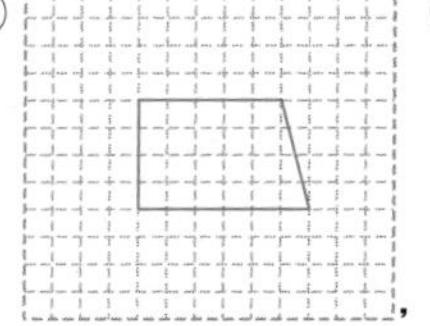, 예 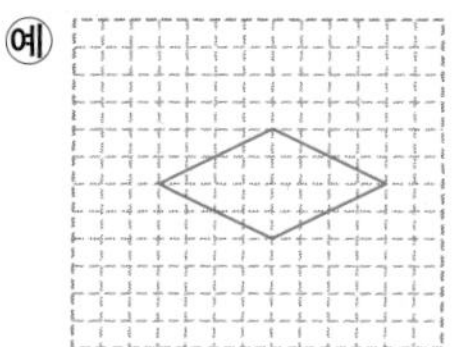

17 예 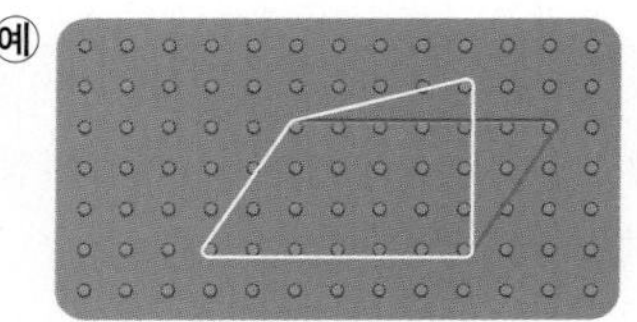

18 11 cm

19 88 cm

20 예 마름모, 90°

21 (1) 0, 1, 2, 0 ▸3점 (2) ㉢ ▸2점

22 예 마름모는 네 변의 길이가 모두 같으므로
삼각형 ㄱㄴㄷ에서 (변 ㄴㄱ)=(변 ㄴㄷ)입니다.
따라서 삼각형 ㄱㄴㄷ은 이등변삼각형이므로
각 ㄴㄱㄷ 과 각 ㄴㄷㄱ의 크기가 같습니다. ▸1점
$180°-40°=140°$이므로
(각 ㄴㄱㄷ)$=140°\div2=70°$입니다. ▸2점
; 70° ▸2점

23 ㉣ ▸3점 ; 예 평행사변형은 네 변의 길이가 항상 같은 것은 아니므로 마름모가 아닙니다. ▸2점

24 민희 ▸3점 ;
예 직사각형은 네 각이 모두 직각인 사각형인데 평행사변형의 네 각은 항상 직각인 것은 아닙니다. 따라서 평행사변형은 직사각형이라고 할 수 없습니다. ▸2점

02

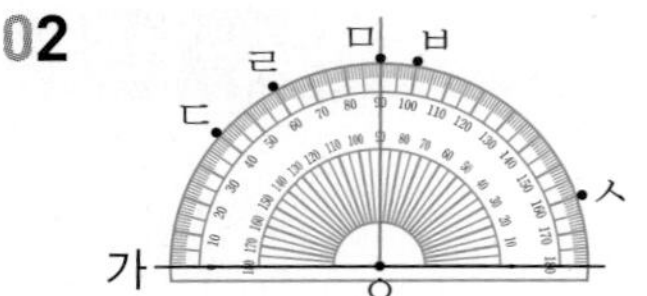

04

나

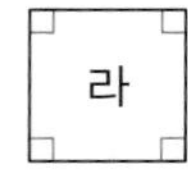

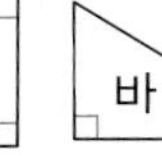

05

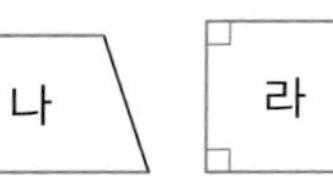

주의
바는 서로 수직인 변만 있습니다.

07 ㉡ 한 점을 지나고 한 직선과 수직인 직선은 단 1개뿐입니다.

08 각도기를 사용하여 주어진 직선과 수직으로 만나는 직선을 긋습니다.

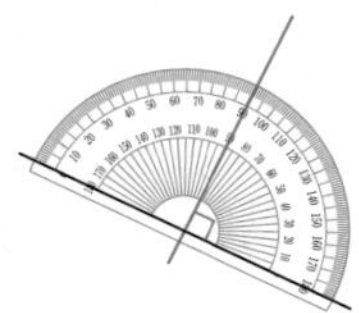

09 서로 만나지 않는 두 직선을 찾습니다.

10 (1) 점 ㄱ을 지나고 직선 가와 평행한 직선은 1개뿐입니다.
(2) 평행선 사이에 수직인 선분을 긋고 자로 그 길이를 재어 보면 2 cm입니다.

11 가, 나, 다, 마 ⇨ 4개

13 정사각형은 네 각이 모두 직각이므로 직사각형이라고 할 수 있습니다.

14 평행사변형에서 마주 보는 두 변의 길이는 같고 마주 보는 두 각의 크기는 같습니다.

15 마름모는 네 변의 길이가 모두 같으므로
(변 ㄱㄹ)$=20\div4=5$ (cm)입니다.

17 마주 보는 두 쌍의 변이 서로 평행한 사각형이 되도록 한 꼭짓점을 옮깁니다.

18 (변 ㄱㅂ과 변 ㄹㅁ 사이의 거리)
=(변 ㄱㄴ)+(변 ㄷㄹ) $=4+7=11$ (cm)

19 마름모는 네 변의 길이가 모두 같습니다. 주어진 도형의 둘레는 마름모의 한 변의 길이를 8번 더한 길이와 같으므로 주어진 도형의 둘레는 $11\times8=88$ (cm)입니다.

20 만들어진 도형은 네 변의 길이가 모두 같으므로 마름모입니다. 마름모에서 마주 보는 꼭짓점끼리 이은 선분은 서로 수직으로 만나므로 ㉠은 90°입니다.

참고

도형의 이름을 사다리꼴, 평행사변형이라고 할 수도 있지만 '마름모'라고 쓴 경우가 가장 적절합니다.

21 틀린 과정을 분석해 볼까요?

틀린 이유	이렇게 지도해 주세요
㉡에서 평행선의 개수를 구하지 못한 경우	에서 빨간색 부분은 평행하지 않음을 지도합니다.
㉣에서 평행선의 개수를 구하지 못한 경우	에서 빨간색 부분과 파란색 부분은 평행하지 않음을 지도합니다.

22

채점 기준		
삼각형 ㄱㄴㄷ이 이등변삼각형임을 아는 경우	1점	5점
각 ㄴㄱㄷ의 크기를 구한 경우	2점	
답을 바르게 쓴 경우	2점	

틀린 과정을 분석해 볼까요?

틀린 이유	이렇게 지도해 주세요
삼각형 ㄱㄴㄷ이 이등변삼각형임을 알지 못한 경우	마름모의 네 변의 길이는 같으므로 (변 ㄴㄱ)=(변 ㄴㄷ)임을 지도합니다.
각 ㄴㄱㄷ의 크기를 구하지 못한 경우	이등변삼각형은 두 각의 크기가 같음을 이용하도록 지도합니다.

23 틀린 과정을 분석해 볼까요?

틀린 이유	이렇게 지도해 주세요
잘못된 것을 찾지 못한 경우	사각형 사이의 포함 관계를 다시 공부하도록 합니다.
답을 썼으나 까닭을 설명한 부분이 부족한 경우	평행사변형과 마름모가 어떤 도형인지 정확히 알아보도록 지도합니다.

24 틀린 과정을 분석해 볼까요?

틀린 이유	이렇게 지도해 주세요
잘못 말한 학생을 찾지 못한 경우	사각형 사이의 포함 관계를 다시 공부하도록 합니다.
답을 썼으나 까닭을 설명한 부분이 부족한 경우	평행사변형과 직사각형이 어떤 도형인지 정확히 알아보도록 지도합니다.

5단원 꺾은선그래프

Step 1 교과 개념 122~123쪽

1 (1) 꺾은선그래프에 ○표 (2) 무게
2 (1) 꺾은선그래프 (2) 나이, 몸무게 (3) 1 kg
3 (1) 월별 강수량 (2) 2 mm
4 나이, 키 ; 막대 **5** ㉯

2 (3) 세로 눈금 5칸이 5 kg을 나타내므로 세로 눈금 한 칸은 1 kg을 나타냅니다.

3 (1) 꺾은선그래프의 제목을 보면 무엇을 조사했는지 쉽게 알 수 있습니다.
(2) 세로 눈금 5칸이 10 mm를 나타내므로 세로 눈금 한 칸은 $10 \div 5 = 2$ (mm)를 나타냅니다.

4 왼쪽 그래프는 민서의 나이별 키를 막대로 나타낸 막대그래프입니다.
오른쪽 그래프는 민서의 나이별 키를 선분으로 연결하여 나타낸 꺾은선그래프입니다.

5 꺾은선그래프는 점들을 선분으로 연결하여 나타낸 그래프이므로 선분의 기울어진 정도를 보면 기온의 변화를 한눈에 알아볼 수 있습니다.

참고

막대그래프	꺾은선그래프
• 각 부분의 상대적 크기의 비교가 쉽습니다. • 수의 크기를 정확하게 나타냅니다. • 전체적으로 비교하기 쉽습니다.	• 시간에 따른 연속적인 변화의 파악이 쉽습니다. • 자료의 양이 늘어나거나 줄어드는 변화 상태를 알기 쉽습니다. • 중간의 값을 예상할 수 있습니다.

Step 1 교과 개념 124~125쪽

1 물결선 **2** ㈏
3 (1) 오후 2시 (2) 3 ℃ (3) 8, 11
4 (1) 1에 ○표, 0.1에 ○표 (2) 작아서에 ○표
5 (1) 18.6, 20 (2) 21, 22

1 물결 모양의 선을 물결선이라고 합니다.

2 물결선을 사용하여 필요 없는 부분을 줄여서 나타내면 무게가 변화하는 모습이 잘 나타나므로 무게가 변화하는 모습이 잘 나타난 그래프는 (나) 그래프입니다.

참고
세로 눈금 한 칸의 크기가 작을수록 변화하는 모습을 뚜렷하게 알 수 있습니다.

3 (1) 온도가 가장 높은 시각은 점이 가장 높이 찍힌 오후 2시입니다.
(2) 오전 5시에는 5 ℃, 오전 8시에는 8 ℃이므로 온도가 $8-5=3$ (℃) 올랐습니다.
(3)

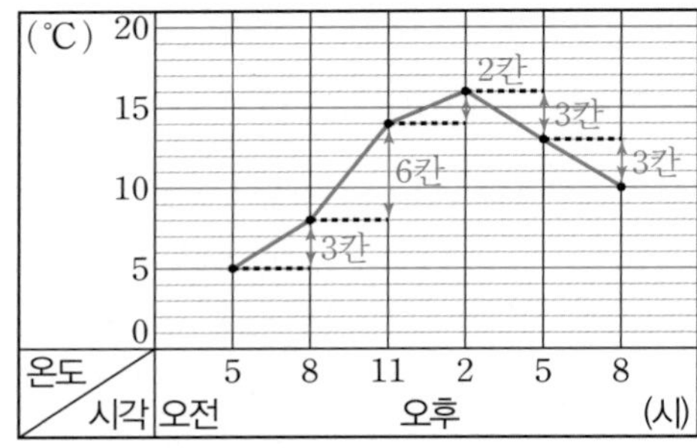

오전 8시와 오전 11시 사이에 선분이 가장 많이 기울어져 있습니다.

4 (1) (가) 그래프는 세로 눈금 5칸이 5초를 나타내므로 세로 눈금 한 칸이 1초를 나타냅니다.
(나) 그래프는 세로 눈금 5칸이 0.5초를 나타내므로 세로 눈금 한 칸이 0.1초를 나타냅니다.
(2) 필요 없는 부분을 물결선(≈)으로 줄이고 세로 눈금 한 칸의 크기를 작게 하면 변화하는 모습이 잘 나타납니다.

5 (1) 하루 중 최고 기온은 20일에 18.6 ℃로 가장 낮고, 24일에 20 ℃로 가장 높습니다.
(2) 21일과 22일 사이에 선분이 가장 많이 기울어져 있습니다.

참고
물결선을 사용한 꺾은선그래프에서 물결선이 선분을 가로지르면 안 됩니다.

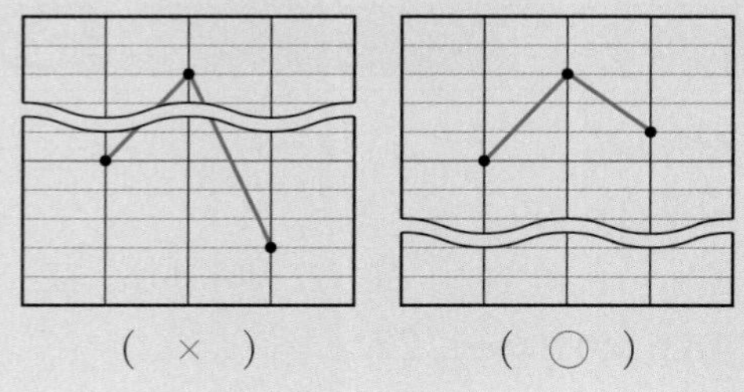

Step 2 교과 유형 익힘 126~127쪽

01 연도, 북극곰 수
02 3150마리, 3020마리
03 130마리
04 2020년, 2021년
05 ㉠
06 3개월
07 몸무게, 물결선
08 예 물결선을 사용하면 필요 없는 부분을 줄여서 나타낼 수 있기 때문에 변화하는 모습이 잘 나타납니다. ▶10점
09 은혜
10 2019년, 2020년
11 ㉡
12 (1) 막대 (2) 꺾은선 (3) 막대 (4) 꺾은선
13 19 ℃
14 예 15 ℃ ▶5점 ; 예 4월의 기온인 12 ℃와 6월의 기온인 18 ℃의 중간이 15 ℃이기 때문입니다. ▶5점

02 세로 눈금 5칸이 50마리를 나타내므로 세로 눈금 한 칸은 10마리를 나타냅니다.
⇨ 2017년: 3150마리, 2021년: 3020마리

03 2021년은 2017년보다 북극곰 수가 $3150-3020=130$(마리) 더 적습니다.

04 선분이 가장 많이 기울어진 곳은 2020년과 2021년 사이입니다.

05 ㉠: 막대그래프
㉡, ㉢: 꺾은선그래프

06 3월, 6월, 9월, 12월로 3개월마다 조사했습니다.

08 물결선을 사용하면 세로 눈금 한 칸이 나타내는 값이 작아지므로 변화하는 모습을 잘 나타낼 수 있습니다.

09 필요 없는 부분을 물결선으로 줄이면 변화하는 모습이 잘 나타납니다.

10 실시 점수 그래프에서 선분이 오른쪽 위로 가장 많이 기울어진 곳은 2019년과 2020년 사이입니다.

11 ㉡ 실시 점수의 변화가 난도 점수의 변화보다 더 심합니다.

12 자료의 크기를 쉽게 비교하려면 막대그래프로, 시간의 흐름에 따라 자료가 어떻게 변하는지 알려면 꺾은선그래프로 나타내는 것이 좋습니다.

13 2월의 기온은 2 ℃, 8월의 기온은 21 ℃이므로 $21-2=19$ (℃) 올랐습니다.

14

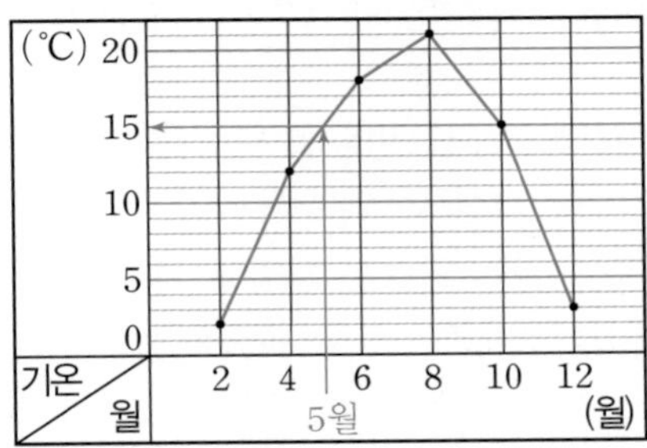

1 Step 교과 개념 128~129쪽

1 세로, 점, 선분, 제목

2 (1) 키 (2)

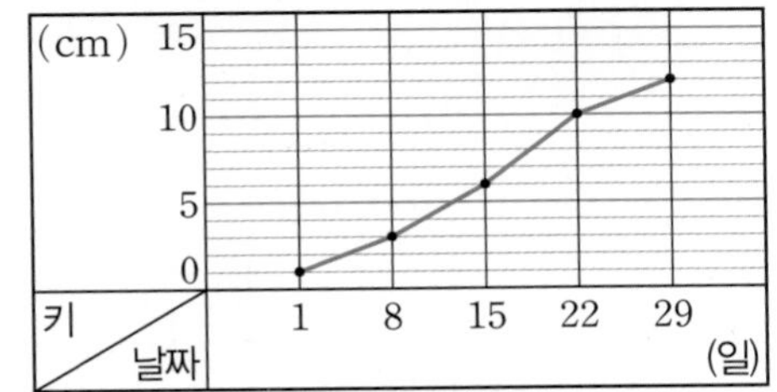

3 (1) 예 10 cm

(2)

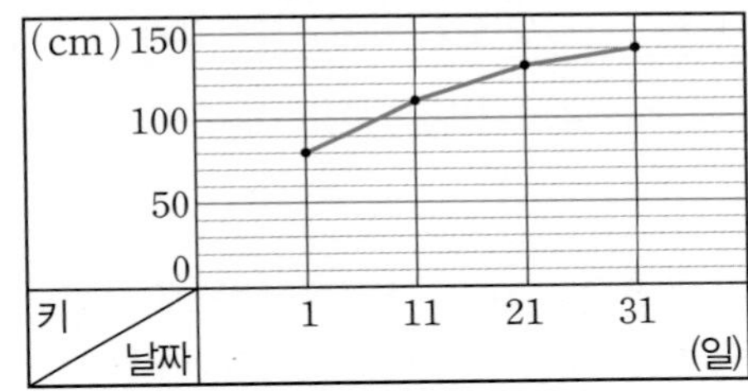

4 (1) 0시간, 예 8시간

(2)

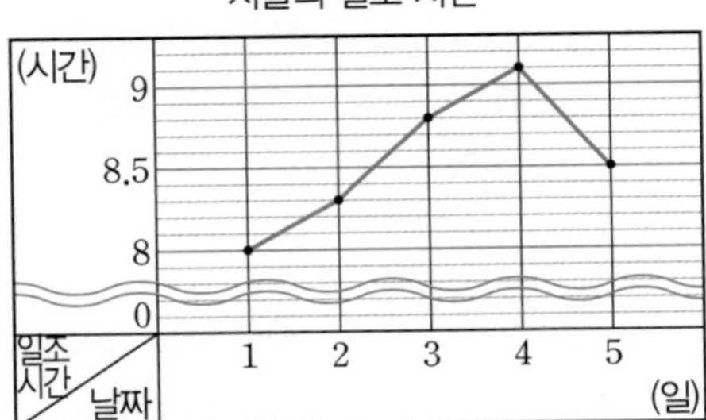

5 예

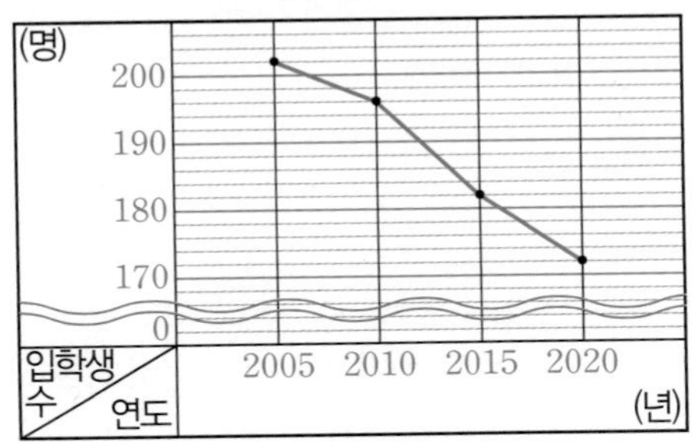

2 (2) 날짜별 키에 따라 점을 먼저 찍고, 점끼리 선분으로 잇습니다.

3 (1) 해바라기의 키는 80 cm부터 140 cm까지 변화하므로 세로 눈금 한 칸은 10 cm를 나타내는 것이 좋습니다.

(2) 가로 눈금에는 시간의 흐름을, 세로 눈금에는 변화하는 양을 나타냅니다.

4 (1) 0시간과 8시간 사이에 자료 값이 없습니다.

(2) 세로 눈금 한 칸은 0.1시간을 나타냅니다.

> 참고
>
> • 물결선을 이용한 꺾은선그래프 그리기
>
> ① 가로와 세로 중 어느 쪽에 조사한 수를 나타낼 것인가를 정합니다.
>
> ② 필요 없는 부분은 물결선으로 나타내고 물결선 위로 시작할 수를 정합니다.
>
> ③ 눈금 한 칸의 크기와 눈금의 수를 정합니다.
>
> ④ 눈금을 써넣습니다.
>
> ⑤ 가로 눈금과 세로 눈금이 만나는 자리에 점을 찍습니다.
>
> ⑥ 찍은 점들을 선분으로 잇습니다.
>
> ⑦ 꺾은선그래프의 제목을 붙입니다.

5 변화를 뚜렷하게 알아보기 위해 물결선을 사용하는 것이 좋습니다.

1 Step 교과 개념 130~131쪽

1 꺾은선그래프

2

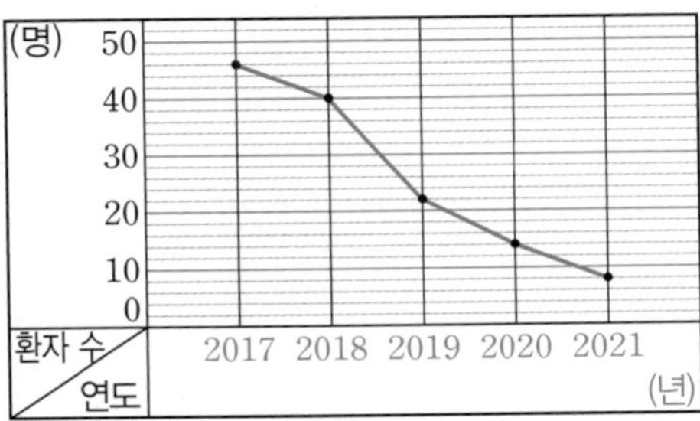

3 예 줄어들고 있습니다.

4 줄어들고에 ○표, 줄어들에 ○표

5

날짜(일)	7	14	21	28
시각(시 : 분)	7 : 10	7 : 02	6 : 55	6 : 49

6 성규

7 예 오전 6시 44분

본책 124~131쪽

1 하나의 대상을 시간에 따른 변화를 관찰한 것이므로 꺾은선그래프로 나타내는 것이 알맞습니다.

3 꺾은선이 오른쪽 아래로 내려가기 때문에 결핵 환자 수는 줄어들고 있습니다.

6 주의
점이 낮게 찍힐수록 시각은 빨라짐에 주의합니다.

7 비슷한 기울기로 선분을 그어 보면 시각을 예상할 수 있습니다.

Step 2 교과 유형 익힘 132~133쪽

01 20번

02

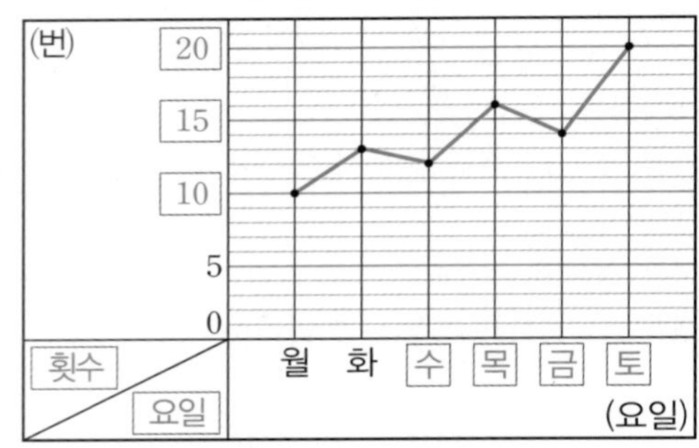

03 4번 04 토요일

05 오후 3시, 오후 4시

06 (1) 60, 80, 100, ㉮ 120 (2) ㉮ 3420대

07

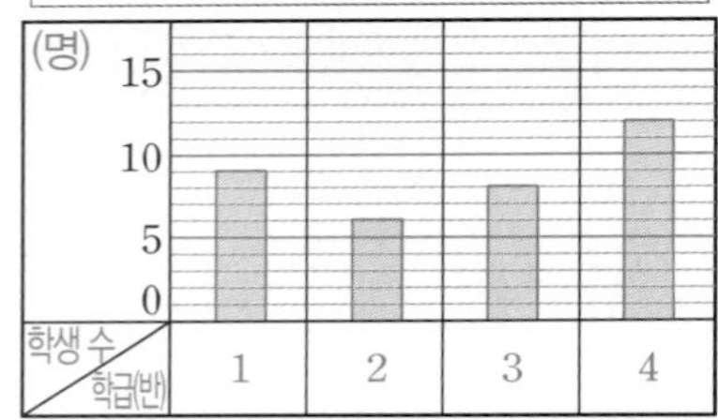

08

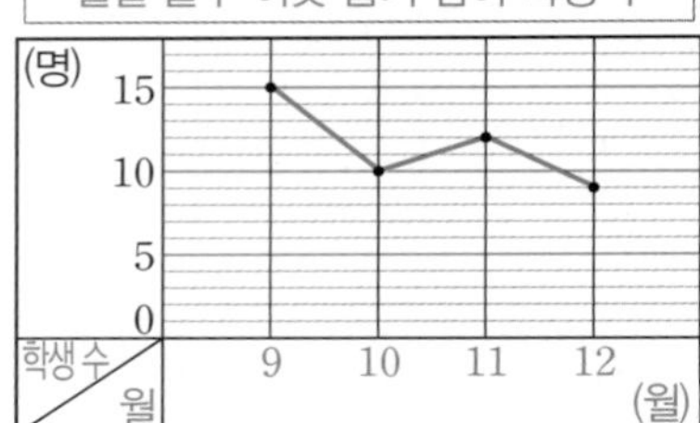

09 ① 양념 치킨 판매량이 줄어들고 있습니다.▶5점
② 프라이드 치킨 판매량이 늘어나고 있습니다.▶5점

10 ① 양념 치킨을 다시 개발하는 것이 좋겠습니다.▶5점
② 프라이드 치킨의 맛이 변하지 않도록 노력하는 것이 좋겠습니다.▶5점

01 가장 많은 윗몸 일으키기 횟수까지 나타낼 수 있도록 해야 합니다.

02 가로에 요일, 세로에 횟수를 써넣고 세로 눈금 한 칸을 1번으로 정하여 꺾은선그래프로 나타냅니다.
가로 눈금과 세로 눈금이 만나는 자리에 점을 찍고 각 점들을 선분으로 연결합니다.

03 수요일과 목요일의 윗몸 일으키기 횟수는 4칸 차이가 나므로 4번 더 많이 했습니다.

04 선분이 오른쪽 위로 가장 많이 기울어진 곳은 금요일과 토요일 사이이므로 윗몸 일으키기 횟수가 전날에 비해 가장 많이 늘어난 요일은 토요일입니다.

주의
선분이 가장 많이 기울어진 때는 세로 눈금의 차이가 가장 클 때입니다.

05

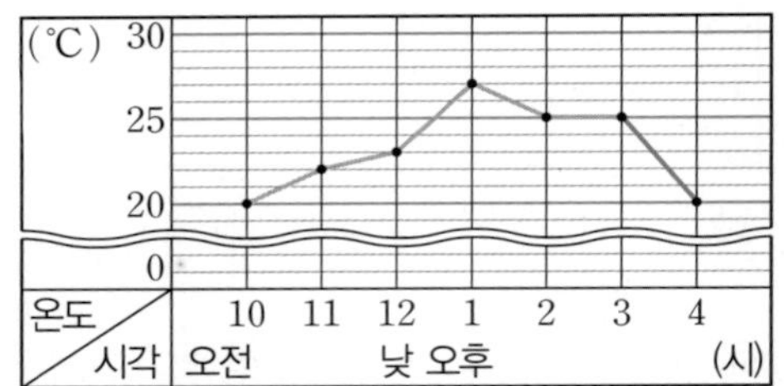

오후 3시와 오후 4시 사이의 선분이 가장 많이 기울어져 있습니다.

06 (1) 세로 눈금 5칸이 100대를 나타내므로 세로 눈금 1칸은 $100 \div 5 = 20$(대)를 나타냅니다.
(2) $3300 + 120 = 3420$(대)

07 막대그래프는 항목별 자료의 크기를 비교하기 쉬우므로 '학급별 불우 이웃 돕기 참여 학생 수'를 막대그래프로 나타내는 것이 알맞습니다.

08 꺾은선그래프는 하나의 대상의 시간에 따른 변화를 관찰하기 쉬우므로 '월별 불우 이웃 돕기 참여 학생 수'를 꺾은선그래프로 나타내는 것이 알맞습니다.

09 '양념 치킨은 전달에 비해 4월에 판매량이 가장 적게 떨어졌습니다.', '프라이드 치킨은 6월이 전달에 비해 판매량이 가장 많이 올랐습니다.' 등 여러 가지 내용을 알 수 있습니다.

10 '양념 치킨보다 프라이드 치킨에 주력하는 것이 좋겠습니다.', '프라이드 치킨이 많이 팔린다고 알리는 홍보를 하면 좋겠습니다.' 등 다양한 답을 할 수 있습니다.

Step 3 문제 해결 134~137쪽

1 목요일 1-1 3월, 40개

2 예 11 ℃ 2-1 예 9 cm

3 예

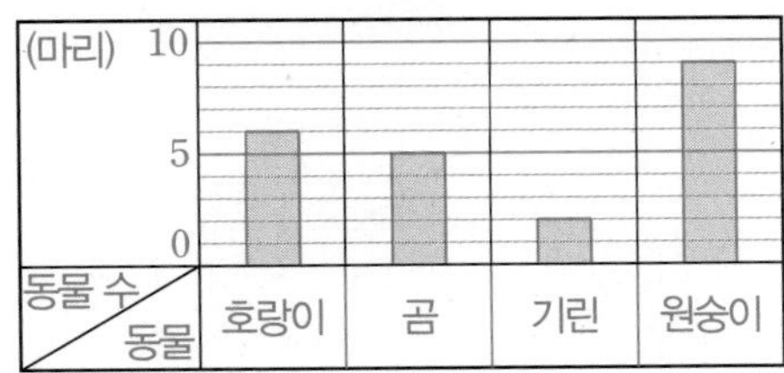

3-1 예

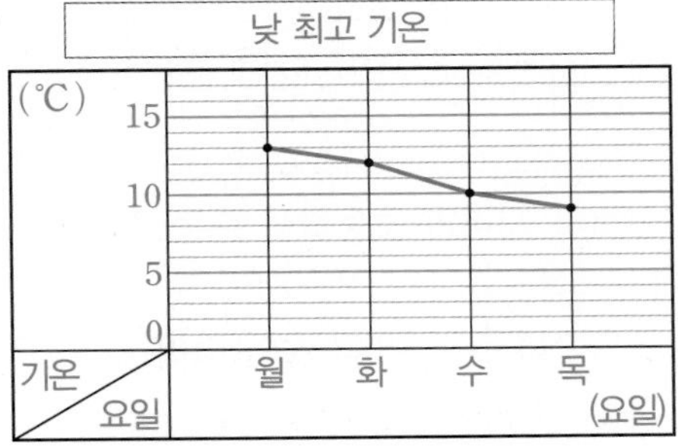

4 예 1700명 4-1 예 3320대

5 ❶ 2, 20▸2점 ❷ 1, 12▸2점 ❸ 20, 12, 8▸3점
; 8개▸3점

5-1 예 ❶ 관광객이 가장 많았을 때는 10월이고, 관광객 수는 14000명입니다.▸2점
❷ 관광객이 가장 적었을 때는 11월이고 관광객 수는 8000명입니다.▸2점
❸ 따라서 관광객 수의 차는
$14000-8000=6000$(명)입니다.▸3점
; 6000명▸3점

5-2 예 모래의 온도가 가장 높았던 때는 오후 2시로 14 ℃이고,▸2점 가장 낮았던 때는 오전 4시로 4 ℃입니다.▸2점
따라서 온도의 차는 $14-4=10$ (℃)입니다.▸3점
; 10 ℃▸3점

6 ❶ 40, 30, 20▸3점 ❷ 예 10, 예 1400▸3점
; 예 1400개▸4점

6-1 예 ❶ 전날에 비해 각각 1번, 2번, 3번, 4번 늘어났습니다.▸3점
❷ 따라서 토요일에 훌라후프를 하는 횟수는 금요일보다 5번 더 늘어난 85번 정도 될 것입니다.▸3점
; 예 85번▸4점

6-2 예 전 대회에 비해 기록이 0.2초씩 줄어들었습니다.▸3점
따라서 5차 대회의 기록은 4차 대회 기록보다 0.2초 더 줄어든 $36.3-0.2=36.1$(초) 정도 될 것입니다.▸3점
; 예 36.1초▸4점

1 수요일과 목요일 사이에 선분이 가장 많이 기울어졌으므로 전날에 비해 팔 굽혀 펴기 횟수의 변화가 가장 큰 요일은 목요일입니다.

1-1 꺾은선그래프에서 세로 눈금 5칸이 50개를 나타내므로 세로 눈금 한 칸은 $50\div5=10$(개)를 나타냅니다.
2월과 3월 사이에 선분이 가장 많이 기울어졌으므로 전달에 비해 불량품 수의 변화가 가장 큰 때는 3월이고 줄어든 불량품 수는 세로 눈금이 4칸이므로 40개입니다.

2

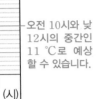

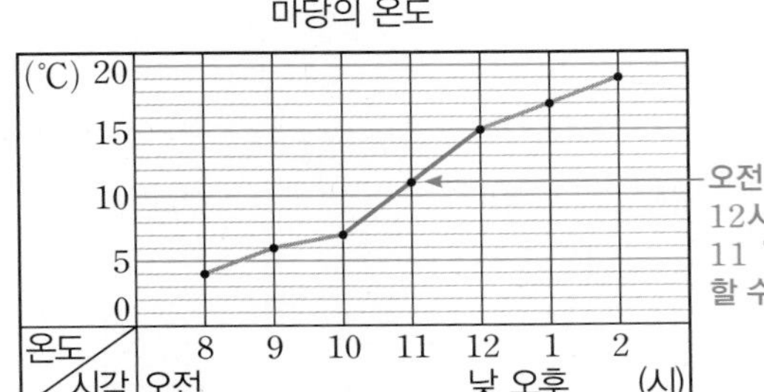

학부모 지도 가이드
지금까지 올랐다고 앞으로도 꼭 규칙적으로 오르는 것은 아닙니다. 그래프를 보고 다양한 방법으로 예상해 보도록 지도합니다.

2-1 예

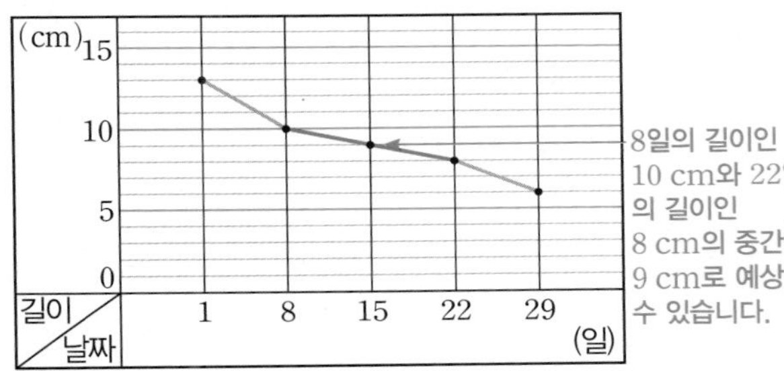

3 여러 대상을 조사한 것이므로 막대그래프로 나타내는 것이 좋습니다.

3-1 시간에 따른 변화를 나타내야 하므로 꺾은선그래프로 나타내는 것이 알맞습니다.
13 ℃부터 9 ℃까지 변화하므로 그래프로 나타내려면 세로 눈금 한 칸의 크기를 1 ℃로 하는 것이 좋습니다.

참고
문제에서 '시간' 또는 '변화'라는 말이 나오면 꺾은선그래프를 생각하고, '크기 비교'라는 말이 나오면 막대그래프를 생각합니다.

4 2000년부터 2020년까지 학생 수가 5년마다 200명씩 줄었으므로 2025년에는 2020년보다 200명 줄어든 1700명이 될 것이라고 예상할 수 있습니다.

4-1 세로 눈금 5칸은 100대를 나타내므로 세로 눈금 1칸은 $100 \div 5 = 20$(대)를 나타냅니다.
각 선분의 기울기가 위로 몇 칸 올라갔는지 세어 전달에 비해 늘어난 컴퓨터 생산량을 알아보면 5월, 6월, 7월, 8월 모두 3칸씩 올라가서 60대씩 늘어난 것을 알 수 있습니다.
4월부터 8월까지 컴퓨터 생산량이 매월 60대씩 늘어났으므로 9월에는 8월보다 60대 늘어난 3320대 정도라고 예상할 수 있습니다.

다른 풀이
비슷한 기울기로 선분을 그어 9월의 세로 눈금을 읽으면 3320대입니다.

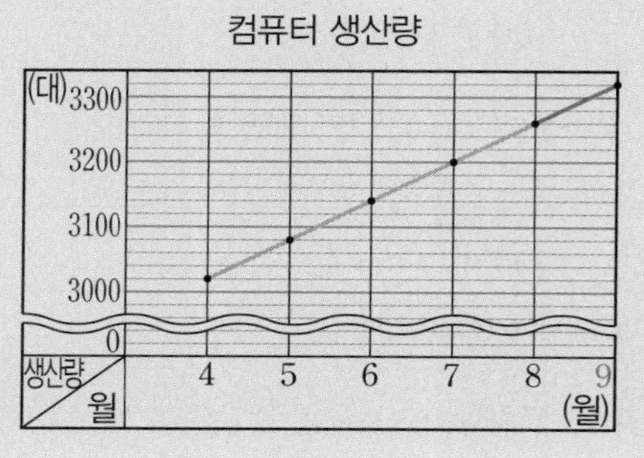

5-1

채점 기준		
가장 많았던 때의 관광객 수를 구한 경우	2점	10점
가장 적었던 때의 관광객 수를 구한 경우	2점	
관광객 수의 차를 구한 경우	3점	
답을 바르게 쓴 경우	3점	

5-2

채점 기준		
모래의 온도가 가장 높았던 때의 온도를 구한 경우	2점	10점
모래의 온도가 가장 낮았던 때의 온도를 구한 경우	2점	
온도의 차를 구한 경우	3점	
답을 바르게 쓴 경우	3점	

6-1

채점 기준		
훌라후프를 한 횟수의 변화를 쓴 경우	3점	10점
토요일에 훌라후프를 하는 횟수를 예상한 경우	3점	
답을 바르게 쓴 경우	4점	

6-2

채점 기준		
대회별 기록의 변화를 쓴 경우	3점	10점
5차 대회 기록을 예상한 경우	3점	
답을 바르게 쓴 경우	4점	

Step 4 실력UP문제 138~139쪽

01 예 164 mm **02** 예 9분 후
03 153000대
04 예

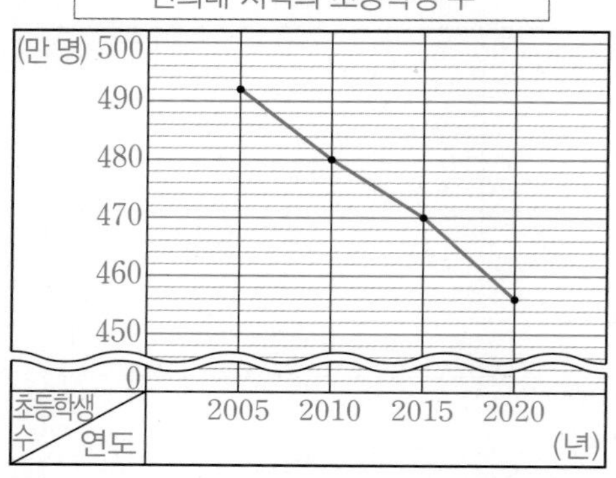

05 예 ① 민희네 지역의 초등학생 수는 줄어들고 있습니다. ▶5점
② 초등학생 수가 가장 많이 줄어든 때는 2015년과 2020년 사이입니다. ▶5점
06 예 줄어들 것입니다.
07 예 매일 몸무게가 0.3 kg씩 줄어들었으므로 ▶4점
20일에는 연수의 몸무게가 39.8 kg 정도가 될 것이라고 예상할 수 있습니다. ▶6점
08 6300원
09 6칸
10 예 나팔꽃 모종을 심을 화분을 햇빛이 잘 드는 곳에 두어야 모종의 키가 잘 자랍니다. ▶10점

01

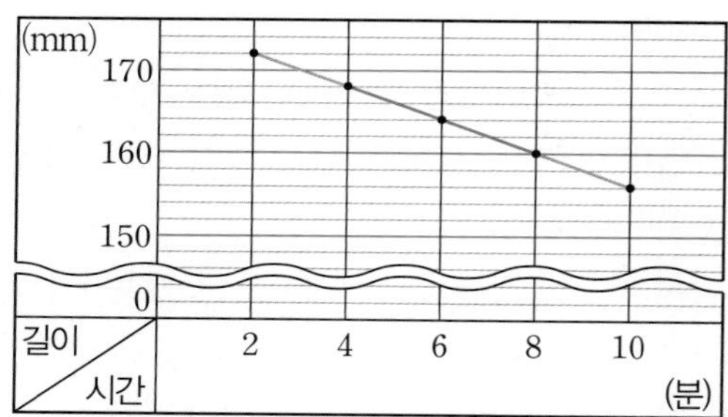

6분 후 양초의 길이는 4분 후 길이인 168 mm와 8분 후 길이인 160 mm의 중간인 164 mm 정도였을 것입니다.

참고
4분: 168 mm, 8분: 160 mm
⇨ 6분: $168 + 160 = 328$, $328 \div 2 = 164$ (mm)

02 세로 눈금 158 mm와 만나는 점의 가로 눈금을 찾으면 8분과 10분 사이의 중간입니다.
따라서 양초의 길이가 158 mm일 때는 불을 붙이고 9분 후입니다.

03 세로 눈금 5칸이 5000대를 나타내므로 세로 눈금 한 칸은 1000대를 나타냅니다.
3월: 21000대, 4월: 23000대, 5월: 23000대,
6월: 25000대, 7월: 28000대, 8월: 33000대
따라서 에어컨 판매량의 합은
$21000+23000+23000+25000+28000+33000$
$=153000$(대)입니다.

주의
8월의 판매량에서 3월의 판매량을 빼서 구하지 않도록 주의합니다. 월별 판매량의 합을 구해야 합니다.

04 가장 작은 값이 456만 명이므로 세로 눈금에서 물결선 위로 450만부터 시작하는 꺾은선그래프로 나타냅니다.

05 초등학생 수는 2005년부터 2020년까지 계속 줄어들고 있습니다.

06 조사한 2005년 이후로 계속 줄어들고 있습니다.

참고
- 꺾은선그래프를 보고 알 수 있는 내용
  ① 가장 큰 값, 가장 작은 값, 중간의 값
  ② 늘어나거나 줄어드는 변화 모습
  ③ 가장 많이 변화한 때
  ④ 자료의 변화에 따라 앞으로 변화될 모양

07

채점 기준		
연수의 몸무게의 변화를 쓴 경우	4점	10점
20일의 연수의 몸무게를 예상한 경우	6점	

08 8월부터 12월까지의 저금액의 합이 32200원입니다.
(9월 저금액)+(10월 저금액)
$=32200-6600-6000-7200$
$=12400$(원)
10월 저금액은 9월 저금액보다 200원 더 많으므로 6300원입니다.

09 세로 눈금 5칸이 100개를 나타내므로 세로 눈금 한 칸은 $100\div5=20$(개)를 나타냅니다.
7월의 아이스크림 판매량은 560개, 8월의 아이스크림 판매량은 620개이므로 판매량의 차는 $620-560=60$(개)입니다.
따라서 세로 눈금 한 칸의 크기를 10개로 하여 다시 그리면 $60\div10=6$(칸) 차이가 납니다.

10 '키 차이가 더 크게 벌어질 것입니다.' 등 다양한 답을 쓸 수 있습니다.

단원 평가 140~143쪽

01 꺾은선그래프
02 월, 판매량
03 100병
04 3월
05 (1) △ (2) ○
06

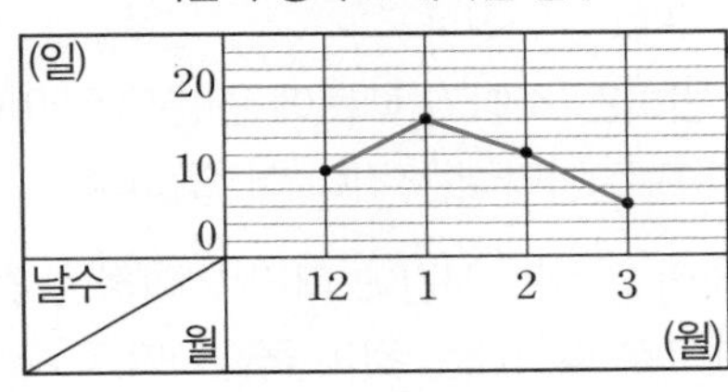

07 1월
08 ④
09 오후 1시, 오후 2시
10 오전 9시, 오전 10시
11 10 ℃
12 예 19 ℃
13 예 점들을 선분으로 잇지 않았습니다.
14 17, 12, 10, 9
15 예 • 인구수가 점점 줄어들고 있습니다. ▸2점
• 인구수가 가장 많이 줄어든 때는 1990년과 2000년 사이입니다. ▸2점
16 ③
17 2조 4000억 원
18 B
19 C
20 A
21 예 물결선을 사용하여 필요 없는 부분을 줄이고 세로 눈금 한 칸이 나타내는 크기를 작게 해야 합니다. ▸5점
22 (1) 예 1000 ▸1점
(2) 예

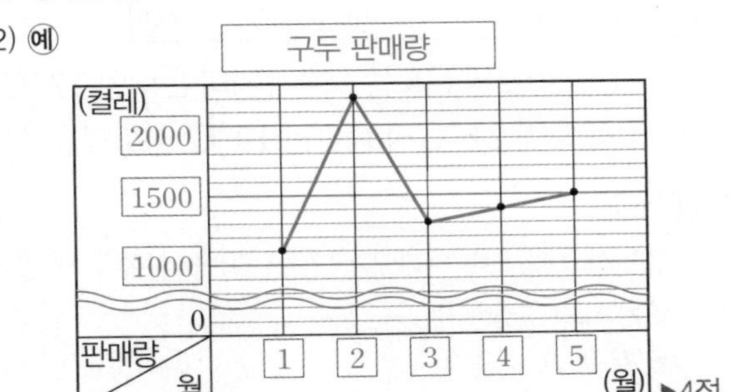

▸4점

23 예

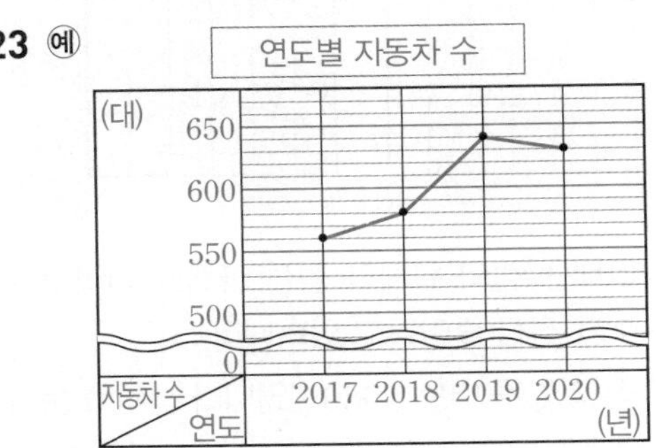

24 예 시간에 따라 자동차 수의 변화를 알아보기 쉽도록 꺾은선그래프로 나타내었습니다. ▸5점

03 세로 눈금 5칸이 500병을 나타내므로 세로 눈금 한 칸은 100병을 나타냅니다.

04 꺾은선그래프에서 가장 낮게 내려간 부분을 찾습니다.
⇨ 3월의 음료수 판매량이 900병으로 가장 적습니다.

05 (1) 각각의 크기를 비교할 때에는 막대그래프로 나타내는 것이 더 좋습니다.
(2) 체온은 계속 변하는 것이기 때문에 선분으로 이어 그린 꺾은선그래프로 나타내는 것이 더 좋습니다.

08 ④ 학년별 몸무게의 변화는 시간에 따라 변화하는 것이므로 꺾은선그래프로 나타내는 것이 좋습니다.

09 그래프에서 선분의 기울어진 정도가 가장 큰 때를 찾아보면 오후 1시와 오후 2시 사이입니다.

10 선분이 기울어지지 않은 부분이 온도 변화가 없을 때입니다.

11 가장 높은 온도: 21 ℃, 가장 낮은 온도: 11 ℃
따라서 온도의 차는 $21-11=10$ (℃)입니다.

다른 풀이
세로 눈금 한 칸의 크기가 1 ℃이고, 오전 9시와 오후 2시 사이에는 10칸이 차이 나므로 10 ℃만큼 차이가 납니다.

12

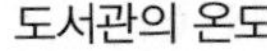

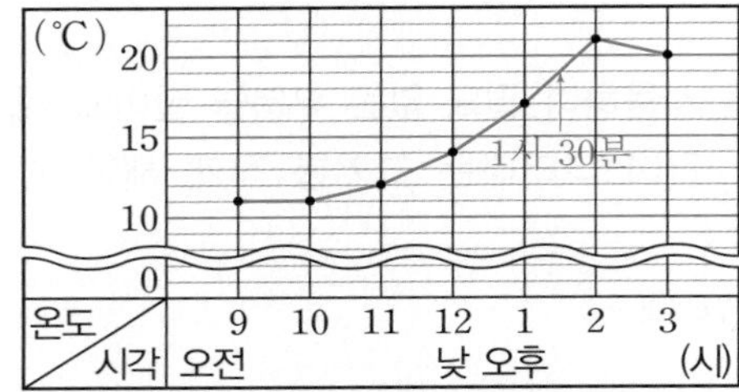

오후 1시 30분의 온도는 오후 1시의 온도인 17 ℃와 오후 2시의 온도인 21 ℃의 중간인 19 ℃ 정도였을 것입니다.

13 주의
꺾은선그래프로 나타낼 때에는 점을 왼쪽부터 차례대로 선분으로 잇습니다.
예 잘못 그린 경우

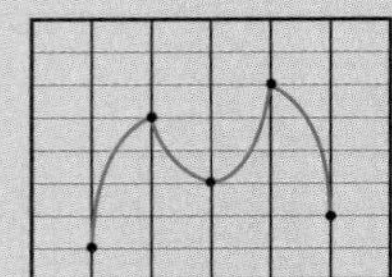

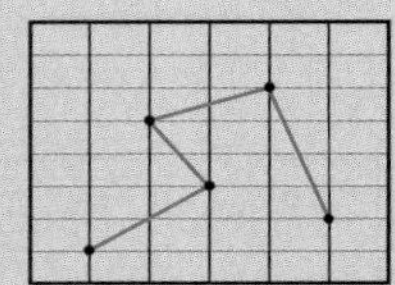

15 인구수를 나타내는 점의 위치가 점점 아래로 내려가고 있으므로 인구수가 점점 줄어들고 있습니다.
'인구수가 가장 많았을 때는 1980년입니다.', '세로 눈금 한 칸은 1만명입니다.' 등 다양한 내용을 알 수 있습니다.

16 ③ 출생아 수의 변화가 가장 큰 때는 선분의 기울기가 가장 심한 2011년과 2013년 사이입니다.

17 2020년: 6조 원, 2017년: 3조 6000억 원
⇨ 6조 − 3조 6000억 = 2조 4000억 (원)

18 B 선수의 기록이 좋아지는 정도가 커지고 있습니다.

19 C 선수의 기록이 좋아지는 정도가 점점 줄어들고 있습니다.

21 틀린 과정을 분석해 볼까요?

틀린 이유	이렇게 지도해 주세요
세로 눈금의 크기와 관련해서 생각하지 못한 경우	세로 눈금이 나타내는 크기가 작아야 변화하는 모습을 잘 나타낼 수 있음을 지도합니다.
'물결선'을 사용하여 설명하지 않은 경우	세로 눈금이 나타내는 크기가 작아지려면 물결선을 사용해야 함을 지도합니다.

22 필요 없는 부분은 물결선으로 나타냅니다.

참고
세로 눈금 한 칸의 크기를 너무 작게 잡으면 그래프가 너무 커지고 너무 크게 잡으면 변화하는 모습을 잘 나타내기 어렵습니다.

틀린 과정을 분석해 볼까요?

틀린 이유	이렇게 지도해 주세요
물결선을 어디에 넣으면 좋을지 모르는 경우	가장 적은 판매량까지 나타낼 수 있어야 함을 지도합니다.
꺾은선그래프를 미흡하게 그린 경우	판매량을 눈금에 맞춰 정확하게 그렸는지, 가장 많은 판매량까지 모두 나타내었는지 확인합니다.

23 틀린 과정을 분석해 볼까요?

틀린 이유	이렇게 지도해 주세요
종류별 자동차 수를 꺾은선그래프로 나타낸 경우	꺾은선그래프는 시간의 변화에 따라 변화를 알아보기 쉬운 그래프임을 지도합니다.
연도별 자동차 수를 나타낸 꺾은선그래프를 미흡하게 그린 경우	자동차 수를 눈금에 맞춰 정확하게 그렸는지, 자동차 수가 가장 많은 때와 적을 때를 모두 나타내었는지 확인합니다.

24 막대그래프는 자료의 많고 적음을 비교하기 좋고, 꺾은선그래프는 자료의 변화를 알아보기에 좋습니다.

틀린 과정을 분석해 볼까요?

틀린 이유	이렇게 지도해 주세요
문장을 매끄럽게 완성하지 못한 경우	'시간', '변화'를 사용하여 까닭을 설명하도록 지도합니다.
답을 전혀 쓰지 못한 경우	꺾은선그래프와 막대그래프를 구별하면서 다시 공부합니다.

6단원 다각형

Step 1 교과 개념 146~147쪽

1 다각형
2 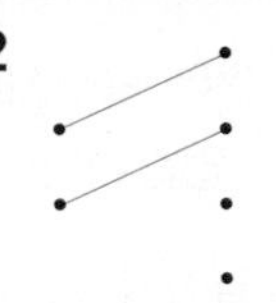
3 나, 라 ; 가, 다, 마
4 가, 라, 마, 바, 사
5 ㉠
6 라, 육각형
7 오각형
8 (1) 예 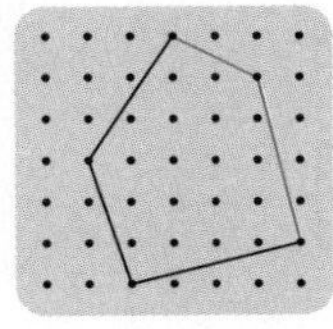 (2) 예

2 변이 5개인 다각형은 오각형이고, 변이 6개인 다각형은 육각형입니다.

3 선분으로만 둘러싸인 도형과 곡선이 포함된 도형을 분류합니다.

4 선분으로만 둘러싸인 도형을 모두 찾습니다.

6 가: 오각형
나: 곡선이 있기 때문에 다각형이 아닙니다.
다: 열려 있기 때문에 다각형이 아닙니다.

7 변이 5개인 다각형이므로 오각형입니다.

8 (1) 3개의 선분이 주어져 있으므로 2개의 선분을 더 그려서 변이 5개인 다각형을 완성합니다.
(2) 3개의 선분이 주어져 있으므로 3개의 선분을 더 그려서 변이 6개인 다각형을 완성합니다.

Step 1 교과 개념 148~149쪽

1 정다각형
2 다
3 (1) 정사각형 (2) 정팔각형
4

기호	이름
나	정삼각형
다	정오각형
바	정사각형

5 정팔각형
6 ㉢
7 5
8 120

2 • 변의 길이가 모두 같은 다각형: 다, 라
• 각의 크기가 모두 같은 다각형: 나, 다
⇨ 변의 길이가 모두 같고, 각의 크기가 모두 같은 다각형은 다입니다.

3 (1) 변이 4개인 정다각형: 정사각형
(2) 변이 8개인 정다각형: 정팔각형

4 나: 변이 3개인 정다각형이므로 정삼각형입니다.
다: 변이 5개인 정다각형이므로 정오각형입니다.
바: 변이 4개인 정다각형이므로 정사각형입니다.
가, 라는 변의 길이가 같지 않고, 마는 각의 크기가 같지 않으므로 정다각형이 아닙니다.

5 변이 8개인 정다각형이므로 정팔각형입니다.

6 직사각형은 각의 크기가 모두 같지만 변의 길이가 항상 같은 것은 아니므로 정다각형이라고 할 수 없습니다.

7 정오각형은 변의 길이가 모두 같습니다.

8 정육각형은 각의 크기가 모두 같습니다.

Step 2 교과 유형 익힘 150~151쪽

01 나, 다, 라
02 예 사각형, 삼각형, 육각형
03 가, 마▸5점 ; 예 다각형은 선분으로만 둘러싸인 도형인데 가와 마는 곡선이 있기 때문입니다.▸5점
04 칠각형
05 정구각형
06 540°
07 (1) 예 정다각형이 아닙니다.▸5점
(2) 예 변의 길이는 모두 같지만 각의 크기가 같지 않기 때문입니다.▸5점
08 정팔각형
09 예 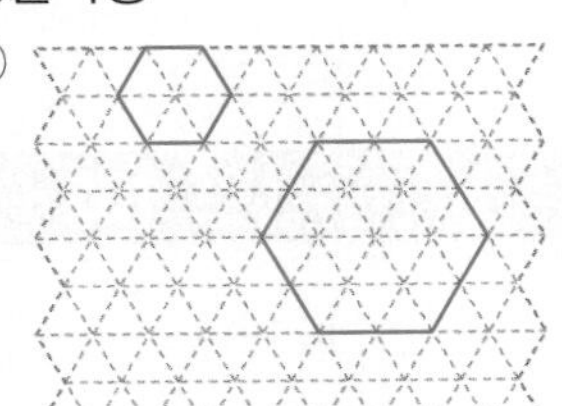
10 (1) 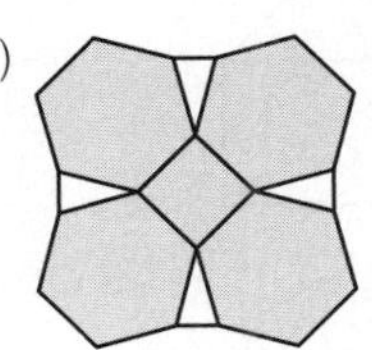 (2) 정사각형, 정육각형
11 ㉣ ; ㉠ ; ㉤ ; ㉡
12 십각형▸5점 ; 예 10개의 변으로 둘러싸인 도형이기 때문입니다.▸5점
13 24 m

01 선분으로만 둘러싸인 도형을 모두 찾으면 나, 다, 라입니다.

02 나: 변이 4개인 다각형 ⇨ 사각형
다: 변이 3개인 다각형 ⇨ 삼각형
라: 변이 6개인 다각형 ⇨ 육각형
'나'는 마름모, 평행사변형, 사다리꼴, '다'는 직각삼각형, 이등변삼각형, '라'는 정육각형이라고 쓸 수도 있습니다.

04 도형판에 만든 두 도형 모두 변이 7개인 다각형이므로 칠각형을 만든 것입니다.

05 변의 길이가 모두 같고, 각의 크기도 모두 같으며 9개의 변으로 둘러싸인 도형이므로 정구각형입니다.

06 정오각형의 5개의 각의 크기는 모두 같으므로 모든 각의 크기의 합은 $108^\circ \times 5 = 540^\circ$입니다.

08 완성된 도형은 변이 8개인 정다각형이므로 정팔각형입니다.

09 6개의 변의 길이가 모두 같은 서로 다른 2개의 정육각형을 그립니다.

10 (1) 변의 길이가 모두 같고, 각의 크기가 모두 같은 다각형을 찾아 색칠합니다.
(2) 색칠한 정다각형은 변이 4개인 정사각형과 변이 6개인 정육각형입니다.

11 우산의 변의 수를 세어 변이 5개인 우산은 오각형, 6개인 우산은 육각형, 7개인 우산은 칠각형, 8개인 우산은 팔각형에 기호를 씁니다.

13 정팔각형은 8개의 변의 길이가 모두 같습니다.
⇨ $3 \times 8 = 24$ (m)

Step 1 교과 개념 152~153쪽

1 대각선　**2** (　)(○)
3 ㉢　**4** (그림)
5 (1) ㉠ ㉡ ㉢ (그림) (2) ㉠
6 다, 라　**7** 다, 마
8 (1) 90 (2) 7

2 서로 이웃하지 않는 두 꼭짓점을 이은 것을 찾습니다.

3 ㉢은 꼭짓점끼리 이은 선분이 아닙니다.

4 서로 이웃하지 않는 두 꼭짓점을 모두 선분으로 잇습니다. 오각형에는 대각선을 5개 그을 수 있습니다.

5 (2) 삼각형은 모든 꼭짓점이 이웃하고 있기 때문에 대각선을 그을 수 없습니다.

6 두 대각선의 길이가 같은 사각형은 다(직사각형)와 라(정사각형)입니다.

7 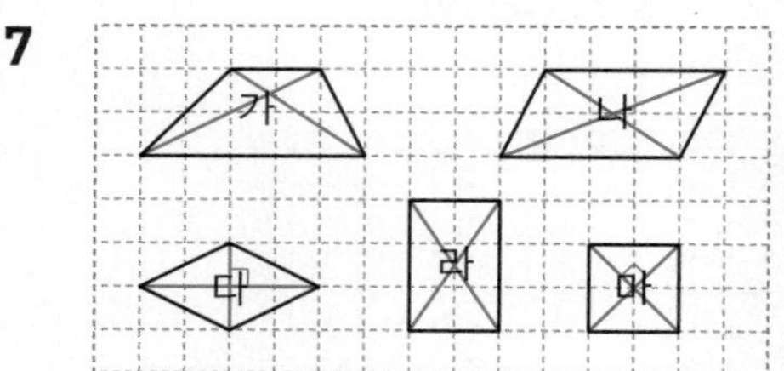

두 대각선이 서로 수직으로 만나는 사각형은 다(마름모)와 마(정사각형)입니다.

8 (1) 마름모는 두 대각선이 서로 수직으로 만나므로 90°입니다.
(2) 직사각형은 두 대각선의 길이가 같으므로 7 cm입니다.

Step 1 교과 개념 154~155쪽

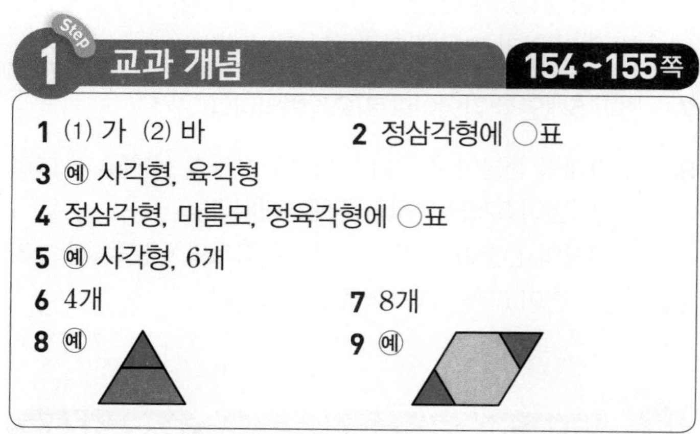

1 (1) 가 (2) 바　**2** 정삼각형에 ○표
3 예 사각형, 육각형
4 정삼각형, 마름모, 정육각형에 ○표
5 예 사각형, 6개
6 4개　**7** 8개
8 예 (그림)　**9** 예 (그림)

3 : 사각형(또는 마름모, 평행사변형, 사다리꼴)

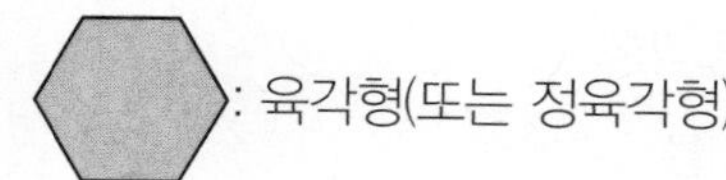: 육각형(또는 정육각형)

4 : 정삼각형, : 마름모, : 정육각형

5 모양 조각 6개를 사용하여 만든 모양입니다. 사다리꼴이라고 쓸 수도 있습니다.

6 ⇨ 모양 조각은 4개 필요합니다.

7 ⇨ 모양 조각은 8개 필요합니다.

8 모양 조각을 길이가 같은 변끼리 이어 붙여 보면서 삼각형이 만들어지는 경우를 찾습니다.

9 정육각형을 중심으로 정삼각형을 이어 붙여 보면서 마름모를 만들어 봅니다.

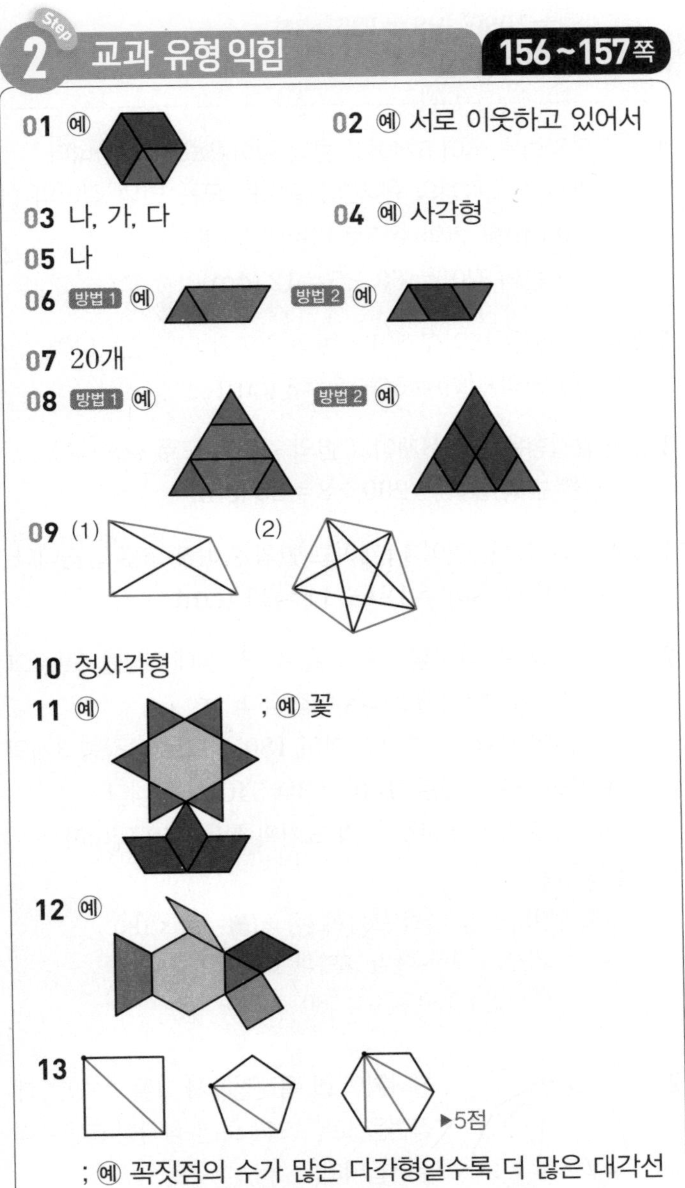

Step 2 교과 유형 익힘 156~157쪽
01 예
02 예 서로 이웃하고 있어서
03 나, 가, 다
04 예 사각형
05 나
06 방법 1 예 방법 2 예
07 20개
08 방법 1 예 방법 2 예
09 (1) (2)
10 정사각형
11 예 ; 예 꽃
12 예
13 ▸5점
; 예 꼭짓점의 수가 많은 다각형일수록 더 많은 대각선을 그을 수 있습니다.▸5점

02 삼각형은 서로 이웃하지 않는 꼭짓점이 없으므로 대각선을 그을 수 없습니다.

03 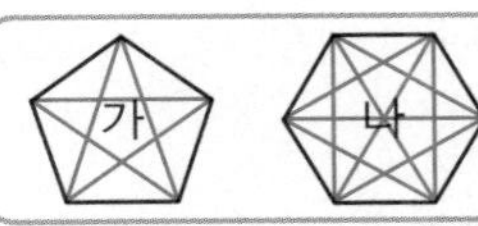

가: 5개, 나: 9개, 다: 2개

⇨ 9개>5개>2개이므로 대각선의 수가 많은 순서대로 기호를 쓰면 나, 가, 다입니다.

04 정삼각형 모양 조각 3개를 사용하여 변끼리 이어 붙이면 사각형(또는 사다리꼴)이 됩니다.

예 

05 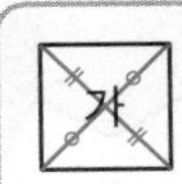   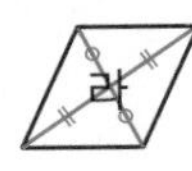

각 사각형에 대각선을 그었을 때 한 대각선이 다른 대각선을 반으로 나누지 않는 사각형은 나입니다.

참고
한 대각선이 다른 대각선을 반으로 나누는 사각형은 평행사변형, 마름모, 직사각형, 정사각형입니다.
가: 정사각형, 나: 사다리꼴, 다: 마름모, 라: 평행사변형

06 주어진 모양 조각 중 2가지를 골라 두 쌍의 변이 서로 평행한 사각형을 만듭니다.
평행사변형을 만드는 방법은 여러 가지가 있습니다.

주의
3가지의 모양 조각 중 2가지를 골라 만들라는 조건이 있으므로 모양 조각 중 2가지를 사용하여 만들지 않았으면 오답입니다.

07 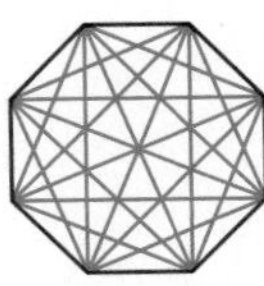
정팔각형에 대각선을 직접 모두 긋고 그 수를 세어 보면 20개입니다.

다른 풀이
정팔각형의 꼭짓점은 8개이고, 정팔각형의 한 꼭짓점에서 그을 수 있는 대각선은 8−3=5(개)이므로 전체 대각선의 수는 5×8÷2=20(개)입니다.

학부모 지도 가이드
■각형의 한 꼭짓점에서 그을 수 있는 대각선의 수는 (■−3)개입니다.
(■각형의 대각선의 수)=(■−3)×■÷2

08 정삼각형을 채우는 방법은 여러 가지가 있습니다.
문제에 모양 조각을 모두 사용하라는 조건이 없으므로 모양 조각을 모두 사용할 필요는 없습니다.

본책 150~157쪽

09 대각선의 끝은 꼭짓점이 됩니다.
따라서 꼭짓점을 따라 이어 봅니다.

10 ㉠, ㉡ 두 대각선이 서로 수직으로 만나는 사각형은 마름모, 정사각형입니다.
㉢ 마름모, 정사각형 중 두 대각선의 길이가 같은 것은 정사각형입니다.

11 모양 조각을 서로 겹치지 않게 이어 붙여서 모양을 만들고 모양에 알맞은 이름을 붙여 봅니다.

12 모양 조각의 위치를 다르게 하거나 다른 모양 조각을 사용하여 만들 수도 있습니다.

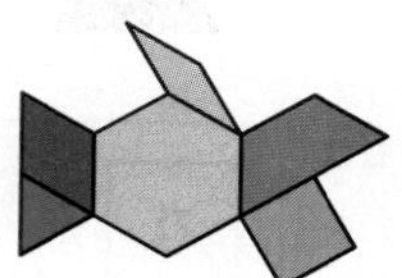

13 '변이 1개씩 늘어날 때마다 한 꼭짓점에서 그을 수 있는 대각선도 1개씩 늘어납니다.' 등 여러 표현이 가능합니다.

> **참고**
> 한 꼭짓점에서 그을 수 있는 대각선의 수는
> (꼭짓점의 수)−3입니다.

Step 3 문제 해결 158~161쪽

1	12 cm	**1-1**	8 cm
1-2	25 cm	**1-3**	11 cm
2	540°	**2-1**	900°
2-2	1260°	**3**	다
3-1	다	**3-2**	다
4	정오각형	**4-1**	정십각형
4-2	정팔각형	**4-3**	정구각형

5 ❶ 3, 5▸3점 ❷ 5, 5, 25▸3점 ; 25 cm▸4점

5-1 예 ❶ 정사각형은 네 변의 길이가 모두 같으므로 한 변의 길이는 $20\div4=5$ (cm)입니다.▸3점
❷ 정사각형과 정육각형의 한 변의 길이가 같으므로 정육각형의 모든 변의 길이의 합은
$5\times6=30$ (cm)입니다.▸3점
; 30 cm▸4점

5-2 예 정사각형은 네 변의 길이가 모두 같으므로 한 변의 길이는 $12\div4=3$ (cm)입니다.▸3점
정사각형과 정팔각형의 한 변의 길이가 같으므로 정팔각형의 모든 변의 길이의 합은
$3\times8=24$ (cm)입니다.▸3점
; 24 cm▸4점

6 ❶ 4, 4, 720▸3점 ❷ 6, 720, 6, 120▸3점 ; 120°▸4점

6-1 예 ❶ 정오각형은 삼각형 3개로 나눌 수 있습니다.
(정오각형의 모든 각의 크기의 합)
$=180°\times3=540°$▸3점
❷ 정오각형은 5개의 각의 크기가 모두 같습니다.
(정오각형의 한 각의 크기)
$=540°\div5=108°$▸3점
; 108°▸4점

6-2 예 정팔각형은 삼각형 6개로 나눌 수 있습니다.
(정팔각형의 모든 각의 크기의 합)
$=180°\times6=1080°$▸3점
정팔각형은 8개의 각의 크기가 모두 같습니다.
(정팔각형의 한 각의 크기)
$=1080°\div8=135°$▸3점
; 135°▸4점

1 정오각형은 변이 5개이고 변의 길이가 모두 같습니다.
따라서 정오각형의 한 변의 길이는 모든 변의 길이의 합인 60 cm를 변의 수 5로 나누면 됩니다.
⇨ (한 변의 길이)$=60\div5=12$ (cm)

1-1 정칠각형은 변이 7개이고 변의 길이가 모두 같습니다.
⇨ (한 변의 길이)$=56\div7=8$ (cm)

1-2 정팔각형은 변이 8개이고 변의 길이가 모두 같습니다.
⇨ (한 변의 길이)$=200\div8=25$ (cm)

1-3 정십일각형은 변이 11개이고 변의 길이가 모두 같습니다.
⇨ (한 변의 길이)$=121\div11=11$ (cm)

2 오각형의 한 꼭짓점에서 그을 수 있는 대각선을 모두 그어 보면 삼각형 3개로 나누어집니다.
삼각형의 세 각의 크기의 합이 180°이므로 삼각형 3개의 세 각의 크기의 합은 $180°\times3=540°$가 됩니다.
따라서 오각형의 다섯 각의 크기의 합은 540°입니다.

> **참고**
> (■각형의 모든 각의 크기의 합)=(■−2)×180°
> ⇨ (오각형의 모든 각의 크기의 합)
> $=(5-2)\times180°=3\times180°=540°$

2-1

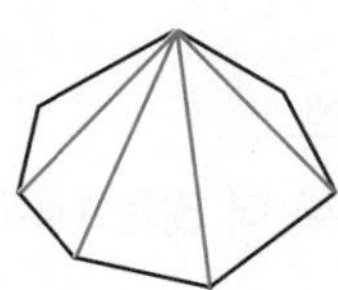

칠각형의 한 꼭짓점에서 그을 수 있는 대각선을 모두 그어 보면 삼각형 5개로 나누어집니다.
(칠각형의 일곱 각의 크기의 합)
=(삼각형 5개의 세 각의 크기의 합)
$=180°\times5=900°$

2-2 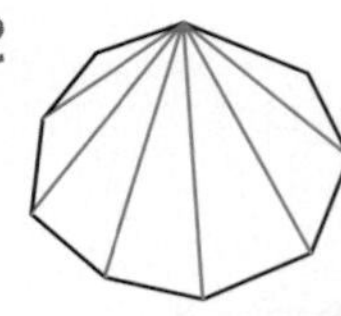

(구각형의 아홉 각의 크기의 합)
=(삼각형 7개의 세 각의 크기의 합)
$=180° \times 7=1260°$

3 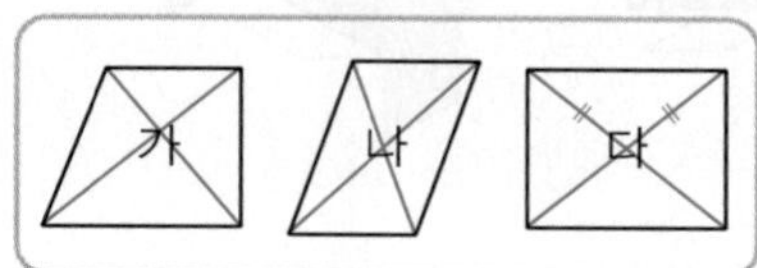

각 사각형에 대각선을 모두 그었을 때 두 대각선의 길이가 같은 사각형은 다(직사각형)입니다.

3-1 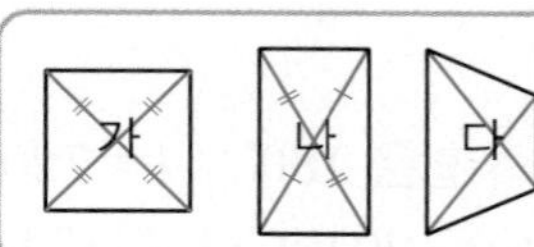

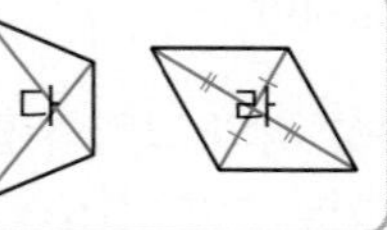

한 대각선이 다른 대각선을 똑같이 둘로 나누는 사각형은 가(정사각형), 나(직사각형), 라(평행사변형)입니다.

3-2 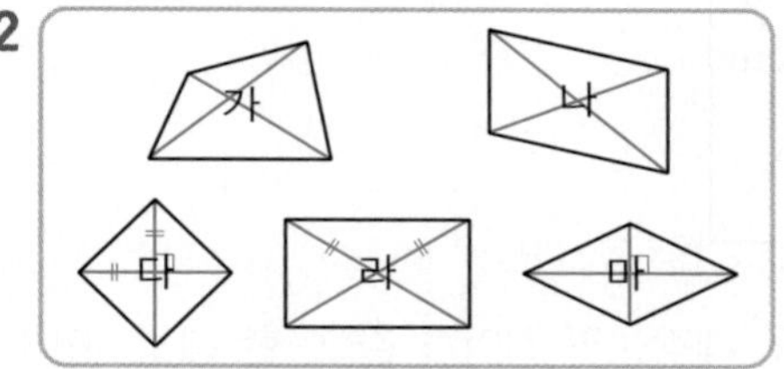

- 두 대각선이 서로 수직으로 만나는 사각형: 다, 마
- 두 대각선의 길이가 같은 사각형: 다, 라

⇨ 두 대각선이 서로 수직으로 만나면서 두 대각선의 길이가 같은 사각형은 다입니다.

4 정다각형은 변의 길이가 모두 같으므로 변은
$15 \div 3=5$(개)입니다.
변이 5개인 정다각형은 정오각형입니다.

4-1 정다각형은 변의 길이가 모두 같으므로 변은
$130 \div 13=10$(개)입니다.
변이 10개인 정다각형은 정십각형입니다.

4-2 (정다각형의 변의 수)$=120 \div 15=8$(개)
변이 8개인 정다각형은 정팔각형입니다.

4-3 (정다각형의 변의 수)$=54 \div 6=9$(개)
변이 9개인 정다각형은 정구각형입니다.

5-1

채점 기준		
정사각형의 한 변의 길이를 구한 경우	3점	10점
정육각형의 모든 변의 길이의 합을 구한 경우	3점	
답을 바르게 쓴 경우	4점	

5-2

채점 기준		
정사각형의 한 변의 길이를 구한 경우	3점	10점
정팔각형의 모든 변의 길이의 합을 구한 경우	3점	
답을 바르게 쓴 경우	4점	

6

참고
정육각형은 사각형 2개로 나누어지고, 사각형의 네 각의 크기의 합은 360°이므로 정육각형의 모든 각의 크기의 합은 $360° \times 2=720°$입니다.

6-1

⇨ 정오각형은 삼각형 3개로 나눌 수 있습니다.

채점 기준		
정오각형의 모든 각의 크기의 합을 구한 경우	3점	10점
정오각형의 한 각의 크기를 구한 경우	3점	
답을 바르게 쓴 경우	4점	

참고
정오각형의 모든 각의 크기의 합을 구할 때 삼각형 1개와 사각형 1개로 나누어서 구할 수도 있습니다.

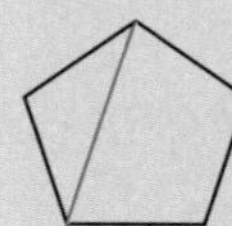

(정오각형의 모든 각의 크기의 합)
=(삼각형의 세 각의 크기의 합)
+(사각형의 네 각의 크기의 합)
$=180°+360°=540°$

6-2

⇨ 정팔각형은 삼각형 6개로 나눌 수 있습니다.

채점 기준		
정팔각형의 모든 각의 크기의 합을 구한 경우	3점	10점
정팔각형의 한 각의 크기를 구한 경우	3점	
답을 바르게 쓴 경우	4점	

참고
정팔각형의 모든 각의 크기의 합을 구할 때 사각형으로 나누어서 구할 수도 있습니다.

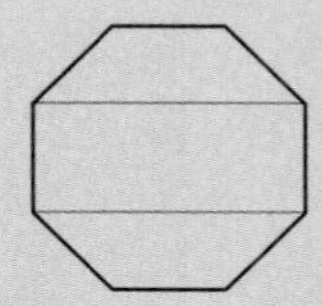

정팔각형은 사각형 3개로 나눌 수 있습니다.
(정팔각형의 모든 각의 크기의 합)
=(사각형의 네 각의 크기의 합)$\times 3$
$=360° \times 3=1080°$

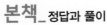

4 실력UP 문제 162~163쪽

01 90 ° 12 cm, 6 cm

02 56 cm

03 (위에서부터) 5, 9, 14, 20 ; 4, 5, 6

04 2개, 3개, 6개

05 예 (육각형 그림), 육각형

06 1080°

07 예 삼각형, 사각형, 오각형

08 (1) 예 (2) 예

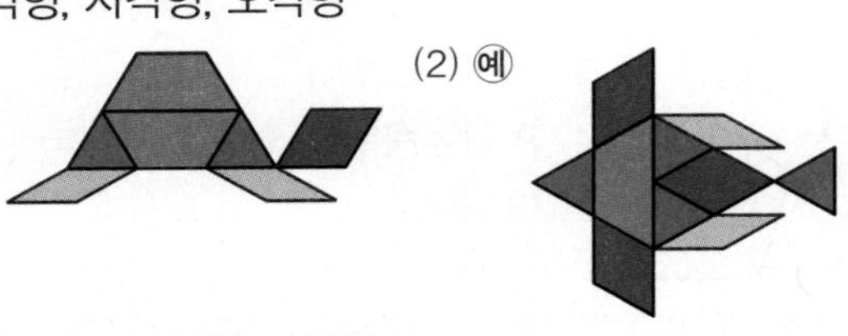

09 4개

10 60°

11 18 cm

12 48 cm

01 정사각형의 두 대각선은 서로 수직으로 만나고 길이가 같으며 한 대각선이 다른 대각선을 똑같이 둘로 나눕니다.

02 정육각형은 변의 길이가 모두 같습니다.
굵은 선의 길이는 정육각형 한 변의 길이의 14배이므로 $4 \times 14 = 56$ (cm)입니다.

03 사각형부터 변이 1개씩 늘어날 때마다 대각선의 수가 3개, 4개, 5개, 6개씩 많아집니다.

04 가: ⇨ 2개

나: ⇨ 3개

다: ⇨ 6개

05 왼쪽부터 차례로 삼각형, 사각형, 오각형이므로 □ 안에 알맞은 도형은 오각형보다 변이 한 개 더 많은 육각형입니다.

06 정다각형은 변의 길이가 모두 같으므로
변은 $40 \div 5 = 8$(개)입니다.
변이 8개인 정다각형은 정팔각형입니다.
정팔각형은 삼각형 6개로 나눌 수 있으므로 모든 각의 크기의 합은 $180° \times 6 = 1080°$입니다.

07 종이를 접어 자른 후 펼치면 (직각)삼각형 4개, (정)사각형 1개, 오각형 1개가 생깁니다.
(삼각형은 이등변삼각형이라고 할 수도 있습니다.)

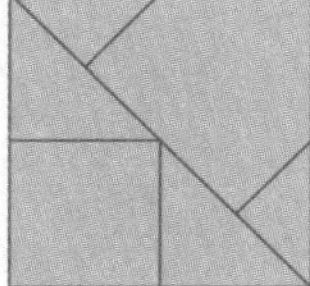

08 참고
모양을 채우는 방법은 여러 가지가 있습니다.
예

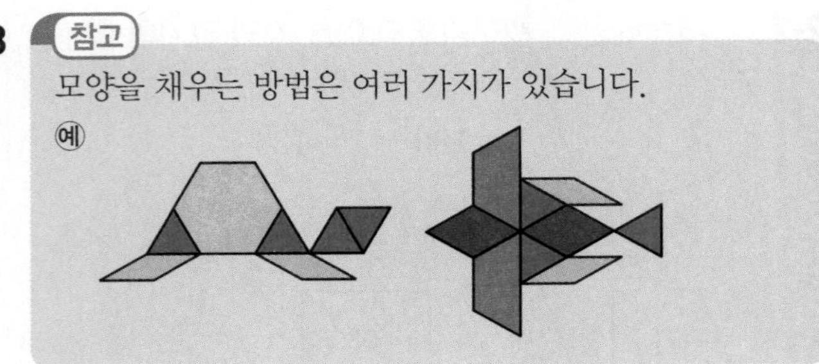

09 축구공에서 찾을 수 있는 두 정다각형은 정오각형과 정육각형입니다. 정오각형의 대각선은 5개, 정육각형의 대각선은 9개이므로 두 정다각형의 대각선의 수의 차는 $9-5=4$(개)입니다.

10 정육각형의 여섯 각의 크기의 합은 $180° \times 4 = 720°$이므로 한 각의 크기는 $720° \div 6 = 120°$입니다. 직선은 180°이므로 ㉠$=180°-120°=60°$입니다.

11

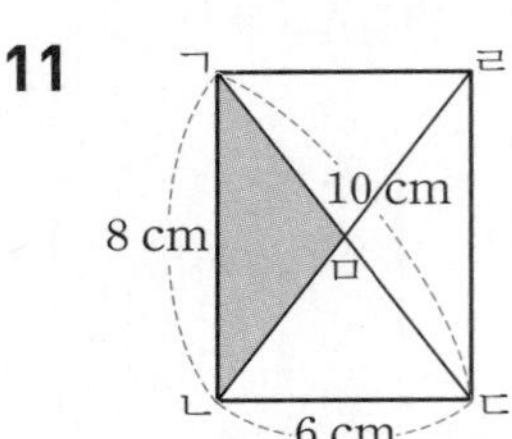

직사각형은 두 대각선의 길이가 같고, 한 대각선이 다른 대각선을 똑같이 둘로 나눕니다.
(선분 ㄱㅁ)$=10 \div 2 = 5$ (cm)
(선분 ㄴㅁ)=(선분 ㄱㅁ)$=5$ cm
(삼각형 ㄱㄴㅁ의 세 변의 길이의 합)
$=5+5+8=18$ (cm)

12

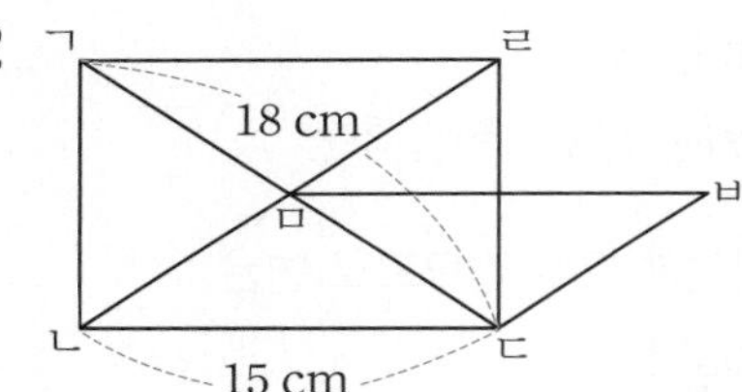

직사각형에서 두 대각선의 길이는 서로 같습니다.
⇨ (선분 ㄴㄹ)=(선분 ㄱㄷ)$=18$ cm
직사각형에서 한 대각선은 다른 대각선을 똑같이 둘로 나눕니다.
⇨ (선분 ㄴㅁ)=(선분 ㅁㄹ)
$=18 \div 2 = 9$ (cm)
평행사변형은 마주 보는 두 변의 길이가 서로 같습니다.
⇨ (선분 ㄷㅂ)=(선분 ㄴㅁ)$=9$ cm,
⇨ (선분 ㅁㅂ)=(선분 ㄴㄷ)$=15$ cm
(사각형 ㅁㄴㄷㅂ의 네 변의 길이의 합)
$=9+15+9+15=48$ (cm)

단원 평가 164~167쪽

01 가, 나, 다, 바, 아
02 육각형
03 라, 바
04 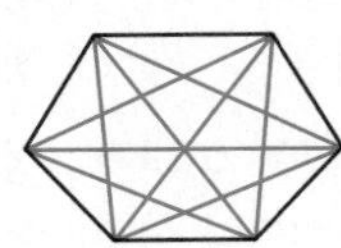

05

변의 수(개)	5	6	8
기호	다, 마	가, 라	나, 바
이름	오각형	육각형	팔각형

06 선분, 선분
07 (위에서부터) 7, 135
08 ④
09 정사각형, 정팔각형
10 정십각형
11 5, 9
12 예 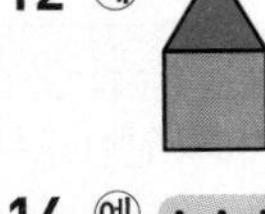
13 6개
14 예 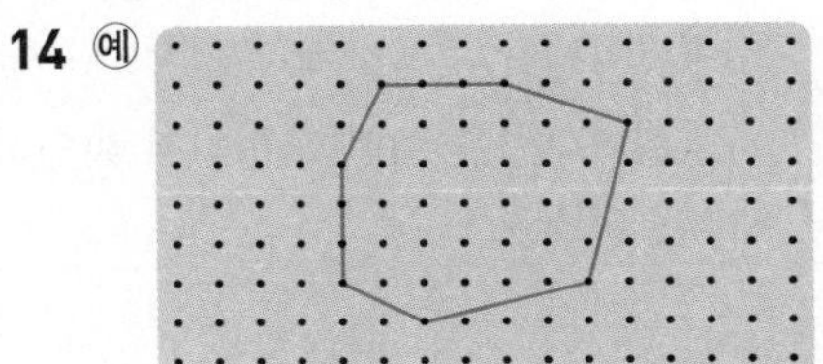
15 예 ; 정사각형
16 (위에서부터) 정육각형, 24 ; 정팔각형, 48
17 ②, ④
18 ㉠, ㉢, ㉣
19 ⑤
20 예 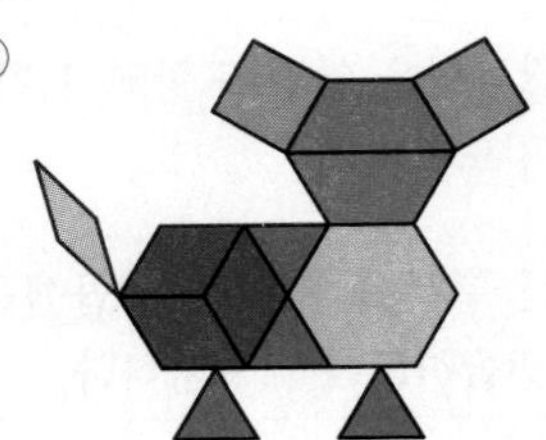
21 (1) 예 정다각형이 아닙니다.▸2점
(2) 예 변의 길이가 같지 않고 각의 크기가 같지 않기 때문입니다.▸3점
22 (1) 7▸2점 (2) 12▸2점 (3) 19▸1점
23 예 정팔각형은 여덟 각의 크기가 모두 같으므로▸1점 모든 각의 크기의 합은 $135^\circ \times 8 = 1080^\circ$입니다.▸2점
; 1080°▸2점
24 예 선분으로만 둘러싸인 도형이므로 다각형이고 각이 7개이므로 칠각형입니다.▸1점
칠각형의 대각선은 모두 14개입니다.▸2점
; 14개▸2점

01 선분으로만 둘러싸인 도형을 모두 찾습니다.

02 변이 6개인 다각형이므로 육각형입니다.

03 변의 길이가 모두 같고, 각의 크기가 모두 같은 다각형을 찾습니다.

04 서로 이웃하지 않는 두 꼭짓점을 모두 선분으로 잇습니다.

참고
육각형에는 대각선을 9개 그을 수 있습니다.

05 변의 수에 따라 변이 5개이면 오각형, 변이 6개이면 육각형, 변이 8개이면 팔각형이라고 부릅니다.

06 곡선이 있으므로 다각형이 아닙니다.

07 정다각형은 변의 길이가 모두 같고, 각의 크기가 모두 같습니다.

08 ①  ②  ③ 
④  ⑤ 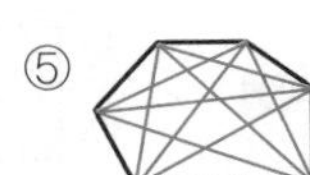
⇨ ④ 삼각형은 꼭짓점끼리 모두 이웃하므로 대각선을 그을 수 없습니다.

09 변이 4개인 정다각형(정사각형)과 변이 8개인 정다각형(정팔각형)을 찾을 수 있습니다.

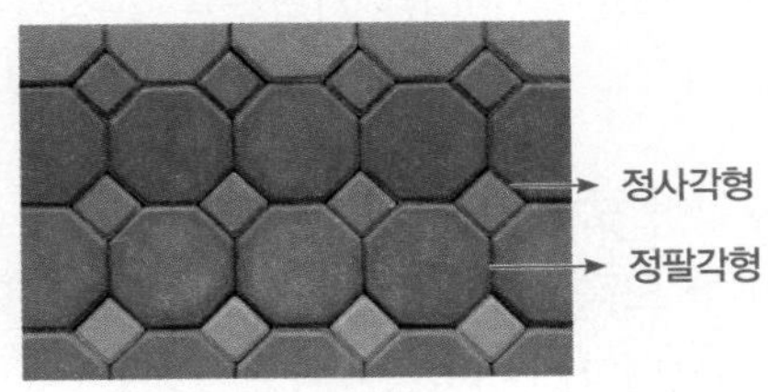

10 • 10개의 선분으로 둘러싸인 도형입니다. ⇨ 십각형
• 변의 길이가 모두 같고 각의 크기가 모두 같습니다.
⇨ 정다각형
따라서 정십각형입니다.

11 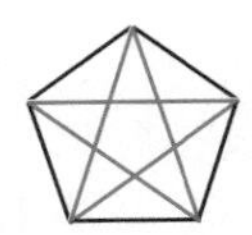 ⇨ 5개 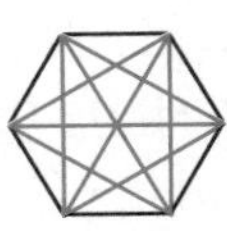 ⇨ 9개
오각형 육각형

학부모 지도 가이드
(대각선의 수)
=(한 꼭짓점에서 그을 수 있는 대각선의 수) ×(꼭짓점의 수)÷2

본책 162~167쪽

12 2가지 모양 조각을 사용하여 변이 5개인 다각형을 만듭니다.

13 ⇨ 모양 조각 6개가 필요합니다.

14 변이 7개인 다각형을 그립니다.

15 각의 크기가 모두 같고, 변의 길이가 모두 같은 다각형은 정다각형입니다.
변이 4개인 정다각형이므로 정사각형입니다.

16 정다각형은 모든 변의 길이가 같으므로
정육각형의 모든 변의 길이의 합은 $4\times6=24$ (cm),
정팔각형의 모든 변의 길이의 합은 $6\times8=48$ (cm)입니다.

학부모 지도 가이드

정■각형의 모든 변의 길이의 합은
(한 변의 길이)×■입니다.

17

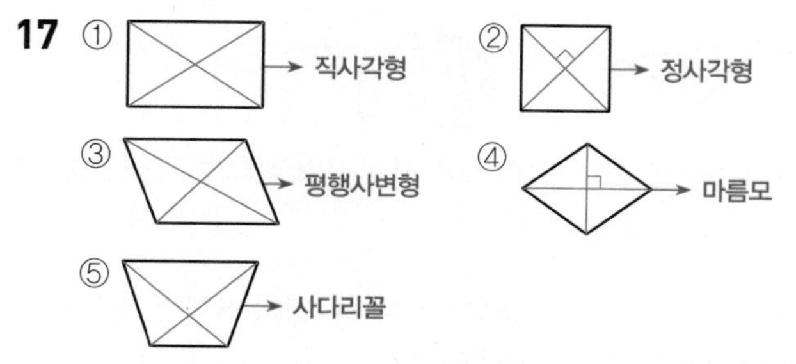

두 대각선이 서로 수직으로 만나는 사각형은 ② 정사각형과 ④ 마름모입니다.

18 ㉠ 변의 수 ⇨ 오각형: 5개, 정오각형: 5개
㉡ 한 변의 길이 ⇨ 오각형과 정오각형의 한 변의 길이는 정해져 있지 않습니다.
㉢ 각의 수 ⇨ 오각형: 5개, 정오각형: 5개
㉣ 모든 각의 크기의 합
⇨ 오각형: 540°, 정오각형: 540°

19 • 마주 보는 두 각의 크기가 같은 사각형: ②, ③, ④, ⑤
• 두 대각선의 길이가 같은 사각형: ④, ⑤
• 두 대각선이 서로 수직으로 만나는 사각형: ③, ⑤
따라서 세 조건을 모두 만족하는 사각형은 ⑤ 정사각형입니다.

20 6가지 모양 조각을 모두 사용하여 채웁니다.

21 정다각형은 변의 길이가 모두 같고, 각의 크기가 모두 같아야 합니다.

틀린 과정을 분석해 볼까요?

틀린 이유	이렇게 지도해 주세요
정다각형이라고 생각한 경우	정다각형은 어떤 도형을 말하는지 정확히 지도합니다.
정다각형이 아니라고 생각했으나 설명이 부족한 경우	정다각형이 어떤 도형인지 정확히 이해하고 생각을 정리해서 글을 쓰도록 지도합니다.

22 (1) 칠각형은 꼭짓점이 7개입니다.
(2) 정십이각형은 각이 12개이고 각의 크기가 모두 같습니다.
(3) $7+12=19$

틀린 과정을 분석해 볼까요?

틀린 이유	이렇게 지도해 주세요
㉠을 구하지 못한 경우	칠각형은 어떤 도형인지 확인하도록 지도합니다.
㉡을 구하지 못한 경우	정십이각형은 어떤 도형인지 확인하도록 지도합니다.

23

채점 기준		
정팔각형의 여덟 각의 크기가 모두 같음을 설명한 경우	1점	5점
정팔각형의 모든 각의 크기의 합을 구한 경우	2점	
답을 바르게 쓴 경우	2점	

틀린 과정을 분석해 볼까요?

틀린 이유	이렇게 지도해 주세요
정팔각형은 각이 몇 개인지 알지 못한 경우	정팔각형은 어떤 도형인지 확인하도록 지도합니다.
곱셈을 잘못 계산한 경우	틀린 부분을 확인하고 곱셈을 충분히 연습하도록 지도합니다.

24

채점 기준		
설명하는 도형의 이름을 구한 경우	1점	5점
대각선의 수를 구한 경우	2점	
답을 바르게 쓴 경우	2점	

틀린 과정을 분석해 볼까요?

틀린 이유	이렇게 지도해 주세요
어떤 도형을 설명한 것인지 모르는 경우	다각형에 대해서 다시 정리해 보도록 지도합니다.
대각선의 수를 구하지 못한 경우	칠각형을 그려서 대각선의 수를 구해 보거나 식을 이용하여 대각선의 수를 구하도록 지도합니다.

1단원 | 분수의 덧셈과 뺄셈

기본 단원평가 2~4쪽

01 $\frac{7}{8}$

02 1, 2, 2, 7, $\boxed{2}\frac{\boxed{7}}{\boxed{13}}$

03 11, 4, 7, $\boxed{1}\frac{\boxed{2}}{\boxed{5}}$

04 $\frac{11}{15}$

05 $\frac{4}{9}$

06 <

07 >

08 (선 잇기)

09 ⑤

10 $2\frac{3}{5}$, $\frac{4}{5}$

11 $3\frac{2}{4}$, 5

12 (위에서부터) $2\frac{5}{8}$, $\frac{4}{8}$, $1\frac{3}{8}$

13 ㉡

14 $11\frac{9}{15}$

15 $6\frac{10}{15}$

16 $2\frac{4}{6}$

17 3개

18 성우

19 $\frac{1}{13}$ kg

20 11

21 $\frac{9}{18}$

22 $6\frac{4}{11}$

23 $2\frac{8}{11}$

24 2, $\frac{5}{7}$

25 예 (빈 바구니의 무게)
=(귤과 사과가 담긴 바구니의 무게)
−(귤의 무게)−(사과의 무게)
$=8\frac{1}{5}-4\frac{3}{5}-2\frac{4}{5}$ ▸1점
$=7\frac{6}{5}-4\frac{3}{5}-2\frac{4}{5}=3\frac{3}{5}-2\frac{4}{5}$
$=2\frac{8}{5}-2\frac{4}{5}=\frac{4}{5}$ (kg) ▸1점
; $\frac{4}{5}$ kg ▸2점

04 $\frac{7}{15}+\frac{4}{15}=\frac{7+4}{15}=\frac{11}{15}$

05 $1-\frac{5}{9}=\frac{9}{9}-\frac{5}{9}=\frac{9-5}{9}=\frac{4}{9}$

06 $4\frac{3}{6}-3\frac{5}{6}=3\frac{9}{6}-3\frac{5}{6}=(3-3)+\left(\frac{9}{6}-\frac{5}{6}\right)=\frac{4}{6}$

07 $\frac{7}{8}+1\frac{6}{8}=1+\frac{13}{8}=1+1\frac{5}{8}=2\frac{5}{8}$
$5\frac{2}{8}-2\frac{7}{8}=4\frac{10}{8}-2\frac{7}{8}=2\frac{3}{8}$

08 $\frac{3}{7}+1\frac{5}{7}=1\frac{8}{7}=2\frac{1}{7}$, $2-\frac{3}{7}=1\frac{7}{7}-\frac{3}{7}=1\frac{4}{7}$,
$3\frac{1}{7}-1\frac{6}{7}=2\frac{8}{7}-1\frac{6}{7}=1\frac{2}{7}$

09 ② $\frac{13}{9}=1\frac{4}{9}$
③ $\frac{6}{9}+\frac{7}{9}=\frac{13}{9}=1\frac{4}{9}$
④ $4-2\frac{5}{9}=3\frac{9}{9}-2\frac{5}{9}=1\frac{4}{9}$
⑤ $3\frac{1}{9}-1\frac{8}{9}=2\frac{10}{9}-1\frac{8}{9}=1\frac{2}{9}$

10 $6\frac{1}{5}-3\frac{3}{5}=5\frac{6}{5}-3\frac{3}{5}=2\frac{3}{5}$
$2\frac{3}{5}-1\frac{4}{5}=1\frac{8}{5}-1\frac{4}{5}=\frac{4}{5}$

11 $6\frac{1}{4}-2\frac{3}{4}=5\frac{5}{4}-2\frac{3}{4}=3\frac{2}{4}$
$3\frac{2}{4}+1\frac{2}{4}=4\frac{4}{4}=5$

12 $1\frac{7}{8}+\frac{6}{8}=1\frac{13}{8}=2\frac{5}{8}$
$2\frac{3}{8}-1\frac{7}{8}=1\frac{11}{8}-1\frac{7}{8}=\frac{4}{8}$
$2\frac{1}{8}-\frac{6}{8}=1\frac{9}{8}-\frac{6}{8}=1\frac{3}{8}$

13 ㉠ $5-1\frac{2}{9}=4\frac{9}{9}-1\frac{2}{9}=3\frac{7}{9}$
㉡ $3\frac{4}{9}+\frac{5}{9}=3\frac{9}{9}=4$
㉢ $\frac{7}{9}+2\frac{8}{9}=2\frac{15}{9}=3\frac{6}{9}$
㉣ $4\frac{1}{9}-\frac{12}{9}=\frac{37}{9}-\frac{12}{9}=\frac{25}{9}=2\frac{7}{9}$
⇨ ㉡ 4 > ㉠ $3\frac{7}{9}$ > ㉢ $3\frac{6}{9}$ > ㉣ $2\frac{7}{9}$

14 ♥+♣+♠$=6\frac{4}{15}+2\frac{7}{15}+2\frac{13}{15}$
$=8\frac{11}{15}+2\frac{13}{15}=10\frac{24}{15}=11\frac{9}{15}$

평가 자료집 2~4쪽

15 $♥-♣+♠=6\frac{4}{15}-2\frac{7}{15}+2\frac{13}{15}$

$=5\frac{19}{15}-2\frac{7}{15}+2\frac{13}{15}=3\frac{12}{15}+2\frac{13}{15}$

$=5\frac{25}{15}=6\frac{10}{15}$

16 $7\frac{3}{6}+4\frac{5}{6}=11\frac{8}{6}=12\frac{2}{6}$이므로

$12\frac{2}{6}=\square+9\frac{4}{6}$입니다.

⇨ $\square=12\frac{2}{6}-9\frac{4}{6}=11\frac{8}{6}-9\frac{4}{6}=2\frac{4}{6}$

17 $4\frac{2}{7}-\frac{6}{7}=3\frac{9}{7}-\frac{6}{7}=3\frac{3}{7}$

$3\frac{3}{7}<3\frac{\square}{7}<4\left(=3\frac{7}{7}\right)$에서 분자의 크기를 비교하면 $3<\square<7$이어야 하므로 □ 안에 들어갈 수 있는 자연수는 4, 5, 6입니다. ⇨ 3개

18 $\frac{30}{13}=2\frac{4}{13}$이고 $2\frac{5}{13}>2\frac{4}{13}$이므로 $2\frac{5}{13}>\frac{30}{13}$입니다.
따라서 성우가 감자를 더 많이 캤습니다.

19 $2\frac{5}{13}-\frac{30}{13}=2\frac{5}{13}-2\frac{4}{13}=\frac{1}{13}$ (kg)

20 자연수 부분의 뺄셈이 $3-1=2$이므로 $\frac{■}{8}-\frac{▲}{8}=\frac{3}{8}$입니다. $■-▲=3$이므로 만들 수 있는 뺄셈식 중 $■+▲$가 가장 큰 뺄셈식은 $3\frac{7}{8}-1\frac{4}{8}=2\frac{3}{8}$입니다.

⇨ $■+▲=7+4=11$

21 A형: $\frac{5}{18}$, B형: $\frac{4}{18}$ ⇨ $\frac{5}{18}+\frac{4}{18}=\frac{5+4}{18}=\frac{9}{18}$

22 어떤 수를 □라 하면 $\square+3\frac{7}{11}=10$입니다.

⇨ $\square=10-3\frac{7}{11}=9\frac{11}{11}-3\frac{7}{11}=6\frac{4}{11}$

23 $6\frac{4}{11}-3\frac{7}{11}=5\frac{15}{11}-3\frac{7}{11}=2\frac{8}{11}$

24 $3\frac{2}{7}-1\frac{2}{7}=2$, $2-1\frac{2}{7}=\frac{5}{7}$

따라서 빵을 2개 만들고 밀가루가 $\frac{5}{7}$ kg 남습니다.

25

채점 기준		
빈 바구니의 무게를 구하는 식을 쓴 경우	1점	4점
빈 바구니의 무게를 구한 경우	1점	
답을 바르게 쓴 경우	2점	

실력 단원평가 5~6쪽

01 $=$

02 (위에서부터) $\frac{2}{15}$, $\frac{14}{15}$, $\frac{9}{15}$

03 $5\frac{6}{7}$, $3\frac{2}{7}$

04 ㉡, ㉠, ㉢

05 $7\frac{7}{8}$

06 예 분모가 8인 가장 큰 진분수는 $\frac{7}{8}$이고▸1점 분모가 8인 가장 작은 진분수는 $\frac{1}{8}$입니다.▸1점 따라서 두 진분수의 차는 $\frac{7}{8}-\frac{1}{8}=\frac{6}{8}$입니다.▸4점 ; $\frac{6}{8}$▸4점

07 $4\frac{12}{16}$

08 $6\frac{6}{14}$

09 $1\frac{2}{6}\left(=\frac{8}{6}\right)$

10 $1\frac{16}{21}$

11 $5\frac{1}{10}$

12 $27\frac{1}{5}$ cm

13 4, 5, 6

14 $\frac{2}{9}$, $\frac{5}{9}$

15 예 (주스 절반의 무게)$=4\frac{2}{6}-2\frac{3}{6}=3\frac{8}{6}-2\frac{3}{6}$

$=1\frac{5}{6}$ (kg)▸3점

⇨ (마시기 전 주스만의 무게)

$=1\frac{5}{6}+1\frac{5}{6}=2\frac{10}{6}=3\frac{4}{6}$ (kg)▸3점

; $3\frac{4}{6}$ kg▸4점

01 $\frac{7}{11}+\frac{2}{11}=\frac{9}{11}$, $\frac{3}{11}+\frac{6}{11}=\frac{9}{11}$

02 $\frac{3}{15}-\frac{1}{15}=\frac{2}{15}$, $\frac{11}{15}+\frac{3}{15}=\frac{14}{15}$, $\frac{8}{15}+\frac{1}{15}=\frac{9}{15}$

03 합: $1\frac{2}{7}+4\frac{4}{7}=(1+4)+\left(\frac{2}{7}+\frac{4}{7}\right)=5\frac{6}{7}$

차: $4\frac{4}{7}-1\frac{2}{7}=(4-1)+\left(\frac{4}{7}-\frac{2}{7}\right)=3\frac{2}{7}$

04 ㉠ $\frac{9}{17}-\frac{5}{17}=\frac{4}{17}$

㉡ $\frac{14}{17}-\frac{8}{17}=\frac{6}{17}$

㉢ $\frac{10}{17}-\frac{7}{17}=\frac{3}{17}$

⇨ ㉡ $\frac{6}{17}>$ ㉠ $\frac{4}{17}>$ ㉢ $\frac{3}{17}$

05 가장 큰 수는 $5\frac{4}{8}$이고, 가장 작은 수는 $2\frac{3}{8}$입니다.

⇨ $5\frac{4}{8}+2\frac{3}{8}=(5+2)+\left(\frac{4}{8}+\frac{3}{8}\right)$

$=7+\frac{7}{8}=7\frac{7}{8}$

06 분모가 8인 진분수: $\frac{1}{8}$, $\frac{2}{8}$, $\frac{3}{8}$, $\frac{4}{8}$, $\frac{5}{8}$, $\frac{6}{8}$, $\frac{7}{8}$

가장 큰 진분수 ⇨ $\frac{7}{8}$

가장 작은 진분수 ⇨ $\frac{1}{8}$

채점 기준		
가장 큰 진분수를 구한 경우	1점	10점
가장 작은 진분수를 구한 경우	1점	
가장 큰 진분수와 가장 작은 진분수의 차를 구한 경우	4점	
답을 바르게 쓴 경우	4점	

07 $4\frac{3}{16}+1\frac{7}{16}=(4+1)+\left(\frac{3}{16}+\frac{7}{16}\right)=5\frac{10}{16}$

$5\frac{10}{16}-\frac{14}{16}=4\frac{26}{16}-\frac{14}{16}=4\frac{12}{16}$

08 어떤 수를 □라 하면 $□-3\frac{11}{14}=2\frac{9}{14}$,

$□=2\frac{9}{14}+3\frac{11}{14}=(2+3)+\left(\frac{9}{14}+\frac{11}{14}\right)$

$=5+\frac{20}{14}=5+1\frac{6}{14}=6\frac{6}{14}$입니다.

09 진분수는 분자가 분모보다 작아야 하므로 가장 큰 진분수는 $\frac{5}{6}$이고 가장 작은 진분수는 $\frac{3}{6}$입니다.

⇨ $\frac{5}{6}+\frac{3}{6}=\frac{8}{6}=1\frac{2}{6}$

10 $□=4\frac{3}{21}-2\frac{8}{21}=3\frac{24}{21}-2\frac{8}{21}$

$=(3-2)+\left(\frac{24}{21}-\frac{8}{21}\right)$

$=1+\frac{16}{21}=1\frac{16}{21}$

11 분모가 10인 분수 중 $1\frac{5}{10}$보다 크고 $1\frac{9}{10}$보다 작은 수는 $1\frac{6}{10}$, $1\frac{7}{10}$, $1\frac{8}{10}$입니다.

⇨ $1\frac{6}{10}+1\frac{7}{10}+1\frac{8}{10}=3\frac{21}{10}=5\frac{1}{10}$

12 이어 붙인 색 테이프의 전체 길이는 색 테이프 3장의 길이의 합에서 겹치는 부분의 길이의 합을 뺀 것과 같습니다.

겹치는 부분은 $1\frac{2}{5}$ cm씩 2군데이므로 겹치는 부분의 길이의 합은 $1\frac{2}{5}+1\frac{2}{5}=2\frac{4}{5}$ (cm)입니다.

따라서 이어 붙인 색 테이프의 전체 길이는

$(10+10+10)-2\frac{4}{5}=30-2\frac{4}{5}=29\frac{5}{5}-2\frac{4}{5}$

$=27\frac{1}{5}$ (cm)입니다.

13 $3\frac{5}{7}+1\frac{3}{7}=5\frac{1}{7}$에서 $5\frac{㉠}{7}>5\frac{1}{7}$이므로 ㉠에 들어갈 수 있는 자연수는 2, 3, 4, 5, 6입니다.

$6\frac{2}{8}-3\frac{7}{8}=2\frac{3}{8}$에서 $2\frac{㉡}{8}>2\frac{3}{8}$이므로 ㉡에 들어갈 수 있는 자연수는 4, 5, 6, 7입니다.

따라서 ㉠과 ㉡에 공통으로 들어갈 수 있는 자연수는 4, 5, 6입니다.

14 두 분수를 $\frac{□}{9}$, $\frac{△}{9}$(단, □>△)라 하면

두 분수의 합이 $\frac{7}{9}$이므로 $\frac{□}{9}+\frac{△}{9}=\frac{7}{9}$입니다.

⇨ □+△=7

두 분수의 차가 $\frac{3}{9}$이므로 $\frac{□}{9}-\frac{△}{9}=\frac{3}{9}$입니다.

⇨ □−△=3

따라서 □=5, △=2이므로 두 분수는 $\frac{5}{9}$, $\frac{2}{9}$입니다.

참고

합이 7이고, 차가 3인 두 수 구하기

• 두 수 중 더 큰 수: 7+3=10, 10÷2=5

• 두 수 중 더 작은 수: 7−3=4, 4÷2=2

15 (주스 절반의 무게)

=(가득 들어 있는 주스 병의 무게)

−(절반을 마시고 잰 무게)

⇨ (마시기 전 주스만의 무게)

=(주스 절반의 무게)+(주스 절반의 무게)

채점 기준		
주스 절반의 무게를 구한 경우	3점	10점
마시기 전 주스만의 무게를 구한 경우	3점	
답을 바르게 쓴 경우	4점	

과정 중심 단원평가 7~8쪽

1 (1) $\frac{2}{4}+\frac{1}{4}=\frac{3}{4}$ ▸5점 (2) $\frac{3}{6}+\frac{2}{6}=\frac{5}{6}$ ▸5점

2 $\frac{2}{9}+\frac{5}{9}=\frac{7}{9}$ ▸5점 ; $\frac{7}{9}$ ▸5점

3 예 $21\frac{1}{4}<25\frac{3}{4}$이므로▸2점 가 막대의 길이가 $25\frac{3}{4}-21\frac{1}{4}=4\frac{2}{4}$ (cm) 더 짧습니다.▸4점
; 가 막대, $4\frac{2}{4}$ cm▸4점

4 예 콩을 팥보다 $3\frac{4}{9}-2\frac{7}{9}=2\frac{13}{9}-2\frac{7}{9}=\frac{6}{9}$ (kg) 더 많이 사 오셨습니다.▸5점 ; $\frac{6}{9}$ kg▸5점

5 예 세 분수 $23\frac{4}{7}$, $22\frac{6}{7}$, $23\frac{5}{7}$의 크기를 비교하면 $23\frac{5}{7}$가 가장 크고, $22\frac{6}{7}$이 가장 작습니다.▸4점
따라서 발 길이가 가장 긴 사람과 가장 짧은 사람의 발 길이의 차는 $23\frac{5}{7}-22\frac{6}{7}=22\frac{12}{7}-22\frac{6}{7}=\frac{6}{7}$(cm)입니다.▸6점
; $\frac{6}{7}$ cm▸5점

6 예 $\frac{21}{13}=1\frac{8}{13}$이고 $2\frac{2}{13}>1\frac{8}{13}$이므로▸4점 고양이의 무게가 $2\frac{2}{13}-1\frac{8}{13}=1\frac{15}{13}-1\frac{8}{13}=\frac{7}{13}$ (kg) 더 무겁습니다.▸6점 ; 고양이, $\frac{7}{13}$ kg▸5점

7 예 색 테이프 2장의 길이의 합은 $4+4=8$ (cm)이므로▸4점
이어 붙인 색 테이프 전체의 길이는 $8-2\frac{3}{8}=7\frac{8}{8}-2\frac{3}{8}=5\frac{5}{8}$ (cm)입니다.▸6점
; $5\frac{5}{8}$ cm▸5점

8 예 병 2개에 주스를 가득 담는 데 필요한 주스의 양은 $2\frac{1}{3}+2\frac{1}{3}=4\frac{2}{3}$ (L)입니다.▸5점 주스가 $3\frac{2}{3}$ L 있으므로 부족한 주스의 양은 $4\frac{2}{3}-3\frac{2}{3}=1$ (L)입니다.▸5점 ; 1 L▸5점

3

채점 기준		
두 막대의 길이를 비교한 경우	2점	10점
두 막대의 길이의 차를 구한 경우	4점	
답을 바르게 쓴 경우	4점	

4

채점 기준		
콩의 무게에서 팥의 무게를 빼어 두 무게의 차를 구한 경우	5점	10점
답을 바르게 쓴 경우	5점	

5

채점 기준		
세 사람의 발 길이를 비교한 경우	4점	15점
발 길이가 가장 긴 사람과 가장 짧은 사람의 발 길이의 차를 구한 경우	6점	
답을 바르게 쓴 경우	5점	

6

채점 기준		
고양이와 강아지의 무게를 비교한 경우	4점	15점
고양이와 강아지의 무게의 차를 구한 경우	6점	
답을 바르게 쓴 경우	5점	

7

채점 기준		
색 테이프 2장의 길이의 합을 구한 경우	4점	15점
이어 붙인 색 테이프 전체의 길이를 구한 경우	6점	
답을 바르게 쓴 경우	5점	

8

채점 기준		
필요한 주스의 양을 구한 경우	5점	15점
부족한 주스의 양을 구한 경우	5점	
답을 바르게 쓴 경우	5점	

창의·융합 문제 9쪽

1 ① $5\frac{6}{17}$ ② $7\frac{5}{17}$ ③ 7 ④ $5\frac{2}{17}$ ⑤ $6\frac{16}{17}$

2 $1\frac{13}{17}$, $5\frac{4}{17}$

1 ① $1\frac{13}{17}+3\frac{10}{17}=4\frac{23}{17}=5\frac{6}{17}$

② $1\frac{13}{17}+5\frac{9}{17}=6\frac{22}{17}=7\frac{5}{17}$

③ $1\frac{13}{17}+5\frac{4}{17}=6\frac{17}{17}=7$

④ $1\frac{13}{17}+3\frac{6}{17}=4\frac{19}{17}=5\frac{2}{17}$

⑤ $3\frac{10}{17}+3\frac{6}{17}=6\frac{16}{17}$

2 합이 7이 되는 두 분수는 $1\frac{13}{17}$, $5\frac{4}{17}$입니다.

2단원 삼각형

기본 단원평가 10~12쪽

01 둔각　　02 8, 8
03 7　　04 가, 다, 바
05 바　　06 60, 60
07 15　　08 45
09

예각삼각형	직각삼각형	둔각삼각형
가, 라		나, 다

10 75　　11 직각삼각형
12 둔각삼각형　　13 ⓒ
14 ④　　15 1, 1
16 ①, ⑤
17 예 두 각의 크기가 같기 때문입니다. ▸4점
18 가, 마, 자 ; 다, 아
19 (○) (○) (○) (　) (　)　　20 예
21 56 cm　　22 ④
23 예 지워진 부분에 있는 각의 크기는 $180^\circ-40^\circ-35^\circ=105^\circ$입니다. ▸1점
따라서 둔각이 있으므로 둔각삼각형입니다. ▸1점
; 둔각삼각형 ▸2점
24 15 cm
25 예 삼각형 ㄱㄴㄷ은 이등변삼각형이므로 각 ㄴㄱㄷ의 크기는 22°입니다. ▸1점
(각 ㄱㄴㄷ)$=180^\circ-22^\circ-22^\circ=136^\circ$
⇨ (각 ㄱㄴㄹ)$=180^\circ-136^\circ=44^\circ$ ▸1점
; 44° ▸2점

01 한 각이 둔각인 삼각형을 둔각삼각형이라고 합니다. 둔각삼각형의 나머지 두 각은 예각입니다.

02 정삼각형은 세 변의 길이가 모두 같습니다.

03 이등변삼각형은 두 변의 길이가 같습니다.

04 두 변의 길이가 같은 삼각형은 가, 다, 바입니다.

05 세 변의 길이가 모두 같은 삼각형은 바입니다.

06 정삼각형은 세 각의 크기가 모두 60°로 같습니다.

07 삼각형의 세 각의 크기의 합은 180°이므로 각도를 모르는 두 각의 크기의 합은 $180^\circ-150^\circ=30^\circ$입니다.
이등변삼각형은 두 각의 크기가 같으므로
$\square=30^\circ\div2=15^\circ$입니다.

08 삼각형의 세 각의 크기의 합은 180°이므로 각도를 모르는 두 각의 크기의 합은 $180^\circ-90^\circ=90^\circ$입니다.
이등변삼각형은 두 각의 크기가 같으므로
$\square=90^\circ\div2=45^\circ$입니다.

09 세 각이 모두 예각이면 예각삼각형입니다. ⇨ 가, 라
둔각이 있으면 둔각삼각형입니다. ⇨ 나, 다

10 변 ㄱㄴ과 변 ㄱㄷ의 길이가 같으므로 이등변삼각형이고 각 ㄱㄴㄷ과 각 ㄱㄷㄴ의 크기가 같습니다.

11 ㄱ ㄴ ㄷ
직각이 있는 삼각형이 되므로 직각삼각형입니다.

12 ㄱ ㄴ ㄷ
둔각이 있는 삼각형이 되므로 둔각삼각형입니다.

13 ⓒ 이등변삼각형은 두 각의 크기가 같습니다.
세 각의 크기가 항상 같은 삼각형은 정삼각형입니다.

14 각의 크기에 따라 분류했을 때, ①, ③은 직각삼각형이고, ②, ⑤는 예각삼각형입니다.

15 둔각이 있는 삼각형은 둔각삼각형입니다.

16 주어진 삼각형은 두 변의 길이가 같으므로 이등변삼각형이고, 한 각이 둔각이므로 둔각삼각형입니다.

17 두 각의 크기가 같은 삼각형은 두 변의 길이가 같으므로 이등변삼각형입니다.

18 둔각이 있는 삼각형은 다와 아입니다.
둔각과 직각이 없는 삼각형은 예각삼각형입니다.

19 만들 수 있는 삼각형은 정삼각형입니다.
정삼각형은 이등변삼각형, 예각삼각형이라고 할 수 있습니다.

20 두 변의 길이가 같은 삼각형은 이등변삼각형입니다.
세 각이 모두 예각인 이등변삼각형을 그립니다.

21 길이가 주어지지 않은 변의 길이는 15 cm입니다.
⇨ $15+26+15=56$ (cm)

22 나머지 한 각의 크기를 구하여 크기가 같은 두 각이 있는지 알아봅니다.
① 40° ② 35° ③ 70° ④ 55° ⑤ 65°
⇨ ④ 크기가 같은 두 각이 없습니다.

23

채점 기준		
지워진 부분에 있는 각의 크기를 구한 경우	1점	4점
삼각형의 이름을 구한 경우	1점	
답을 바르게 쓴 경우	2점	

24 이등변삼각형은 두 변의 길이가 같으므로 나머지 한 변의 길이는 16 cm입니다. 세 변의 길이의 합이 $16+16+13=45$ (cm)이므로 정삼각형의 한 변의 길이는 $45\div3=15$ (cm)입니다.

25

채점 기준		
각 ㄴㄱㄷ의 크기를 구한 경우	1점	4점
각 ㄱㄴㄹ의 크기를 구한 경우	1점	
답을 바르게 쓴 경우	2점	

실력 단원평가 13~14쪽

01 나, 다
02 나, 다, 라
03 마
04 (왼쪽에서부터) 14, 60
05 40
06 70
07 예 두 변의 길이가 같기 때문입니다. ▸5점
08 예 이 삼각형은 직각이 있으므로 직각삼각형입니다. ▸5점
09 (○)
(○)
(○)
(   )
(   )
10 9 cm
11 ㉠, ㉡
12 21 cm
13 6개
14 예 이등변삼각형이므로 각도가 96°가 아닌 두 각의 크기가 같습니다. ▸3점
$180^\circ-96^\circ=84^\circ$, $84^\circ\div2=42^\circ$
따라서 ㉠의 각도는 42°입니다. ▸3점 ; 42° ▸4점
15 예 정삼각형의 한 각의 크기는 60°이므로
(각 ㄱㄷㄴ)$=60^\circ$이고
(각 ㄱㄷㄹ)$=180^\circ-60^\circ=120^\circ$입니다. ▸3점
삼각형 ㄱㄷㄹ은 이등변삼각형이므로 나머지 두 각의 크기는 각각 $180^\circ-120^\circ=60^\circ$, $60^\circ\div2=30^\circ$입니다.
따라서 각 ㄱㄹㄷ의 크기는 30°입니다. ▸3점
; 30° ▸4점

01 세 변의 길이가 모두 같은 삼각형은 나, 다입니다.

02 세 각이 모두 예각인 삼각형은 나, 다, 라입니다.

03 둔각삼각형은 마, 바이고 이 중에서 이등변삼각형은 마입니다.

04 정삼각형은 세 변의 길이가 모두 같고 세 각의 크기가 모두 60°로 같습니다.

05 이등변삼각형이므로 두 각의 크기가 같습니다.

06 이등변삼각형은 두 각의 크기가 같습니다.
$180^\circ-40^\circ=140^\circ$, $140^\circ\div2=70^\circ$

07 두 변의 길이가 같은 삼각형을 이등변삼각형이라고 합니다.

08 직각삼각형과 둔각삼각형에도 예각이 2개 있습니다.

09 세 각의 크기가 모두 60°인 삼각형은 정삼각형입니다. 정삼각형은 이등변삼각형, 예각삼각형이라고 할 수 있습니다.

10 (가장 긴 변의 길이)$=19-5-5=9$ (cm)

11 ㉠ (나머지 한 각의 크기)$=180^\circ-80^\circ-50^\circ=50^\circ$
크기가 같은 두 각이 있으므로 이등변삼각형입니다.
㉡ 길이가 같은 두 변이 있으므로 이등변삼각형입니다.

12 • 크기가 주어지지 않은 두 각의 크기가 같은 경우
$180^\circ-60^\circ=120^\circ$, $120^\circ\div2=60^\circ$이므로 나머지 두 각의 크기가 각각 60°가 되어 주어진 삼각형은 정삼각형입니다.
• 다른 한 각의 크기가 60°인 경우
나머지 한 각의 크기가 $180^\circ-60^\circ-60^\circ=60^\circ$이므로 주어진 삼각형은 정삼각형입니다.
⇨ (세 변의 길이의 합)$=7\times3=21$ (cm)

13 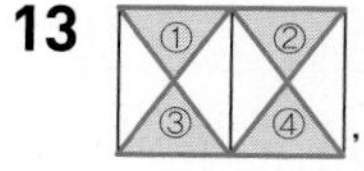

, 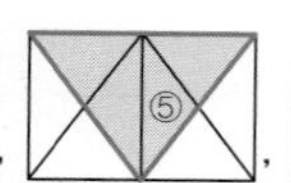

, 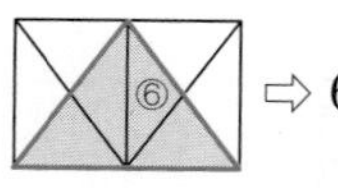

⇨ 6개

14

채점 기준		
이등변삼각형임을 아는 경우	3점	10점
㉠의 각도를 구한 경우	3점	
답을 바르게 쓴 경우	4점	

15

채점 기준		
각 ㄱㄷㄹ의 크기를 구한 경우	3점	10점
각 ㄱㄹㄷ의 크기를 구한 경우	3점	
답을 바르게 쓴 경우	4점	

과정 중심 단원평가 15~16쪽

1 서준▶5점 ;
㉠ 예각삼각형에는 예각이 3개 있습니다.▶5점

2 ㉠ 이등변삼각형은 두 변의 길이가 같으므로 나머지 한 변의 길이는 9 cm입니다.▶3점 따라서 세 변의 길이의 합은 $9+15+9=33$(cm)입니다.▶3점
; 33 cm▶4점

3 ㉠ 삼각형의 세 각의 크기의 합은 180°이므로 102°가 아닌 두 각의 크기의 합은 $180°-102°=78°$입니다.▶3점 $78°\div2=39°$이므로 찢어진 곳에 있던 각의 크기는 39°입니다.▶3점 ; 39°▶4점

4 ㉠ 나머지 한 각의 크기는 $180°-30°-45°=105°$입니다.▶3점 따라서 한 각이 둔각인 삼각형이므로 둔각삼각형입니다.▶3점 ; 둔각삼각형▶4점

5 ㉠ 정삼각형은 세 변의 길이가 모두 같습니다.▶5점 따라서 정삼각형의 한 변의 길이는 $33\div3=11$ (cm)입니다.▶5점 ; 11 cm▶5점

6 ㉠ 이등변삼각형은 두 각의 크기가 같으므로 각 ㄴㄱㄷ의 크기는 40°입니다.▶2점 각 ㄱㄷㄴ의 크기는 $180°-40°-40°=100°$입니다.▶4점 따라서 각 ㄱㄷㄹ의 크기는 $180°-100°=80°$입니다.▶4점
; 80°▶5점

7 ㉠ 삼각형 ㄹㄴㄷ에서 각 ㄹㄷㄴ의 크기를 구하면 $180°-125°-35°=20°$입니다.▶5점 삼각형 ㄱㄴㄷ은 이등변삼각형이므로 각 ㄴㄱㄹ과 각 ㄴㄷㄹ의 크기는 같습니다. 따라서 각 ㄴㄱㄹ의 크기는 20°입니다.▶5점
; 20°▶5점

8 ㉠ 정삼각형은 예각삼각형입니다. 가장 작은 정삼각형 1개짜리를 찾으면 7개입니다.▶3점 가장 작은 정삼각형 4개로 이루어진 예각삼각형을 찾으면 2개이고 이 삼각형과 크기가 같은 삼각형을 1개 더 찾을 수 있습니다.▶3점 전체 삼각형 모양도 예각삼각형이므로▶2점 모두 $7+3+1=11$(개)입니다.▶2점
; 11개▶5점

2

채점 기준		
나머지 한 변의 길이를 구한 경우	3점	10점
세 변의 길이의 합을 구한 경우	3점	
답을 바르게 쓴 경우	4점	

3

채점 기준		
삼각형에서 모르는 두 각의 크기의 합을 구한 경우	3점	10점
찢어진 곳에 있던 각의 크기를 구한 경우	3점	
답을 바르게 쓴 경우	4점	

4

채점 기준		
나머지 한 각의 크기를 구한 경우	3점	10점
각의 크기를 이용하여 어떤 삼각형인지 구한 경우	3점	
답을 바르게 쓴 경우	4점	

5

채점 기준		
정삼각형의 세 변의 길이가 모두 같음을 아는 경우	5점	15점
정삼각형의 한 변의 길이를 구한 경우	5점	
답을 바르게 쓴 경우	5점	

6

채점 기준		
각 ㄴㄱㄷ의 크기를 구한 경우	2점	15점
각 ㄱㄷㄴ의 크기를 구한 경우	4점	
각 ㄱㄷㄹ의 크기를 구한 경우	4점	
답을 바르게 쓴 경우	5점	

7

채점 기준		
각 ㄹㄷㄴ의 크기를 구한 경우	5점	15점
각 ㄴㄱㄹ의 크기를 구한 경우	5점	
답을 바르게 쓴 경우	5점	

8

채점 기준		
가장 작은 정삼각형의 개수를 구한 경우	3점	15점
가장 작은 정삼각형 4개로 만든 크기의 예각삼각형의 개수를 구한 경우	3점	
가장 큰 예각삼각형의 개수를 구한 경우	2점	
찾을 수 있는 크고 작은 예각삼각형의 개수를 구한 경우	2점	
답을 바르게 쓴 경우	5점	

창의·융합 문제 17쪽

1 라 2 다
3 직각삼각형, 이등변삼각형

1 예각이 2개만 있으므로 나머지 한 각은 직각이거나 둔각인데 직각이 없다고 했으므로 둔각삼각형입니다.
두 변의 길이가 같다고 했으므로 이등변삼각형입니다.

2 한 각이 60°인 이등변삼각형은 정삼각형입니다.

3 직각이 있으므로 직각삼각형입니다.
두 변의 길이가 같으므로 이등변삼각형입니다.

3단원 소수의 덧셈과 뺄셈

기본 단원평가 18~20쪽

01 영 점 이영칠　02 0.68
03 (1) 일, 7 (2) 소수 첫째, 0.4 (3) 소수 셋째, 0.009
04 (1) 37 (2) 29 (3) 66, 0.66
05 (1) 0.409 (2) 6.147　06 0.09
07 0.4　08 (1) 0.75 (2) 3040
09 ④
10

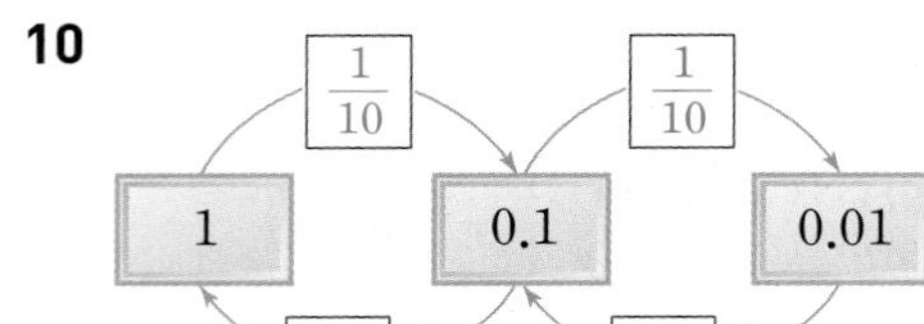

11

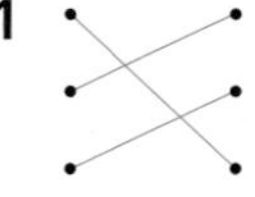

12 >
13 (1) 6.13 (2) 7.04 (3) 1.69 (4) 1.88
14 ㉡, ㉠, ㉢　15 0.78
16

$$\begin{array}{r} 2.48 \\ +\ 3.6 \\ \hline 6.08 \end{array} \qquad \begin{array}{r} 2.24 \\ +\ 3.9 \\ \hline 6.14 \end{array}$$

17 서연　18 2 L
19 2009년　20 8.91 m
21 3.84　22

$$\begin{array}{r} 6.8\boxed{6} \\ +\ 2.\boxed{3}5 \\ \hline \boxed{9}.21 \end{array}$$

23 예 ㉠은 일의 자리 숫자이므로 3을 나타내고 ㉡은 소수 셋째 자리 숫자이므로 0.003을 나타냅니다.▸1점 따라서 ㉠이 나타내는 수는 ㉡이 나타내는 수의 1000배입니다.▸1점 ; 1000배▸2점
24 0, 1, 2, 3, 4　25 0.48 km

01 소수점 아래에 있는 수는 자릿값은 읽지 않고 숫자만 차례로 읽습니다.

02 수직선에서 작은 눈금 한 칸의 크기는 0.01이므로 0.6에서 8칸 더 간 수는 0.68입니다.

03 7.429
- 일의 자리 숫자, 7
- 소수 첫째 자리 숫자, 0.4
- 소수 둘째 자리 숫자, 0.02
- 소수 셋째 자리 숫자, 0.009

04 (3) 0.37은 0.01이 37개, 0.29는 0.01이 29개이므로 0.37+0.29는 0.01이 37+29=66(개)입니다. 0.01이 66개이면 0.66이므로 0.37+0.29=0.66입니다.

06 소수의 오른쪽 끝자리에 0이 있어도 같은 수입니다.
0.9=0.90=0.900

07 0.9−0.5=0.4

08 1 g=0.001 kg입니다.
(1) 750 g=0.750 kg=0.75 kg
(2) 3.04 kg=3040 g

09 0.189<0.638<0.835<8.025<8.194 (1<6, 6<8, 0<8, 0<1)
⇨ ④<①<③<②<⑤

10 소수점을 기준으로 수가 오른쪽으로 한 자리 이동한 것은 소수의 $\frac{1}{10}$을 구한 것이고, 소수점을 기준으로 수가 왼쪽으로 한 자리 이동한 것은 소수를 10배 한 것입니다.

11 0.2+0.4=0.6, 0.5+0.6=1.1, 0.7+0.2=0.9, 0.3+0.8=1.1, 0.4+0.5=0.9, 0.3+0.3=0.6

12 0.27+0.11=0.38, 0.44−0.18=0.26
⇨ 0.38>0.26 (3>2)

13 (1)

$$\begin{array}{r} {\scriptstyle 1\ 1} \\ 3.38 \\ +\ 2.75 \\ \hline 6.13 \end{array}$$

(2)

$$\begin{array}{r} {\scriptstyle 1\ 1} \\ 5.67 \\ +\ 1.37 \\ \hline 7.04 \end{array}$$

(3)

$$\begin{array}{r} {\scriptstyle 3\ 14\ 10} \\ \not{4}.\not{5}4 \\ -\ 2.85 \\ \hline 1.69 \end{array}$$

(4)

$$\begin{array}{r} {\scriptstyle 2\ 10\ 10} \\ \not{3}.\not{1}3 \\ -\ 1.25 \\ \hline 1.88 \end{array}$$

14 ㉠

$$\begin{array}{r} 2.56 \\ -\ 1.31 \\ \hline 1.25 \end{array}$$

㉡

$$\begin{array}{r} {\scriptstyle 6\ 10} \\ 2.\not{7}4 \\ -\ 1.48 \\ \hline 1.26 \end{array}$$

㉢

$$\begin{array}{r} {\scriptstyle 2\ 10\ 10} \\ \not{3}.\not{1}2 \\ -\ 2.28 \\ \hline 0.84 \end{array}$$

⇨ 1.26>1.25>0.84이므로 계산 결과가 큰 것부터 차례로 기호를 쓰면 ㉡, ㉠, ㉢입니다.

15 5.17>5.08>4.42>4.39
가장 큰 수: 5.17, 가장 작은 수: 4.39
⇨ 5.17−4.39=0.78

16 진우는 소수점끼리 자리를 잘못 맞추어 계산하였고, 서연이는 받아올림한 수를 더하지 않았습니다.

17 6.08<6.14이므로 바르게 계산한 결과가 더 큰 사람은 서연이입니다.

18 0.2의 10배는 2이므로 욕심쟁이 할아버지가 마신 물은 2 L입니다.

19 시간이 짧을수록 기록이 더 좋은 것입니다.
9.58<9.77이므로 우사인 볼트의 기록이 더 좋은 해는 2009년이었습니다.

20 5.39+3.52=8.91 (m)

21 • 0.1이 28개이면 2.8, 0.01이 45개이면 0.45이므로 2.8+0.45=3.25입니다.
• 0.01이 56개이면 0.56, 0.001이 30개이면 0.03이므로 0.56+0.03=0.59입니다.
⇨ 3.25+0.59=3.84

22
```
    6 . 8 [㉢]
+   2 .[㉡] 5
-------------
  [㉠]. 2  1
```
• ㉢+5=11 ⇨ ㉢=6
• 1+8+㉡=12 ⇨ ㉡=3
• 1+6+2=㉠ ⇨ ㉠=9

23

채점 기준		
㉠과 ㉡이 나타내는 수를 구한 경우	1점	4점
㉠이 나타내는 수는 ㉡이 나타내는 수의 몇 배인지 구한 경우	1점	
답을 바르게 쓴 경우	2점	

24 8.56−6.98=1.58입니다. 1.58>1.□9이므로 □ 안에 들어갈 수 있는 수는 0, 1, 2, 3, 4입니다.

25 (민기네 집에서 행정복지센터를 지나 학교까지 가는 거리)
=1.68+1.57=3.25 (km)
따라서 민기네 집에서 행정복지센터를 지나 학교까지 가는 길은 학교까지 바로 가는 길보다 3.25−2.77=0.48 (km) 더 멉니다.

실력 단원평가 21~22쪽

01 ④
02 (1) 1.37, 0.137 (2) 2.58, 0.258
03 3.562
04 (위에서부터) 0.2, 0.3, 0.4
05 4.1, 4.07, 3.986, 3.96
06 ③
07
```
  6.52
− 2.8
------
  3.72
```
08 0.358
09 38.5 kg
10 1.33 L
11 3.89 kg
12 8, 9
13
```
   5 .[2] 4
−  2 . 5 [6]
------------
  [2]. 6  8
```
14 6.17
15 5
16 예 어떤 수를 □라 하면 □−8.26=2.79이므로
□=2.79+8.26, □=11.05입니다.▸3점
따라서 바르게 계산한 값은
11.05+8.26=19.31입니다.▸3점
; 19.31▸4점

01 ④ $2.036=\frac{2036}{1000}$

02 소수의 $\frac{1}{10}$을 구하면 소수점을 기준으로 수가 오른쪽으로 한 자리 이동하고, $\frac{1}{100}$을 구하면 소수점을 기준으로 수가 오른쪽으로 두 자리 이동합니다.

03 2가 나타내는 수를 알아봅니다.
2.316 (→2)　　8.024 (→0.02)　　3.562 (→0.002)
따라서 숫자 2가 나타내는 수가 가장 작은 수는 3.562입니다.

04 0.6−0.4=0.2, 0.9−0.6=0.3, 0.8−0.4=0.4

05 4.1 > 4.07 > 3.986 > 3.96
(1>0, 4>3, 8>6)

06 ① 0.81+0.29=1.1　② 0.39+0.62=1.01
③ 0.47+0.51=0.98　④ 0.58+0.67=1.25
⑤ 0.28+0.84=1.12

07 일의 자리 계산에서 받아내림한 수를 빼지 않았습니다.

08 0<3<5<8이므로 높은 자리부터 작은 수를 차례로 놓으면 만들 수 있는 가장 작은 소수 세 자리 수는 0.358입니다.

09 1 g=0.001 kg이므로 385 g=0.385 kg입니다.
따라서 구슬 100개의 무게는 38.5 kg입니다.

10 1.04+0.29=1.33 (L)

11 4.16−0.27=3.89 (kg)

12 일의 자리 수와 소수 첫째 자리 수가 같고 소수 셋째 자리 수를 비교하면 5>4이므로 7<□이어야 합니다.
따라서 □ 안에 들어갈 수 있는 수는 8, 9입니다.

13

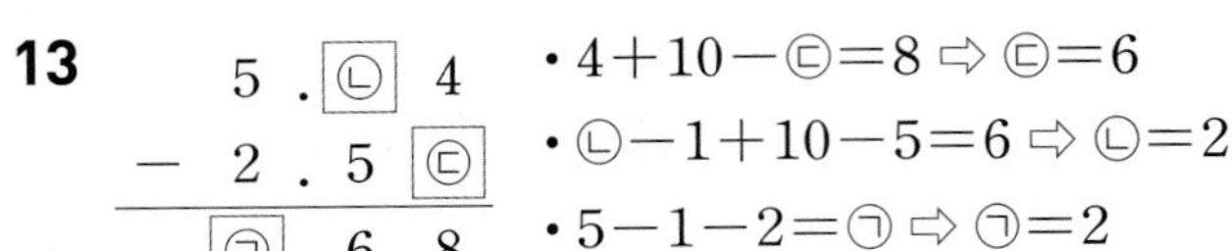

- 4+10−㉢=8 ⇨ ㉢=6
- ㉡−1+10−5=6 ⇨ ㉡=2
- 5−1−2=㉠ ⇨ ㉠=2

14 가장 작은 소수 두 자리 수는 0.16이고 가장 큰 소수 두 자리 수는 6.01이므로 0.16+6.01=6.17입니다.

15 3.76+5.19=8.95이므로 8.95<8.9□3입니다.
일의 자리 수, 소수 첫째 자리 수가 같고 소수 셋째 자리 수를 비교하면 0<3이므로 □ 안에는 5와 같거나 5보다 큰 수가 들어갈 수 있습니다. 따라서 □ 안에 들어갈 수 있는 숫자 중에서 가장 작은 수는 5입니다.

16

채점 기준		
어떤 수를 구한 경우	3점	10점
바르게 계산한 값을 구한 경우	3점	
답을 바르게 쓴 경우	4점	

과정 중심 단원평가 23~24쪽

1 0.9+0.7=1.6 ▸5점 ; 1.6 km ▸5점

2 1.26−0.68=0.58 ▸5점 ; 0.58 m ▸5점

3 ㉑ 1 mm=0.1 cm이므로 ▸2점 신발의 사이즈는 255 mm=25.5 cm입니다. ▸4점 ; 25.5 cm ▸4점

4
$$\begin{array}{r} 1.73 \\ +\ 6.34 \\ \hline 8.07 \end{array}$$ ▸5점

; ㉑ 소수 첫째 자리 계산에서 받아올림하는 수를 일의 자리에 더하지 않았습니다. ▸5점

5 ㉑ 가장 큰 수는 6.17이고, ▸2점 가장 작은 수는 2.39입니다. ▸2점 따라서 6.17−2.39=3.78입니다. ▸6점
; 3.78 ▸5점

6 ㉑ (삼각형의 세 변의 길이의 합)
=3.27+3.86+4.19 ▸4점
=7.13+4.19=11.32 (cm) ▸6점
; 11.32 cm ▸5점

7 ㉑ 만들 수 있는 가장 큰 소수 두 자리 수는 75.31이고, ▸2점 가장 작은 소수 두 자리 수는 13.57입니다. ▸2점
따라서 두 수의 차는 75.31−13.57=61.74입니다. ▸6점
; 61.74 ▸5점

8 ㉑ 2.04+1.73=3.77입니다. ▸4점
3.77<3.□6에서 □ 안에 들어갈 수 있는 숫자는 8, 9로 ▸3점 모두 2개입니다. ▸3점
; 2개 ▸5점

3

채점 기준		
1 mm=0.1 cm임을 아는 경우	2점	10점
신발의 사이즈를 cm 단위로 바꾼 경우	4점	
답을 바르게 쓴 경우	4점	

5

채점 기준		
가장 큰 수를 구한 경우	2점	15점
가장 작은 수를 구한 경우	2점	
가장 큰 수와 가장 작은 수의 차를 구한 경우	6점	
답을 바르게 쓴 경우	5점	

6

채점 기준		
삼각형의 세 변의 길이의 합을 구하는 식을 세운 경우	4점	15점
삼각형의 세 변의 길이의 합을 구한 경우	6점	
답을 바르게 쓴 경우	5점	

7

채점 기준		
가장 큰 소수 두 자리 수를 만든 경우	2점	15점
가장 작은 소수 두 자리 수를 만든 경우	2점	
가장 큰 소수 두 자리 수와 가장 작은 소수 두 자리 수의 차를 구한 경우	6점	
답을 바르게 쓴 경우	5점	

8

채점 기준		
2.04+1.73을 계산한 경우	4점	15점
□ 안에 들어갈 수 있는 숫자를 모두 구한 경우	3점	
□ 안에 들어갈 수 있는 숫자의 개수를 구한 경우	3점	
답을 바르게 쓴 경우	5점	

창의·융합 문제 25쪽

1 3.6 m　　2 1.55 m

3 ㉑ 11.85−1.5−3.6−2.2=4.55 ▸5점
; 4.55 m ▸5점

1 11.1−3−4.5=8.1−4.5=3.6 (m)

2 11.1−5.95−3.6=5.15−3.6=1.55 (m)

다른 풀이
3+4.5−5.95=7.5−5.95=1.55 (m)

3 11.85−1.5−3.6−2.2=10.35−3.6−2.2
=6.75−2.2=4.55 (m)

4단원 사각형

기본 단원평가 26~28쪽

01 수직, 수선　　02 직선 가, 직선 나
03 2쌍　　04 (1) 2개 (2) 1개
05 ㉢, ㉠, ㉡　　06 ㉡
07

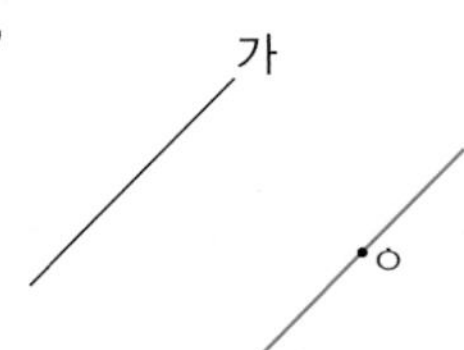

08 선분 ㄱㄷ, 선분 ㅁㄹ / 선분 ㄴㅁ, 선분 ㄷㄹ
09 다, 라, 마, 바　　10 라, 마, 바
11 바　　12 다, 라, 바
13 다, 라　　14 라
15 2 cm　　16

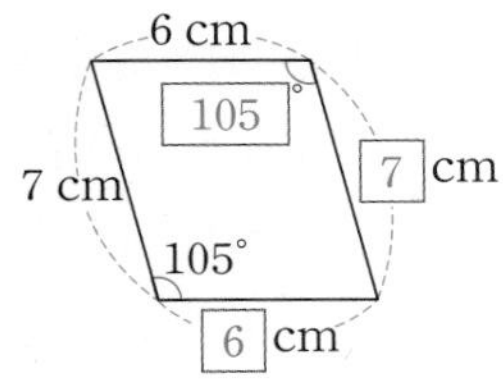

17 정사각형　　18 ④, ⑤
19 (왼쪽에서부터) 115, 10
20 (왼쪽에서부터) 9, 90　　21 ⑤
22 예

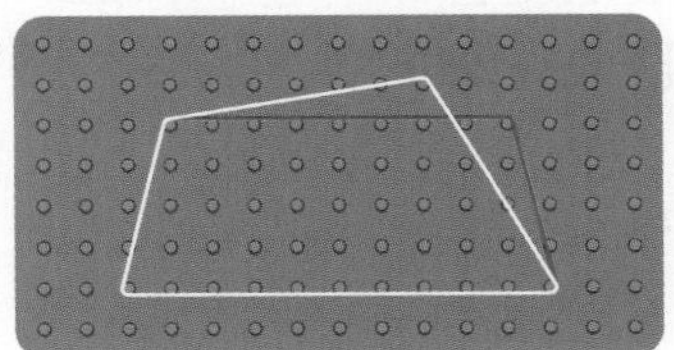

23 ㉣▸2점 ;
　예 네 각이 모두 직각이 아니므로 정사각형이라고 할 수 없습니다.▸2점
24 4개
25 예 평행사변형은 마주 보는 두 변의 길이가 같습니다.▸1점
　$54-8-8=38$ (cm)이므로
　(변 ㄱㄹ) $=38\div2=19$ (cm)입니다.▸1점
　; 19 cm▸2점

02

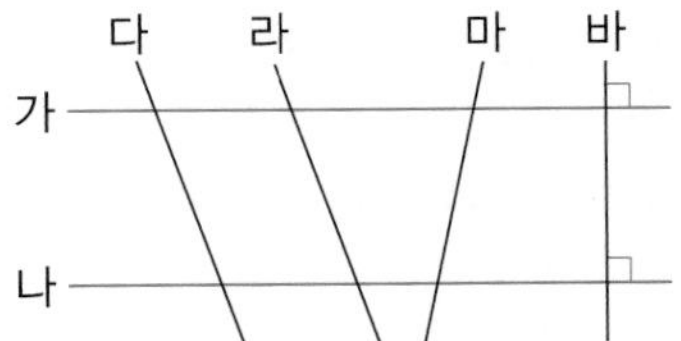

직선 바와 수직으로 만나는 직선은 직선 가와 직선 나입니다.

03

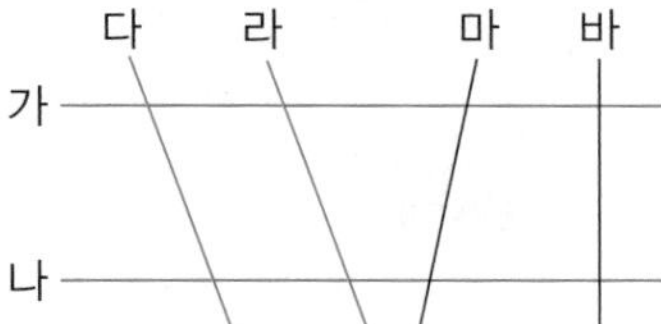

직선 가와 직선 나, 직선 다와 직선 라 ⇨ 2쌍

04 (1) 변 ㄴㄷ과 수직인 변은 변 ㄱㄴ, 변 ㄹㄷ입니다. ⇨ 2개
(2) 변 ㄴㄷ과 수직인 변은 변 ㄹㄷ입니다. ⇨ 1개

06 ㉠ 평행한 두 직선을 평행선이라고 합니다.
㉢ 두 직선이 만나서 이루는 각이 직각일 때 두 직선은 서로 수직입니다.

07 점 ㅇ을 지나고 직선 가와 만나지 않는 직선을 긋습니다.

08 길게 늘여도 서로 만나지 않는 두 선분을 모두 찾습니다.

11 네 변의 길이가 모두 같은 사각형은 바입니다.

12 마주 보는 두 쌍의 변이 서로 평행한 사각형은 다, 라, 바입니다.

13 네 각이 모두 직각인 사각형은 다, 라입니다.

14 네 변의 길이가 모두 같고 네 각이 모두 직각인 사각형은 라입니다.

15 서로 만나지 않는 두 직선은 나이고 평행선 사이에 수직인 선분을 그어 그 길이를 재면 2 cm입니다.

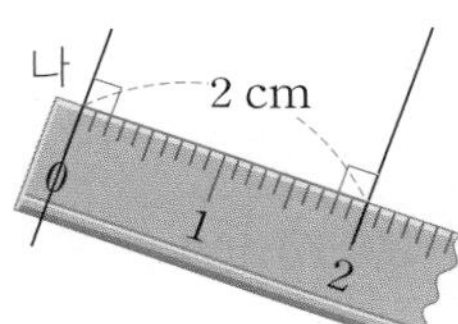

16 평행사변형에서 마주 보는 두 변의 길이는 같고, 마주 보는 두 각의 크기는 같습니다.

17 주의
마름모는 답이 될 수 없음에 주의합니다.
마름모는 네 각의 크기가 같을 수도 있고 다를 수도 있습니다.

18 평행사변형은 네 변의 길이가 같지 않고, 마주 보는 꼭짓점끼리 이은 선분이 서로 수직으로 만나지 않습니다.

19 마름모는 네 변의 길이가 모두 같고 마주 보는 두 각의 크기가 같습니다.

20 마름모는 마주 보는 꼭짓점끼리 이은 선분이 서로 수직으로 만나고 서로를 똑같이 둘로 나눕니다.

21 ⑤ 마름모 중에는 정사각형이 아닌 사각형도 있습니다.

22 평행한 변이 한 쌍이라도 있도록 꼭짓점을 옮기면 사다리꼴이 됩니다.

23 주어진 사각형은 네 변의 길이가 모두 같으므로 마름모입니다.
마름모는 마주 보는 두 쌍의 변이 서로 평행하므로 평행사변형, 사다리꼴이라고 할 수 있습니다.

24 변 ㄱㄴ과 평행한 변은 변 ㅊㅈ, 변 ㅇㅅ, 변 ㅁㅂ, 변 ㄹㄷ입니다.

25

채점 기준		
평행사변형의 변의 성질을 아는 경우	1점	4점
변 ㄱㄹ의 길이를 구한 경우	1점	
답을 바르게 쓴 경우	2점	

실력 단원평가 29~30쪽

01 다 **02** 민희
03 직선 가, 직선 나 ; 직선 다, 직선 바
04 가, 다 **05** 다
06 (1) ○ (2) × (3) ○ **07** ③
08 4개 **09** 18
10 7 cm **11** 4개
12

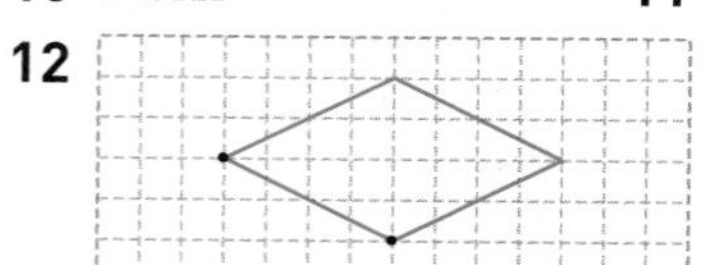

13 10 cm **14** (1) 140° (2) 40°

02 평행선은 서로 만나지 않고, 평행선 사이의 거리는 항상 같습니다.

03 직선 가와 직선 나, 직선 다와 직선 바는 서로 만나지 않으므로 평행합니다.

05 네 변의 길이가 모두 같고 네 각이 모두 직각인 사각형은 다입니다.

06 (2) 직사각형 중에는 마름모가 아닌 경우도 있습니다.

07 점 ③을 꼭짓점으로 해야 마주 보는 두 쌍의 변이 서로 평행한 사각형이 됩니다.

08 평행선과 수선을 모두 가지고 있는 자음은 **ㄷ, ㄹ, ㅂ, ㅋ**으로 모두 4개입니다.

09 마름모는 네 변의 길이가 모두 같으므로 한 변의 길이는 $72 \div 4 = 18$ (cm)입니다.

10 (변 ㄱㅂ과 변 ㄴㄷ 사이의 거리)
$=$(변 ㅂㅁ)$+$(변 ㄹㄷ)$=3+4=7$ (cm)

11

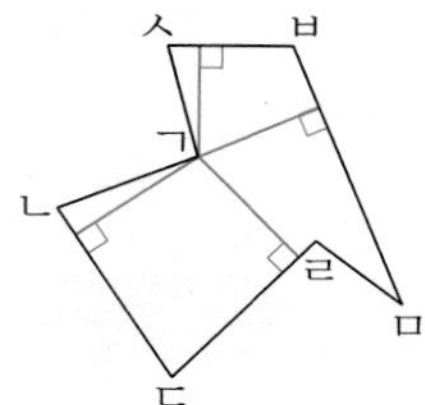

⇨ 점 ㄱ에서 수선을 최대 4개까지 그을 수 있습니다.

12 마름모는 네 변의 길이가 같습니다.

13 평행사변형은 마주 보는 두 변의 길이가 같으므로 변 ㄱㄹ은 18 cm입니다. $52-18-18=16$이므로
(변 ㄱㄴ)$=16 \div 2=8$ (cm)입니다.
⇨ (이웃하는 두 변의 길이의 차)$=18-8=10$ (cm)

14 (1) 마름모에서 이웃하는 두 각의 크기의 합은 180°이므로 (각 ㅂㄷㄹ)$+110°=180°$, (각 ㅂㄷㄹ)$=70°$입니다.
따라서 (각 ㄴㄷㅂ)$=210°-70°=140°$이고 평행사변형에서 마주 보는 두 각의 크기는 같으므로
(각 ㄴㄱㅂ)$=$(각 ㄴㄷㅂ)$=140°$입니다.
(2) 평행사변형에서 이웃하는 두 각의 크기의 합은 180°이므로 (각 ㄱㄴㄷ)$+140°=180°$,
(각 ㄱㄴㄷ)$=40°$입니다.

과정 중심 단원평가 31~32쪽

1 ⓔ 변 ㄷㄹ에 수직인 변은 변 ㄱㄹ, 변 ㄴㄷ으로 ▸3점 모두 2개입니다. ▸3점 ; 2개 ▸4점

2 ⓔ 변 ㄱㄴ과 변 ㄹㄷ이 서로 평행하므로 ▸2점 평행선 사이의 거리는 변 ㄴㄷ의 길이인 4 cm입니다. ▸4점 ; 4 cm ▸4점

3 민희 ▸5점 ; ⓔ 직선 라와 직선 마는 평행선이야. ▸5점

4 ⓔ 마주 보는 두 쌍의 변이 서로 평행하기 때문입니다. ▸10점

5 ⓔ 변 ㄱㄴ과 평행한 변은 변 ㅇㅅ, 변 ㅂㅁ, 변 ㄹㄷ으로 ▸5점 모두 3개입니다. ▸5점 ; 3개 ▸5점

6 ㉣ ▸7점 ; ⓔ 정사각형은 네 변의 길이가 모두 같으므로 마름모라고 할 수 있습니다. ▸8점

7 ⓔ 마름모는 네 변의 길이가 모두 같으므로 길이가 12 cm인 변이 4개 있습니다. ▸5점
⇨ (네 변의 길이의 합)
$=12+12+12+12=48$ (cm) ▸5점
; 48 cm ▸5점

8 ⓔ 평행사변형은 이웃하는 두 각의 크기의 합이 180°입니다. ▸5점
(각 ㄱㄹㄷ)$+100°=180°$,
(각 ㄱㄹㄷ)$=180°-100°=80°$ ▸5점 ; 80° ▸5점

1

채점 기준		
변 ㄷㄹ에 수직인 변을 모두 찾은 경우	3점	10점
변 ㄷㄹ에 수직인 변의 개수를 구한 경우	3점	
답을 바르게 쓴 경우	4점	

2

채점 기준		
두 평행선을 찾은 경우	2점	10점
평행선 사이의 거리를 구한 경우	4점	
답을 바르게 쓴 경우	4점	

5

채점 기준		
변 ㄱㄴ과 평행한 변을 모두 찾은 경우	5점	15점
변 ㄱㄴ과 평행한 변의 개수를 구한 경우	5점	
답을 바르게 쓴 경우	5점	

7

채점 기준		
마름모는 변의 길이가 모두 같음을 알고 있는 경우	5점	15점
네 변의 길이의 합을 구한 경우	5점	
답을 바르게 쓴 경우	5점	

8

채점 기준		
평행사변형은 이웃하는 두 각의 크기의 합이 180°임을 알고 있는 경우	5점	15점
각 ㄱㄹㄷ의 크기를 구한 경우	5점	
답을 바르게 쓴 경우	5점	

창의·융합 문제 33쪽

1 정사각형

2 ㉾ 타자가 뛰는 거리는 최소한 내야의 네 변의 길이의 합과 같습니다.▸2점
내야의 네 변의 길이가 모두 27.43 m로 같으므로 타자는 최소한 $27.43+27.43+27.43+27.43=109.72$ (m)를 뛴 것입니다.▸4점
; 109.72▸4점

1 내야의 네 변의 길이가 모두 같고, 내야의 네 각이 모두 직각이므로 정사각형입니다.

2

채점 기준		
타자가 뛰는 최소 거리가 내야의 네 변의 길이의 합임을 설명한 경우	2점	10점
타자가 뛰는 최소 거리를 구한 경우	4점	
답을 바르게 쓴 경우	4점	

5단원 꺾은선그래프

기본 단원평가 34~36쪽

01 ㉾ 시각

02 ㉾ 온도

03

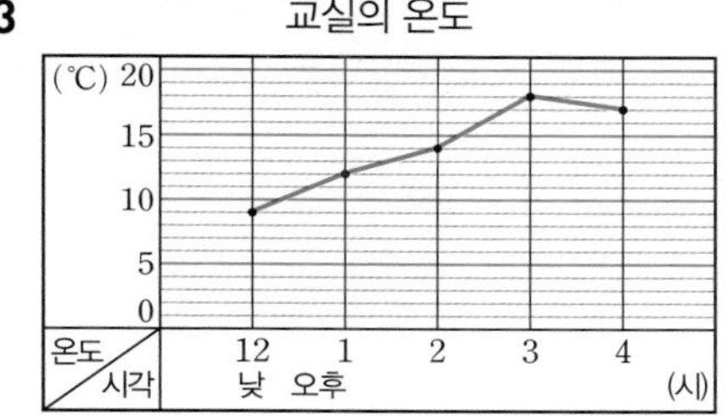

04 오후 3시

05 2 ℃

06

07 ㉾ 날짜, ㉾ 키

08 ㉾ 1 cm

09

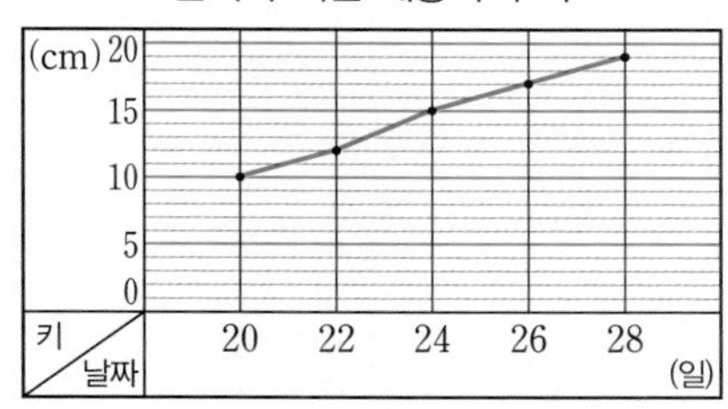

10 ㉡, ㉢

11 ㉠, ㉣

12

요일	월	화	수	목	금
횟수(번)	3	4	6	8	11

13 ㉾ 점점 늘어나고 있습니다.

14 200 kg

15 2000 kg

16 2019, 2021

17 성규

18 ㉾ 늘어났습니다.

19 1980, 1990

20 19세

21 ㉾ 78세

22 ㉾ 10 kg

23

월	1	2	3	4	5	6
무게(kg)	11	10.8	10.2	10.8	11	11.8

24 3월

25 ㉾ 5월 16일의 무게는 5월 1일의 무게인 11 kg과 6월 1일의 무게인 11.8 kg의 중간입니다.▸1점 따라서 5월 16일에 강아지의 무게는 11.4 kg이었을 것입니다.▸1점
; ㉾ 11.4 kg▸2점

01 가로에는 시각, 년, 월, 일 등을 나타냅니다.

02 세로에는 변화하는 양인 온도를 나타냅니다.

03 세로 눈금 한 칸의 크기는 1 ℃입니다. 가로 눈금과 세로 눈금이 만나는 자리에 점을 찍어 선분으로 잇습니다.

참고
• 꺾은선그래프 그리는 방법
① 가로와 세로 중 어느 쪽에 조사한 수를 나타낼 것인가를 정합니다.
② 눈금 한 칸의 크기와 눈금의 수를 정합니다.
③ 가로 눈금과 세로 눈금이 만나는 자리에 점을 찍습니다.
④ 점들을 선분으로 잇습니다.
⑤ 꺾은선그래프의 제목을 붙입니다.

04 교실의 온도가 가장 높은 때는 18 ℃로 오후 3시입니다.

05 $14-12=2$ (℃)

06 키의 변화를 한눈에 알아보기에 알맞은 그래프는 꺾은선그래프입니다.

참고
• 막대그래프
① 자료의 양을 비교하기 쉽습니다.
② 수의 크기를 정확히 나타낼 수 있습니다.
• 꺾은선그래프
① 자료의 변화 정도를 쉽게 알 수 있습니다.
② 조사하지 않은 값을 예상할 수 있습니다.

09 세로 눈금 5칸은 5 cm이므로 세로 눈금 한 칸은 1 cm입니다.

10 시간에 따른 변화하는 양을 나타내기에 적당한 자료는 ㉡, ㉢입니다.

11 수량의 크기를 비교하기에 적당한 자료는 ㉠, ㉣입니다.

12 세로 눈금 5칸은 5번을 나타내므로 세로 눈금 한 칸은 1번을 나타냅니다.

13 꺾은선이 오른쪽 위로 올라가는 모양입니다.

14 세로 눈금 5칸이 1000 kg을 나타내므로 세로 눈금 한 칸은 $1000 \div 5=200$ (kg)을 나타냅니다.

15 쌀 생산량은 2013년에 1000 kg이고 2021년에 3000 kg이므로 2021년에는 2013년보다 쌀 생산량이 $3000-1000=2000$ (kg) 더 늘었습니다.

16 그래프에서 선분이 가장 적게 기울어진 때를 찾으면 2019년과 2021년 사이입니다.

17 꺾은선그래프를 통해 자료의 변화 정도와 앞으로 변화될 모습을 예상할 수 있습니다.

18 꺾은선이 오른쪽 위로 올라가는 모양이므로 기대수명이 점점 늘어나고 있습니다.

참고
• 선분이 오른쪽 위로 올라가면 늘어나는 것이고, 오른쪽 아래로 내려가면 줄어드는 것입니다.

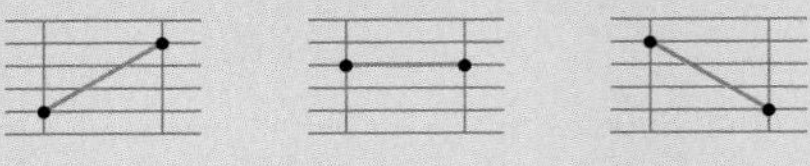

<증가> <변화 없음> <감소>
• 선분이 많이 기울어질수록 변화가 큽니다.

19 선분이 가장 많이 기울어진 때를 찾습니다.

다른 풀이
연도별 기대수명의 기울기를 칸 수로 세어 봅니다.
1970년~1980년: 5칸, 1980년~1990년: 6칸,
1990년~2000년: 4칸, 2000년~2010년: 4칸

20 기대수명이 가장 높았을 때는 2010년으로 84세이고, 가장 낮았을 때는 1970년으로 65세입니다.
⇨ $84-65=19$(세)

21 1995년의 기대수명은 1990년의 기대수명인 76세와 2000년의 기대수명인 80세의 중간인 78세였을 것입니다.

우리나라 여자의 기대수명

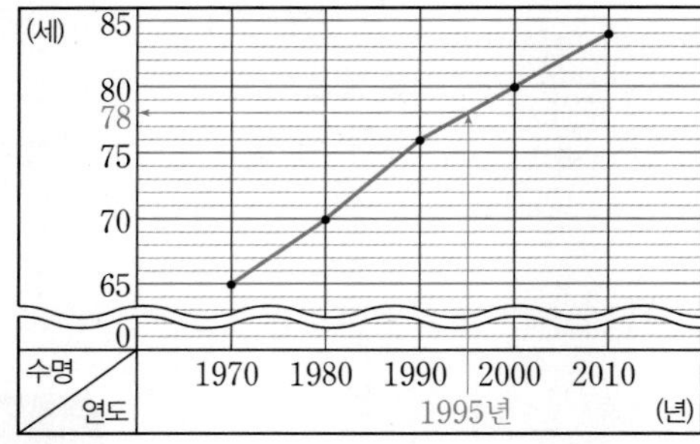

22 꺾은선그래프를 그릴 때 필요 없는 부분은 ≈(물결선)으로 줄여서 그립니다.
0 kg과 10 kg 사이에 자료 값이 없으므로 물결선을 0 kg과 10 kg 사이에 넣으면 변화하는 모습이 잘 나타납니다.

23 세로 눈금 5칸이 1 kg을 나타내므로 세로 눈금 한 칸은 0.2 kg을 나타냅니다.

주의
가로 눈금과 연결하여 세로 눈금의 값을 읽을 때 자 등을 사용하여 선을 그어 눈금을 읽으면 좀 더 쉽게 읽을 수 있습니다.

24 선분이 오른쪽 아래로 내려간 곳 중 가장 많이 기울어진 때를 찾아보면 2월과 3월 사이이므로 강아지의 무게가 전월에 비해 가장 많이 줄어든 때는 3월입니다.

25 강아지의 무게

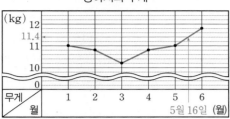

5월 1일과 6월 1일 사이에 강아지의 무게가 0.8 kg 늘었으므로 그 기간의 중간 정도인 5월 16일에는 0.4 kg 정도 늘었을 것이라고 예상할 수 있습니다.

채점 기준		
5월 16일의 강아지의 무게는 5월 1일과 6월 1일의 강아지의 무게의 중간임을 아는 경우	1점	4점
5월 16일의 강아지의 무게를 바르게 예상한 경우	1점	
답을 바르게 쓴 경우	2점	

실력 단원평가 37~38쪽

01 14명 **02** 예 줄어들 것입니다.

03 12, 18, 15 **04** 다

05 나 **06** 가

07 예 물결선을 사용하여 필요 없는 부분을 줄이고 세로 눈금 한 칸의 크기를 작게 나타내면 변화하는 모습이 잘 나타납니다.▸8점

08 예

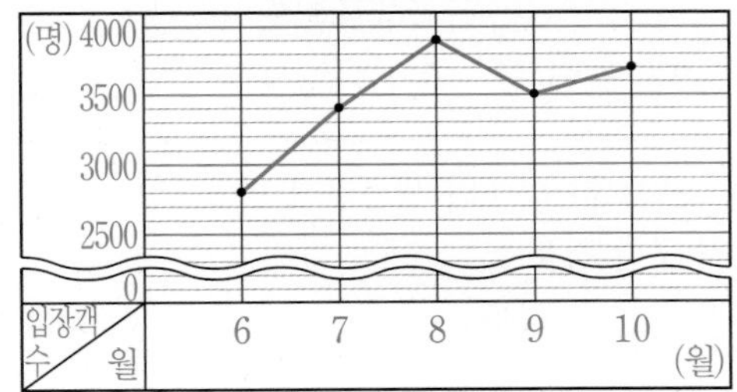

09 6월과 7월 사이

10 예 ① 박물관의 입장객 수는 8월에 가장 많았습니다. ▸5점

② 8월에 비해 9월에 박물관의 입장객 수가 줄었습니다.▸5점

11

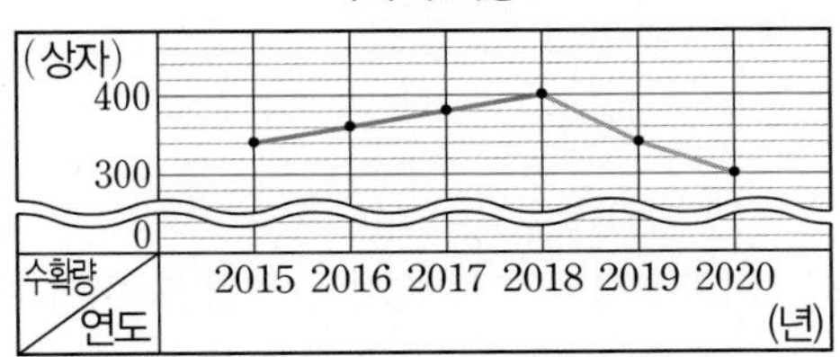

12 231600원 **13** 1건

01

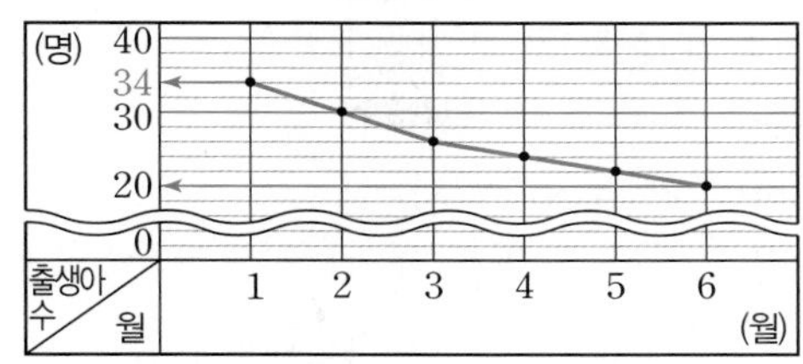

세로 눈금 5칸이 10명을 나타내므로 세로 눈금 한 칸은 10÷5=2(명)을 나타냅니다.

따라서 1월은 34명, 6월은 20명입니다.

⇨ 34−20=14(명)

02 1월부터 6월까지 출생아 수가 계속 줄었으므로 7월의 출생아 수 또한 줄어들 것이라고 예상할 수 있습니다.

03

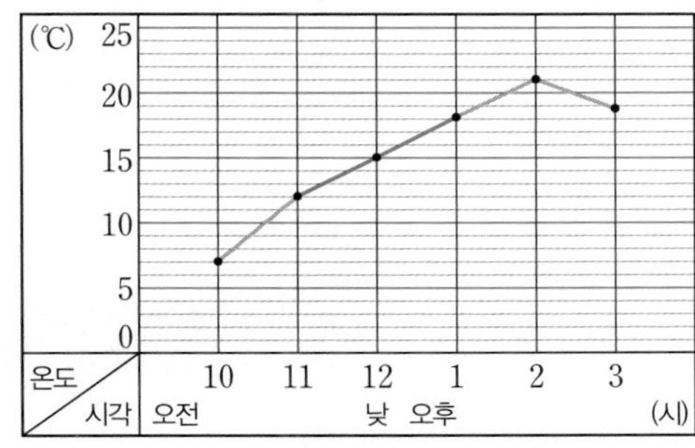

낮 12시에 마당의 온도는 오전 11시의 온도인 12 ℃와 오후 1시의 온도인 18 ℃의 중간이므로 15 ℃였을 것입니다.

04 다 식물의 키가 3 cm, 1 cm, 1 cm 늘었습니다.

⇨ 다 식물의 키가 자라는 정도가 점점 줄어들었습니다.

05 나 식물의 키가 1 cm, 1 cm, 4 cm 늘었습니다.

⇨ 나 식물의 키가 자라는 정도가 점점 증가하고 있습니다.

06 '가 식물의 키' 그래프에서 선분이 다시 내려가기 때문입니다.

참고

식물이 시들면 식물의 키가 줄어듭니다.

07 '물결선', '세로 눈금의 크기'를 사용한 문장을 만들도록 합니다.

09

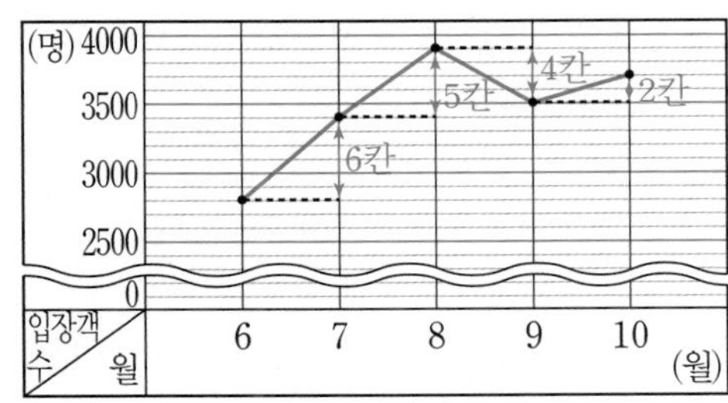

6월과 7월 사이 그래프의 선분이 오른쪽으로 올라가는 곳 중 가장 많이 기울어져 있습니다.

11 세로 눈금 5칸은 100상자를 나타내므로 세로 눈금 한 칸은 $100 \div 5 = 20$(상자)를 나타냅니다.
2017년: $400 - 20 = 380$(상자)
2016년: $380 - 20 = 360$(상자)
2015년: $360 - 20 = 340$(상자)

12 붕어빵 판매량은 15일에 152개, 16일에 156개, 17일에 162개, 18일에 150개, 19일에 152개입니다.
따라서 붕어빵 판매량은 모두
$152 + 156 + 162 + 150 + 152 = 772$(개)입니다.
⇨ (판매한 금액)$= 772 \times 300 = 231600$(원)

13 꺾은선그래프에서 8월의 안전사고 수는 3건입니다.
⇨ (9월 안전사고 수)$= 14 - 2 - 8 - 3$
$= 1$(건)

과정 중심 단원평가 39~40쪽

1 ⓔ 꽃의 키가 점점 자라고 있습니다.▸10점
2 ⓔ 운동장의 온도를 나타내는 점들을 선분으로 이어야 하는데 굽은 선으로 잘못 연결했습니다.▸10점
3 ⓔ 오후 12시 30분의 기온은 낮 12시의 기온인 11 ℃와 오후 1시의 기온인 15 ℃의 중간인▸5점 13 ℃였을 것이라고 예상할 수 있습니다.▸5점
; ⓔ 13 ℃▸5점
4 ⓔ 12 ℃▸8점
; ⓔ 서울의 기온이 오후 1시부터 한 시간에 1 ℃씩 낮아지고 있으므로 오후 4시에는 오후 3시보다 1 ℃ 더 낮아질 것이라고 예상할 수 있습니다.▸7점
5 ⓔ 용수철 A보다 용수철 B가 추의 무게에 따른 길이 변화가 작습니다.▸10점
6 ⓔ 4.8 cm▸5점
; ⓔ 무게가 10 g씩 늘어날 때마다 용수철의 길이가 0.8 cm씩 늘어났으므로▸5점 무게가 60 g인 추를 매달았을 때는 4 cm에서 0.8 cm 늘어난 4.8 cm라고 예상할 수 있습니다.▸5점
7 ⓔ 물결선을 사용하여 필요 없는 부분을 줄여서 나타내면 변화하는 모습이 더 뚜렷하게 나타나기 때문입니다.▸10점
8 ⓔ 컴퓨터 생산량은 2월에 2280대, 6월에 2040대입니다.▸5점 ⇨ $2280 - 2040 = 240$(대)▸5점
; 240대▸5점

1 꺾은선이 위로 올라가는 모양이므로 꽃의 키는 점점 자라고 있습니다.
날짜별로 비교해 보면 '9~11일 사이에 꽃의 키가 가장 많이 자랐습니다.', '7~9일 사이에 꽃의 키가 가장 적게 자랐습니다.' 등 다양한 설명을 할 수 있습니다.

3

채점 기준		
낮 12시와 오후 1시의 기온의 중간 기온을 구해야 함을 알고 있는 경우	5점	15점
오후 12시 30분의 서울의 기온을 바르게 예상한 경우	5점	
답을 바르게 쓴 경우	5점	

4 여러 답을 쓸 수 있지만 논리적으로 타당해야 합니다.

5 용수철 A 그래프와 용수철 B 그래프에서 세로 눈금 한 칸이 나타내는 길이가 다름에 주의합니다. 용수철 A 그래프는 세로 눈금 한 칸이 0.5 cm를 나타내고, 용수철 B 그래프는 세로 눈금 한 칸이 0.2 cm를 나타냅니다.

6

채점 기준		
용수철의 길이를 예상하여 답을 쓴 경우	5점	15점
추의 무게가 10 g씩 늘어날 때마다 용수철의 길이는 몇 cm씩 늘어나는지 구한 경우	5점	
무게가 60 g인 추를 매달았을 때의 용수철의 길이를 예상한 경우	5점	

8

채점 기준		
2월과 6월의 컴퓨터 생산량을 각각 구한 경우	5점	15점
6월은 2월보다 컴퓨터 생산량이 몇 대 더 적은지 구한 경우	5점	
답을 바르게 쓴 경우	5점	

창의·융합 문제 41쪽

1 성규, 은혜 **2** 민희

1 현호: 황사는 주로 봄에 발생합니다.
민희: 황사 발생 비율은 3월에 급격히 증가하였고 그 이후 감소하다가 9월부터 12월까지 점점 증가합니다.

2 현호, 민희: ㈎ 꺾은선그래프
은혜: ㈐ 그림그래프

6단원 다각형

기본 단원평가 42~44쪽

01 선분
02 가, 다, 라, 마
03 2개
04 선분 ㄱㄷ, 선분 ㄴㄹ
05 ( )( )(○)
06 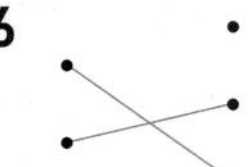

07 6, 6
08 사각형에 ○표
09 라
10 ㉠ 선분과 곡선으로 둘러싸여 있으므로 다각형이 아닙니다.▸4점
11 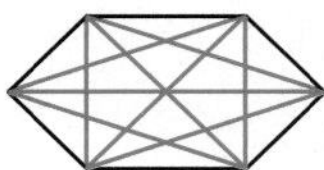

12 ㉠ 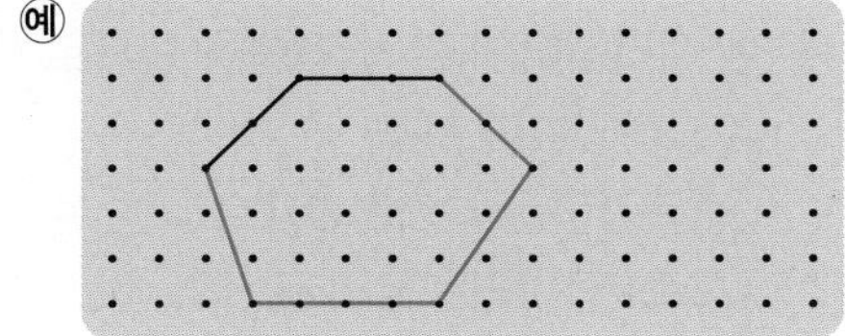

13 ㉠ 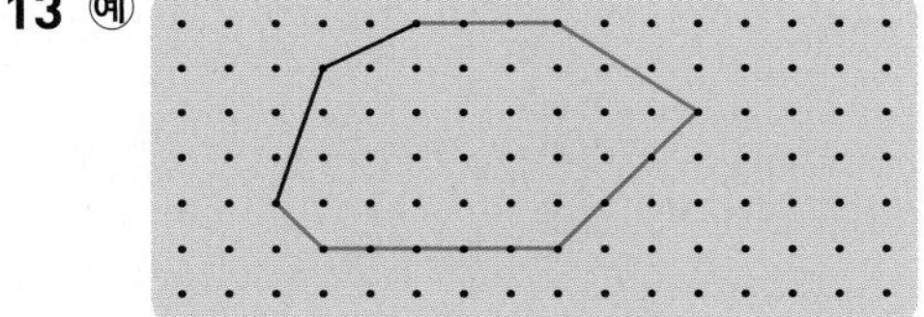

14 정팔각형
15 ㉠
16 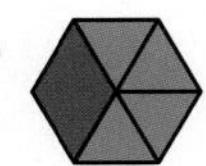
17 ㉠ 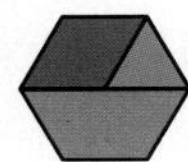
18 (위에서부터) 90, 6
19 나
20 정칠각형
21 ㉠ 
22 라
23 ④
24 
25 900°

04 대각선은 서로 이웃하지 않는 두 꼭짓점을 이은 선분입니다.

08 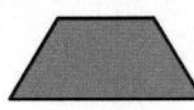 모양 조각 4개를 사용했습니다.
모양 조각은 변이 4개인 다각형이므로 사각형입니다.

09 변이 5개이면서 변의 길이가 모두 같고, 각의 크기가 모두 같은 다각형을 찾습니다.

10 선분으로만 둘러싸인 도형을 다각형이라고 합니다.

11 서로 이웃하지 않는 두 꼭짓점을 선분으로 모두 잇습니다.

12 선분 4개를 더 그려서 변이 6개인 다각형을 완성합니다.

13 선분 5개를 더 그려서 변이 7개인 다각형을 완성합니다.

15 모양 조각 1개 또는  모양 조각 3개 또는  모양 조각 6개로도 정육각형을 만들 수 있습니다.

16 모양 조각 2개와  모양 조각 2개, 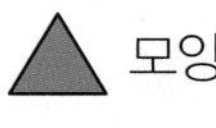 모양 조각 3개와 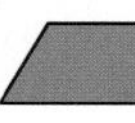 모양 조각 1개로도 정육각형을 만들 수 있습니다.

17 , , 모양 조각의 위치를 다르게 하여 만들 수 있습니다.

18 정사각형은 변의 길이가 모두 같고, 두 대각선이 서로 수직으로 만납니다.

19 각 도형의 대각선의 수를 알아보면 다음과 같습니다.
가: 사각형 ⇨ 2개, 나: 육각형 ⇨ 9개,
다: 삼각형 ⇨ 0개, 라: 오각형 ⇨ 5개

다른 풀이
변의 수가 많을수록 대각선의 수가 많으므로 대각선의 수가 가장 많은 도형은 변이 6개로 가장 많은 나입니다.

20 변이 7개인 다각형은 칠각형입니다. 변의 길이가 모두 같고, 각의 크기가 모두 같은 칠각형은 정칠각형입니다.

21 모양 조각 1개와 모양 조각 2개를 사용하여 주어진 모양을 채울 수 있습니다.

22 두 대각선의 길이가 같은 사각형은 라(직사각형)입니다.

23 평행사변형과 정사각형은 한 대각선이 다른 대각선을 똑같이 둘로 나눕니다.

24 칠각형의 한 꼭짓점에서 그을 수 있는 대각선은 모두 4개입니다.

25 칠각형은 삼각형 5개로 나누어집니다.
⇨ (칠각형의 일곱 각의 크기의 합)
=(삼각형 5개의 세 각의 크기의 합)
$=180° \times 5=900°$

실력 단원평가 45~46쪽

01 예 사각형, 오각형 02 5개

03 예

04 예 선분으로만 둘러싸여 있지 않고 곡선이 있으므로 다각형이 아닙니다.

05 ①

06 예 정다각형이 아닙니다.▸4점 ; 예 네 변의 길이는 모두 같지만 네 각의 크기가 모두 같지는 않기 때문입니다.▸4점

07 정육각형 08 15 09 ④, ⑤

10 6 cm 11 7 cm 12 120°

13 예

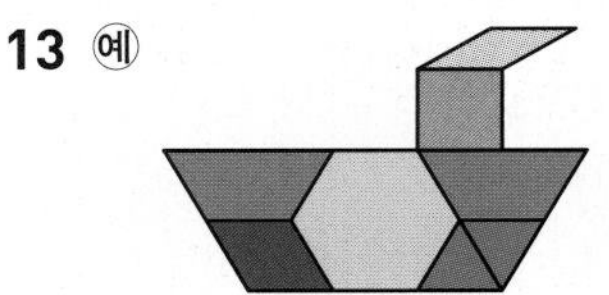

01 새 모양에서 찾을 수 있는 다각형은 삼각형, 사각형, 오각형 등이 있습니다.

05 삼각형은 모든 꼭짓점이 서로 이웃하므로 대각선을 그을 수 없습니다.

07 대각선의 수가 9개인 도형은 육각형이고 변의 길이가 모두 같고 각의 크기가 모두 같은 도형은 정다각형이므로 정육각형입니다.

08 평행사변형은 한 대각선이 다른 대각선을 둘로 똑같이 나눕니다.

09 • 두 대각선이 서로를 반으로 똑같이 나누는 사각형: ②, ③, ④, ⑤
• 두 대각선이 서로 수직인 사각형: ④, ⑤

10 직사각형의 두 대각선은 서로 길이가 같고 한 대각선이 다른 대각선을 똑같이 둘로 나누므로 (선분 ㄴㅇ)$=12\div2=6$ (cm)입니다.

11 정구각형은 9개의 변의 길이가 모두 같으므로 한 변의 길이는 $63\div9=7$ (cm)입니다.

12 정육각형은 사각형 2개로 나눌 수 있으므로 정육각형의 모든 각의 크기의 합은 $360^\circ\times2=720^\circ$입니다. 따라서 정육각형의 한 각의 크기는 $720^\circ\div6=120^\circ$입니다.

과정 중심 단원평가 47~48쪽

1 예 선분으로 둘러싸이지 않고 열려 있기 때문에 다각형이 아닙니다.▸10점

2 예 선분으로만 둘러싸인 도형을 모두 찾으면 가, 마, 바로▸4점 모두 3개입니다.▸2점 ; 3개▸4점

3 예 삼각형은 모든 꼭짓점이 이웃하고 있기 때문에 대각선을 그을 수 없습니다.▸10점

4 가▸5점 ; 예 변의 길이는 모두 같지만 각의 크기가 모두 같지는 않기 때문입니다.▸5점

5 예 정오각형은 5개의 각의 크기가 모두 같으므로▸5점 정오각형의 모든 각의 크기의 합은 $108^\circ\times5=540^\circ$입니다.▸5점 ; 540°▸5점

6 예 육각형에 그을 수 있는 대각선은 9개이고▸3점 사각형에 그을 수 있는 대각선은 2개입니다.▸3점 따라서 육각형에 그을 수 있는 대각선의 수는 사각형에 그을 수 있는 대각선의 수보다 $9-2=7$(개) 더 많습니다.▸4점 ; 7개▸5점

7 승호▸7점 ; 예 한 대각선이 다른 대각선을 반으로 나누는 사각형은 가, 나, 라입니다.▸8점

8 예 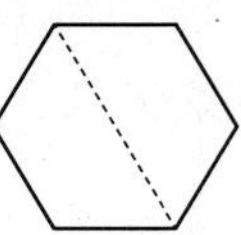 정육각형은 사각형 2개로 나눌 수 있으므로▸5점 모든 각의 크기의 합은 $360^\circ\times2=720^\circ$입니다.▸5점 ; 720°▸5점

2

채점 기준		
다각형의 기호를 모두 쓴 경우	4점	10점
다각형의 개수를 구한 경우	2점	
답을 바르게 쓴 경우	4점	

5

채점 기준		
5개의 각의 크기가 같음을 알고 있는 경우	5점	15점
정오각형의 모든 각의 크기의 합을 구한 경우	5점	
답을 바르게 쓴 경우	5점	

6

채점 기준		
육각형에 그을 수 있는 대각선의 수를 구한 경우	3점	15점
사각형에 그을 수 있는 대각선의 수를 구한 경우	3점	
육각형은 사각형보다 대각선이 몇 개 더 많은지 구한 경우	4점	
답을 바르게 쓴 경우	5점	

8

채점 기준		
정육각형을 사각형 2개로 나눈 경우	5점	15점
모든 각의 크기의 합을 구한 경우	5점	
답을 바르게 쓴 경우	5점	